Wolfgang Weidlich
Grundkonzepte der Physik
De Gruyter Studium

Wolfgang Weidlich

Grundkonzepte der Physik

Mit Einblicken für Geisteswissenschaftler

2. überarbeitete und erweiterte Auflage

DE GRUYTER

Autor
Prof. Dr. Dr. h.c. Wolfgang Weidlich †

ISBN 978-3-11-044244-1
e-ISBN (PDF) 978-3-11-044245-8
e-ISBN (EPUB) 978-3-11-043455-2

Library of Congress Cataloging-in-Publication Data
A CIP catalog record for this book has been applied for at the Library of Congress.

Bibliografische Information der Deutschen Nationalbibliothek
Die Deutsche Nationalbibliothek verzeichnet diese Publikation in der Deutschen Nationalbibliografie; detaillierte bibliografische Daten sind im Internet über http://dnb.dnb.de abrufbar.

Umschlagabbildung: Kim Steele/Photodisc/thinkstock
Satz: le-tex publishing services GmbH, Leipzig
Druck und Bindung: CPI books GmbH, Leck
♾ Gedruckt auf säurefreiem Papier
Printed in Germany

www.degruyter.com

MIX
Papier aus verantwortungsvollen Quellen
FSC www.fsc.org
FSC® C083411

Vorwort

Dieses Buch ist auf Grund besonderer Umstände zustande gekommen. Sein Inhalt weicht etwas vom Stil klassischer Lehrbücher der Physik ab. Als Autor möchte ich dies näher erläutern:

Ich gehöre dem Lehrkörper einer Universität an, an welcher einerseits Natur- und Ingenieur-Wissenschaften, sowie andererseits Geistes- und Sozialwissenschaften vertreten sind. Dem Senat der Universität war seit langem bekannt, dass zwischen diesen beiden „Welten der Wissenschaft" gewisse – sich eher nachteilig auswirkende – Unterschiede bestehen. Es entstand daher der Wunsch, Veranstaltungen einzuführen und in den Bachelor/Master – Curricula vorzusehen, die dazu verhelfen sollen, die gegenseitige Kenntnis zu fördern.

Dies ist jedoch leichter vorgeschlagen als getan! Denn die im aktiven Dienst stehenden Professoren sind durch Forschung und Lehre voll ausgelastet und durch die ins (Un-)Kraut schießende Bürokratisierung zunehmend überlastet. Daher sind pensionierte Lehrkräfte angefragt, diese Lücke auszufüllen, sofern ihnen noch die Kraft dazu verbleibt.

Der Autor hatte nun das Glück, zur Förderung „fachübergreifender Schlüsselqualifikationen" in diesem Sinne während eines Jahrzehnts eine Curriculum-relevante Vorlesung „Physik für Geistes- und Sozialwissenschaftler" halten zu können und dabei neue Erfahrungen für diese Art der Lehre zu sammeln.

Nichtsdestoweniger wäre dieses Buch nicht entstanden, wenn nicht ein zweiter Glücksfall eingetreten wäre: Es ist eine in Theoretischer Physik promovierte Physikerin, Frau Dr. rer. nat. Heide Hübner, die mir in höchst uneigennütziger Weise unter Einsatz ihrer wissenschaftlichen Kenntnisse in intensiver Zusammenarbeit ermöglichte, dieses Buch zusammen mit ihr zu verfassen. Sie war und ist dabei eine mir unentbehrliche Ratgeberin, die zum Gelingen des Buches wesentlich beigetragen hat.

Schließlich bedurfte es auch eines traditionsreichen und wohlbekannten Verlages, des De Gruyter Verlages, in Gestalt seines Editorial Directors for Mathematics and Physics, Dr. Konrad Kieling, dieses Buch zu publizieren. Dafür danke ich ihm und dem Verlag. Die Zielsetzung des Buches wird näher in der Einleitung beschrieben.

Wolfgang Weidlich — im Sommer 2013

Vorwort zur zweiten Auflage

Nach einem Leben voller Energie und Tatendrang, das durch Freude an seiner Arbeit und sein gesellschaftspolitisches Engagement geprägt war, ist Wolfgang Weidlich im Herbst 2015 von uns gegangen.

Bis zuletzt war es ihm vergönnt sich seiner Arbeit zu widmen. So lagen auf seinem Schreibtisch die fast vollständigen Arbeiten für die zweite Auflage des vorliegenden Buches, die ein neues Kapitel über die Kosmologie enthält, sowie kleinere Erweiterungen und die Behebung einiger Fehler beinhaltet.

Diese zweite Auflage habe ich fertiggestellt und es ist mir eine Freude, dass das letzte Werk meines Hochschullehrers nun erscheinen kann.

Heide Hübner im Sommer 2016

Inhalt

Einleitung

Dieses Buch ist kein klassisches Lehrbuch der Physik. Es ist aber auch keine populäre Darstellung der Physik. Der verwunderte Leser fragt sich „Was ist es dann?“.

Hierzu muss sich der Autor erklären und seine Gedanken darlegen. Ausgangspunkt ist die Rede von C. P. Snow bzw. die eigene Erfahrung.

Im Jahr 1959 hielt C. P. Snow, ein Physiker und zugleich Schriftsteller, eine berühmt gewordene Rede über „die zwei Kulturen“, nämlich die der Naturwissenschaft und die der Geisteswissenschaft. Er sagte darin:

> „Ich hatte ständig das Gefühl, mich da in zwei Gruppen zu bewegen, die von gleicher Rasse und gleicher Intelligenz waren, aus nicht all zu verschiedenen sozialen Schichten kamen und etwa gleich viel verdienten, sich dabei aber so gut wie gar nichts mehr zu sagen hatten und deren intellektuelle, moralische und psychologische Atmosphäre dermaßen verschieden war, dass sie wie durch einen Ozean getrennt schienen.“

Zum anderen hatte der Autor die Gelegenheit, an einer Universität, an der Natur- und Ingenieurwissenschaft sowie Geistes- und Sozialwissenschaft gleichermaßen vertreten sind, im Rahmen eines Curriculums „Fachübergreifende Schlüsselqualifikationen“ eine regelmäßige Vorlesung „Physik für Geistes- und Sozialwissenschaftler“ zu halten.

Auch dann, wenn der Autor die zugespitzte These von C. P. Snow dahingestellt sein lässt, bleibt doch unverändert der Eindruck bestehen, dass die genannten „zwei Kulturen“ auch heutzutage eher auseinanderdriften als zusammenfinden. Bemühungen, das gegenseitige Verständnis zu fördern, sind daher nach wie vor notwendig.

Der Autor ist allerdings der Meinung, dass die vielen populären Darstellungen der Naturwissenschaft, insbesondere der Grundlagenwissenschaft Physik, zwar willkommen sind, aber diesem hohen Anspruch nicht genügen. Auf beiden Seiten der „zwei Kulturen“ bedarf es für deren Eliten einer mehr in die Tiefe reichenden gegenseitigen Kennerschaft, um sich auf gleicher Augenhöhe begegnen und verstehen zu können.

So bleibt bei der Ausbildung von Physikern einschließlich der Promotion (aus Mangel an Zeit) leider die Komponente der Philosophie und der historischen Entwicklung ausgespart, obwohl manche ihrer Erkenntnisbereiche sich schon am „Dreiländereck von Naturwissenschaft, Philosophie und Theologie“ befinden. Sie sollten auch die von der anderen Kultur zuweilen vorgenommene Einschätzung nicht aus Mangel an Kenntnis hinnehmen müssen, ihre Wissenschaft sei nur „instrumenteller Natur“ und diene vor allem „dem Verwertungsinteresse des Kapitals“.

Die Ergänzungsbedürftigkeit der in den Medien Meinungsführerschaft beanspruchenden Kultur der Geistes- und Sozialwissenschaften hinsichtlich tiefer reichender Kenntnisse der Naturwissenschaften scheint dem Autor noch ausgeprägter zu sein. Dabei scheint es für einen Geisteswissenschaftler schwieriger zu sein, sich in die Erfahrungswelt eines Physikers hineinzuversetzen als umgekehrt. Das ist sogar verständlich. Denn die Sprache der Geistes- und Sozialwissenschaft betrifft direkt die Menschen und hat daher eine größere Nähe zur Lebenswelt. Dagegen dringt der Physiker in immer entlegenere Erfahrungswelten mit (horribile dictu) immer abstrakteren Formeln ein.

Das echte (nicht populäre) Verstehen der anderen Kultur ist also auf beiden Seiten schwierig und anstrengend. Dieses Buch macht einen Versuch, vonseiten der (vorwiegend theoretischen) Physik zu diesem tiefergehenden Verständnis beizutragen, ohne dass man dabei hinsichtlich des Erfolges übermäßig optimistisch sein kann. Da ein solches Unterfangen ohnehin nur der Anfang eines umfassenderen beiderseitigen Bemühens sein kann, sollen wenigstens die leitenden Gedanken hierzu genannt werden.

Diese Gedankengänge werden getrennt für Physiker und für Geistes- und Sozialwissenschaftler aufgeführt, da bekanntlich die beiden Gruppen jeweils mit anderen Erwartungen und Befürchtungen an das Problem des Verstehens der eigenen und der anderen Seite herangehen.

Aus dem Blick eines theoretischen Physikers geht es darum, die Entwicklung der die Physik tragenden Grundbegriffe aufzuzeigen. Das weite Gebiet der Physik wurde deswegen radikal ausgedünnt. Weggelassen wurden alle theoretischen Lösungsmethoden, sei es in der Mechanik, Elektrodynamik, Relativitätstheorie und Quantentheorie, ebenso alle raffinierten Experimente bis auf die Erwähnung der unerlässlichen „experimenta crucis". Insgesamt wurde aber auf eine gewisse Kohärenz der Gedankenführung an Hand von Standard-Paradigmen Wert gelegt. Durch die Ausdünnung der übergroßen Fülle zeigt sich, dass die Physik, die ja immer noch das Paradebeispiel der Grundlagen-Naturwissenschaft ist, eine eigenständige innere Folgerichtigkeit ihrer Entwicklung hat. Andererseits wurden, über die Lehrbücher der Physik hinausgehend, wissenschaftstheoretische bzw. philosophische Positionen im Lichte eines Gesamtüberblicks diskutiert und kommentiert. Sobald es notwendig erschien, wurde im Lichte der Erfahrung der Physik auch ziemlich eindeutig Stellung genommen.

Obwohl der erfahrene Physiker in seinem Spezialgebiet viel mehr weiß als hier angedeutet ist, soll ihm dieses Buch die Möglichkeit geben, einen Gesamtblick auf sein Fach zu werfen. Darüber hinaus besteht die stille Hoffnung, dass sogar der eine oder andere Geisteswissenschaftler einen Blick in dieses Buch wirft, ohne sofort abgeschreckt zu werden.

Was bietet nun dieses Buch dem voll ausgebildeten, im Allgemeinen wohl promovierten Geistes- oder Sozialwissenschaftler? Es ist inzwischen allgemein bekannt, dass für Geistes- oder Sozialwissenschaftler eine gewaltige Hürde zu überwinden ist, nämlich der albtraumartige Horror vor Formeln. Warum trennt nur die Verwendung von Formeln die zwei Kulturen so massiv, obwohl doch die Intelligenz und die normale Sprachfähigkeit in beiden Kulturen gleich sind? Dabei ist doch die abstrakte Welt mathematischer Formeln und Gleichungen der reinen Welt des Geistes sogar eher verwandt als die grob sinnliche Welt einfacher Versuche der Physik!

Nichtsdestoweniger geht in der Physik wie in der gesamten Naturwissenschaft jeder mathematischen Formulierung einer Hypothese eine qualitative intuitive Überlegung voraus. Und diese ist dann auch der Ausgangspunkt für jedes Verständnis, auch und gerade, wenn dieses schließlich durch mathematische Formulierungen präzisiert wird.

Deswegen geht auch in diesem Buch der Versuch, bei Geistes- und Sozialwissenschaftlern Verständnis für die Denkweise und Denkkultur der Physik zu wecken, von folgender Reihenfolge der Gedanken aus: Zunächst wird in jedem Kapitel von der Sachlage, zum Teil auch von der historischen Situation, in verbalen Formulierungen ausgegangen. Erst danach wird in zunehmender Dichte zu Formeln übergegangen. Dabei werden soweit möglich die einfachsten Beispiele behandelt. Hat man deren formale Behandlung erst einmal verstanden, so ist daraufhin die oft gewaltige Verallgemeinerbarkeit auch einsichtig und wird ohne Weiteres hingenommen. Wenn sich dann der damit zufriedene Geisteswissenschaftler von dem weiterlesenden und erst richtig in Fahrt kommenden Physiker trennt, so ist doch schon viel für das gemeinsame Grundverständnis gewonnen. Insofern also ergibt sich die bescheidene Hoffnung, dass ein Physiker einen Beitrag zum Verständnis zwischen den Kulturen leisten könnte: Physik ist nämlich eine Wissenschaft, bei der man merkt, wie es ist, wenn man etwas wirklich versteht.

1 Grundbegriffe und Probleme der Wissenschaftstheorie im Hinblick auf den Zusammenhang zwischen Naturwissenschaften und Geisteswissenschaften

1.1 Einleitung

Die Wissenschaftstheorie ist eine Metatheorie, die über den Einzelwissenschaften steht. Sie beschäftigt sich mit den Voraussetzungen, Methoden, Zielen und Ergebnissen der Wissenschaft sowie ihrer Erkenntnisgewinnung.

Die Einzelwissenschaften lassen sich in verschiedene Gruppen einteilen:

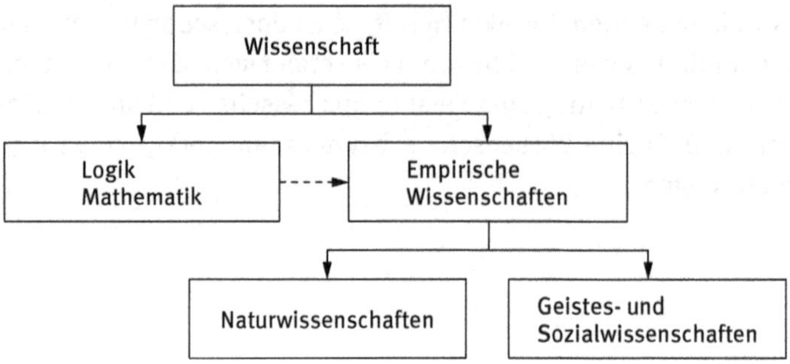

In diesem Buch geht es primär um empirische Wissenschaften und hierbei insbesondere um die Physik als grundlegende Naturwissenschaft sowie um ihr Verhältnis zu den Geistes- und Sozialwissenschaften.

- Die **Logik** und die **reine Mathematik** beschäftigen sich mit der Struktur und den Zusammenhängen zwischen den Begriffen, d. h. mit abstrakten Gedankendingen.
- Die **empirischen Wissenschaften** ergründen, in wie weit sich Begriffssysteme zur Beschreibung und darauf hin zur Erklärung und zum Verständnis der **Wirklichkeit**, also zur Erkenntnisgewinnung anwenden lassen.
- Die **Naturwissenschaft** betrifft den vom menschlichen Subjekt loslösbaren und damit objektivierbaren Bereich der Wirklichkeit.
- Die **Geistes- und Sozialwissenschaften** behandeln den Bereich des menschlichen Subjekts und die Wechselwirkung zwischen den Subjekten

Beim Vergleich der Wissenschaftsgebiete und Methoden ergeben sich einerseits Ähnlichkeiten, andererseits Unterschiede, die zunächst im Folgenden behandelt werden.

Ein Überblick über die verwendeten Begriffe ist im Anhang vorhanden.

1.2 Gegenüberstellung Geistes- und Sozialwissenschaften/Naturwissenschaften

Um Ähnlichkeiten und Unterschiede zwischen den beiden Wissenschaftstypen besser verstehen zu können, ist es zweckmäßig, die entstehenden Probleme nach einigen Hauptgesichtspunkten zu ordnen.

Geistes- und Sozialwissenschaften	Naturwissenschaften
Reproduzierbarkeit	
Strenge Reproduzierbarkeit gibt es im historischen, politischen und soziologischen Geschehen sehr selten. Es können aber Situationen und Verhaltensweisen auf ihre Vergleichbarkeit hin untersucht werden.	Unter gleichen (eventuell herstellbaren) Bedingungen (d. h. ceteris paribus) erhält man das gleiche experimentelle (bzw. beobachtbare) Resultat.
Intersubjektivität und daraus folgende Objektivität	
Intersubjektivität ist schwer herstellbar. Z. B. hängt die Gewichtung historischer Fakten (selbst, wenn sie objektiv ermittelt werden können) von der Auswahl und subjektiven Sichtweise ab. Diese Sichtweisen sind oft durch Ideologien, d. h. durch Gesamtkonzepte und Wertesysteme vorgeprägt. Diese führen wiederum zu verschiedenen Interpretationen.	Das Messergebnis ist nach (im Idealfall unbestrittenen) Methoden subjektunabhängig. Daher entsteht – intersubjektive Übereinstimmung, – kein verbleibender Interpretationsspielraum, – im Idealfall eine Ablesbarkeit mit quantitativer Präzision, in soweit Objektivität.
Separabilität von Eigenschaftsgruppen	
Ist wegen der Komplexität der Gesellschaftsprozesse und der daraus folgenden Vernetzung aller Teilprobleme nur beschränkt gegeben.	Die Eigenschaftsgruppen in den Naturwissenschaften sind relativ unabhängig von einander und daher zunächst getrennt untersuchbar. Es entstehen näherungsweise separierbare Teilgebiete.
Makrokosmos, Mikrokosmos	
Das Handeln der Menschen spielt sich in den Geistes- und Sozialwissenschaften zwar in einem Raumzeitbereich ab, der deutlich kleiner als der in den Naturwissenschaften ist. Andererseits ist aber dieses Handeln der komplexeste, vernetzte Bereich, den wir kennen.	Die Objekte in der Physik umfassen viele 10-er Potenzen in Raum und Zeit. Die Separabilität von Eigenschaftsgruppen macht es aber möglich, Schritt für Schritt vorzugehen. Von der klassischen Physik (d. h. der klassischen Mechanik und Elektrodynamik) zur – Quantentheorie (Mikrokosmos) – Allgemeinen Relativitätstheorie (Kosmologie, Makrokosmos)

Geistes- und Sozialwissenschaften	Naturwissenschaften
Determinismus und Indeterminismus	
In den Geistes- und Sozialwissenschaften ist das komplizierte Verhältnis zwischen determinierten und indeterminierten Verhalten von Menschen schon lange bekannt. Bei der Behandlung ethischer Probleme (z. B. bzgl. der Willensfreiheit) ist dieses Wechselverhältnis der unentbehrliche Hintergrund.	Im Makrobereich (klassische Physik) herrscht – Determinismus – Kausalität – Kein Zufall (Zufall ist nur durch Nichtwissen bedingt) Im Mikrobereich (Quantentheorie) herrscht – partieller Indeterminismus – Zufall (echter, d. h. strukturbedingter Zufall) – es gelten wahrscheinlichkeitstheoretische Gesetze
Objektbereich	
Die denkenden, fühlenden und handelnden Menschen sind selbst Objekt der Wissenschaft. Daraus folgt die Doppelrolle der Wissenschaftler als – beobachtendes und urteilendes Subjekt und – beobachtetes und beurteiltes Objekt	– Subjektunabhängigkeit der Phänomene – Sie sind loslösbar vom Denken, Fühlen und Handeln der beobachtenden Menschen – Diese Objekte bilden die objektivierbare Natur

1.3 Wissenschaftstheoretische Konzepte

1.3.1 Das Erkenntniskonzept in der Naturwissenschaft

Die in Kapitel 1.2 vorgenommene Gegenüberstellung zwischen Naturwissenschaft sowie Geistes- und Sozialwissenschaft hat gewisse Unterschiede aufgezeigt. In der Naturwissenschaft führt die Durchführbarkeit von Experimenten und die Verwendbarkeit von Mathematik bei ihrer Beschreibung zu einer Präzisierung der hierfür gültigen wissenschaftstheoretischen Konzepte. Diese werden in Kapitel 1.3.1 behandelt.

Weil jedoch nicht alle diese Konzepte auf die Geistes- und Sozialwissenschaften übertragbar sind, entwickelten letztere eigenständige Konzepte. Diese werden in Kapitel 1.3.2 behandelt.

1.3.1.1 Das Verhältnis zwischen Beobachtung (Experiment) und (mathematisch formulierbarer) Theorie

Die Beschreibung und Erklärung von wiederkehrenden Sachverhalten erfordert Gesetze und Theorien, die die empirisch bestätigten Gesetzmäßigkeiten zusammenfassen. Zur Aufstellung eines Naturgesetzes gehören nicht nur reine Wahrnehmungen (Beobachtungen) sondern ebenso ein theoretischer Begriffsrahmen, um einzelne Wahrnehmungen überhaupt zu einem Gesetz verdichten zu können.

Dabei geht man von einer durchgehenden Existenz des Wirklichen aus. Das bedeutet, dass die Wirklichkeit so wie beobachtet auch dann existiert, wenn sie gerade einmal nicht beobachtet wird. Mit dem Übergang zu abstrakteren Begriffen legt man die Grundlage zu universellen Theorien. Die theoretischen (abstrakten) Begriffe bilden dann einen Rahmen, in dem alle einzelnen Messungen in einen theoretischen Zusammenhang gebracht werden. So konnte z. B. Newton zeigen, dass sowohl der Apfel, der vom Baum fällt, als auch die Planeten auf ihrer Bahn um die Sonne demselben Gesetz, nämlich dem Gravitationsgesetz, gehorchen.

Zum Experiment gehört also ein theoretischer Rahmen, in dessen Licht die Experimente ihren Sinn erhalten. Dieser theoretische Rahmen wird durch die positiven Ergebnisse verschiedenartiger Experimente bestätigtet.

Man spricht dann von der Konvergenz von Erfahrung hin zum gültigen Gesetz. Dabei muss zwischen den Elementen des Experiments und den Begriffselementen der Theorie eine Zuordnungsvorschrift im Sinne einer Messtheorie bestehen:

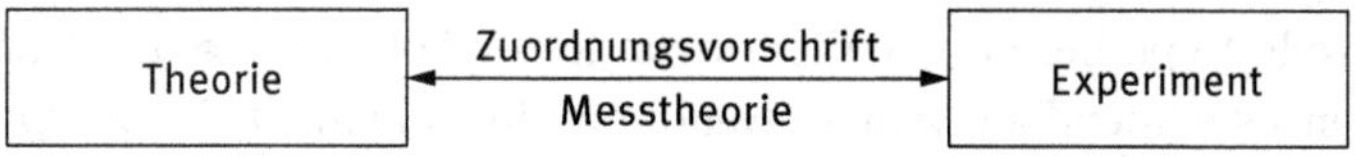

Die Theorie bewährt sich dann, wenn zwischen den Messergebnissen des Experiments einerseits und den logisch zusammenhängenden Elementen der Theorie andererseits die Zuordnungsvorschrift Homomorphie, d. h. Strukturähnlichkeit herrscht.

Setzt man einmal voraus, dass solch eine bewährte Theorie, d. h. ein Naturgesetz schon existiert, dann ergibt sich zum Erklären eines Sachverhaltes folgendes Schema, das von Carl Gustav Hempel (1905–1997) und Paul Oppenheim (1885–1977) (HO-Schema) aufgestellt wurde: Das zur Erklärung notwendige **Explanans** besteht aus

- Antezedens-Aussagen: d. h. speziellen Umständen wie Anfangs- und Randbedingungen, die entweder von der Natur oder durch experimentelle Anordnungen vorgegeben sind.
- Naturgesetzesaussagen, die universell gültig (idealerweise quantitativ formuliert) und auf das zu beobachtende Phänomen anwendbar sind.

Das Eintreffen des **Explanandum** (Ereignis, das sich durch Beobachtung oder Messung ergibt) kann dann durch Anwendung des Explanans (also aus dem Naturgesetz mit den entsprechenden Rand- bzw. Anfangsbedingungen) abgeleitet werden.

Das HO-Schema setzt also ein schon gültiges Naturgesetz voraus.

Das eigentliche Problem besteht aber darin, wie und ob überhaupt ein als Annahme formuliertes, also zunächst hypothetisches Gesetz sich als universell gültiges Naturgesetz verifizieren lässt. Im streng logischen Sinn ist das nicht möglich. Denn alle denkbaren Naturgesetze sind Erfahrungssätze. Sie sind zunächst nur zu überprüfende Hypothesen.

1.3.1.2 Der Weg von der Hypothese zum Naturgesetz

Induktion
Zunächst schließt man aus den Regelmäßigkeiten beobachteter Einzelfälle auf zukünftige Regelmäßigkeiten entsprechender Einzelfälle. Dieser Schluss von der Geltung in vorangegangenen Einzelfällen zur Geltung im allgemeinen Fall ist ein Induktionsschluss. Er hat zwar keinen streng logischen Charakter, wohl aber eine gewisse Plausibilität.

Verifikation
Die vollständige Verifikation eines hypothetisch aufgestellten Gesetzes als ein universell gültiges Naturgesetz scheidet bei anspruchsvolleren Hypothesen aus, denn anspruchsvolle Hypothesen (wie die Gravitationshypothese oder die Quantenhypothese) haben stets unendlich viele Anwendungsfälle, die nicht alle überprüft werden können.

Falsifikation
Dagegen ist es möglich ein zu überprüfendes Gesetz (die Hypothese) durch ein einziges Experiment, das die Hypothese widerlegt (falsifiziert), als universell gültiges Gesetz ausscheiden zu lassen. Diese Methode wurde von dem Philosophen Karl Popper (1902–1994) eingeführt und geht in folgenden Schritten vor:
- Aufstellung einer Hypothese, die als potentielles Naturgesetz vorgesehen ist.
- Versuch, die Hypothese im Sinne von „Trial and Error“ durch Experimente zu falsifizieren.
- Solange die Hypothese nicht falsifiziert wurde, sich also bewährt, kann sie als vorläufiges Naturgesetz angesehen werden.

Poppers Forschungsprogramm ist zwar korrekt, beantwortet aber nicht voll die Frage, ob eine Hypothese naturgesetzwürdig ist oder nicht. So wird das Gravitationsgesetz oder die Quantenhypothese wohl kaum in ihrem Wirklichkeitsbereich durch Falsifikation demnächst widerlegt werden (obwohl dies rein logisch möglich ist), und zwar aus folgendem Grund:

Konvergenz
Die bewährten Sätze werden schließlich durch Konvergenz von logisch völlig unabhängigen Experimenten verifiziert, sodass ihr plötzliches Versagen sehr unwahrscheinlich wird.

Der eigentliche Grund für die durchgängige Geltung der als Naturgesetz erkannten Hypothese kann dann nur sein, dass es sich um eine echte Wirklichkeitsstruktur handelt, die aus diesem Grund nicht falsifiziert werden wird.

Die auf diese Weise bewährten Naturgesetze überdecken den riesigen Wirklichkeitsbereich vom Mikrokosmos bis zum Makrokosmos, der den dem Menschen unmittelbar (haptisch) erfahrbaren Bereich bei Weitem übersteigt. Deswegen ist es höchst erstaunlich, dass es trotz der prinzipiellen Unvollkommenheit der Verifikationsmethode gelungen ist, einen kohärenten (zusammenhängenden) Bereich von umfassend bewährten Naturgesetzen gefunden zu haben, die eine echte Erkenntnis über Teile der Struktur der Wirklichkeit bieten. Es ist auch nicht anzunehmen, dass diese Naturgesetze in Zukunft falsifiziert werden.

1.3.1.3 Theoriendynamik in der Naturwissenschaft

Die Theoriendynamik von Thomas Kuhn (1922–1996) unterscheidet zwischen zwei Phasen, nämlich der Phase der normalen Wissenschaft und der revolutionären Phase.

Phase der normalen Wissenschaft Das Forschungsgebiet ist an ein zentrales Paradigma gebunden, das den theoretischen Rahmen für einen Wirklichkeitsbereich darstellt. Die weitere Forschung in diesem Gebiet gruppiert sich um dieses Paradigma. In diesem Rahmen werden Experimente gemacht und nach Erklärungen gesucht. Passt ein Experiment (eine Anomalie) nicht mehr ins Schema, so wird zunächst versucht das Experiment zu ignorieren oder die Anomalie wegzuerklären oder den Geltungsbereich einzuschränken.

Paradigmenwechsel – „Revolutionärer" Übergang Wird die Anzahl der Anomalien zu groß, so muss das alte Paradigma durch ein neues abgelöst werden. Beispiel aus der Physik: im Mikrokosmos muss man vom Paradigma der klassischen Physik (Planetengesetze) zum Paradigma der Quantentheorie (Wasserstoffatom) übergehen.

Die Kuhnsche Betrachtungsweise erklärt, warum die Wissenschaft
- über lange Zeit langsam und stetig voranschreitet:
  In dieser Zeit werden im Rahmen des alten Paradigmas alle Möglichkeiten ausgeschöpft, die Phänomene zu erklären.
- aufgrund von Anwendungsgrenzen des alten Paradigmas – nach einem Paradigmenwechsel – stürmisch in eine neue Phase eintritt, in der die Forschung ein neues Paradigma benötigt. Dabei muss auch das Verhältnis zum alten Paradigma erklärt werden.

1.3.1.4 Evolution als Beispiel der Entwicklungsdynamik

Darwin erklärte den grundlegenden Entwicklungsprozess in der Biologie durch das Zusammenspiel von Mutation und Selektion. Die Evolutionslehre als umfassendes Entwicklungstheorem fasst drei Hauptelemente zusammen:
- Zufall (über Mutationen)
- Notwendigkeit d. h. Kausalität und Quasi-Determinismus (Anpassung über Selektion)
- Teleologie: Zielgerichtetheit als emergentes Ergebnis des Ausleseprozesses

Wegen des Wechselspiels von Zufall und Notwendigkeit bringt die Evolution eine geringe Voraussagemöglichkeit und damit eine große Offenheit mit sich. Erklärungen sind nicht nach vorn sondern nur retrospektiv möglich im Gegensatz zu einem rein deterministisch-kausalen Erklärungsschema.

1.3.2 Eigenständige Methoden des Verstehens in den Geistes- und Sozialwissenschaften

In Abschnitt 2 wurde schon auf die Unterschiede der Objektbereiche und die Rolle des Wissenschaftlers in den Geistes- und Sozialwissenschaften so wie den Naturwissenschaften hingewiesen. In der Naturwissenschaft steht der Wissenschaftler einer von ihm unabhängigen Objektwelt gegenüber, deren Struktur er durch hypothetische Modelle, die bei umfassender Bewährung zu Theorien heranreifen, zu erklären versucht.

In der Geisteswissenschaft steht er als Mensch und Mitglied der Gesellschaft per **Analogie** den von ihm untersuchten Objekten, also den miteinander wechselwirkenden Menschen gegenüber. Daraus ergeben sich eigenständige Methoden des Verstehens in den Geistes- und Sozialwissenschaften. Diese Methoden werden im Folgenden erörtert.

1.3.2.1 Idiographische versus nomothetische Wissenschaft

Wilhelm Windelband (1848–1915) hebt folgende Unterschiede zwischen Geistes- und Naturwissenschaften hervor:
- In den Geisteswissenschaften (z. B. Historik) sind die Phänomene einmalig und nicht wiederholbar. Es entsteht eine idiographische Wissenschaft, die das Einmalige beschreibt.
- In den Naturwissenschaften sind die Phänomene reproduzierbar. Es ergeben sich Naturgesetze, also eine nomothetische Wissenschaft, die die Gesetze ihres Wirklichkeitsbereichs, also das Universelle sucht.

1.3.2.2 Hermeneutik

Im Gegensatz zur Naturwissenschaft, in der zunächst abgrenzbare Teilgebiete erklärt werden können, zielt die Hermeneutik auf das Verständnis des Ganzen.

Hermeneutischer Zirkel

Der hermeneutische Zirkel ist eine Methode, mit der die Teile durch das Ganze und das Ganze durch die Teile erschlossen wird.

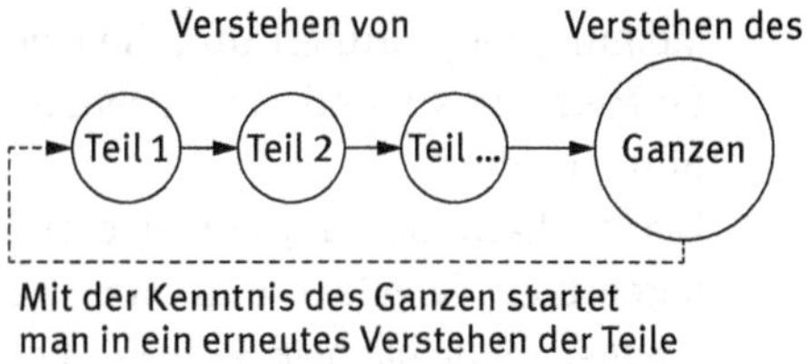

Abb. 1.1. Hermeneutischer Zirkel: Mit der Kenntnis des Ganzen startet man ein erneutes Verstehen der Teile.

Betrachtet man die Auslegung eines Textes, so können die Teile z. B.
- die einzelnen Abschnitte sein, für die sich nach Lesen des Ganzen ein neues Verständnis ergibt.
- der Text selbst sein sowie andere Texte, die in dieser Zeit und Region entstanden sind. So kann man den Ursprungstext in seinem Umfeld verstehen und sich per Analogie in die Situation eines anderen Menschen versetzen.

Bei mehrfachem zirkulärem Durchgang ergibt sich so ein erweitertes Verständnis für das Ganze. Vertreter dieser Methode sind Wilhelm Dilthey (1833–1911) und Friedrich Schleiermacher (1768–1834). Nach Schleiermacher ermöglichen Gefühl und Einfühlungsvermögen das Verstehen. Hierbei versetzt sich ein Mensch per Analogie in die Situation eines anderen Menschen. Man geht hierbei davon aus, dass alle Menschen gleichartig fühlen und denken. Dabei muss man sich aber stets die kritische Frage stellen, ob man einen antiken Text oder ein Zeugnis aus einer fremden Kultur richtig versteht.

In den Naturwissenschaften gibt es demgegenüber kein Hineinversetzen per Analogie. Das Erklären durch Theorien geschieht bzgl. einer dem Menschen fremden Objektwelt.

Hermeneutische Spirale

Hans-Georg Gadamer (1900–2002) erweitert den hermeneutischen Zirkel zur hermeneutischen Spirale.

Für einen erfolgreichen Dialog muss man auf den Gesprächspartner eingehen und sein Vorverständnis kennenlernen. Bei einer offenen Gesprächsführung, in der beide Seiten bereit sind, die Argumente der Gegenseite mit einzubeziehen, kommt man nach mehreren Zyklen zu einer Horizontverschmelzung.

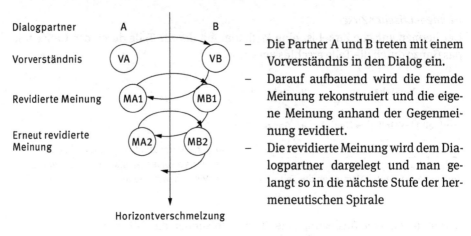

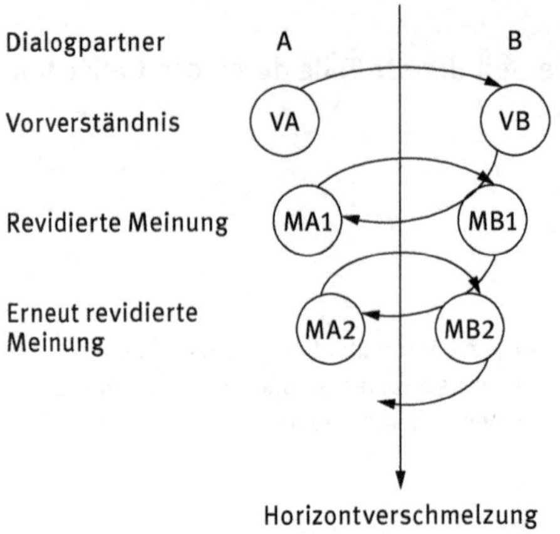

- Die Partner A und B treten mit einem Vorverständnis in den Dialog ein.
- Darauf aufbauend wird die fremde Meinung rekonstruiert und die eigene Meinung anhand der Gegenmeinung revidiert.
- Die revidierte Meinung wird dem Dialogpartner dargelegt und man gelangt so in die nächste Stufe der hermeneutischen Spirale

Abb. 1.2. Hermeneutische Spirale: Horizontverschmelzung der Dialogpartner.

Theorie der kommunikativen Kompetenz

Jürgen Habermas (*1929) vollendet die Hermeneutik zur Theorie der kommunikativen Kompetenz

- Der „herrschaftsfreie Dialog in unbegrenzter Interpretationsgemeinschaft" soll die Garantie für das Erreichen eines quasi-objektiven Resultats sein.
- Diese Garantie kann allerdings bezweifelt werden. Da die unbegrenzte Interpretationsgemeinschaft außerhalb ihrer selbst keine Wahrheitskriterien hat, kann sie in eine kollektive ideologische Interpretationsfalle hineingeraten (selffulfilling prophecy).

1.3.2.3 Dialektik

Die Dialektik ist eine wissenschaftliche Methode zum Verständnis der Dynamik in der menschlichen Gesellschaft. Dabei sind sich widersprechende, gegensätzliche Meinungen, die aus Zielkonflikten (z. B. Klassenkonflikten) hervorgehen, konstitutiv.

Hegel

Georg Wilhelm Friedrich Hegel (1770–1831) sieht die Dialektik als das Grundphänomen der Weltdynamik, welches von Gott, dem Weltgeist hervorgebracht wird. Ihm zufolge geschieht dies in einem dialektischen Dreischritt

- Eine These A bestimmt das Geschehen.
- Ihr gegenüber entwickelt sich eine Antithese NichtA.
- Schließlich entsteht eine Synthese B, die A und NichtA umfasst.

Eine Iteration des Dreischritts ist möglich.

B wird als These gesetzt. Es folgt NichtB als Antithese, schließlich entsteht die Synthese C.

Hegel fasste die Antithese als logischen Widerspruch zur These auf.

Popper

Karl Popper (1902–1994) kritisiert diese Auffassung

- Wenn die Antithese ein logischer Widerspruch zur These ist, dann können sie nie gemeinsam existieren, also nicht zur Synthese zusammen wachsen
- Deswegen müssen These und Antithese vielmehr als Spannung erzeugender Gegensatz verstanden werden.

Marx

Karl Marx (1818–1883) entwickelte den Dialektischen Materialismus (Diamat).

In der Gesellschafts-Philosophie von Marx wurde die Dialektik von Hegel beibehalten, jedoch der Weltgeist durch die Materie ersetzt.

- Bei Hegel steuerte der Absolute Geist die Weltprozesse.
- Bei Marx war die Materie primär, der Geist ihr Überbau.

Damit entstanden die beiden ideologischen Lager der Materialisten und Idealisten.

Engels

In seiner Dialektik der Natur versuchte Friedrich Engels (1820–1895) eine Erweiterung der Dialektik der Gesellschaft von Marx auf die Dialektik der Natur. Sie sollte durch folgende Grundschritte charakterisiert sein:

- Umschlag von Quantität in Qualität (wenn das Wasser kocht)
- Einheit und Kampf der Gegensätze
- Negation der Negation

Die Dialektik der Natur hat allerdings in der Naturwissenschaft keine Verwendung gefunden. Vielmehr wird die Dynamik der Natur (z. B. Phasenübergänge) durch Theorien beschrieben, die der normalen (mathematischen) Logik gehorchen.

1.3.2.4 Verallgemeinerte Evolutionstheorie

Durch ein erweitertes Verständnis der Begriffe „Mutation“ und „Selektion“ konnte die Evolutionstheorie in andere Wissenschaftsbereiche übertragen werden.

Beispiel: Evolutionäre Ökonomik als Zweig der modernen Wirtschaftswissenschaft

- Mutationen entsprechen spontan auftretenden Innovationen
- Der Selektion entspricht der Auswahlprozess, der zwischen den Waren am Markt stattfindet.

1.4 Einordnung wissenschaftstheoretischer Positionen

1.4.1 Erklären und Verstehen

Das Ziel der Naturwissenschaft ist das **Erklären** von subjektunabhängigen, objektiven Sachverhalten durch Einbettung in universell gültige Theorien. Methodischer Ausgangspunkt sind konkurrierende Hypothesen, die einem qualitativen und quantitativen Verifikations- und Falsifikationsprozess unterworfen werden. Dabei scheiden falsche Hypothesen aus. Bewährt sich eine Hypothese als qualitativ und quantitativ umfassend zutreffend in einem Wirklichkeitsbereich, so erhält sie den Rang einer **Theorie**.

Das Ziel der Geisteswissenschaften ist das **Verstehen** von Denk-, Gefühls- und Handlungsweisen von Menschen durch Einbettung in umfassende Verstehenszusammenhänge. Methodischer Ausgangspunkt ist die **Analogie** zwischen letzten Endes gleichartigen Menschen und die daraus folgende Möglichkeit, sich in deren Verhaltensweisen hineinversetzen zu können. Dies wird in der Hermeneutik systematisiert und in der Dialektik zur gesellschaftlichen Grunddynamik verallgemeinert.

1.4.2 Dialektik

Die Begrifflichkeit der Dialektik hat ihre Tradition vor allem in der Philosophie der großen Systeme. Für Hegel war die Dialektik mit dem Dreischritt These – Antithese – Synthese logischer Grundprozess, mit dem der Weltgeist die – primär gesellschaftliche – Dynamik bewirkte. Die Verwechslung von „Gegensätzlichen Zielen“ mit „Logischem Widerspruch“ wirkte sich dabei verhängnisvoll aus.

Auch für Marx, der nur „Geist“ durch „Materie“ ersetzte, blieb die Dialektik die entscheidende treibende Kraft der Gesellschaftsentwicklung. Dialektik war auch das Zentrum des inzwischen zur Staatsideologie degenerierten „Diamat“, der zugleich die Konfrontation zwischen „Materialismus“ und „Idealismus“ vorantrieb. Da die Dialektik eher auf gesellschaftliche Prozesse anwendbar ist und mathematischen Methoden fernsteht, findet sie primär in der Geisteswissenschaft Anklang, während sie in den Naturwissenschaften keine bleibende Spur hinterließ.

1.4.3 Verallgemeinerte Evolutionstheorie

Die Evolutionslehre, die zunächst in der Biologie (Naturwissenschaft) entstand, erwies sich sowohl auf die Erklärung konkreter Phänomene anwendbar, als auch erstaunlich verallgemeinerungsfähig, sodass sie zu einem übergreifenden Erklärungsschema heranreifte. Der Grund der großen Anwendungsbreite ist, dass sie sowohl deterministisch-kausale wie zufällige Elemente in sinnvoller Kombination enthält und auch das Erreichen von Zwecken (z. B. in der Biologie) als emergente Phänomene verständlich macht. Sie ist daher sowohl in der Naturwissenschaft wie in der Geisteswissenschaft als Interpretationsrahmen brauchbar. Allerdings wird ihre umfängliche Deutungsfähigkeit durch den Verlust an Vorhersagbarkeit erkauft. Evolution kann nur das Vergangene erklären, lässt aber die Zukunft weitgehend offen.

1.5 Metapositionen (Zusammenhang zwischen den Positionen)

Die in den verschiedenen Gebieten weiterentwickelte Wissenschaft führte auch zu verschiedenen wissenschaftstheoretischen Positionen. Diese behandelten primär die zu verschiedenen Objektbereichen gehörenden angemessenen Methoden. Da die Objektbereiche verschiedene Struktur, insbesondere verschiedene Komplexitätsgrade haben, müssen sich auch die jeweils angemessenen wissenschaftlichen Methoden unterscheiden.

Die Metapositionen betreffen nun das Verhältnis zwischen den Positionen, d. h. ihren Zusammenhang, oder auch ihre Inkommensurabilität, so wie ihre gemeinsame Zielrichtung.

Vor der Betrachtung der übergreifenden Zusammenhänge müssen aber Fehlentwicklungen genannt werden, die zur neuen Unübersichtlichkeit (Habermas) und zur entsprechenden Verunsicherung geführt haben. Sie sind auch einer der Gründe, die zum Auseinanderdriften der zwei Kulturen, nämlich der geisteswissenschaftlich und naturwissenschaftlich dominierten Zweige der Kultur, geführt haben.

1.5.1 Postmoderne Fehlentwicklungen

Einige Fehlentwicklungen entstehen durch schlichte Missverständnisse aus Unkenntnis, aber trotzdem mit hochtrabendem Anspruch. Hierzu einige Beispiele:

– Die Relativitätstheorie sagt (angeblich)	Alles ist relativ
– Die Quantentheorie sagt (angeblich)	Alles ist unscharf

- Der Mathematiker Gödel sagt (angeblich) Die Logik ist unvollständig
- Der Wissenschaftstheoretiker Kuhn sagt (angeblich)
  Wissenschaft besteht aus einander abwechselnden inkommensurablen Paradigmen
- Viele positivistische Wissenschaftstheoretiker sagen
  Die Naturwissenschaft besteht nur aus Modellen; diese sind nur zweckmäßige Denkschemata „als ob" sich die Natur so verhielte, mehr nicht!

Der gemeinsame Nenner dieser Fehlaussagen ist die Leugnung des Erkenntnisfortschritts überhaupt durch Relativierung aller Aussagen. Angeblich seien alle wissenschaftlichen Ergebnisse nur sozio-kulturell bedingt. Die ja tatsächlich stattfindende historische Entwicklung der Wissenschaft einschließlich ihrer Methoden und Methodenkritik sei ausschließlich an Kulturen und ihre sich angeblich gleichwertig abwechselnden Perioden gebunden.

Mit anderen Worten: Es wird behauptet, es herrsche vollständiger Kulturrelativismus und damit einhergehend vollständiger Wissenschaftsrelativismus (mit inkommensurablen, aber gleichberechtigten Weltbildern).

1.5.2 Historische Entwicklung und wissenschaftlicher Fortschritt

Die obigen Fehlaussagen leugnen den Erkenntnisfortschritt als solchen durch totale Relativierung.

Das Hauptprinzip, mit dem die Fehlaussagen widerlegt werden können und das die Natur des wissenschaftlichen Fortschritts erkennen lässt, ist das

Inklusionsprinzip.

Es besagt:
Wenn eine alte Theorie sich in einem Teilbereich der Wirklichkeit qualitativ und quantitativ im Rahmen der Beobachtungsgenauigkeit bewährt hat, dann muss eine neue Theorie für den erweiterten Wirklichkeitsbereich
- die neuen Phänomene erklären und
- die für den alten Teilbereich gültige alte Theorie als Spezialfall mit enthalten.

Das heißt: Die neue Theorie ist eine echte Erweiterung. Sie behält das Gelten der alten Theorie im kleineren alten Wirklichkeitsbereich bei und wirft sie nicht weg.

In diesem Sinne ist die neue Theorie dann ein echter Fortschritt der Wissenschaft, denn sie schließt ja die alten Ergebnisse ein.

Die großen Theorieerweiterungen der Physik, nämlich die Relativitätstheorie und die Quantentheorie, genügen dem Inklusionsprinzip. Denn sie enthalten die klassische Physik als Grenzfall bzw. Spezialfall in einem beschränkten Wirklichkeitsbereich.

Das geschah in einer historischen Entwicklung, welche dann also nicht per se den Fortschritt relativiert. Die neuen Theorien machten aber eine neue erweiterte Begrifflichkeit notwendig.

Nur insofern kann man von einem Paradigmenwechsel sprechen. Dieser war aber weder irrational noch inkommensurabel. Vielmehr sind z. B. partieller Indeterminismus im Mikrokosmos mit dem alten makroskopischen Wirklichkeitsbereich insofern kompatibel als für den Makrokosmos nach wie vor die alten Begriffe (Kausalität, weitgehender Determinismus) der klassischen Physik anwendbar bleiben, und als Grenzfall aus der Quantentheorie hergeleitet werden können.

Der Fall der Theorien-Entwicklung in der Physik zeigt aber zugleich, wie der Fortschritt aufzufassen ist, wenn es um neue, komplexe Wirklichkeitsbereiche geht, die mit neuen, an den neuen Wirklichkeitsbereich gebundenen Begriffen zu erfassen sind. Das betrifft auch die Position der Hermeneutik, der Dialektik und insbesondere der Evolution. Das Inklusionsprinzip gilt nämlich auch hier, denn die Evolutionstheorie z. B. ist ja gerade deshalb so umfassend anwendbar, weil sie sowohl deterministische wie zufallsbedingte Entwicklungselemente umfasst, wobei jeweils die Begrifflichkeit für die Teilgebiete weiterhin gilt, also einbegriffen bleibt.

Der Fortschritt führt dann zwar zu einer ständigen Erweiterung des erkannten Bereichs mit einer erweiterten adäquaten Begrifflichkeit. Das führt andererseits aber nicht zu einer endgültigen begrifflichen Erkennbarkeit der Wirklichkeit. Vielmehr hängt der Bereich des begrifflich Erkennbaren eben an der Tragweite der Begrifflichkeit überhaupt. Dabei ist diese letzte Einsicht eigentlich nur eine unüberschreitbare Tautologie.

1.5.3 Historische Entwicklung der Kulturen

Während der Fortschritt der wissenschaftlichen Erkenntnis vermöge des richtig angewandten Inklusionsprinzips als grundsätzlich gesichert angesehen werden kann, gilt das für den Fortschritt hinsichtlich der Gesellschaftsentwicklung innerhalb und zwischen den Kulturen leider nicht mit Sicherheit.

Für diese ist nicht die wissenschaftliche Erkenntnis als solche, sondern ihre praktische Anwendung wesentlich. Diese ist aber ambivalent. Die Anwendungen können konstruktiv oder destruktiv sein, gut oder böse. Das hängt von den Entscheidungen in der Menschheit ab. Darüber hinaus spielen Ideologien eine wichtige Rolle.

Das Analogon zu dem Inklusionsprinzip der Wissenschaftsentwicklung gibt es hier nicht. Vielmehr ist die Gesamtentwicklung der Menschheit ein offener Prozess mit möglichen Fortschritten, aber auch Rückschritten, für dessen Verlauf wir alle mitverantwortlich sind.

Begriffe

ad hoc eigens zu einem speziellen Zweck gebildete, d. h. nicht verallgemeinerungsfähige Hypothese, die nie zur allgemein gültigen Theorie heranreifen kann, weil sie sich „ad hoc" (nur auf dieses Einzelphänomen) bezieht
ambivalent zwiespältig, doppelwertig
apriori von der Erfahrung unabhängig, allein mit der Vernunft durch logisches Schließen gewonnen, z. B. Logik, reine Mathematik
aposteriori von der Erfahrung abhängige Begrifflichkeit und Erkenntnis, z. B. die Naturgesetze
ceteris paribus unter sonst gleichen Verhältnissen
Deduktion Ableitung eines Einzelphänomens aus dem allgemeinen (Natur-) Gesetz.
deskriptiv die Fakten, das Sein ohne Wertung beschreibend
destruktiv zersetzend, zerstörend
Determinismus eindeutige Bestimmtheit des Geschehens
Dialektik
1. innere Gegensätzlichkeit (Hegel)
2. Dialektischer Materialismus: Die sich in antagonistischen Widersprüchen und Gegensätzen bewegende Entwicklung von Geschichte, Ökonomie und Gesellschaft

Emergenz Neue nicht voraussagbare Qualitäten beim Zusammenwirken mehrerer Faktoren
empirisch erfahrungsgemäß, dem Experiment entnommen
haptisch mit Händen greifbar
Hermeneutik Wissenschaftliches Verfahren der Auslegung und Erklärung von Texten und Geschehnissen
Hypothese zunächst unbewiesene Annahme von Gesetzlichkeiten, die erst durch experimentelle Nachweise zu verifizieren oder zu falsifizieren ist
idiographisch das Eigentümliche, Einmalige, Singuläre beschreibend
Indeterminismus Geschehen, welches nicht oder nur teilweise durch Bedingungen und Naturgesetze bestimmt und insoweit zufällig ist.
Induktion Wissenschaftliches Vorgehen, welches vom besonderen Einzelfall auf das Allgemeine, Gesetzmäßige schließt
Inklusion Einschließung, Einschluss
inkommensurabel nicht messbar, einen Vergleich nicht zulassend
Isomorphie Gleichheit der Gestalt oder Ähnlichkeit der Form, von Beziehungen oder der Struktur.
Intersubjektivität Gleichheit der Beurteilung eines Ergebnisses durch verschiedene Personen
kohärent logisch zusammenhängend
konstruktiv aufbauend, einen brauchbaren Beitrag liefernd
konstitutiv Das Bild der Gesamtheit bestimmend

Konvergenz Annäherung, Übereinstimmung von Meinungen und Zielen

Kulturrelativismus Der Kulturrelativismus betont den Pluralismus der Kulturen und postuliert, dass Kulturen nicht verglichen oder aus dem Blickwinkel einer anderen Kultur bewertet werden können.

normativ als Norm geltend, maßgebend, als Richtschnur dienend und präskriptiv, wertend, das Sein-sollen durch Normen vorschreibend

nomothetisch auf die Aufstellung von Gesetzen, auf die Auffindung von Gesetzmäßigkeiten zielend

Objektivität Objektivität ist die Unabhängigkeit der Beschreibung eines Sachverhalts von der Meinung eines Beobachters

Ontologie Lehre vom Sein, von den Ordnungs-, Begriffs-, und Wesensbestimmungen des Seienden

operationalistisch Begriffe präzisierend durch Angabe von Denkweisen, mit denen der Sachverhalt deutlicher erfasst werden kann

Paradigma Denkmuster oder grundlegendes Beispiel, welches das wissenschaftliche Weltbild oder die Theorien einer Zeit prägt

Paradigmenwechsel Wechsel von einer wissenschaftlichen Grundauffassung zu einer anderen.

Persistenz Beharrlichkeit, Ausdauer. Bestehenbleiben eines Zustands über längere Zeiträume

Physikalismus allein mit den Methoden der Physik erfolgende Beschreibung biologischer Prozesse und Lebensvorgänge

Positivismus Philosophische Richtung, die ihre Forschung auf das Positive, Tatsächliche, Wirkliche und Unmittelbare beschränkt, sich allein auf direkt Erfahrbares (Protokollsätze) beruft und jegliche Metaphysik als theoretisch unmöglich und praktisch nutzlos ablehnt.

Reproduzierbarkeit Reproduzierbarkeit oder Wiederholbarkeit bedeutet allgemein die Möglichkeit, etwas wiederholen, noch einmal machen zu können oder wiederholt herstellen zu können oder denselben Weg noch einmal gehen zu können. Unter gleichen Bedingungen erhält man das gleiche (immer wieder beobachtbare) Resultat. Voraussetzung: „ceteris paribus“ d. h. unter sonst gleichen Verhältnissen.

Separabilität Möglichkeit der Aufteilung eines Erfahrungsgebietes in voneinander weitgehend unabhängige Teilgebiete

Signifikanz Bedeutsamkeit, Wesentlichkeit

Tautologie Doppelte Wiedergabe eines Sachverhaltes (schwarzer Rappe)

Teleologie Lehre von der Zielgerichtetheit und Zielstrebigkeit einer Entwicklung

Vollständige Induktion Mathematische Beweismethode, nach der eine Aussage (A_n) für alle natürliche Zahlen bewiesen wird. (Schluss von n auf $n + 1$)

2 Ausgewählte Begriffe der Mathematik

Vorbemerkung

Dieses Kapitel erfüllt nur bescheidene Ansprüche. Es geht nicht um „Grundbegriffe der Mathematik" sondern um die Erinnerung an einen minimalen Satz von mathematischen Begriffen, die für Anwendungen in der Physik unerlässlich sind. Diese werden zwar schon am Gymnasium vermittelt, geraten aber bei Nicht-Naturwissenschaftlern möglicherweise in Vergessenheit.

Zugleich ist aber an dieser Stelle eine allgemeine Bemerkung zum Verhältnis zwischen Mathematik und Physik angebracht. Man muss nämlich zwischen reiner Mathematik und ihrer Anwendbarkeit in den Naturwissenschaften, speziell in der Physik, begrifflich deutlich unterscheiden. (Dies wird allerdings keineswegs immer beachtet.)

Die reine – also (noch) nicht angewandte – Mathematik ist ein jenseits von Raum und Zeit in sich ruhendes Netzwerk abstrakter Begriffe. Sie gehört insofern der reinen Welt des Geistes an. Ihre Grundbegriffe sind durch logisch widerspruchsfreie *Axiomensysteme charakterisiert und zugleich definiert*, das heißt erst dadurch ist ihre Existenz im Bewusstsein repräsentiert. (Man denke etwa an die reine Zahlentheorie oder an die Gruppentheorie.) Die Struktur dieser Begriffswelten ergibt sich per definitionem dadurch, dass man unter ausschließlicher Anwendung rein logischer Schlussweisen Schlussfolgerungen aus den Axiomen *„deduktiv"* ableitet. Die so entstehenden mathematischen Sätze sind *apriorisch wahre Aussagen*. Es sind gültige, sichere, jedoch „nur" *analytische Sätze*. Denn ihre Aussagen enthalten nicht mehr als das, was in den vorausgesetzten Axiomen schon implizit enthalten ist. Eine darüber hinausgehende *„synthetische" Aussage über die reale Welt enthalten sie als solche nicht*. (Deshalb bringt die Kenntnis der reinen Mathematik als solche noch kein Wissen über die außerhalb der reinen Geisteswelt existierende Wirklichkeit mit sich!)

Nun stellt sich allerdings ein erfreulicher Sachverhalt heraus: Das Begriffsarsenal der Mathematik erweist sich als erstaunlich geeignet, um quantitative, also ziemlich präzise hypothetische Modelle zur Erfassung der *Wirklichkeit* aufzustellen, die im Falle der Bewährung zu Theorien, also Aussagen über Teilbereiche der Wirklichkeit, heranreifen können.

Dieses Zustandekommen eines Zusammenhangs zwischen der mathematischen Begriffswelt und der realen Wirklichkeit ist dabei evolutionstheoretisch zunächst durchaus plausibel, weil für den Homo sapiens eine abstrakte Begriffswelt als Mittel zur Erfassung seiner natürlichen Umwelt zunehmend wichtiger wurde.

Erstaunlich bleibt allerdings, dass die Begriffswelt der Mathematik bald ein *Eigenleben eigener Provenienz* entwickelte, welches weit über die unmittelbar evolutionär begründbaren Orientierungsanforderungen an den Menschen in der realen Welt hinausging und -geht.

So zeigte sich, dass oft geniale Mathematiker – solche wie Gottfried Wilhelm Leibniz (1646–1716), Carl Friedrich Gauß (1777–1855), Bernhard Riemann (1826–1866), David Hilbert (1862–1943) – zunächst abstrakte Begriffssysteme der reinen Mathematik entwickelten. Erst daraufhin erwiesen sich diese dann geradezu im Sinne einer *„prästabilierten Harmonie"* zwischen abstrakter Begriffswelt und Wirklichkeitsstruktur als geeignet für die theoretische Erfassung der Realität.

Dies ist ein keineswegs selbstverständlicher Glücksfall.

Er führte dazu, dass sich nun auch Mathematiker um Anwendungen ihrer Mathematik kümmerten und andererseits Physiker die mathematischen Strukturen ihrer Naturgesetze untersuchten. Das kommt auch in den folgenden Kapiteln 3 bis 11 zum Ausdruck.

Allerdings bleibt die Frage nach der *Tragweite der Anwendbarkeit von Mathematik auf die Beschreibung der Natur* ein immer wieder spannendes und nie endgültig entscheidbares Problem.

2.1 Funktionen

Eine Funktion $y = f(x)$ ist eine (i. a. quantitative, zahlenmäßige) Zuordnungsvorschrift: Es wird jeder Zahl x (oder mehreren Zahlen $x_1, x_2, \dots x_n$) eine Zahl y zugeordnet.

- x bzw. $x_1, x_2, \dots x_n$ unabhängige Variable
- y abhängige Variable

2.1.1 Beispiele

2.1.1.1 Polynome

Die allgemeine Form eines Polynoms n-ter Ordnung in der Variablen x ist

$$y = a_0 + a_1 x + a_2 x^2 + \cdots + a_n x^n$$

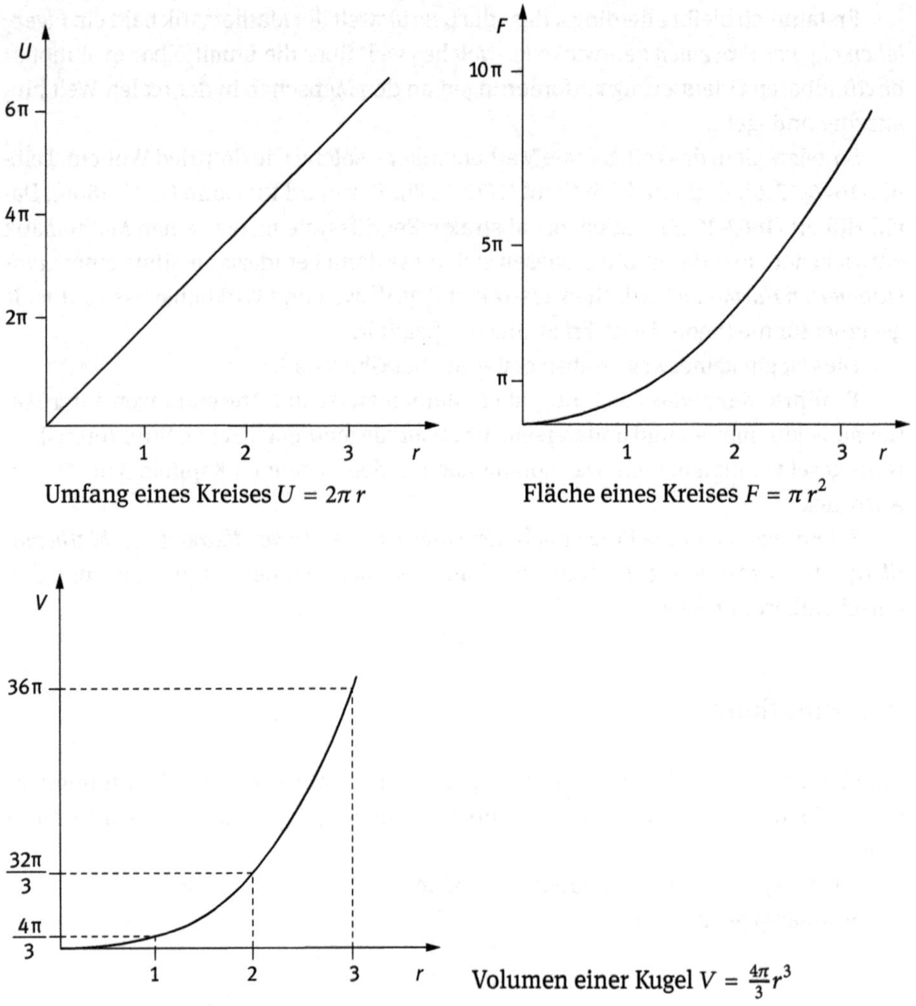

Abb. 2.1. Graphische Darstellung einfacher Funktionen.

2.1.1.2 Trigonometrische Funktionen

$y = \sin\varphi,\ y = \cos\varphi,\ y = \tan\varphi,\ y = \cot\varphi$

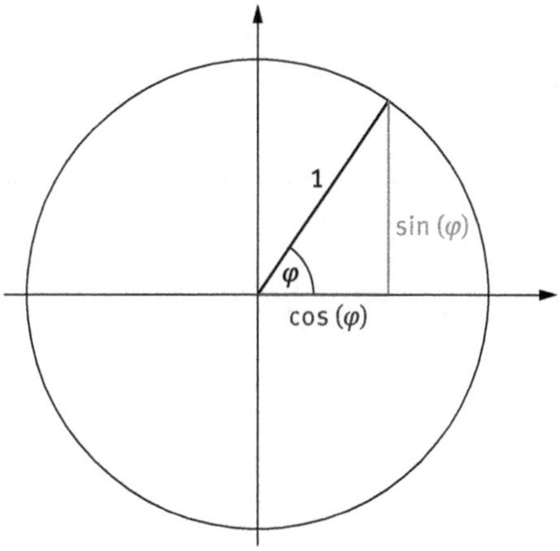

φ wird im Bogenmaß gemessen. (Länge des Bogens auf dem Einheitskreis).
Weitere trigonometrische Funktionen

$$\tan\varphi = \frac{\sin\varphi}{\cos\varphi}$$

$$\cot\varphi = \frac{\cos\varphi}{\sin\varphi}$$

Abb. 2.2. Trigonometrische Funktionen: Periodische Funktionen der Bogenlänge φ auf dem Einheitskreis.

Trigonometrische Funktionen sind periodische Funktionen.

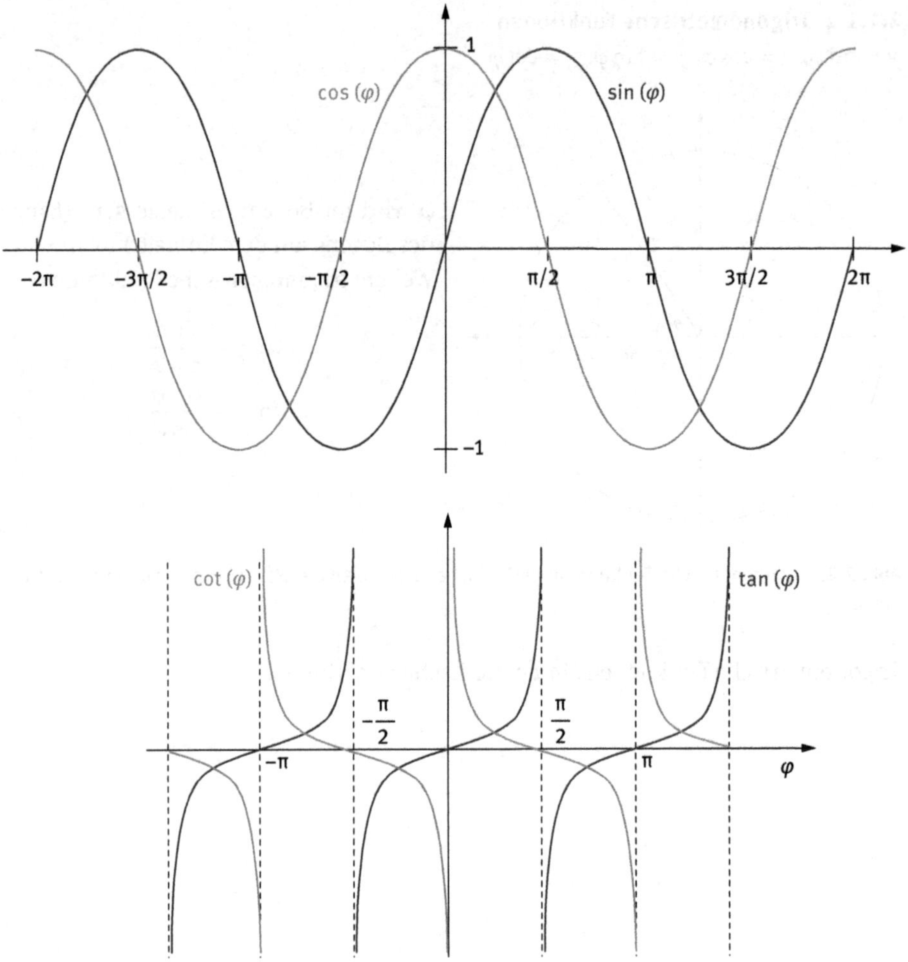

Abb. 2.3. Graphische Darstellung der Trigonometrischen Funktionen.

2.1.1.3 Exponentialfunktionen

$y = 2^x$, $y = 10^x$, $y = e^x$ zur Basis 2, 10, e
($y = e^x$ wird auch $y = \exp(x)$ geschrieben)
e ... Eulersche Zahl 2,718 ...

2.1.1.4 Logarithmische Funktionen

$y = \log_a(x)$	$y =$ Logarithmus von x zur Basis a	
speziell:	Zehnerlogarithmus	$y = \lg(x)$
	natürlicher Logarithmus	$y = \ln(x)$

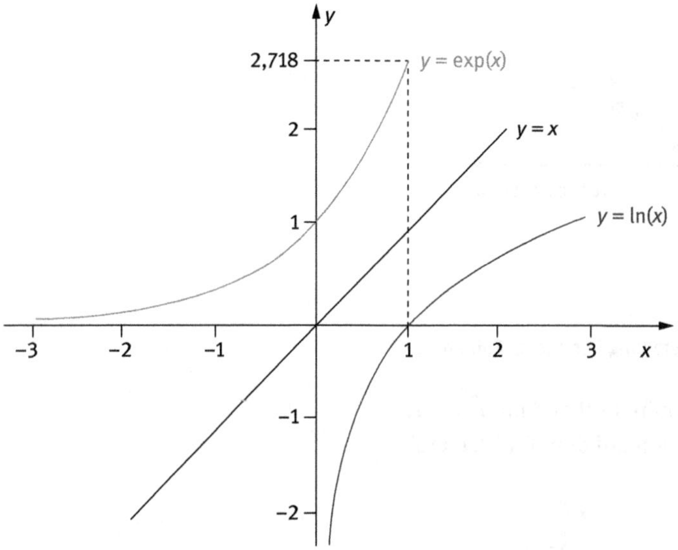

Abb. 2.4. Graphische Darstellung der Exponentialfunktion und der Logarithmischen Funktion.

2.1.2 Umkehrfunktion

$y = f^{-1}(x)$ ist die Umkehrfunktion (oder auch inverse Funktion) der Funktion $y = f(x)$. Grafisch erhält man die Umkehrfunktion $y = f^{-1}(x)$ durch Spiegeln der Funktion $y = f(x)$ an der 1. Winkelhalbierenden $y = x$.
Beispiel:
Der natürliche Logarithmus $y = \ln(x)$
ist die Umkehrfunktion der Exponentialfunktion $y = e^x$.

2.2 Komplexe Zahlen

2.2.1 Darstellung komplexer Zahlen

Eine komplexe Zahl $z = (x, y)$ kann in der komplexen Ebene
- in einem kartesischen (x, y) Koordinatensystem als $z = x + iy$
- oder durch ihren Betrag und den Winkel: $z = |z|e^{i\varphi}$ dargestellt werden.

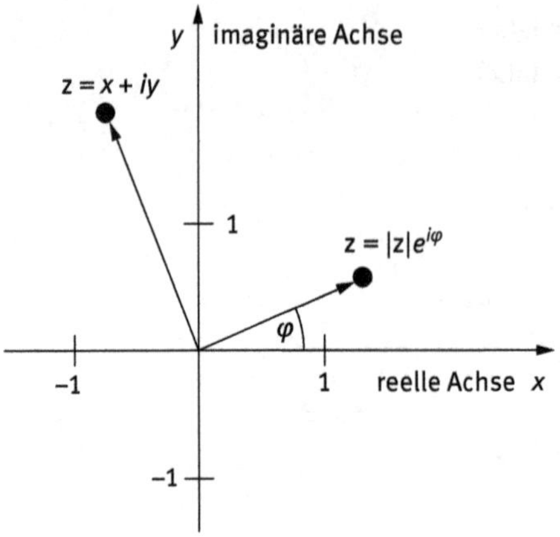

Abb. 2.5. Graphische Darstellung komplexer Zahlen.

$i = \sqrt{-1}$ ist die „imaginäre Einheit" mit $i^2 = -1$.
Die Potenzen von i liegen auf dem Einheitskreis:

	x	y
i	0	1
i^2	−1	0
i^3	0	−1
i^4	1	0

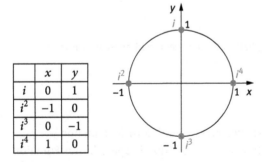

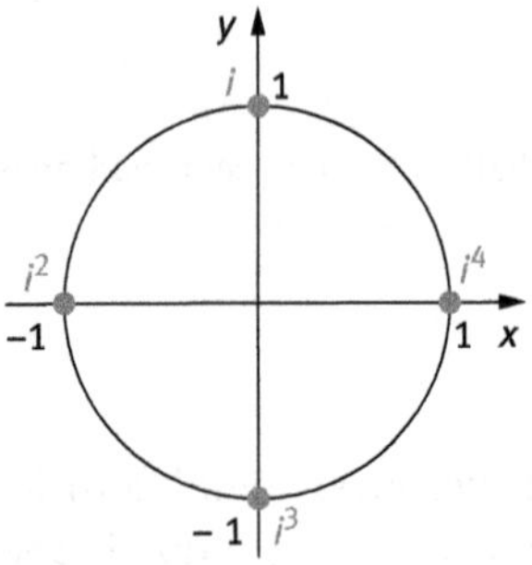

Abb. 2.6. Graphische Darstellung der Potenzen der imaginären Einheit i: Sie liegen auf dem Einheitskreis.

Die Werte $y = \exp(i\varphi)$ liegen auf dem Einheitskreis der komplexen Zahlenebene. Erinnerung: es ist $\exp(i\varphi) = \cos\varphi + i\sin\varphi$.

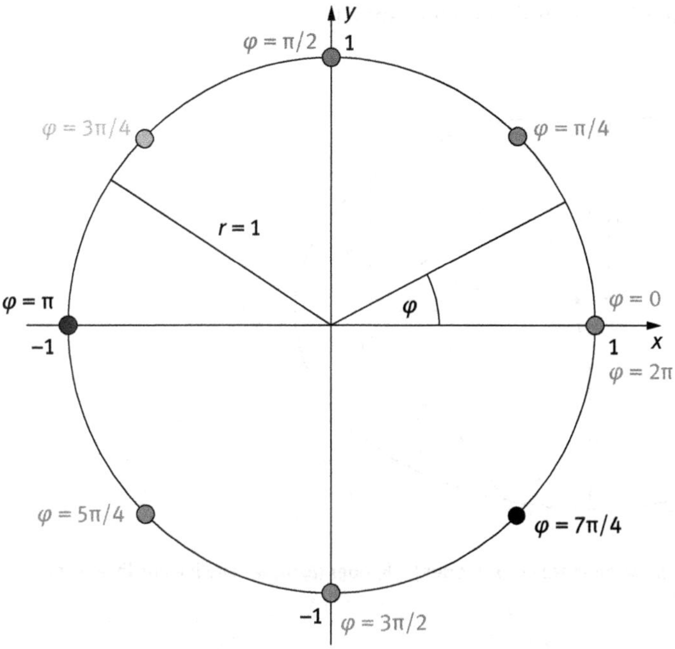

Abb. 2.7. Die Funktion $y = \exp(i\varphi) = \cos(\varphi) + i\sin(\varphi)$ auf dem Einheitskreis der komplexen Zahlenebene.

2.2.2 Funktionen komplexer Zahlen

Funktionswerte $w = f(z)$ komplexer Zahlen sind wieder komplexe Zahlen: $w = u(x, y) + iv(x, y)$.

Beispiel:

$$w = z^2 = (x + iy)^2 = x^2 + 2ixy + (iy)^2 = x^2 + (-1)y^2 + 2ixy = x^2 - y^2 + 2ixy$$

Es ist also: $u(x, y) = x^2 - y^2$ und $v(x, y) = 2xy$

2.3 Ellipse

Die Ellipse ist der geometrische Ort aller Punkte, für die die Summe der Entfernungen von zwei festen Punkten (Brennpunkten) konstant ist.

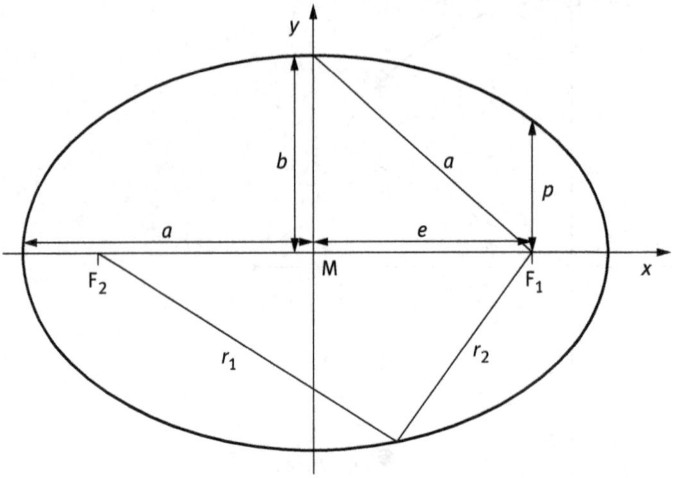

Abb. 2.8. Die Ellipse mit den Parametern (r_1, r_2), oder (a, b) oder (e, p), welche jeweils ihre Form festlegen.

- Diese Definition der Ellipse führt direkt zur „Gärtnerkonstruktion“:
  Man befestigt die Enden einer Schnur an zwei Nägeln (den Brennpunkten F_1 und F_2), die den Abstand haben $2e$. Die Schnur hat die Länge $2L$. Diese ist länger als der Abstand der beiden Brennpunkte ($2L = r_1 + r_2$). Fährt man mit dem Bleistift bei immer gespannter Schnur rund herum, so beschreibt die Bleistiftspitze eine Ellipse.
- Darstellung der Ellipse in kartesischen Koordinaten:

  $$\frac{x^2}{a^2} + \frac{y^2}{b^2} = 1$$

  a: große Halbachse, b: kleine Halbachse
  Der Ursprung des Koordinatensystems liegt im Mittelpunkt M der Ellipse.
  e: lineare Exzentrizität $e^2 = a^2 - b^2$
- Darstellung der Ellipse in Polarkoordinaten:

  $$r = \frac{p}{1 - \varepsilon \cos \varphi}$$

  p = Halbparameter, ε = numerische Exzentrizität, mit $\varepsilon = \frac{e}{a}$
  Der Ursprung des Koordinatensystems liegt im Brennpunkt F_2.

2.4 Infinitesimalrechnung

Infinitesimalrechnung ist die zusammenfassende Bezeichnung für die Differential- und Integralrechnung. Wichtige Wegbereiter waren unabhängig von einander Gottfried Wilhelm Leibnitz (1646–1716) und Isaak Newton (1642–1727).

2.4.1 Differentialrechnung

In der Differentialrechnung wird die Steigung der Tangente an die Kurve $y = f(x)$ an der Stelle x bestimmt.

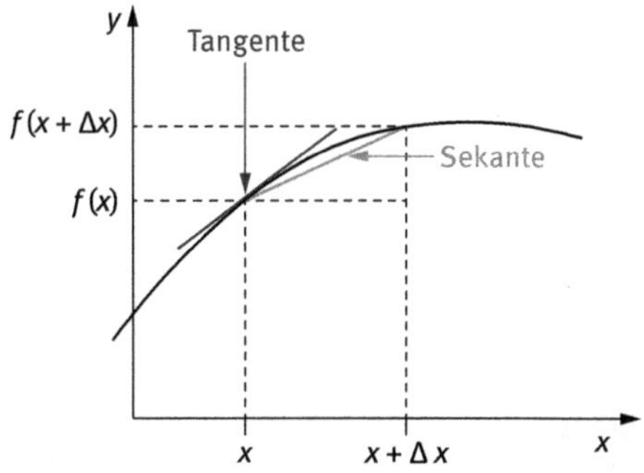

Abb. 2.9. Die Definition der ersten Ableitung bzw. des Differentialquotienten der Funktion $y = f(x)$.

Der Differenzenquotient der Funktion $y = f(x)$:

$$\frac{\Delta y}{\Delta x} = \frac{f(x + \Delta x) - f(x)}{\Delta x}$$

entspricht der Steigung der Sekante.

Lässt man $\Delta x \to 0$ gehen, so geht die Sekante in die Tangente über.

$$\frac{dy}{dx} = \lim_{\Delta x \to 0} \frac{f(x + \Delta x) - f(x)}{\Delta x} \equiv y'(x)$$

Mit dem Grenzübergang erhält man die Steigung der Kurventangente an der Stelle x. Man schreibt dafür $y'(x)$, $f'(x)$ oder $\frac{dy}{dx}$ und nennt diesen Ausdruck die (erste) Ableitung der Funktion $y = f(x)$.

Führt man die Ableitung weiter fort, so kommt man zur zweiten Ableitung ($y''(x)$, $f''(x)$ bzw. $\frac{d^2y}{dx^2}$) und anschließend zu den höheren Ableitungen.

2.4.2 Beispiel

$$y = x^2: \qquad y' = \lim_{\Delta x \to 0} \frac{(x + \Delta x)^2 - x^2}{\Delta x} = \lim_{\Delta x \to 0} \frac{x^2 + 2\Delta x \cdot x + \Delta x^2 - x^2}{\Delta x} = 2x$$

2.4.3 Funktionen mit ihren 1. und 2. Ableitungen

$y(x)$	x^n	$\sin x$	$\cos x$	$\exp(x)$	$\ln x$
$y'(x)$	nx^{n-1}	$\cos x$	$-\sin x$	$\exp(x)$	$1/x$
$y''(x)$	$n(n-1)x^{n-2}$	$-\sin x$	$-\cos x$	$\exp(x)$	$-1/x^2$

Extrema und Wendepunkte der Funktion $y = f(x)$ ergeben sich aus:

Extrema (Hoch- bzw. Tiefpunkte) $y'(x) = 0,\ y''(x) \neq 0$
Wendepunkte $y''(x) = 0$

2.4.4 Ableitungsregeln

Faktorregel	$(cf(x))' = cf'(x)$
Summenregel	$(u(x) + v(x))' = u'(x) + v'(x)$
Produktregel	$(u(x) \cdot v(x))' = u'(x) \cdot v(x) + u(x)v'(x)$
Quotientenregel	$\frac{d}{dx}\frac{u(x)}{v(x)} = \frac{u'(x) \cdot v(x) - u(x) \cdot v'(x)}{v^2(x)}$
Kettenregel	$\frac{df(g(x))}{dx} = \frac{df}{dg} \cdot \frac{dg}{dx}$

2.5 Differentialgleichungen

Zwischen einer Funktion und ihrer bzw. ihren Ableitungen können mathematische Beziehungen in Form von Gleichungen bestehen. Diese werden Differentialgleichungen genannt. Treten in der Differentialgleichung Ableitungen bis zur Ordnung n auf, so ist es eine Differentialgleichung n-ter Ordnung.

- Lösung der Differentialgleichung
  Eine Funktion ist Lösung der Differentialgleichung, falls sie die Differentialgleichung erfüllt.
- Allgemeine Lösung der Differentialgleichung
  Die Gesamtheit aller Lösungsfunktionen ist die allgemeine Lösung der Differentialgleichung.
- Spezielle Lösung der Differentialgleichung
  Spezielle (oder partikuläre) Lösungen der Differentialgleichung erhält man aus der allgemeinen Lösung durch Berücksichtigung zusätzlicher Bedingungen (Randbedingungen, Anfangsbedingungen)

2.5.1 Beispiele

Aus den unter 2.4.3 angegebenen Zusammenstellungen einiger Funktionen mit ihren Ableitungen erkennt man leicht die Lösung einfacher Differentialgleichungen

Differentialgleichung	Lösung	Allgemeine Lösung
$y'(x) = y(x)$	$y(x) = \exp(x)$	$y(x) = A\exp(x)$
$y''(x) + y(x) = 0$	$y(x) = \sin(x)$	$y(x) = A\sin(x) + B\cos(x)$

Kontrolle: Setzt man die Lösung bzw. die allgemeine Lösung in die Differentialgleichung ein, so sieht man, dass die Differentialgleichung erfüllt ist.

2.5.2 Beispiele aus der Physik

2.5.2.1 Radioaktiver Zerfall

Die Anzahl der Atome $dn(t)$, die innerhalb des Zeitintervalls dt zerfallen, ist proportional zur Anzahl der Atome $n(t)$ zur Zeit t.

$$\frac{dn(t)}{dt} = -\lambda n(t)$$

$n(t)$ Anzahl radioaktiver Atome zur Zeit t
λ Zerfallskonstante mit $\lambda T_{1/2} = \ln 2 = 0{,}693$

Allgemeine Lösung: $n(t) = A\exp(-\lambda t)$
Spezielle Lösung: $n(t) = n_0 \exp(-\lambda t)$
n_0: Anzahl der radioaktiven Atome zur Zeit $t = 0$.

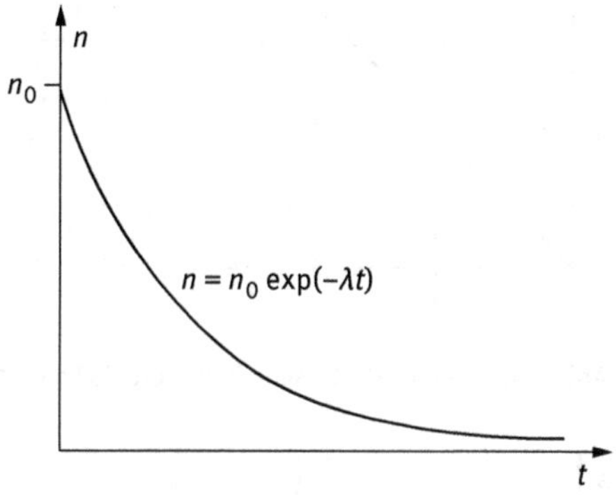

Abb. 2.10. Radioaktiver Zerfall als Lösung der Differentialgleichung $\frac{dn}{dt} = -\lambda n$.

2.5.2.2 Feder-Masse-Pendel

Eine Masse m, die an einer Feder hängt, wird nach unten ausgelenkt. An der Stelle x wirkt auf sie die rücktreibende Kraft $-Dx$. D ist die Federkonstante. Nach dem Newtonschen Grundgesetz $F = ma$ (Kapitel 3) wird mit

$$F = -Dx \quad \text{und} \quad a = \frac{d^2x}{dt^2} \qquad\qquad m\frac{d^2x}{dt^2} + Dx = 0$$

Allgemeine Lösung
$x(t) = A\cos(\omega t) + B\sin(\omega t)$
Spezielle Lösung $x(t) = A\cos(\omega t)$
mit $\omega = \sqrt{D/m}$
Die Integrationskonstanten A und B werden durch die Anfangsbedingungen festgelegt:
A Auslenkung zur Zeit $t = 0$
Die Masse m wird aus der Ruhe losgelassen.

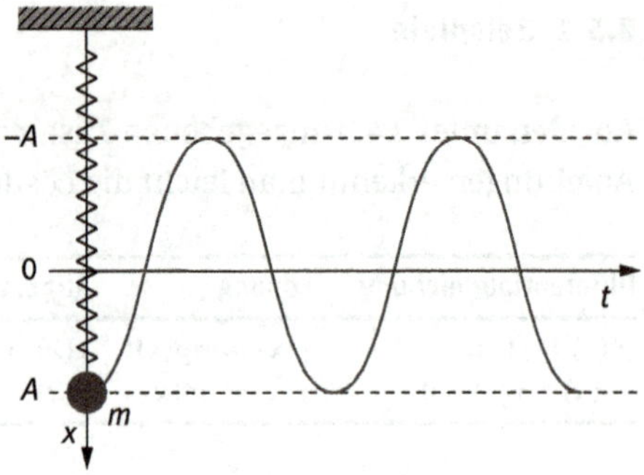

Abb. 2.11. Pendel und Masse an Feder als Lösung der Differentialgleichung $m\,(d^2x)/(dt^2) + Dx = 0$.

2.5.2.3 Freier Fall

Auf eine Masse m wirkt im Schwerefeld der Erde die Kraft $F = mg$, mit der konstanten Erdbeschleunigung g. Dies führt zu einer gleichmäßig beschleunigten Bewegung. Nach dem Newtonschen Grundgesetz ergibt sich der zurückgelegte Weg aus

$$m\frac{d^2s}{dt^2} = mg \quad \text{oder} \quad \frac{d^2s}{dt^2} = g\,.$$

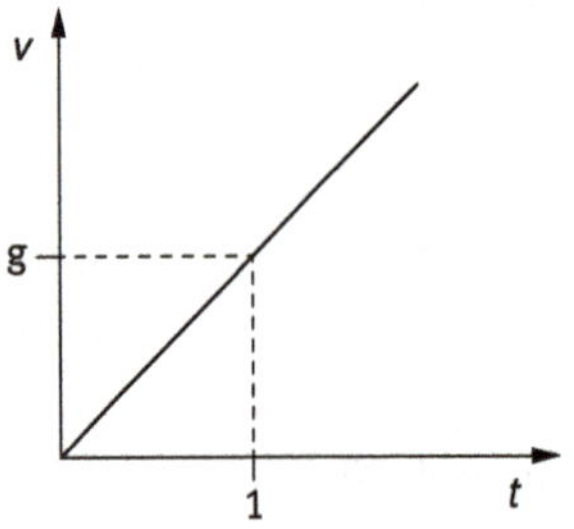

Einmalige Integration ergibt die Geschwindigkeit.
Allgemeine Lösung $v = v_0 + gt$
Die Geschwindigkeit ist eine lineare Funktion der Zeit.
Anfangsbedingung $v(t) = v_0 = 0$ führt zu $v = gt$

Abb. 2.12. Freier Fall: Geschwindigkeit als Lösung der Differentialgleichung $\frac{dv}{dt} = g$.

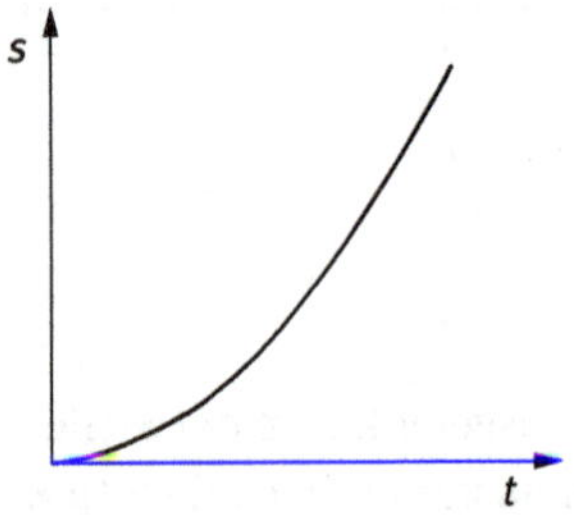

Die nächste Integration ergibt den zurückgelegten Weg.
Allgemeine Lösung $s = s_0 + v_0t + \frac{1}{2}gt^2$
Der Weg ist eine quadratische Funktion der Zeit.
Die Anfangsbedingungen $s_0 = 0$ und $v_0 = 0$ führen zu $s = \frac{1}{2}gt^2$

Abb. 2.13. Freier Fall: Zurückgelegter Weg als Lösung der Differentialgleichung $\frac{d^2s}{dt^2} = g$.

2.6 Vektorrechnung

2.6.1 Skalar

Ein Skalar ist eine Größe, die nach Festlegen einer Maßeinheit eindeutig durch eine Zahl bestimmt ist.
Beispiele: Temperatur, Masse, Ladung, …

2.6.2 Vektor

Ein Vektor ist eine gerichtete Größe, die durch Betrag (= Länge des Vektors) und Richtung charakterisiert ist.
Beispiele: Kraft, Geschwindigkeit, …
Vektoren werden durch Pfeile dargestellt und fett geschrieben: $\boldsymbol{F}$, $\boldsymbol{v}$, …
Eine Parallelverschiebung des Pfeils stellt immer noch denselben Vektor dar.

Zweidimensionale Ebene | Dreidimensionaler Raum

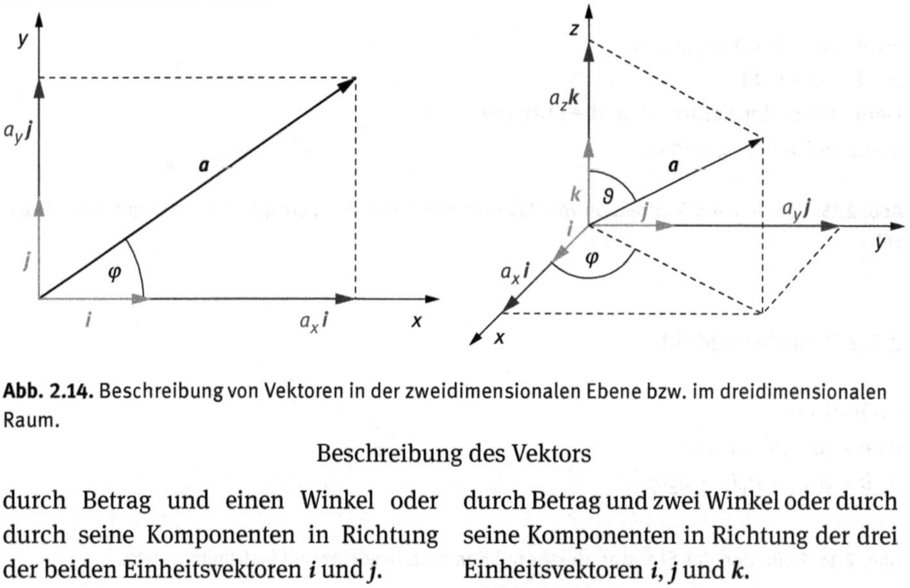

Abb. 2.14. Beschreibung von Vektoren in der zweidimensionalen Ebene bzw. im dreidimensionalen Raum.

Beschreibung des Vektors

durch Betrag und einen Winkel oder durch seine Komponenten in Richtung der beiden Einheitsvektoren $\boldsymbol{i}$ und $\boldsymbol{j}$.

$\boldsymbol{a} = a_x\boldsymbol{i} + a_y\boldsymbol{j}$

Betrag: $|\boldsymbol{a}| = \sqrt{a_x^2 + a_y^2}$

$a_x = |\boldsymbol{a}| \cos\varphi$

$a_y = |\boldsymbol{a}| \sin\varphi$

durch Betrag und zwei Winkel oder durch seine Komponenten in Richtung der drei Einheitsvektoren $\boldsymbol{i}$, $\boldsymbol{j}$ und $\boldsymbol{k}$.

$\boldsymbol{a} = a_x\boldsymbol{i} + a_y\boldsymbol{j} + a_z\boldsymbol{k}$

Betrag: $|\boldsymbol{a}| = \sqrt{a_x^2 + a_y^2 + a_z^2}$

$a_z = |\boldsymbol{a}| \cos\vartheta$

$a_x = |\boldsymbol{a}| \sin\vartheta \cos\varphi$

$a_y = |\boldsymbol{a}| \sin\vartheta \sin\varphi$

2.6.2.1 Addition von Vektoren

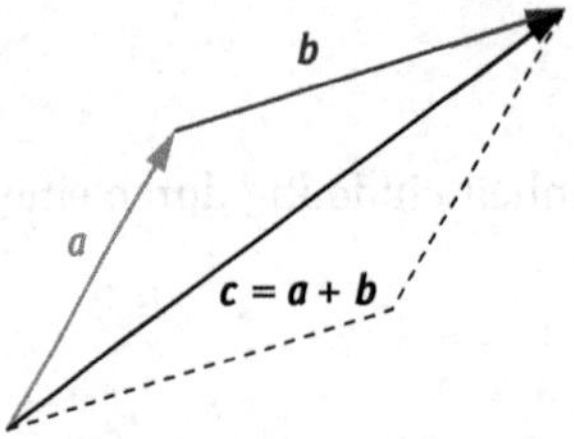

Parallelogrammregel: Man trägt $\boldsymbol{b}$ am Endpunkt von $\boldsymbol{a}$ an und verbindet den Anfangspunkt von $\boldsymbol{a}$ mit dem Endpunkt von $\boldsymbol{b}$.

Es ist: $\boldsymbol{a} + \boldsymbol{b} = \boldsymbol{b} + \boldsymbol{a}$

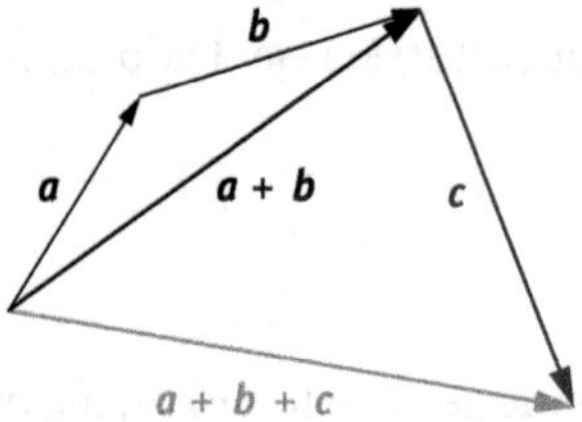

Es ist: $(\boldsymbol{a} + \boldsymbol{b}) + \boldsymbol{c} = \boldsymbol{b} + (\boldsymbol{a} + \boldsymbol{c})$

Eigenschaften

$\boldsymbol{a} + \boldsymbol{b} = \boldsymbol{b} + \boldsymbol{a}$	Kommutativgesetz
$(\boldsymbol{a} + \boldsymbol{b}) + \boldsymbol{c} = \boldsymbol{b} + (\boldsymbol{a} + \boldsymbol{c})$	Assoziativgesetz

Subtraktion von Vektoren:

$\boldsymbol{a} - \boldsymbol{b} = \boldsymbol{a} + (-\boldsymbol{b})$

Dabei weist der Vektor $-\boldsymbol{b}$ in die entgegen gesetzte Richtung von $\boldsymbol{b}$.

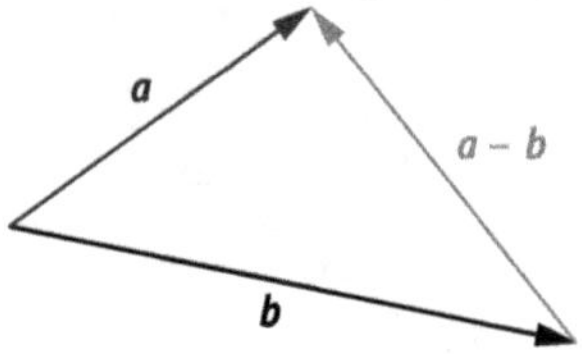

Abb. 2.15. Addition und Subtraktion von Vektoren mit dem Kommutativgesetz und dem Assoziativgesetz.

2.6.2.2 Skalarprodukt

Definition:

$\boldsymbol{a} \cdot \boldsymbol{b} = |\boldsymbol{a}| \cdot |\boldsymbol{b}| \cdot \cos(\varphi)$

$\boldsymbol{a} \cdot \boldsymbol{b} = a_x b_x + a_y b_y + a_z b_z$

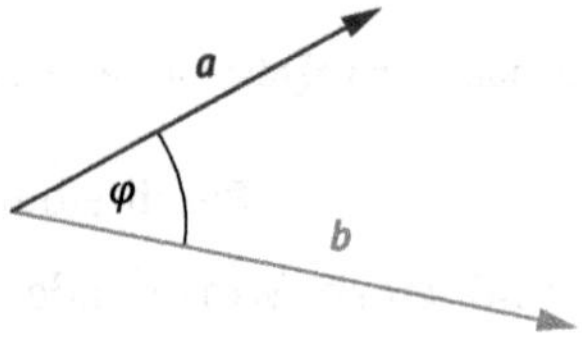

Abb. 2.16. Definition des Skalarproduktes mit Kommutativgesetz und Distributivgesetz.

Eigenschaften

$\boldsymbol{a} \cdot \boldsymbol{b} = \boldsymbol{b} \cdot \boldsymbol{a}$	Kommutativgesetz
$\boldsymbol{a} \cdot (\boldsymbol{b} + \boldsymbol{c}) = \boldsymbol{a} \cdot \boldsymbol{b} + \boldsymbol{a} \cdot \boldsymbol{c}$	Distributivgesetz

Für das Skalarprodukt der Einheitsvektoren gilt

$\boldsymbol{i} \cdot \boldsymbol{i} = 1$ $\quad$ $\boldsymbol{i} \cdot \boldsymbol{j} = \boldsymbol{i} \cdot \boldsymbol{k} = 0, \boldsymbol{j} \cdot \boldsymbol{i} = \boldsymbol{j} \cdot \boldsymbol{k} = 0, \boldsymbol{k} \cdot \boldsymbol{i} = \boldsymbol{k} \cdot \boldsymbol{j} = 0$

$\boldsymbol{j} \cdot \boldsymbol{j} = 1$ $\quad$ Allgemein: Das Skalarprodukt senkrecht aufeinander stehender Vektoren ist 0 (da $\cos(90°) = 0$).

$\boldsymbol{k} \cdot \boldsymbol{k} = 1$

In kompakter Schreibweise: $\boldsymbol{e}_r \cdot \boldsymbol{e}_s = \delta_{rs}$

Mit $\delta_{rs} = 1$ für $r = s$ und $\delta_{rs} = 0$ für $r \neq s$

2.6.2.3 Vektorprodukt

Definition: $\boldsymbol{a} \times \boldsymbol{b} = \boldsymbol{n}|\boldsymbol{a}| \cdot |\boldsymbol{b}| \cdot \sin(\varphi)$, wobei $\boldsymbol{n}$ der auf der von $\boldsymbol{a}$ und $\boldsymbol{b}$ aufgespannten Ebene senkrecht stehende Einheitsvektor ist.

Die Vektoren $\boldsymbol{a}$, $\boldsymbol{b}$ und $\boldsymbol{a} \times \boldsymbol{b}$ bilden ein Rechtssystem.

$$\boldsymbol{a} \times \boldsymbol{b} = (a_y b_z - a_z b_y)\boldsymbol{i} - (a_x b_z - a_z b_x)\boldsymbol{j} + (a_x b_y - a_y b_x)\boldsymbol{k}$$

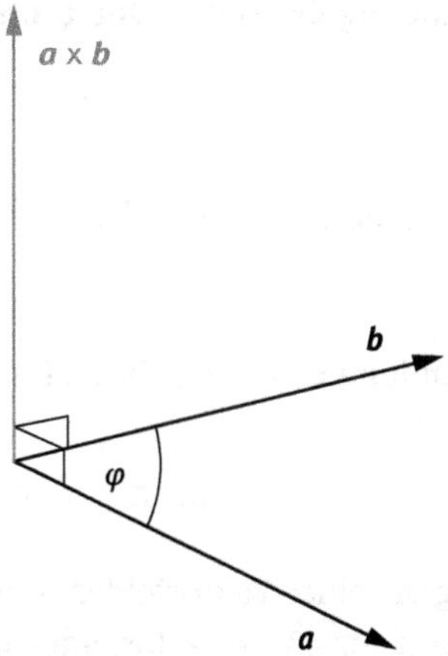

Eigenschaften:

$\boldsymbol{a} \times \boldsymbol{b} = -(\boldsymbol{b} \times \boldsymbol{a})$ antikommutativ

$\boldsymbol{a} \times (\boldsymbol{b} + \boldsymbol{c}) = \boldsymbol{a} \times \boldsymbol{b} + \boldsymbol{a} \times \boldsymbol{c}$ distributiv

Für die Einheitsvektoren gilt

$\boldsymbol{i} \times \boldsymbol{j} = \boldsymbol{k}$	$\boldsymbol{j} \times \boldsymbol{i} = -\boldsymbol{k}$	$\boldsymbol{i} \times \boldsymbol{i} = 0$
$\boldsymbol{j} \times \boldsymbol{k} = \boldsymbol{i}$	$\boldsymbol{k} \times \boldsymbol{j} = -\boldsymbol{i}$	$\boldsymbol{j} \times \boldsymbol{j} = 0$
$\boldsymbol{k} \times \boldsymbol{i} = \boldsymbol{j}$	$\boldsymbol{i} \times \boldsymbol{k} = -\boldsymbol{j}$	$\boldsymbol{k} \times \boldsymbol{k} = 0$

Allgemein:

Das Vektorprodukt paralleler Vektoren ist 0 (da $\sin(0°) = 0$).

2.6.3 Vektoranalysis

Der Nabla-Operator ∇ ist ein symbolischer Vektor zur Bezeichnung der drei Differentialoperatoren: Gradient, Divergenz und Rotation. Seine Komponenten sind die partiellen Ableitungen $\frac{\partial}{\partial x_i}$. Im dreidimensionalen kartesischen Koordinatensystem schreibt man:

$$\nabla = \left(\frac{\partial}{\partial x}, \frac{\partial}{\partial y}, \frac{\partial}{\partial z}\right) = \boldsymbol{i}\frac{\partial}{\partial x} + \boldsymbol{j}\frac{\partial}{\partial y} + \boldsymbol{k}\frac{\partial}{\partial z}$$

2.6.3.1 Anwendung des Nabla-Operators auf ein Skalarfeld

– Gradient

$$\operatorname{grad} f = \nabla f = \left(\frac{\partial f}{\partial x}, \frac{\partial f}{\partial y}, \frac{\partial f}{\partial z}\right) = \boldsymbol{i}\frac{\partial f}{\partial x} + \boldsymbol{j}\frac{\partial f}{\partial y} + \boldsymbol{k}\frac{\partial f}{\partial z}$$

Der Gradient eines Skalarfeldes ist ein Vektorfeld.

2.6.3.2 Anwendung des Nabla-Operators auf ein Vektorfeld

– Divergenz

$$\operatorname{div} \boldsymbol{B} = \nabla \cdot \boldsymbol{B} = \frac{\partial B_x}{\partial x} + \frac{\partial B_y}{\partial y} + \frac{\partial B_z}{\partial z}$$

Die Divergenz eines Vektorfeldes ist ein Skalarfeld.
Ist die Divergenz eines Vektorfeldes = 0, so ist das Feld quellenfrei.

– Rotation

$$\operatorname{rot} \boldsymbol{B} = \nabla \times \boldsymbol{B} = \boldsymbol{i}\left(\frac{\partial B_z}{\partial y} - \frac{\partial B_y}{\partial z}\right) + \boldsymbol{j}\left(\frac{\partial B_x}{\partial z} - \frac{\partial B_z}{\partial x}\right) + \boldsymbol{k}\left(\frac{\partial B_y}{\partial x} - \frac{\partial B_x}{\partial y}\right)$$

Die Rotation eines Vektorfeldes ist ein Vektorfeld.
Ist die Rotation eines Vektorfeldes = 0, so ist das Feld wirbelfrei.

2.6.3.3 Laplace-Operator

Wendet man den Nabla-Operator zweimal auf ein Skalarfeld an, so erhält man den Laplace-Operator.

$$\nabla \cdot (\nabla f) = \operatorname{div}(\operatorname{grad} f) = \Delta f = \frac{\partial^2 f}{\partial x^2} + \frac{\partial^2 f}{\partial y^2} + \frac{\partial^2 f}{\partial z^2}$$

2.7 Raumkurve, Geschwindigkeit, Beschleunigung

Bewegt sich ein Massenpunkt im Raum entlang des Weges $\boldsymbol{s}$, so wird sein Ort beschrieben durch den Ortsvektor $\boldsymbol{s}(t) = s_x(t)\,\boldsymbol{i} + s_y(t)\,\boldsymbol{j} + s_z(t)\,\boldsymbol{k}$

s_x, s_y und s_z sind die Koordinaten des Massenpunktes im (x, y, z) Koordinatensystem mit den Einheitsvektoren $\boldsymbol{i}$, $\boldsymbol{j}$ und $\boldsymbol{k}$.

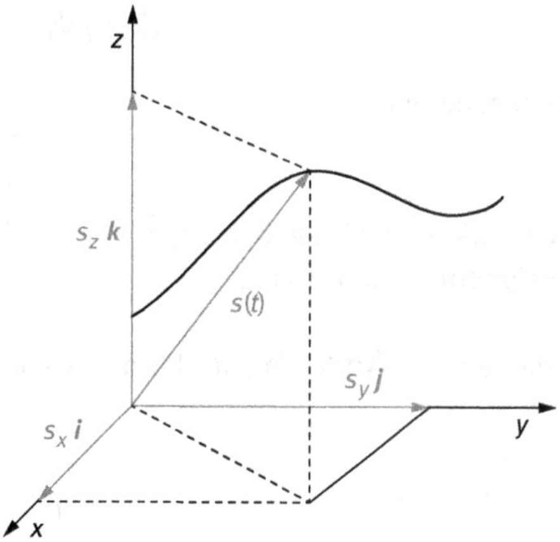

Abb. 2.17. Bewegung eines Massenpunktes entlang eines Weges $\boldsymbol{s}(t)$.

Die Geschwindigkeit ergibt sich aus der Ableitung des Ortes nach der Zeit

$$\boldsymbol{v}(t) = \frac{d\boldsymbol{s}(t)}{dt} = \frac{ds_x}{dt}\boldsymbol{i} + \frac{ds_y}{dt}\boldsymbol{j} + \frac{ds_z}{dt}\boldsymbol{k}$$

Der Geschwindigkeitsvektor ist stets parallel zur Raumkurve:

$$\boldsymbol{v}(t) = v(t)\boldsymbol{e}_{||}(t)\,.$$

$\boldsymbol{e}_{||}(t)$ ist dabei der Tangenteneinheitsvektor an die Raumkurve.

Die Beschleunigung $\boldsymbol{a}(t)$ ergibt sich aus der Ableitung des Geschwindigkeitsvektors $\boldsymbol{v}(t)$ nach der Zeit

$$\boldsymbol{a}(t) = \frac{d\boldsymbol{v}(t)}{dt} = \frac{dv}{dt}\boldsymbol{e}_{||} + v\frac{d\boldsymbol{e}_{||}}{dt} \qquad \text{(Beachtung der Produktregel)}$$

Dabei ist der erste Term die Tangentialbeschleunigung (parallel zur Raumkurve) und der zweite die Beschleunigung senkrecht zur Raumkurve (Zentripetalbeschleunigung).

Berechnung der Zentripetalbeschleunigung

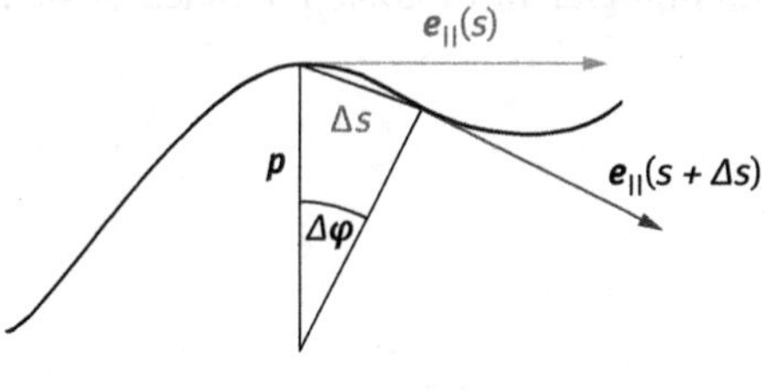

Zurückgelegter Weg in der Zeit Δt

$\Delta s = \rho \Delta\varphi$

Dabei ist ρ der Krümmungsradius der Raumkurve.

Für $\Delta t \to 0$ wird $ds = \rho d\varphi$

Abb. 2.18. Berechnung der Zentripetalbeschleunigung.

Mit $ds = vdt$ ergibt sich

$$vdt = \rho d\varphi \quad \text{oder} \quad \frac{d\varphi}{dt} = \frac{v}{\rho}.$$

Dabei besagt

$$\frac{d\varphi}{dt} = \frac{v}{\rho}$$

dass die Winkelgeschwindigkeit gleich dem Quotient aus Bahngeschwindigkeit und Krümmungsradius ist.

Die zeitliche Änderung des Einheitsvektors $\Delta e_{||}$ ergibt sich aus:

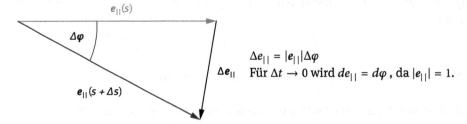

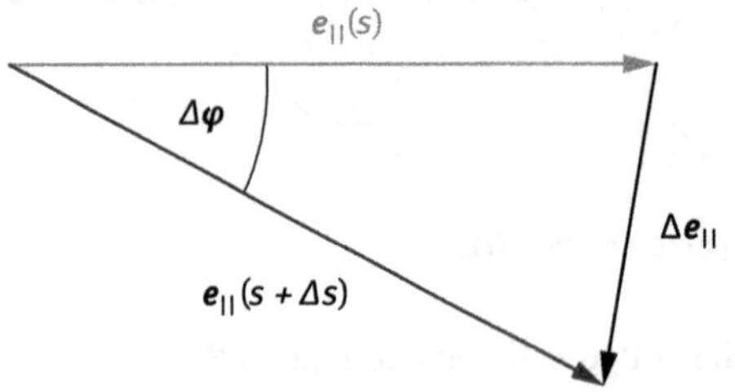

$\Delta e_{||} = |e_{||}|\Delta\varphi$
Für $\Delta t \to 0$ wird $de_{||} = d\varphi$, da $|e_{||}| = 1$.

Abb. 2.19. Die zeitliche Änderung des parallelen Einheitsvektors $e_{||}$.

Die Richtung von $de_{||}$ verläuft senkrecht zur Tangente, also in Richtung der Normalen (e_n). Damit wird $de_{||} = d\varphi e_n$, oder $\frac{de_{||}}{dt} = \frac{d\varphi}{dt} e_n$
Unter Verwendung von $\frac{d\varphi}{dt} = \frac{v}{\rho}$ erhält man $\frac{de_{||}}{dt} = \frac{v}{\rho} e_n$
Damit wird die gesamte Beschleunigung

$$a(t) = \frac{dv}{dt} e_{||} + \frac{v^2}{\rho} e_n$$

= Summe aus Tangential- und Zentripetal-Beschleunigung

2.8 Grundlegende Gleichungen der Physik

Die grundlegenden Gleichungen der Physik sind Differentialgleichungen.

Gesucht ist die Funktion, die die Differentialgleichung erfüllt, also eine „Lösung" der Differentialgleichung ist. Bei einem Differentialgleichungssystem handelt es sich um ein System für mehrere Funktionen.

2.8.1 Klassische Mechanik

Das Newtonsche Grundgesetz (Isaak Newton 1642–1727) beschreibt die Bewegung eines Massenpunktes m am Ort $\boldsymbol{r}$ unter Einwirkung der Kraft $\boldsymbol{F}$.

$$m\frac{d^2\boldsymbol{r}(t)}{dt^2} = \boldsymbol{F}$$

oder für ein System von n Massenpunkten:

$$m_i \cdot \frac{d^2\boldsymbol{r}_i(t)}{dt^2} = \boldsymbol{F}_i(\boldsymbol{r}_1 \ldots \boldsymbol{r}_n), \quad i = 1 \ldots n\,.$$

Der Index i durchläuft im Prinzip die Orte $\boldsymbol{r}_i$ aller Massenpunkte i des Universums. Dies ist ein System von Differentialgleichungen zweiter Ordnung für die Ortsvektoren $\boldsymbol{r}_i(t)$. Die Lösungen beschreiben den zeitlichen Verlauf der Ortsvektoren $\boldsymbol{r}_i(t)$ der Massenpunkte i unter dem Einfluss der Kraft $\boldsymbol{F}_i$, die an der Masse m_i angreift. (Vgl. Kapitel 3)

2.8.2 Klassische Elektrodynamik

James Clark Maxwell (1831–1879): Sein Gleichungssystem besteht aus vier Teilen:
- Coulomb Gesetz : $\operatorname{div} \boldsymbol{E}(\boldsymbol{r}, t) = \frac{1}{\varepsilon_0}\rho(\boldsymbol{r}, t)$
- Quellenfreiheit des magnetischen Feldes: $\operatorname{div} \boldsymbol{B}(\boldsymbol{r}, t) = 0$
- Durchflutungsgesetz: $\operatorname{rot} \boldsymbol{B}(\boldsymbol{r}, t) = \mu_0 \boldsymbol{j}(\boldsymbol{r}, t) + \mu_0\varepsilon_0 \frac{\partial \boldsymbol{E}(\boldsymbol{r},t)}{\partial t}$
- Induktionsgesetz: $\operatorname{rot} \boldsymbol{E}(\boldsymbol{r}, t) = -\frac{\partial \boldsymbol{B}(\boldsymbol{r},t)}{\partial t}$

Dieses Gleichungssystem beschreibt die Quellen und Wirbel des elektrischen ($\boldsymbol{E}(\boldsymbol{r}, t)$) und magnetischen Feldes ($\boldsymbol{B}(\boldsymbol{r}, t)$) in Abhängigkeit von Ladungsdichten $\rho(\boldsymbol{r}, t)$ und Stromdichten $\boldsymbol{j}(\boldsymbol{r}, t)$. (Vgl. Kapitel 5.)

2.8.3 Allgemeine Relativitätstheorie

Albert Einstein (1879–1955) stellte das grundlegende Gleichungssystem der allgemeinen Relativitätstheorie auf. In kompakter Form lautet es:

$$G_{\mu\nu} = -\frac{8\pi\, G}{c^4} T_{\mu\nu}\,, \qquad \mu, \nu = 0, 1, 2, 3$$

Dabei ist

$G_{\mu\nu}$ der Einsteintensor. Er ist ein Differentialtensor, der in einer 4×4 Matrix Ableitungen nach den vier Koordinaten des Metriktensors bis zur 2. Ordnung enthält.

$T_{\mu\nu}$ der Energie-Impulstensor. Er ist eine 4×4 Matrix, deren Komponenten Funktionen der Materie- und Energiedichte sind.
G die Gravitationskonstante
μ,ν Indizes für die vier Komponenten des Metriktensors

Das grundlegende Gleichungssystem der allgemeinen Relativitätstheorie ist ein System von 10 gekoppelten Differentialgleichungen zweiter Ordnung. (Hinweis: Die Symmetrie der Matrizen führt zu 10 Differentialgleichungen anstelle der erwarteten 16 Differentialgleichungen bei 4×4 Matrizen. (Vgl. Kapitel 7)

2.8.4 Quantentheorie

Die grundlegende Gleichung der Quantentheorie wurde von Erwin Schrödinger (1887–1961) aufgestellt. In der einfachsten Form für ein „Elementarteilchen" lautet sie:

$$i\hbar \frac{d\psi(r,t)}{dt} = H\psi$$

mit dem „Hamiltonoperator" $H = -\frac{\hbar^2}{2m}\Delta + V(\boldsymbol{r})$
(Vgl. Kapitel 11.)

3 Grundbegriffe der klassischen Mechanik

3.1 Die Entwicklung des Weltbildes

Einer der ersten und einflussreichsten Naturphilosophen ist Aristoteles (384–322 v. Chr.). Er beschreibt wie Wissen entsteht:

- Die Beobachtung verschiedener Naturereignisse wird in der Erinnerung des Menschen bewahrt.
- Die Kenntnis einer Vielzahl solcher Ereignisse führt zur Erfahrung. Dies ist aber eine reine Faktenkenntnis.
- Wissen unterscheidet sich von Erfahrung dadurch, dass es allgemein ist und auch die Ursache als erklärenden Grund für das Eintreten eines Ereignisses angibt.

Als Ursachen nannte Aristoteles

- causa materialis (Materie, woraus ein Ding besteht)
- causa formalis (Formursache, Struktur, Bauplan)
- causa efficiens (Wirk- oder Bewegungsursache)
- causa finalis (Ziel- oder Zweckursache)

In der Astronomie fügte Aristoteles die vielen Erkenntnisse seiner Vorgänger (u. a. Anaximander ca. 610–547 v. Chr., Anaximenes ca. 585–526 v. Chr.) zu einem einheitlichen Weltbild zusammen.

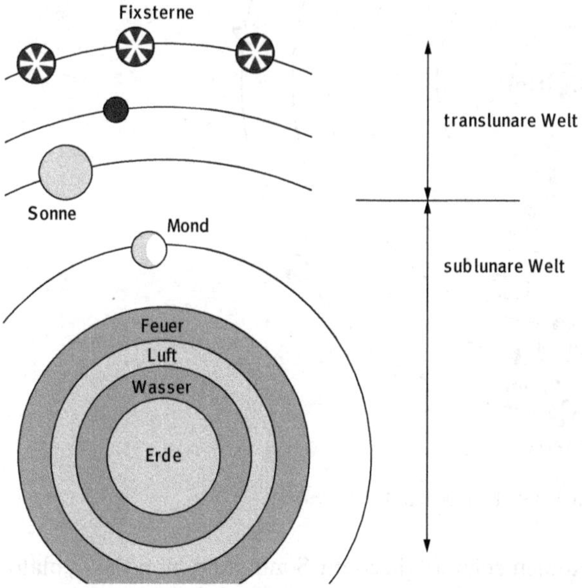

Die irdische Sphäre ist von kristallinen Himmelssphären umgeben, die aus einem fünften Element, dem Äther, bestehen. In diesen Sphären bewegen sich die Sterne, Wandelsterne (Planeten) und die Sonne.

Die Erdkugel steht in der Mitte des Weltalls.
In der irdischen Sphäre gelten andere Gesetzmäßigkeiten als in der himmlischen.
Die vier Elemente Erde, Wasser, Luft und Feuer bewegen, mischen und trennen sich in der Umgebung der Erdkugel.

Abb. 3.1. Die sublunare und die translunare Welt und ihre Elemente.

Auf den Philosophen Platon (428/427–348/347 v. Chr.) geht die Vorstellung zurück, dass sich die Sterne auf Kreisbahnen bewegen. Für ihn konnten sich die Sterne nur auf der vollkommensten geometrischen Bahn, also einem Kreis, bewegen. Dies entspricht auch der Beobachtung: der Nachthimmel dreht sich um den Polarstern. Für alle nachfolgenden Astronomen ergab sich damit die Forderung, die beobachteten Bahnen durch Kreise abzubilden.

3.1.1 Das geozentrische Weltbild des Ptolemäus

Claudius Ptolemäus (ca. 100–180 n. Chr.) stellt die Erde fest in den Mittelpunkt des Weltalls.

Alle anderen Himmelskörper (Mond, Merkur, Venus, Sonne, Mars, Jupiter, Saturn und die Fixsterne) bewegen sich auf Kreisbahnen (Deferent) um den Mittelpunkt. Geozentrisches Weltbild (ca. 140 n.Chr.)

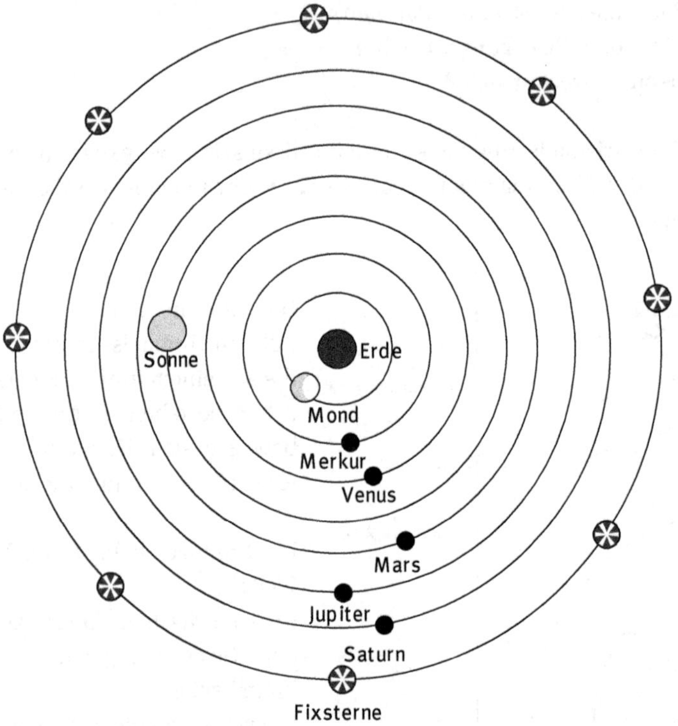

Abb. 3.2. Das geozentrische Weltbild des Ptolemäus (ca. 140 n. Chr).

Die astronomischen Beobachtungen zeigten, dass nur Sonne und Mond auf „platonisch idealen Kreisbahnen“ umliefen. Die Bewegung der Planeten konnte nur erklärt werden, wenn man auf den primären Kreisbahnen (Deferentenkreis) noch weitere Kreisbahnen (Epizyklen) zulässt, deren Mittelpunkt sich auf der primären Kreisbahn bewegt.

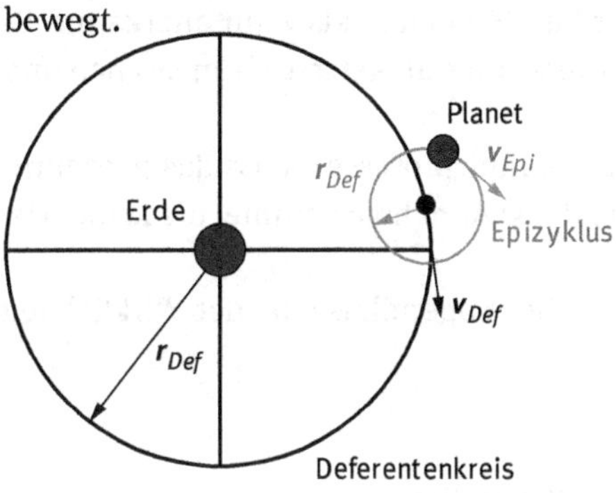

	Radius	Bahn- bzw. Winkelgeschwindigkeit
Deferentenkreis	r_{Def}	v_{Def} bzw. ω_{Def}
Epizyklus	r_{Epi}	v_{Epi} bzw. ω_{Epi}

Abb. 3.3. Die Planetenbewegung auf Epizyklen.

Die Bewegung wird dann durch die vier Parameter r_{Def}, $v_{\mathrm{Def}}(\omega_{\mathrm{Def}})$, r_{Epi} und $v_{\mathrm{Epi}}(\omega_{\mathrm{Epi}})$ festgelegt.

Die Überlagerung der zwei Kreisbewegungen führt zu

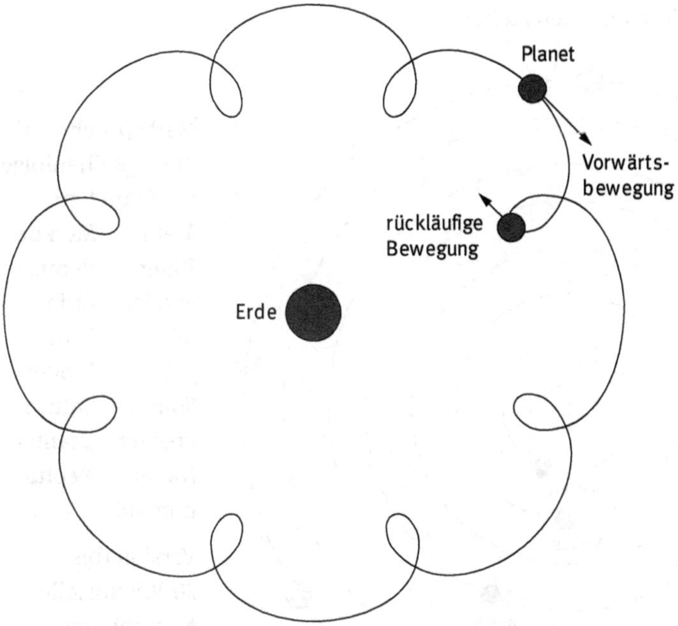

Mit dieser Konstruktion wird die rückläufige Bewegung der äußeren Planeten erklärt, so wie sie von der Erde aus beobachtet wird.

Abb. 3.4. Die Überlagerung der Kreisbewegungen der Planeten.

Sollten mit diesen vier Parametern die Planetenbahnen nicht exakt genug beschrieben werden können, so kann durch die Hinzufügung weiterer Epi-Epi-Zyklen praktisch jede Planetenbewegung gefittet werden.

Das Weltbild des Ptolemäus wurde über fast 1500 Jahre als wahr anerkannt. Es wurde nicht hinterfragt, Abweichungen hiervon wurden als ketzerisch angesehen und von der Inquisition verfolgt.

Es zeigte sich im weiteren Verlauf des Erkenntnisprozesses, dass das geozentrische Weltbild auf einer nicht theoriefähigen ad hoc Annahme beruhte, die keine wissenschaftliche Erklärung bietet.

Erst mit dem heliozentrischen Weltbild stellte Kopernikus eine der Wirklichkeit nahekommende Hypothese auf.

3.1.2 Heliozentrisches Weltbild des Nikolaus Kopernikus

Nach Nikolaus Kopernikus (1473–1543) steht die Sonne fest im Mittelpunkt des Weltalls. Die Planeten (incl. Erde) laufen um die Sonne. Zu diesem Zeitpunkt waren die Planeten bis zum Saturn hin bekannt.

Der Erdenmond gehört zur Erde und umkreist sie.

Als später die Jupitermonde und die Saturnringe entdeckt wurden, sah man, dass sie ihre Bahnen um diese Planeten ziehen.

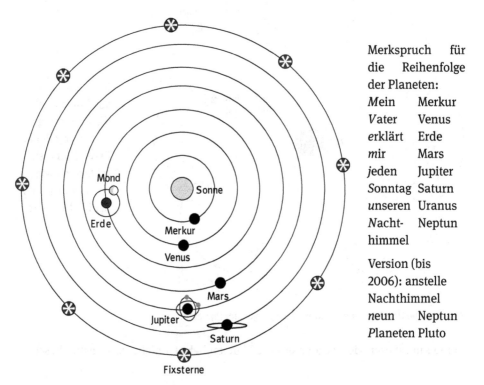

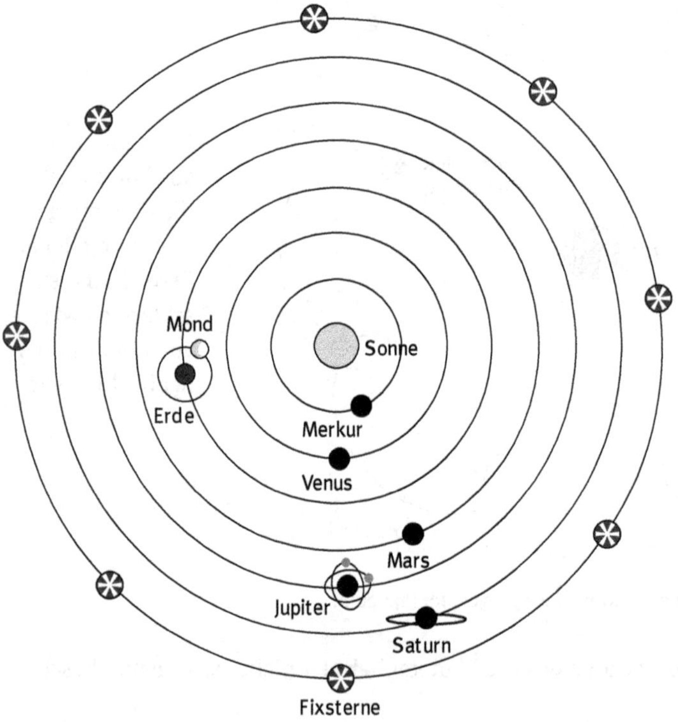

Merkspruch für die Reihenfolge der Planeten:

*M*ein	Merkur
*V*ater	Venus
*e*rklärt	Erde
*m*ir	Mars
*j*eden	Jupiter
*S*onntag	Saturn
*u*nseren	Uranus
*N*acht-himmel	Neptun

Version (bis 2006): anstelle Nachthimmel

*n*eun	Neptun
*P*laneten	Pluto

Abb. 3.5. Das heliozentrische Weltbild des Nikolaus Kopernikus.

Die Planetenbahnen ergeben sich durch Überlagerung von kreisförmigen Bewegungen mit einem Zentrum in der Nähe der Sonne.

Die Bewegung der Fixsterne wird durch die Drehung der Erde erklärt.

Kopernikus arbeitete an dem neuen Weltbild zwischen 1506 und 1530, wagte es aber erst im Jahr seines Todes 1543 zu veröffentlichen. Dies war ein mutiger Schritt, denn damit stellte er sich gegen die Lehre der katholischen Kirche. In der Einleitung zu seiner Veröffentlichung steht, dass dies eine rein mathematische Hypothese sei und nicht die Wirklichkeit abbilden solle. Er wagte es, das seit mehr als 1400 Jahren anerkannte geozentrische Weltbild, das der täglichen Beobachtung entsprach und mit der Bibel vereinbar ist, infrage zu stellen.

An dieser Stelle ist darauf hinzuweisen, dass die moderne naturwissenschaftliche Denkweise noch nicht existierte. Nach ihr wird ein Modell aufgestellt, das dann durch ein Experiment verifiziert oder falsifiziert wird. Die ersten Schritte in dieser Richtung wurden erst durch Galileo Galilei im 17. Jahrhundert gemacht.

3.1.3 Die Keplerschen Bewegungsgesetze der Planeten

Johannes Kepler (1571–1630) war ein Anhänger des heliozentrischen Weltbildes. Aufbauend auf den Beobachtungen von Tycho Brahe (1546–1601) und seinen eigenen formulierte er die Geometrie und Kinematik der Planetenbahnen in drei Gesetzen. Für diese Gesetze hatte Kepler allerdings keine Erklärung im Sinne der Ableitbarkeit aus einem allgemeineren Verständnis. Er sah aber in den von ihm entdeckten Planetengesetzen einen Ausdruck der Harmonie der göttlichen Weltordnung. Ein großes Problem blieb offen: Gelten in der Welt der Sphären (translunare Welt) andere Gesetzmäßigkeiten als auf der Erde oder nicht?

1. Kepler-Gesetz

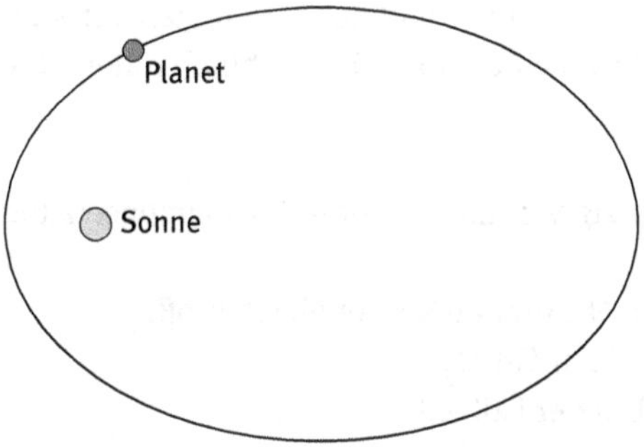

Die Planeten bewegen sich auf elliptischen Bahnen, in deren einem Brennpunkt die Sonne steht.

2. Kepler-Gesetz

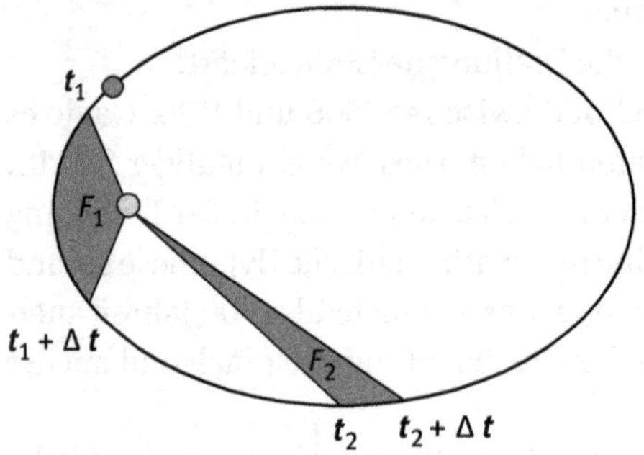

Ein von der Sonne zum Planeten gezogener „Fahrstrahl" überstreicht in gleichen Zeiten gleich große Flächen. $F_1(\Delta t) = F_2(\Delta t)$

3. Kepler-Gesetz

$$\frac{T_1^2}{T_2^2} = \frac{a_1^3}{a_2^3}$$

T Umlaufzeit
a große Halbachse der Ellipse

Die Quadrate der Umlaufzeiten zweier Planeten verhalten sich wie die dritten Potenzen (Kuben) der großen Bahnhalbachsen.

Abb. 3.6. Die drei Keplerschen Bewegungsgesetze der Planeten.

3.1.4 Galilei am Beginn der Naturwissenschaften

Mit seinen ersten naturwissenschaftlichen Arbeiten wollte Galileo Galilei (1564–1642) die mechanischen Gesetzmäßigkeiten auf der Erde quantitativ untersuchen. Seit der Antike war die herrschende Meinung, dass sich ein Körper während des Falles mit gleichbleibender Geschwindigkeit bewege.

Galilei machte hierzu Experimente. Gegenüber heutigen Verhältnissen hatte er mit großen Schwierigkeiten zu kämpfen:
- Er versuchte, den Luftwiderstand zu verringern, was jedoch nur unvollkommen gelang, da es noch nicht möglich war ein Vakuum herzustellen.
- Eine genaue Zeitmessung war ihm ebenfalls nicht möglich. Deswegen verlangsamte er die Bewegung, indem er eine Kugel eine schiefe Ebene hinab rollen ließ.

So fand er 1590 die Gesetze des freien Falls:
- Alle Körper fallen im Vakuum unabhängig von ihrer Gestalt, Zusammensetzung und Masse gleich schnell.
- Die Beschleunigung ist dabei am selben Ort für alle Körper gleich groß.
- Ihre Fallgeschwindigkeit ist proportional zur Fallzeit.
- Der Fallweg ist proportional zum Quadrat der Fallzeit.

Eine Erklärung für diese Gesetze hatte Galilei noch nicht. Die Fallversuche von Galilei am Schiefen Turm von Pisa sind eine Legende.

Galileo Galilei war ebenso wie Kepler ein Verfechter des kopernikanischen Weltbildes. Als er 1610 die vier größten Jupitermonde entdeckte, wirkte dies schockierend, da dies der kirchlichen Lehrmeinung widersprach („Blendwerk des Teufels“ nach Ansicht hoher kirchlicher Würdenträger). Zu Galileis Thesen, die dem heliozentrischen Weltbild entsprechen, wurde vom Papst ein theologisches Gutachten eingeholt. Hierin wurde festgestellt, dass Galileis Thesen nach allgemeiner Auffassung philosophisch töricht und absurd, und formal ketzerisch sind, insofern sie der ausdrücklichen Meinung der Heiligen Schrift, wie sie an vielen Stellen aufscheint, widersprechen.

Im Prozess 1633 zwang die römisch-katholische Kirche Galilei zum Widerruf seiner Thesen. Galileis Bücher standen bis 1835 auf dem Index. Erst 1992 wurde er offiziell rehabilitiert.

3.2 Die Newtonsche Mechanik

Aus unserer heutigen Sicht würden wir Isaac Newton (1642–1726) den ersten theoretischen Physiker nennen. Zu seiner Zeit, in der noch nicht zwischen Theologie, Naturwissenschaft und Philosophie unterschieden wurde, wurde Newton als Philosoph bezeichnet. Seine Leistungen besonders auf den Gebieten der Mathematik und Physik machten ihn zu einem der bedeutendsten Wissenschaftler bis heute. Er stellte ein kohärentes, mathematisch–quantitatives Begriffssystem für verschiedene Gebiete der Wirklichkeit auf. Seine „Philosophiae Naturalis Principia Mathematica“ gehören zu den bedeutendsten wissenschaftlichen Werken. In den Naturwissenschaften erstreckten sich seine Forschungen u. a. über die Mathematik, die Optik, Mechanik, Thermodynamik, Astronomie. Von ihm wurden die Konzepte der absoluten Zeit, des absoluten Raums und der Fernwirkung gelegt.

3.2.1 Die Newtonschen Grundgesetze

In seinen Philosophiae Naturalis Principia Mathematica hat Newton seine drei Grundgesetze der Bewegung formuliert:

- lex prima (Trägheitsprinzip)
  Ein Körper verharrt im Zustand der Ruhe oder der gleichförmigen Bewegung, sofern er nicht durch einwirkende Kräfte zur Änderung seines Zustands gezwungen wird
- lex secunda (Aktionsprinzip)
  Wenn eine Kraft $\boldsymbol{F}$ auf einen Körper der Masse m wirkt, so erhält der Körper eine Beschleunigung entsprechend $\boldsymbol{a} = \frac{\boldsymbol{F}}{m}$
- lex tertia (Reaktionsprinzip)
  Kräfte treten immer paarweise auf. Übt ein Körper A auf einen anderen Körper B eine Kraft aus (actio), so wirkt eine gleich große, aber entgegengesetzte Kraft von Körper B auf Körper A (reactio).

Das erste Newtonsche Gesetz ist ein Spezialfall des zweiten für den Fall, dass keine Kraft wirkt ($F = 0$). Das zweite Newtonsche Gesetz

$$\boldsymbol{F} = m\boldsymbol{a} \tag{3.1}$$

ist die Grundlage für die Bewegungsgleichungen der Mechanik.

Die Wahl der Einheiten ist so erfolgt, dass die Einheitskraft 1 N der Einheitsmasse 1 kg die Einheitsbeschleunigung $1\ \mathrm{ms}^{-2}$ erteilt.

In diesem Buch wird durchgängig das SI-System (Système International d'Unités) verwendet. Das Kilogramm (kg), das Meter (m) und die Sekunde (s) gehören zu den Basiseinheiten des SI-Systems. Die Einheit der Kraft, das Newton (N) ist eine abgeleitete Einheit und zwar ist: $1\ \mathrm{N} = 1\ \mathrm{kg\,ms}^{-2}$.

3.2.1.1 Inertialsystem

Ein Inertialsystem ist ein Koordinatensystem, in dem sich ein Körper, auf den keine Kräfte wirken, geradlinig und gleichförmig bewegt. In ihm gilt also das Newtonsche Trägheitsprinzip, nach dem ein kräftefreier Körper seine Geschwindigkeit (nach Betrag und Richtung) beibehält. Wirkt auf den Körper eine Kraft, so ist die Beschleunigung proportional zur Kraft.

Verschiedene Inertialsysteme bewegen sich gegen einander geradlinig und gleichförmig. Rotierende oder beschleunigte Bezugssysteme sind keine Inertialsysteme.

3.2.1.2 Galilei Transformation

Das Trägheitsprinzip (lex prima) wurde schon 1638 von Galilei formuliert. Newton nahm nun an, dass in allen Inertialsystemen die Zeit gleich vergeht, die Zeit also absolut ist und nicht vom Koordinatensystem abhängt. Betrachtet man Inertialsysteme

- die sich mit der Geschwindigkeit $\boldsymbol{u}$ gegeneinander bewegen und
- die zur Zeit $t = 0$ zusammenfallen

so werden die Koordinaten zwischen beiden Systemen entsprechend $\boldsymbol{r}' = \boldsymbol{r} - \boldsymbol{u}t$ transformiert.

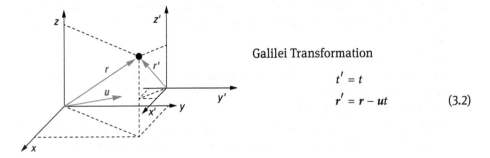

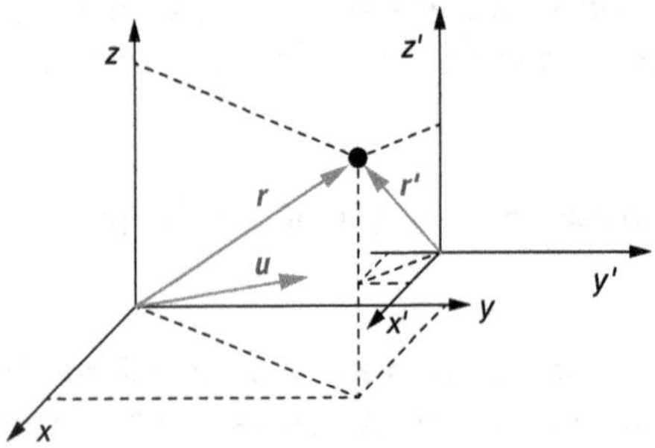

Galilei Transformation

$$\begin{aligned} t' &= t \\ \boldsymbol{r}' &= \boldsymbol{r} - \boldsymbol{u}t \end{aligned} \tag{3.2}$$

Abb. 3.7. Die Galilei-Transformation.

3.2.1.3 Invarianz der Newtonschen Grundgesetze gegenüber der Galilei Transformation

Ein Massenpunkt im Koordinatensystem S habe zur Zeit t den Ort $\boldsymbol{r}(t)$ und die Geschwindigkeit $\boldsymbol{v}(t)$:

$$\boldsymbol{r} = \boldsymbol{r}(t) \quad \textit{und} \quad \boldsymbol{v} = \boldsymbol{v}(t) \tag{3.3}$$

Die Bewegung des Massenpunktes im Koordinatensystem S' erhält man sodann mit der Galilei Transformation

$$\boldsymbol{r}'(t) = \boldsymbol{r}(t) - \boldsymbol{u}t \tag{3.4}$$

Im Koordinatensystem S' bewegt sich der Massenpunkt mit der Geschwindigkeit

$$\boldsymbol{v}'(t) = \boldsymbol{v}(t) - \boldsymbol{u}. \tag{3.5}$$

Wirkt auf den Massenpunkt im Koordinatensystem S eine Kraft $\boldsymbol{F}$, so bewirkt sie eine beschleunigte Bewegung des Massenpunktes. Die Bewegungsgleichungen im Koordinatensystem S' ergeben sich aus der Galileitransformation (3.2):

Ort:

$$\boldsymbol{r}'(t) = \boldsymbol{r}(t) - \boldsymbol{u}t.$$

Geschwindigkeit:

$$\boldsymbol{v}'(t) = \frac{d\,\boldsymbol{r}'(t)}{d\,t} = \frac{d\,\boldsymbol{r}(t)}{d\,t} - \boldsymbol{u} = \boldsymbol{v}(t) - \boldsymbol{u}$$

Beschleunigung:

$$\boldsymbol{a}'(t) = \frac{d\,\boldsymbol{v}'(t)}{d\,t} = \frac{d\,\boldsymbol{v}(t)}{d\,t} - \frac{d\,\boldsymbol{u}}{d\,t} = \frac{d\,\boldsymbol{v}(t)}{d\,t} = \boldsymbol{a}(t) \tag{3.6}$$

Hinweis: die Relativgeschwindigkeit $\boldsymbol{u}$ zwischen beiden Systemen ist konstant, damit ist ihre Ableitung nach der Zeit = 0.

Nach dem zweiten Newtonschen Gesetz gilt dann auch:

$$\boldsymbol{F}'(t) = m\,\boldsymbol{a}'(t) = m\,\boldsymbol{a}(t) = \boldsymbol{F}(t) \tag{3.7}$$

D. h.: Die Kraft bleibt beim Übergang $S \rightarrow S'$ unverändert, und in beiden Koordinatensystemen S und S' besteht der gleiche Zusammenhang zwischen dem Ortsvektor $\boldsymbol{r}(t)$, der Beschleunigung $\boldsymbol{a}(t)$ und der Kraft $\boldsymbol{F}(t)$. Damit haben die grundlegenden Bewegungsgleichungen in jedem Inertialsystem dieselbe Form. D. h.:

Die Newtonschen mechanischen Grundgesetze sind invariant gegenüber der Galilei Transformation.

Diese Aussage gilt für die gesamte Newtonsche Mechanik. Das bedeutet:
In jedem Inertialsystem gelten die mechanischen Gesetze in derselben Form. Damit ist es aber auch nicht möglich, durch mechanische Experimente ein Inertialsystem vor dem anderen auszuzeichnen. Insbesondere kann man nicht durch mechanische Experimente das „absolut ruhende" Inertialsystem (falls es ein solches überhaupt gibt) herausfinden. In diesem Sinne gilt der Satz „alles ist relativ" schon lange vor Einstein.

3.2.1.4 Konservative Kraft und Potentialbegriff

Wirkt auf einen Massenpunkt eine Kraft $\boldsymbol{F}$, so ändert sich sein Bewegungszustand. Man nennt eine Kraft $\boldsymbol{F}$ dann konservativ, wenn bei der Bewegung die gesamte Energie des Teilchens erhalten bleibt (konservare = bewahren). Der Begriff der Gesamtenergie wird in Gleichung (3.21) definiert werden.

Es werden nun solche Kräfte betrachtet, die in jedem Punkt des Raums durch ein Kraftfeld $\boldsymbol{F}(\boldsymbol{r}) = F_x(\boldsymbol{r})\boldsymbol{i} + F_y(\boldsymbol{r})\boldsymbol{j} + F_z(\boldsymbol{r})\boldsymbol{k}$ gegeben sind. Für eine konservative Kraft gilt, dass sich die drei Raumfunktionen $F_x(\boldsymbol{r})$, $F_y(\boldsymbol{r})$ und $F_z(\boldsymbol{r})$ aus einer einzigen Raumfunktion $V(\boldsymbol{r})$, dem Potential, ableiten lassen. Und zwar in der Art:

$$F_x = -\frac{\partial V}{\partial x} \qquad F_y = -\frac{\partial V}{\partial y} \qquad F_z = -\frac{\partial V}{\partial z} \tag{3.8}$$

oder in Vektorschreibweise

$$\boldsymbol{F}(\boldsymbol{r}) = -\operatorname{grad} V(\boldsymbol{r})\,. \tag{3.9}$$

Man kann nicht für jede Kraft eine Potentialfunktion $V(\boldsymbol{r})$ finden.

Beispiele für konservative Kräfte sind die Gravitationskraft und die Coulomb Kraft. Dagegen sind Reibungskräfte keine konservativen Kräfte. Sie hängen nicht nur vom Ort, sondern auch von der Geschwindigkeit ab und wirken der Bewegungsrichtung entgegen (sie bremsen). Sie haben also am selben Ort je nach der Geschwindigkeit (Betrag und Richtung) einen anderen Wert.

3.2.1.5 Arbeit

Bewegt eine konstante Kraft $\boldsymbol{F}$ einen Massenpunkt um die Strecke $\Delta\boldsymbol{r}$, so wird die Arbeit $\Delta W = \boldsymbol{F}\cdot\Delta\boldsymbol{r}$ geleistet. Ist die Kraft ortsabhängig und wird der Massenpunkt von $\boldsymbol{r}_1$ nach $\boldsymbol{r}_2$ bewegt, so ist die geleistete Arbeit das Integral über alle infinitesimalen Arbeitselemente entlang des Weges.

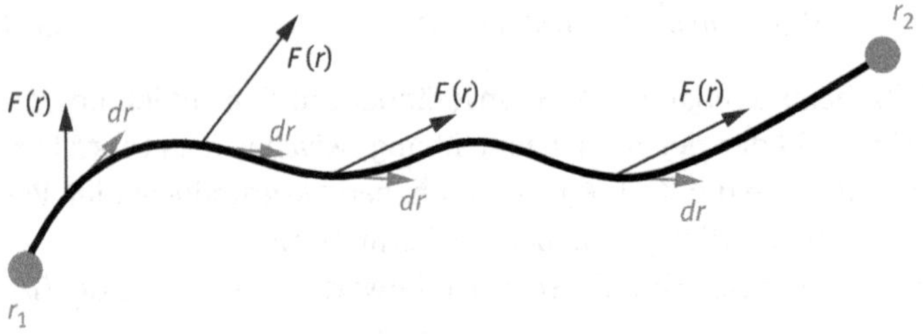

Abb. 3.8. Arbeit einer Kraft an Punktmasse längs eines Weges.

Geleistete Arbeit

$$W = \int_{\boldsymbol{r}_1}^{\boldsymbol{r}_2} \boldsymbol{F}(\boldsymbol{r})\cdot d\boldsymbol{r} \tag{3.10}$$

Hierbei ist $\boldsymbol{F}(\boldsymbol{r}) \cdot d\boldsymbol{r}$ das Skalarprodukt der Vektoren $\boldsymbol{F}(\boldsymbol{r})$ und $d\boldsymbol{r}$, also

$$\boldsymbol{F}(\boldsymbol{r}) \cdot d\boldsymbol{r} = F(r) dr \cos\varphi \qquad \varphi \ldots \text{Winkel zwischen } \boldsymbol{F}(\boldsymbol{r}) \text{ und } d\boldsymbol{r}.$$

- Sind $\boldsymbol{F}(\boldsymbol{r})$ und $d\boldsymbol{r}$ parallel, so ist das Skalarprodukt maximal (da $\cos 0° = 1$).
- Stehen $\boldsymbol{F}(\boldsymbol{r})$ und $d\boldsymbol{r}$ senkrecht aufeinander, so verschwindet das Skalarprodukt (da $\cos 90° = 0$), es wird also keine Arbeit verrichtet.

Die verrichtete Arbeit hängt i. A. nicht nur vom Anfangs- ($\boldsymbol{r}_1$) und Endpunkt ($\boldsymbol{r}_2$) ab, sondern auch von dem Weg, über den man von $\boldsymbol{r}_1$ nach $\boldsymbol{r}_2$ gekommen ist.

Konservative Kräfte sind ein Spezialfall. Für sie hängt die Arbeit nicht vom Weg, sondern nur vom Anfangs- und Endpunkt ab. Dies sieht man, wenn man auf das Potential einer konservativen Kraft zurückgeht.

$$\boldsymbol{F}(\boldsymbol{r}) = -\operatorname{grad} V(\boldsymbol{r}) = -\frac{\partial V(\boldsymbol{r})}{\partial x}\boldsymbol{i} - \frac{\partial V(\boldsymbol{r})}{\partial y}\boldsymbol{j} - \frac{\partial V(\boldsymbol{r})}{\partial z}\boldsymbol{k} \tag{3.11}$$

$$\begin{aligned}\boldsymbol{F}(\boldsymbol{r}) \cdot d\boldsymbol{r} &= -\frac{\partial V(\boldsymbol{r})}{\partial x}dx - \frac{\partial V(\boldsymbol{r})}{\partial y}dy - \frac{\partial V(\boldsymbol{r})}{\partial z}dz \\ &= -dV(\boldsymbol{r}) = -(V(\boldsymbol{r} + d\boldsymbol{r}) - V(\boldsymbol{r}))\end{aligned} \tag{3.12}$$

Damit wird die Arbeit, die benötigt wird, um einen Massenpunkt von $\boldsymbol{r}_1$ nach $\boldsymbol{r}_2$ zu bewegen:

$$W_{21} = \int_{\boldsymbol{r}_1}^{\boldsymbol{r}_2} \boldsymbol{F}(\boldsymbol{r}) \cdot d\boldsymbol{r} = -\int_{\boldsymbol{r}_1}^{\boldsymbol{r}_2} dV(\boldsymbol{r}) = -(V(\boldsymbol{r}_2) - V(\boldsymbol{r}_1)) \tag{3.13}$$

Für eine konservative Kraft ist die Arbeit, die an einem Massenpunkt längs eines *beliebigen Weges* von $\boldsymbol{r}_1$ nach $\boldsymbol{r}_2$ geleistet wird:

$$W_{21} = V(\boldsymbol{r}_1) - V(\boldsymbol{r}_2) \tag{3.14}$$

Führt man den Massenpunkt auf dem gleichen oder einem anderen Weg unter derselben konservativen Kraft von $\boldsymbol{r}_2$ nach $\boldsymbol{r}_1$ zurück, so ist die Arbeit: $W_{12} = V(\boldsymbol{r}_2) - V(\boldsymbol{r}_1) = -W_{21}$. Hieraus folgt

Für eine konservative Kraft ist die Arbeit, die längs eines *beliebigen geschlossenen Weges* verrichtet wird, gleich 0:

$$W = \oint \boldsymbol{F}(\boldsymbol{r})\, d\boldsymbol{r} = 0 \tag{3.15}$$

3.2.1.6 Energieerhaltungssatz der Mechanik

Für eine konservative Kraft ($\boldsymbol{F}(\boldsymbol{r}) = -\operatorname{grad} V(\boldsymbol{r})$) lässt sich die Newtonsche Bewegungsgleichung (3.1) $\boldsymbol{F} = m\boldsymbol{a}$ (mit $\boldsymbol{a} = \frac{d^2\boldsymbol{r}}{dt^2}$) schreiben als

$$m\frac{d^2\boldsymbol{r}(t)}{dt^2} = -\operatorname{grad} V \tag{3.16}$$

Multiplikation beider Seiten mit $\frac{d\boldsymbol{r}}{dt}$ ergibt

$$m\frac{d^2\boldsymbol{r}(t)}{dt^2}\cdot\frac{d\boldsymbol{r}(t)}{dt} = -\operatorname{grad} V \cdot \frac{d\boldsymbol{r}(t)}{dt} \tag{3.17}$$

Beide Seiten der Gleichung (3.17) werden umgeformt:

– Linke Seite
  Verwendung der Kettenregel ergibt

$$m\frac{d^2\boldsymbol{r}(t)}{dt^2}\cdot\frac{d\boldsymbol{r}(t)}{dt} = \frac{1}{2}m\frac{d}{dt}\left(\frac{d\boldsymbol{r}(t)}{dt}\right)^2 = \frac{d}{dt}\left(\frac{1}{2}m\ \boldsymbol{v}(t)^2\right)$$

  Dabei wurde beachtet, dass die Geschwindigkeit $\boldsymbol{v}(t)$ die Ableitung des Ortes nach der Zeit ist: $\boldsymbol{v}(t) = \frac{d\boldsymbol{r}(t)}{dt}$.

– Rechte Seite
  Das skalare Produkt zwischen $\operatorname{grad} V(\boldsymbol{r})$ und $\frac{d\boldsymbol{r}(t)}{dt}$ wird ausgerechnet, anschließend die Ableitung nach der Zeit vorgezogen. Der Zähler des Bruchs entspricht dem vollständigen Differential dV

$$\begin{aligned}-\operatorname{grad} V(\boldsymbol{r}(t))\cdot\frac{d\boldsymbol{r}(t)}{dt} &= -\frac{\partial V(\boldsymbol{r}(t))}{\partial x}\cdot\frac{dx}{dt} - \frac{\partial V(\boldsymbol{r}(t))}{\partial y}\cdot\frac{dy}{dt} - \frac{\partial V(\boldsymbol{r}(t))}{\partial z}\cdot\frac{dz}{dt}\\ &= -\frac{\frac{\partial V}{\partial x}\cdot dx + \frac{\partial V}{\partial y}\cdot dy + \frac{\partial V}{\partial z}\cdot dz}{dt} = -\frac{dV(\boldsymbol{r}(t))}{dt}\end{aligned}$$

Mit diesen Umformungen wird Gleichung (3.17)

$$\frac{d}{dt}\left(\frac{1}{2}m\ \boldsymbol{v}(t)^2\right) = -\frac{dV(\boldsymbol{r}(t))}{dt} \tag{3.18}$$

Der Term auf der linken Seite in der Klammer wird kinetische Energie K genannt:

$$K(\boldsymbol{v}(t)) = \frac{1}{2}m\ \boldsymbol{v}(t)^2 \tag{3.19}$$

Das Potential $V(\boldsymbol{r}(t))$ auf der rechten Seite wird auch potentielle Energie genannt. Damit wird Gleichung (3.18)

$$\frac{d}{dt}\left(K(\boldsymbol{v}(t)) + V(\boldsymbol{r}(t))\right) = 0 \tag{3.20}$$

Die Ableitung der Funktion $K(\boldsymbol{v}(t)) + V(\boldsymbol{r}(t))$ nach der Zeit ist nur dann = 0, wenn die Funktion zeitlich konstant ist.

$$K(\boldsymbol{v}(t)) + V(\boldsymbol{r}(t)) = E = \text{const.} \tag{3.21}$$

E ist per Definition die Gesamtenergie. Gleichung (3.21) ist der Energieerhaltungssatz der Mechanik:

Energieerhaltungssatz

Die Summe der kinetischen und potentiellen Energie (d. h. die gesamte mechanische Energie E) eines konservativen Systems ist konstant.

3.2.1.7 Impuls, Drehimpuls, Drehmoment

Der *Impuls* ist definiert als das Produkt aus Masse und Geschwindigkeit

$$\boldsymbol{p} = m\boldsymbol{v} \tag{3.22}$$

Berücksichtigt man, dass die Geschwindigkeit die zeitliche Ableitung der Ortskoordinate ist, so wird

$$\boldsymbol{p} = m\,\boldsymbol{v} = m\,\frac{d\boldsymbol{r}}{dt} = m\,\dot{\boldsymbol{r}} \tag{3.23}$$

Hinweis: Für die Ableitung nach der Zeit verwendet man oft die Schreibweisen

$$\dot{\boldsymbol{r}} = \frac{d\boldsymbol{r}}{dt}, \quad \dot{\boldsymbol{p}} = \frac{d\boldsymbol{p}}{dt} \tag{3.24}$$

Damit wird das Newtonsche Grundgesetz (3.1) (lex secunda $\boldsymbol{F} = m\boldsymbol{a}$)

$$\boldsymbol{F} = \frac{d\boldsymbol{p}}{dt} = \dot{\boldsymbol{p}} \tag{3.25}$$

Ist $\boldsymbol{F}$ als Funktion der Zeit bekannt, so kann man diese Gleichung über die Zeit integrieren:

$$\int_{t_1}^{t_2} \frac{d\boldsymbol{p}}{dt} dt = \boldsymbol{p}(t_2) - \boldsymbol{p}(t_1) = \int_{t_1}^{t_2} \boldsymbol{F}(t) dt \tag{3.26}$$

Wirkt keine Kraft ($\boldsymbol{F}(t) = 0$), so ist $\boldsymbol{p}(t_1) = \boldsymbol{p}(t_2)$.

Dies ist der Impulserhaltungssatz. Er entspricht dem Trägheitsprinzip (lex prima) der Newtonschen Gesetze.

Verallgemeinerung: betrachtet man nicht nur einen Massenpunkt sondern ein System mehrerer Massen, so ist der Gesamtimpuls definiert als: $\boldsymbol{p} = \sum_i \boldsymbol{p}_i = \sum_i m_i \boldsymbol{v}_i$. Auch für ein solches System gilt der *Impulserhaltungssatz*: In einem abgeschlossenen System, auf das keine äußeren Kräfte einwirken, ist der Gesamtimpuls konstant.

$$\frac{d\boldsymbol{p}}{dt} = 0 \quad \text{bzw.} \quad \boldsymbol{p}(t) = \text{const.} \tag{3.27}$$

Dabei ist der Gesamtimpuls die Vektorsumme der Einzelimpulse.

Der *Drehimpuls* ist definiert als das Vektorprodukt aus Ortskoordinate und Impuls.

$$\boldsymbol{J} = \boldsymbol{r} \times \boldsymbol{p} \tag{3.28}$$

Das *Drehmoment* ist definiert als das Vektorprodukt aus Ortskoordinate und Kraft.

$$\boldsymbol{M} = \boldsymbol{r} \times \boldsymbol{F} \tag{3.29}$$

Drehimpuls und Drehmoment hängen von der Wahl des Koordinatenursprungs ab (wegen der Ortskoordinate $\boldsymbol{r}$). Multipliziert man Gleichung (3.25) $\boldsymbol{F} = \frac{d\boldsymbol{p}}{dt}$ vektoriell mit dem Ortsvektor $\boldsymbol{r}$, so erhält man

$$\boldsymbol{r} \times \boldsymbol{F} = \boldsymbol{r} \times \frac{d\boldsymbol{p}}{dt} = \boldsymbol{M} \tag{3.30}$$

Der mittlere Term lässt sich unter Verwendung der Kettenregel umformen:

$$\boldsymbol{r} \times \frac{d\boldsymbol{p}}{dt} = \frac{d(\boldsymbol{r} \times \boldsymbol{p})}{dt} - \frac{d\boldsymbol{r}}{dt} \times \boldsymbol{p} = \frac{d(\boldsymbol{r} \times \boldsymbol{p})}{dt} = \frac{d\boldsymbol{J}}{dt} .$$

Hinweis: $\frac{d\boldsymbol{r}}{dt} \times \boldsymbol{p} = 0$, da $\frac{d\boldsymbol{r}}{dt} = \boldsymbol{v}$ und damit parallel zu $\boldsymbol{p}$ ist. Für parallele Vektoren verschwindet das Vektorprodukt.

Damit ergibt sich der *Drehimpulssatz*

$$\frac{d\boldsymbol{J}}{dt} = \boldsymbol{M} = \boldsymbol{r} \times \boldsymbol{F} \tag{3.31}$$

Zentralkräfte

Kräfte zwischen zwei Massenpunkten wirken fast immer so, dass die Richtung der Kraft in Richtung der Verbindung beider Punkte verläuft. Derartige Kräfte nennt man Zentralkräfte. Für Zentralkräfte nimmt der Drehimpulssatz eine spezielle Form an, da $\boldsymbol{r}$ parallel zu $\boldsymbol{F}$ ist. In diesem Fall ist das Drehmoment $\boldsymbol{M} = \boldsymbol{r} \times \boldsymbol{F} = 0$ und es ergibt sich der *Drehimpulserhaltungssatz*

$$\frac{d\boldsymbol{J}}{dt} = 0, \quad \text{bzw. } \boldsymbol{J} = const \tag{3.32}$$

Für konservative Zentralkräfte gelten damit sowohl der Energieerhaltungssatz als auch der Drehimpulserhaltungssatz.

3.2.2 Das Gravitationsgesetz

Die Newtonschen Grundgesetze für die Bewegung von Massen, zunächst in der irdischen Sphäre, sind eine äußerst bedeutende wissenschaftliche Leistung.

Nun hatte Aristoteles in der Antike postuliert, dass in der irdischen Sphäre andere Gesetzmäßigkeiten gelten als in der kosmischen. Mit seiner Gravitationstheorie stieß Newton jedoch in den Bereich der kosmischen Sphäre vor. Berühmt ist die Geschichte mit dem Apfel, die von Newton selbst erwähnt wurde. Sie führte zu seiner hypothetischen Induktion, nämlich der Aufstellung der Hypothese einer generellen Gravitation zwischen zwei Massen. Newton sah einen Apfel vom Baum auf die Erde fallen, so wie viele andere vor ihm auch. Aber er kam als erster auf die geniale Idee, dass dieser alltägliche Vorgang der Spezialfall einer allgemeinen Gesetzmäßigkeit der Natur sein könnte, nämlich:

Zwei Massen (in diesem Fall die ganze Erde und der kleine Apfel) üben eine Kraft (die Gravitationskraft) auf einander aus.

Im beobachteten Spezialfall führt diese Kraft zum Gewicht des Apfels an der Erdoberfläche und daraus folgend zur gleichförmig beschleunigten Fallbewegung, die Galilei entdeckt hatte.

Wenn dieses Gesetz ein allgemeingültiges Gesetz der Natur sein, und sogar auch in den himmlischen Sphären gelten sollte, so musste Newton verschiedene Annahmen machen. Diese betrafen die Abhängigkeit der Kraft von den Massen und deren

Abstand sowie die Richtung der Kraft. Diese Annahmen waren zunächst einmal willkürlich, erwiesen sich im Nachhinein aber als genial und führten zu folgender Hypothese für den Betrag der Gravitationskraft:

$$F = -G\frac{M\,m}{r^2} \tag{3.33}$$

Dieses Gravitationsgesetz wurde von Isaac Newton erstmals 1686 in den Philosophiae Naturalis Principia Mathematica veröffentlicht. Die Gravitationskraft ist proportional zum Produkt beider Massen und umgekehrt proportional zum Abstandsquadrat der Massen. Das negative Vorzeichen bringt zum Ausdruck, dass die Kraft anziehend ist. G ist eine Naturkonstante und wird Gravitationskonstante genannt. Zu Zeiten von Newton waren zwar der Erdradius aber nicht die Erdmasse und die Gravitationskonstante bekannt. Es gelang erst 1798 Henry Cavendish (1731–1810) mit einer Gravitationswaage die Gravitationskonstante zu bestimmen. Ihr Wert ist:

$$G = 6{,}674 \cdot 10^{-11}\ \mathrm{m^3\,kg^{-1}\,s^{-2}} \tag{3.34}$$

3.2.2.1 Schwere und träge Masse

In Newtons Trägheitsgesetz ist die Masse ein Maß für den Widerstand, den ein Körper jeder Änderung seines Bewegungszustandes entgegensetzt (*träge Masse*). Andererseits bewirkt jede Masse eine Anziehungskraft auf eine andere Masse. In dieser Eigenschaft nennt man die Masse *schwere Masse*.

An der Erdoberfläche wirkt auf alle Körper die Schwerkraft F_G (Anziehung zwischen der Erdmasse und der Masse des Körpers). Unter ihrer Wirkung führt jeder Körper eine gleichmäßig beschleunigte Fallbewegung aus (Galilei Abschnitt 3.1.4).

Damit ist

$$F_G = mg \tag{3.35}$$

g ist die Erdbeschleunigung. Ihr Betrag hat für jeden Körper an der Erdoberfläche den Wert $g = 9{,}81\ \mathrm{m\,s^{-2}}$. Die Erdbeschleunigung hat die Richtung auf den Erdmittelpunkt hin.

Die Gleichheit zwischen schwerer und träger Masse wurde durch Experimente sehr genau bestätigt. Die klassische Mechanik hat hierfür keine Erklärung. In der Allgemeinen Relativitätstheorie (siehe Kapitel VII) setzt Einstein die Wesensgleichheit von schwerer und träger Masse in Form des Äquivalenzprinzips voraus.

3.2.3 Die Überprüfung der Newtonschen Hypothese auf der Erde

3.2.3.1 Die Galileischen Fallversuche

Das Newtonsche Gravitationsgesetz enthält als Spezialfall das Fallgesetz von Galilei. Fasst man im Gravitationsgesetz (3.33): $F = -G\frac{M\,m}{r^2}$ die Gravitationskonstante, die Erdmasse und den Erdradius zur Konstanten g (Betrag der Erdbeschleunigung) zusammen,

$$g = G\frac{M_E}{R_E^2} \tag{3.36}$$

so wird die Kraft auf einen Körper an der Erdoberfläche $\boldsymbol{F} = m\boldsymbol{g}$. Das bedeutet, alle Körper erfahren an der Erdoberfläche die gleiche Beschleunigung. Dies wurde in den beiden ersten Gesetzen des freien Falls von Galilei beschrieben.

- Alle Körper fallen im Vakuum unabhängig von ihrer Gestalt, Zusammensetzung und Masse gleich schnell.
- Die Beschleunigung ist dabei am selben Ort für alle Körper gleich groß.

Aus einer konstanten Beschleunigung folgt eine linear mit der Zeit anwachsende Geschwindigkeit (das 3. Galileische Gesetz)

- Ihre Fallgeschwindigkeit ist proportional zur Fallzeit.

In moderner Schreibweise

$$v(t) = \boldsymbol{g}\,t \quad \text{mit} \quad \boldsymbol{g} = \begin{pmatrix} 0 \\ 0 \\ -g \end{pmatrix}$$

Mit $g = 9{,}81\,\mathrm{m\,s^{-2}}$

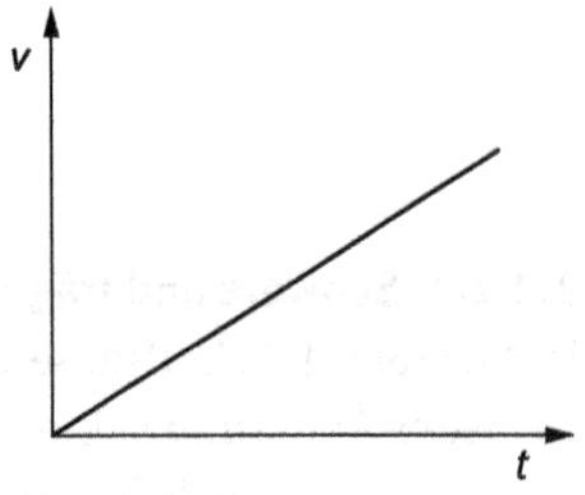

Abb. 3.9. Die Fallgeschwindigkeit gemäß den Newtonschen Gesetzen.

Eine nochmalige Integration über die Zeit ergibt das 4. Galileische Gesetz:

- Der Fallweg ist proportional zum Quadrat der Fallzeit.

In moderner Schreibweise

$$s(t) = \int_0^t v(t')dt' = \int_0^t g\,t'dt' = \frac{1}{2}gt^2$$

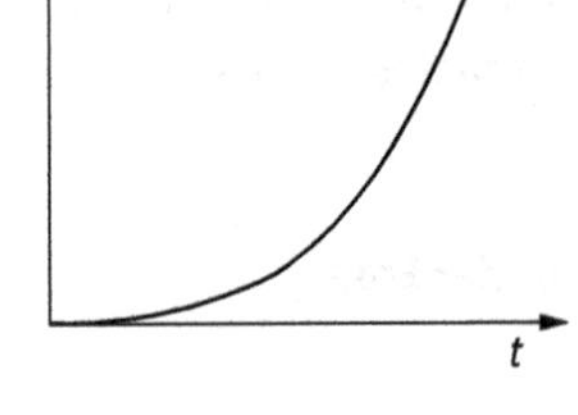

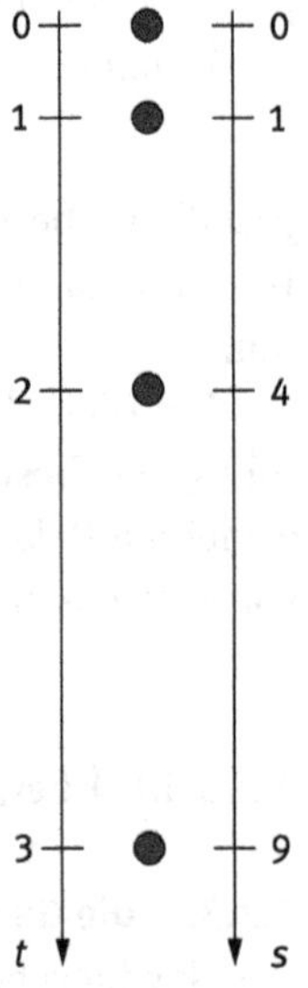

Abb. 3.10. Der Fallweg gemäß den Newtonschen Gesetzen.

3.2.3.2 Das mathematische Pendel

Zu einer weiteren Überprüfung von Newtons Hypothese auf der Erde wird das mathematische Pendel herangezogen. Bei ihm kann die Schwingungsdauer des Pendels aus vorgegebenen Größen berechnet und mit dem Experiment verglichen werden.

Ableitung der Differentialgleichung

Die Punktmasse m sei an einem masselosen Faden der Länge l aufgehängt und bewege sich unter dem Einfluss der Schwerkraft, d. h. ihres Gewichtes $\boldsymbol{F}_G = m\boldsymbol{g}$.
Nur die Komponente der Schwerkraft, die parallel zur Kreisbahn verläuft, wirkt auf die Masse ein. Die Komponente senkrecht dazu wird durch den Faden aufgenommen und kompensiert.
Die Fadenkraft ist eine Zwangskraft (sie zwingt die Masse auf die Kreisbahn). Sie steht senkrecht zur Bewegungsrichtung und leistet damit keine Arbeit.
Der Weg auf der Kreisbahn wird durch $s = l\,\varphi$ beschrieben.

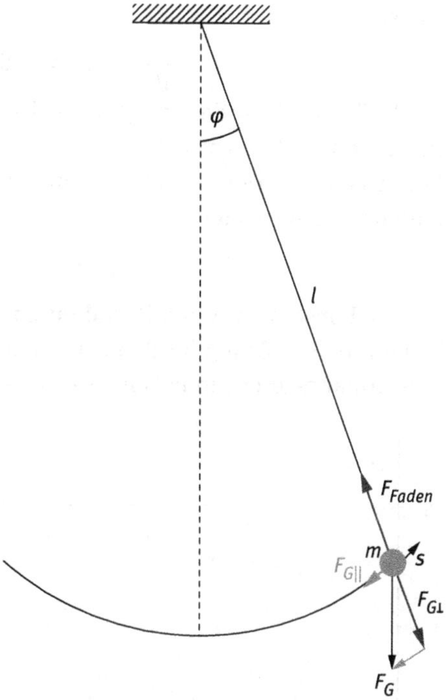

Abb. 3.11. Zur Ableitung der Differentialgleichung des Pendels.

Die resultierende Kraft auf die Masse ist die Komponente der Gewichtskraft, die parallel zur Kreisbahn verläuft, also $\boldsymbol{F}_{G||}$. Sie ist eine Funktion des Winkels φ, zwar gilt:

$$F_{G||} = -F_G \sin\varphi \quad \text{oder} \quad F_{G||} = -mg\sin\varphi\,. \tag{3.37}$$

Mit dem Newtonschen Aktionsgesetz (3.1) $\boldsymbol{F} = m\boldsymbol{a}$ wird

$$m\frac{d^2 s}{dt^2} = ml\frac{d^2\varphi}{dt^2} = -mg\sin\varphi \tag{3.38}$$

bzw.

$$\frac{d^2\varphi}{dt^2} = -\frac{g}{l}\sin\varphi \tag{3.39}$$

Diese Gleichung ist eine Differentialgleichung für den Winkel $\varphi(t)$. Zur Lösung beschränkt man sich auf kleine Winkel, für die im Bogenmaß in guter Näherung gilt: $\sin\varphi \approx \varphi$. Damit wird

$$\frac{d^2\varphi}{dt^2} = -\frac{g}{l}\varphi \tag{3.40}$$

Führt man zunächst zur Abkürzung

$$\omega^2 = \frac{g}{l} \tag{3.41}$$

ein, so wird

$$\frac{d^2\varphi}{dt^2} = -\omega^2\varphi \quad \text{oder} \quad \frac{d^2\varphi}{dt^2} + \omega^2\varphi = 0 \tag{3.42}$$

In Kapitel 2 wurde gezeigt, dass die Lösung dieser Differentialgleichung die periodischen Funktionen $\sin(\omega t)$ und $\cos(\omega t)$ sind. Hiervon kann man sich leicht durch Einsetzen in die Differentialgleichung überzeugen. Die allgemeine Lösung der Differentialgleichung ist dann

$$\varphi(t) = A\sin(\omega t) + B\cos(\omega t) \tag{3.43}$$

Die Konstanten A und B sind durch die Anfangsbedingungen zu bestimmen. So lautet z. B. die Lösung für den Fall, in dem die Masse zur Zeit $t = 0$ ausgelenkt und ohne Anfangsgeschwindigkeit losgelassen wird: $\varphi(t) = B\cos(\omega t)$.

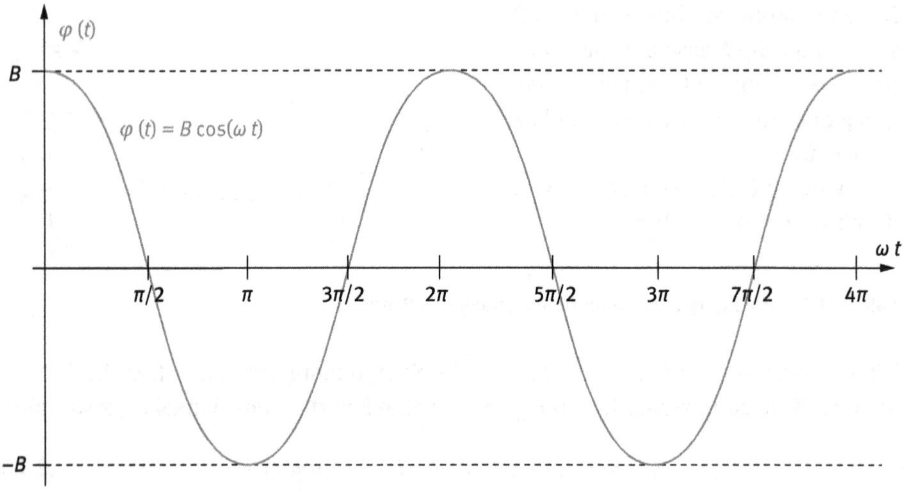

Abb. 3.12. Die Lösung der Differentialgleichung des Pendels nach Wahl der Anfangsbedingungen.

Die Lösung ist eine periodische Schwingung. Nach der Zeit T mit $\omega T = 2\pi$ ist das Pendel wieder zu seinem Ausgangspunkt zurückgekehrt.

- $T = \frac{2\pi}{\omega}$ ist die Schwingungsdauer (Periode),
- $f = \frac{1}{T}$ ist die Frequenz und
- $\omega = 2\pi f$ nennt man die Kreisfrequenz.

Ableitung des Energieerhaltungssatzes am Beispiel des Pendels

Der Energieerhaltungssatz ist ein äußerst wichtiger Satz in der Physik. Deswegen wird er, nachdem er in Abschnitt 3.2.1.6 allgemein hergeleitet wurde, hier für das Beispiel des mathematischen Pendels nochmals explizit abgeleitet.

Die Ausgangsgleichung für das mathematische Pendel $m\frac{d^2s}{dt^2} = -mg\sin\varphi$ lässt sich unter Verwendung von $\omega^2 = \frac{g}{l}$ und $s = l\varphi$ für kleine Winkel ($\sin\varphi \approx \varphi$) umschreiben in

$$m\frac{d^2s}{dt^2} = -m\omega^2 s = F(s) \tag{3.44}$$

Die Kraft $F(s) = -m\omega^2$ s kann aus einem Potential abgeleitet werden:

$$F(s) = -\frac{dV(s)}{ds} \quad \text{mit } V(s) = \frac{m\omega^2}{2}s^2 \tag{3.45}$$

Kräfte, für die ein solches Potential existiert, nennt man konservative Kräfte (siehe Abschnitt 3.2.1.4). Damit wird

$$m\frac{d^2s}{dt^2} = -\frac{dV(s)}{ds} \tag{3.46}$$

Durch Multiplikation dieser Gleichung mit $\frac{ds}{dt}$ wird

$$m\frac{d^2s}{dt^2}\cdot\frac{ds}{dt} = -\frac{dV(s)}{ds}\cdot\frac{ds}{dt} \tag{3.47}$$

Beide Seiten dieser Gleichung entstehen unter Beachtung der Kettenregel aus folgenden Termen:

- Linke Seite

$$\frac{m}{2}\cdot\frac{d}{dt}\left(\frac{ds(t)}{dt}\right)^2 = \frac{m}{2}\cdot 2\cdot\frac{ds(t)}{dt}\cdot\frac{d^2s(t)}{dt^2} = m\cdot\frac{d^2s(t)}{dt^2}\cdot\frac{ds(t)}{dt}$$

- Rechte Seite

$$\frac{dV(s(t))}{dt} = \frac{dV(s(t))}{ds}\cdot\frac{ds(t)}{dt}$$

Beachtet man, dass die Geschwindigkeit die Ableitung des Weges nach der Zeit ist

$$v(t) = \frac{ds(t)}{dt} \tag{3.48}$$

so wird

$$\frac{d}{dt}\left(\frac{m}{2}v(t)^2\right) = -\frac{dV(s(t))}{dt} \quad \text{oder} \quad \frac{d}{dt}\left(\frac{m}{2}v(t)^2\right) + \frac{dV(s(t))}{dt} = 0$$

Der erste Term in der Klammer wird kinetische Energie genannt

$$K = \frac{m}{2}v(t)^2 \tag{3.49}$$

Das Potential $V(s(t))$ wird auch potentielle Energie genannt. Damit wird

$$\frac{d}{dt}\left(K(v(t)) + V(s(t))\right) = 0 \tag{3.50}$$

Die Ableitung der Funktion $K(v(t)) + V(s(t))$ nach der Zeit ist nur dann = 0, wenn die Funktion zeitlich konstant ist.

$$K(v(t)) + V(s(t)) = E = \text{const.} \tag{3.51}$$

E ist die Gesamtenergie. Gleichung (3.51) entspricht dem *Energieerhaltungssatz*.
Die kinetische Energie und die potentielle Energie sind eine Funktion der Zeit und damit des Ortes.
Dagegen bleibt die Gesamtenergie konstant, sie bleibt erhalten.

Im Umkehrpunkt U ist
- die potentielle Energie am größten, nämlich mgh.
- die kinetische Energie = 0, da die Geschwindigkeit im Umkehrpunkt 0 ist.

Im Nulldurchgang ($\varphi = 0$) ist
- die Geschwindigkeit und damit auch die kinetische Energie maximal.
- die potentielle Energie = 0.

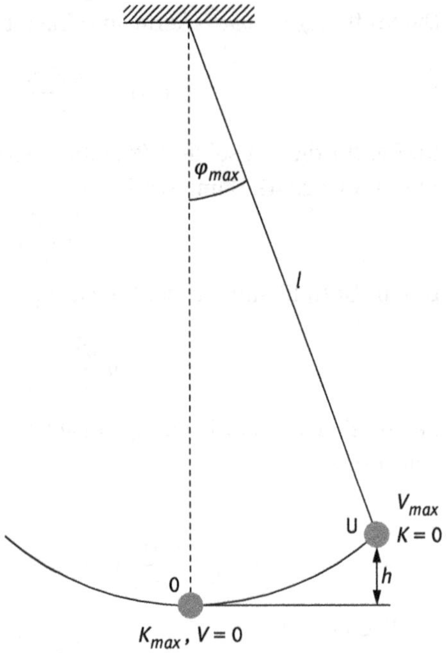

Abb. 3.13. Potentielle und kinetische Energie des Pendels am Umkehrpunkt und Nulldurchgang.

3.2.4 Kosmische Überprüfung des Gravitationsgesetzes

Nachdem Newton seine Gravitationshypothese in der irdischen Sphäre durch verschiedene Experimente bestätigt hatte, kam er nun zur der kritischen Frage, ob in der himmlischen Sphäre das gleiche Gesetz (das Gravitationsgesetz) wie in der irdischen gilt. In einem ersten Test berechnete er die Umlaufdauer des Mondes.

3.2.4.1 Mondrechnung

Es wird erzählt, dass Newton bei dieser ersten grundlegenden Überprüfung seiner Hypothese so aufgeregt und nervös war, dass er seinen Assistenten bitten musste, die

Rechnung vorzunehmen. Die Umlaufdauer des Mondes (ein kosmisches Datum) war mit 27,4 Tagen bekannt. Hieran wollte er seine Theorie überprüfen. Außerdem wusste man, dass der Mond die Erde auf fast genau einer Kreisbahn umläuft. Auf dieser Kreisbahn wird der Mond entsprechend der Hypothese durch die Anziehungskraft zwischen Erde und Mond gehalten.

In Kapitel 2 (Grundbegriffe der Mathematik) wurde in Abschnitt 2.7 die Zentripetalbeschleunigung

$$a_Z = \frac{v_M^2}{R_M} \tag{3.52}$$

hergeleitet. Die Zentripetalkraft

$$F_Z = \frac{M_M v_M^2}{R_M} \tag{3.53}$$

die notwendig ist, um den Mond auf der Kreisbahn zu halten, muss durch die Gravitationskraft

$$F_G = G\frac{M_E\, M_M}{R_M^2} \tag{3.54}$$

aufgebracht werden. Also ist

$$G\frac{M_E\, M_M}{R_M^2} = \frac{M_M v_M^2}{R_M} \tag{3.55}$$

Die Mondmasse hebt sich heraus

$$G\frac{M_E}{R_M} = v_M^2 = \left(\frac{2\pi R_M}{T_M}\right)^2 \tag{3.56}$$

Die zur damaligen Zeit unbekannten Größen (Erdmasse und Gravitationskonstante) werden durch die Erdbeschleunigung und den Erdradius entsprechend (3.36) ausgedrückt

$$G\, M_E = g R_E^2 \tag{3.57}$$

Damit wird

$$\frac{g R_E^2}{R_M} = \left(\frac{2\pi R_M}{T_M}\right)^2 \tag{3.58}$$

Daraus folgt die Umlaufzeit des Mondes

$$T_M = \frac{2\pi R_M}{R_E}\sqrt{\frac{R_M}{g}} \tag{3.59}$$

Es ist also (zum Glück) möglich die Umlaufzeit des Mondes aus den zu Newtons Zeiten bekannten Werten für

- den Radius der Mondumlaufbahn (R_M = 384 400 km),
- den Erdradius (R_E = 6371 km) und
- die Erdbeschleunigung (g = 9,81 m s^{-2})

auszudrücken. Setzt man diese Werte ein, so wird die Umlaufzeit des Mondes $T_M = 2\,373\,080\,\mathrm{s} = 27{,}46$ Tage.

Dies war natürlich eine glänzende Bestätigung von Newtons Hypothese. Newtons Aufregung legte sich und er feierte seinen Erfolg.

3.2.4.2 Ableitung der Keplerschen Gesetze

Nach der ersten positiven Bestätigung seiner Hypothese, konnte Newton die wesentlich schwierigere Aufgabe, nämlich die Ableitung – und damit auch die Erklärung – der bis dahin nur empirisch gefundenen Keplerschen Gesetze angehen.

Drittes Keplersches Gesetz

Geht man in erster Näherung wieder davon aus, dass die Planetenbahnen Kreisbahnen um die Sonne sind, so ergibt sich wie bei der Ableitung der Umlaufdauer des Mondes entsprechend (3.56):

$$G\frac{M_S}{R_P} = \left(\frac{2\pi R_P}{T_P}\right)^2 \quad \text{oder} \quad \frac{R_P^3}{T_P^2} = \frac{GM_S}{4\pi^2} = \text{const.} \tag{3.60}$$

Hat man zwei Planeten, die um dieselbe Sonne kreisen, so gilt

$$\frac{R_{P1}^3}{T_{P1}^2} = \frac{R_{P2}^3}{T_{P2}^2} \quad \text{oder} \quad \frac{T_{P1}^2}{T_{P2}^2} = \frac{R_{P1}^3}{R_{P2}^3}$$

3. Keplersche Gesetz
Die Quadrate der Umlaufzeiten zweier Planeten verhalten sich wie die dritten Potenzen (Kuben) der großen Bahnhalbachsen

Zweites Keplersches Gesetz

Das 2. Keplersche Gesetz folgt aus dem Drehimpulserhaltungssatz. Für Zentralkräfte wie die Gravitationskraft (sie wirkt in Richtung der Verbindungslinie beider Massen) ist der Drehimpuls konstant (Gleichung (3.32))

$$\boldsymbol{J} = \boldsymbol{r} \times \boldsymbol{p} = m\boldsymbol{r} \times \boldsymbol{v} = \text{const.}$$

Das bedeutet, dass sich der Drehimpuls nach Betrag und Richtung nicht ändert:

- Da die Richtung des Drehimpulses erhalten bleibt, muss die Bewegung des Planeten zu jeder Zeit in der durch die beiden Vektoren $\boldsymbol{r}$ und $\boldsymbol{v}$ aufgespannten Ebene erfolgen. Der Planet kann diese Ebene nicht verlassen.
- Da sich die Masse des Planeten nicht ändert, muss auch der Betrag $|\boldsymbol{r} \times \boldsymbol{v}|$ konstant bleiben. Für den Betrag des Vektorprodukts gilt $|\boldsymbol{r} \times \boldsymbol{v}| = rv\sin(\boldsymbol{r}, \boldsymbol{v})$. Hinweis: $(\boldsymbol{r}, \boldsymbol{v})$ ist der von $\boldsymbol{r}$ und $\boldsymbol{v}$ eingeschlossene Winkel. Andererseits ist der Flächeninhalt des durch die Vektoren $\boldsymbol{r}$ und $\boldsymbol{v}$ aufgespannten Dreiecks $F = \frac{1}{2}rv\sin(r, v)$. Dieses Dreieck entspricht der in der Zeiteinheit vom Fahrstrahl überstrichenen Fläche.

2. Keplersche Gesetz
Ein von der Sonne zum Planeten gezogener „Fahrstrahl" überstreicht in gleichen Zeiten gleich große Flächen.

$$F_1(\Delta t) = F_2(\Delta t)$$

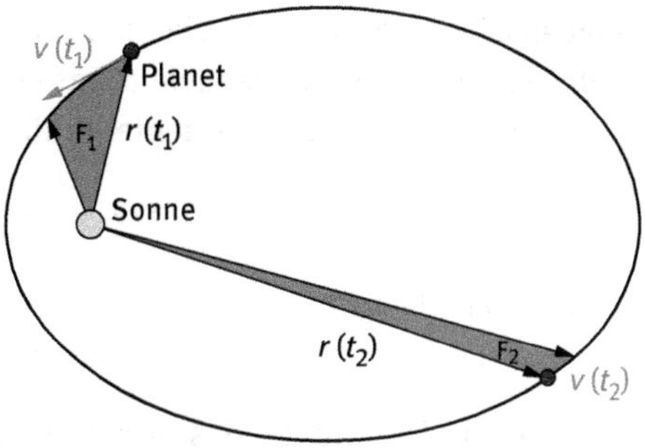

Abb. 3.14. Zur Erläuterung des zweiten Keplerschen Gesetzes.

Erstes Keplersches Gesetz

1. Keplersche Gesetz
Die Planeten bewegen sich auf elliptischen Bahnen, in deren einem Brennpunkt die Sonne steht.

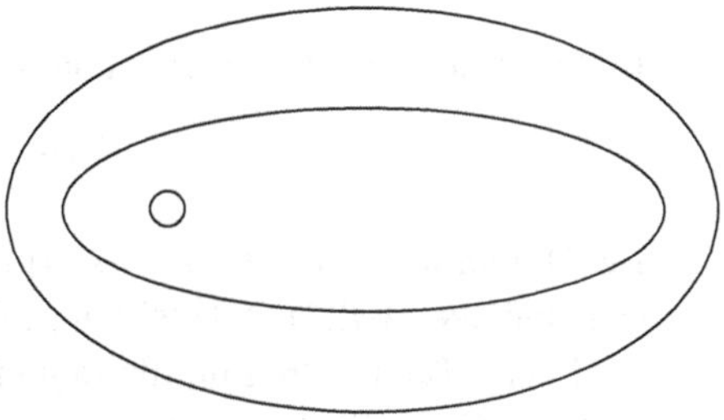

Abb. 3.15. Zur Erläuterung des ersten Keplerschen Gesetzes.

Der Beweis des 1. Keplersches Gesetzes, d. h. die Berechnung der Planetenbahnen, war zu Newtons Zeiten eine große Herausforderung, da die notwendigen mathematischen Hilfsmittel wie Differential- und Integralrechnung fehlten. Diese wurden gleichzeitig und unabhängig von einander von Newton und Gottfried Wilhelm Leibniz (1646–1716) entwickelt. Newton nannte dieses mathematische Gebiet „Fluxionsrechnung", Leibniz Infinitesimalrechnung. Die von Leibniz eingeführte Bezeichnungsweise war eingängiger und hat sich gegenüber der von Newton durchgesetzt.

Solange man wie bei der Mondrechnung (Abschnitt 3.2.4.1) die Umlaufbahn als Kreisbahn postulierte, konnte man Aussagen über die Umlaufzeit machen, aber nicht die von Kepler beobachteten Ellipsenbahnen theoretisch herleiten.

Isaac Newton hatte für die Gravitationskraft den Ansatz (3.33) gemacht. In vektorieller Form ist sie

$$\boldsymbol{F}(\boldsymbol{r}) = -G\frac{M\,m}{r^3}\boldsymbol{r} = -G\frac{M\,m}{r^2}\boldsymbol{n} \tag{3.61}$$

Der Vektor $\boldsymbol{r}$ bzw. der Einheitsvektor $\boldsymbol{n} = \boldsymbol{r}/r$ zeigt dabei vom Mittelpunkt der (kugelförmigen) Sonne mit der Masse M zum Mittelpunkt des (kugelförmigen) Planeten der Masse m. Die auf den Planeten wirkende Kraft $\boldsymbol{F}(\boldsymbol{r})$ ist daher eine Zentralkraft. Sie zeigt stets vom Planeten in die Richtung des Sonnenmittelpunktes. Die Gravitationskraft hat zwei wesentliche Eigenschaften:

- Sie lässt sich durch Gradientenbildung

  $$\boldsymbol{F}(\boldsymbol{r}) = -\nabla V(\boldsymbol{r}) = -\operatorname{grad} V(\boldsymbol{r})$$

  aus dem Potential

  $$V(r) = -G\frac{Mm}{r} \tag{3.62}$$

  ableiten. Deshalb ist das System konservativ und es gilt der Energieerhaltungssatz.
- Gleichung (3.32) besagt, dass für Zentralkräfte der Drehimpuls (nach Betrag und Richtung) konstant ist. Er ist definiert als

  $$\boldsymbol{J}(t) = \boldsymbol{r}(t) \times \boldsymbol{p}(t) = m\,\boldsymbol{r}(t) \times \frac{d\boldsymbol{r}(t)}{dt} = m\,\boldsymbol{r}(t) \times \boldsymbol{v}(t) \tag{3.63}$$

  Da $\boldsymbol{F}(\boldsymbol{r})$ eine Zentralkraft ist, ist der Drehimpuls konstant:

  $$\boldsymbol{J}(t) = \boldsymbol{J} = \text{const.} \tag{3.64}$$

  Der Drehimpuls $\boldsymbol{J}(t)$ ist das Vektorprodukt aus dem Ortsvektor $\boldsymbol{r}(t)$ und der Geschwindigkeit $\boldsymbol{v}(t)$. Damit steht er senkrecht auf der von $\boldsymbol{r}(t)$ und $\boldsymbol{v}(t)$ aufgespannten Ebene. Da der Drehimpuls seine Richtung nicht ändert, muss die Bahnkurve in dieser Ebene liegen.

Aus diesem Grund eignen sich ebene Polarkoordinaten zur Berechnung der Planetenbahn.

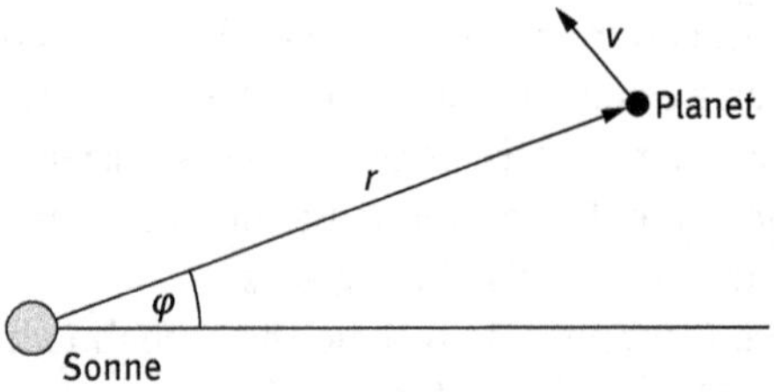

In diesen Koordinaten schreibt sich der Drehimpuls (3.63)

$$\boldsymbol{J} = m\,\boldsymbol{r} \times \boldsymbol{v}, \quad J = |\boldsymbol{J}| = m\,r\,v_\perp = m\,r\,r\,\dot{\varphi} = m\,r^2\dot{\varphi} \tag{3.65}$$

Im Vektorprodukt kommt nur die zum Ortsvektor $\boldsymbol{r}$ senkrechte Geschwindigkeitskomponente zum Tragen. Diese ist $v_\perp = r\,\dot{\varphi}$. Die zu $\boldsymbol{r}$ parallele Geschwindigkeitskomponente ist $v_{||} = \dot{r}$. (Durch $\dot{\varphi}$ bzw. $\dot{r}$ wird die zeitliche Ableitung von φ bzw. r nach der Zeit gekennzeichnet.)

Auflösen von (3.65) nach $\dot{\varphi}$ ergibt

$$\dot{\varphi} = \frac{d\varphi}{dt} = J/m\,r^2 \tag{3.66}$$

Zur Berechnung der Bahnkurve gehen wir für das hier betrachtete konservative System von dem Energieerhaltungssatz (3.21) aus:

$$K(\boldsymbol{v}(t)) + V(r(t)) = E = \text{const}\,. \tag{3.67}$$

E ist die Gesamtenergie des Systems, die konstant ist. Gleichung (3.67) sagt nichts über ihren Wert aus, auch nicht darüber, ob sie positiv oder negativ ist.

Die kinetische Energie ist

$$K(\boldsymbol{v}(t)) = \frac{m}{2}v^2 = \frac{m}{2}(v_{||}^2 + v_{\perp}^2) = \frac{m}{2}(\dot{r}^2 + r^2\dot{\varphi}^2) \tag{3.68}$$

Mit $K(\boldsymbol{v})$ (3.68) und $V(r)$ (3.62) wird die Gesamtenergie (3.67)

$$\frac{m}{2}(\dot{r}^2 + r^2\dot{\varphi}^2) - G\frac{M\,m}{r} = E \tag{3.69}$$

Mit $\dot{\varphi} = J/(m\,r^2)$ (3.66) wird die Gesamtenergie (3.69)

$$\frac{m}{2}(\dot{r}^2 + \frac{J^2}{m^2r^2}) - G\frac{M\,m}{r} = E \tag{3.70}$$

Diese Gleichung kann man nach $\dot{r}$ auflösen

$$\dot{r} = \frac{dr}{dt} = \pm\sqrt{\frac{2E}{m} + 2G\frac{M}{r} - \frac{J^2}{m^2\,r^2}} \tag{3.71}$$

Die Zeitabhängigkeit des Ortsvektors $\boldsymbol{r}(t)$ wird mit Hilfe von (3.66) und

$$\frac{dr}{dt} = \frac{dr}{d\varphi}\cdot\frac{d\varphi}{dt} = \frac{dr}{d\varphi}\cdot\frac{J}{m\,r^2} \tag{3.72}$$

eliminiert. Damit erhält man einen direkten Zusammenhang zwischen r und φ

$$\frac{dr}{d\varphi} = \pm\frac{m\,r^2}{J}\sqrt{\frac{2E}{m} + 2G\frac{M}{r} - \frac{J^2}{m^2r^2}}$$

bzw.

$$d\varphi = \pm\frac{J}{m}\frac{dr/r^2}{\sqrt{2E/m + 2GM/r - J^2/(m^2r^2)}} \tag{3.73}$$

Mit der Substitution

$$u = \frac{1}{r}\,, \quad du = -\frac{1}{r^2}dr \tag{3.74}$$

folgt

$$d\varphi = \mp\frac{J}{m}\frac{du}{\sqrt{2E/m + 2GM\,u - J^2u^2/m^2}} \tag{3.75}$$

Die Integration von (3.75) ergibt

$$\int d\varphi = \varphi + C = \mp\frac{J}{m}\int \frac{du}{\sqrt{2E/m + 2GM\,u - J^2u^2/m^2}} \tag{3.76}$$

C ist eine Integrationskonstante. Das Integral auf der rechten Seite von (3.76) ist exakt berechenbar. Einer Integraltafel entnimmt man das Resultat:

$$\varphi + C = \arccos\left[\frac{GM - J^2u/m^2}{\sqrt{(GM)^2 + \frac{2E}{m}\cdot\frac{J^2}{m^2}}}\right] \tag{3.77}$$

Mit dem Übergang zur Umkehrfunktion erhält man

$$\cos(\varphi + C) = \frac{GM/m - J^2u/m^2}{\sqrt{(GM)^2 + (2E/m)\cdot(J^2/m^2)}} \tag{3.78}$$

Die Rücksubstitution $u = 1/r$ und anschließendes Auflösen nach r ergibt

$$r(\varphi) = \frac{p}{1 - \varepsilon\cdot\cos(\varphi + C)} \tag{3.79}$$

Das ist die Gleichung einer Ellipse in Polarkoordinaten. Der Ursprung des Koordinatensystems fällt mit einem der Brennpunkte zusammen.

Zur Abkürzung wurden die charakteristischen Größen der Bahnkurve p (Bahnparameter) und ε (numerische Exzentrizität) eingeführt. Sie sind durch die Erhaltungsgrößen Energie E und Drehimpuls J bestimmt

$$p = \frac{J^2}{m^2GM}; \quad \varepsilon = \sqrt{1 + \frac{1}{(GM)^2}\cdot\frac{2E}{m}\cdot\frac{J^2}{m^2}} \tag{3.80}$$

Die Integrationskonstante C wird so bestimmt, dass für $\varphi = 0$ der Abstand von der Sonne (Brennpunkt) maximal ist. Dies ergibt $C = 0$. $\varphi = 0$ fällt also mit der großen Halbachse der Ellipse zusammen.

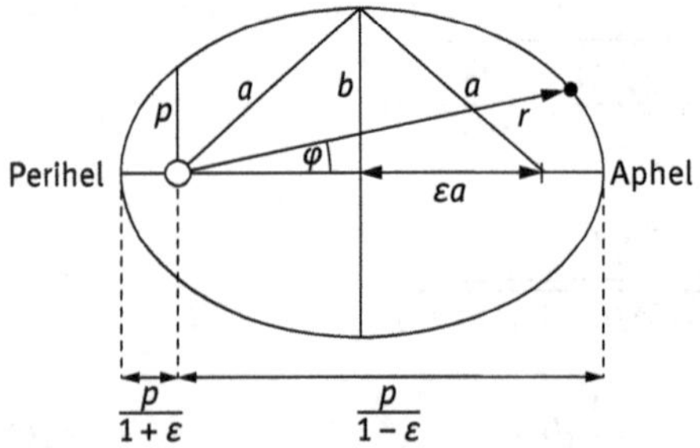

Abb. 3.16. Die Bahnkurve eines Planeten nach Newton mit Bahnparameter p und numerischer Exzentrizität ϵ.

Der Abstand des Planeten von der Sonne (dem einen Brennpunkt) zum sonnenfernsten Punkt (Aphel) und sonnennächsten Punkt (Perihel) ergibt sich aus der Bahngleichung für $\varphi = 0$ bzw. $\varphi = \pi$:

$$\begin{array}{cc} \text{Aphelabstand: } \varphi = 0 & \text{Perihelabstand: } \varphi = \pi \\ \dfrac{p}{1-\varepsilon} & \dfrac{p}{1+\varepsilon} \end{array} \tag{3.81}$$

Daraus folgt der Abstand zwischen Perihel und Aphel, also die doppelte große Halbachse:

$$2a = \frac{p}{1-\varepsilon} + \frac{p}{1+\varepsilon} = \frac{2p}{1-\varepsilon^2} \tag{3.82}$$

Die kleine Halbachse ergibt sich aus der Abbildung mit dem Satz des Pythagoras

$$\begin{aligned} b^2 &= a^2 - \varepsilon^2 a^2 \\ b &= a\sqrt{1-\varepsilon^2} = \frac{p}{\sqrt{1-\varepsilon^2}} \end{aligned} \tag{3.83}$$

Je nach dem Wert von ε und damit dem Wert der Gesamtenergie E beschreibt Gleichung (3.79) unterschiedliche Bahnkurven

$\varepsilon = 0$	Kreis $r(\varphi) = p$	Nur für $\varepsilon < 1$ hat die Bahnkurve eine geschlossene Form. Das sind die Bahnen der Planeten.
$\varepsilon < 1$ $E < 0$	Ellipse	
$\varepsilon = 1$ $E = 0$	Parabel	Für $\varepsilon \geqslant 1$ kann der Nenner von (3.79) null werden und damit $r = \infty$. Bei den Hyperbeln ergeben sich die asymptotischen Richtungen, aus denen der Körper kommt und in die er verschwindet aus: $\varepsilon \cdot \cos\varphi_\infty = 1$.
$\varepsilon > 1$ $E > 0$	Hyperbel	

Die Bahnkurve hängt also von der Gesamtenergie und damit von der Summe aus kinetischer und potentieller Energie ab. Ist die kinetische Energie kleiner als der Betrag der potentiellen Energie, so ergibt sich eine Ellipse. Bei Gleichheit stellt sich eine Parabel ein und ist sie größer, so erhält man eine Hyperbel.

3.2.5 Newtonsche Grundbegriffe für Systeme von Massenpunkten

Im bisherigen Abschnitt 3.2.1 wurde die Newtonsche Mechanik am idealisierten Beispiel eines einzigen Massenpunktes abgehandelt.

Zur Übertragung dieser Grundgesetze auf ein System von Massenpunkten betrachten wir n Massenpunkte ($i = 1, 2, \dots n$) mit den Massen m_i und den Ortsvektoren $\boldsymbol{r}_i$ in einem Inertialsystem. Das grundlegende System von Bewegungsgleichungen (lex secunda) lautet für das System von Massenpunkten

$$m_i \frac{d^2\boldsymbol{r}_i}{dt^2} = \boldsymbol{F}_i + \sum_{j=1}^{n} \boldsymbol{F}_{ij}\,; \quad i = 1, 2, \dots n \tag{3.84}$$

Dabei sind

$\boldsymbol{F}_i$ die äußeren Kräfte, die auf den Massenpunkt i von außerhalb des Systems einwirken

$\boldsymbol{F}_{ij}$ die inneren Kräfte, die vom Massenpunkt i auf Massenpunkt j ausgeübt werden

Nach dem Reaktionsprinzip „actio = reactio“ (lex tertia) gibt es zu jeder inneren Kraft $\boldsymbol{F}_{ij}$ eine gleich große aber entgegengesetzt gerichtete $\boldsymbol{F}_{ji}$

$$\boldsymbol{F}_{ji} = -\boldsymbol{F}_{ij} \quad \text{speziell} \quad \boldsymbol{F}_{ii} = 0 \tag{3.85}$$

Schwerpunktsatz

Der Massenmittelpunkt (oder auch Schwerpunkt) ist der mit den Massen m_i gewichtete Mittelwert der Ortsvektoren $\boldsymbol{r}_i$. Sein Ortsvektor $\boldsymbol{R}$ ist

$$\boldsymbol{R} = \frac{1}{M}\sum_{i=1}^{n} m_i \boldsymbol{r}_i \quad \text{mit } M = \sum_{i=1}^{n} m_i \text{ Gesamtmasse} \tag{3.86}$$

Die Bewegungsgleichung des Massenmittelpunkts folgt aus (3.84)

$$M\frac{d^2\boldsymbol{R}}{dt^2} = \sum_{i=1}^{n} m_i \frac{d^2\boldsymbol{r}_i}{dt^2} = \sum_{i=1}^{n} \boldsymbol{F}_i + \sum_{i,j=1}^{n} \boldsymbol{F}_{ij} \tag{3.87}$$

Die Summe aller äußeren Kräfte ist die gesamte äußere Kraft $\boldsymbol{F}$ und alle inneren Kräfte $\boldsymbol{F}_{ij}$ heben sich wegen (3.85) gegenseitig auf.

$$\sum_{i=1}^{n} \boldsymbol{F}_i = \boldsymbol{F} \quad \text{und} \quad \sum_{i,j=1}^{n} \boldsymbol{F}_{ij} = 0 \tag{3.88}$$

Damit erhält man aus (3.87) die Bewegungsgleichung für den Massenmittelpunkt (Schwerpunktsatz, präziser: Massenmittelpunktsatz)

$$M\frac{d^2\boldsymbol{R}}{dt^2} = \boldsymbol{F} \tag{3.89}$$

In Worten: Der Massenmittelpunkt mit dem Ortsvektor $\boldsymbol{R}$ des Massenpunktsystems bewegt sich so, als ob in ihm die Gesamtmasse M vereinigt wäre und in ihm die Summe aller äußeren Kräfte angriffe. (Man beachte den Konjunktiv: die äußeren Kräfte greifen nicht wirklich am Schwerpunkt an, sondern an den einzelnen Massenpunkten!)

Nachträglich wird nun die Behandlung des Systems Sonne–Planet als System zweier Massenpunkte gerechtfertigt: Die Gravitation der Sonne wirkt als äußere Kraft so auf alle Massenpunkte des Planeten, als ob sie an seinem Schwerpunkt angriffe.

Der Massenmittelpunktsatz ist ein erstes Beispiel dafür wie die Physik überhaupt vorgehen kann und sogar muss: Nur dann, wenn es möglich ist zunächst globale Makrovariablen einzuführen, zwischen denen einfache experimentell zugängliche

Wechselwirkungen stattfinden, gelingt der Einstieg in eine physikalische Behandlung. Hier besteht der Glücksfall darin, dass die mikroskopischen inneren Kräfte des Massenpunktsystems sich bezüglich der Schwerpunktdynamik gegenseitig herausheben. In seiner Synergetik konnte Hermann Haken beweisen, dass es weitere allgemeine Wechselwirkungsalgorithmen zwischen Mikro- und Makrovariablen gibt, die darauf hinauslaufen, dass es wenige globale „Ordnungsparameter" gibt, die das makroskopische Verhalten physikalischer Systeme dominieren.

Gesamtimpulssatz

Mit Einführung des Gesamtimpulses

$$\boldsymbol{P} = \sum_{i=1}^{n} \boldsymbol{p}_i = \sum_{i=1}^{n} m_i \frac{d\boldsymbol{r}_i}{dt} = M\frac{d\boldsymbol{R}}{dt} \tag{3.90}$$

lässt sich der Massenmittelpunktsatz in der Form des Gesamtimpulssatzes formulieren

$$\frac{d\boldsymbol{P}}{dt} = \boldsymbol{F} \tag{3.91}$$

Bei verschwindender äußerer Kraft folgt hieraus der Gesamtimpulserhaltungssatz

$$\boldsymbol{P} = \boldsymbol{P}_0 = \text{const.} \quad \text{für} \quad \boldsymbol{F} = 0 \tag{3.92}$$

Gesamtdrehimpuls

Für ein System von Massenpunkten ist der Gesamtdrehimpuls $\boldsymbol{J}$

$$\boldsymbol{J} = \sum_{i=1}^{n} \boldsymbol{J}_i = \sum_{i=1}^{n} m_i \boldsymbol{r}_i \times \frac{d\boldsymbol{r}_i}{dt} = \sum_{i=1}^{n} \boldsymbol{r}_i \times \boldsymbol{p}_i \tag{3.93}$$

Hieraus lässt sich eine Gleichung für den Gesamtdrehimpuls $\boldsymbol{J}$ ableiten. Multipliziert man die Grundgleichungen (3.84) vektoriell mit dem Ortsvektor $\boldsymbol{r}_i$, so folgt zunächst

$$\boldsymbol{r}_i \times m_i \frac{d^2\boldsymbol{r}_i}{dt} = \frac{d}{dt}\left(\boldsymbol{r}_i \times m_i \frac{d\boldsymbol{r}_i}{dt}\right) = \frac{d}{dt}\boldsymbol{J}_i = \boldsymbol{r}_i \times \boldsymbol{F}_i + \boldsymbol{r}_i \times \sum_{j=1}^{n} \boldsymbol{F}_{ij}\,; \quad i = 1, 2, \ldots n \tag{3.94}$$

Die Summation über i ergibt

$$\frac{d\boldsymbol{J}}{dt} = \sum_{i=1}^{n} \boldsymbol{r}_i \times \boldsymbol{F}_i + \sum_{i,j=1}^{n} \boldsymbol{r}_i \times \boldsymbol{F}_{ij} \tag{3.95}$$

Unter der Voraussetzung, dass die Richtung der inneren Kräfte auf der Verbindungslinie der Massenpunkte i und j liegt und ihre allgemeine Form

$$\boldsymbol{F}_{ij} = -\boldsymbol{F}_{ji} = A_{ij}\left(\boldsymbol{r}_i - \boldsymbol{r}_j\right) \quad \text{mit} \quad A_{ij} = A_{ji} \tag{3.96}$$

ist, verschwindet der Beitrag der inneren Kräfte:

$$\sum_{i,j=1}^{n} \boldsymbol{r}_i \times \boldsymbol{F}_{ij} = \frac{1}{2} \sum_{i,j=1}^{n} A_{ij} \left(\boldsymbol{r}_i - \boldsymbol{r}_j\right) \times \left(\boldsymbol{r}_i - \boldsymbol{r}_j\right) = 0 \tag{3.97}$$

Der erste Term von (3.95) entspricht dem Drehmoment der äußeren Kräfte

$$\boldsymbol{M} = \sum_{i=1}^{n} \boldsymbol{M}_i = \sum_{i=1}^{n} \boldsymbol{r}_i \times \boldsymbol{F}_i \tag{3.98}$$

Damit ergibt sich aus (3.95) und (3.96) der Gesamtdrehimpulssatz

$$\frac{d\boldsymbol{J}}{dt} = \boldsymbol{M} \tag{3.99}$$

Wenn das Drehmoment verschwindet, ergibt sich hieraus der Gesamtdrehimpulserhaltungssatz

$$\boldsymbol{J} = \boldsymbol{J}_0 = \text{const.} \quad \text{für} \quad \boldsymbol{M} = 0 \tag{3.100}$$

Energiesatz

Den Energiesatz und Energieerhaltungssatz für ein System von Massenpunkten erhält man aus den Grundgleichungen (3.84) durch skalare Multiplikation mit $\frac{d\boldsymbol{r}_i}{dt}$ und anschließende Summation über i

$$\sum_{i=1}^{n} \frac{d\boldsymbol{r}_i}{dt} m_i \frac{d^2\boldsymbol{r}_i}{dt^2} = \frac{d}{dt} \sum_{i=1}^{n} \frac{m_i}{2} \left(\frac{d\boldsymbol{r}_i}{dt}\right)^2 = \sum_{i=1}^{n} \frac{d\boldsymbol{r}_i}{dt} \boldsymbol{F}_i + \sum_{i=1}^{n} \frac{d\boldsymbol{r}_i}{dt} \boldsymbol{F}_{ij} \tag{3.101}$$

Wenn die äußeren Kräfte $\boldsymbol{F}_i$ und inneren Kräfte $\boldsymbol{F}_{ij}$ konservativ sind, lassen sie sich als Gradient von Potentialen darstellen

$$\boldsymbol{F}_i = -\nabla_i V_i \left(\boldsymbol{r}_i \left(t\right)\right) \tag{3.102}$$

$$\boldsymbol{F}_{ij} = -\nabla_i V_{ij} \left(\left|\boldsymbol{r}_i \left(t\right) - \boldsymbol{r}_j \left(t\right)\right|\right) \tag{3.103}$$

Die beiden Terme auf der rechten Seite von (3.101) werden mit Hilfe der Kettenregel der Differentialrechnung umgeschrieben

$$-\frac{d\boldsymbol{r}_i}{dt} \boldsymbol{F}_i = \frac{d\boldsymbol{r}_i}{dt} \nabla_i V_i \left(\boldsymbol{r}_i \left(t\right)\right) = \frac{dV_i \left(\boldsymbol{r}_i\right)}{dt} \tag{3.104}$$

$$-\frac{d\boldsymbol{r}_i}{dt} \boldsymbol{F}_{ij} = -\frac{1}{2} \left(\frac{d\boldsymbol{r}_i}{dt} \nabla_i V_{ij} + \frac{d\boldsymbol{r}_j}{dt} \nabla_j V_{ij}\right) \tag{3.105}$$

Damit wird die rechte Seite von (3.101)

$$\sum_{i=1}^{n} \frac{d\boldsymbol{r}_i}{dt} \boldsymbol{F}_i + \sum_{i=1}^{n} \frac{d\boldsymbol{r}_i}{dt} \boldsymbol{F}_{ij} = -\frac{d}{dt} \left(V \left(\boldsymbol{r}_1 \ldots \boldsymbol{r}_n\right) + W \left(\boldsymbol{r}_1 \ldots \boldsymbol{r}_n\right)\right) \tag{3.106}$$

mit

$$V(\boldsymbol{r}_1 \dots \boldsymbol{r}_n) = \sum_{i=1}^{n} V_i(\boldsymbol{r}_i) \tag{3.107}$$

$$W(\boldsymbol{r}_1 \dots \boldsymbol{r}_n) = \frac{1}{2} \sum_{i,j=1}^{n} V_{ij}\left(|\boldsymbol{r}_i - \boldsymbol{r}_j|\right) \tag{3.108}$$

Die kinetische Energie des Systems ist

$$K = \sum_{i=1}^{n} \frac{m_i}{2} \left(\frac{d\boldsymbol{r}_i}{dt}\right)^2 = \sum_{i=1}^{n} \frac{m_i}{2} \boldsymbol{v}_i^2 \tag{3.109}$$

Zusammen mit der potentiellen Energie

$$V + W \tag{3.110}$$

wird die Gesamtenergie des Systems

$$E = K + V + W \tag{3.111}$$

Damit wird Gleichung (3.101)

$$\frac{dE}{dt} = \frac{d}{dt}(K + V + W) = 0 \tag{3.112}$$

Für konservative Kräfte entsprechend (3.102) und (3.103) verschwindet die Änderung der Gesamtenergie. Hieraus folgt der Energieerhaltungssatz

$$E(\boldsymbol{r}_1 \dots \boldsymbol{r}_n ; \boldsymbol{v}_1 \dots \boldsymbol{v}_n) = E_0 = \text{const.} \tag{3.113}$$

Die Einführung des Schwerpunktes hat eine weitere sehr nützliche Konsequenz: Bisher waren die Ortsvektoren der Massenpunkte auf ein irgendwo im Raum befindliches Inertialsystem S bezogen. Nun führen wir ein weiteres zu S achsenparalleles Koordinatensystem S′ (Abbildung 3.17) ein, dessen Ursprung im Schwerpunkt des Massenpunktsystems verankert ist. Das Koordinatensystem S′ muss kein Inertialsystem sein. Das ist möglich, wenn es sich zusammen mit dem Schwerpunkt beschleunigt bewegt.

Der Gesamtdrehimpuls und die Gesamtenergie lassen sich jeweils in zwei Teile zerlegen: in einen auf das Inertialsystem S und einen auf den Schwerpunkt bezogenen Teil.

Zwischen den Ortsvektoren der Systeme S und S′ besteht folgende Beziehung

$$\boldsymbol{r}_j = \boldsymbol{R} + \boldsymbol{r}_j' \tag{3.114}$$

Gemäß der Definition des Massenmittelpunkts (3.86) gilt dann

$$\sum_{j=1}^{n} m_j r_j' = 0 \qquad \sum_{j=1}^{n} m_j \frac{dr_j'}{dt} = 0 \tag{3.115}$$

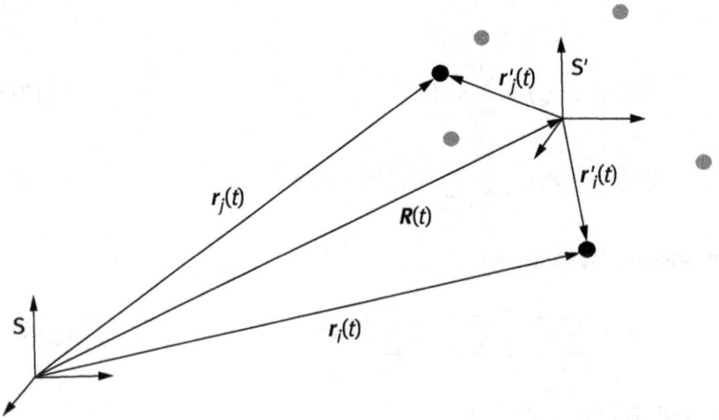

Abb. 3.17. Das Massenpunktsystem im Inertialsystem S und dem Schwerpunktsystem S'.

Führt man in der Beziehung (3.93) für den Gesamtdrehimpuls $\boldsymbol{J}$ die Zerlegung (3.114) ein, so erhält man unter Verwendung von (3.115)

$$\boldsymbol{J} = \sum_{i=1}^{n} m_i \left(\boldsymbol{R} + \boldsymbol{r}_i'\right) \times \left(\frac{d\boldsymbol{R}}{dt} + \frac{d\boldsymbol{r}_i'}{dt}\right)$$

$$= \sum_{i=1}^{n} m_i \boldsymbol{R} \times \frac{d\boldsymbol{R}}{dt} + \sum_{i=1}^{n} m_i \boldsymbol{r}_i' \times \frac{d\boldsymbol{r}_i'}{dt} = \boldsymbol{J}_S + \boldsymbol{J}_S' \tag{3.116}$$

Eine analoge Zerlegung gilt für das Drehmoment (3.98) hinsichtlich der äußeren Kräfte $\boldsymbol{F}_i$

$$\boldsymbol{M} = \sum_{i=1}^{n} \boldsymbol{r}_i \times \boldsymbol{F}_i = \sum_{i=1}^{n} \left(\boldsymbol{R} + \boldsymbol{r}_i'\right) \times \boldsymbol{F}_i = \boldsymbol{M}_S + \boldsymbol{M}_{S'} \tag{3.117}$$

Damit lautet der Gesamtdrehimpulssatz (3.99)

$$\frac{d\boldsymbol{J}_S}{dt} + \frac{d\boldsymbol{J}_{S'}}{dt} = \boldsymbol{M}_S + \boldsymbol{M}_{S'} \tag{3.118}$$

Andererseits gilt für den auf S bezogenen Drehimpuls nach (3.88) und (3.91)

$$\frac{d\boldsymbol{J}_S}{dt} = \boldsymbol{R} \times \frac{d\boldsymbol{P}}{dt} = \boldsymbol{R} \times \boldsymbol{F} = \boldsymbol{M}_S \tag{3.119}$$

Durch Subtraktion von (3.118) und (3.119) erhält man den allein auf das Schwerpunktsystem S′ bezogenen Drehimpulssatz

$$\frac{d\boldsymbol{J}_{S'}}{dt} = \boldsymbol{M}_{S'} \tag{3.120}$$

mit

$$\boldsymbol{J}_S' = \sum_{i=1}^{n} m_i \boldsymbol{r}_i' \times \frac{d\boldsymbol{r}_i'}{dt} \qquad \boldsymbol{M}_{S'} = \sum_{i=1}^{n} \boldsymbol{r}_i' \times \boldsymbol{F}_i \tag{3.121}$$

Die Gesamtenergie lässt sich ebenfalls zerlegen. Für die kinetische Energie gilt unter Berücksichtigung von (3.115)

$$K = \sum_{i=1}^{n} \frac{m_i}{2} \left(\frac{d\boldsymbol{R}}{dt} + \frac{d\boldsymbol{r}_i'}{dt} \right) \cdot \left(\frac{d\boldsymbol{R}}{dt} + \frac{d\boldsymbol{r}_i'}{dt} \right)$$

$$= \sum_{i=1}^{n} \frac{m_i}{2} \cdot \frac{d\boldsymbol{R}}{dt} \cdot \frac{d\boldsymbol{R}}{dt} + \sum_{i=1}^{n} \frac{m_i}{2} \cdot \frac{d\boldsymbol{r}_i'}{dt} \cdot \frac{d\boldsymbol{r}_i'}{dt} = K_S + K_{S'} \tag{3.122}$$

Daher gilt

$$E = E_S + E_{S'} \tag{3.123}$$

mit

$$E_S = K_S + V_S\,; \quad E_{S'} = K_{S'} + W_{S'} \tag{3.124}$$

wobei

$$V_S = V\left(\boldsymbol{R} + \boldsymbol{r}_1', \boldsymbol{R} + \boldsymbol{r}_n'\right)\,; \quad W_{S'} = \frac{1}{2} \sum_{i,j} V_{ij}\left(|\boldsymbol{r}_i' - \boldsymbol{r}_j'|\right) \tag{3.125}$$

Es gelten jedoch offenbar keine getrennten Erhaltungssätze für E_S und $E_{S'}$. Nur beim starren Körper bleibt $W_{S'}$ konstant, da hierfür per definitionem die Abstände $|\boldsymbol{r}_i' - \boldsymbol{r}_j'|$ zwischen den Massenpunkten konstant bleiben.

Der letzte Abschnitt hat gezeigt, dass in der Anwendung der Newtonschen Grundgesetze auf Massenpunktsysteme ein gewaltiges Verallgemeinerungspotential steckt. Dazu gehören zunächst die Bewegungsgesetze für die wenigen Makrovariablen Impuls, Drehimpuls, Energie, Gesamtimpuls, Gesamtdrehimpuls, Gesamtenergie, für die sogar Erhaltungssätze gelten und bei denen die inneren Kräfte keine Rolle spielen. Diejenigen Probleme der Physik, die nur diese Makrovariablen betreffen, können dann sogar exakt gelöst werden. Dazu gehört die Berechnung der Planetenbahnen, aber z. B. auch die Kreiseltheorie für den starren Körper. Es war ein Glücksfall für die Wissenschaft überhaupt, dass die Lösung genau dieser Probleme der theoretischen Physik den Einstieg in die exakten Naturwissenschaften bildete.

Andererseits begründete die Behandlung derjenigen Vielteilchenprobleme, bei denen die inneren Kräfte nicht nur nicht wegfallen, sondern sogar die wesentliche Rolle spielen, ganze Teilgebiete der klassischen Mechanik, nämlich die (klassische) Festkörperphysik, die Hydrodynamik, die (klassische) statistische Mechanik. Insoweit, als diese Gebiete die Anwendung derselben physikalischen Grundgesetze auf neue Systeme bedeuten, aber keine neuen physikalischen Grundkonzepte beinhalten, werden wir sie hier nicht behandeln.

3.3 Die Entwicklung der klassischen Mechanik

Mit dem Erfolg der Newtonschen Mechanik nahm das gesamte physikalische Denken einen enormen Aufschwung. Das galt sowohl für die Himmelsmechanik (Astronomie) wie für die vielen mechanischen Probleme der irdischen Welt.

3.3.1 Die Entdeckung des Neptun

Bei der Beschreibung der Planetenbahnen wurde zunächst nur die Gravitation zwischen der Sonne und dem betrachteten Planeten berücksichtigt. Dies ist jedoch nur eine erste Näherung, denn im Sonnensystem ziehen auch noch weitere Planeten ihre Bahnen, die ebenfalls Gravitationskräfte auf den betrachteten Planeten ausüben. Zu Newtons Zeiten waren nur die sechs Planeten bis zum Saturn bekannt. Der Planet Uranus wurde 1781 von Friedrich Wilhelm Herschel (1738–1822) entdeckt. Bei seiner anschließenden Beobachtung fiel auf, dass er seine vorberechnete Bahn nicht einhielt, sondern immer wieder Abweichungen hiervon zeigte. Dies brachte Jean Joseph Le Verrier (1811–1877) auf die Idee, dass ein weiterer Planet existiere, der für die Bahnstörungen des Uranus verantwortlich ist. Er machte sich im Juni 1845 an die Aufgabe, aus den Bahnstörungen den vermuteten Aufenthaltsort des unbekannten Planeten zu bestimmen. Ende August 1846 schloss er seine Arbeiten ab und schickte das Ergebnis mit den berechneten Koordinaten an die Berliner Astronomen Johann Gottfried Galle (1812–1910) und Heinrich Louis d'Arrest (1822–1875). Die Vorausberechnung war so exakt, dass der neue Planet, der den Namen Neptun bekam, innerhalb von einer halben Stunde gefunden wurde.

Dies war erneut eine glänzende Bestätigung der Newtonschen Mechanik.

3.3.2 Aufstellung der Hamiltonschen Gleichungen

Die Newtonschen Gesetze waren für die Zeit nach Newton die Grundlage für die Weiterentwicklung der klassischen Mechanik. Betrachtet man nicht nur einen Massenpunkt, sondern mehrere, so erhält man ein System gekoppelter Differentialgleichungen zweiter Ordnung für alle Ortskoordinaten (siehe 3.2.5).

William Hamilton (1805–1865) gelang es durch eine Umformulierung der Newtonschen Gleichungen eine für neue Problemstellungen günstigere Ausgangsposition zu schaffen. Er führte anstelle der Geschwindigkeiten neue Impulskoordinaten in die Newtonschen Gleichungen ein. Hierdurch erhielt er eine doppelt so große Anzahl von Differentialgleichungen erster Ordnung für die Orts- und Impulskoordinaten. Zur Ableitung der Hamiltonschen Gleichungen wird das Beispiel eines Masseteilchens in einem konservativen Kraftfeld herangezogen.

Die Newtonsche Grundgleichung (3.1) $\boldsymbol{F} = m\boldsymbol{a}$ für eine konservative Kraft ist

$$m\frac{d^2\boldsymbol{r}}{dt^2} = -\operatorname{grad} V(\boldsymbol{r}) \tag{3.126}$$

Dies sind drei Gleichungen für die Koordinaten des Ortsvektors

$$m\frac{d^2x_j}{dt^2} = -\frac{\partial V(\boldsymbol{r})}{\partial x_j} \quad j = 1,\ 2,\ 3 \tag{3.127}$$

Mit

$$p_j = m\frac{dx_j}{dt} \tag{3.128}$$

wird Gleichung (3.127)

$$\frac{dp_j}{dt} = -\frac{\partial V(\boldsymbol{r})}{\partial x_j} \tag{3.129}$$

Die Gesamtenergie des Systems als Funktion des Impulses und der Ortskoordinate wurde in folgender Form von Hamilton eingeführt und wird Hamiltonfunktion $H(\boldsymbol{p}, \boldsymbol{r})$ genannt. Sie setzt sich zusammen aus

– der kinetischen Energie

$$K = \frac{1}{2m}(p_1^2 + p_2^2 + p_3^2) \tag{3.130}$$

  die nur vom Impuls abhängt und

– der potentiellen Energie

$$V = V(x_1, x_2, x_3) \tag{3.131}$$

  die nur von den Ortskoordinaten abhängt.

Hamiltonfunktion

$$\begin{aligned} H(p_1, p_2, p_3; x_1, x_2, x_3) &= K(p_1, p_2, p_3) + V(x_1, x_2, x_3) \\ &= \frac{1}{2m}(p_1^2 + p_2^2 + p_3^2) + V(x_1, x_2, x_3) \end{aligned} \tag{3.132}$$

Die Newtonschen Grundgleichungen

$$\frac{dx_j}{dt} = \frac{p_j}{m} \quad \text{und} \quad \frac{dp_j}{dt} = -\frac{\partial V(\boldsymbol{r})}{\partial x_j} \tag{3.133}$$

werden damit

$$\frac{dx_j}{dt} = \frac{\partial H(\boldsymbol{p}, \boldsymbol{r})}{\partial p_j} \quad \text{und} \quad \frac{dp_j}{dt} = -\frac{\partial H(\boldsymbol{p}, \boldsymbol{r})}{\partial x_j} \quad j = 1, 2, 3 \tag{3.134}$$

Dies sind die Hamiltonschen Gleichungen für ein einzelnes Teilchen. Sie sind ein gekoppeltes Differentialgleichungssystem erster Ordnung für die drei Impuls- und drei Ortskoordinaten.

Diese Formulierung lässt sich auf ein beliebiges N-Teilchen System übertragen. In diesem Fall ist die Hamiltonfunktion (Summe über die kinetische und potentielle Energie aller Teilchen)

$$\begin{aligned} H &= K(\boldsymbol{p}_1, \boldsymbol{p}_2, \ldots \boldsymbol{p}_N) + V(\boldsymbol{r}_1, \boldsymbol{r}_2, \ldots \boldsymbol{r}_N) \\ &= H(\boldsymbol{p}_1, \boldsymbol{p}_2, \ldots \boldsymbol{p}_N; \boldsymbol{r}_1, \boldsymbol{r}_2, \ldots \boldsymbol{r}_N) \\ &= H(p_{11}, p_{12}, p_{13}, \ldots p_{N1}, p_{N2}, p_{N3}; x_{11}, x_{12}, x_{13}, \ldots x_{N1}, x_{N2}, x_{N3}) \end{aligned} \tag{3.135}$$

Die Hamiltongleichungen werden dann

$$\frac{dx_{nj}}{dt} = \frac{\partial H(\boldsymbol{p}_1, \dots \boldsymbol{p}_N; \boldsymbol{r}_1, \dots \boldsymbol{r}_N)}{\partial p_{nj}} \quad \text{und} \quad \frac{dp_{nj}}{dt} = -\frac{\partial H(\boldsymbol{p}_1, \dots \boldsymbol{p}_N; \boldsymbol{r}_1, \dots \boldsymbol{r}_N)}{\partial x_{nj}} \tag{3.136}$$

Diese Hamiltongleichungen sind grundlegend für Vielteilchensysteme. Man könnte sie die Weltformel der klassischen Physik nennen. Ihre generelle Form ist anwendbar sowohl in der statistischen Physik wie im Prinzip auf die Gesamtheit aller 10^{80} Teilchen im Universum.

3.3.3 Determinismus und Kausalität

Determinismus

Die Hamiltonschen Gleichungen sind die Grundlage für die Beschreibung eines klassischen mechanischen Systems. Dazu gehören starre Körper, Flüssigkeiten, Gase und deformierbare Medien. Der Zustand eines Systems ist durch die Kenntnis der Orts- und Impulskoordinaten aller Teilchen des Systems definiert.

Ist der Zustand eines Systems zu einem Zeitpunkt t_0 bekannt, so lässt sich der Zustand zu einem Zeitpunkt t_1 mithilfe der Hamiltonschen Gleichungen im Prinzip berechnen. In der klassischen Mechanik ist also ein System vollständig determiniert.

Kausalität

Das Kausalitätsprinzip besagt, dass jede Wirkung ihre Ursache hat.

Verschärft ausgedrückt kann man sagen:

Wirkungen liegen dann eindeutig fest, wenn man das vollständige System ihrer Ursachen kennt.

Oder anders ausgedrückt:

Das System der Ursachen für ein Phänomen, das man als Wirkung bezeichnet, ist dann und nur dann vollständig, wenn es diese Wirkung eindeutig festlegt.

In dieser Formulierung ist das Kausalitätsprinzip im logischen Sinn immer gültig. Es läuft ja nur auf die Definition der Vollständigkeit eines Ursachensystems einer Wirkung hinaus.

In der deterministischen Welt der klassischen Mechanik scheint diese Vollständigkeit vorzuliegen. Denn die Orte ($\boldsymbol{r}_j$) und Impulse ($\boldsymbol{p}_j$) aller Teilchen zum Zeitpunkt t (Wirkung) lassen sich aus den entsprechenden Größen zum Zeitpunkt t_0 mithilfe der Hamiltonschen Gleichungen (Ursache) berechnen.

Entsprechendes gilt aber auch für die Rückwärtsrichtung: Ist der Zustand eines Systems zum Zeitpunkt t bekannt, so lässt sich daraus der Zustand des Systems zu einem vor t liegenden Zeitpunkt, also z. B. t_0 berechnen. Dies liegt daran, dass die Hamiltonschen Gleichungen invariant gegenüber der Zeitumkehr sind.

3.3.4 Deterministisches Chaos

Die Hamiltonschen Gleichungen gehören zu einer Klasse von Differentialgleichungen der Form

$$\dot{q}_j = f_j(q_1 \dots q_n)$$

Mit q werden die kanonischen Variablen x und p bezeichnet.

Für diese Klasse hat der Mathematiker Henri Poincaré (1854–1912) schon vermutet, dass die allgemeinen Fälle von Bewegungen eine sehr komplizierte Struktur haben können. Diese komplizierte Struktur, die man deterministisches Chaos nennt, kann schon bei einem System mit drei Variablen q_1, q_2, q_3 auftreten, wenn die Funktionen $f_j(q_1, \dots, q_3)$ nicht linear sind.

Zu der Klasse von Differentialgleichungen $\dot{q}_j = f_j(q_1 \dots q_n)$ gehören

- Die Hamiltonschen Gleichungen, die konservative Systeme beschreiben, bei denen die Energie bzw. die Hamiltonfunktion erhalten bleibt.
- Gleichungen, die ein dissipatives (mit Dämpfungstermen) Systemverhalten beschreiben. Diese Terme zerstören die Zeitumkehrbarkeit der Gleichungen. Damit sind sie nicht mehr reversibel, sondern werden irreversibel.

Eigenschaften der chaotischen Lösungen

- Trotz dauernder zeitlicher Veränderung wiederholt sich niemals derselbe Vorgang. Das bedeutet: es gibt *keine* Periode T, sodass $q_j(t + T) = q_j(t)$ gelten würde. Die Lösungen $q_j(t)$ sind also aperiodisch. Das unterscheidet sie von den Keplerschen Ellipsenbahnen, auf denen der Planet nach der Umlaufzeit T wieder an den Ausgangspunkt zurückkehrt.
- Obwohl sich ihr Ablauf nie wiederholt, bleiben die $q_j(t)$ im Bereich gewisser endlicher Schranken. In diesem Sinne ist das chaotische Verhalten stabil.
- Bei Differentialgleichungen mit chaotischem Verhalten hängt der zeitliche Verlauf der Lösungen $q_j(t)$ empfindlich von den Anfangsbedingungen ab. Löst man die Gleichungen einmal mit den Anfangsbedingungen $q_j(t_0) = q_{j0}$ und andererseits mit nahe benachbarten Anfangsbedingungen $q_j(t_0) = q_{j0} + \varepsilon$, so sind die beiden Lösungen zu Anfang zwar noch ähnlich. Nach relativ kurzer Zeit aber können sie sich schon beliebig stark unterscheiden.

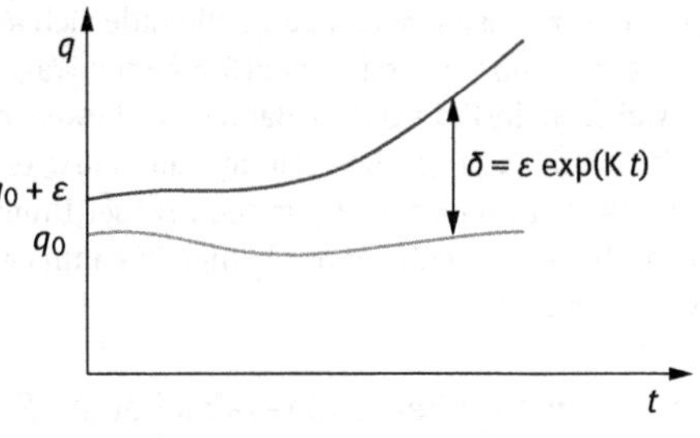

Abb. 3.18. Auseinanderentwicklung ursprünglich benachbarter Lösungen chaotischer Systeme.

Das divergierende Auseinanderlaufen von zunächst eng benachbarten Lösungen verläuft anfangs exponentiell, d. h. der Abstand $\delta(t)$ nach der Zeit t ist $\delta(t) = \varepsilon e^{Kt}$. ($K$ ist eine Konstante). Wenn also ε die Messungenauigkeit des Anfangswertes x_0 ist, so muss man zur Zeit t mit der viel größeren Ungenauigkeit $\delta(t) = \varepsilon e^{Kt}$ rechnen.

- Will man bei einem unvermeidlichen Messfehler ε nur einen Vorhersagefehler δ_{max} von x tolerieren, so ist die Vorhersagezeit zu beschränken auf:

$$t_V = \frac{1}{K} \ln \frac{\delta_{max}}{\varepsilon} .$$

Die Meteorologie benötigt für ihre Voraussagen Systeme nicht linearer Differentialgleichungen. Die Lösungen führen zum deterministischen Chaos. Deshalb ist die Wettervorhersage ein Beispiel für das Anwachsen der Ungenauigkeit mit der Zeit. Für die nächsten Tage ist die Vorhersage noch recht genau, je längerfristig die Aussagen sind, desto ungenauer werden sie.

3.4 Rückblick und Ausblick

3.4.1 Zeitliche Entwicklung der Weltbilder

Der wissenschaftliche Erkenntnisfortschritt, der sich mit dem Übergang vom geozentrischen zum heliozentrischen Weltbild ergab, war nur durch äußerst mutige Wissenschaftler möglich, die von ihren neuen Erkenntnissen überzeugt waren. Die Naturwissenschaften waren zu diesem Zeitpunkt noch keine eigenständige Wissenschaft, sondern wurden durch die Philosophie und Theologie vertreten. Zwischen Astronomie und Astrologie wurde noch nicht unterschieden, sie waren Teil der Mathematik.

Kopernikus hatte seine Idee noch als eine rein mathematische Hypothese dargestellt.

Kepler stieß nicht nur bei der katholischen Kirche, sondern auch bei seinen protestantischen Vorgesetzten auf erbitterten Widerstand. Schon Martin Luther sagte über die Arbeiten von Kopernikus:

> Es ist die Rede von einem neuen Astrologen, der beweisen möchte, dass die Erde sich anstelle des Himmels, der Sonne und des Mondes bewegt, als ob jemand in einem fahrenden Wagen oder Schiff denken könnte, dass er stehen bleibt, während die Erde und die Bäume sich bewegen. Aber das ist, wie die Sachen heutzutage sind: Wenn ein Mann gescheit sein möchte, muss er etwas Besonderes erfinden, und die Weise, wie er etwas tut, muss die beste sein! Dieser Dummkopf möchte die gesamte Kunst der Astronomie verdrehen. Jedoch hat das heilige Buch uns erklärt, dass Josua die Sonne und nicht die Erde bat, still zu stehen.

Galilei musste seinen Fehlern abschwören, sie verfluchen und verabscheuen. Er wurde zu lebenslänglicher Kerkerhaft verurteilt und war somit der Hinrichtung auf dem Scheiterhaufen entkommen.

Die verschiedenen Weltbilder existierten über längere Zeit neben einander. Das heliozentrische Weltbild konnte nur langsam das geozentrische Weltbild verdrängen. Ab dem 18. Jahrhundert entwickelte sich schon das moderne Weltbild, sodass man sich zu dieser Zeit je nach Anschauung auf drei unterschiedliche Weltbilder berufen konnte.

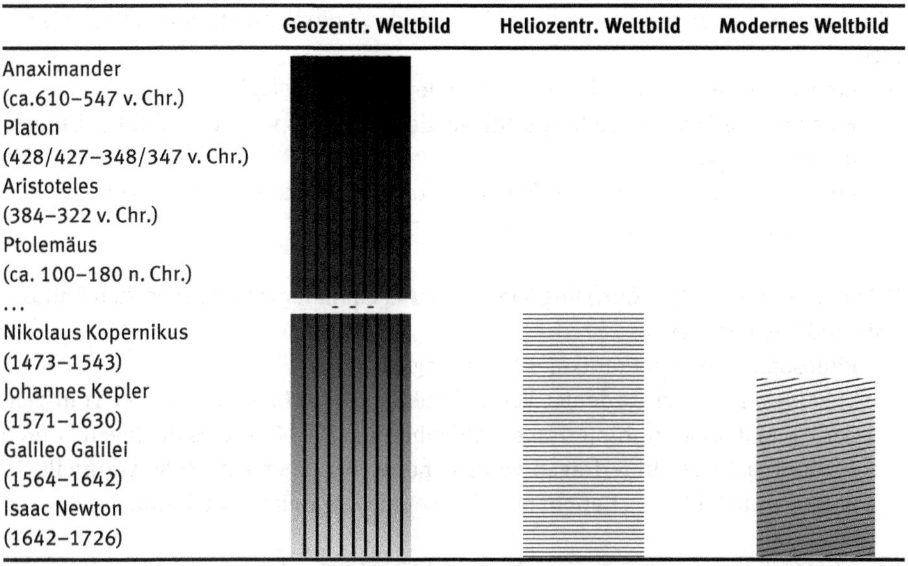

Die ersten Gedanken über die Unendlichkeit des Weltalls gehen auf Giordano Bruno (1548–1600) zurück. Nach dem modernen Weltbild der Allgemeinen Relativitätstheorie (siehe Kapitel VII) kann das Weltall je nach Massendichte ein endliches oder unendliches Volumen haben. Nach dem augenblicklichen Kenntnisstand ist das Weltall unendlich. Es zeichnet sich kein Ort im Weltall vor dem anderen aus. Damit gibt es keinen Mittelpunkt des Weltalls, die Sonne ist dieser Sonderposition enthoben. Die Sonne ist ein Stern unter beliebig vielen anderen Sternen, ebenso wie unsere Galaxie, die Milchstraße, eine Galaxie unter beliebig vielen anderen ist.

3.4.2 Am Dreiländereck von Theologie, Philosophie und Naturwissenschaft

Am Ende einer mehr als 2000-jährigen Entwicklung des Geistes in der abendländischen Kultur von Anaximander bis Newton wagen wir einen Rückblick und Ausblick der selbstverständlich absolut lückenhaft und unvollständig bleiben muss und sich auf die Entwicklung des Verhältnisses zwischen seinen Hauptsträngen, nämlich Theologie, Philosophie und Naturwissenschaft beziehen soll.

Von Anaximander (ca.610–546 v. Chr.), der als der erste Naturphilosoph gilt, ist nur ein einziger Spruch erhalten:

> Ursprung der Dinge ist das Unergründliche (*απειρον* Apeiron). Woraus aber den Dingen ihr Entstehen kommt, dahinein vergehen sie gemäß der Notwendigkeit, denn sie schulden einander Buße und Sühne für ihr Unrecht nach der Ordnung der Zeit.

Offenbar war in der frühen Nachdenklichkeit des Anaximander noch alles beisammen:
- Eine die Transzendenz (das απειρον) bedenkende *Theologie*,
- Eine *Philosophie*, die solche grundlegende Kategorien wie Buße, Sühne, Unrecht ins Spiel bringt
- Eine schon *naturwissenschaftliches Denken* andeutende Begrifflichkeit wie Notwendigkeit und Ordnung der Zeit.

Bei Sokrates (469–399 v. Chr.) fing jedoch die Auseinandersetzung zwischen Philosophie und Theologie an.
- Philosophie bedeutet radikales Hinterfragen.
- Theologie hingegen bedeutet Verlässlichkeit des Göttlichen, d. h. der Transzendenz gemäß einer unhinterfragten Offenbarung. Weil Sokrates die Jugend durch ein hartnäckiges Hinterfragen verunsicherte, wurde er zum Tode verurteilt. Er nahm es nach Platons Bericht mit philosophischer Gelassenheit hin.

Platon (428/427–348/347 v. Chr.) und sein Schüler Aristoteles entwickelten die ersten großen philosophischen Systeme, die den Anspruch erhoben, *Deutung der Welt* zu sein. In seiner Ideenlehre bezog Platon dabei das Jenseits (die Transzendenz) in besonderem Maße ein, indem für ihn die Weltwirklichkeit nur ein unvollkommenes Abbild dieser Ideen war.

Aristoteles (384–322 v. Chr.) war hingegen eher ein ordnender Geist, der die Wirklichkeit kategorial einteilte und begrifflich in einem umfassenden Schema zu erfassen versuchte.

Beide großen Philosophen kann man insofern auch als *Naturphilosophen* bezeichnen, weil sie die Gesamtwirklichkeit begrifflich behandelten.

Es muss aber betont werden, dass Platon und Aristoteles sowie ihre Nachfolger bis in das Mittelalter hinein keine *Natur-Wissenschaftler* waren, sondern *Philosophen*, die allein auf *spekulatives Denken* angewiesen waren und sich darauf beschränkten.

Entscheidende Methoden, die *Natur-Philosophie* zur *Natur-Wissenschaft* machen, fehlten bei der gesamten Naturphilosophie noch. Diese Methoden sind:
- Die Beobachtung der Natur mit verfeinerten Instrumenten (z. B. Fernrohr)
- Das Experiment als „Gezielte Frage an die Natur“

- Die quantitative Formulierung der Ergebnisse von Beobachtung und Experiment. Diese bringt eine entscheidende Präzisierung gegenüber nur verbalen qualitativen Betrachtungen mit sich!
- Die Entwicklung von Hypothesen (Modellvorstellungen und ihre Konsequenzen) über die Struktur der Wirklichkeit.
- Die Unterwerfung der Hypothesen einem möglichst quantitativen Nachprüfungs- und Ausscheidungs-Prozess (trial and error), um sie zu falsifizieren bzw. bedingt zu verifizieren (vgl. Kapitel 1).
- Die vorsichtige Aufwertung umfassend bewährter Hypothesen als „Theorien" für einen begrenzten, aber eventuell erweiterbaren Wirklichkeitsbereich.

Inzwischen war das Christentum als Offenbarungsreligion mit der Bibel als Offenbarungsgrundlage in den abendländischen Kulturkreis eingetreten. Hier wurden auch die antiken Naturphilosophen – überliefert vor allem über arabische Quellen – zunehmend bekannt und verarbeitet. Darüber hinaus beanspruchte die katholische Kirche (κατα ολον Katholon) die umfassende Deutungshoheit über die Schöpfung der Welt. Da aber nicht das gesamte antike Weltbild explizit in der Bibel stand, und dieses andererseits gut durch aristotelische Philosophie repräsentiert wurde, integrierte man diese Philosophie weitgehend in das katholische Dogma.

Dies war so lange plausibel, als dieses antike Weltbild als zutreffend hingenommen werden konnte.

Als sich aber – beginnend mit den wissenschaftlichen Experimenten von Galilei und Anwendung der Methoden der Naturwissenschaft – zunehmend Widersprüche zwischen den Beobachtungen und den Behauptungen des Aristoteles zeigten, erwies sich die Aufnahme der aristotelischen Philosophie als großer Fehler der Kirche. Dieser Fehler bestand und besteht wohl in Folgendem:
- Einerseits ist *Theologie* der ewigen, den Sinn der menschlichen Existenz im Hinblick auf Gott erhellenden Offenbarung gewidmet.
- Andererseits erforscht *Naturwissenschaft* als erfahrungsbasiertes Denken approximativ, aber zunehmend die Struktur der Welt, wobei sich Modelle zu Theorien erhärten lassen. Dies ist ein zeitabhängiger in Tiefe und Umfang fortschreitender Prozess. Er ist der Erkenntnis der Wahrheit über objektivierbare Sachverhalte gewidmet.

Wegen der verschiedenartigen Entwicklungsdynamik und den verschiedenen Bereichen beider Erkenntnisweisen lassen sie sich nicht in einem „Dogma" zusammenlegen.

Die zunehmende Diskrepanz zwischen den – zu weit gefassten – Dogmen der Kirche und den nachweisbaren Strukturen der Wirklichkeit erwies sich nun als der Beginn des Auseinanderdriftens zwischen Religion und Naturwissenschaft.

Es zeigte sich, dass dieser Prozess *irreversibel* war und ist, sodass sich am *Beginn der Neuzeit* – das ist der Zeitpunkt als die Naturwissenschaft im Bewusstsein ihrer Eigenständigkeit ihre Methode weiterentwickelte – nunmehr drei geistige Gebiete auf mehr oder weniger unabhängige Weise fortentwickelten: Die Theologie, die Philosophie und die Naturwissenschaft.

Es scheint, dass diese Entwicklung nicht zu einem Ende kommt.

Wenn wir nun von einem Rückblick zu einem Ausblick übergehen, so erhebt sich die Frage, ob diese Entwicklung destruktiv oder konstruktiv sein wird. Die allgemeine Antwort darauf scheint ziemlich einfach zu sein:

- Die Entwicklung wird *destruktiv* sein, wenn sich eine dieser geistigen Grundströmungen unter Überschätzung ihrer Tragfähigkeit „zu viel herausnimmt" (etwa bei der Durchsetzung eines religiösen Fundamentalismus, oder einer totalitären Gesellschafts-Ideologie, oder eines szientistischen Allumfassendheitsanspruchs)
- Die Entwicklung wird andererseits *konstruktiv* sein, wenn sich zwischen diesen Grundströmungen die Erkenntnis herausbildet, dass sie nicht gegenseitig ersetzbar sind, sondern einander bedürfen. Das betrifft die „Zuständigkeit" für das jeweilige Gebiet und die dahinter stehende „Dimension der Wahrheit"

So muss *Theologie* angemessene Wege zwischen Glauben und Denken entwickeln, welche Transzendenz einbeziehen und den Sinn menschlicher Existenz auf überzeitliche Weise erfassen.

So muss *Philosophie* eine *Metasprache* entwickeln (z. B. Wissenschaftstheorie, Ethik, Erkenntnistheorie), die der Wissenschaft eine Grundlage geben, ohne sie in ihrer Entwicklung zu bevormunden.

So muss *Wissenschaft* eine klare, dem Objektbereich angemessene *Forschungs-Methodik* und *-Ethik* entwickeln, und in der Gesellschaft ihre *Ideologie-Unabhängigkeit* bewahren.

Die Erkenntnis, dass die „drei Schwestern" Theologie, Philosophie und Naturwissenschaft einerseits Eigenständigkeit besitzen, andererseits einander bedürfen, hat sich in der Kultur des Abendlandes erst nach Jahrhunderten des Kulturkampfes herausgebildet. Mit vollem Recht spiegelt sich diese Erkenntnis in unserer Verfassung wider, welche Religionsfreiheit, politisch-philosophische Gedankenfreiheit und Wissenschaftsfreiheit garantiert.

4 Grundbegriffe der Thermodynamik

4.1 Der Objektbereich der Thermodynamik

4.1.1 Thermodynamische Systeme

Thermodynamische Systeme sind Vielteilchensysteme in einem räumlichen Bereich, der durch gedachte oder materielle Grenzflächen von seiner Umgebung getrennt ist. Zwischen den Teilchen herrschen Kräfte, die eine Wechselwirkung zwischen ihnen hervorrufen.

Für die Größenordnung der Teilchenzahl ist die Avogadro-Konstante N_A charakteristisch (Amedeo Avogadro 1776–1856):

$$N_A = 6{,}022 \cdot 10^{23}\,\text{mol}^{-1} \tag{4.1}$$

Die Avogadro-Konstante N_A gibt an, wie viele Teilchen in einem Mol einer Substanz vorhanden sind.

Ein Mol ist die Stoffmenge eines Systems, das aus ebenso viel Einzelteilchen besteht, wie Atome in 0,012 kg des Kohlenstoff-Isotops ^{12}C in ungebundenem Zustand enthalten sind. (Das Mol gehört zu den SI-Basiseinheiten).

Beispiel: Ein Mol ungebundener Wasserstoffatome enthält N_A Wasserstoffatome und hat in etwa die Masse von 1 g.

Thermodynamische Systeme können in unterschiedlichen Aggregatzuständen vorkommen: Plasma, Gas, Flüssigkeit und Festkörper.

Wir beschränken uns auf das Beispiel des idealen Gases, dessen Teilchen sich frei bewegen und nur durch Stöße miteinander wechselwirken.

In Folge ihrer Zusammensetzung gibt es für thermodynamische Systeme eine *Makroebene* und eine *Mikroebene*.

- Auf der Makroebene wird das thermodynamische System durch nur wenige makroskopische Größen wie Temperatur, Druck, Volumen, Energie ... beschrieben. Dies ist die Grundlage der *Phänomenologischen Thermodynamik*, die hier weiter behandelt wird.
- Auf der Mikroebene werden die vielen Moleküle mit ihren Geschwindigkeiten und Zusammenstößen betrachtet und mit Methoden der statistischen Mechanik Aussagen darüber gemacht. Das Problem der Thermodynamik bestand nun darin, aus der Mikroebene die Gesetze der Makroebene herzuleiten. Ausgangspunkt dafür sind die Hamiltonschen Gleichungen für die rund N_A Teilchen. Das Hauptverdienst an der Lösung dieses Problems kommt Ludwig Boltzmann (1844–1906) zu. Er ist der Begründer der kinetischen Gastheorie. Ihm gelang es, die Gleichungen der Makroebene aus denen der Mikroebene herzuleiten.

4.1.2 Die Zustandsgrößen des idealen Gases im Thermodynamischen Gleichgewicht

Ein System befindet sich im thermodynamischen Gleichgewicht, wenn sich die makroskopischen Zustandsgrößen, durch die es beschrieben wird, zeitlich nicht ändern.

Ein ideales Gas wird im thermodynamischen Gleichgewicht durch nur wenige makroskopische Zustandsgrößen charakterisiert: Diese sind:

Zustandsgröße	extensiv	intensiv
Volumen	V	
Teilchenzahl	N	
Innere Energie	U	
Entropie	S	
Druck		p
Teilchendichte		$\rho = N/V$
Absolute Temperatur		T

Die Innere Energie U wird beim idealen Gas durch die kinetische Energie der Gasmoleküle repräsentiert.

Die extensiven Makrogrößen (Zustandsgrößen) sind proportional zur Systemgröße. Dagegen hängen die intensiven Makrogrößen nicht von der Systemgröße ab.

4.1.3 Erläuterung der Zustandsgrößen

Zwischen diesen Zustandsgrößen besteht eine unmittelbare messbare Beziehung, die „ideale Gasgleichung“:

$$pV = Nk_BT \quad \text{bzw.} \quad p = \rho k_BT \tag{4.2}$$

k_B ist die Boltzmann-Konstante. Ihr Wert ist

$$k_B = 1{,}38 \cdot 10^{23}\,\mathrm{J\,K^{-1}} \tag{4.3}$$

Enthält das System N Teilchen bzw. n Mole ($N = nN_A$), so wird (4.2):

$$pV = nN_Ak_BT \tag{4.4}$$

Man fasst die Boltzmann-Konstante und die Avogadro-Konstante zur Gaskonstanten R zusammen, sodass:

$$R = N_Ak_B = 8{,}31\,\mathrm{J\,K^{-1}\,mol^{-1}} \tag{4.5}$$

Die ideale Gasgleichung wird damit

$$pV = nRT \tag{4.6}$$

In der idealen Gasgleichung treten folgende makroskopische Größen auf:

- Volumen V
  Es hängt von der Begrenzung ab, die das ideale Gas einschließt. Dies kann z. B. ein Zylinder sein, der zusammen mit einem beweglichen Kolben ein veränderbares Volumen festlegt.
- Anzahl Mole n bzw. Teilchenzahl N
  Die Anzahl der Teilchen ist nicht direkt abzählbar, kann aber indirekt durch theoretische Erklärungen bestimmter Beobachtungen errechnet werden.
- Innere Energie U
  Sie kann dem Gas zugeschrieben werden. Für abgeschlossene und geschlossene Systeme kann sie aus dem Energiesatz für beliebig viele Teilchen abgeleitet werden (vgl. Kapitel 3).
- Druck p
  Der Druck, den das Gas auf die Begrenzungswand ausübt, erklärt sich durch die auf die Wand prasselnden Teilchen, die beim Aufprallen ihren Impuls ändern. Diese Impulsänderung hat eine Kraft auf die Wand zur Folge, was einem Druck auf die Wand entspricht (Druck = Kraft pro Flächeneinheit).
- Temperatur T
  Die Temperatur ist ein zentraler Begriff in der Thermodynamik. Ausgangspunkt ist das Temperaturempfinden und die einfache Beobachtung, dass Körper verschiedener Temperatur bei Kontakt einem Ausgleich der Temperatur zustreben. Dieser Ausgleich geschieht solange, bis überall die gleiche „Gleichgewichtstemperatur" erreicht ist. Es passiert nie der umgekehrte Vorgang, dass spontan auf einmal verschiedene Temperaturen angenommen werden.

Das ist alles reine Beobachtung, aber keine Erklärung. Die *Messung* von Temperatur (Thermometer) koppelt T an die Ausdehnung von Flüssigkeit (z. B. Quecksilber). Auch das ist per se *keine Erklärung.*

Tiefer führt die Beobachtung, dass Zuführung von Energie durch Reibung (Quirl im Wasser) einerseits zur Vernichtung der Quirlenergie, andererseits zur Erzeugung von Wärme und zugleich Erhöhung der Temperatur führt. Wegen des *Energieerhaltungssatzes* ergibt sich also, dass Wärme eine dissipative Form der Energie sein muss und dass die Temperatur T ein Maß für die mittlere kinetische Energie der Gasmoleküle ist.

Die Entropie S ist ebenfalls ein zentraler Begriff der Thermodynamik und noch schwieriger zu erklären. Im Rahmen der Phänomenologie gibt es eine makroskopische Definition der differentiellen Entropieänderung, ohne ihren Absolutwert festzulegen. Sie lautet:

$$dS = \frac{\delta Q}{T} \tag{4.7}$$

Die Entropie S ist eine Zustandsgröße und dS ihr Differential.

δQ bedeutet die Zuführung von Wärme bei reversibler Prozessführung (d. h. ohne Störung des jeweiligen thermodynamischen Gleichgewichts).

Hinweis: Die Änderung einer Zustandsgröße X wird mit d gekennzeichnet, also dX. Dagegen hängen die bei einem Prozess übertragene Wärme und Arbeit von der Prozessführung, also vom Weg ab. Aus diesem Grund wird bei Änderung der Prozessgrößen Wärme und Arbeit das Symbol δ verwendet, also δQ und δW.

Die eigentliche Definition der Entropie S erfolgt jedoch auf mikroskopischer Ebene und verbindet diese mit der Makroebene. Sie gehört zu Ludwig Boltzmanns (1844–1906) Lebenswerk. Sie lautet:

$$S = k_\mathrm{B} \ln \Omega \tag{4.8}$$

Ω ist die Anzahl der möglichen Mikrokonfigurationen, die den Makrozustand des Systems konstituieren können.

Der merkwürdige logarithmische Zusammenhang (4.8) zwischen der extensiven Größe S und der Mikrokonfigurationenzahl Ω erklärt sich wie folgt: Es seien A und B zwei unabhängige thermodynamische Systeme (z. B. zwei mit Gas gefüllte Kästen), die sich zum Gesamtsystem C zusammensetzen. Dann gilt für die Mikrokonfigurationenzahl:

$$\Omega_C = \Omega_A \cdot \Omega_B \tag{4.9}$$

da zu jeder Konfiguration in A irgendeine Konfiguration in B gehören kann. Für die Entropie S_C heißt das:

$$S_C = k_\mathrm{B} \ln \Omega_C = k_\mathrm{B} \ln(\Omega_A \cdot \Omega_B) = k_\mathrm{B} \ln \Omega_A + k_\mathrm{B} \ln \Omega_B = S_A + S_B \tag{4.10}$$

Die Entropie setzt sich also additiv aus den Entropien S_A und S_B der Teilsysteme zusammen, wie es für eine extensive Zustandsgröße verlangt werden muss.

Die Grundformel (4.8) erklärt die Existenz des Nullpunktes der absoluten Temperatur T: S ist auch eine Funktion der Temperatur. An ihrem Nullpunkt sind alle Mikrofreiheitsgrade eingefroren, und es gibt nur noch einen einzigen „nichtentarteten" Mikrozustand, das heißt:

$$\Omega(T = 0) = 1\,; \qquad S(T = 0) = k_\mathrm{B} \ln 1 = 0 \tag{4.11}$$

Zugleich ist durch S das Gleichgewicht eines thermodynamischen Systems definiert. Im thermodynamischen Gleichgewicht nimmt die Entropie S ihren maximal möglichen Wert an. S gehört also zu den Zustandsgrößen, die das Gleichgewicht definieren.

Boltzmann führte hierzu folgenden Beweis:
Ist ein abgeschlossenes System noch nicht im Gleichgewicht, so lässt sich eine zeitabhängige Entropie $S(T(t))$ definieren. Die Dynamik des Gesamtsystems sorgt dann dafür, dass $S(T(t))$ irreversibel dem Maximalwert zustrebt. Wird dieser schließlich erreicht, so ist das System makroskopisch in seinem (thermischen) Gleichgewicht angekommen. Die anderen Makrogrößen nehmen dann auch die Werte an, die zusammen den Makro-Gleichgewichtszustand eindeutig charakterisieren.

Man beachte den Tiefsinn dieser Überlegungen: Erst in diesem Rahmen wird die Richtung der Zeit festgelegt. Die Richtung der Zeit verläuft von der Vergangenheit über die Gegenwart in die Zukunft. Das ist genau die Richtung, in der die Entropie monoton anwächst.

Die Problematik des Boltzmannschen Beweises bezüglich der Zeitumkehrinvarianz der Hamiltonschen Gleichungen wurde inzwischen von Physikern und Mathematikern ausführlich diskutiert. Auf diese Diskussion müssen wir in diesem Kapitel verzichten und verweisen auf Kapitel 9.

4.2 Thermodynamische Systeme

Unter einem thermodynamischen System versteht man einen räumlichen Bereich, der durch gedachte oder materielle Grenzflächen von seiner Umgebung getrennt ist. Die Übertragung von Materie und Energie über die Grenzflächen beeinflusst den Zustand des Systems. Je nach der Art des Austauschs unterscheidet man verschiedene Systeme.

4.2.1 Arten Thermodynamischer Systeme

Abgeschlossenes System

Ein abgeschlossenes System ist in einem festen Volumen eingeschlossen und hat keinerlei Austausch von Teilchen oder Energie mit der Umwelt. Es wirken auch von außen keinerlei Kräfte auf die in ihm befindlichen Teilchen ein.

Beispiel: Thermoskanne

Kein Materieaustausch
Kein Energieaustausch

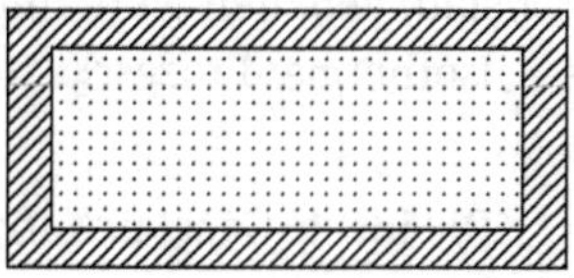

Geschlossenes System

Bei einem geschlossenen System kann Materie die Systemgrenze nicht überschreiten. Energieaustausch in Form von Wärme oder Arbeit ist möglich.

Beispiel: Stirling-Motor, Geschlossene Heiz- bzw. Kühlkreisläufe

Kein Materieaustausch
Energieaustausch

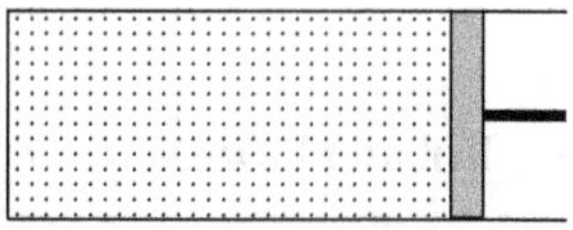

Offenes System

Ein offenes System kann mit seiner Umgebung sowohl Materie als auch Energie austauschen.

Beispiel: Turbine

Materieaustausch
Energieaustausch

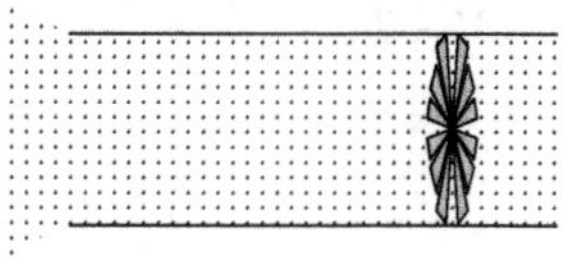

Abb. 4.1. Die drei Arten thermodynamischer Systeme: abgeschlossenes, geschlossenes, offenes System.

4.2.2 Thermodynamische Zustandsänderungen

Unter dem Zustand eines Systems versteht man den thermodynamischen Gleichgewichtszustand. In ihm nehmen die makroskopischen Zustandsgrößen ihre Gleichgewichtswerte an. Die Gleichgewichtswerte werden erst dann erreicht, wenn im System ein vollständiger Ausgleich erreicht ist, also keine Änderung der makroskopischen Zustandsgrößen mehr stattfindet.

Der Übergang von einem Ausgangs-Gleichgewichtszustand in einen End-Gleichgewichtszustand bezeichnet man als thermodynamische Zustandsänderung oder thermodynamischen Prozess. Er erfolgt idealerweise so langsam, dass das System immer im Gleichgewicht bleibt.

Ein idealer, jederzeit umkehrbarer Prozess ohne Reibungsverluste wird reversibel genannt.

Ein Prozess ist irreversibel, wenn er nur so rückgängig gemacht werden kann, dass Veränderungen in der Umwelt zurückbleiben.

Für den Ausgangs- und Endzustand eines thermodynamischen Prozesses gilt im Falle eines idealen Gases (4.6) $pV = nRT$.

Zur grafischen Veranschaulichung verwendet man Zustandsdiagramme. In ihnen wird entsprechend der idealen Gasgleichung (4.6) der Zusammenhang zwischen den Zustandsgrößen dargestellt.

Je nachdem welche der Zustandsgrößen bei dem thermodynamischen Prozess konstant gehalten wird, unterscheidet man folgende Prozesse:

– Isothermer Prozess: T = const.

  Die ideale Gasgleichung wird:
  pV = const.
  Das ist die Gleichung einer Hyperbel.

  Im p,V-Diagramm werden isotherme Zustandsänderungen durch Hyperbeln dargestellt.

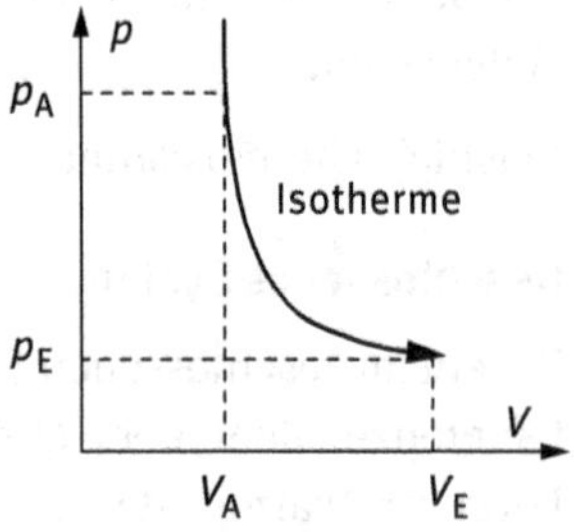

– Isobarer Prozess: p = const.

  Für isobare Zustandsänderungen ändert sich das Volumen V proportional zur thermodynamischen Temperatur T:
  $V \sim T$.

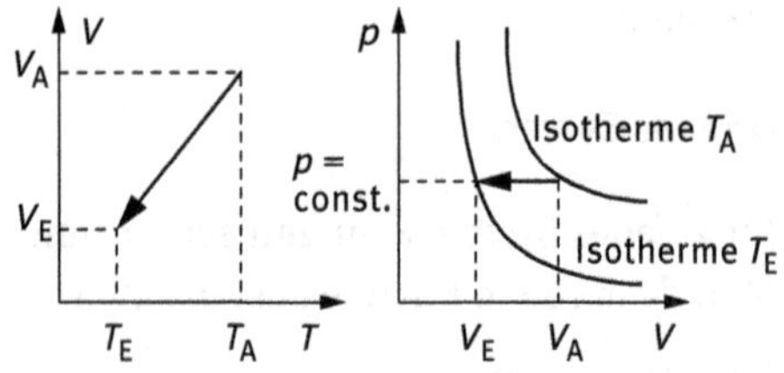

- Isochorer Prozess: $V = \text{const.}$

  Für isochore Zustandsänderungen ändert sich der Druck p proportional zur thermodynamischen Temperatur T:
  $p \sim T$.

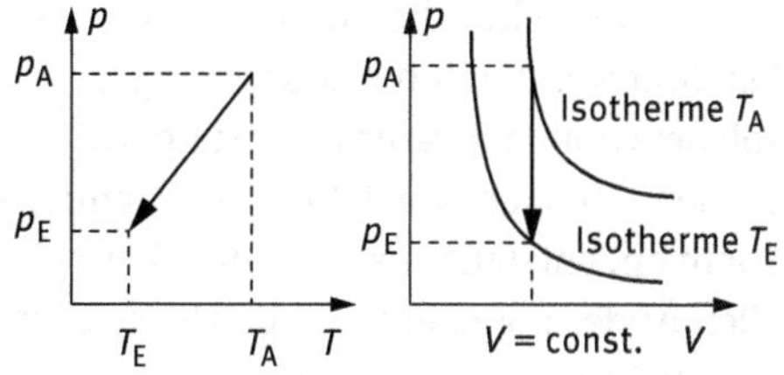

- Isentroper Prozess: $S = \text{const.}$

  Bei einem isentropen Prozess wird wegen (4.7) keine Wärme δQ zu- oder abgeführt.
  Das System ist wärmeisoliert.

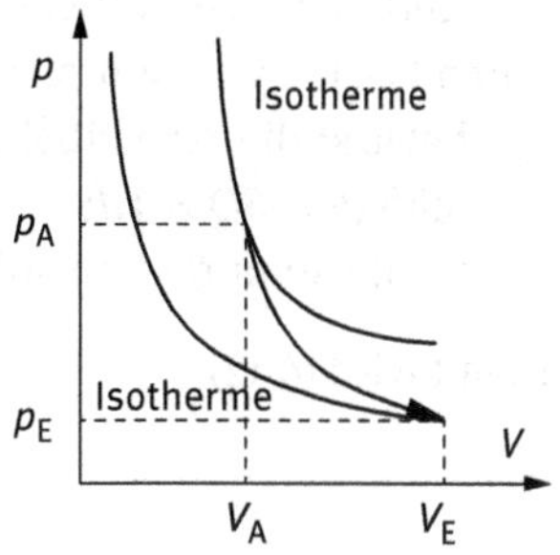

Abb. 4.2. Die Arten thermodynamischer Prozesse: isothermer, isobarer, isochorer, isentroper Prozess.

4.2.3 Innere Energie

In einem abgeschlossenen System muss per Definition der Energieinhalt wegen des Energieerhaltungssatzes zeitlich konstant sein. Dieser Energieinhalt wird Innere Energie U genannt. Bei einem geschlossenen System kann hingegen die Innere Energie U durch Austausch von Wärme und Arbeit geändert werden. Dabei gilt folgende Vorzeichenkonvention:
- $\delta Q, \delta W > 0$ dem System wird Wärme/Arbeit zugeführt.
- $\delta Q, \delta W < 0$ vom System wird Wärme/Arbeit nach außen abgegeben.

Die Innere Energie U ist unabhängig vom Weg der Prozessführung. Sie hängt nur vom Anfangs- und Endzustand ab, nicht aber vom Weg, den das System beim Übergang zwischen beiden Zuständen genommen hat. Sie ist also eine Zustandsfunktion.

$$dU = \delta Q + \delta W \tag{4.12}$$

Dieser Energiesatz sagt aus, dass Energie zwar umgewandelt werden kann, aber nie aus dem Nichts erzeugt noch vernichtet werden kann.

Wählt man den Weg des Prozesses vom Ausgangszustand über mehrere Zwischenzustände wieder zurück zum Ausgangszustand, so ändert sich die Innere Energie nicht.

$$\oint dU = 0 \tag{4.13}$$

In (4.12) sind die ausgetauschte Wärme Q und Arbeit W jedoch keine dem System innewohnenden Zustandsgrößen und daher sind δQ und δW keine Differentiale solcher Größen. Erst wenn δQ und δW durch differentielle Änderungen von Zustandsgrößen – immer „vorsichtig", d. h. entlang von Gleichgewichtszuständen – zustande kommen, entsteht aus (4.12) eine Formel, die nur Zustandsgrößen und ihre differentiellen Änderungen enthält. Das Standardbeispiel hierfür ist die reversible Prozessführung bei einem idealen Gas.

Ändert man den Zustand eines Gases reversibel durch Zufuhr von Wärme δQ und durch Leisten von Kompressionsarbeit δW, so

- bewirkt die reversibel zugeführte Wärme δQ eine Änderung der Entropie dS gemäß (4.7) $\delta Q = TdS$
- ist die Kompressionsarbeit $\delta W = -pdV > 0$

Damit wird (4.12)

$$dU = TdS - pdV \tag{4.14}$$

4.3 Thermodynamische Kreisprozesse

Thermodynamische Kreisprozesse sind Zustandsänderungen thermodynamischer Systeme, bei denen Anfangs- und Endzustand übereinstimmen. In den Teilprozessen (P) zwischen Anfangs- und Endzustand werden Wärme und Arbeit mit der Umwelt ausgetauscht. Der Vorgang wiederholt sich periodisch.

Für den Austausch gibt es zwei Möglichkeiten:

- Wärmemengen ΔQ_P werden bei einer oder verschiedenen im Prozess erreichten Temperaturen durch Heizen oder Abkühlen zu- oder abgeführt.
- Arbeit ΔW_P wird durch Einwirken mechanischer oder elektrischer Kräfte am System von außen oder vom System nach außen geleistet.

Dabei gilt wieder: Zugeführte Energie (Wärme/Arbeit) ist positiv, abgeführte negativ.

Für die Teilprozesse gilt wie im differentiellen Fall

$$\Delta U_P = \Delta Q_P + \Delta W_P \tag{4.15}$$

Nach Rückkehr in den Anfangszustand (also nach Durchlaufen einer Periode) nimmt das System die ursprünglichen Werte aller (makroskopischen) Zustandsgrößen wieder an. Das gilt auch für die Innere Energie U. Daher gilt nach einer Periode

$$\Delta U = \sum_P \Delta U_P = \sum_P \Delta Q_P + \sum_P \Delta W_P = \Delta Q + \Delta W = 0 \tag{4.16}$$

Ein reversibler Kreisprozess ist gegenüber einem irreversiblen Prozess dadurch ausgezeichnet, dass er ebenso gut vorwärts wie rückwärts laufen kann. Beim Umschalten von einer Richtung in die andere, drehen sich die Vorzeichen aller ΔQ_P und ΔW_P dabei einfach um.

4.4 Die Hauptsätze der Thermodynamik

Der erste Hauptsatz der Thermodynamik ist die Anwendung des universellen Energieerhaltungssatzes auf thermodynamische Systeme.

Angewandt auf jeden differentiellen Schritt, der bei den Zustandsänderungen entlang von Gleichgewichtszuständen eines geschlossenen Systems stattfindet, besagt er, dass (4.14): $dU = TdS - pdV$ gelten muss.

Angewandt auf Kreisprozesse besagt er, dass (4.16) $\Delta U = 0$ erfüllt sein muss. Vor allem besagt er:

---

1. Hauptsatz der Thermodynamik

Es gibt kein Perpetuum mobile erster Art, das periodisch liefe und bei jedem Umlauf aus dem Nichts Energie erzeugen (oder auch vernichten) würde.

Oder

Es gibt keine Maschine, die Arbeit leistet ohne etwas an der Welt zu verändern, als ihr Energie in Form von Arbeit zuzuführen.

Aber der erste Hauptsatz lässt für einen Kreisprozess, für den ja $\Delta U = \Delta Q + \Delta W = 0$ gilt, noch zu, dass

– zugeführte Arbeit vollständig in abgeführte Wärme umgewandelt werden kann, also $\Delta W = -\Delta Q$.
  Dieser Fall ist trivial. Er besagt, dass die dem Kreisprozess zugeführte (mechanische) Arbeit vollständig in abgeführte Wärme umgewandelt wird. Beispiel: Man reibt sich periodisch die Hände ($\Delta W > 0$). Dies erzeugt Wärme, die abgeführt wird ($\Delta Q < 0$).
– zugeführte Wärme vollständig in abgeführte Arbeit umgewandelt werden kann, also $\Delta Q = -\Delta W$.
  Dieser Fall wäre höchst wünschenswert. Die dem Kreisprozess zugeführte Wärme ($\Delta Q > 0$) wird vollständig in nach außen abgegebene Arbeit ($\Delta W < 0$) umgewandelt. Beispiel: Man entnehme dem Ozean Wärme und wandle sie vollständig in Arbeit, z. B. elektrische Energie, um.

Dieser wünschenswerten Möglichkeit wirkt der 2. Hauptsatz entgegen. Der 2. Hauptsatz ist ein Unmöglichkeitstheorem, das durch die Erfahrung umfassend bestätigt wird. Er besagt:

Wenn das Umsetzen der Wärme ΔQ bei einem Umlauf nur bei einer Temperatur T erfolgt, wenn also nach dem ersten Hauptsatz gilt:

$$\Delta U = 0 = \Delta Q(T) + \Delta W$$

dann ist der Fall

$$\Delta Q(T) > 0\,; \Delta W < 0 \quad \text{unmöglich!} \tag{4.17}$$

Das heißt:

---

2. Hauptsatz der Thermodynamik

Es gibt kein Perpetuum mobile zweiter Art, das periodisch liefe und die bei einer Temperatur T aufgenommene Wärme vollständig in nach außen geleistete Arbeit umsetzen würde.

Oder

Es gibt keine Maschine, die Arbeit leistet, in dem sie einen Körper abkühlt.

Es bleibt allerdings möglich, Wärme bei zwei verschiedenen Temperaturen umzusetzen (d. h. dem System zuführen bzw. von ihm abführen) und einen Teil davon in nach außen geleistete Arbeit umzuwandeln. Dies ist die Grundlage zur Konstruktion thermodynamischer Maschinen, die in den folgenden Abschnitten behandelt werden.

4.5 Ein idealer Kreisprozess: Der reversible Carnot-Prozess

Der von Sadi Carnot (1796–1832) gedachte, theoretische Kreisprozess ist reversibel. Er kann also vorwärts und rückwärts unter Änderung der Vorzeichen von ΔQ_P und ΔW_P laufen. Läuft er vorwärts, so entnimmt er dem Reservoir höherer Temperatur Wärme. Einen Teil dieser Wärme setzt er in Arbeit um und gibt die Differenzwärme an das Reservoir mit der niedrigeren Temperatur ab. Mit ihm lässt sich ein optimaler Wirkungsgrad ableiten. Es lässt sich zeigen, dass dieser Wirkungsgrad von dem speziellen Arbeitsmaterial und den einzelnen Schritten dieses Kreisprozesses völlig unabhängig ist. Der Wirkungsgrad ist universell und kann von keiner thermodynamischen Maschine, die zwischen denselben Temperaturen läuft, übertroffen werden. Vielmehr haben reale thermodynamische Maschinen notwendigerweise einen schlechteren Wirkungsgrad.

4.5.1 Der Aufbau des Carnot Prozesses

Zur Umwandlung von Wärme in Arbeit hat Carnot eine periodisch arbeitende Maschine vorgeschlagen. Sie beruht auf einem Kreisprozess, der zwischen zwei Temperaturen arbeitet. Das Arbeitsmaterial ist ein ideales Gas, das in einem Zylinder eingeschlossen ist. Das Zylindervolumen ist durch einen Kolben veränderbar. Im Carnot-Prozess werden nacheinander folgende Schritte durchlaufen:

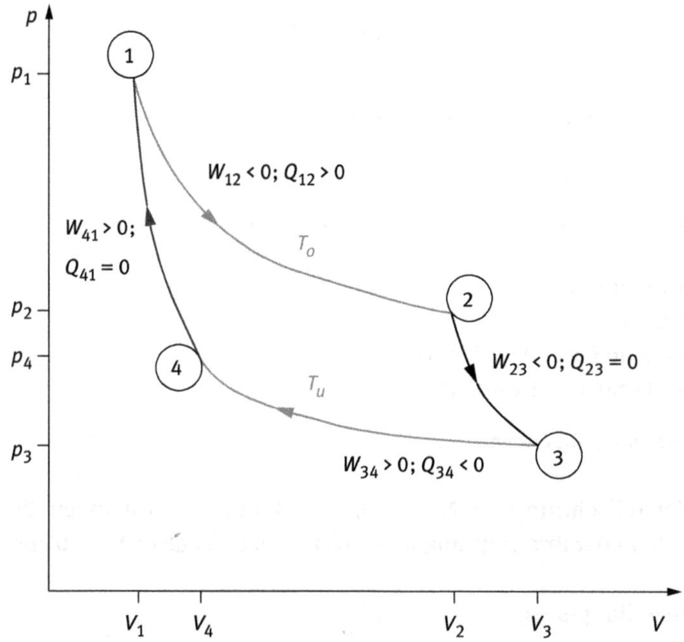

Carnot-Prozess im p/V-Diagramm

- $1 \rightarrow 2$: Isotherme Expansion von V_1 nach V_2 bei T_o
- $2 \rightarrow 3$: Isentrope Expansion von V_2 nach V_3 und T_o nach T_u
- $3 \rightarrow 4$: Isotherme Kompression von V_3 nach V_4 bei T_u
- $4 \rightarrow 1$: Isentrope Kompression von V_4 nach V_1 und T_u nach T_o

Abb. 4.3. Der Carnot-Prozess im p/V Diagramm.

Im T/S-Diagramm hat der Carnot-Prozess folgendes Aussehen:

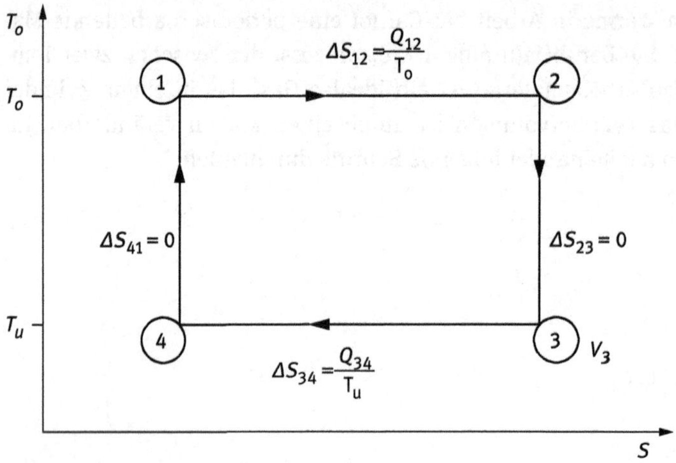

Carnot-Prozess im T/S-Diagramm
Im T/S-Diagramm verlaufen
- die Isothermen $1 \to 2$ und $3 \to 4$ horizontal
- die Isentropen $2 \to 3$ und $4 \to 1$ vertikal

Abb. 4.4. Der Carnot-Prozess im T/S-Diagramm.

Nach Durchführung der Teilschritte $1 \to 2$, $2 \to 3$, $3 \to 4$ und $4 \to 1$ nehmen die Zustandsgrößen U und S wieder ihre ursprünglichen Werte an. Es ist also: $\Delta U = 0$ und $\Delta S = 0$.

Dabei ergibt der erste Hauptsatz

$$\Delta Q + \Delta W = (Q_{12} + Q_{34}) + (W_{12} + W_{23} + W_{34} + W_{41}) = \Delta U = 0 \tag{4.18}$$

Andererseits folgt aus dem zweiten Hauptsatz, nachdem die Entropie S eine Zustandsgröße ist

$$\Delta S = \frac{Q_{12}}{T_o} + \frac{Q_{34}}{T_u} = 0 \tag{4.19}$$

Aus den Gleichungen (4.18) und (4.19) folgt

$$\begin{aligned} \Delta W &= -\Delta Q = -(Q_{12} + Q_{34}) = -Q_{12}\left(1 - \frac{T_u}{T_o}\right) \\ \text{oder} \quad \Delta W &= -Q_{12}\frac{T_o - T_u}{T_o} \end{aligned} \tag{4.20}$$

4.5.2 Der ideale Wirkungsgrad

Der thermodynamische Wirkungsgrad einer Wärmekraftmaschine ist definiert als das Verhältnis von abgegebener Nutzarbeit zu zugeführter Wärme.

Bei Vorwärtslauf ($1 \to 2 \to 3 \to 4 \to 1$) ist der Carnot-Prozess eine ideale thermodynamische Wärmekraftmaschine. Sie entnimmt dem Wärmespeicher mit der Temperatur T_o die Wärmeenergie Q_{12}, erzeugt die Arbeit $|\Delta W|$ und führt dem Speicher mit der Temperatur T_u die Differenzwärme $|Q_{34}| = |Q_{12}| - |\Delta W|$ zu.

Damit ist für den Carnot-Prozess einer Wärmekraftmaschine der thermodynamische Wirkungsgrad

$$\eta_{\text{Carnot}} = \frac{-\Delta W}{Q_{12}} = \frac{T_o - T_u}{T_o} < 1 \tag{4.21}$$

Bei Rückwärtslauf ($1 \to 4 \to 3 \to 2 \to 1$) ist der Carnot-Prozess eine ideale Wärmepumpe. Unter Zuführung von Arbeit ($\Delta W > 0$) und Wärme ($Q_{34} > 0$) bei niedriger Temperatur (T_u) wird Wärme $Q_{12} < 0$ bei der höheren Temperatur T_o abgegeben. Ein Maß für die abgegebene Wärme im Vergleich zur aufgewandten mechanischen Arbeit ist die Leistungszahl ε.

$$\varepsilon_{\text{Carnot}} = \frac{-Q_{12}}{\Delta W} = \frac{1}{\eta_{\text{Carnot}}} = \frac{T_o}{T_o - T_u} > 1 \tag{4.22}$$

4.5.3 Universalität der idealen Wirkungsgrade

Gleichung (4.21) gibt den Wirkungsgrad für einen Carnot-Prozess an. Es stellt sich die Frage, wie groß der Wirkungsgrad eines reversiblen Kreisprozesses ist, der nicht unbedingt vom Carnot-Typ sein muss.

Hierzu betrachten wir zwei reversible Kreisprozesse RKP und RKP′, die zwischen den Temperaturen T_o und T_u laufen. Dann könnte man RKP vorwärts und RKP′ rückwärts laufen lassen, und zwar in der Art, dass RKP′ bei T_u genau so viel Wärme (Q_{34}) aufnimmt wie RKP abgibt.

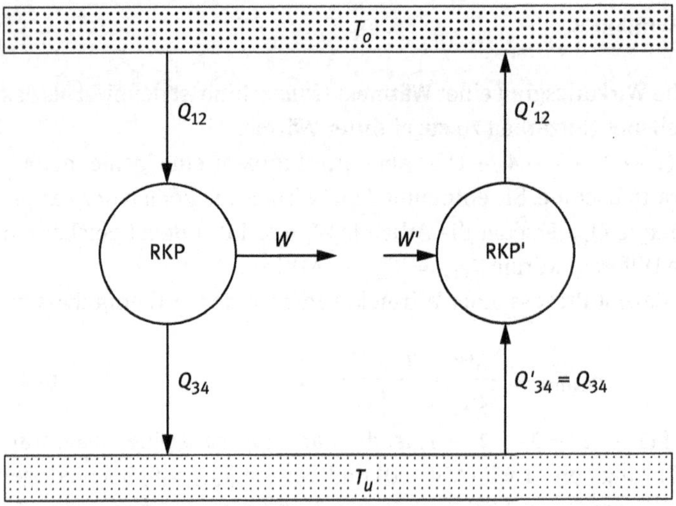

Abb. 4.5. Gegeneinander laufende reversible Kreisprozesse zum Beweis der Universalität der idealen Wirkungsgrade.

Hätten nun beide Kreisprozesse unterschiedliche Wirkungsgrade η und η', so würde sich ein Prozess einstellen, der nur das obere Reservoir bei T_o nutzt und wegen der unterschiedlichen Wirkungsgrade mechanische Arbeit zu- bzw. abführt. Das ist aber ein Widerspruch zum 2. Hauptsatz. Er besagt:

Es gibt keine Maschine, die Arbeit leistet, indem sie einen Körper abkühlt.

Damit müssen alle reversiblen Kreisprozesse denselben Wirkungsgrad η haben. Der beim Carnot-Prozess berechnete Wirkungsgrad gilt damit universell für alle reversibel geführten Kreisprozesse.

$$\eta_{rev} = \frac{-\Delta W}{Q_{12}} = \frac{T_o - T_u}{T_o} < 1 \tag{4.23}$$

4.5.4 Die Leistung des Carnot-Prozesses

Der Carnot-Prozess ist ebenso wie alle reversibel laufenden Prozesse nur ein theoretisch gedachter Prozess. Er erzielt einen optimalen Wirkungsgrad, der von keiner realen thermodynamischen Maschine erreicht werden kann. Er setzt voraus, dass alle Teilprozesse entlang des thermodynamischen Gleichgewichts geführt werden, damit die Zustandsgrößen jederzeit ihre Gleichgewichtswerte annehmen. Das bedeutet aber, dass diese Prozesse unendlich langsam verlaufen müssten. Da aber Leistung = Arbeit pro Zeiteinheit ist, ginge damit die Leistung eines real durchgeführten Carnot-Prozesses gegen Null.

4.6 Ein realer Kreisprozess: Der Stirling-Motor

4.6.1 Aufbau des Stirling-Motors

Robert Stirling (1790–1878) stellte erstmals 1815 den Entwurf eines Motors (Wärmekraftmaschine) vor.

Ein Gas ist in einem Zylinder eingeschlossen, dessen Volumen durch einen Arbeitskolben variabel gehalten ist. Es wird von außen an zwei verschiedenen Stellen abwechselnd erhitzt und gekühlt, um mechanische Arbeit zu leisten.

Der Stirlingmotor arbeitet nach dem Prinzip eines geschlossenen Kreisprozesses und setzt Wärmeenergie in mechanische Arbeit um.

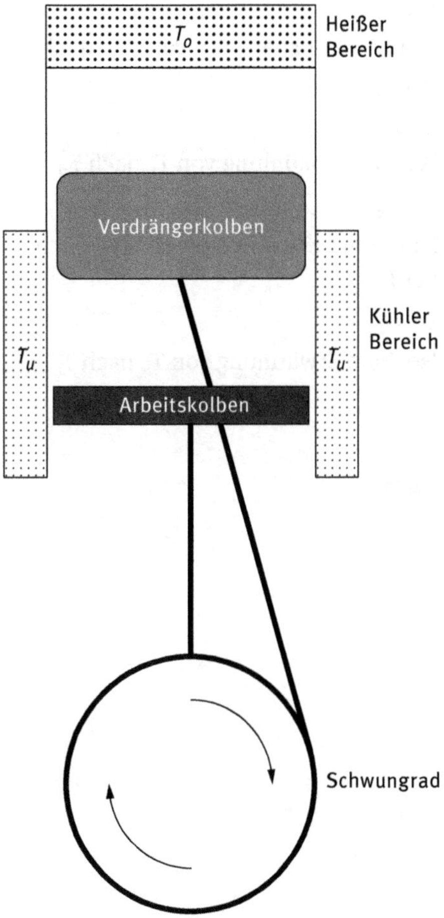

Abb. 4.6. Aufbau des Stirlingmotors.

Der Stirlingmotor besteht aus:
- Dem geheizten Bereich, bei dem von außen Wärme zugeführt wird.
- Dem gekühlten Bereich, bei dem das erwärmte Gas wieder abgekühlt wird.
- Dem Verdrängerkolben, der so viel heißes Gas wie möglich aus dem heißen Bereich verdrängen soll. Dies ist nur möglich, wenn er nicht dicht an der Innenwand anliegt.
- Dem Arbeitskolben, der dicht an der Innenwand anliegt und so das (variable) Volumen des Zylinders begrenzt.
- Dem Schwungrad, das die erzeugte mechanische Energie aufnimmt. An ihm sind die Pleuelstangen von Verdränger- und Arbeitskolben unter einem Winkel von 90° angebracht. Durch seinen Schwung bewegt es die beiden Kolben wieder in ihre Ausgangslage zurück.

Verdränger- und Arbeitskolben bewegen sich im Zylinder mit unterschiedlichen Geschwindigkeiten. Dies ist eine Folge davon, dass sie am Schwungrad unter einem Winkel von 90° angebracht sind.

Befindet sich die Pleuelstange oben oder unten in der Nähe des Umkehrpunktes, so bewegt sich der entsprechende Kolben langsam. Der andere Kolben bewegt sich nahezu mit seiner maximalen Geschwindigkeit.

4.6.2 Die Phasen des Stirling-Motors

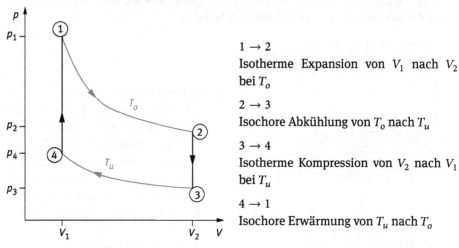

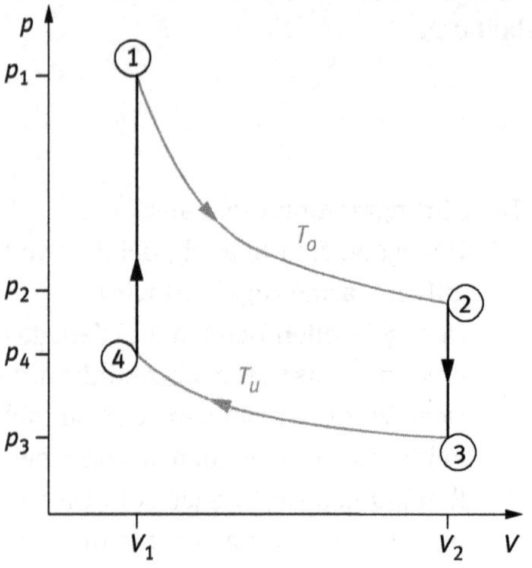

$1 \rightarrow 2$
Isotherme Expansion von V_1 nach V_2 bei T_o

$2 \rightarrow 3$
Isochore Abkühlung von T_o nach T_u

$3 \rightarrow 4$
Isotherme Kompression von V_2 nach V_1 bei T_u

$4 \rightarrow 1$
Isochore Erwärmung von T_u nach T_o

p/V-Diagramm des Stirling-Motors

Abb. 4.7. Die Phasen des Stirlingmotors im p/V-Diagramm.

Die Bewegung von Verdränger- und Arbeitskolben während dieser Phasen zeigt die folgende Abbildung:

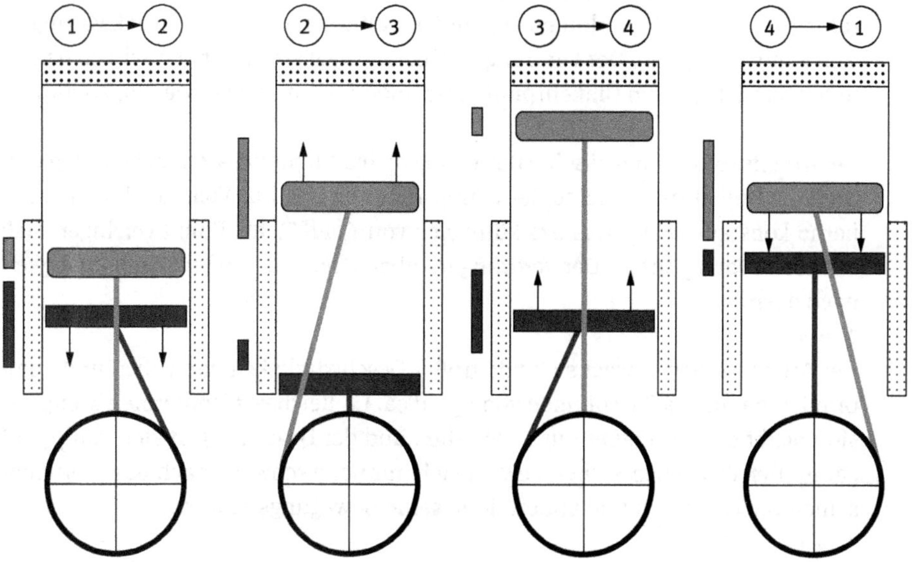

Hier ist der Zustand des Stirlingmotors in der Mitte der jeweiligen Phase abgebildet. Die Balken links neben dem Zylinder geben den Hub des entsprechenden Kolbens in der Phase an. Man sieht, dass die Kolben ihren größten Hub und damit auch größte Geschwindigkeit haben, wenn sich die zugehörige Pleuelstange über das Schwungrad annähernd vertikal bewegt. Erreicht dagegen die Pleuelstange den Hoch- oder Tiefpunkt ihrer Bewegung, so dreht der entsprechende Kolben in dieser Phase seine Bewegungsrichtung um und sein Hub ist sehr klein.

Abb. 4.8. Die Kolbenbewegungen des Stirlingmotors während der Phasen des Kreisprozesses.

Das Gasvolumen wird durch den Arbeitskolben begrenzt. Der Übergang von Zustand $2 \to 3$ sollte der Theorie nach eine isochore Abkühlung sein, bei dem das Volumen konstant bleibt. Tatsächlich bewegt sich in dieser Phase der Arbeitskolben über das Schwungrad und die Pleuelstange noch geringfügig nach unten und anschließend wieder nach oben, sodass das Volumen nur annähernd bei V_2 liegt. Entsprechendes gilt für die isochore Erwärmung beim Volumen V_2.

- 1 → 2
  Der Arbeitskolben bewegt sich schnell nach unten und kommt in die Nähe seiner maximalen Auslenkung. Bei dieser isothermen Expansion bleibt die Temperatur T_o erhalten. Das Volumen expandiert von V_1 auf ca. V_2, der Druck verringert sich von p_1 auf ca. p_2. Der Verdrängerkolben bewegt sich nur noch schwach nach unten, erreicht seinen Umkehrpunkt und ändert dann seine Bewegungsrichtung.
- 2 → 3
  Der Arbeitskolben bremst seine Bewegung ab bis zur maximalen Auslenkung und dreht im Umkehrpunkt seine Bewegungsrichtung um. Das Volumen bleibt annähernd konstant bei V_2. Das Gas kühlt sich von T_o auf T_u ab. Damit verringert sich der Druck von p_2 auf p_3. Der Verdrängerkolben strebt mit großer Geschwindigkeit nach oben.
- 3 → 4
  Der Arbeitskolben bewegt sich mit großer Geschwindigkeit nach oben und komprimiert damit das Gasvolumen von V_2 auf ca. V_1. Bei dieser isothermen Kompression bleibt die Gastemperatur T_u erhalten und der Druck steigert sich von p_3 auf ca. p_4. Der Verdrängerkolben bewegt sich nur noch schwach nach oben, erreicht seinen Umkehrpunkt und ändert dann seine Bewegungsrichtung.
- 4 → 1
  Der Arbeitskolben bremst seine Bewegung nach oben ab, kommt zur maximalen Auslenkung. Im Umkehrpunkt dreht er seine Bewegungsrichtung um und strebt langsam wieder nach unten. Das Volumen bleibt annähernd konstant bei V_1. Das Gas wird auf T_o erhitzt. Damit steigt der Druck von p_4 auf p_1. Der Verdrängerkolben strebt mit großer Geschwindigkeit nach unten.

4.7 Der Verbrennungsmotor: Ein Gas-Austauschmotor

Der im Auto verwendete Verbrennungsmotor gehört nicht mehr in die Kategorie geschlossener Systeme. Der Otto-Motor (Nicolaus Otto 1832–1891) ist ein Beispiel für einen Verbrennungsmotor. Bei den Verbrennungsmotoren wird in jedem Arbeitszyklus der Kraftstoff während des Ansaugvorgangs in die angesaugte Luft eingebracht, wodurch ein zündfähiges Gemisch im Zylinder erzeugt wird. Die Verbrennung wird mithilfe einer Zündkerze gezündet und erzeugt in dem Brennraum ein heißes Gas unter hohem Druck, das den Kolben antreibt. Über die Pleuelstange wird diese Bewegung in eine rotierende Bewegung der Kurbelwelle umgesetzt.

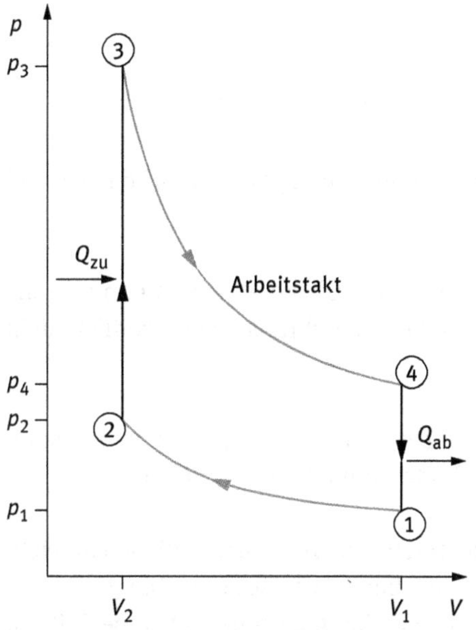

p/V-Diagramm des Otto-Motors

- Ansaugen des Benzin-/Luft-Gemisches in den Arbeitszylinder bei V_1, p_1, T_1.
- 1 → 2: Schnelle, isentrope Kompression → $V_2 < V_1$, $p_2 > p_1$, $T_2 > T_1$.
- 2 → 3: Zündung und plötzliche Verbrennung des Gemischs.
  Isochore Erwärmung, V bleibt bei V_2, Druck und Temperatur erhöhen sich auf p_3 bzw. T_3.
- 3 → 4: Isentrope Expansion von V_2 auf V_1 (Arbeitstakt). Absinken von Druck und Temperatur auf p_4 bzw. T_4.
- 4 → 1: Isochore Abkühlung. Abgabe von Abwärme Q . Absinken von Druck und Temperatur auf p_1 bzw. T_1. Ausstoß des verbrannten Gemischs.

Abb. 4.9. Die Phasen eines Verbrennungsmotors im p/V-Diagramm.

4.8 Definitionen

- Abgeschlossenes System
  Kein Materieaustausch, kein Energieaustausch.
- Extensive Zustandsgröße
  Eine extensive Zustandsgröße ist proportional zur Systemgröße.
- Geschlossenes System
  Kein Materieaustausch, Energieaustausch möglich.
- Intensive Zustandsgröße
  Eine intensive Zustandsgröße hängt nicht von der Systemgröße ab.
- Irreversibler Prozess
  Ein Prozess ist irreversibel, wenn er nur so rückgängig gemacht werden kann, dass Veränderungen in der Umwelt zurückbleiben.
- Isentroper Prozess:
  S = const. Es wird keine Wärme δQ zu- oder abgeführt.
- Isothermer Prozess
  T = const. → ideale Gasgleichung: pV = const.
- Isobarer Prozess
  p = const. → ideale Gasgleichung: $V \sim T$

- Isochorer Prozess
  V = const. → ideale Gasgleichung: $p \sim T$
- Offenes System
  Materieaustausch und Energieaustausch möglich.
- Reversibler Prozess
  Ein idealer, jederzeit umkehrbarer Prozess ohne Reibungsverluste wird reversibel genannt.
- Thermodynamisches Gleichgewicht
  Ein System befindet sich im thermodynamischen Gleichgewicht, wenn sich die makroskopischen Zustandsgrößen, durch die es beschrieben wird, zeitlich nicht ändern.
- Thermodynamischer Kreisprozess
  Thermodynamische Kreisprozesse sind Zustandsänderungen thermodynamischer Systeme, bei denen Anfangs- und Endzustand übereinstimmen.
- Thermodynamisches System
  Unter einem thermodynamischen System versteht man einen räumlichen Bereich, der durch gedachte oder materielle Grenzflächen von seiner Umgebung getrennt ist. Die Übertragung von Materie und Energie über die Grenzflächen beeinflusst den Zustand des Systems.
- Thermodynamischer Wirkungsgrad
  Der thermodynamische Wirkungsgrad einer Wärmekraftmaschine ist definiert als das Verhältnis von abgegebener Nutzarbeit zu zugeführter Wärme.
- Thermodynamische Zustandsänderung
  Der Übergang von einem Ausgangs-Gleichgewichtszustand in einen End-Gleichgewichtszustand bezeichnet man als thermodynamische Zustandsänderung oder thermodynamischen Prozess. Er erfolgt idealerweise so langsam, dass das System immer im Gleichgewicht bleibt.
- Vorzeichenkonvention für Austausch von Wärme und Arbeit:
  $\delta Q, \delta W > 0$ dem System wird Wärme/Arbeit zugeführt
  $\delta Q, \delta W < 0$ vom System wird Wärme/Arbeit nach außen abgegeben
- Zustand eines Systems
  Unter dem Zustand eines Systems versteht man den thermodynamischen Gleichgewichtszustand. In ihm nehmen die makroskopischen Zustandsgrößen ihre Gleichgewichtswerte an. Die Gleichgewichtswerte werden erst dann erreicht, wenn im System ein vollständiger Ausgleich erreicht ist, also keine Änderung mehr stattfindet.
- Zustandsänderung, siehe Thermodynamische Zustandsänderung.

5 Grundbegriffe der klassischen Elektrodynamik

5.1 Die Erforscher des Elektromagnetismus

Die klassische Mechanik (Kapitel 3) wurde von einem einzigen Forscher geprägt, nämlich von Isaac Newton (1643–1727). Die Newtonsche Theorie wurde später mathematisch umformuliert, z. B. durch Joseph Louis Lagrange (1736–1813) und William Rowan Hamilton (1805–1865), aber nicht grundsätzlich verändert oder erweitert.

In der klassischen Elektrodynamik dagegen leisteten viele Forscher ihre Teilbeiträge zur Erforschung der Natur der Elektrizität, des Magnetismus und des Lichts. Die Entwicklung vollzog sich langsam ab dem 18-ten Jahrhundert und wurde im 19-ten Jahrhundert vollendet. Erst James Clerk Maxwell (1831–1879) fasste die Teilbeiträge zu einer kohärenten mathematisch formulierten Theorie zusammen.

Die wichtigsten Forscher und ihre wesentlichen Beiträge sind:

Charles Coulomb (1736–1806) Elektrostatik	Er machte 1784/85 Versuche zur Vermessung der elektrischen Kraft zwischen ruhenden positiven und negativen elektrischen Ladungen.
Alessandro Volta (1745–1827) Volta-Säule: erste brauchbare kontinuierliche Stromquelle	Erzeugung des elektrischen Stroms mit galvanischen Elementen und der Volta Säule, Vorläuferin der Batterie. Die Volta-Säule hat der weiteren Erforschung der Elektrizität erst den Weg bereitet.
Augustin Jean Fresnel (1788–1827) Licht ist eine Welle	Nachweis der Wellennatur des Lichtes durch Interferenzversuche.
Hans Christian Oersted (1777–1851) Zusammenhang: Elektrizität und Magnetismus	1820 entdeckte er mit einer Kompassnadel die magnetische Wirkung des elektrischen Stromes.
André-Marie Ampère (1775–1851) Fließende Elektrizität ist Ursache des Magnetismus	1820 zeigte er, dass zwei stromdurchflossene Leiter Kräfte aufeinander ausüben.
J-Baptiste Biot (1774–1862) Félix Savart (1791–1841)	1820: Magnetfeld elektrischer Ströme bzw. das Kraftfeld zwischen den Strömen. Biot-Savartsche Gesetz
Hendrik Antoon Lorentz (1853–1928) Elektrische und magnetische Kräfte auf Ladungen	Vollständige Formulierung der elektrischen Kraft auf ruhende Ladungen und der magnetischen Kraft auf bewegte Ladungen (bzw. auf Ladungs- und Stromdichten). Lorentz-Kraft.

Michael Faraday (1791–1867) Induktionsgesetz	1831: Entdeckung des Induktionsgesetzes Bewegte Magneten können in Leiterschleifen elektrische Ströme erzeugen (induzieren).
James Clerk Maxwell (1831–1879) Maxwellsche Gleichungen	1864: Theoretische Erklärung des Lichtes als elektromagnetische Welle. 1873: Formulierung der kohärenten Theorie des elektromagnetischen Feldes
Heinrich Rudolf Hertz (1857–1894) Nachweis elektromagnetischer Wellen	1886: experimentelle Bestätigung der von Maxwell aufgestellten Theorie elektromagnetischer Wellen. Für sie konnten entsprechende Phänomene wie für Licht nachgewiesen werden. Insbesondere stimmen die Ausbreitungsgeschwindigkeiten überein.

5.2 Die Begriffswelt und die Naturgesetze des Elektromagnetismus

Die vielen entdeckten Einzeltatsachen auf dem Gebiet der Elektrizität und des Magnetismus ergaben zunächst ein verwirrendes Bild – wie immer bei der Neuentdeckung eines ganzen Gebietes von Sachverhalten. Erst spät gelang es (vor allem durch J. C. Maxwell) die Fülle der Einzel-Sachverhalte nicht nur qualitativ, sondern quantitativ in einer logisch kohärenten mathematisch formulierten Theorie zusammenzuführen und sie (überraschenderweise!) auf wenige den Hintergrund der Phänomene bildende und Erklärung bietende Begriffe zurückzuführen.

Der wichtigste von Maxwell konsequent eingeführte Begriff ist der *Feldbegriff*. Durch ihn ergibt sich eine neuartige (und zu überprüfende!) Auffassung der *Kraftwirkung* zwischen zwei Objekten.

In der Newtonschen Mechanik und auch bei elektrischen und magnetischen Wechselwirkungen geht es dabei zunächst um eine *Fernwirkung*:

Tab. 5.1. Wechselwirkung zwischen elektrischen und magnetischen Objekten gemäß der Fernwirkungs-Vorstellung.

Objekte	Kraft
Massen	Gravitationskraft
Ladungen	Coulombkraft
Permanentmagnete	Magnetische Kraft
Stromdurchflossene Leiter	Magnetische Kraft

Das bedeutet:
- Eine Masse übt auf eine andere Masse von ferne durch den leeren Raum hindurch (nach Newton) die Kraft der Gravitation aus.
- Eine ruhende elektrische Ladung übt auf eine andere ruhende elektrische Ladung durch den leeren Raum hindurch (nach Coulomb) eine elektrische anziehende bzw. abstoßende Kraft aus.
- Ein ruhender Permanentmagnet übt auf einen anderen Permanentmagnet (z. B. eine Kompassnadel) durch den leeren Raum hindurch eine magnetische anziehende bzw. abstoßende Kraft aus.
- Ein stationärer Gleichstrom übt auf einen anderen Gleichstrom durch den leeren Raum hindurch eine Kraft aus (Ampère), die durch Biot und Savart genau vermessen wurde.

Maxwell führte nun stattdessen den zwischen den Objekten vermittelnden Feldbegriff ein.

Tab. 5.2. Wechselwirkung zwischen elektrischen und magnetischen Objekten gemäß der Nahwirkungsvorstellung vermöge eines vermittelnden Feldes.

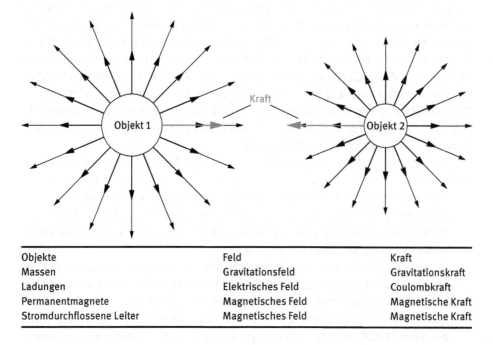

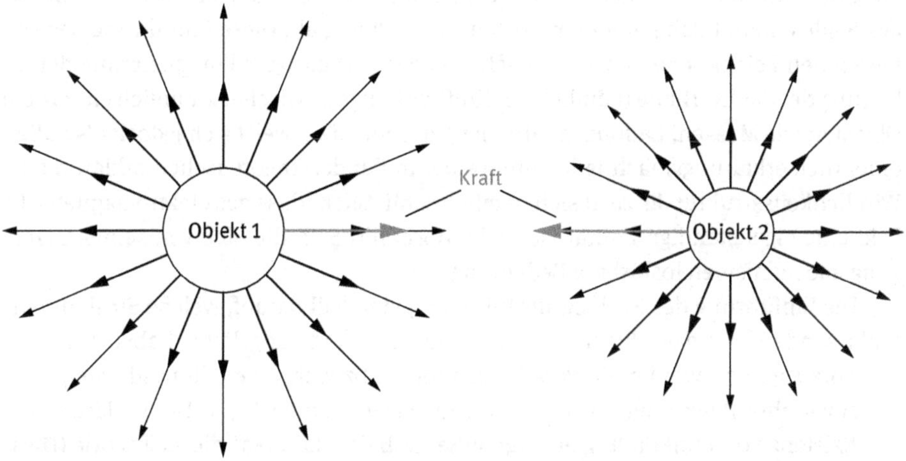

Objekte	Feld	Kraft
Massen	Gravitationsfeld	Gravitationskraft
Ladungen	Elektrisches Feld	Coulombkraft
Permanentmagnete	Magnetisches Feld	Magnetische Kraft
Stromdurchflossene Leiter	Magnetisches Feld	Magnetische Kraft

Das bedeutet jetzt:

- Eine Masse erzeugt um sich herum im ganzen Raum ein Gravitationsfeld. Dieses übt auf eine andere irgendwo im Raum befindliche andere Masse eine anziehende Gravitationskraft aus.
- Eine ruhende elektrische Ladung erzeugt um sich herum im ganzen Raum ein elektrisches Feld. Dieses übt auf eine irgendwo im Raum befindliche andere Ladung eine – bei gleichnamigen Ladungen abstoßende, bei ungleichnamigen Ladungen anziehende – elektrische Kraft aus.
- Ein ruhender Permanentmagnet erzeugt um sich herum im ganzen Raum ein magnetisches Feld. Dieses übt auf einen anderen irgendwo im Raum befindlichen Magneten eine anziehende (bei unterschiedlichen Polen) bzw. abstoßende (bei gleichnamigen Polen) magnetische Kraft aus.
- Ein stationärer Gleichstrom (d. h. gleichmäßig fließende Ladungen) erzeugt um sich im ganzen Raum ein magnetisches Feld. Dieses übt auf andere irgendwo im Raum fließende Ladungen eine (von der Richtung des Ausgangsstromes und Zielstromes abhängige) Kraft aus.

Die Fernwirkung zwischen den Objekten wird dabei in allen Fällen durch eine Nahwirkung des von einem Objekt erzeugten Feldes auf das zweite Objekt ersetzt. Die Stärke des Feldes nimmt dabei mit dem Abstand vom Objekt ab. Diese Einführung des vermittelnden Feldes scheint zwar zunächst eine (überflüssige?) Komplizierung der Erklärung der Sachverhalte (nämlich der Kraftwirkungen zwischen räumlich entfernten Objekten wie Massen, Ladungen, Strömen) zu sein. Sie erweist sich jedoch als außerordentlich erklärungsmächtig im Sinne einer treffenden theoretischen Erklärung der Wirklichkeitsstruktur. Es zeigt sich nämlich schließlich, dass das elektromagnetische Feld eine eigenständige Entität ist (siehe Abschnitt 5.5), die eine von seinen Erzeugungsmechanismen loslösbare Bedeutung hat.

Die Einführung des Feldbegriffs führt auf jeden Fall darauf, welche Struktur eine umfassende Theorie des Elektromagnetismus beinahe zwangsläufig haben muss:

- Vorausgesetzt werden Punktladungen ($q(\boldsymbol{r}, t)$ bzw. ihre Verteilungsdichte $\rho(\boldsymbol{r}, t)$) sowie ihre Bewegung, also Ströme bzw. Stromdichten $\boldsymbol{j}(\boldsymbol{r}, t)$. Die Erklärung der Existenz von Punktladungen liegt außerhalb des Rahmens dieser Theorie (Diese ist Sache der Elementarteilchentheorie).
- Es muss beschrieben werden, auf welche Weise Ladungen und Ströme die den ganzen Raum durchdringenden und zeitabhängigen Felder erzeugen. Dies führt auf das elektrische Feld $\boldsymbol{E}(\boldsymbol{r}, t)$ und magnetische Feld $\boldsymbol{B}(\boldsymbol{r}, t)$.
- Es muss beschrieben werden, welche Kraftwirkung die Felder $\boldsymbol{E}(\boldsymbol{r}, t)$ und $\boldsymbol{B}(\boldsymbol{r}, t)$ auf ruhende und bewegte Ladungen $q(\boldsymbol{r}, t)$ bzw. Ladungsdichten $\rho(\boldsymbol{r}, t)$ und Stromdichten ($\boldsymbol{j}(\boldsymbol{r}, t) = \rho(\boldsymbol{r}, t) \cdot \boldsymbol{v}(\boldsymbol{r}, t)$) ausüben.
- Die Teilchen tragen oft zugleich Ladungen und Massen. (Konkret sind es z. B. Elektronen oder Ionen, die eine Elementarladung e und eine Masse m haben). Dann

unterliegen sie auch der Newtonschen Dynamik – bei sehr schneller Bewegung sogar einer relativistischen Dynamik (siehe Kapitel 6). In der Materie kommen neben den elektromagnetischen Kräften weitere „Bindungskräfte“ hinzu, die die Dynamik mitbestimmen.

- Diese Dynamik führt zur Änderung von $\rho(\boldsymbol{r}, t)$ und $\boldsymbol{j}(\boldsymbol{r}, t)$. Bei dieser Bewegung muss unter anderem ein wichtiger Erhaltungssatz gelten, nämlich der Ladungserhaltungssatz.

Insgesamt ergibt sich also folgender zyklischer Zusammenhang zwischen den Teilsystemen.

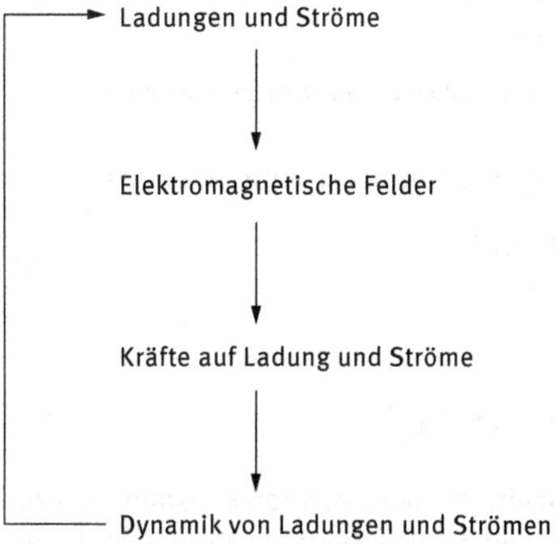

Abb. 5.1. Zyklischer Zusammenhang zwischen den Teilsystemen des Elektromagnetismus.

5.2.1 Überblick über die Grundphänomene

Auch ohne die mathematische Präzisierung kann man sich schon einen Überblick über die Grundphänomene des Elektromagnetismus verschaffen, nämlich

- die Erzeugung von Feldern durch Ladungen und Ströme und
- die Kraftwirkung dieser Felder auf Ladungen und Ströme.

Es ist dabei zweckmäßig, sich zunächst auf ruhende Ladungen und stationäre (gleichmäßig fließende) Ströme ($\boldsymbol{J}(\boldsymbol{r}) = q(\boldsymbol{r}) \cdot \boldsymbol{v}(\boldsymbol{r})$) zu beschränken. Das führt zu einer Trennung der Phänomene in Elektrostatik und Magnetostatik. Erst wenn man die Zeitabhängigkeit bewegter Ladungen ($q(\boldsymbol{r}, t)$) und Ströme ($\boldsymbol{J}(\boldsymbol{r}, t) = q(\boldsymbol{r}, t) \cdot \boldsymbol{v}(\boldsymbol{r}, t)$) sowie der Felder $\boldsymbol{E}(\boldsymbol{r}, t)$ und $\boldsymbol{B}(\boldsymbol{r}, t)$ in Betracht zieht, kommen neue Phänomene hinzu, die überhaupt erst den Zusammenhang zwischen Elektrizität und Magnetismus erkennen lassen.

5.2.1.1 Elektrostatik: Das Coulomb Gesetz

Coulomb entdeckte und vermaß das Abstandsgesetz der Kraft zwischen ruhenden elektrischen Ladungen.

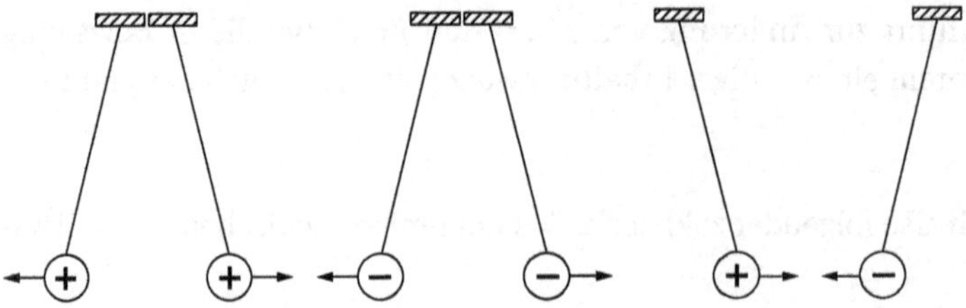

Gleichnamige Ladungen stoßen sich ab. Ungleichnamige Ladungen ziehen sich an.

Abb. 5.2. Das Coulomb-Gesetz: Die Kraftwirkung zwischen ruhenden elektrischen Ladungen.

Die Kraft wirkt in Richtung der beiden Ladungen (Zentralkraft). Ihr Betrag ist

$$F(r) = \frac{1}{4\pi\varepsilon_0}\frac{q_1 q_2}{r^2} \tag{5.1}$$

ε_0 ist die Influenzkonstante (im Vakuum):

$$\varepsilon_0 = 8{,}859 \cdot 10^{-12}\,\mathrm{A\,s\,V^{-1}m^{-1}} \tag{5.2}$$

Die Influenzkonstante ε_0 ist zunächst nur eine Proportionalitätskonstante im Coulombschen Gesetz. Sie ist durch die Basiseinheiten des SI-Systems festgelegt. In diesem Einheitensystem ist die Ladungseinheit:

$$1\,\text{Coulomb} = 1\,\text{C} = 1\,\text{As} = 1\,\text{Ampere Sekunde.}$$

Nach Maxwell resultiert diese Kraft aus einem elektrostatischen Feld

$$E(r) = \frac{1}{4\pi\varepsilon_0}\frac{q_1}{r^2} \tag{5.3}$$

das von der Ladung q_1 ausgeht und auf die Ladung q_2 am Ort $\boldsymbol{r}$ die Kraft $\boldsymbol{F}(\boldsymbol{r}) = q_2\boldsymbol{E}(\boldsymbol{r})$ ausübt. Die Ladungen q_1 und q_2 sind gleichberechtigt, sodass q_2 ebenso ein Feld erzeugt, das auf q_1 wirkt.

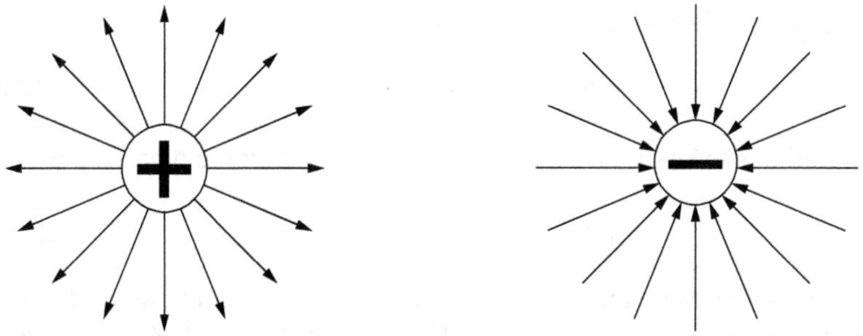

Elektrische Feldlinien einer positiven Ladung

Elektrische Feldlinien einer negativen Ladung

Abb. 5.3. Die Linien des elektrischen Feldes positiver und negativer elektrischer Ladungen.

Die elektrischen Feldlinien verlaufen (per definitionem) von der positiven zur negativen Ladung. Deswegen streben in der Abbildung die Pfeile von der positiven Ladung weg und zielen auf die negative hin. Das elektrische Feld ist an den Ladungsträgern am stärksten und nimmt mit dem Abstand entsprechend (5.3) ab.

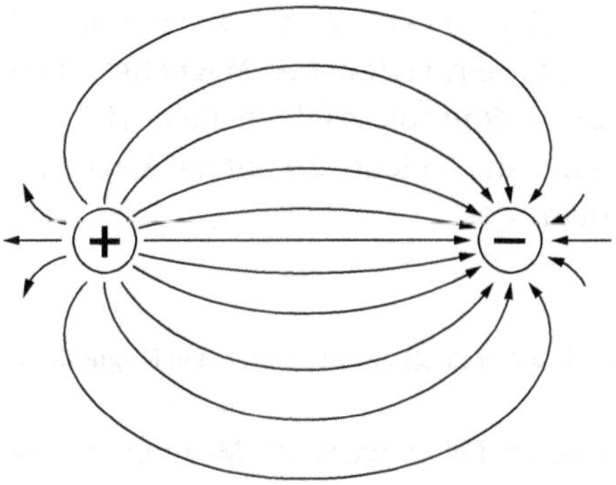

Elektrische Feldlinien einer positiven und negativen Ladung (Dipol).
Die elektrischen Feldlinien sind geschlossen. Sie treten bei der positiven Ladung aus (Quelle) und werden von der negativen Ladung (Senke) wieder aufgenommen.

Abb. 5.4. Elektrische Feldlinien eines Dipols.

5.2.1.2 Magnetostatik: Strom und Magnetfeld

Zu den Begriffen:

- Umgangssprachlich wird $\boldsymbol{B}(\boldsymbol{r})$ Magnetfeld genannt. Die exakte Bezeichnung ist magnetische Flussdichte oder auch magnetische Induktion. Die Einheit ist das Tesla.

$$1\,\text{Tesla} = 1\,\text{T} = 1\,\text{kg} \cdot \text{s}^{-2} \cdot \text{A}^{-1}.$$

- $\boldsymbol{H}(\boldsymbol{r})$ ist die Magnetfeldstärke, mit der Einheit $[\boldsymbol{H}] = \text{A} \cdot \text{m}^{-1}$.

Der Zusammenhang zwischen $\boldsymbol{B}(\boldsymbol{r})$ und $\boldsymbol{H}(\boldsymbol{r})$ ist (im Vakuum)

$$\boldsymbol{B}(\boldsymbol{r}) = \mu_0 \boldsymbol{H}(\boldsymbol{r}) \tag{5.4}$$

μ_0 ist die Permeabilität des Vakuums (magnetische Feldkonstante) und hat den Wert:

$$\mu_0 = 1{,}257 \cdot 10^{-6}\,\mathrm{Vs\,A^{-1}m^{-1}} \tag{5.5}$$

Der Wert von μ_0 ist wie der Wert von ε_0 eine Folge der Wahl der Basis-Einheiten des SI-Systems. In der Zwischenzeit ist es eine verbindliche Vorschrift, das SI-System anzuwenden. Für das grundsätzliche Verständnis ist das Maßeinheitensystem jedoch nicht entscheidend.

1820 entdeckte Oersted die magnetische Wirkung des elektrischen Stromes. Mit diesem Versuch zeigte er den Zusammenhang zwischen Elektrizität und Magnetismus auf.

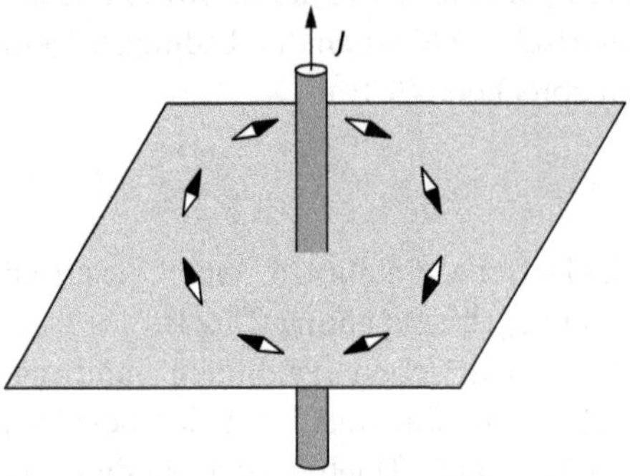

Ein von einem stationären Strom $\boldsymbol{J}(\boldsymbol{r})$ durchflossener Leiter erzeugt um sich herum ein stationäres Magnetfeld $\boldsymbol{B}(\boldsymbol{r})$. Die Wirkung dieses Magnetfeldes führt zu einer ausrichtenden Kraft auf Magnetnadeln.

Abb. 5.5. Das „Durchflutungsgesetz“: Ein elektrischer Strom erzeugt um sich herum ein Magnetfeld.

Auf einen frei beweglichen, stromdurchflossenen Leiter wirkt im Magnetfeld eine Kraft. Diese steht senkrecht auf der Strom- und der Magnetfeldrichtung. Die Richtung der Ablenkung bestimmt man aus der UVW-Regel (UVW = Ursache – Vermittlung – Wirkung) der rechten Hand.

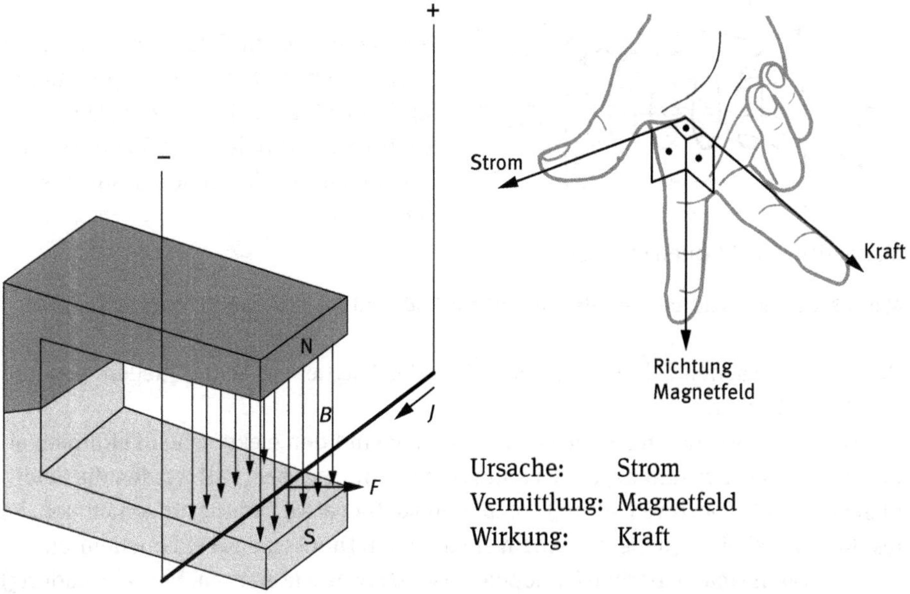

Abb. 5.6. Kraftwirkung eines Magnetfeldes auf einen Strom: Die UVW = Ursache-Vermittlung-Wirkungs-Regel.

Die Kraft pro Längeneinheit des Stromleiters ist

$$\boldsymbol{F}(\boldsymbol{r}) = \boldsymbol{J}(\boldsymbol{r}) \times \boldsymbol{B}(\boldsymbol{r}) \tag{5.6}$$

5.2.1.3 Quellenfreiheit des magnetischen Feldes

Im Gegensatz zu den elektrischen Feldlinien, die von einer positiven Ladung aus in den Raum streben oder auf eine negative Ladung hinzielen, sind die magnetischen Feldlinien stets geschlossen.

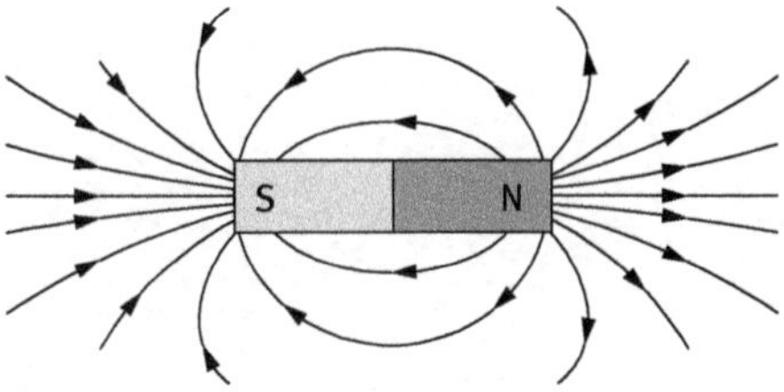

Magnetische Feldlinien eines Permanentmagneten

Die Feldlinien eines Permanentmagneten treten am Nordpol aus und treten am Südpol wieder ein.

Abb. 5.7. Geschlossene magnetische Feldlinien eines Permanentmagneten.

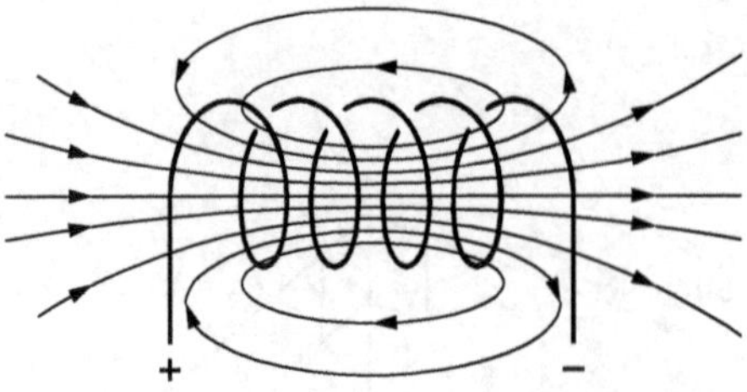

Die magnetischen Feldlinien einer Spule verlaufen im Innern der Spule parallel (das trifft umso besser zu je länger die Spule ist). Am Spulenende fächern sie auf und treten auf der anderen Spulenseite wieder ein.

Magnetische Feldlinien einer Spule

Abb. 5.8. Geschlossene (quellenfreie) magnetische Feldlinien einer stromdurchflossenen Spule.

Diese geschlossenen Feldlinien zeigen, dass das Magnetfeld keine Quellen, sondern nur Wirbel besitzt.

Die geschlossenen magnetischen Feldlinien sind den elektrischen Feldlinien eines Dipols (positive und negative Ladung) ähnlich. In diesem Fall werden die Feldlinien der Quelle (positive Ladung) von der Senke (negative Ladung aufgenommen. Es resultiert also keine Quelle. Bei einem elektrischen Dipol ist das Feld quellenfrei.

Da es keine magnetischen Monopole (also so etwas wie eine magnetische Ladung) gibt, sondern Nordpol und Südpol stets gemeinsam auftreten, ist das magnetische Feld quellenfrei.

5.2.1.4 Das Induktionsgesetz

Oersted hatte entdeckt, dass ein stromdurchflossener Leiter ein Magnetfeld erzeugt. Ansonsten aber waren Magnetismus und Elektrostatik völlig getrennte Gebiete. Man konnte keine Wirkung von Magneten auf ruhende Ladungen feststellen und ebenso wirken ruhende Ladungen nicht auf Permanentmagneten. Aber nachdem Oersted gezeigt hatte, dass ein Strom ein Magnetfeld erzeugen kann, fragte sich Faraday, ob nicht umgekehrt ein Magnetfeld einen Strom erzeugen oder auf ihn wirken kann. Er fand erst eine Wirkung als er den Magneten relativ zur Leiterschleife bewegte.

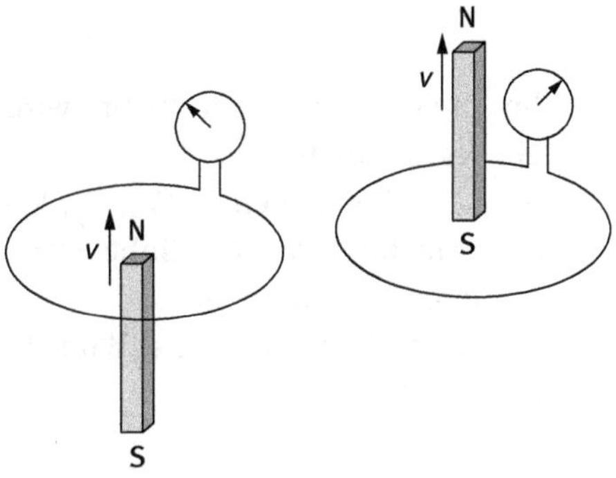

Bewegt man einen Stabmagneten durch eine Leiterschleife, so wird in der Schleife ein Strom erzeugt (induziert).

Abb. 5.9. Das „Induktionsgesetz“: Zeitabhängige magnetische Feldlinien induzieren um sich herum einen elektrischen Strom in einer Leiterschleife.

1831 formulierte Faraday das Induktionsgesetz. Es lautet in seiner allgemeinen Form: Ändert sich das Magnetfeld durch eine Leiterschleife mit der Fläche A, so wird in der Leiterschleife eine Spannung induziert.

$$U_{\text{ind}} = -\int_A \frac{\partial \boldsymbol{B}(r,t)}{\partial t} \cdot d\boldsymbol{A} \tag{5.7}$$

Maxwell führte diesen Strom auf ein elektrisches Wirbelfeld zurück, das durch das zeitlich veränderliche Magnetfeld erzeugt wird.

5.3 Vektoranalysis: Das mathematische Hilfsmittel zur Formulierung der Elektrodynamik

Zur weiteren Behandlung der Elektrodynamik sind die schon in Kapitel 2 vorgestellten mathematischen Hilfsmittel der Vektorrechnung und Vektoranalysis unerlässlich. Sie werden hier noch einmal kurz aufgeführt.

5.3.1 Vektoren und Vektorfelder

– Vektorfeld $\boldsymbol{V}$
  Bei einem Vektorfeld $\boldsymbol{V}$ gehört zu jedem Raumpunkt $\boldsymbol{r}(x, y, z)$ ein Vektor $\boldsymbol{V}(x, y, z)$. Die Komponentenschreibweise des Vektors ist:

$$\boldsymbol{V}(x, y, z) = V_x(x, y, z)\boldsymbol{i} + V_y(x, y, z)\boldsymbol{j} + V_z(x, y, z)\boldsymbol{k} \tag{5.8}$$

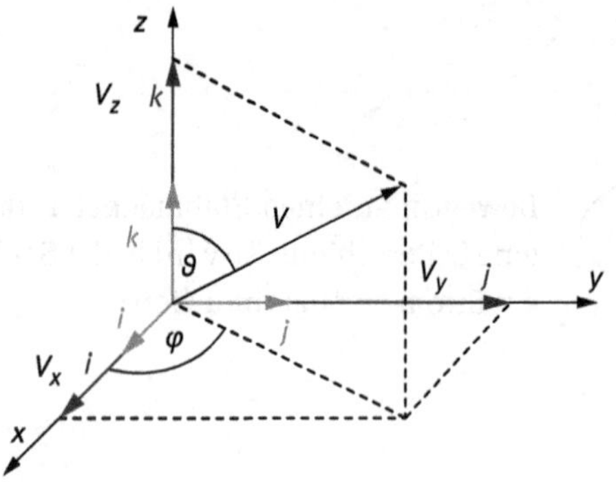

Im dreidimensionalen Raum wird ein Vektor durch
- seine Komponenten (V_x, V_y, V_z) in Richtung der drei Einheitsvektoren $\boldsymbol{i}$, $\boldsymbol{j}$ und $\boldsymbol{k}$ oder
- seinen Betrag und zwei Winkel

dargestellt.

Abb. 5.10. Vektor V am Ort $\boldsymbol{r}(x, y, z)$ mit Komponenten V_x, V_y, V_z.

- Bei Vektoren unterscheidet man zwischen dem Skalarprodukt und dem Vektorprodukt.

Skalarprodukt	**Vektorprodukt**
$\boldsymbol{a} \cdot \boldsymbol{b} = \lvert\boldsymbol{a}\rvert \cdot \lvert\boldsymbol{b}\rvert \cdot \cos(\boldsymbol{a}, \boldsymbol{b})$ $\boldsymbol{a} \cdot \boldsymbol{b} = a_x b_x + a_y b_y + a_z b_z$ Das Skalarprodukt zweier Vektoren ist ein Skalar. $(\boldsymbol{a}, \boldsymbol{b})$ bezeichnet den Winkel zwischen den Vektoren $\boldsymbol{a}$ und $\boldsymbol{b}$.	$\boldsymbol{a} \times \boldsymbol{b} = \boldsymbol{n}\lvert\boldsymbol{a}\rvert \cdot \lvert\boldsymbol{b}\rvert \cdot \sin(\boldsymbol{a}, \boldsymbol{b})$, Das Vektorprodukt zweier Vektoren ist ein Vektor. Er steht senkrecht auf der von $\boldsymbol{a}$ und $\boldsymbol{b}$ aufgespannten Ebene. (Richtung des Einheitsvektors $\boldsymbol{n}$).
Eigenschaften: – $\boldsymbol{a} \cdot \boldsymbol{b} = \boldsymbol{b} \cdot \boldsymbol{a}$ – sind $\boldsymbol{a}$ und $\boldsymbol{b}$ parallel, dann: $\boldsymbol{a} \cdot \boldsymbol{b} = \lvert\boldsymbol{a}\rvert \cdot \lvert\boldsymbol{b}\rvert \quad (\cos(90^\circ) = 1)$ – stehen $\boldsymbol{a}$ und $\boldsymbol{b}$ senkrecht auf einander, dann ist: $\boldsymbol{a} \cdot \boldsymbol{b} = 0 \quad (\cos(90^\circ) = 0)$	Eigenschaften: – $\boldsymbol{a} \times \boldsymbol{b} = -(\boldsymbol{b} \times \boldsymbol{a})$ – sind $\boldsymbol{a}$ und $\boldsymbol{b}$ parallel, dann: $\boldsymbol{a} \times \boldsymbol{b} = 0 \quad (\sin(0^\circ) = 0)$ – stehen $\boldsymbol{a}$ und $\boldsymbol{b}$ senkrecht auf einander, dann ist: $\lvert\boldsymbol{a} \times \boldsymbol{b}\rvert = \lvert\boldsymbol{a}\rvert \cdot \lvert\boldsymbol{b}\rvert \quad (\sin(90^\circ) = 1)$

5.3.2 Vektoranalysis

- Nabla-Operator: ∇

  Der Nabla-Operator ∇ ist ein symbolischer Vektor zur Bezeichnung der drei Differentialoperatoren: Gradient, Divergenz und Rotation. Er wirkt wie ein Vektor, bildet aber zugleich noch die Ableitungen nach den entsprechenden Raumkoordinaten.

$$\nabla = \left(\frac{\partial}{\partial x}, \frac{\partial}{\partial y}, \frac{\partial}{\partial z}\right) = \boldsymbol{i}\frac{\partial}{\partial x} + \boldsymbol{j}\frac{\partial}{\partial y} + \boldsymbol{k}\frac{\partial}{\partial z} \tag{5.9}$$

- Gradient: Anwendung des Nabla-Operators auf ein Skalarfeld f

$$\operatorname{grad} f = \nabla f = \left(\frac{\partial f}{\partial x}, \frac{\partial f}{\partial y}, \frac{\partial f}{\partial z}\right) = \boldsymbol{i}\frac{\partial f}{\partial x} + \boldsymbol{j}\frac{\partial f}{\partial y} + \boldsymbol{k}\frac{\partial f}{\partial z} \tag{5.10}$$

Der Gradient eines Skalarfeldes ist ein Vektorfeld. Er beschreibt die Richtung und die Stärke der Änderung der Funktion $f(x, y, z)$ am Ort $\boldsymbol{r}(x, y, z)$.

– Divergenz: Skalarprodukt mit einem Vektorfeld

$$\operatorname{div} V = \nabla \cdot V = \frac{\partial V_x}{\partial x} + \frac{\partial V_y}{\partial y} + \frac{\partial V_z}{\partial z} \tag{5.11}$$

Die Divergenz eines Vektorfeldes ist ein Skalarfeld. Sie beschreibt die Quellstärke des Vektors $\boldsymbol{V}(x, y, z)$ am Ort $\boldsymbol{r}(x, y, z)$.
Ist die Divergenz eines Vektorfeldes = 0, so ist das Feld quellenfrei.

– Rotation: Vektorprodukt mit einem Vektorfeld

$$\operatorname{rot} \boldsymbol{V} = \nabla \times \boldsymbol{V} = \boldsymbol{i}\left(\frac{\partial V_z}{\partial y} - \frac{\partial V_y}{\partial z}\right) + \boldsymbol{j}\left(\frac{\partial V_x}{\partial z} - \frac{\partial V_z}{\partial x}\right) + \boldsymbol{k}\left(\frac{\partial V_y}{\partial x} - \frac{\partial V_x}{\partial y}\right) \tag{5.12}$$

Die Rotation eines Vektorfeldes ist ein Vektorfeld. Sie beschreibt die Richtung und Stärke der vom Vektor $\boldsymbol{V}(x, y, z)$ am Ort $\boldsymbol{r}(x, y, z)$ gebildeten Wirbel.
Ist die Rotation eines Vektorfeldes = 0, so ist das Feld wirbelfrei.

– Laplace-Operator: Zweimalige Anwendung des Nabla-Operators auf ein Skalarfeld.

$$\nabla \cdot (\nabla f) = \operatorname{div}(\operatorname{grad} f) = \Delta f = \frac{\partial^2 f}{\partial x^2} + \frac{\partial^2 f}{\partial y^2} + \frac{\partial^2 f}{\partial z^2} \tag{5.13}$$

Durch Einsetzen der Definitionen und konsequentes Ausrechnen ergeben sich folgende weitere Beziehungen

Ein Gradientenfeld ist wirbelfrei: $$\operatorname{rot}(\operatorname{grad} f) = 0 \tag{5.14}$$

Das Feld einer Rotation ist quellenfrei: $$\operatorname{div}(\operatorname{rot} \boldsymbol{V}) = 0 \tag{5.15}$$

$$\operatorname{div}(\operatorname{grad} f) = \Delta f \tag{5.16}$$

$$\operatorname{rot}(\operatorname{rot} \boldsymbol{V}) = \operatorname{grad}(\operatorname{div} \boldsymbol{V}) - \Delta \boldsymbol{V} \tag{5.17}$$

Darüber hinaus sind die Integralsätze von Stokes und Gauss von großer Bedeutung (sie werden hier ohne Beweis aufgeführt):

Gaussscher Satz:
Gegeben ist das Volumen V, das durch Oberfläche A eingeschlossen wird.

Nach dem Gaussschen Satz ist der Fluss eines Vektorfeldes durch die Oberfläche A gleich dem Volumenintegral der Divergenz.

$$\text{Gauss:} \quad \iiint_V \operatorname{div} \boldsymbol{E}(\boldsymbol{r}) dx\, dy\, dz = \iint_A \boldsymbol{E}(\boldsymbol{r}) \cdot d\boldsymbol{A} \tag{5.18}$$

Stokesscher Satz:
Der Stokessche Satz besagt, dass das Linienintegral eines Vektorfeldes über die Randkurve einer Fläche gleich der Rotation dieses Vektorfeldes durch die von der Randkur-

ve eingespannte Fläche ist.

$$\text{Stokes:} \qquad \iint_A \operatorname{rot} \boldsymbol{E}(\boldsymbol{r},t)\cdot d\boldsymbol{A} = \oint_s \boldsymbol{E}(\boldsymbol{r},t)\cdot d\boldsymbol{s} \tag{5.19}$$

5.3.3 Kontinuitätsgleichung

Die Kontinuitätsgleichung gilt für alle Substanzen (z. B. Massen oder Ladungen), deren Verteilung im Raum sich zwar ändern kann, für die aber insgesamt die Substanzerhaltung gilt. Für solche Substanzen gibt es
- eine Dichte $\rho(\boldsymbol{r},t)$, wobei $\rho(\boldsymbol{r},t)dxdydz$ die im Volumenelement $dxdydz$ zur Zeit t enthaltene Substanz ist und
- eine Stromdichte $\boldsymbol{j}(\boldsymbol{r},t)$, aus der man über $\boldsymbol{j}(\boldsymbol{r},t)\cdot d\boldsymbol{A}$ die pro Zeiteinheit durch das Flächenelement $d\boldsymbol{A}$ fließende Substanz erhält.

Da die Substanz nicht vernichtet werden kann, ist die zeitliche Änderung der Substanz im Volumen V durch den Zufluss oder Abfluss der Substanz durch die Oberfläche A des Volumens bedingt. (Eine Zunahme der Substanz im Volumen V ergibt sich durch den Zufluss der Substanz durch die Oberfläche A. In diesem Fall sind $\boldsymbol{j}$ und $d\boldsymbol{A}$ entgegengesetzt gerichtet.)

$$\frac{\partial}{\partial t}\iiint_V \rho(\boldsymbol{r},t)dx\,dy\,dz = -\iint_A \boldsymbol{j}(\boldsymbol{r},t)\cdot d\boldsymbol{A} \tag{5.20}$$

Unter Verwendung des Gaussschen Integralsatzes (5.18) für die rechte Seite von Gleichung (5.20) wird

$$\iint_A \boldsymbol{j}(\boldsymbol{r},t)\cdot d\boldsymbol{A} = \iiint_V \operatorname{div}\boldsymbol{j}(\boldsymbol{r},t)\,dx\,dy\,dz$$

Damit wird Gleichung (5.20)

$$\frac{\partial}{\partial t}\iiint_V \rho(\boldsymbol{r},t)dx\,dy\,dz = -\iiint_V \operatorname{div}\boldsymbol{j}(\boldsymbol{r},t)\,dx\,dy\,dz \tag{5.21}$$

Oder

$$\iiint_V \left(\frac{\partial}{\partial t}\rho(\boldsymbol{r},t) + \operatorname{div}\boldsymbol{j}(\boldsymbol{r},t)\right)dx\,dy\,dz = 0$$

Hieraus ergibt sich die differentielle Form der Kontinuitätsgleichung

$$\frac{\partial}{\partial t}\rho(\boldsymbol{r},t) + \operatorname{div}\boldsymbol{j}(\boldsymbol{r},t) = 0 \tag{5.22}$$

5.3.4 Beispiele

An einigen Beispielen soll nun die Bedeutung des Gradienten, der Divergenz und Rotation gezeigt werden. Wir beschränken uns hier auf Funktionen und Vektoren mit den zugehörigen Abbildungen in der zweidimensionalen Ebene

- Skalarfunktion $f(x, y)$
  Als Beispiel für eine skalare Funktion betrachten wir

$$f(x, y) = \frac{x^2}{a^2} + \frac{y^2}{b^2} \quad \text{mit } a = 2 \text{ und } b = 1 \tag{5.23}$$

Die Höhenlinien $f(x, y) = \text{const.}$ dieser Funktion sind Ellipsen. Die Höhenlinien nennt man auch Äquipotentiallinien. Der Gradient ist:

$$\begin{aligned} &\operatorname{grad} f(x, y) = 2\frac{x}{a^2}\boldsymbol{i} + 2\frac{y}{b^2}\boldsymbol{j} \\ &\text{mit } a = 2 \text{ und } b = 1 \text{ wird} \\ &\operatorname{grad} f(x, y) = \frac{x}{2}\boldsymbol{i} + 2y\,\boldsymbol{j} \end{aligned} \tag{5.24}$$

Man stellt den Gradienten als Pfeile in der (x, y)-Ebene dar. Hieraus sind sein Betrag (Länge des Pfeils) und seine Richtung erkennbar.

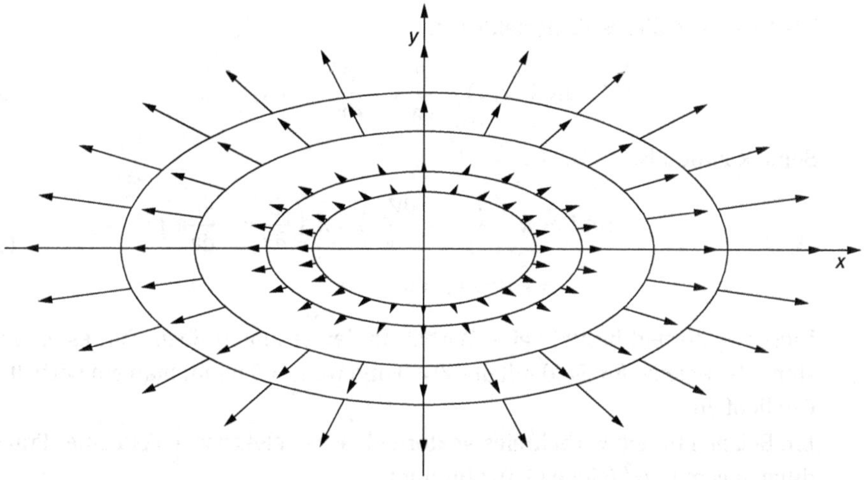

Abb. 5.11. Gradientenfeld und Äquipotentiallinien der Funktion $f(x, y) = \frac{x^2}{a^2} + \frac{y^2}{b^2}$ mit $a = 2$ und $b = 1$.

In dem Bild sind sowohl das Gradientenfeld als auch die Äquipotentiallinien dargestellt.

– Vektorfeld: Das zweidimensionale Vektorfeld

$$V(x, y) = x\boldsymbol{i} + y\boldsymbol{j} \tag{5.25}$$

hat folgendes Aussehen

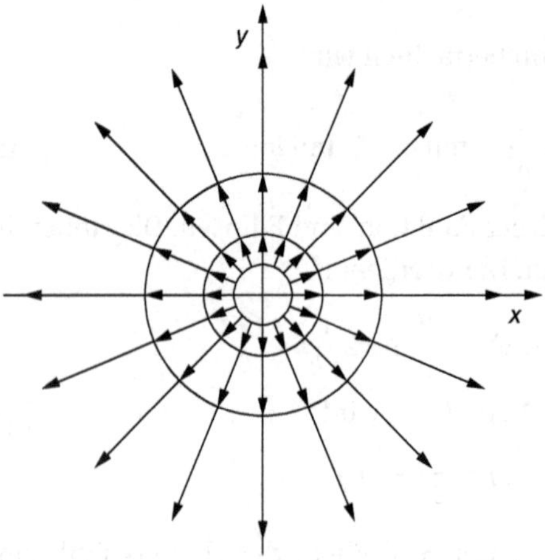

Der Betrag der Vektoren wächst mit zunehmendem Abstand vom Ursprung an.
$|\boldsymbol{V}(x, y)| = \sqrt{x^2 + y^2}$
Er entspricht dem Abstand des Punktes (x, y) vom Ursprung.
Die Richtung des Vektors entspricht der Richtung vom Ursprung zum Punkt (x, y).

Abb. 5.12. Das zweidimensionale wirbelfreie Quellenfeld $\boldsymbol{V} = x\boldsymbol{i} + y\boldsymbol{j}$.

Die Divergenz dieses Vektorfeldes ist

$$\operatorname{div} \boldsymbol{V}(x, y) = \frac{\partial}{\partial x}x + \frac{\partial}{\partial y}y = 1 + 1 = 2 \tag{5.26}$$

Seine Rotation ist

$$\begin{aligned}\operatorname{rot} \boldsymbol{V} &= \boldsymbol{k}\left(\frac{\partial V_y}{\partial x} - \frac{\partial V_x}{\partial y}\right) = \boldsymbol{k}\left(\frac{\partial}{\partial x}y - \frac{\partial}{\partial y}x\right) \\ &= \boldsymbol{k}\,(0 + 0) = 0\end{aligned} \tag{5.27}$$

Dieses Vektorfeld besitzt keine Wirbel. In der gesamten Ebene hat es eine konstante Divergenz. Ein Feld mit $\operatorname{div} \boldsymbol{V} \neq 0$ und $\operatorname{rot} \boldsymbol{V} = 0$ nennt man ein wirbelfreies Quellenfeld.
Ein Beispiel für ein wirbelfreies Vektorfeld ist das elektrische Feld einer Punktladung, das mit $1/r^2$ (siehe (5.3)) abnimmt.
Wählt man als Vektorfeld

$$\begin{aligned}\boldsymbol{V}(x, y, z) &= \boldsymbol{\omega} \times \boldsymbol{r} \\ &= (\omega_y z - \omega_z y)\boldsymbol{i} + (\omega_z x - \omega_x z)\boldsymbol{j} + (\omega_x y - \omega_y x)\boldsymbol{k}\end{aligned} \tag{5.28}$$

wobei der Vektor $\boldsymbol{\omega}$ in Richtung der z-Achse zeigt: $\boldsymbol{\omega} = \omega_z \boldsymbol{k}$, so wird das Vektorprodukt

$$\boldsymbol{V}(x, y, z) = \boldsymbol{\omega} \times \boldsymbol{r} = -\omega_z y\boldsymbol{i} + \omega_z x\boldsymbol{j} \tag{5.29}$$

Dieses Vektorfeld ist unabhängig von z. In jeder Ebene z = const. hat es folgendes Aussehen:

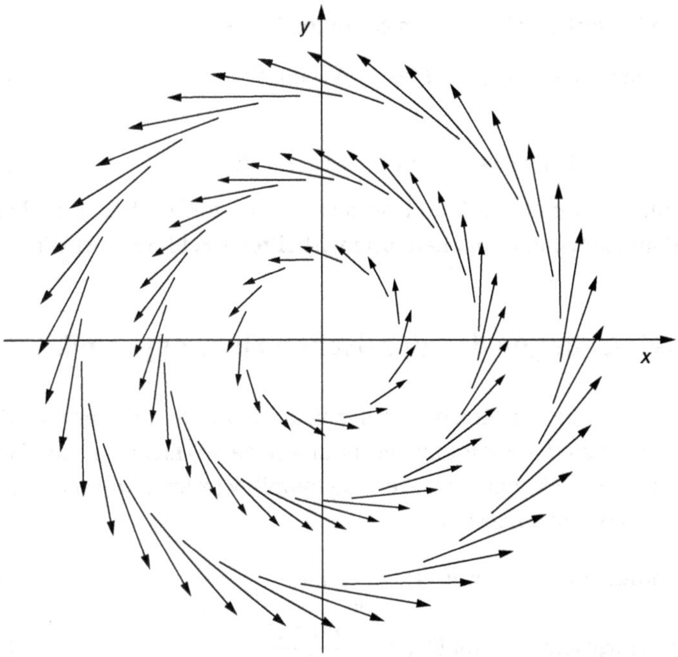

Abb. 5.13. Das quellenfreie Wirbelfeld $V(x, y, z) = -\omega y\boldsymbol{i} + \omega x\boldsymbol{j}$ in der Ebene $(x, y, z = 0)$.

Die Vektoren stehen senkrecht auf dem Ortsvektor $\boldsymbol{r}$. Ihr Betrag nimmt mit dem Abstand vom Ursprung zu.

Die Quellen dieses Feldes ergeben sich aus:

$$\operatorname{div} \boldsymbol{V}(x, y) = \frac{\partial(-\omega_z y)}{\partial x} + \frac{\partial(\omega_z x)}{\partial y} = 0 \tag{5.30}$$

Die Wirbel dieses Feldes sind:

$$\begin{aligned} \operatorname{rot} \boldsymbol{V} &= \boldsymbol{k} \left(\frac{\partial V_y}{\partial x} - \frac{\partial V_x}{\partial y} \right) = \boldsymbol{k} \left(\frac{\partial(\omega_z x)}{\partial x} - \frac{\partial(-\omega_z y)}{\partial y} \right) \\ &= \boldsymbol{k}\,(\omega_z + \omega_z) = 2\omega_z \boldsymbol{k} \end{aligned} \tag{5.31}$$

Dieses Feld besitzt keine Quellen ($\operatorname{div} \boldsymbol{V} = 0$) hat aber überall eine konstante Wirbelstärke in z-Richtung ($\operatorname{rot} \boldsymbol{V} = 2\omega_z \boldsymbol{k} \neq 0$). Es ist ein quellenfreies Wirbelfeld.

Die Beispiele zeigen, dass es wirbelfreie Quellenfelder und quellenfreie Wirbelfelder gibt. Dies sind Spezialfälle. Im Allgemeinen besitzt ein Vektorfeld sowohl Quellen als auch Wirbel. Solch ein Feld kann man z. B. durch lineare Superposition aus wirbelfreien Quellenfeldern und quellenfreien Wirbelfeldern erhalten.

Aus einem Vektorfeld $V(x, y, z)$ kann man entsprechend (5.11) und (5.12) die Quellen und Wirbel des Feldes berechnen. Die Vektoranalysis zeigt, dass auch die Umkehrung gilt:

Sind von einem Vektorfeld $V(x, y, z)$ im gesamten Raum

$$\text{die Quellstärke} \qquad Q(x, y, z) = \operatorname{div} V(x, y, z) \tag{5.32}$$

und

$$\text{die Wirbelstärke} \qquad W(x, y, z) = \operatorname{rot} V(x, y, z) \tag{5.33}$$

bekannte Skalar- und Vektorfelder, dann lässt sich das Vektorfeld $V(x, y, z)$ (bis auf ein im gesamten Raum konstantes quellen- und wirbelfreies Feld) rekonstruieren.

5.4 Die Grundgleichungen der klassischen Elektrodynamik

Die in Abschnitt 5.3 vorgestellten Ergebnisse der Vektoranalysis sind das wichtigste Werkzeug zur quantitativen Beschreibung der Naturgesetze des Elektromagnetismus.

Die grundlegenden Gleichungen der Elektrodynamik wurden in dieser Form zuerst von James Clerk Maxwell aufgestellt:

$$\text{Coulombgesetz:} \qquad \operatorname{div} \boldsymbol{E}(\boldsymbol{r}, t) = \frac{1}{\varepsilon_0}\rho(\boldsymbol{r}, t) \tag{5.34}$$

$$\text{Induktionsgesetz:} \qquad \operatorname{rot} \boldsymbol{E}(\boldsymbol{r}, t) = -\frac{\partial \boldsymbol{B}(\boldsymbol{r}, t)}{\partial t} \tag{5.35}$$

$$\text{Quellenfreiheit des magnetischen Feldes:} \qquad \operatorname{div} \boldsymbol{B}(\boldsymbol{r}, t) = 0 \tag{5.36}$$

$$\text{Durchflutungsgesetz:} \qquad \operatorname{rot} \boldsymbol{B}(\boldsymbol{r}, t) = \mu_0 \boldsymbol{j}(\boldsymbol{r}, t) + \mu_0\varepsilon_0 \frac{\partial \boldsymbol{E}(\boldsymbol{r}, t)}{\partial t} \tag{5.37}$$

Dabei sind:
- $\rho(\boldsymbol{r}, t)$ die Ladungsdichte
- $\boldsymbol{j}(\boldsymbol{r}, t)$ die Stromdichte der Ladungen

Dieses Gleichungssystem beschreibt die Quellen und Wirbel des elektrischen ($\boldsymbol{E}(\boldsymbol{r}, t)$) und magnetischen Feldes ($\boldsymbol{B}(\boldsymbol{r}, t)$) in Abhängigkeit von Ladungsdichten $\rho(\boldsymbol{r}, t)$ und Stromdichten $\boldsymbol{j}(\boldsymbol{r}, t)$ im Vakuum.

Das Durchflutungsgesetz (5.37) zeigt, dass der Ladungserhaltungssatz für die elektrischen Ladungen und damit die Kontinuitätsgleichung erfüllt ist. Wendet man auf (5.37) den Operator div an, so erhält man

$$\operatorname{div} \cdot \operatorname{rot} \boldsymbol{B}(\boldsymbol{r}, t) = \mu_0 \operatorname{div} \boldsymbol{j}(\boldsymbol{r}, t) + \mu_0\varepsilon_0 \frac{\partial \operatorname{div} \boldsymbol{E}(\boldsymbol{r}, t)}{\partial t}$$

Nach (5.15) ist $\operatorname{div} \cdot \operatorname{rot} \boldsymbol{B}(\boldsymbol{r}, t) = 0$. Berücksichtigt man das Coulombgesetz (5.34), so erhält man die Kontinuitätsgleichung (5.22)

$$\frac{\partial}{\partial t}\rho(\boldsymbol{r}, t) + \operatorname{div} \boldsymbol{j}(\boldsymbol{r}, t) = 0$$

Aus der Struktur der Gleichungen lassen sich wichtige Aussagen machen:
Sind $\rho(\boldsymbol{r},t)$ und $\boldsymbol{j}(\boldsymbol{r},t)$ unabhängig von der Zeit, also

- $\rho(\boldsymbol{r},t) = \rho(\boldsymbol{r})$ statische Ladungen, und
- $\boldsymbol{j}(\boldsymbol{r},t) = \boldsymbol{j}(\boldsymbol{r})$ stationäre Ströme,

so zerfallen die Gleichungen in zwei getrennte Gruppen für

- das elektrische Feld

$$\text{Coulomb Gesetz:} \qquad \operatorname{div} \boldsymbol{E}(\boldsymbol{r}) = \frac{1}{\varepsilon_0}\rho(\boldsymbol{r}) \tag{5.38}$$

$$\text{Induktionsgesetz:} \qquad \operatorname{rot} \boldsymbol{E}(\boldsymbol{r}) = 0 \tag{5.39}$$

- und das magnetische Feld

$$\text{Quellenfreiheit des magnetischen Feldes:} \qquad \operatorname{div} \boldsymbol{B}(\boldsymbol{r}) = 0 \tag{5.40}$$

$$\text{Durchflutungsgesetz:} \qquad \operatorname{rot} \boldsymbol{B}(\boldsymbol{r}) = \mu_0 \boldsymbol{j}(\boldsymbol{r}) \tag{5.41}$$

Das bedeutet:

- Solange $\rho(\boldsymbol{r},t)$ und $\boldsymbol{j}(\boldsymbol{r},t)$ zeitunabhängig sind, sind also Elektrostatik und Magnetostatik zwei völlig voneinander getrennte Gebiete. So wurden diese Phänomene auch über ein Jahrhundert lang betrachtet. Ihr Zusammenhang war damals unbekannt. Das stationäre Magnetfeld von Permanentmagneten wird von den mikroskopischen magnetischen Momenten der Elektronen im Festkörper (z. B. Eisen) erzeugt. Diese besitzen einen Eigendrehimpuls (Spin) und einen Bahndrehimpuls, die beide nur quantentheoretisch erklärt werden können. Ihre makroskopische Wirkung entspricht der von Kreisströmen, wie sie im Durchflutungsgesetz (5.41) erscheinen.
- Erst die Berücksichtigung der Zeitabhängigkeit der elektrischen und magnetischen Felder stellte den Zusammenhang zwischen diesen beiden Teilgebieten her.

5.4.1 Ableitung der bekannten Gesetze aus den Maxwellschen Gleichungen

Maxwell hat die elektromagnetischen Erscheinungen in den vier Grundgleichungen (5.34) bis (5.37) zusammengefasst. Damit müssen sich die in Abschnitt 5.2.1 behandelten elektromagnetischen Grundphänomene aus den Maxwellschen Gleichungen ableiten lassen.

5.4.1.1 Das Coulomb Gesetz

Das Coulomb Gesetz gibt die elektrische Feldstärke einer Punktladung als Funktion des Abstands von der Punktladung an.

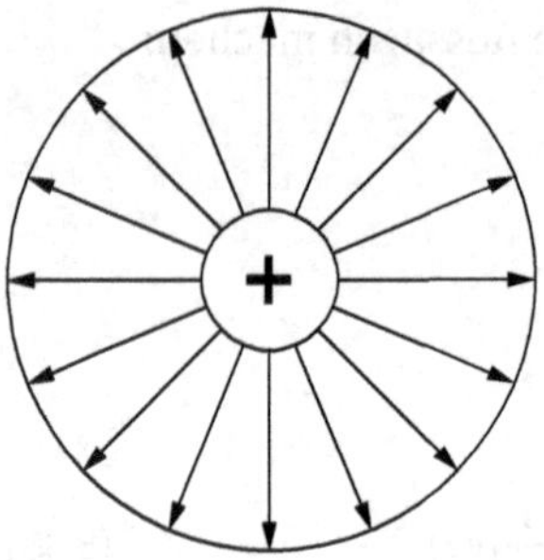

Die Maxwellsche Gleichung hierfür ist (5.38)
div $\boldsymbol{E}(\boldsymbol{r}) = \frac{1}{\varepsilon_0}\rho(\boldsymbol{r})$.

Abb. 5.14. Zur Maxwellschen Gleichung für die Herleitung des Coulomb-Gesetzes.

Zur Bestimmung der elektrischen Feldstärke im Abstand R von der Ladung legen wir um die Ladung q eine Kugel vom Radius R. Aus Symmetriegründen hat das elektrische Feld an jedem Punkt der Kugeloberfläche den Betrag $E(R)$, seine Richtung ist die des Radiusvektors.

Die Integration der Maxwellschen Gleichungen über das gesamte Kugelvolumen ergibt:

$$\iiint_{KV} \operatorname{div} \boldsymbol{E}(\boldsymbol{r}) dx\, dy\, dz = \frac{1}{\varepsilon_0} \iiint_{KV} \rho(\boldsymbol{r}) dx\, dy\, dz = \frac{1}{\varepsilon_0} q \tag{5.42}$$

wobei $\iiint_{KV} \rho(\boldsymbol{r}) dx\, dy\, dz = q$ ist und KV das Kugelvolumen bedeutet. Entsprechend kennzeichnet KO die Kugeloberfläche.

Mit $\iiint_{KV} \operatorname{div} \boldsymbol{E}(\boldsymbol{r}) dx\, dy\, dz = \iint_{KO} \boldsymbol{E}(\boldsymbol{r}) \cdot d\boldsymbol{A}$ (Gaussscher Satz (5.18)) wird

$$\iint_{KO} \boldsymbol{E}(\boldsymbol{r}) \cdot d\boldsymbol{A} = E(R) \iint_{KO} dA = \frac{1}{\varepsilon_0} q \tag{5.43}$$

Das Flächenintegral über die Kugeloberfläche ist $4\pi R^2$. Damit erhält man das bekannte Coulombsche Gesetz (siehe (5.3)):

$$E(R) = \frac{1}{4\pi\varepsilon_0} \frac{q}{R^2} \tag{5.44}$$

5.4.1.2 Induktionsgesetz

Nach dem Induktionsgesetz erzeugt ein veränderliches Magnetfeld in einer Leiterschleife eine elektrische Spannung, die einen Strom zur Folge hat.

Integriert man die Maxwellsche Gleichung (5.35) $\operatorname{rot} \boldsymbol{E}(\boldsymbol{r}, t) = -\frac{\partial \boldsymbol{B}(\boldsymbol{r},t)}{\partial t}$ über eine Fläche A, so erhält man

$$\iint_A \operatorname{rot} \boldsymbol{E}(\boldsymbol{r}, t) \cdot d\boldsymbol{A} = -\iint_A \frac{\partial \boldsymbol{B}(\boldsymbol{r}, t)}{\partial t} \cdot d\boldsymbol{A} \tag{5.45}$$

Nach dem Stokesschen Satz (5.19) ist

$$\iint_A \operatorname{rot} \boldsymbol{E}(\boldsymbol{r}, t) \cdot d\boldsymbol{A} = \oint_s \boldsymbol{E}(\boldsymbol{r}, t) \cdot d\boldsymbol{s},$$

wobei die Integration über die Randkurve s der Fläche A läuft.

Das Integral $\int_{s_1}^{s_2} \boldsymbol{E}(\boldsymbol{r},t) \cdot d\boldsymbol{s} = U_{12}$ entspricht der Spannung zwischen den Punkten 1 und 2. Damit ist das Integral über die geschlossene Kurve

$$\oint_s \boldsymbol{E}(\boldsymbol{r},t) \cdot d\boldsymbol{s} = U_{\text{ind}} \tag{5.46}$$

die in der Leiterschleife induzierte Spannung. Also ist

$$U_{\text{ind}} = -\iint_A \frac{\partial \boldsymbol{B}(\boldsymbol{r},t)}{\partial t} \cdot d\boldsymbol{A} \tag{5.47}$$

Aus der Maxwellschen Formulierung folgt also die bekannte Form des Induktionsgesetzes (siehe (5.7)).

5.4.2 Zu den Lösungen der Maxwellschen Gleichungen

Wenn in den Maxwellschen Gleichungen (5.34) bis (5.37) die zeitabhängigen Ladungsdichten $\rho(\boldsymbol{r},t)$ und Stromdichten $\boldsymbol{j}(\boldsymbol{r},t)$ bekannt sind, so lassen sich daraus das elektrische Feld $\boldsymbol{E}(\boldsymbol{r},t)$ und magnetische Feld $\boldsymbol{B}(\boldsymbol{r},t)$ bestimmen. Das Lösungsverfahren führt zu den retardierten Potentialen, was hier nicht weiter ausgeführt wird.

Wir gehen nun davon aus, dass das elektrische Feld $\boldsymbol{E}(\boldsymbol{r},t)$ und magnetische Feld $\boldsymbol{B}(\boldsymbol{r},t)$ bekannt sind. Diese Felder üben auf elektrische Ladungen und Ströme Kräfte aus. Für eine Punktladung q am Ort $\boldsymbol{r}$, die sich mit der Geschwindigkeit $\boldsymbol{v}$ bewegt, ist diese Kraft (Lorentzkraft)

$$\boldsymbol{F} = \boldsymbol{F}_E + \boldsymbol{F}_B = q \cdot \boldsymbol{E} + q \cdot \boldsymbol{v} \times \boldsymbol{B} \tag{5.48}$$

Die elektrische Kraft ($\boldsymbol{F}_E = q \cdot \boldsymbol{E}$) ist parallel zum elektrischen Feld und die Kraft, die durch das Magnetfeld erzeugt wird ($\boldsymbol{F}_B = q \cdot \boldsymbol{v} \times \boldsymbol{B}$) steht senkrecht auf der Richtung von $\boldsymbol{v}$ und $\boldsymbol{B}$. (Dreifingerregel)

Geht man zu Ladungs- und Stromdichten über, so erhält man die entsprechende Kraftdichte

$$\boldsymbol{f}(\boldsymbol{r},t) = \rho(\boldsymbol{r},t) \cdot \boldsymbol{E}(\boldsymbol{r},t) + \boldsymbol{j}(\boldsymbol{r},t) \times \boldsymbol{B} \tag{5.49}$$

Diese Kräfte beschleunigen die Ladungen nach den Gesetzen der Mechanik. In der Materie stoßen sie dabei mit anderen Ladungen zusammen. Insgesamt entsteht eine komplizierte „dissipative“ Bewegung der Ladungen und des daraus gebildeten Stromes. Diese sind wiederum Ursprung der erzeugten Felder entsprechend der Maxwellschen Gleichungen. So schließt sich der Zyklus (siehe Abschnitt 5.2). Die komplizierte Wechselwirkung des Elektromagnetismus mit der Materie wird hier nicht behandelt.

In vielen Fällen ist es möglich, sinnvolle Teilprobleme abhängig von experimentellen Anordnungen zu lösen.

- Zum einen können die Felder bei vorgegebenen Ladungen und Strömen berechnet werden.
- Zum anderen kann man die Bewegung von geladenen Teilchen bei gegebenen Feldern berechnen.

Die erfindungsreiche Anwendung der elektromagnetischen Naturgesetze eröffnete das riesige Feld der Elektrotechnik (Dynamo, Elektrizitätswerk, Elektromotor sind Beispiele dafür). Hier ist insbesondere der Anschluss an die klassische Mechanik vollzogen.

5.5 Die Integration der Optik in die Elektrodynamik

Die Optik war lange Zeit ein großes, völlig eigenständiges Teilgebiet der Physik. Zum großen Erstaunen der Forscher zeigte sich nun, wie die Optik durch die Elektrodynamik ihre tiefere Begründung fand und in sie integriert werden konnte. Eine philosophische Bemerkung ist hier fällig. Dieses Erstaunen der Forscher zeigt zweierlei:
- Der Apriorismus der subjektzentrierten „idealistischen" Erkenntnistheorie ist hinfällig geworden. Denn keine der gewonnenen Erkenntnisse entstammt dem „transzendentalen" Subjekt.
- Die eigentliche Wirklichkeit zeigt sich erst in der erstaunlichen Hintergrundstruktur in mathematischer Formulierung.

Die Feldgleichungen der Elektrodynamik (5.34) bis (5.37) lauten für den Fall des vollständigen Vakuums ($\rho(\boldsymbol{r},t) = 0$ und $\boldsymbol{j}(\boldsymbol{r},t) = 0$)

$$\operatorname{div} \boldsymbol{E}(\boldsymbol{r},t) = 0 \tag{5.50}$$

$$\operatorname{rot} \boldsymbol{E}(\boldsymbol{r},t) = -\frac{\partial \boldsymbol{B}(\boldsymbol{r},t)}{\partial t} \tag{5.51}$$

$$\operatorname{div} \boldsymbol{B}(\boldsymbol{r},t) = 0 \tag{5.52}$$

$$\operatorname{rot} \boldsymbol{B}(\boldsymbol{r},t) = \mu_0\varepsilon_0 \frac{\partial \boldsymbol{E}(\boldsymbol{r},t)}{\partial t} \tag{5.53}$$

Die triviale Lösung dieser Gleichungen ist

$$\boldsymbol{E}(\boldsymbol{r},t) = 0 \tag{5.54}$$

$$\boldsymbol{B}(\boldsymbol{r},t) = 0 \tag{5.55}$$

Geht man davon aus, dass die Ursache der Felder die Strom- und Ladungsdichten $\rho(\boldsymbol{r},t)$ und $\boldsymbol{j}(\boldsymbol{r},t)$ sind, so liegt die physikalische Vermutung nahe, dass die triviale Lösung die einzige Lösung der Maxwellschen Gleichungen im Vakuum ist. Diesen Schluss darf man aber von der mathematischen Struktur der Gleichungen her nicht ziehen, da ja zwei Gleichungen auf der rechten Seite noch eine Zeitableitung stehen haben.

Die Mathematik zeigt, dass über die trivialen Lösungen hinaus, noch eine Fülle von Lösungen existiert. Das bedeutet, das elektrische $\boldsymbol{E}(\boldsymbol{r},t)$ und magnetische Feld $\boldsymbol{B}(\boldsymbol{r},t)$ haben eine eigenständige Existenz.

Wendet man auf Gleichung (5.51) erneut den Operator rot an, so erhält man

$$\operatorname{rot}\operatorname{rot}(\boldsymbol{E}(\boldsymbol{r},t)) = -\frac{\partial \operatorname{rot}\boldsymbol{B}(\boldsymbol{r},t)}{\partial t} \tag{5.56}$$

Unter Verwendung von (5.17) und (5.53) erhält man hieraus

$$\operatorname{grad}\operatorname{div}(\boldsymbol{E}(\boldsymbol{r},t)) - \Delta\boldsymbol{E}(\boldsymbol{r},t) = -\mu_0\varepsilon_0\frac{\partial^2\boldsymbol{E}(\boldsymbol{r},t)}{\partial t^2} \tag{5.57}$$

Nach (5.50) ist $\operatorname{div}\boldsymbol{E}(\boldsymbol{r},t) = 0$ und man erhält

$$\Delta\boldsymbol{E}(\boldsymbol{r},t) - \mu_0\varepsilon_0\frac{\partial^2\boldsymbol{E}(\boldsymbol{r},t)}{\partial t^2} = 0 \tag{5.58}$$

Mit der Definition des Laplaceoperators (5.13) ergibt sich:

$$\left(\frac{\partial^2}{\partial x^2} + \frac{\partial^2}{\partial y^2} + \frac{\partial^2}{\partial z^2} - \mu_0\varepsilon_0\frac{\partial^2}{\partial t^2}\right)\boldsymbol{E}(\boldsymbol{r},t) = 0 \tag{5.59}$$

Entsprechend lässt sich die Gleichung für das magnetische Feld ableiten:

$$\left(\frac{\partial^2}{\partial x^2} + \frac{\partial^2}{\partial y^2} + \frac{\partial^2}{\partial z^2} - \mu_0\varepsilon_0\frac{\partial^2}{\partial t^2}\right)\boldsymbol{B}(\boldsymbol{r},t) = 0 \tag{5.60}$$

Die Gleichung

$$\left(\frac{\partial^2}{\partial x^2} + \frac{\partial^2}{\partial y^2} + \frac{\partial^2}{\partial z^2} - \frac{1}{v_{\mathrm{em}}^2}\frac{\partial^2}{\partial t^2}\right)f(\boldsymbol{r},t) = 0 \tag{5.61}$$

nennt man die Wellengleichung für die Funktion f. Zur Abkürzung wurde eingeführt:

$$\frac{1}{v_{\mathrm{em}}^2} = \varepsilon_0\mu_0 \tag{5.62}$$

v_{em} ist die Ausbreitungsgeschwindigkeit (Phasengeschwindigkeit) der elektromagnetischen Welle.

Entsprechend (5.59) und (5.60) muss jede Komponente des elektrischen und magnetischen Feldes die Gleichung (5.61) erfüllen. Dieses Gleichungssystem hat viele nicht triviale Lösungen. Das sind Wellen, bei denen $\boldsymbol{E}(\boldsymbol{r},t)$ und $\boldsymbol{B}(\boldsymbol{r},t)$ stets gemeinsam miteinander auftreten und deren Phase und Richtung durch die Maxwellschen Gleichungen miteinander gekoppelt sind.

In Kapitel 2 wurden die Funktionen $y = \sin(\omega t)$ und $y = \cos(\omega t)$ behandelt. Sie beschreiben in dieser Form Vorgänge, die periodisch in der Zeit mit der Kreisfrequenz ω sind ($\omega = 2\pi\nu = 2\pi/T$, ν = Frequenz). Vorgänge, die periodisch in Ort und Zeit sind, werden z. B. durch

$$f(x,t) = A\cos\left(2\pi\left(\frac{t}{T} - \frac{x}{\lambda}\right)\right) \tag{5.63}$$

dargestellt. Dies ist eine in x-Richtung fortschreitende Welle. Alle Punkte mit $\frac{t}{T} - \frac{x}{\lambda} =$ const. haben die gleiche Auslenkung und diese Auslenkung bewegt sich mit der Zeit in die positive x-Richtung.

Einsetzen von (5.63) in (5.61) zeigt, dass die Wellengleichung nur dann erfüllt ist, wenn

$$\left(\frac{2\pi}{\lambda}\right)^2 = \frac{1}{v_{\mathrm{em}}^2} \cdot \left(\frac{2\pi}{T}\right)^2 \quad \text{oder} \quad \frac{\lambda}{T} = v_{\mathrm{em}} \tag{5.64}$$

gewählt wird. Dabei ist v_{em} durch (5.62) vorgegeben.

Hinweis: Es wurde die Kettenregel verwendet, sodass sich ergibt:

$$\frac{\partial^2 f(x,t)}{\partial x^2} = -A\frac{4\pi^2}{\lambda^2}\cos\left(2\pi\left(\frac{t}{T} - \frac{x}{\lambda}\right)\right) \quad \text{und}$$
$$\frac{\partial^2 f(x,t)}{\partial t^2} = -A\frac{4\pi^2}{T^2}\cos\left(2\pi\left(\frac{t}{T} - \frac{x}{\lambda}\right)\right)$$

Phasengeschwindigkeit

Im Kommentar zu Gleichung (5.62) wurde gesagt, v_{em} sei die Phasengeschwindigkeit der Welle. Dies lässt sich verstehen, wenn man die Auslenkung betrachtet, die zur Zeit t am Ort x ist. Sie befindet sich zur Zeit $t + \Delta t$ am Ort $x + \Delta x$. Das ist dann der Fall, wenn die Phase am Ort x zur Zeit t mit der am Ort $x + \Delta x$ zur Zeit $t + \Delta t$ übereinstimmt. Es muss also sein:

$$\frac{t}{T} - \frac{x}{\lambda} = \frac{t+\Delta t}{T} - \frac{x+\Delta x}{\lambda} \quad \text{oder} \quad \frac{\Delta t}{T} - \frac{\Delta x}{\lambda} = 0$$

Daraus ergibt sich die Phasengeschwindigkeit $\Delta x/\Delta t$:

$$\frac{\Delta x}{\Delta t} = \frac{\lambda}{T} \quad \text{oder mit Gleichung (5.64)} \quad \frac{\Delta x}{\Delta t} = v_{\mathrm{em}}$$

Entsprechend Gleichung (5.62) rückt die Stelle gleicher Phase mit der Phasengeschwindigkeit

$$v_{\mathrm{em}} = \frac{1}{\sqrt{\varepsilon_0 \mu_0}} \tag{5.65}$$

vor.

Schwingungsdauer, Frequenz und Wellenlänge

Die Funktion $f(x,t) = A\cos(2\pi(\frac{t}{T} - \frac{x}{\lambda}))$ ist eine periodische Funktion in Ort und Zeit. Unterscheidet sich das Argument um $\pm n\cdot 2\pi$, bzw. die innere Klammer um $\pm n$, so haben die zugehörigen Orte zu den entsprechenden Zeiten die gleiche Auslenkung.

- Schwingungsdauer und Frequenz
  Die Schwingungsdauer (wir nennen sie zunächst Δt) ist die kürzeste Zeit, nach der sich am Ort x der periodische Vorgang wiederholt. Damit muss gelten: $\frac{t+\Delta t}{T} - \frac{x}{\lambda} = \frac{t}{T} - \frac{x}{\lambda} + 1$ oder $\frac{\Delta t}{T} = 1$.
  Damit ist die Schwingungsdauer $\Delta t = T$.
  Sehr oft wird anstelle der Schwingungsdauer T ihr Kehrwert, nämlich die Frequenz ν verwendet:
  $$T = \frac{1}{\nu} \tag{5.66}$$
  Die Frequenz gibt die Anzahl der Schwingungen pro Sekunde an.
- Wellenlänge
  Die Wellenlänge (wir nennen sie zunächst Δx) ist der kürzeste Abstand zwischen zwei Orten, die zur selben Zeit in der gleichen Schwingungsphase sind:
  $(\frac{t}{T} - \frac{x}{\lambda}) = (\frac{t}{T} - \frac{x+\Delta x}{\lambda}) + 1$ oder $\frac{\Delta x}{\lambda} = 1$
  Damit ist die Wellenlänge $\Delta x = \lambda$.

Mit (5.64) und (5.66) wird:
$$\lambda\nu = v_{\mathrm{em}} \tag{5.67}$$
Jeder Wellenlänge λ ist eindeutig eine Frequenz ν zugeordnet. Sie sind über die Phasengeschwindigkeit v_{em} der Welle miteinander gekoppelt.

Die bis jetzt diskutierten Eigenschaften der elektromagnetischen Wellen ergeben sich aus der Wellengleichung (5.61). Darüber hinaus müssen das elektrische und magnetische Feld auch die Maxwellschen Gleichungen (5.50) bis (5.53) erfüllen. Aus ihnen folgen (ohne Beweis) noch weitere Eigenschaften, die in der Zusammenfassung mit aufgeführt sind:

- Die elektromagnetischen Wellen sind Transversalwellen (sie schwingen senkrecht zur Fortpflanzungsrichtung).
- Das elektrische und magnetische Feld schwingen in Phase und die beiden Vektoren stehen senkrecht aufeinander.
- Sie breiten sich mit der Geschwindigkeit v_{em} aus.
- Die Amplituden des elektrischen und magnetischen Feldes stehen in einem festen Größenverhältnis zueinander: $E_0 = v_{\mathrm{em}} \cdot B_0$. (5.68)
- Der Zusammenhang zwischen Wellenlänge und Frequenz ist: $\lambda\nu = v_{\mathrm{em}}$

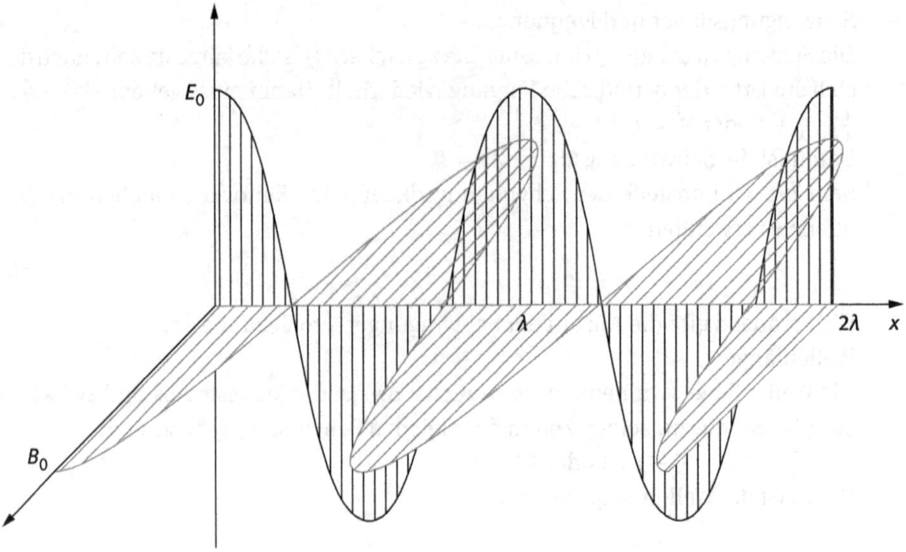

Abb. 5.15. In x-Richtung im Vakuum fortschreitende elektromagnetische Welle.

Maxwell hat mit seiner Theorie die Existenz von elektromagnetischen Wellen vorausgesagt, deren Eigenschaften unter (5.68) aufgeführt sind. Die Phasengeschwindigkeit der Wellen ist entsprechend (5.65):

$$v_{\mathrm{em}} = \frac{1}{\sqrt{\varepsilon_0 \mu_0}}$$

Mit $\varepsilon_0 = 8{,}859 \cdot 10^{-12}\,\mathrm{A\,s\,V^{-1}m^{-1}}$ und $\mu_0 = 1{,}257 \cdot 10^{-6}\,\mathrm{V\,s\,A^{-1}m^{-1}}$ ergibt sich $v_{\mathrm{em}} = 2{,}997 \cdot 10^8\,\mathrm{m\,s^{-1}}$.

Die Phasengeschwindigkeit v_{em} stimmt mit der schon bekannten Lichtgeschwindigkeit c überein. Maxwell hatte also schon 1864 aus seiner Theorie heraus erkannt, dass hier kein Zufall vorliegt, sondern dass das Licht eine elektromagnetische Welle sein muss. Man stand nun vor der Aufgabe die elektromagnetischen Wellen experimentell nachzuweisen oder/und zu zeigen, dass eventuell bekannte Wellen (wie z. B. das Licht) elektromagnetische Wellen sind. Der Erfolg stellte sich erst 20 Jahre später ein, nachdem es Heinrich Hertz gelungen war, elektromagnetische Wellen im Labor herzustellen.

Die ersten Versuche von Heinrich Hertz beschäftigten sich mit elektrischen Entladungen, bei denen Funken übersprangen. Brachte man in die Nähe der Entladungsfunkenstrecke einen Drahtring, der an einer Stelle unterbrochen war, so traten an der Unterbrechungsstelle winzige Funken über. Auch wenn der Drahtring weiter von der Entladungsfunkenstrecke entfernt wurde, konnten immer noch Funken an der Unterbrechungsstelle des Rings beobachtet werden. Das bedeutete, die Erscheinung (elektromagnetische Wellen) hat sich durch den Raum ausgebreitet. Die Bezeichnungen

Rundfunk und Funktechnik haben ihren Ursprung in den bei diesen Versuchen beobachteten Funken.

Heinrich Hertz verbesserte seine Experimente hin zum Hertzschen Oszillator und konnte so elektromagnetische Wellen erzeugen. Er beobachtete die Reflexion dieser Wellen und durch Überlagerung der ausgesandten und reflektierten Wellen entstanden stehende Wellen. Die Abstände der Maxima führten ihn auf die Wellenlänge, die im Meterbereich lag. Bei diesen Versuchen erkannte er auch, dass die Phasengeschwindigkeit in etwa der Lichtgeschwindigkeit entspricht. Als Nächstes gelang es Hertz noch, die elektromagnetischen Wellen zu bündeln, zu beugen und die Polarisation der Wellen nachzuweisen.

Heinrich Hertz hatte damit gezeigt, dass die von ihm erzeugten elektromagnetischen Wellen sich wie Lichtwellen verhalten. Später erkannte man, dass das sichtbare Licht nur einen ganz kleinen Bereich des elektromagnetischen Spektrums einnimmt. Dieses erstreckt sich von der Gammastrahlung (10^{-13} m) über die Röntgenstrahlung, den UV-Bereich, das sichtbare Licht (400–700 nm), den Infrarotbereich, Mikrowellenbereich (cm Wellen), Radiowellen (bis zu einigen km).

Die Wechselwirkung elektromagnetischer Wellen mit Materie hängt von ihrer Wellenlänge/Frequenz ($\nu \sim 1/\lambda$) ab. In den verschiedenen Frequenzbereichen benötigt man unterschiedliche Quellen zur Erzeugung der elektromagnetischen Quellen.

- 1895 gelang es Wilhelm Conrad Röntgen (1845–1923) elektromagnetische Strahlen zu erzeugen, die kurzwelliger als Licht sind. Diese finden heute Anwendung in der Medizin, Materialprüfung, Qualitätssicherung, Archäologie, Geologie, Mineralogie, Strukturanalyse von Kristallen, Astronomie.
- Infrarot Strahlung
  Um 1800 untersuchte Friedrich Wilhelm Herschel (1738–1822) die Temperatur der verschiedenen Farben des Sonnenlichtes. Er ließ das Sonnenlicht durch ein Prisma fallen und maß mit einem Thermometer die Temperatur der einzelnen Farbbereiche. Dabei bemerkte er, dass die Temperatur jenseits des roten Lichtes (für das menschliche Auge im unsichtbaren Bereich) am höchsten war. Daraus schloss er, dass sich das Licht der Sonne noch über das rote Licht hinaus fortsetzt.
  Anwendung: Infrarotstrahler, Infrarotspektroskopie, Infrarot-Fernbedienungen, Infrarot-Laser, Infrarot-Lampen, Thermografieaufnahmen, Nachtsichtgeräte, Wärmebildkameras.
- Mikrowellen liegen im Bereich zwischen 1 bis 300 GHz, das entspricht Wellenlängen von 30 cm bis 1 mm. Sie liegen zwischen den langwelligeren Radiowellen und dem Infrarotbereich.
  Einsatzgebiete: Mikrowellenherd, Radartechnik, Mobilfunk, Bluetooth, WLAN, Satellitenfernsehen, Babyphone.
- Die Radiowellen (Funkwellen) sind langwelliger als Mikrowellen. Sie wurden von Heinrich Hertz nachgewiesen. Heute dienen sie der leitungslosen Übertragung von Information (Sprache, Bilder, Zeitzeichen, GPS, Funkpeilung).

Diese Beispiele zeigen die unterschiedlichsten Anwendungsbereiche der elektromagnetischen Wellen. Vor 200 Jahren haben sich nur einige Forscher dafür interessiert und heute sind sie aus unserem Leben nicht mehr wegzudenken.

Man bedenke dabei vor allem:

Dieser Erfolg war nur möglich, weil es durch anstrengende geistige Forschertätigkeit gelang, die alles beherrschende Hintergrundstruktur zu entdecken, die den inneren Zusammenhang zwischen scheinbar unabhängigen Einzelphänomenen überhaupt erst erkennen ließ. Ganze Fakultäten zehren nunmehr von diesen Erkenntnissen der Grundlagenwissenschaft. Und ganze Großindustrien mit Milliardenumsätzen setzen diese Erkenntnisse in wichtige Anwendungen um.

Gefährdet wird dieser erfolgreiche Entwicklungsstrang der Menschheitsgeschichte allerdings durch missbräuchliche Fehlentwicklungen ideologischer Art und neuerdings auch der Finanzwelt. Ihnen muss energisch entgegengewirkt werden, damit sie den Erfolg nicht gefährden.

Vorbemerkungen zu den Kapiteln 6 bis 11

Die vorhergehenden Kapitel 3, 4 und 5 waren der klassischen Physik gewidmet. Die folgenden Kapitel 6 bis 11 beschäftigen sich mit der modernen Physik. Sie besteht im Wesentlichen aus zwei Hauptteilen: der Relativitätstheorie und der Quantentheorie mit ihren jeweiligen Konsequenzen. Ihre Entwicklung begann mit dem 20. Jahrhundert und ist bis heute noch nicht abgeschlossen.

Die Entwicklung der klassischen Physik zur modernen Physik ist jedoch nicht nur eine zeitliche Aufeinanderfolge. Sie hat auch sehr wenig mit allgemein gesellschaftlichen Phasen der Kultur zu tun. Vielmehr erfolgte diese Entwicklung der Physik gewissen system-immanenten Notwendigkeiten. In diesem Sinne ist sie kulturübergreifend jenseits eines unterstellten Kultur-Relativismus.

Die Gemeinsamkeiten, aber auch die Unterschiede zwischen klassischer und moderner Physik, die eine solche Unterscheidung überhaupt erst begründen, sollen jetzt besprochen werden:

- Sobald eine Hypothese wegen nachgewiesener Bewährung in einem noch beschränkten Wirklichkeitsbereich zur Theorie herangereift war, versuchte die Physik ihren Geltungsbereich so umfassend wie möglich zu erweitern, dabei aber zugleich ihre Tragweite zu überprüfen.
- Dafür gab und gibt es nur wenige Möglichkeiten: Die Anwendung der Theorie auf immer größere Makrostrukturen und auf immer kleinere Mikrostrukturen, sowie den Übergang von einfachen auf immer komplexere Strukturen (z. B. vom Unbelebten zum Leben). Hauptbeispiele sind die Erweiterung zur Theorie des Universums, zur Atomphysik, Kernphysik und Elementarteilchenphysik, zur Physik lebender Zellen.
- Dabei gab es neue Probleme, die mit dem immer indirekter werdenden Zugriff auf den untersuchten Objektbereich zusammenhängen:
  - So fand die Entdeckung von Naturgesetzen (z. B. die Gravitation, die thermischen Gesetze, die elektrischen und magnetischen Kräfte zwischen Ladungen und Strömen in der klassischen Physik) im Wesentlichen noch im unmittelbar zugänglichen Bereich statt.
  - Die Erweiterung des untersuchten Bereichs brachte nunmehr jedoch den notwendigen Übergang zu immer indirekteren experimentellen wie theoretischen Methoden mit sich. So musste die Experimentalphysik Methoden erfinden, wie man Signale (z. B. optische Signale aller Wellenlängen) aus der Mikrowelt und Makrowelt misst und richtig interpretiert. Einfache Beispiele dafür sind Fernrohre bis hin zum Hubble-Weltraumteleskop und Mikroskope bis hin zum Elektronen- und Rasterelektronenmikroskop. Die unbezweifelbaren und genau bekannten optischen Eigenschaften und Fähigkeiten dieser Instrumente wurden und werden dabei zur Untersuchung sonst völlig unzugänglicher Objekte (z. B. Galaxien oder einzelner Atome) herangezogen.

- Andererseits musste die „Lücke der Unzugänglichkeit“ von der Theoretischen Physik durch immer ausgefeiltere mathematisch formulierte Modelle ausgefüllt werden.
  - Die Kohärenz des logischen Schließens und der Deduktion von Konsequenzen unterliegt dabei strengen Kriterien. Erst nachdem viele Hypothesen im Verifikationsprozess falsifiziert werden mussten, und erst dann, wenn sich (erstaunlicherweise!) ein Modell an vielen unabhängigen Sachverhalten umfassend bewährt, kann es zur Theorie erklärt werden. Das ist bei der Relativitätstheorie und der Quantentheorie und auch in der Statistischen Mechanik der Fall.
  - Das wichtigste Prinzip, das die logisch-begriffliche Kohärenz des physikalischen Weltbildes sichert, ist dabei das schon mehrfach erwähnte Inklusionsprinzip. Es besagt, dass umfassendere (auch indirekt gewonnene) Erkenntnisse über umfassendere Wirklichkeitsbereiche die vorher gewonnenen gesicherten Erkenntnisse über einen beschränkten Wirklichkeitsbereich als Grenzfall mit einschließen müssen.
  - Dieses Prinzip ist keineswegs trivial. Seine Geltung muss vielmehr im Einzelnen nachgewiesen werden. Dieser schwierige Prozess gelang immerhin in drei zentralen Fällen:
    - bei der Herleitung der Gesetze der phänomenologischen Thermodynamik aus der Statistischen Mechanik,
    - beim Nachweis, dass die Newtonsche Gravitation in der Allgemeinen Relativitätstheorie als Grenzfall enthalten ist,
    - und bei der Ableitung makroskopischer Phänomene aus der Quantentheorie.

  Die Nachweise sprechen für die ontologische Einheit der physikalischen Gesamtwirklichkeit.

Manche postmoderne Philosophien meinen, dass sich wissenschaftliche Erkenntnis nur auf den haptischen Bereich beschränke, oder dass sie nur soziologische, auf die jeweilige Kultur bezogene Bedeutung habe. Im Lichte des erfüllten Inklusionsprinzips dürfen solche Behauptungen als abwegig angesehen werden.

Die tieferliegende Problematik, die zur Herausforderung für die moderne Physik wurde, war aber nicht der Übergang von direkten zu indirekten Erforschungsmethoden der Wirklichkeit, sondern die Frage, ob der Anschauungs- und Begriffs-Apparat der klassischen Physik (und damit der sogenannten natürlichen Anschauungs- und Denk-Kategorien) ausreicht, um die erweiterten Wirklichkeitsbereiche zu erfassen.

Selbstverständlich ist dies nämlich nicht! Im Gegenteil! Im Lichte der modernen Evolutionslehre erscheint es eher plausibel, dass die Tragweite der Anschauungs- und Begriffs-Strukturen des Menschen zunächst an seine unmittelbare Lebenswelt angepasst ist. Wie weit sie darüber hinaus reicht, bleibt zunächst unbestimmt und kann nur aposteriori entschieden werden.

Nun stellte sich heraus, dass in der Tat die klassischen Anschauungs- und Begriffs-Strukturen zur Erfassung erweiterter Wirklichkeitsbereiche nicht ausreichten, sondern modifiziert bzw. erweitert werden mussten.

So stellt sich in der – in der Zwischenzeit umfassend experimentell bestätigten – Relativitätstheorie heraus, dass die Raum-Zeit-Struktur gegenüber der anschaulichen, klassischen Struktur (absolute Zeit, euklidischer Raum) modifiziert werden musste um der Wirklichkeit zu entsprechen (siehe Kapitel 6 und 7).

Ein noch grundlegenderer Änderungsbedarf des Begriffssystems wurde in der Quantentheorie nötig: Selbst Eigenschaften, die einfach als Akzidenzen an Substanzen hängen, gibt es nicht mehr in gewohnter Weise. Sondern es treten komplementäre Observablen auf, deren Eigenschaften suspendiert sind und erst bei Messung realisiert werden. Auch der durchgängige Determinismus der klassischen Physik fällt weg. Stattdessen gibt es eine nicht eliminierbare strukturelle Rolle des Zufalls (siehe Kapitel 9 bis 11).

Es gehört zu den großen Leistungen des menschlichen Geistes, dass es gelang, diese Hürde der notwendigen Erweiterung der Denkweisen zu überwinden.

Auch erkenntnistheoretische Grundpositionen müssen im Lichte der neueren Physik kritisch betrachtet werden. Wir stellen wenigstens zwei wichtige Positionen kurz gegenüber: Die „subjektzentrierte idealistische Erkenntnistheorie" und den „kritischen Realismus"

– Die Grundthese der idealistischen Erkenntnistheorie wurde erstmalig von Immanuel Kant (1724–1804) in seiner „Kritik der reinen Vernunft" formuliert. Sinngemäß lautet sie:

> Die Anschauungskategorien von Raum und Zeit sowie Begriffskategorien wie Substanz und Akzidenz, Ursache und Wirkung, sind apriorisch im transzendentalen Subjekt vorgegeben. Der Erkenntnisakt besteht danach darin, beim Betrachten der Welt nicht etwa das „Ding an sich" oder Aspekte davon vorzufinden, sondern die vom transzendentalen Subjekt in sie hinein projizierten Strukturen wiederzufinden.

Auf diese Weise erklärt Kant die Bedingungen der Möglichkeit von Erkenntnis und hält insofern apriorische Erkenntnis der Natur für gegeben. Zu seiner Zeit befanden sich die Anschauungs- und Denkformen der klassischen Naturwissenschaften noch in voller Übereinstimmung mit den natürlichen Vorstellungen der Menschen und er fand daher viel Anerkennung. Angesichts des Fortschritts der Wissenschaft muss jedoch Kants Erkenntnistheorie heute in mehrfacher Weise als überholt und unakzeptabel gelten.

– Als scheinbarer Alleszermalmer der alten Metaphysik kehrt er den ontologischen Rang von Wirklichkeit und Subjekt um. Nach wie vor ist die zu erkennende Wirklichkeit jedoch ontologisch primär, das erkennende Subjekt ontologisch sekundär.
– Apriorische Erkenntnis der Natur als „Wiedererkennen der Kategorien des Subjekts" ist überhaupt keine Erkenntnis, denn sie schließt per definitionem

gerade das zu erkennende „Ding an sich“ aus. Das Subjekt bleibt bei sich und seinen transzendentalen Kategorien.

  - Dass Denk- und Anschauungs-Kategorien im Subjekt fest eingeprägt sind und zur Repräsentation von Wirklichkeitsstrukturen geeignet sind – mit erstaunlicher aber unbestimmbarer Tragweite – ist kein apriorischer Sachverhalt, wohl aber heutzutage als evolutorisches Phänomen plausibel und sogar untersuchbar geworden, indem das Subjekt aus der (ontologisch primären) Gesamtwirklichkeit hervorgeht.
- Als bescheidenere, aber realistischere erkenntnistheoretische Position bleibt der von den meisten Physikern, auch vom Autor vertretene „Kritische Realismus“.
  - Der Kritische Realismus geht vom ontologischen Primat der Wirklichkeit aus, deren Struktur das Subjekt in Modellen bis hin zu Theorien repräsentieren, verarbeiten und partiell approximativ abbilden kann.
  - Der Kritische Realismus ist weder Empirismus noch Materialismus. Vielmehr gehört die begrifflich partiell formulierbare, subjektunabhängige Hintergrundstruktur, also Naturgesetzlichkeit, der die materiellen Phänomene gehorchen, ebenso zur Realität. Sie ist universelle Führungsstruktur, nicht katalogartige Zusammenfassung von unabhängigen Einzelerscheinungen.
  - Der Kritische Realismus ist nicht apriorisch, sondern aposteriorisch. Er ist kritisch gegenüber der Tragweite der eigenen Begrifflichkeit, aber zuversichtlich hinsichtlich der Echtheit der gewonnenen Erkenntnis.

6 Die Spezielle Relativitätstheorie

6.1 Das Geheimnis des Lichts

6.1.1 Die klassische Vorstellungswelt

Am Ende der Entwicklung der klassischen Elektrodynamik zeigte sich einer ihrer größten Erfolge: Sie konnte Licht aller Wellenlängen als elektromagnetische Schwingung erklären (siehe Kapitel 5). Es gehorcht der Wellengleichung (5.61) (aus Kapitel 5) und breitet sich mit sehr großer Geschwindigkeit aus. Auf diesen Vorgang wandten nun die Physiker, deren eingeprägte Anschauungen sich nicht von denen anderer Menschen unterscheiden, folgende Vorstellungen an:

- Alle Wellen brauchen ein Medium, in dem sie sich ausbreiten können. (Man denke an den Schall, der sich in Luft, Wasser und Festkörpern mit jeweils verschiedenen Schallgeschwindigkeiten ausbreitet). Man nannte dieses Medium für die Ausbreitung des Lichtes den Äther. Dieses Medium muss überall, also auch im absoluten Vakuum des Weltraums vorhandenen sein.
- Dieser Äther sollte auch das alte Problem des absolut ruhenden Raumes lösen. Man war davon überzeugt, dass es den absolut ruhenden Raum gab und alle anderen Inertialsysteme sollten sich ihm gegenüber mit einer noch unbekannten Geschwindigkeit bewegen.

Allerdings hatte diese Vorstellung schon einen Dämpfer bekommen, da (wie in Kapitel 3 gezeigt wurde) die Gesetze der Mechanik in jedem Inertialsystem dieselbe Form annehmen. Die Newtonschen Gesetze beinhalten die Beschleunigung, nicht aber die Geschwindigkeit. Deswegen kann man zwar feststellen, ob ein Körper beschleunigt wird, aber es ist nicht möglich, mithilfe der Mechanik ein System als absolut ruhend auszuzeichnen.

Nun hoffte man aber, den absolut ruhenden Raum mithilfe des Äthers zu finden. Denn nur in ihm würde sich das Licht in allen Richtungen gleichförmig mit der sehr großen aber endlichen Lichtgeschwindigkeit ausbreiten.

Der Übergang von einem absolut ruhenden Inertialsystem $I_0(x, y, z, t)$ zu einem dazu mit gleichförmiger Geschwindigkeit bewegten Koordinatensystem $I'(x', y', z', t)$ wird durch die in Kapitel 3 eingeführte Galilei Transformation beschrieben:

Galilei Transformation

$$\begin{aligned} x' &= x - vt & x &= x' + vt \\ y' &= y & y &= y' \\ z' &= z & z &= z' \\ t' &= t & t &= t' \end{aligned} \tag{6.1}$$

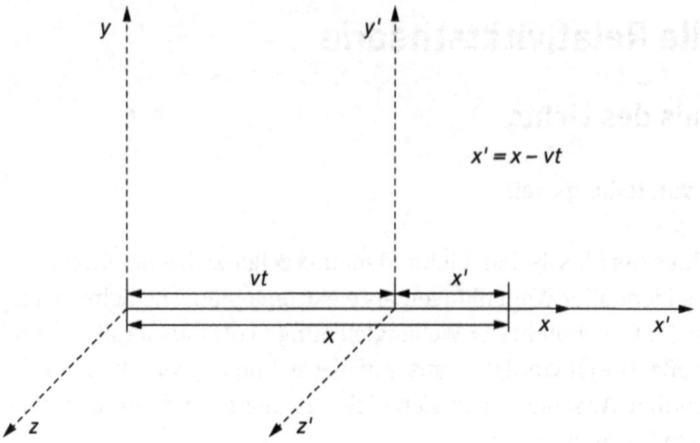

Abb. 6.1. Veranschaulichung der Galilei-Transformation.

Erinnerung:
Für Newton war die Galilei Transformation die richtige, durch kein damaliges Experiment widerlegte Raum-Zeit-Transformation zwischen Inertialsystemen. Für Kants subjekt-fokussierte idealistische Erkenntnistheorie war die Galilei Transformation nicht nur richtig, sondern sogar philosophisch unausweichlich! Sie war ja nichts anderes als die Projektion unserer im „transzendentalen Subjekt" apriorisch angelegten Anschauungskategorien auf die Raum-Zeit-Welt.

In dieser Vorstellungswelt ergab sich nun unter der Annahme, dass sich das Licht (nur) im Ruhesystem I_0 des Äthers in allen Richtungen mit der sehr großen Lichtgeschwindigkeit c ausbreitet folgende Überlegung:

Ein in I_0 zur Zeit $t = 0$ am Ort $x = y = z = 0$ ausgesandter Lichtblitz erreicht zur Zeit t die Oberfläche einer Kugel des Radius ct um den Nullpunkt:

$$x^2 + y^2 + z^2 = c^2t^2 \quad \text{oder} \quad x^2 + y^2 + z^2 - c^2t^2 = 0 \tag{6.2}$$

Vom Inertialsystem I' aus gesehen hat dieselbe Kugeloberfläche die Form (Einsetzen von (3.2) in (6.2)).

$$(x' + vt)^2 + y'^2 + z'^2 = c^2t^2 \quad \text{oder} \quad (x' + vt)^2 + y'^2 + z'^2 - c^2t^2 = 0 \tag{6.3}$$

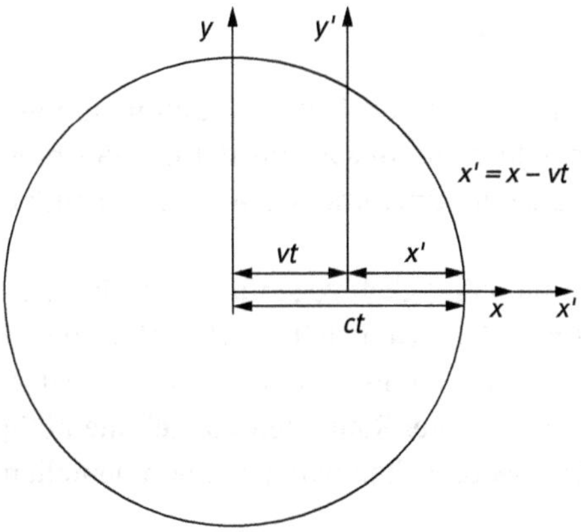

Ihr Mittelpunkt ist also von I' aus gesehen in x-Richtung um $-vt$ nach links verschoben.

Abb. 6.2. Koordinatensysteme I_0 und I' und die zur Zeit $t = t'$ erreichte Kugeloberfläche eines Lichtblitzes gemäß der Galilei-Transformation.

Zur Zeit $t = 0$ fielen beide Koordinatensysteme I_0 und I' zusammen. Damit startete der Lichtblitz auch in I' zur Zeit $t = 0$ vom Ursprung $x' = y' = z' = 0$ aus.

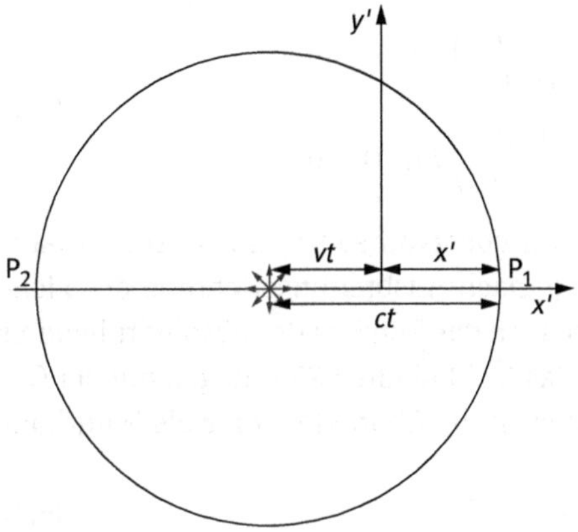

Zur Veranschaulichung der Ausbreitung des Lichtblitzes in beiden Systemen wurde hier für das Inertialsystem I' eine Geschwindigkeit v gegenüber dem absolut ruhenden Äther angenommenen, die mit der Lichtgeschwindigkeit vergleichbar ist.

Abb. 6.3. Anisotropie der Lichtausbreitung im System I' gemäß der Galilei-Transformation.

In I' hat sich also der Lichtblitz nicht nach allen Seiten gleich schnell ausgebreitet. Der Weg vom Ursprung von I' nach P_1 ist kürzer als nach P_2. Damit müsste man in I' in Richtung von P_1 eine kleinere Lichtgeschwindigkeit messen als in Richtung von P_2. In I' ist die Lichtausbreitung also anisotrop. Da aber die Lichtgeschwindigkeit c gegenüber allen irdischen Geschwindigkeiten sehr groß ist, wäre diese Anisotropie in I' sehr klein.

6.1.2 Widerlegung der klassischen Vorstellungswelt

Bei der Ausbreitung des Schalls, der sich im Medium Luft bewegt, kann man diese Anisotropie messen. Entsprechend wollte man nun die Anisotropie der Lichtausbreitung nachweisen und hieraus Rückschlüsse auf den Äther und den absolut ruhenden Raum ziehen.

Es bedurfte in erster Linie der geistigen Unabhängigkeit gegenüber Physiker-Kollegen und Philosophen eines genialen Mannes, Albert Einstein (1879–1955), um zu erkennen, dass diese Vorstellungswelt im Falle des Lichtes nicht nur nicht zutrifft, sondern dass sogar eine grundlegende Revision unserer Raum-Zeit-Vorstellung nötig ist. Die Widerlegung geschah sowohl von der theoretischen wie der experimentellen Seite her.

6.1.2.1 Einsteins Überlegungen

Einstein als Theoretischem Physiker, der sich in der neu entwickelten Elektrodynamik bestens auskannte, erkannte intuitiv, dass die in den Wellengleichungen für das elektrische und magnetische Feld

$$\begin{aligned} \left(\frac{\partial^2}{\partial x^2}+\frac{\partial^2}{\partial y^2}+\frac{\partial^2}{\partial z^2}-\frac{1}{c^2}\frac{\partial^2}{\partial t^2}\right)\boldsymbol{E}(\boldsymbol{r},t)&=0\\ \left(\frac{\partial^2}{\partial x^2}+\frac{\partial^2}{\partial y^2}+\frac{\partial^2}{\partial z^2}-\frac{1}{c^2}\frac{\partial^2}{\partial t^2}\right)\boldsymbol{B}(\boldsymbol{r},t)&=0 \end{aligned} \tag{6.4}$$

vorkommende Lichtgeschwindigkeit c eine Naturkonstante sein muss. Als solche kann sie natürlich nicht in jedem Inertialsystem je nach Ausbreitungsrichtung des Lichtes verschiedene Werte annehmen. Damit ist auch das Konzept des absolut ruhenden Raumes infrage gestellt, da sich nur in ihm das Licht in allen Richtungen mit der Geschwindigkeit c ausbreiten würde. Inzwischen ist der Charakter von c als Naturkonstante

$$c = 299\,792\,458\ \mathrm{m\,s^{-1}} \tag{6.5}$$

völlig unumstritten. Diese Konstante kommt in vielen grundlegenden Gleichungen der Physik vor, stets mit demselben Zahlenwert, der nicht vom gewählten Inertialsystem abhängen kann.

Diese Überlegungen Einsteins genügten jedoch den meisten Physikern nicht. Deswegen musste das Ausbreitungsverhalten von Licht in einem beliebigen Inertialsystem experimentell überprüft werden.

6.1.2.2 Michelson Versuch

Der Äther wurde schon Ende des 17-ten Jahrhunderts als Medium für die Ausbreitung von Licht postuliert. Es wurden verschiedene Theorien über das Verhalten des Äthers aufgestellt und die entsprechenden Experimente durchgeführt.

Das Experimentum crucis wurde von Albert Abraham Michelson (1852–1931) und Eduard Williams Morley (1838–1923) durchgeführt. Man konnte nicht annehmen, dass die Erde ein Inertialsystem ist, das mit dem absolut ruhenden Raum (falls ein solcher überhaupt existiert) zusammenfällt. Hier sollte nun untersucht werden, ob sich das Licht in den verschiedenen Richtungen unterschiedlich schnell ausbreitet.

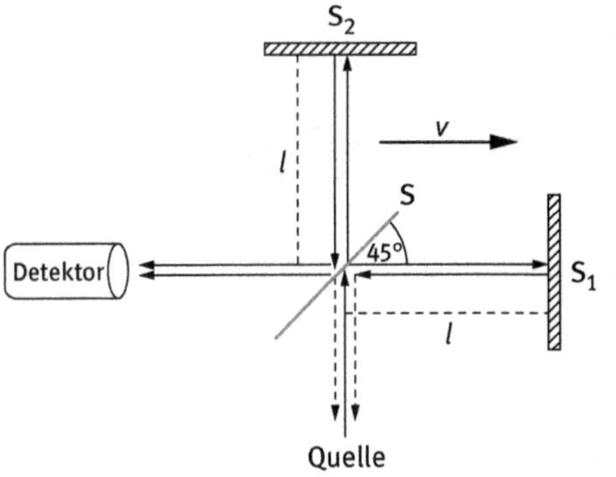

S halbdurchlässiger Spiegel
S_1 Spiegel
S_2 Spiegel
l Armlänge:
Abstand zwischen S und S_1 bzw. S und S_2

Michelson Morley Versuch

Abb. 6.4. Der Michelson-Morley Versuch zur Prüfung, ob sich das Licht im Vakuum nach verschiedenen Richtungen verschieden schnell ausbreitet.

Eine monochromatische Lichtquelle sendet einen Lichtstrahl aus, der durch einen halbdurchlässigen Spiegel (S) in zwei kohärente senkrecht zueinander verlaufende Strahlen aufgeteilt wird. Diese treffen auf die Spiegel S_1 bzw. S_2 und werden dort reflektiert. Die reflektierten Strahlen treffen wieder auf den halbdurchlässigen Spiegel, werden dort wieder in einen reflektierten und durchgelassenen Strahl aufgeteilt. Im Detektor wird nun die Interferenz der von S_1 und S_2kommenden Strahlen gemessen. Aus dem Interferenzmuster kann man erkennen, ob die beiden Strahlen unterschiedlich lange Wege durchlaufen haben und so Aussagen über die Relativgeschwindigkeit zum Äther machen.

Bei dem Experiment wurde angenommen, dass sich die Versuchsanordnung mit der Geschwindigkeit $\boldsymbol{v}$ gegenüber dem absolut ruhenden Raum bewegt. Allerdings sind weder Betrag noch Richtung von $\boldsymbol{v}$ bekannt.

Da sich beim Umlauf der Erde um die Sonne die Geschwindigkeitsrichtung der Erde ändert und an zwei gegenüberliegenden Punkten der Erdbahn die Geschwindigkeiten entgegengesetzt sind (Geschwindigkeitsdifferenz ca. 60 km s^{-1}) müsste sich zumindest zu verschiedenen Jahreszeiten ein Effekt nachweisen lassen.

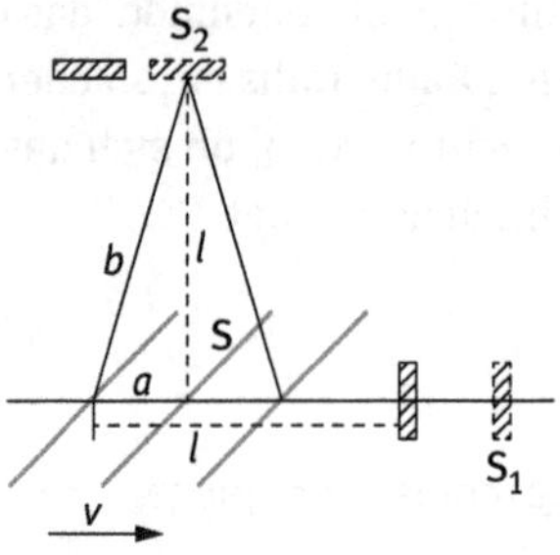

Berechnung der unterschiedlichen Wege beim Michelson Experiment: Weg senkrecht zu $\boldsymbol{v}$: $s_\perp = 2b$

$$b^2 = a^2 + l^2\,, \quad c^2t_2^2 = v^2t_2^2 + l^2$$

$$s_\perp = \frac{2l}{\sqrt{1 - v^2/c^2}}$$

Weg parallel zu $\boldsymbol{v}$: $t_1 = \frac{l}{c+v} + \frac{l}{c-v}$

$$s_\parallel = c\,t_1 = \frac{2\,l}{1 - v^2/c^2}$$

Abb. 6.5. Unterschiedliche Lichtwege in unterschiedlichen Richtungen gemäß der Galilei-Transformation.

Der Wegunterschied ist damit

$$\Delta s = s_\parallel - s_\perp = \frac{2l}{1 - v^2/c^2} - \frac{2l}{\sqrt{1 - v^2/c^2}} \tag{6.6}$$

Bei einer Erdgeschwindigkeit von ca. 30 km s^{-1} und einer Armlänge von 25 m würde sich ein Wegunterschied von 250 nm ergeben. Das entspricht der halben Wellenlänge des grünen Lichts und wäre damit als Interferenz nachweisbar.

Das überraschende Ergebnis war allerdings: Es stellte sich keinerlei Effekt ein, weder im Sommer noch im Winter. Auch ein Drehen der Apparatur um 90° hatte keinen Einfluss auf dieses negative Ergebnis. Man konnte keine Geschwindigkeit v der Versuchsanordnung gegenüber dem Äther nachweisen. Angesichts der grundsätzlichen Bedeutung des Michelson-Versuchs sind Experimente dieses Typs mehrfach mit erhöhter Genauigkeit durchgeführt worden, die jedoch auch nur das Michelson Ergebnis bestätigten.

6.1.2.3 Einsteins Schlussfolgerungen

Es war nun Albert Einstein, der es wagte, die notwendig gewordenen weitreichenden und miteinander logisch zusammenhängenden Schlussfolgerungen zu ziehen:

- Die Vorstellung des absolut ruhenden Raums und des darin verankerten Mediums Äther muss aufgegeben werden!
- Stattdessen muss das vorher schon (allerdings nur) für die Mechanik gültige Relativitätsprinzip zu einem allgemeinen Relativitätsprinzip verallgemeinert werden. Es besagt:
  - Alle Inertialsysteme sind gleichberechtigt!
  - Es gibt keinen Teilbereich der Naturgesetze, der es erlauben würde, ein Inertialsystem als das absolut ruhende auszuzeichnen. Anders ausgedrückt:

  - Die Naturgesetze sind so formulierbar, dass sie in jedem Inertialsystem dieselbe Form annehmen, also gegenüber einem Wechsel des Inertialsystems invariant sind.
  - Gewissermaßen haben die Naturgesetze einen höheren Rang, da sie in jedem Inertialsystem in gleicher Weise gelten. Die Folge ist, dass keines der Inertialsysteme einen besonderen Rang hat bzw. eine besondere Rolle spielen kann.
- Die Lichtgeschwindigkeit nimmt als Naturkonstante eine grundlegende Rolle innerhalb der Naturgesetze ein.
- Die Auswirkung dieses Sachverhaltes kann nun nur darin bestehen, dass die Raum-Zeit-Struktur selbst so modifiziert werden muss, dass das Licht sich in jedem der – unendlich vielen – Inertialsysteme in allen Richtungen mit derselben universellen Naturkonstanten, nämlich der Lichtgeschwindigkeit c, ausbreitet.
- Dies entspricht nicht unserer eingeprägten Anschauung und auch nicht der Galilei-Transformation beim Übergang von einem zu einem anderen Inertialsystem. Diese muss also durch eine andere Raum-Zeit-Koordinaten-Transformation ersetzt werden, die gerade das Verlangte leistet.
- Wenn diese Transformation gefunden ist (sie wird im nächsten Abschnitt hergeleitet), müssen alle Naturgesetze daraufhin überprüft werden, ob sie auch das allgemeine Relativitätsprinzip erfüllen, d. h. in jedem Inertialsystem dieselbe kovariante bzw. invariante Form annehmen. (Man nennt eine Theorie bzw. die ihr zugrunde liegenden Gleichungen kovariant, wenn die Form der Gleichungen invariant gegenüber der Transformation ist).

Einstein selbst hat diese Überprüfung bei der Mechanik und der Elektrodynamik vorgenommen. Die Newtonsche Mechanik musste er dabei auf sehr naheliegende Weise modifizieren (siehe Abschnitt 6.4.2). Die Elektrodynamik erwies sich erfreulicherweise als von selbst kovariant bei Geltung der neuen Transformation (siehe Abschnitt 6.4.3).

Bei allen weiterführenden Theorien, insbesondere der Quantentheorie und Quantenfeldtheorie, sind die theoretischen Physiker – dem Einsteinschen Relativitätsprinzip folgend – bestrebt, die Theorie von vornherein kovariant gegenüber der neuen Raum-Zeit-Transformation zu formulieren oder sie in diesem Sinne zu modifizieren.

6.1.3 Auswirkungen von Einsteins Relativitätstheorie jenseits der Physik

Bevor diese Leitgedanken in den nächsten Abschnitten in physikalische Theorie umgesetzt werden, ist eine Bemerkung über die dafür von Einstein verwendete Terminologie angebracht.

Einstein nannte seine Theorie Relativitätstheorie. Dieser Name hat sich allgemein durchgesetzt. Hätte er stattdessen mit ebenso gutem Recht seine Theorie Invarianztheorie genannt, dann hätte er sich viel Ärger erspart. Denn nun mäkeln viele Kulturphilosophen an seiner für sie viel zu anspruchsvollen Theorie herum, indem sie das dümmliche Missverständnis propagieren, Einstein habe gesagt „alles sei irgendwie relativ". (siehe z. B. Dietrich Schwanitz „Bildung. Alles was man wissen muss" Eichborn Verlag S. 462: Aber der Name der Theorie enthält schon die entscheidende Pointe „alles ist irgendwie relativ").

Ein weiteres Wort muss über ein Phänomen gesagt werden, mit dem jeder an der Universität hauptamtlich mit Theoretischer Physik Befasste unweigerlich zu tun hat: Er kommt in Kontakt mit einer kleinen, aber hartnäckig agierenden Gruppe, die in Physiker-Kreisen die „Anti-Einstein-Spinner" genannt werden. Obwohl vor allem die Spezielle Relativitätstheorie seit 100 Jahren in allen Einzelheiten theoretisch durchdacht und experimentell quantitativ überprüft und bestätigt wurde, bekämpfen sie diese mit Nachdruck und verlangen, dass „Einsteins Schwindel" nun endlich auch an den Universitäten zu verschwinden habe. Unverdrossen handeln sie nach dem Motto, das Christian Morgenstern (1871–1914) so formulierte:

> ...und so schließt er messerscharf, dass nicht sein kann, was nicht sein darf!

Jedoch gibt es für diese Gruppe auch mildernde Umstände. Sie können es einfach nicht verwinden, dass die Tragweite der menschlichen Anschauung nicht unendlich weit reicht, sondern nur als geeignet für die nähere Raum-Zeit-Umgebung, weil dafür brauchbar und annähernd zutreffend, evolutorisch im Genom fixiert wurde.

Und schließlich haben ja auch Physiker lange Zeit gebraucht, bevor sie das einsahen.

Eine letzte Bemerkung gilt der Frage, wie sich denn die Öffentlichkeit, insbesondere das Bildungswesen, gegenüber der Relativitätstheorie und ihren vermeintlichen Widerlegern verhalten soll. Da kann es schon vorkommen, dass ein Anti-Einstein-Aktivist in der Volkshochschule einen Vortrag hält, in dem er endlich den Einstein-Schwindel „entlarvt". Die Leiterin der Volkshochschule erklärte auf einen Einspruch hin, man müsse doch in der Demokratie jeden mit seiner Meinung zu Wort kommen lassen.

Diese Art der Relativierung der nachweislichen Wahrheit über die Struktur der Wirklichkeit hatte Albert Einstein allerdings nicht gemeint!

Das geschilderte kleine Erlebnis weist jedoch auf ein dahinter liegendes allgemeineres Problem hin, das Naturwissenschaftler sowie Geistes- und Sozialwissenschaftler gleichermaßen betrifft: Wie sollen und müssen die Bereiche des gesellschaftlichen Lebens sinnvoll abgegrenzt werden, wo einerseits demokratische Meinungsbildung und Entscheidungsfindung zu optimalen Ergebnissen führen können und sollen, wo andererseits Erkenntnisfindung über objektive Sachverhalte nicht von demokratischen Meinungsprozessen abhängig gemacht werden kann.

6.2 Die Lorentz-Transformation

Hendrik Antoon Lorentz (1853–1928) wandte diese zu seinen Ehren benannte Transformation zur Behandlung spezieller Probleme in der Elektrodynamik an. Erst Einstein erkannte ihre universelle Bedeutung für Raum und Zeit als Grundlage für alle darin stattfindenden Phänomene.

Die Herleitung beruht auf den im vorhergehenden Abschnitt genannten Prinzipien:

- Alle Inertialsysteme sind hinsichtlich der jeweils zu ihnen gehörigen Raum-Zeit-Koordinaten gleichberechtigt. Keines wird vor einem anderen ausgezeichnet.
- In jedem Inertialsystem breitet sich das Licht (aller Wellenlängen) im Vakuum nach allen Richtungen mit der Lichtgeschwindigkeit c aus. c ist eine Naturkonstante.
- Es gilt das Inklusionsprinzip: Die Galilei-Transformation hat sich für irdische Relativgeschwindigkeiten ($v \ll c$) bewährt. Deswegen muss die Lorentztransformation für $v \ll c$ in die Galilei-Transformation übergehen.

Wenn in einem Inertialsystem I zur Zeit $t = 0$ vom Ursprung $x = y = z = 0$ ein Lichtblitz ausgeht, der sich in allen Richtungen mit der Lichtgeschwindigkeit c ausbreitet, dann erreicht er zur Zeit t die Oberfläche einer Kugel mit Radius ct. Die Kugeloberfläche genügt der Gleichung:

$$x^2 + y^2 + z^2 = c^2t^2 \quad \text{bzw.} \quad x^2 + y^2 + z^2 - c^2t^2 = 0 \tag{6.7}$$

Bei der Galilei-Transformation wurde angenommen, dass in beiden Inertialsystemen die gleiche Zeit gilt, die Zeit also absolut ist. Die Anwendung dieser Transformation führt jedoch zu einer Anisotropie bei der Ausbreitung des Lichtes, die im Michelson Versuch nicht beobachtet wurde. Deswegen muss man nun davon ausgehen, dass in beiden Inertialsystemen eine jeweils andere Zeit gilt, dass also $t' \neq t$ ist.

Man betrachtet nun ein beliebiges anderes Inertialsystem I' mit den Koordinaten x', y', z', t', dessen Ursprung $x' = y' = z' = 0$ zur Zeit $t' = 0$, wenn der Lichtblitz startet, mit dem von I zusammenfällt. Nach der Zeit t' hat der Lichtblitz die Oberfläche einer Kugel vom Radius ct' erreicht. Die Kugeloberfläche genügt der Gleichung:

$$x'^2 + y'^2 + z'^2 = c^2t'^2 \quad \text{bzw.} \quad x'^2 + y'^2 + z'^2 - c^2t'^2 = 0 \tag{6.8}$$

Dies bedeutet: mit Gleichung (6.7) gilt dann automatisch auch Gleichung (6.8). Die gesuchte Transformation muss für alle Koordinaten im jeweiligen Koordinatensystem gelten. Dies ist dann der Fall, wenn gilt:

$$x^2 + y^2 + z^2 - c^2t^2 = x'^2 + y'^2 + z'^2 - c^2t'^2 \tag{6.9}$$

Mathematisch sagt man: Der quadratische Ausdruck (6.9) soll invariant bei der Transformation $I \to I'$ bleiben.

6.2.1 Lorentztransformation im einfachsten Fall

Wir betrachten den einfachsten Fall einer speziellen Lorentztransformation, bei dem sich das Inertialsystem I' mit der Geschwindigkeit v in x-Richtung gegenüber I bewegt.

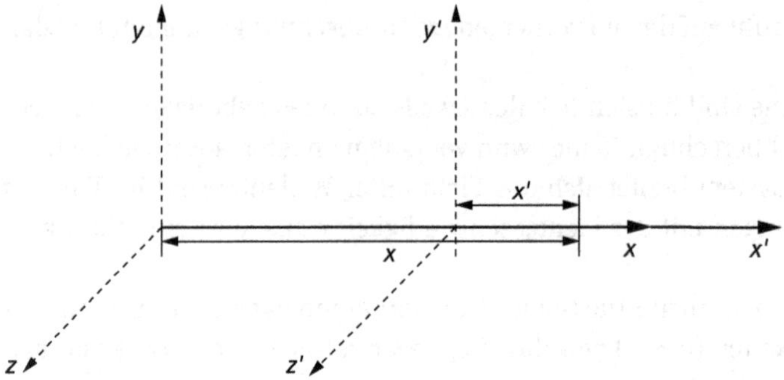

Abb. 6.6. Zur Transformation zwischen den Inertialsystemen I und I'.

Die Transformation $I \to I'$ muss linear sein, damit auch die Umkehrtransformation $I' \to I$ dieselbe formale Gestalt annimmt. Damit ergibt sich gegenüber der Galilei-Transformation folgender Ansatz:

$$x' = ax + bct\,; \quad y' = y\,; \quad z' = z\,; \quad ct' = pct + qx \tag{6.10}$$

Zur Bestimmung der Transformationskoeffizienten wird der Ansatz (6.10) in (6.9) eingesetzt. Da $y' = y$ und $z' = z$ ist, ergibt sich:

$$x^2 - c^2t^2 = (ax + bct)^2 - (pct + qx)^2 \tag{6.11}$$

Da (6.11) für alle Werte von x und t gelten muss, müssen die Koeffizienten von x^2, xt und t^2 übereinstimmen. Daraus folgt:

$$a^2 - q^2 = 1\,, \quad \text{bzw.} \quad a^2 = 1 + q^2 \quad \geq 1 \tag{6.12}$$

$$p^2 - b^2 = 1\,, \quad \text{bzw.} \quad p^2 = 1 + b^2 \quad \geq 1 \tag{6.13}$$

$$ab - pq = 0\,, \quad \text{bzw.} \quad ab = pq \tag{6.14}$$

Einsetzen von (6.12) und (6.13) in (6.14) ergibt

$$b\sqrt{1 + q^2} = q\sqrt{1 + b^2} \quad \text{oder} \quad \frac{b}{\sqrt{1 + b^2}} = \frac{q}{\sqrt{1 + q^2}} \leq 1 \tag{6.15}$$

Diese Gleichung ist erfüllt für

$$b = q \tag{6.16}$$

Einsetzen von (6.16) in (6.13) und Vergleich mit (6.12) ergibt

$$a = p \tag{6.17}$$

Die Gleichungen (6.12) bis (6.14) sind drei Gleichungen für die vier Unbekannten a, b, p und q, also eine Gleichung weniger als Unbekannte. Damit hat man zunächst noch einen freien Parameter β, der erst später festgelegt wird.

$$-1 \leq \beta \leq +1 \tag{6.18}$$

Man wählt

$$a = p = \frac{1}{\sqrt{1-\beta^2}} \geq 1 \tag{6.19}$$

Durch Einsetzen in (6.13) folgt

$$b = q = \frac{\pm\beta}{\sqrt{1-\beta^2}} \tag{6.20}$$

Das System I' bewegt sich in die positive x-Richtung. Deshalb muss für die Transformation $I \to I'$ das negative Vorzeichen aus (6.20) verwendet werden. Damit wird:

$$x' = \frac{x - \beta ct}{\sqrt{1-\beta^2}}; \quad y' = y; \quad z' = z; \quad ct' = \frac{ct - \beta x}{\sqrt{1-\beta^2}} \tag{6.21}$$

Durch Auflösen von (6.21) nach x, y, z und t erhält man die Gleichungen für die Umkehrtransformation

$$x = \frac{x' + \beta ct'}{\sqrt{1-\beta^2}}; \quad y = y'; \quad z = z'; \quad ct = \frac{ct' + \beta x'}{\sqrt{1-\beta^2}} \tag{6.22}$$

Beide Transformationen sind von derselben Form. Sie unterscheiden sich nur im Vorzeichen von β im Zähler.

Die Lorentztransformation muss als Grenzfall für kleine Geschwindigkeiten ($v \ll c$, also im irdischen Bereich) die Galilei-Transformation enthalten (Inklusionsprinzip). Um das zu gewährleisten wird der freie Parameter β wie folgt gewählt:

$$\beta = v/c \tag{6.23}$$

Damit erhält man für die Transformation $I \to I'$

$$x' = \frac{x - vt}{\sqrt{1-v^2/c^2}}; \quad y' = y; \quad z' = z; \quad ct' = \frac{ct - \frac{v}{c}x}{\sqrt{1-v^2/c^2}} \tag{6.24}$$

und durch Auflösen von (6.24) nach x bzw. ct die Transformation $I' \to I$

$$x = \frac{x' + vt'}{\sqrt{1-v^2/c^2}}; \quad y = y'; \quad z = z'; \quad ct = \frac{ct' + \frac{v}{c}x'}{\sqrt{1-v^2/c^2}} \tag{6.25}$$

Die Lorentztransformation (6.24), (6.25) schließt die Galileitransformation als Grenzfall ein.

Im Grenzfall $v \ll c$ gehen $\beta \to 0$, $\beta c \to v$ und $\sqrt{1-\beta^2} \to 1$, sodass man für diesen Grenzfall die Galilei-Transformation erhält

$$x' = x - vt\,; \quad y' = y\,; \quad z' = z\,; \quad t' = t$$

Führt man die Lorentz-Transformationsmatrix $\boldsymbol{L}$

$$\boldsymbol{L} = \begin{pmatrix} \frac{1}{\sqrt{1-\beta^2}} & \frac{-\beta}{\sqrt{1-\beta^2}} & 0 & 0 \\ \frac{-\beta}{\sqrt{1-\beta^2}} & \frac{1}{\sqrt{1-\beta^2}} & 0 & 0 \\ 0 & 0 & 1 & 0 \\ 0 & 0 & 0 & 1 \end{pmatrix} = \begin{pmatrix} L^0_0 & L^0_1 & L^0_2 & L^0_3 \\ L^1_0 & L^1_1 & L^1_2 & L^1_3 \\ L^2_0 & L^2_1 & L^2_2 & L^2_3 \\ L^3_0 & L^3_1 & L^3_2 & L^3_3 \end{pmatrix} \tag{6.26}$$

ein und ergänzt die drei räumlichen Koordinaten x^1, x^2, x^3 durch die Zeitkoordinate $x^0 = ct$ zu einem Vierervektor für das System I

$$\{x^\alpha\} = \{x^0, x^1, x^2, x^3\} \equiv \{ct, x, y, z\}\,; \quad \alpha = 0, 1, 2, 3 \tag{6.27}$$

und entsprechend für das System I'

$$\{x'^\mu\} = \{x'^0, x'^1, x'^2, x'^3\} \equiv \{ct', x', y', z'\}\,; \quad \mu = 0, 1, 2, 3 \tag{6.28}$$

so lässt sich die Transformation (6.21) von $I \to I'$ als Produkt der Transformationsmatrix mit dem Vierervektor schreiben.

$$x'^\mu = L^\mu_\alpha x^\alpha \tag{6.29}$$

Es ist zu beachten, dass die oberen Indizes der Vierervektoren nicht mit Potenzen verwechselt werden dürfen. Griechische Indizes werden verwendet, wenn diese die Werte 0, 1, 2, 3 durchlaufen. Die Zeitkoordinate wird mit der Lichtgeschwindigkeit c multipliziert, sodass ct ebenso wie x, y, z die Dimension einer Länge hat.

Bei dieser Schreibweise wurde die Einsteinsche Summenkonvention verwendet. Sie besagt, dass über den doppelt vorkommenden Index (hier α, er muss einmal oben und einmal unten auftreten) summiert wird.

Gleichung (6.29) schreibt sich explizit für die transformierten Größen x'^0, x'^1, x'^2 und x'^3.

$$\begin{aligned} x'^0 &= L^0_0 x^0 + L^0_1 x^1 + L^0_2 x^2 + L^0_3 x^3 \\ x'^1 &= L^1_0 x^0 + L^1_1 x^1 + L^1_2 x^2 + L^1_3 x^3 \\ x'^2 &= L^2_0 x^0 + L^2_1 x^1 + L^2_2 x^2 + L^2_3 x^3 \\ x'^3 &= L^3_0 x^0 + L^3_1 x^1 + L^3_2 x^2 + L^3_3 x^3 \end{aligned}$$

Im Spezialfall, der die einfache Lorentztransformation (6.21) beschreibt, sind die Elemente von (6.26) L^0_2, L^0_3, L^1_2, L^1_3, L^2_0, L^2_1, L^2_3, L^3_0, L^3_1 und $L^3_2 = 0$ sowie L^2_2 und $L^3_3 = 1$.

Damit wird die Transformation $I \to I'$

$$\begin{aligned} x'^0 &= \frac{1}{\sqrt{1-\beta^2}}x^0 - \frac{\beta}{\sqrt{1-\beta^2}}x^1 ; \quad x'^2 = x^2 \\ x'^1 &= -\frac{\beta}{\sqrt{1-\beta^2}}x^0 + \frac{1}{\sqrt{1-\beta^2}}x^1 ; \quad x'^3 = x^3 \end{aligned} \tag{6.30}$$

Die Transformation (6.30) entspricht den Transformationsgleichungen (6.21), wobei ct, x, y, z durch x^0, x^1, x^2, x^3 ersetzt wurden.

6.2.2 Lorentztransformation im allgemeinen Fall

Im Hinblick auf die Allgemeine Relativitätstheorie soll nun noch die allgemeinste Form der Lorentztransformation angegeben werden. In ihr wird berücksichtigt, dass sich das System I' mit einer konstanten Relativgeschwindigkeit gegenüber I bewegt, und die Achsenrichtungen beider Systeme gegeneinander gedreht sein können.

Die allgemeinste Lorentztransformation hat die Form:

$$\Lambda^\alpha_\delta = L^\alpha_\mu D^\mu_\delta \tag{6.31}$$

oder in Matrixform $\boldsymbol{\Lambda} = \boldsymbol{LD}$

$\boldsymbol{\Lambda}$ ist eine 4×4 Matrix und das Produkt aus:

- der 4×4 Transformationsmatrix $\boldsymbol{L}$, die den Übergang zu einem mit einer beliebigen konstanten Geschwindigkeit $\boldsymbol{v} = (v_1, v_2, v_3)$ bewegten Inertialsystem beschreibt. Die Achsenausrichtungen beider Systeme stimmen überein.
- der 4×4 Drehmatrix $\boldsymbol{D}$, die die Drehung der Koordinatenachsen von I in die Richtung der Koordinatenachsen von I' bewerkstelligt.

Insgesamt stehen damit zur Charakterisierung der Lorentztransformation die drei Geschwindigkeitskomponenten der Relativbewegung und die drei Winkel der Drehung, also sechs Parameter zur Verfügung.

Mit den Abkürzungen

$$\beta_i = \frac{v_i}{c}, \quad \beta^2 = \frac{v^2}{c^2}, \quad \gamma = \frac{1}{\sqrt{1-\beta^2}} \quad \text{und}$$

$$\delta_{ij} = 1 \quad \text{für } i = j \text{ bzw. } \delta_{ij} = 0 \text{ für } i \neq j.$$

haben die Elemente der Transformationsmatrix für den Übergang zum bewegten System die Form

$$L^\alpha_\beta = \left[\begin{array}{ll} L^i_j = \delta_{ij} + \frac{\beta_i \cdot \beta_j}{\beta^2}(\gamma - 1) & \text{für } i, j = 1, 2, 3 \\ L^i_0 = L^0_i = \gamma\beta_i & \text{für } i = 1, 2, 3 \\ L^0_0 = \gamma & \end{array} \right. \tag{6.32}$$

oder als Matrix

$$\boldsymbol{L} = \begin{pmatrix} \gamma & \gamma\beta_1 & \gamma\beta_2 & \gamma\beta_3 \\ \gamma\beta_1 & 1+\frac{\beta_1\cdot\beta_1}{\beta^2}(\gamma-1) & \frac{\beta_1\cdot\beta_2}{\beta^2}(\gamma-1) & \frac{\beta_1\cdot\beta_3}{\beta^2}(\gamma-1) \\ \gamma\beta_2 & \frac{\beta_1\cdot\beta_2}{\beta^2}(\gamma-1) & 1+\frac{\beta_2\cdot\beta_2}{\beta^2}(\gamma-1) & \frac{\beta_2\cdot\beta_3}{\beta^2}(\gamma-1) \\ \gamma\beta_3 & \frac{\beta_1\cdot\beta_3}{\beta^2}(\gamma-1) & \frac{\beta_2\cdot\beta_3}{\beta^2}(\gamma-1) & 1+\frac{\beta_3\cdot\beta_3}{\beta^2}(\gamma-1) \end{pmatrix}$$

Die Achsendrehungen werden beschrieben durch:

$$D^\alpha_\beta = \left[\begin{array}{ll} D^i_j = 3\times 3 \text{ Drehmatrix} & \text{für } i,j = 1,2,3 \\ D^i_0 = D^0_i = 0 & \text{für } i = 1,2,3 \\ D^0_0 = 1 & \end{array}\right. \tag{6.33}$$

oder als Matrix

$$\boldsymbol{D} = \begin{pmatrix} 1 & 0 & 0 & 0 \\ 0 & D^1_1 & D^1_2 & D^1_3 \\ 0 & D^2_1 & D^2_2 & D^2_3 \\ 0 & D^3_1 & D^3_2 & D^3_3 \end{pmatrix}$$

Der in Abschnitt 6.2.1 behandelte Spezialfall entspricht $D^i_j = \delta_{i\,j}$ und $\boldsymbol{v} = (v, 0, 0)$.

Im allgemeinen Fall ergibt sich der Übergang zu den Koordinaten $\{x'^\mu\}$ in I' durch die Lorentztransformation Λ^μ_α

$$x'^\mu = \Lambda^\mu_\alpha x^\alpha \equiv \Lambda^\mu_0 x^0 + \Lambda^\mu_1 x^1 + \Lambda^\mu_2 x^2 + \Lambda^\mu_3 x^3 \tag{6.34}$$

Auch hier wurde wieder die Summenkonvention verwendet. Die Bedingung für die Lorentztransformation (6.9) schreibt sich dann:

$$-(x^0)^2 + (x^1)^2 + (x^2)^2 + (x^3)^2 = -(x'^0)^2 + (x'^1)^2 + (x'^2)^2 + (x'^3)^2 \tag{6.35}$$

Führt man $\eta_{\alpha\beta}$ ein, mit

$$\eta_{\alpha\beta} = \left[\begin{array}{ll} 0 & \text{für } \alpha \neq \beta \\ +1 & \text{für } \alpha,\beta = 1,2,3 \\ -1 & \text{für } \alpha,\beta = 0 \end{array}\right. \tag{6.36}$$

oder in Matrixschreibweise:

$$\boldsymbol{\eta} = \begin{pmatrix} -1 & 0 & 0 & 0 \\ 0 & 1 & 0 & 0 \\ 0 & 0 & 1 & 0 \\ 0 & 0 & 0 & 1 \end{pmatrix} \tag{6.37}$$

so kann man die Bedingung für die Lorentztransformation (6.35) kompakt schreiben:

$$x'^\mu \eta_{\mu\nu} x'^\nu = x^\alpha \eta_{\alpha\delta} x^\delta \tag{6.38}$$

Entsprechend der Summenkonvention wird über alle vier griechischen Indizes α, δ, μ, ν summiert. Die Summe läuft jeweils von 0 bis 3.

Auch das invariante Zeitdifferential $d\tau^2$ kann in dieser Form geschrieben werden:

$$\begin{aligned} c^2 d\tau^2 &= c^2 dt^2 - (dx^1)^2 - (dx^2)^2 - (dx^3)^2 \\ &= -dx^\alpha \eta_{\alpha\delta} dx^\delta = -dx'^\mu \eta_{\mu\nu} dx'^\nu \end{aligned} \tag{6.39}$$

Durch Einsetzen von (6.34) in die Invarianzbedingung (6.38) erhält man die allgemeine Bedingung, die jede Lorentztransformation erfüllen muss:

$$\Lambda^\alpha_\gamma \eta_{\alpha\beta} \Lambda^\beta_\delta = \eta_{\gamma\delta} \quad \text{oder in Matrixform} \quad \boldsymbol{\eta} = \boldsymbol{\Lambda}^T \boldsymbol{\eta} \boldsymbol{\Lambda} \tag{6.40}$$

Geht man zu den Determinanten über, so wird

$$\|\boldsymbol{\eta}\| = \|\boldsymbol{\Lambda}^T\| \cdot \|\boldsymbol{\eta}\| \cdot \|\boldsymbol{\Lambda}\| \tag{6.41}$$

Dabei ist $\boldsymbol{\Lambda}^T$ die transponierte Matrix. Sie entsteht aus $\boldsymbol{\Lambda}$, indem man Zeilen und Spalten vertauscht.

Aus (6.41) ergibt sich

$$\|\boldsymbol{\Lambda}\|^2 = 1 \quad \text{bzw.} \quad \|\boldsymbol{\Lambda}\| = \pm 1 \tag{6.42}$$

Abgesehen von den Sonderfällen nicht kontinuierlicher (diskreter) Transformationen gilt für die eigentliche Lorentztransformation:

$$\Lambda^0_0 \geq 1 \quad \text{und} \quad \|\boldsymbol{\Lambda}\| = +1 \tag{6.43}$$

6.2.3 Gruppeneigenschaft der Lorentztransformation

Unter einer Gruppe versteht man in der Mathematik eine Menge von Objekten zusammen mit einer Verknüpfung. Die Verknüpfung muss bestimmten Regeln (den Gruppenaxiomen) genügen:

- Die Gruppe ist abgeschlossen, d. h. die Verknüpfung (sie wird hier mit $\times$ bezeichnet) zweier Elemente der Gruppe ergibt wiederum ein Element der Gruppe.
- Es gibt ein neutrales Element e in der Gruppe, das bezüglich der Verknüpfung nichts bewirkt.
- Zu jedem Element a gibt es ein inverses Element a^{-1}, mit der Eigenschaft $a \times a^{-1} = e$.
- Die Verknüpfungen sind assoziativ: $(a \times b) \times c = a \times (b \times c)$

Die definierende Bedingung (6.40) für Lorentztransformationen gilt auch für zwei hintereinander ausgeführte Transformationen sowie für die inverse Transformation. Daraus folgt: Lorentztransformationen bilden eine mathematische Gruppe. Dies zeigt man wie folgt:

Für zwei Lorentztransformationen $\boldsymbol{\Lambda}_1$ und $\boldsymbol{\Lambda}_2$ gilt ihre definierende Eigenschaft (6.40)

$$\boldsymbol{\eta} = \boldsymbol{\Lambda}_1^T \boldsymbol{\eta} \boldsymbol{\Lambda}_1 \quad \text{und} \quad \boldsymbol{\eta} = \boldsymbol{\Lambda}_2^T \boldsymbol{\eta} \boldsymbol{\Lambda}_2 \tag{6.44}$$

Es ist zu beweisen, dass auch für $\Lambda_3 = \Lambda_1\Lambda_2$ die Eigenschaft (6.40), also $\eta = \Lambda_3^T\eta\Lambda_3$ gilt. Dazu multipliziert man Gleichung (6.44) für Λ_1 von links mit Λ_2^T und von rechts mit Λ_2.

$$\Lambda_2^T\eta\Lambda_2 = \Lambda_2^T\Lambda_1^T\eta\Lambda_1\Lambda_2$$

Mit $\Lambda_2^T\Lambda_1^T = (\Lambda_1\Lambda_2)^T$ und $\eta = \Lambda_2^T\eta\Lambda_2$ nach (6.44) wird $\eta = (\Lambda_1\Lambda_2)^T\eta\Lambda_1\Lambda_2$ oder $\eta = \Lambda_3^T\eta\Lambda_3$.

Damit erfüllt auch Λ_3 die Definition einer Lorentztransformation und zwei hintereinander ausgeführte Lorentztransformationen ergeben wieder eine Lorentztransformation.

6.3 Folgerungen aus der Lorentztransformation

Aus der Lorentztransformation ergeben sich wegen der modifizierten Raum-Zeit-Struktur Konsequenzen bei der Messung von Längen, Zeitintervallen und Geschwindigkeiten.

Dabei spielt es jetzt eine Rolle, ob sich der Längenmaßstab oder die Uhr in dem System I, in dem der Beobachter ruht, befinden oder ob sich diese gegenüber dem Beobachter mit der Geschwindigkeit $\boldsymbol{v}$ bewegen. Bei den Geschwindigkeiten geht es darum, wie sich zwei Geschwindigkeiten addieren.

Manchmal werden diese Konsequenzen paradox genannt. Es muss aber betont werden, dass sie zwar nicht der eingeprägten Anschauung entsprechen, aber vollkommen logisch aus der Lorentztransformation folgen.

6.3.1 Längenmessung – Lorentzkontraktion

Das Inertialsystem I' bewegt sich gegenüber I mit der Geschwindigkeit v in x-Richtung. Von I aus wird die Länge eines Maßstabs gemessen, der in I' auf der x'-Achse ruht. Die Endpunkte des Maßstabs haben in I' die Koordinaten x_1' und x_2'. Seine Koordinaten in I ergeben sich aus denen in I' durch die Lorentztransformation (6.25)

$$\begin{aligned} x_1 &= \frac{x_1' + v\,t_1'}{\sqrt{1 - v^2/c^2}}; \quad x_2 = \frac{x_2' + v\,t_2'}{\sqrt{1 - v^2/c^2}} \\ ct_1 &= \frac{ct_1' + \frac{v}{c}\,x_1'}{\sqrt{1 - v^2/c^2}}; \quad ct_2 = \frac{ct_2' + \frac{v}{c}\,x_2'}{\sqrt{1 - v^2/c^2}} \end{aligned} \tag{6.45}$$

Die von I aus gemessene Länge des in I' ruhenden Maßstabes ist

$$x_2 - x_1 = \frac{(x_2' - x_1') + v\,(t_2' - t_1')}{\sqrt{1 - v^2/c^2}} \tag{6.46}$$

Da die Messung von I aus erfolgt, werden die Endpunkte des Maßstabs zeitgleich in I abgelesen. Es ist also $t_1 = t_2$. Damit erhält man aus (6.45)

$$ct'_2 + \frac{v}{c}x'_2 = ct'_1 + \frac{v}{c}x'_1 \quad \text{oder} \quad t'_2 - t'_1 = -\frac{v}{c^2}(x'_2 - x'_1)$$

Einsetzen in (6.46) ergibt

$$\begin{aligned} x_2 - x_1 &= \frac{(x'_2 - x'_1) - \frac{v^2}{c^2}(x'_2 - x'_1)}{\sqrt{1 - v^2/c^2}} \\ &= \sqrt{1 - v^2/c^2}(x'_2 - x'_1) \end{aligned} \tag{6.47}$$

Die Länge des Maßstabs in I ist $l = x_2 - x_1$ und die in I' ist $l' = x'_2 - x'_1$. Damit wird die in I gemessene Länge

$$l = l'\sqrt{1 - v^2/c^2} \tag{6.48}$$

Die Länge des bewegten Maßstabes erscheint vom System des Beobachters aus gemessen um den Faktor $\sqrt{1 - v^2/c^2} < 1$ verkürzt.

Dieses Phänomen nennt man Lorentzkontraktion.

6.3.2 Zeitmessung – Zeitdilatation

Im bewegten System I' befinde sich eine Uhr immer am selben Ort $x'_2 = x'_1$. In diesem System werden das Zeit- und Ortsintervall abgelesen:

$$\Delta t' = t'_2 - t'_1 \quad \text{und} \quad \Delta x' = x'_2 - x'_1 = 0 \tag{6.49}$$

Wird die Uhr vom Ruhesystem I des Beobachters aus abgelesen, so gilt entsprechend (6.25)

$$\begin{aligned} t_2 - t_1 &= \Delta t = \frac{t'_2 - t'_1}{\sqrt{1 - v^2/c^2}} = \frac{\Delta t'}{\sqrt{1 - v^2/c^2}} \\ x_2 - x_1 &= \frac{v(t'_2 - t'_1)}{\sqrt{1 - v^2/c^2}} = \frac{v\Delta t'}{\sqrt{1 - v^2/c^2}} = v\Delta t \end{aligned} \tag{6.50}$$

Die Zeitintervalle in beiden Systemen unterscheiden sich um den Faktor $\sqrt{1 - v^2/c^2}$. Und zwar erscheint im Ruhesystem I des Beobachters das Zeitintervall Δt gegenüber dem Zeitintervall $\Delta t'$ im Eigensystem der Uhr um den Faktor $1/\sqrt{1 - v^2/c^2} > 1$ gedehnt.

Dieses Phänomen nennt man Zeitdilatation.

Solange $v^2/c^2 \ll 1$, ist dieser Effekt fast unmessbar klein.

Wenn sich jedoch die Geschwindigkeit v der Lichtgeschwindigkeit c nähert, macht sich dieser Effekt bemerkbar. Derartige Geschwindigkeiten treten bei der komischen Strahlung in der oberen Atmosphäre auf. In ca. 10 km Höhe werden durch die kosmische Strahlung Myonen erzeugt. Sie sind mit einer Lebensdauer von $\tau \approx 2\mu s$ in ihrem Eigensystem äußerst kurzlebig und haben eine Geschwindigkeit, die in der Nähe der Lichtgeschwindigkeit liegt. In Experimenten wurden Myonen mit einer Geschwindigkeit von $v \approx 0{,}9994c$ gefiltert. Für sie ergibt sich ein Zeitdilatationsfaktor von $1/\sqrt{1-v^2/c^2} \approx 30$. Damit beobachtet man von der Erde aus eine Lebensdauer des Myons, die um den Faktor 30 länger ist: $\Delta t = \frac{\Delta t'}{\sqrt{1-v^2/c^2}} \approx 30\tau$. In dieser Zeit legt das Myon nach (6.50) eine Strecke von $v\Delta t = 30v\tau \approx 18$ km zurück. Würde es keine Zeitdilatation geben, so hätte das Myon nur eine Strecke von $v\tau \approx 600$ m zurückgelegt und man hätte sein Ankommen auf der Erdoberfläche nicht beobachten können.

6.3.3 Das Additionstheorem der Geschwindigkeiten

Nach der Galileitransformation addieren sich Geschwindigkeiten wie Vektoren. Das könnte dazu führen, dass bei der Addition zweier gleichgerichteter Geschwindigkeiten mit den Beträgen von z. B. jeweils $0{,}8c$ sich eine resultierende Geschwindigkeit von $1{,}6c$ ergeben würde. Dies ist jedoch nie beobachtet worden.

Es wurde schon gezeigt, dass die Lorentztransformationen eine mathematische Gruppe bilden. Diese Eigenschaft wurde erstmalig von dem Mathematiker Jules Henri Poincarè (1854–1912) bewiesen. Das bedeutet u. a.: Führt man zwei Lorentztransformationen hintereinander aus, so lässt sich das Resultat auch durch eine einzige Lorentztransformation bewirken. Diese Eigenschaft zeigt die tiefe Geschlossenheit der hinter der Oberfläche physikalischer Phänomene liegenden Hintergrundstruktur von Raum und Zeit.

Zur Ableitung des Additionstheorems führt man zwei Lorentztransformationen hintereinander aus, also zunächst von I nach I' und danach die zweite von I' nach I''. Da die Lorentztransformationen eine Gruppe bilden, muss das Ergebnis mit der direkten Transformation von I nach I'' übereinstimmen. Wir beschränken uns auf den Spezialfall, dass sich die Systeme gegeneinander in x-Richtung bewegen.

Transformation $I \to I'$, Relativgeschwindigkeit zu I ist v', $\beta' = v'/c$

$$x = \frac{x' + \beta' c t'}{\sqrt{1-\beta'^2}}, \quad ct = \frac{ct' + \beta' x'}{\sqrt{1-\beta'^2}} \tag{6.51}$$

Transformation $I' \to I''$, Relativgeschwindigkeit zu I' ist v'', $\beta'' = v''/c$

$$x' = \frac{x'' + \beta'' c t''}{\sqrt{1-\beta''^2}}, \quad ct' = \frac{ct'' + \beta'' x''}{\sqrt{1-\beta''^2}} \tag{6.52}$$

Einsetzen von (6.52) in (6.51) ergibt

$$x = \frac{(1+\beta'\beta'')x'' + (\beta' + \beta'')c\,t''}{\sqrt{1-\beta'^2}\cdot\sqrt{1-\beta''^2}}, \quad ct = \frac{(1+\beta'\beta'')ct'' + (\beta' + \beta'')x''}{\sqrt{1-\beta'^2}\cdot\sqrt{1-\beta''^2}} \tag{6.53}$$

Transformation $I \rightarrow I''$, Relativgeschwindigkeit zu I ist v, $\beta = v/c$

$$x = \frac{x'' + \beta c t''}{\sqrt{1-\beta^2}}, \quad ct = \frac{ct'' + \beta x''}{\sqrt{1-\beta^2}} \tag{6.54}$$

Da die Lorentztransformationen eine Gruppe bilden, muss die Transformation $I \rightarrow I' \rightarrow I''$ (6.53) mit der Transformation $I \rightarrow I''$ (6.54) überstimmen.

Vergleich von x, Koeffizienten von ct''

$$\frac{\beta' + \beta''}{\sqrt{1-\beta'^2}\cdot\sqrt{1-\beta''^2}} = \frac{\beta}{\sqrt{1-\beta^2}} \tag{6.55}$$

Vergleich von ct, Koeffizienten von ct''

$$\frac{1 + \beta'\beta''}{\sqrt{1-\beta'^2}\cdot\sqrt{1-\beta''^2}} = \frac{1}{\sqrt{1-\beta^2}} \tag{6.56}$$

Multiplikation von (6.55) mit dem Kehrwert von (6.56) ergibt

$$\beta = \frac{\beta' + \beta''}{1 + \beta'\beta''} \tag{6.57}$$

Nach dem Einsetzen der Definitionen von β, β' und β'' erhält man das *Additionstheorem der Geschwindigkeiten*

$$v = \frac{v' + v''}{1 + \frac{v'}{c}\cdot\frac{v''}{c}} \tag{6.58}$$

Diskussion des Additionstheorems der Geschwindigkeiten

Für kleine Geschwindigkeiten (v', $v'' \ll c$), wird der Nenner von (6.58) annähernd = 1, sodass sich v aus v' und v'' wie bei der Galileitransformation ergibt. Diese gilt also asymptotisch für kleine Geschwindigkeiten, sodass das Inklusionsprinzip erfüllt ist.

Nähern sich dagegen v' oder v'' der Lichtgeschwindigkeit c, so kommt der Nenner von (6.58) zum Tragen. In der folgenden Abbildung ist v über v' für verschiedene Werte von v'' dargestellt.

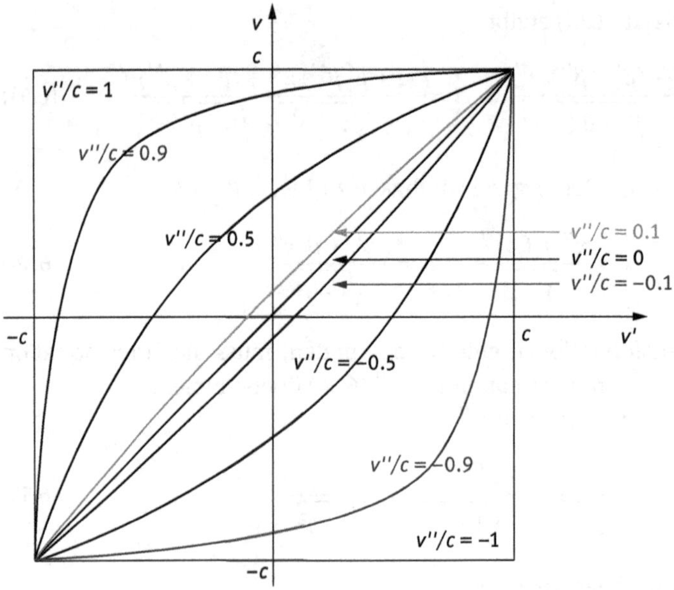

Abb. 6.7. Zusammensetzung von v aus v' und v'' nach dem Additionstheorem der Geschwindigkeiten.

Man sieht, dass die Lichtgeschwindigkeit eine asymptotische Geschwindigkeit ist, der sich bei der Addition die resultierende Geschwindigkeit nähert, sie aber nie überschreiten kann. Dieser Sachverhalt wird in den großen Teilchenbeschleunigern immer wieder bestätigt. Die Teilchen sollen durch Zuführen von Energie auf immer größere Geschwindigkeiten gebracht werden. Dies wird jedoch immer schwieriger je näher man der Lichtgeschwindigkeit kommt. Die Lichtgeschwindigkeit kann nicht überschritten werden.

Am Schluss eine Bemerkung für Philosophen:

Dieses Ergebnis widerspricht diametral der Grundidee von Kants Kritik der reinen Vernunft. Darin legt er dar, dass die Raum-Zeit-Anschauung apriorisch im transzendentalen Subjekt verankert ist. Hätte Kant die Aussagen der Relativitätstheorie schon gekannt und auch akzeptiert, so hätte er seine Erkenntnistheorie grundlegend ändern müssen.

6.4 Die Kovarianz der Naturgesetze

Die Lorentztransformation war eine notwendige Folge
- aus der Erkenntnis, dass die Lichtgeschwindigkeit eine Naturkonstante ist, und
- aus der Forderung, dass alle Inertialsysteme gleichberechtigt sind.

Die Struktur der Raum-Zeit, soweit sie den Zusammenhang zwischen Inertialsystemen betrifft, konnte daraufhin aufgeklärt werden.

In einem nächsten Schritt mussten die Naturgesetze noch so formuliert (bzw. wenn nötig modifiziert) werden, dass explizit ihre Kovarianz für jedes Inertialsystem zum Ausdruck kommt. Das bedeutet: In jedem Inertialsystem müssen die Naturgesetze dieselbe Form annehmen, wodurch erst die Gleichberechtigung aller Inertialsysteme manifest wird.

6.4.1 Allgemeine Vorgehensweise

Einstein hat den Weg zur Lösung dieser Aufgabe aufgezeigt. Hierbei sind folgende Aussagen zu beachten:

- Ist v die Relativgeschwindigkeit zwischen den Koordinatensystemen I und I' und stimmen die Richtungen der Achsen beider Systeme überein, so ergeben sich die Koordinaten $\{x'^0 = ct', x'^1, x'^2, x'^3\}$ in I' durch eine lineare Transformation (siehe Ansatz (6.10)) aus den Koordinaten $\{x^0 = \mathrm{ct}, x^1, x^2, x^3\}$ in I. Die Transformationskoeffizienten sind Funktionen nur der Relativgeschwindigkeit v zwischen I und I', nicht aber der Koordinaten.
  Es wird noch einmal darauf hingewiesen, dass die oberen Indizes nicht mit Potenzen verwechselt werden dürfen.
- Ist das Koordinatensystem K' gegenüber I gedreht, so sind auch die neuen Raumkoordinaten x'^1, x'^2, x'^3 Linearkombinationen der alten Raumkoordinaten. Hierbei sind die Koeffizienten Funktionen der Drehwinkel.
- Die 16 (4×4) Produkte $\{x'^\nu x'^\mu\}$ $\nu, \mu = 0, 1, 2, 3$ von Vierervektoren in I' sind Linearkombinationen der entsprechenden Produkte $\{x^\alpha x^\delta\}$, $\alpha, \delta = 0, 1, 2, 3$ der Vierervektoren in I.

Diese Aussagen beziehen sich nicht nur auf die Komponenten des Raum-Zeit-Vierervektors, sondern sie gelten auch für andere Vierervektoren. Für den Nachweis der Kovarianz der Naturgesetze erweist es sich als notwendig, die aus der klassischen Physik bekannten

- Vektoren (im dreidimensionalen Raum) durch eine vierte Komponente so zu ergänzen, dass sie sich beim Übergang $I \to I'$ genau so wie die Koordinaten $\{x^\nu\} \to \{x'^\nu\}$ $\nu = 0, 1, 2, 3$ linear transformieren. So kommt man zur Vierergeschwindigkeit, Viererkraft und zum Viererimpuls.
- Tensoren (im dreidimensionalen Raum) so zu einem 4×4 Tensor $\{T^{\nu\mu}\}$, $\nu, \mu = 0, 1, 2, 3$ zu ergänzen, dass sie sich beim Übergang $I \to I'$ genau so wie die Produkte $\{x^\nu x^\mu\}$ $\nu, \mu = 0, 1, 2, 3$ transformieren.

Der wesentliche Schritt zur Formulierung der Naturgesetze in kovarianter Form besteht darin, die grundlegenden physikalischen Größen des entsprechenden Teilgebiets (z. B. der Mechanik oder Elektrodynamik) zu Vierervektoren $\{V^\mu\}$, $\{U^\mu\}$ $\mu = 0$, 1, 2, 3, bzw. zu Vierertensoren $\{T^{\nu\mu}\}$, $\{S^{\nu\mu}\}$ ν, $\mu = 0$, 1, 2, 3 zusammenzufassen und dann nachzuweisen, dass sie sich wirklich unter Lorentztransformationen wie verlangt transformieren.

Wenn sich dann die Naturgesetze in der Form

$$V^\mu = U^\mu\,, \quad \mu = 0,1,2,3 \quad \text{bzw.} \quad T^{\nu\mu} = S^{\nu\mu}\,, \quad \nu,\mu = 0,1,2,3 \tag{6.59}$$

schreiben lassen, dann transformieren sich beim Übergang $I \to I'$ die Vierer- Vektoren bzw. Tensoren auf beiden Seiten der Gleichung in derselben Weise und man erhält für I'

$$V'^\mu = U'^\mu\,, \quad \mu = 0,1,2,3 \quad \text{bzw.} \quad T'^{\nu\mu} = S'^{\nu\mu}\,, \quad \nu,\mu = 0,1,2,3 \tag{6.60}$$

Das heißt: Die Gleichungen haben in jedem Inertialsystem dieselbe Form.

Damit besteht als nächstes die Aufgabe darin, die Vierer- Vektoren bzw. Tensoren in den Gleichungen der Naturgesetze zu identifizieren.

6.4.2 Die kovarianten Bewegungsgleichungen der Mechanik

Die Grundgleichungen der Newtonschen Mechanik sind – wie schon in Kapitel 3 gezeigt wurde – kovariant gegenüber der Galileitransformation. Für die Kovarianz gegenüber der Lorentztransformation müssen sie allerdings modifiziert werden.

Zur Wiederholung:

In der klassischen Mechanik ist die Zeit t absolut und in den Bewegungsgleichungen treten Dreiervektoren auf, nämlich

Die räumlichen Koordinaten	$\boldsymbol{x} = (x^1, x^2, x^3)$	(6.61)
Die Geschwindigkeit	$\boldsymbol{v} = (v^1, v^2, v^3)$	(6.62)
Der Impuls	$\boldsymbol{p} = (p^1, p^2, p^3)$	(6.63)
Die Kraft	$\boldsymbol{F} = (F^1, F^2, F^3)$	(6.64)

Zwischen Kraft und Impuls gibt es das Galilei-kovariante Newtonsche Grundgesetz

$$\frac{d\boldsymbol{p}}{dt} = \boldsymbol{F} \quad \text{oder} \quad \frac{dp^i}{dt} = F^i \quad i = 1,2,3 \tag{6.65}$$

Weiterhin gibt es den Energiesatz (Zur Änderung der Energie muss Arbeit geleistet werden)

$$\frac{dE}{dt} = \boldsymbol{F}\cdot\boldsymbol{v} = F^1v^1 + F^2v^2 + F^3v^3 \tag{6.66}$$

Für die lorentz-kovariante Modifikation der Newtonschen Mechanik legte Einstein als erstes den Vierervektor der Zeit- und Raum-Koordinaten fest

$$\boldsymbol{x} = \{x^0, x^1, x^2, x^3\} = \{ct, x^1, x^2, x^3\} \tag{6.67}$$

Er transformiert sich beim Übergang zwischen den Inertialsystemen gemäß der Lorentztransformation, wobei die Zeitkoordinate $x^0 = ct$ mit-transformiert wird. Dabei bleibt entsprechend (6.9) der Ausdruck

$$-(x^0)^2 + (x^1)^2 + (x^2)^2 + (x^3)^2 = -(x'^0)^2 + (x'^1)^2 + (x'^2)^2 + (x'^3)^2$$

oder in kompakter Schreibweise

$$x^\alpha \eta_{\alpha\beta} x^\beta = x'^\mu \eta_{\mu\nu} x'^\nu \tag{6.68}$$

invariant. Dies war die Grundbedingung zur Ableitung der Lorentztransformation. Die Invarianz gilt natürlich auch für die differentiellen Größen $dx^0 = cdt$, dx^1, dx^2 und dx^3, also für

$$\begin{aligned}(cd\tau)^2 &= (dx^0)^2 - (dx^1)^2 - (dx^2)^2 - (dx^3)^2 \\ &= (cd\tau')^2 = (dx'^0)^2 - (dx'^1)^2 - (dx'^2)^2 - (dx'^3)^2\end{aligned} \tag{6.69}$$

Dabei ist $d\tau$ das invariante Zeit-Differential, auch Eigenzeit-Differential genannt. Es ist zugleich dasjenige infinitesimal kleine Zeitintervall, das in dem System gemessen wird, in dem der Massenpunkt ruht. In einem System, das sich gegenüber dem Massenpunkt mit der Geschwindigkeit $\boldsymbol{v} = \left(\frac{dx^1}{dt}, \frac{dx^2}{dt}, \frac{dx^3}{dt}\right)$ bewegt, nimmt $d\tau$ die Form an

$$\begin{aligned}c^2 d\tau^2 &= c^2 dt^2 - \left[\left(\frac{dx^1}{dt}\right)^2 + \left(\frac{dx^2}{dt}\right)^2 + \left(\frac{dx^3}{dt}\right)^2\right] dt^2 \\ &= (c^2 - v^2)\, dt^2\end{aligned} \tag{6.70}$$

oder

$$d\tau = \sqrt{1 - v^2/c^2 dt} \equiv \sqrt{1 - \beta^2 dt} \tag{6.71}$$

Mithilfe der Differentiale $\{dx^0, dx^1, dx^2, dx^3\}$ und dem invarianten Zeitintervall $d\tau$ kann man die Vierergeschwindigkeit definieren

$$\boldsymbol{u} = (u^0, u^1, u^2, u^3) = \left(\frac{dx^0}{d\tau}, \frac{dx^1}{d\tau}, \frac{dx^2}{d\tau}, \frac{dx^3}{d\tau}\right) \tag{6.72}$$

Sie ist ein Vierervektor, da sich die Differentiale $\{dx^0, dx^1, dx^2, dx^3\}$ wie die Koordinaten $\{x^0, x^1, x^2, x^3\}$ transformieren und $d\tau$ eine Invariante ist.

Unter Verwendung von (6.71) kann man die Vierergeschwindigkeit auch in der Form

$$\begin{aligned}\boldsymbol{u} &= \left(\frac{1}{\sqrt{1-\beta^2}}\frac{dct}{dt}, \frac{1}{\sqrt{1-\beta^2}}\frac{dx^1}{dt}, \frac{1}{\sqrt{1-\beta^2}}\frac{dx^2}{dt}, \frac{1}{\sqrt{1-\beta^2}}\frac{dx^3}{dt}\right) \\ &= \left(\frac{c}{\sqrt{1-\beta^2}}, \frac{v^1}{\sqrt{1-\beta^2}}, \frac{v^2}{\sqrt{1-\beta^2}}, \frac{v^3}{\sqrt{1-\beta^2}}\right)\end{aligned} \tag{6.73}$$

schreiben.

Mit der Vierergeschwindigkeit lässt sich der Viererimpuls definieren:

$$\begin{aligned} \boldsymbol{p} = m_0\boldsymbol{u} &= \{p^0, p^1, p^2, p^3\} \\ &= \{m(v)c, m(v)v^1, m(v)v^2, m(v)v^3\} \end{aligned} \tag{6.74}$$

wobei mit

$$m(v) = \frac{m_0}{\sqrt{1-\beta^2}}; \quad \beta = \frac{v}{c} \tag{6.75}$$

eine geschwindigkeitsabhängige Masse definiert wurde.

Führt man nun noch die Viererkraft

$$\begin{aligned} \boldsymbol{K} &= \{K^0,\ K^1,\ K^2,\ K^3\} \\ &= \left(\frac{1}{c}\frac{\boldsymbol{v}\cdot\boldsymbol{F}}{\sqrt{1-\beta^2}}, \frac{F^1}{\sqrt{1-\beta^2}}, \frac{F^2}{\sqrt{1-\beta^2}}, \frac{F^3}{\sqrt{1-\beta^2}}\right) \end{aligned} \tag{6.76}$$

ein und postuliert, dass sie unter Lorentztransformationen wie ein Vierervektor transformiert werden soll, dann erhält man aus der Gleichung

$$\frac{d\boldsymbol{p}}{d\tau} = \boldsymbol{K} \tag{6.77}$$

- einerseits einen Satz von lorentzkovarianten Bewegungsgleichungen, da sich beide Seiten beim Übergang von I nach I' gemäß der Lorentztransformation transformieren
- andererseits erhält man aus (6.77) bei Aufteilung
  - in die drei räumlichen Komponenten

$$\frac{dp^i}{d\tau} = \frac{dp^i}{\sqrt{1-\beta^2}dt} = \frac{F^i}{\sqrt{1-\beta^2}} \quad \text{also} \quad \frac{dp^i}{dt} = F^i \tag{6.78}$$

  das alte Grundgesetz der Newtonschen Mechanik (6.65)
  - und die 0-Komponente den alten Energiesatz (6.66)

$$\frac{dp^0}{d\tau} = \frac{dp^0}{\sqrt{1-\beta^2}dt} = \frac{dm(v)\,c}{\sqrt{1-\beta^2}dt} = \frac{1}{c}\frac{\boldsymbol{v}\cdot\boldsymbol{F}}{\sqrt{1-\beta^2}} \quad \text{oder} \quad \frac{dE(v)}{dt} = \boldsymbol{v}\cdot\boldsymbol{F} \tag{6.79}$$

mit

$$E = m(v)\,c^2 = \frac{m_0c^2}{\sqrt{1-\beta^2}} = m_0c^2 + \frac{m_0}{2}v^2 + \frac{3}{8}m_0\frac{v^4}{c^2} + \dots \tag{6.80}$$

Beim Übergang zu der neuen Raum-Zeit-Struktur sind allerdings zwei Modifikationen notwendig geworden:

- Die im Impuls $\boldsymbol{p}$ steckende Masse ist entsprechend (6.75) geschwindigkeitsabhängig geworden. Eine beschleunigende Kraft bewirkt wie in der Newtonschen Mechanik eine Zunahme der Geschwindigkeit. Da aber für Geschwindigkeiten, die vergleichbar mit der Lichtgeschwindigkeit sind, die Masse (und damit der Trägheitswiderstand) stark anwächst und für $v \to c$ gegen ∞ strebt, muss bei zunehmender Geschwindigkeit immer mehr Energie in die Vergrößerung der Masse gesteckt werden, sodass der Geschwindigkeitszuwachs immer kleiner wird. Die relativistische Dynamik bestätigt also, dass die Lichtgeschwindigkeit nicht überschritten werden kann.
- Der Energiesatz (6.79), der nunmehr als vierte Komponente neben den Impulssatz (6.78) tritt, zeigt in der Darstellung (6.80) für die Energie mehrere Terme. Der zweite Term $\frac{m_0}{2}v^2$ ist die bekannte kinetische Energie. Ihr folgen weitere kleine geschwindigkeitsabhängige Korrekturterme. Der wichtigste Term, der in der Newtonschen Theorie völlig fehlt, ist die Ruheenergie $E = m_0 c^2$, also die Energie, die der Ruhemasse m_0 entspricht. Das Nebenprodukt (6.80) der relativistischen Modifikation der Newtonschen Mechanik enthält also eine der wichtigsten Formeln der modernen Physik.

6.4.3 Die kovariante Formulierung der Elektrodynamik

Das Schönste und Tiefste aber kommt zuletzt in diesem Kapitel.

Es gehört zu dem Besten an kühler Schönheit und Symmetrie, welches der menschliche Geist in der Lage ist, zu erfassen. Es gehört zu der geistigen Hintergrundstruktur des Universums, soweit diese sich in Naturgesetzen ausdrückt.

Es sollte daher zum Grundwissen von Theologen und Philosophen gehören, wenn sie über vorletzte und letzte Strukturen der Schöpfung bzw. des Universums reden.

Es gehört natürlich schon lange zum Wissen eines voll ausgebildeten Physikers.

Es gehört auch zum Wissen von einschlägigen Ingenieuren, die in tausenden und abertausenden von Anwendungen durch Hinzufügen geeigneter Rand- und Anfangsbedingungen die gesamte Breite elektrodynamischer Phänomene der Menschheit zur Verfügung stellen.

Es handelt sich, mit anderen Worten, um Folgendes:

Erst nachdem die Prinzipien der Speziellen Relativitätstheorie in ihrer vollen Tragweite erkannt wurden (und zwar zuerst durch Albert Einstein) wurde auf einmal schlagartig klar: Die Elektrodynamik ist schon, ohne dass man noch etwas an ihr ändern oder modifizieren müsste, kovariant unter Lorentztransformationen. Man muss dazu nur erkennen, welche Grundvariablen sich zu Vierervektoren bzw. Tensoren zusammenfassen lassen und wie sich daraufhin die Grundgleichungen der Elektrodynamik als Vektor- bzw. Tensor-Gleichungen formulieren lassen. Es ist keinesfalls selbstverständlich, dass dies möglich ist. Vielmehr drückt sich dadurch eine tiefgründige Symmetrie der Naturgesetzlichkeit aus, die ganz verschiedenartige Phänomene umfasst und ihre Hintergrundstruktur bildet.

6.4.3.1 Vereinbarungen und Schreibweise

Von Einstein wurde für die relativistische Formulierung der Gleichungen eine kompakte Schreibweise eingeführt. Nach einer Gewöhnung macht diese Schreibweise die Gleichungen übersichtlicher. Die wesentlichen Vereinbarungen sind:

- Griechische Indizes α, δ, μ, ν nehmen die Werte 0, 1, 2, 3 an.
- Die Indizes i, j, k laufen über die räumlichen Komponenten 1, 2, 3.
- Man unterscheidet zwischen kontravarianten (Index oben) und kovarianten (Index unten) Vektoren bzw. Tensoren.

  In der speziellen Relativitätstheorie ist der Übergang von der kontravarianten zur kovarianten Darstellung von Vektoren einfach: Sie unterscheiden sich nur im Vorzeichen der 0-Komponente.

  $$\{V^\nu\} = \{V^0, V^1, V^2, V^3\} \quad \text{kontravarianter Vektor}$$

  entsprechender kovarianter Vektor

  $$\{V_\nu\} = \{V_0, V_1, V_2, V_3\} = \{-V^0, V^1, V^2, V^3\}$$

  In der allgemeinen Relativitätstheorie ist der Übergang komplizierter.
- Einsteinsche Summenkonvention: Tritt in einem Ausdruck derselbe Index einmal oben, einmal unten auf, so wird automatisch über diesen Index summiert. Dabei findet eine sogenannte Verjüngung statt. Es entsteht das Transformationsverhalten einer Invarianten bezüglich dieses summierten Index.

Das Kovarianzverhalten einer Gleichung erkennt man daran, dass auf beiden Seiten derselbe freie (kovariante bzw. kontravariante) Index auftritt, der dann die Werte 0, 1, 2, 3 annehmen kann. Die Schreibweise erzeugt die Kompaktheit, die notwendig ist, um das Kovarianzverhalten hervortreten zu lassen.

6.4.3.2 Vierervektoren und Tensoren der Elektrodynamik

Es werden folgende Variable eingeführt

- Kontravariante Raum-Zeit-Koordinaten

$$\{x^\nu\} = \{x^0 = ct, x^1, x^2, x^3\} \tag{6.81}$$

- Kovariante Raum-Zeit-Koordinaten

$$\{x_\nu\} = \{x_0, x_1, x_2, x_3\} = \{-x^0, x^1, x^2, x^3\} \tag{6.82}$$

- Raum-Zeit-Invariante

$$x^\nu x_\nu = -(x_0)^2 + (x_1)^2 + (x_2)^2 + (x_3)^2 \tag{6.83}$$

- Kontravariante Differentiale

$$\{dx^\nu\} = \{dx^0, dx^1, dx^2, dx^3\} \tag{6.84}$$

- Kovariante Differentiale

$$\{dx_\nu\} = \{dx_0, dx_1, dx_2, dx_3\} = \{-dx^0, dx^1, dx^2, dx^3\} \tag{6.85}$$

- Invariantes Eigenzeit-Differential $d\tau$

$$c^2 d\tau^2 = -[-(dx_0)^2 + (dx_1)^2 + (dx_2)^2 + (dx_3)^2] \tag{6.86}$$

- Kovariante Ableitung nach den Variablen

$$\{\partial_\nu\} = \left\{\frac{\partial}{\partial x^0}, \frac{\partial}{\partial x^1}, \frac{\partial}{\partial x^2}, \frac{\partial}{\partial x^3}\right\} = \left\{\frac{1}{c}\frac{\partial}{\partial t}, \nabla\right\} \tag{6.87}$$

- kontravariante Vierergeschwindigkeit

$$\{u^\nu\} = \left\{\frac{dx^0}{d\tau}, \frac{dx^1}{d\tau}, \frac{dx^2}{d\tau}, \frac{dx^3}{d\tau}\right\} \tag{6.88}$$

- kovariante Vierergeschwindigkeit

$$\{u_\nu\} = \left\{\frac{dx_0}{d\tau}, \frac{dx_1}{d\tau}, \frac{dx_2}{d\tau}, \frac{dx_3}{d\tau}\right\} = \left\{-\frac{dx^0}{d\tau}, \frac{dx^1}{d\tau}, \frac{dx^2}{d\tau}, \frac{dx^3}{d\tau}\right\} \tag{6.89}$$

- kontravarianter Energie-Impuls-Vierervektor

$$\{p^\nu = m u^\nu\} = \left\{m\frac{dx^0}{d\tau}, m\frac{dx^1}{d\tau}, m\frac{dx^2}{d\tau}, m\frac{dx^3}{d\tau}\right\} \tag{6.90}$$

  Die 0-Komponente führt auf die Energie und die drei folgenden stellen den Impuls dar.

- kontravarianter Vierervektor der Ladungs-Strom-Dichte

$$\{j^\nu\} = \{c\rho, \rho v^1, \rho v^2, \rho v^3\} = \{c\rho, \boldsymbol{j}\} \tag{6.91}$$

- Antisymmetrischer kontravarianter Tensor des elektromagnetischen Feldes

$$\{F^{\nu\mu}\} = \{-F^{\mu\nu}\} = \begin{pmatrix} 0 & -E_1/c & -E_2/c & -E_3/c \\ E_1/c & 0 & -B_3 & +B_2 \\ E_2/c & B_3 & 0 & -B_1 \\ E_3/c & -B_2 & +B_1 & 0 \end{pmatrix} \tag{6.92}$$

- Dualer Feldstärkentensor $\tilde{F}_{\mu\nu}$. Man erhält ihn aus dem Feldstärkentensor, indem man E/c durch B und B durch $-E/c$ ersetzt:

$$\{\tilde{F}^{\nu\mu}\} = \{-\tilde{F}^{\mu\nu}\} = \begin{pmatrix} 0 & -B_1 & -B_2 & -B_3 \\ B_1 & 0 & +E_3/c & -E_2/c \\ B_2 & -E_3/c & 0 & +E_1/c \\ B_3 & +E_2/c & -E_1/c & 0 \end{pmatrix} \tag{6.93}$$

6.4.3.3 Relativistische Grundgleichungen der Elektrodynamik

Mit diesen Variablen lassen sich die Grundgleichungen der Elektrodynamik wie folgt schreiben:

– Ladungserhaltung und Kontinuitätsgleichung

$$\partial_\alpha j^\alpha = 0 \tag{6.94}$$

– Relativistische Bewegungsgleichung für ein Teilchen der Ladung q

$$\frac{dp^\nu}{d\tau} = K^\nu = qF^{\mu\nu}u_\mu, \quad \nu = 0, 1, 2, 3 \tag{6.95}$$

Diese Gleichung fasst den Impuls- und Energiesatz zusammen

– Inhomogene Maxwell Gleichungen (Coulomb Gesetz und Durchflutungsgesetz):

$$\partial_\nu F^{\nu\alpha} = \mu_0 j^\alpha \tag{6.96}$$

– Homogene Maxwell Gleichungen (Quellenfreiheit des magnetischen Feldes und Induktionsgesetz)

$$\partial_\mu \tilde{F}^{\mu\nu} = 0 \tag{6.97}$$

6.4.3.4 Explizite Darstellung der Grundgleichungen

Da man aus den Gleichungen (6.94) bis (6.97) nicht direkt die bekannten Gleichungen aus der Elektrodynamik erkennen kann, werden in diesem Abschnitt die Grundgleichungen der Elektrodynamik explizit aus den Tensorgleichungen hergeleitet.

Ladungserhaltung und Kontinuitätsgleichung

Die Ladungserhaltung wird nach (6.94) beschrieben durch $\partial_\alpha j^\alpha = 0$.

Mit (6.91):

$$\{j^\nu\} = \{c\rho, \rho v^1, \rho v^2, \rho v^3\} = \{c\rho, \boldsymbol{j}\}$$

und (6.87):

$$\{\partial_\nu\} = \left\{\frac{\partial}{\partial x^0}, \frac{\partial}{\partial x^1}, \frac{\partial}{\partial x^2}, \frac{\partial}{\partial x^3}\right\} = \left\{\frac{1}{c}\frac{\partial}{\partial t}, \nabla\right\}$$

wird die kovariante Ableitung des kontravarianten Vierervektors der Ladungs-Strom-Dichte

$$\frac{\partial \rho}{\partial t} + \nabla \cdot \boldsymbol{j} = 0$$

Das ist die differentielle Form des Ladungserhaltungssatzes: Die Änderung der Ladung innerhalb eines Volumens entspricht dem Strom, der durch die Oberfläche des Volumens in das bzw. aus dem Volumen fließt.

Lorentzkraft
Der Vierervektor der Lorentzkraft auf eine Punktladung q ist nach (6.95)

$$\{K^\nu\} = qF^{\mu\nu}u_\mu$$

Der kontravariante Tensor (6.92) wird mit der kovarianten Vierergeschwindigkeit

$$\boldsymbol{u} = \left(-\frac{c}{\sqrt{1-\beta^2}}, \frac{v^1}{\sqrt{1-\beta^2}}, \frac{v^2}{\sqrt{1-\beta^2}}, \frac{v^3}{\sqrt{1-\beta^2}} \right)$$

multipliziert. Der Summationsindex läuft über den ersten Index des Tensors, also über eine Spalte. Damit wird

$$\begin{aligned} K^0 &= \frac{q}{c}(u_1E_1 + u_2E_2 + u_3E_3) \\ K^1 &= q\,(-u_0E_1/c + u_2B_3 - u_3B_2) \\ K^2 &= q\,(-u_0E_2/c - u_1B_3 + u_3B_1) \\ K^3 &= q\,(-u_0E_3/c + u_1B_2 - u_2B_1) \end{aligned}$$

Mit $u_0 = -\frac{c}{\sqrt{1-\beta^2}}$ und $u_i = \frac{v_i}{\sqrt{1-\beta^2}}$ erhält man

$$K^0 = \frac{q}{c\sqrt{1-\beta^2}}(v_1E_1 + v_2E_2 + v_3E_3) \qquad K^0 = \frac{q\,\boldsymbol{v}\cdot\boldsymbol{E}}{c\sqrt{1-\beta^2}}$$

Die Komponente K^0 entspricht dem Energiesatz.

$$\begin{aligned} K^1 &= \frac{q}{\sqrt{1-\beta^2}}\,(E_1 + v_2B_3 - v_3B_2) \\ K^2 &= \frac{q}{\sqrt{1-\beta^2}}\,(E_2 - v_1B_3 + v_3B_1) \\ K^3 &= \frac{q}{\sqrt{1-\beta^2}}\,(E_3 + v_1B_2 - v_2B_1) \\ K &= \frac{q}{1-\beta^2}\,(\boldsymbol{E} - \boldsymbol{v}\times\boldsymbol{B}) \end{aligned}$$

Die drei Komponenten K^i, $i = 1, 2, 3$ stellen die kovariante Form der Lorentzkraft dar, also die Kraft, mit der elektrische und magnetische Felder auf die Ladung q wirken.

Inhomogene Maxwell Gleichungen
Die inhomogenen Maxwell Gleichungen (Coulomb Gesetz und Durchflutungsgesetz werden durch (6.96) $\partial_\nu F^{\nu\alpha} = \mu_0 j^\alpha$ dargestellt. Die Summation läuft über den ersten Index des Tensors, also über die Spalten.

Man erhält j^0, indem man die Spalte 0 des Tensors differenziert:

$$\frac{1}{c}\left(\frac{\partial E_1}{\partial x_1}+\frac{\partial E_2}{\partial x_2}+\frac{\partial E_3}{\partial x_3}\right)=\mu_0\, c\rho$$

In der Klammer steht die Divergenz der elektrischen Feldstärke, also div $\boldsymbol{E}=\mu_0 c^2\rho=\frac{1}{\varepsilon_0}\rho$, wobei $c^2=\frac{1}{\varepsilon_0\mu_0}$ verwendet wurde.

$$\text{div}\,\boldsymbol{E}=\frac{1}{\varepsilon_0}\rho$$

ist das bekannte Coulombsche Gesetz.

Die Differenziation und Summation über die folgenden Spalten ergibt:

$$-\frac{1}{c^2}\frac{\partial E_1}{\partial t}+\frac{\partial B_3}{\partial x_2}-\frac{\partial B_2}{\partial x_3}=\mu_0 j^1;\quad \frac{\partial B_3}{\partial x_2}-\frac{\partial B_2}{\partial x_3}=\mu_0 j^1+\frac{1}{c^2}\frac{\partial E_1}{\partial t}$$
$$-\frac{1}{c^2}\frac{\partial E_2}{\partial t}-\frac{\partial B_3}{\partial x_1}+\frac{\partial B_1}{\partial x_3}=\mu_0 j^2;\quad -\frac{\partial B_3}{\partial x_1}+\frac{\partial B_1}{\partial x_3}=\mu_0 j^2+\frac{1}{c^2}\frac{\partial E_2}{\partial t}$$
$$-\frac{1}{c^2}\frac{\partial E_3}{\partial t}+\frac{\partial B_2}{\partial x_1}-\frac{\partial B_1}{\partial x_2}=\mu_0 j^3;\quad \frac{\partial B_2}{\partial x_1}-\frac{\partial B_1}{\partial x_2}=\mu_0 j^3+\frac{1}{c^2}\frac{\partial E_3}{\partial t}$$

Auf der linken Seite stehen die Komponenten von rot $\boldsymbol{B}$ und auf der rechten Seite die der Stromdichte und der zeitlichen Ableitung des elektrischen Feldes. Beachtet man noch den Zusammenhang $\frac{1}{c^2}=\varepsilon_0\mu_0$, so erhält man das bekannte Durchflutungsgesetz:

$$\text{rot}\,\boldsymbol{B}(\boldsymbol{r},t)=\mu_0\boldsymbol{j}(\boldsymbol{r},t)+\mu_0\varepsilon_0\frac{\partial\,\boldsymbol{E}(\boldsymbol{r},t)}{\partial t}$$

Homogene Maxwellgleichungen

Die homogenen Maxwellgleichungen werden durch $\partial_\mu \tilde{F}^{\mu\nu}=0$ dargestellt.

Die Differenziation von Spalte 0 des Tensors ergibt

$$-\frac{\partial B_1}{\partial x_1}-\frac{\partial B_2}{\partial x_2}-\frac{\partial B_3}{\partial x_3}=0$$

Diese Gleichung führt auf die Quellenfreiheit des magnetischen Feldes:

$$\text{div}\,\boldsymbol{B}=0$$

Die Differenziation und Summation der folgenden Spalten ergibt

$$-\frac{1}{c}\frac{\partial B_1}{\partial t}-\frac{1}{c}\frac{\partial E_3}{\partial x_2}+\frac{1}{c}\frac{\partial E_2}{\partial x_3}=0;\quad \frac{\partial E_3}{\partial x_2}-\frac{\partial E_2}{\partial x_3}=-\frac{\partial B_1}{\partial t}$$
$$-\frac{1}{c}\frac{\partial B_2}{\partial t}+\frac{1}{c}\frac{\partial E_3}{\partial x_1}-\frac{1}{c}\frac{\partial E_1}{\partial x_3}=0;\quad -\frac{\partial E_3}{\partial x_1}+\frac{\partial E_1}{\partial x_3}=-\frac{\partial B_2}{\partial t}$$
$$-\frac{1}{c}\frac{\partial B_3}{\partial t}-\frac{1}{c}\frac{\partial E_2}{\partial x_1}+\frac{1}{c}\frac{\partial E_1}{\partial x_2}=0;\quad \frac{\partial E_2}{\partial x_1}-\frac{\partial E_1}{\partial x_2}=-\frac{\partial B_3}{\partial t}$$

Auf der linken Seite stehen die Komponenten von rot $\boldsymbol{E}$ und auf der rechten Seite die der zeitlichen Ableitung des Magnetfeldes.

Damit erhält man das Induktionsgesetz

$$\text{rot}\,\boldsymbol{E}=-\frac{\partial\,\boldsymbol{B}}{\partial t}$$

7 Die Allgemeine Relativitätstheorie (ART)

7.1 Probleme und Ziele der ART

Bevor wir uns mit unseren bescheidenen Mitteln der Allgemeinen Relativitätstheorie (ART) annähern, werfen wir einen Blick zurück auf die Spezielle Relativitätstheorie (SRT). Sie ging aus von den Prinzipien:

- Konstanz der Lichtgeschwindigkeit und
- Gleichberechtigung aller Inertialsysteme.

In ihrem theoretischen Zentrum stand die Lorentztransformation, die schon mit den Methoden der Schulmathematik hergeleitet werden konnte (Kapitel 6.2). Diese führte zu einer zwar unserer eingeprägten Anschauung widersprechenden, aber letzten Endes moderaten Modifikation unseres begrifflichen Umgangs mit Wissen über unsere Raum-Zeit-Vorstellungen. Umso größer war und ist der Ertrag an Erkenntnis. Die notwendig gewordene Forderung der Kovarianz der Naturgesetze gegenüber der Lorentztransformation führte zu tausenden ins Einzelne gehenden experimentell nachprüfbaren Resultaten, die ausnahmslos die Grundprinzipien verifizierten. Nur Weniges davon konnte in unserem Rahmen erwähnt werden:

- Die Lichtgeschwindigkeit c ist eine Naturkonstante und die maximale Geschwindigkeit, auf die Masse besitzende Teilchen beschleunigt werden können.
- Energie und Masse sind äquivalente, ineinander umrechenbare physikalische Größen. Eine ruhende Masse m besitzt die in ihr eingefrorene Ruheenergie $E = mc^2$.

Warum ließ es Einstein nicht dabei bewenden und legte 10 Jahre später die Allgemeine Relativitätstheorie, seine größte Leistung vor?

In diesem Abschnitt beschäftigen wir uns zunächst mit den intuitiv gewonnenen Einsichten, die Einstein dazu veranlassten, geradezu mit logischer Notwendigkeit von der SRT zur ART übergehen zu müssen. Die dazu notwendigen mathematischen Hilfsmittel können wir in Abschnitt 7.4 nur ansatzweise verfolgen. Immerhin können wir sehen, dass dabei Einstein in fast alternativloser Weise zu seinem Ziel gelangte.

Die SRT beschränkt ihre Überlegungen auf die (kovariante) Formulierung der Naturgesetze in Inertialsystemen. Diese sind aber nur Spezialfälle. Beschleunigte Koordinatensysteme wie (bei gerissenem Seil) frei fallende Fahrstühle oder rotierende Scheiben, auf denen Menschen mitrotieren, gehören nicht dazu. Geht man z. B. von einem Inertialsystem I durch Koordinatentransformation zu einem rotierenden System S über, so wirken auf in S befindliche Körper auf einmal Kräfte, die in I nicht auftraten. Ruht der Körper in S, dann wirkt auf ihn die Zentrifugalkraft. Bewegt er sich in S, so wird eine in I geradlinige Bewegung in S zusätzlich durch die Corioliskraft abgelenkt. Diese Kräfte hängen von der Winkelgeschwindigkeit ω von S gegenüber dem

Inertialsystem I ab. Spätestens jetzt wird klar, dass auch die Erde streng genommen kein Inertialsystem ist, denn sie rotiert ja um sich selbst und bewegt sich auf einer Ellipsenbahn um die Sonne.

Inertialsysteme, in denen sich Massen, auf die keine Kräfte wirken, geradlinig gleichförmig bewegen (siehe Kapitel 3), sind aus einem zweiten Grund eine hochideale Annahme und nicht etwa der Regelfall. In der Nähe eines Gravitationsfeldes (z. B. dem der Erde) muss man selbst in einem Laborsystem L, das man näherungsweise als gleichförmig, geradlinig, rotationsfrei bewegtes Inertialsystem ansehen könnte, stets die Gravitationskraft mitbetrachten, die jeder Masse in L ihr Gewicht verleiht.

Um hier Verhältnisse kräftefreier Bewegung in einem Inertialsystem annähernd realisieren zu können, muss das Gewicht durch eine gleich große Gegenkraft kompensiert werden. Dies geschieht z. B. durch eine horizontale Platte, auf der eine Kugel reibungsfrei rollen kann.

Wir halten fest: die Mehrheit der Koordinatensysteme gehört nicht zu den idealen Inertialsystemen. Vielmehr gibt es beschleunigte Systeme und solche, in denen auf die darin befindlichen Massen Gravitationskräfte wirken.

Doch nun gibt es eine merkwürdige Verwandtschaft zwischen der Gravitationskraft, die auf eine Masse m wirkt, und dem Trägheitswiderstand, den dieselbe Masse ihrer Beschleunigung entgegensetzt. Man muss also genau genommen zwischen der trägen Masse m_T und der schweren Masse m_S unterscheiden. Wie wesensgleich aber beide Eigenschaften der Masse sind, sieht man am besten an dem von Einstein selbst eingeführten Fahrstuhl-Beispiel: Lässt man einen Fahrstuhl frei, d. h. mit der Beschleunigung g fallen, dann wirken auf die in ihm befindlichen Massen, gemessen im beschleunigten Koordinatensystem S des Fahrstuhls keine Kräfte. Denn einerseits wirkt die Gravitation auf die schwere Masse m_S; andererseits setzt das Beharrungsvermögen der trägen Masse m_T der Beschleunigung Widerstand entgegen, der der Beschleunigung entgegengerichtet ist. Beide Kräfte heben sich in S gegenseitig auf. Mit anderen Worten: Der Übergang zum (in Richtung zum Erdzentrum) beschleunigten Koordinatensystem hat die Schwerkraft der Erde in diesem System wegtransformiert. Innerhalb eines Satelliten, der beschleunigt um die Erde herumfällt, gilt dasselbe: Die auf m_S wirkende Gravitation wird im Satelliten durch die Zentrifugalkraft, also das der Richtungsänderung entgegenwirkende Beharrungsvermögen der trägen Masse m_T gerade aufgehoben. In ihm bewegen sich alle Körper so, als ob es keine Schwerkraft gäbe. Der Grund ist natürlich das Newtonsche Gravitationsgesetz (siehe Kapitel 3, 2.2), das (nur die Beträge berücksichtigend) genau genommen so lauten müsste:

$$F = m_T|\boldsymbol{a}| = G\frac{m_S M_S}{r^2} \tag{7.1}$$

Auf der linken Seite steht die träge Masse m_T, die der Beschleunigung $|\boldsymbol{a}|$ Widerstand entgegensetzt und rechts steht die schwere Masse m_S, die durch die Anziehung zwischen m_S und M_S die Beschleunigung $|\boldsymbol{a}|$ bewirkt. Newton hat mit perfekter Intuition beide Massen gleichgesetzt.

$$m_T = m_S = m \tag{7.2}$$

Unter dieser Voraussetzung kürzen sich in (7.1) beide Massen heraus und alle Massen m erfahren im statischen Gravitationsfeld dieselbe Beschleunigung.

Einstein übernahm Newtons stillschweigende Annahme und nannte sie Äquivalenzprinzip: Alle Massen verhalten sich unter Gravitation gleich. Insbesondere gilt: Wenn Kräfte auf Körper nur aus der Gravitationswirkung auf Massen bestehen, dann kann man sie durch Übergang zu einem geeignet beschleunigten Koordinatensystem wegtransformieren.

Bemerkt sei, dass ein solches geeignetes Koordinatensystem wie der Fahrstuhl oder der Satellit nicht für alle Zeiten und im ganzen Raum gefunden werden kann, sondern nur lokal, d. h. in einem kleinen Raum-Zeit-Bereich.

In Abschnitt 7.4 wird die folgende Präzisierung des Äquivalenzprinzips seine volle Tragweite erweisen: In einem beliebigen Gravitationsfeld ist es an jedem Raum-Zeit-Punkt möglich, ein lokales Koordinatensystem zu finden, sodass in diesem, in einer genügend kleinen Region, die Naturgesetze dieselbe Form annehmen wie in einem unbeschleunigten kartesischen Koordinatensystem in Abwesenheit von Gravitation. Das heißt, die Naturgesetze können in dieser kleinen Region so wie früher im Rahmen der SRT für Inertialsysteme I formuliert werden (siehe Kapitel 6).

Für andere z. B. elektrische oder magnetische Kräfte gibt es diese Möglichkeit nicht. Hier zeigt sich die Sonderrolle der Gravitation unter den physikalischen Kräften. Die ART ist also eine Gravitationstheorie.

Doch nun fingen die Formulierungsprobleme der ART erst an: Unter Berücksichtigung des Äquivalenzprinzips mussten nun in der ART nicht nur die – wie wir gesehen haben – hochidealen Inertialsysteme betrachtet werden, sondern beliebige z. B. relativ zueinander beschleunigte Raum-Zeit-Koordinatensysteme. Vor allem musste das Kovarianzprinzip der Naturgesetze, das in der SRT die Gleichberechtigung aller Inertialsysteme $I, I', \ldots$ bedingte, nun zu einem allgemeinen Kovarianzprinzip erweitert werden. Dieses muss die Formulierung der Naturgesetze derart gestalten, dass sie „kovariant" beim Übergang zwischen beliebigen Koordinatensystemen sind. Die Kovarianz des Naturgesetzes bedeutet dabei, dass alle in ihm benutzten Größen in jedem Koordinatensystem die gleiche allgemeine Form haben. Dadurch schwebt ihre Geltung sozusagen „invariant" über dem jeweils benutzten Koordinatensystem, das nur den Charakter einer Hilfskonstruktion hat. Der mathematische Rahmen für diese große Verallgemeinerung musste nun gefunden werden.

Für einen Geistes- und Sozialwissenschaftler könnte folgende Analogie zum allgemeinen Kovarianzprinzip nützlich sein: Der Inhalt seines Werkes schwebt genauso über der einen oder anderen Sprache, die man als Hilfsmittel zu seiner Formulierung braucht, wie der Inhalt eines Naturgesetzes über seiner Formulierung in dem einen oder anderen Koordinatensystem schwebt.

Die Berücksichtigung des Inklusionsprinzips forderte nun, dass die schon bekannten Theorien, die SRT als auch die Newtonsche Gravitationstheorie als Grenzfälle in der ART abgedeckt sein müssen.

- Das war zu einem nur dadurch zu erreichen, dass die ganze SRT als natürlicher Spezialfall in der ART enthalten war.
- Zum anderen mussten vor allem die schon mit großer Genauigkeit quantitativ bestätigten Ergebnisse der Newtonschen Gravitationstheorie (siehe Kapitel 3) als Grenzfall in der ART enthalten sein. Das konnte eigentlich nur dadurch geschehen, dass die Grundgleichungen der Newtonschen Theorie sich automatisch als erste Näherung der Gleichungen der ART erwiesen.

Erst nach Erfüllung dieser Grundforderungen bestand die Chance, dass die ART dann Erkenntnisse gewann, die über die Newtonsche Theorie hinausgingen. Als neue Gravitationstheorie bezog sich die ART dabei von vornherein auf Raum-Zeit-Bereiche, in denen die Gravitation die entscheidende Rolle spielt, und das sind die Phänomene des Makrokosmos.

7.2 Die Gleichungen der ART

Zunächst betrachten wir die grundsätzliche Struktur der Einsteinschen Gleichungen der ART, die in ihrer kompakten Schreibweise hohe Eleganz besitzen. Dabei wird sich auch zeigen, dass das Inklusionsprinzip erfüllt ist. In Abschnitt 7.4 zeigen wir für Interessierte die mathematischen Ideen und physikalischen Intuitionen, die Einstein bei der Herleitung dieser Gleichungen leiteten.

In diesem Kapitel benutzen wir nicht das allgemein gebräuchliche SI-Maßsystem, sondern gehen über zu einem Maßsystem, in dem die Naturkonstante Lichtgeschwindigkeit $c = 1$ gesetzt wird. Das hat zur Folge, dass die Zeit τ bzw. Zeitintervalle $d\tau$ nicht in Sekunden, sondern in Längeneinheiten angegeben werden, die das Licht in dieser Zeit zurücklegen würde. Alle Zeit- und Raum-Koordinaten x_0, x_1, x_2, x_3 bzw. die Differentiale dx_0, dx_1, dx_2, dx_3 und $d\tau$ werden gleichermaßen in Längeneinheiten gemessen, und die Lichtgeschwindigkeit c tritt dann gar nicht mehr auf, sondern hat sich sozusagen im Maßsystem versteckt.

Aus Gründen, die erst in Abschnitt 7.4 klar werden, schreiben wir nunmehr die Indizes der Zeit- und Raum-Koordinaten oben statt unten.

Der differentielle Raum-Zeit-Abstand zwischen zwei Raum-Zeit-Punkten (x^0, x^1, x^2, x^3) und $(x^0 + dx^0, x^1 + dx^1, x^2 + dx^2, x^3 + dx^3)$ ist nach der SRT

$$d\tau^2 = (dx^0)^2 - (dx^1)^2 - (dx^2)^2 - (dx^3)^2 \tag{7.3}$$

In der verkürzenden Schreibweise der Summenkonvention wird der Raum-Zeit-Abstand

$$d\tau^2 = -\eta_{\alpha\beta} dx^\alpha dx^\beta \tag{7.4}$$

Die Summenkonvention bedeutet: Es wird automatisch über doppelt auftretende Indizes (einmal unten und einmal oben) summiert. Die Summe läuft über 0, 1, 2, 3. Sie ist also eine verkürzende Schreibweise für

$$d\tau^2 = -\sum_{\alpha,\beta=0}^{3} \eta_{\alpha\beta} dx^\alpha dx^\beta$$

$\eta_{\alpha\beta}$ ist dabei folgende Matrix (Tensor)

$$\{\eta_{\alpha\beta}\} = \begin{pmatrix} -1 & 0 & 0 & 0 \\ 0 & 1 & 0 & 0 \\ 0 & 0 & 1 & 0 \\ 0 & 0 & 0 & 1 \end{pmatrix} \tag{7.5}$$

Dieser Raum-Zeit-Abstand bleibt invariant, d. h. $d\tau^2$ behält seine Form, wenn man vermöge einer linearen Lorentztransformation Λ von einem Inertialsystem I zu einem anderen Inertialsystem I' übergeht (siehe Kapitel 6). Das heißt für

$$x'^\alpha = \Lambda^\alpha_\beta x^\beta = \Lambda^\alpha_0 x^0 + \Lambda^\alpha_1 x^1 + \Lambda^\alpha_2 x^2 + \Lambda^\alpha_3 x^3 \tag{7.6}$$

gilt:

$$d\tau^2 = d\tau'^2 = -\eta_{\beta\delta} dx'^\beta dx'^\delta \tag{7.7}$$

$\eta_{\beta\delta}$ nennt man Abstands- oder Metrik-Koeffizienten der SRT.

Bei der Schreibweise ist folgendes zu beachten:

- Kontravariante Vierervektoren sind Ausdrücke U^α, die sich beim Übergang von I zu I' wie dx^α transformieren.
- Kontravariante Tensoren zweiter Stufe sind Ausdrücke $T^{\alpha\beta}$, die sich beim Übergang von I zu I' wie die Produkte $dx^\alpha dx^\beta$ transformieren.
- Bei kontravarianten Vierervektoren bzw. Tensoren stehen die Indizes oben.
- Bei kovarianten Vektoren U_α bzw. Tensoren $T_{\alpha\beta}$, stehen die Indizes unten. Der Unterschied zwischen kontravariant und kovariant wird in Abschnitt 7.4 erklärt und hier zunächst übergangen.

In dem Kapitel über die Spezielle Relativitätstheorie (Kapitel 6) wurde gezeigt, dass sich die physikalischen Größen der Mechanik und Elektrodynamik zu Vierervektoren bzw. Vierertensoren zusammenfassen lassen. Damit nehmen die Naturgesetze die Form von Vektorgleichungen bzw. Tensorgleichungen an, die in jedem Inertialsystem dieselbe invariante bzw. kovariante Form haben.

Diese Invarianzeigenschaft gilt allerdings nur für Inertialsysteme, also Systeme, die sich mit konstanter Geschwindigkeit gegeneinander bewegen. Sie geht verloren, wenn man zu Nicht-Inertialsystemen, z. B. gegeneinander beschleunigte Koordinatensysteme übergeht.

Der entscheidende Schritt beim Übergang von der SRT zur ART bestand nun darin, in Gleichung (7.7) für den differentiellen Raum-Zeit-Abstand anstelle der konstanten $\eta_{\beta\delta}$ sozusagen versuchsweise raumzeitabhängige Metrikkoeffizienten $g_{\nu\mu}(\boldsymbol{x})$ einzuführen

$$d\tau^2 = -g_{\nu\mu}(\boldsymbol{x})dx^\nu dx^\mu = -g'_{\alpha\beta}(\boldsymbol{x}')dx'^\alpha dx'^\beta \tag{7.8}$$

Dabei sollen nunmehr – im Unterschied zur SRT – $\boldsymbol{x}$ und $\boldsymbol{x}'$ beliebige die reale Raum-Zeit aufspannende Koordinatensysteme sein. Diese sollen durch beliebige, im Allgemeinen nicht lineare Transformationen ineinander transformiert werden können. Dabei soll am Raum-Zeit-Punkt wie schon im SRT das Raum-Zeit-Differential $d\tau^2 = d\tau'^2$ eine invariante, d. h. von den verwendeten Koordinaten $\boldsymbol{x}$ bzw. $\boldsymbol{x}'$ unabhängige Größe sein.

Inertialsysteme, die den ganzen Raum mit kartesischen Koordinaten aufspannen und linear per Lorentztransformation Λ in andere Inertialsysteme transformiert werden können, sind dann, wenn sie für die globale Raum-Zeit überhaupt eingeführt werden können, ein Spezialfall.

Wir werden in Abschnitt 7.4 sehen, dass $d\tau^2$ gegenüber allgemeinen Raum-Zeit-Koordinaten-Transformationen genau dann ein invarianter Ausdruck ist, wenn sich die Koeffizienten $g_{\nu\mu}(\boldsymbol{x})$, die die Abstandsmetrik bestimmen, wie ein kovarianter Tensor transformieren. Im Gegensatz hierzu transformieren sich die infinitesimal kleinen dx^ν als kontravarianter Vierervektor.

Der Übergang von (7.7) nach (7.8) bedeutet, dass der nur für die Metrik in den Inertialsystemen der SRT zuständige Tensor $\{\eta_{\nu\mu}\}$ durch einen weltpunktabhängigen Metriktensor $\{g_{\nu\mu}(\boldsymbol{x})\}$ der ART ersetzt wird.

$$\{g_{\nu\mu}(\boldsymbol{x})\} = \begin{pmatrix} g_{00}(\boldsymbol{x}) & g_{01}(\boldsymbol{x}) & g_{02}(\boldsymbol{x}) & g_{03}(\boldsymbol{x}) \\ g_{10}(\boldsymbol{x}) & g_{11}(\boldsymbol{x}) & g_{12}(\boldsymbol{x}) & g_{13}(\boldsymbol{x}) \\ g_{20}(\boldsymbol{x}) & g_{21}(\boldsymbol{x}) & g_{22}(\boldsymbol{x}) & g_{23}(\boldsymbol{x}) \\ g_{30}(\boldsymbol{x}) & g_{31}(\boldsymbol{x}) & g_{32}(\boldsymbol{x}) & g_{33}(\boldsymbol{x}) \end{pmatrix} \tag{7.9}$$

Dieser Tensor enthält $4 \times 4 = 16$ Elemente. Er ist wegen (7.8) symmetrisch

$$g_{\mu\nu}(\boldsymbol{x}) = g_{\nu\mu}(\boldsymbol{x}) \tag{7.10}$$

Deswegen besteht er nur aus zehn unabhängigen Funktionen von $\boldsymbol{x}$. In ihrer Wahl besteht insofern eine Willkür, als der Übergang zu einem beliebigen anderen Koordinatensystem vier weitgehend frei wählbare weltpunktabhängige Transformationskoeffizienten mit sich bringt. Es bleiben noch sechs funktionale Freiheitsgrade für $\{g_{\nu\mu}(\boldsymbol{x})\}$ übrig. Diese müssen durch die noch aufzustellenden Feldgleichungen der ART festgelegt werden.

Bemerkung: Raumzeitpunkte werden in SRT und ART gern als Weltpunkte bezeichnet.

Einstein hatte nun Glück, einen von dem großen Mathematiker Bernhard Riemann (1826–1866) ausgearbeiteten Rahmen für die geometrische Bedeutung des Metriktensors $\{g_{\nu\mu}(\boldsymbol{x})\}$ vorzufinden. Der Mathematiker Marcel Grossmann (1878–1936) half Einstein dabei, den Formalismus zu erlernen. Dieses zunächst nur die Struktur des Abstandes (die Metrik) zwischen infinitesimal benachbarten Punkten festlegende Größensystem $\{g_{\nu\mu}(\boldsymbol{x})\}$ entscheidet nämlich darüber, ob der Raum als Ganzer eine flache euklidische oder aber eine gekrümmte, nicht euklidische Struktur hat.

Riemann hatte einen vierstufigen Krümmungstensor $R_{\lambda\mu\nu\kappa}(\boldsymbol{x})$ als Funktion des Metriktensors und dessen ersten und zweiten Ableitungen hergeleitet. Der Krümmungstensor macht – unabhängig von dem den Raum durchziehenden Koordinatensystem – eine Aussage über die Art und das Ausmaß der Krümmung des Raumes. (Seine Form wird in Abschnitt 7.4 abgeleitet.)

Insbesondere stellt sich heraus, dass das Verschwinden des Krümmungstensors

$$R_{\lambda\mu\nu\kappa}(\boldsymbol{x}) = 0 \tag{7.11}$$

die notwendige und hinreichende Bedingung dafür ist, dass der Raum flach ist. In diesem Fall kann $\{g_{\nu\mu}(\boldsymbol{x})\}$ global durch eine Koordinatentransformation in $\{\eta_{\nu\mu}\}$ überführt werden. Dann, aber auch nur dann, liegen Verhältnisse vor, die global durch die SRT beschrieben werden können.

Aus dem Riemannschen Krümmungstensor $R_{\lambda\mu\nu\kappa}(\boldsymbol{x})$ lassen sich durch Verjüngung, d. h. durch mathematische Operationen, kompaktere Krümmungsmaße, nämlich ein zweistufiger Tensor $R_{\mu\kappa}$, $(\boldsymbol{x})$ der Ricci-Tensor, und der Krümmungsskalar $R(\boldsymbol{x})$, herleiten.

Damit war es für Einstein – rein mathematisch – klar, dass der Metriktensor letzten Endes darüber entscheidet, ob die SRT global gelten kann. Das ist nur dann der Fall, wenn (7.11) erfüllt ist, also der Krümmungstensor verschwindet. Sollte sich aber für den Metriktensor (7.9) herausstellen, dass für den zugehörigen Krümmungstensor gilt:

$$R_{\lambda\mu\nu\kappa}(\boldsymbol{x}) \neq 0 \tag{7.12}$$

dann bedeutet das, dass die reale Raum-Zeit nicht flach, sondern gekrümmt ist und die SRT nicht global gelten kann.

Einstein suchte also nach Gleichungen, die $\{g_{\nu\mu}(\boldsymbol{x})\}$und damit die Krümmung mit physikalischer Begründung festlegten. Das mussten Tensorgleichungen sein, denn nur diese gelten unabhängig von der zufälligen Wahl des Koordinatensystems.

Als physikalische Größe, die als Ursache für die Raum-Zeit-Krümmung gelten konnte, kam eigentlich nur der Energie-Impuls-Tensor $T_{\mu\nu}(\boldsymbol{x})$ in Frage. Dieser Tensor enthält ruhende und bewegte Massen- bzw. Energie-Dichten. Schon im Rahmen der SRT konnte man zeigen, dass mit seiner Hilfe die grundlegenden Erhaltungssätze, nämlich der Energie- und Impuls-Erhaltungssatz, zusammengefasst werden konnten. Nach langem Suchen (er brauchte schließlich zehn Jahre) gelangte Einstein zu folgenden, den ursächlichen Einfluss der Materie auf die Raum-Zeit-Struktur festlegenden Feldgleichungen für das Gravitationsfeld:

$$G_{\mu\nu}(\boldsymbol{x}) = R_{\mu\nu}(\boldsymbol{x}) - \frac{1}{2}g_{\mu\nu}(\boldsymbol{x})R(\boldsymbol{x}) + \Lambda g_{\mu\nu}(\boldsymbol{x}) \;=\; -8\pi\, GT_{\mu\nu}(\boldsymbol{x}) \tag{7.13}$$

Dabei sind:

$T_{\mu\nu}(x)$ der Energie-Impuls-Tensor
$G_{\mu\nu}(x)$ der Einstein-Tensor
$R_{\mu\nu}(x)$ der Ricci-Tensor
$g_{\mu\nu}(x)$ der Metriktensor
$R(x)$ der Krümmungsskalar
G die Gravitationskonstante
Λ die kosmologische Konstante

Die kosmologische Konstante Λ wurde zunächst $\Lambda = 0$ gesetzt, muss aber wohl wegen der beobachteten Expansion des Universums (Nobelpreis für Physik 2011) einen kleinen Wert $\neq 0$ haben.

Der Einsteintensor $G_{\mu\nu}(x)$ ist ein Tensor zweiter Stufe, der von dem Metriktensor $\{g_{\nu\mu}(x)\}$ und dessen ersten und zweiten Ableitungen abhängt. Seine Form wird in Abschnitt 7.4 hergeleitet.

Der Energie-Impuls-Tensor hat für kosmologische Anwendungen die einfache Form

$$T_{\mu\nu}(x) = (\rho(x) + p(x))u_\mu(x)u_\nu(x) + p(x)g_{\mu\nu}(x) \tag{7.14}$$

Dabei ist

$u_\mu(x)$ der Geschwindigkeits-Vierervektor.
$\rho(x)$ die Materiedichte
$p(x)$ der Materiedruck

Als Gegenstück zu den Feldgleichungen (7.13), die die Metrik und dadurch die Raum-Zeit-Krümmung festlegen, fehlen noch die Bewegungsgleichungen für Körper im Feld der Metrik $g_{\mu\nu}(x)$.

Die einzig sinnvolle Möglichkeit dafür ist es, dass sich das Teilchen auf einer geodätischen Raum-Zeit-Weltlinie bewegt. In der im Allgemeinen gekrümmten Raum-Zeit ist das diejenige Weltlinie, zwischen Anfangspunkt und Endpunkt, die in der kürzesten Zeit $\Delta\tau$ durchquert wird. Sie ist das Ergebnis eines diese optimale Bahn bestimmenden Variationsprinzips. Die Bewegungsgleichung dafür ist:

$$\frac{d^2x^\lambda}{d\tau^2} + \Gamma^\lambda_{\mu\nu}(x)\frac{dx^\mu}{d\tau} \cdot \frac{dx^\nu}{d\tau} = 0; \quad \lambda = 0, 1, 2, 3 \tag{7.15}$$

Bemerkungen:

- Die linke Seite von Gleichung (7.15) ist ein Vierervektor. Die einzelnen Summanden $\frac{d^2x^\lambda}{d\tau^2}$ und $\Gamma^\lambda_{\mu\nu}(x)\frac{dx^\mu}{d\tau} \cdot \frac{dx^\nu}{d\tau}$ sind hingegen keine Vierervektoren. Erst ihre Summe transformiert sich wie ein Vierervektor (siehe Abschnitt 7.4).
- λ ist in Gleichung (7.15) und im Folgenden ein Index und nicht zu verwechseln mit der kosmologischen Konstanten aus Gleichung (7.13).

In Gleichung (7.15) sind

$d\tau$ das invariante Zeitintervall, definiert durch (7.8),

$\Gamma^{\lambda}_{\mu\nu}(\boldsymbol{x})$ die Christoffelsymbole (Elwin Bruno Christoffel 1829–1900) (englisch affine connection). Sie können durch die Ableitungen des Metriktensors $\{g_{\nu\mu}(\boldsymbol{x})\}$ ausgedrückt werden.

$$\Gamma^{\sigma}_{\lambda\mu}(\boldsymbol{x}) = \frac{1}{2} g^{\nu\sigma}(\boldsymbol{x}) \left(\frac{\partial g_{\mu\nu}(\boldsymbol{x})}{\partial x^{\lambda}} + \frac{\partial g_{\lambda\nu}(\boldsymbol{x})}{\partial x^{\mu}} - \frac{\partial g_{\lambda\mu}(\boldsymbol{x})}{\partial x^{\nu}} \right) \tag{7.16}$$

Zur allgemeinen Struktur der Einsteinschen Gleichungen der ART, also der Feldgleichungen (7.13) und der Bewegungsgleichungen (7.15) ist Folgendes zu sagen:

Die Gleichungen der ART haben eine Ähnlichkeit mit denen der Elektrodynamik (vgl. Kapitel 5). Denn hier wie dort bestimmt die Materie vermöge (7.13) die Felder. Die Bewegung der Materie (d. h. der Teilchen) hängt andererseits von den Feldern ab (durch (7.15)). Es gibt also in beiden Fällen einen zyklischen Zusammenhang. Die Materie bedingt die Struktur der Felder; die Felder bedingen die Dynamik der Materie.

Andererseits gibt es große Unterschiede zwischen der Elektrodynamik und der ART:

- Bei der Elektrodynamik war die (elektrisch geladene) Materie die Quelle der Felder und die Felder übten Kräfte auf die Ladungen aus, woraufhin diese in Bewegung gerieten. Das alles fand aber in der starren, flachen (euklidischen) Raum-Zeit der SRT statt, die von den Inertialsystemen vermessen wurde. Die euklidische Theaterbühne, in der sich alles abspielte, blieb dabei als solche fest.
- Bei der ART aber betreffen die Felder, d. h. der Metrik-Tensor, die Raum-Zeit selbst und die Feldgleichungen unterwerfen diese einer Dynamik. Die Theaterbühne selbst wird also bei der Weltentwicklung mit verändert. Die Bewegung der Materie erfolgt sodann nicht eigentlich durch Kräfte, sondern durch optimale Anpassung an diese Einbettungsstrukturen längs der raumzeitlichen Geodäten.

Die Kühnheit dieser neuartigen Auffassung des Zusammenhangs von Raum, Zeit und Materie war führenden Physikern und Mathematikern von Anfang an klar.

Umso wichtiger war es nun, dass der Anschluss der ART an die bisherige, durchaus quantitativ bewährte, Physik gefunden werden konnte. Genau das ist ja das Postulat des Inklusionsprinzips, dessen wesentliche Forderungen wir hier wiederholen.

- Die SRT muss sich als Grenzfall der ART herausstellen und von Letzterer mit umfasst werden, sodass auch alle Ergebnisse der SRT reproduziert werden
- Die Newtonsche Gravitationstheorie muss als Grenzfall der ART reproduziert werden, denn im Kern ist ja die ART eine neuartige Gravitationstheorie, wie vor allem das Äquivalenzprinzip (träge Masse = schwere Masse) zeigt.

Es stellt sich nun heraus – was keineswegs selbstverständlich, sondern eher überraschend ist – dass das Inklusionsprinzip erfüllt werden kann.

- Das liegt zum einen daran, dass die Raum-Zeit-Struktur ziemlich steif ist, also gegenüber dem flachen Grenzfall der SRT nur wenig verbogen ist, wenn man von Extremfällen wie Schwarzen Löchern absieht. Das bedeutet, dass in den Gleichungen (7.13) und (7.15) normalerweise viele Terme so klein sind, dass man sie vernachlässigen kann. Das führt zu großen Vereinfachungen. Es liegt daran, dass die Gravitation – als Kraft nach Newton aufgefasst – gegenüber anderen z. B. elektromagnetischen Kräften sehr schwach ist.
- Zum anderen lässt das Äquivalenzprinzip die besondere Rolle von lokalen Koordinatensystemen erkennen, in denen die Gravitation wegtransformiert ist. Zu solchen speziellen Koordinatensystemen kann an jedem Raum-Zeit-Punkt übergegangen werden, und in ihrem (begrenzten) Bereich findet die Physik genauso statt wie in den gravitationsfreien Inertialsystemen der SRT.
- Ferner gilt für Koordinatensysteme mit stationären Gravitationsfeldern, wie dem Feld der Sonne, die Randbedingung, dass sie im Unendlichen in die Metrik von Inertialsystemen einmünden.

Insoweit ist also die SRT als Grenzfall der ART zu betrachten, und die durch die ART hervorgerufenen Abweichungen von der SRT können in den Fällen, in denen die Gravitation keine Rolle spielt, oder durch andere Kräfte kompensiert wird, fast ganz vernachlässigt werden.

Anders ist es mit der Newtonschen Gravitationstheorie, die ja sehr erfolgreich für die Erklärung der Dynamik gravitierender Massen ist (z. B. Planeten, Kapitel 3). Zu ihr ist die ART sozusagen der unmittelbare Konkurrent. Daher muss genau nachgeprüft werden, ob hierfür das Inklusionsprinzip gilt. (Wäre dies nicht der Fall, dann hätte Einstein die ART von vornherein verwerfen müssen!)

Wir rufen uns zunächst ins Gedächtnis, was die Newtonsche Gravitationstheorie, insbesondere im Fall kugelförmiger großer Massen M (Erde, Sonne, Sterne) besagt:

Diese erzeugen (bei Wahl eines kartesischen Koordinatensystems mit dem Ursprung im Zentrum der Masse M) in ihrem Außenraum ein stationäres Gravitationsfeld, das ein Gravitationspotential $\phi(\boldsymbol{x})$ besitzt (vgl. Kapitel 3). Dieses ist kugelsymmetrisch und lautet

$$\phi(r) = -G\frac{M}{r}; \qquad r = \sqrt{x^2 + y^2 + z^2} \tag{7.17}$$

Das Potential $\phi(r)$ ist die Lösung einer Feldgleichung. Die Quelle des Potentials ist die Massendichte $\rho(\boldsymbol{x})$ im Inneren der gravitierenden Masse. Die Feldgleichung lautet

$$\Delta\phi(\boldsymbol{x}) = 4\pi G\rho(\boldsymbol{x}) \tag{7.18}$$

G ist die Gravitationskonstante. Aus dem Gravitationspotential $\phi(r)$ leitet sich die Kraft $\boldsymbol{F}(\boldsymbol{x})$ ab, die auf eine am Ort $\boldsymbol{x}$ befindliche Masse m ausgeübt wird. Sie lautet

$$\boldsymbol{F}(\boldsymbol{x}) = -m\nabla\phi(\boldsymbol{x}) = -m\,\mathrm{grad}\,\phi(\boldsymbol{x}) = G\frac{M\,m}{r^2}\boldsymbol{n}(\boldsymbol{x}) \tag{7.19}$$

Dabei ist $\boldsymbol{n}(\boldsymbol{x})$ der von $\boldsymbol{x}$ auf das Zentrum gerichtete Einheitsvektor. Die Bewegungsgleichung der Masse m lautet daraufhin:

$$m\frac{d^2\boldsymbol{x}}{dt^2} = \boldsymbol{F}(\boldsymbol{x}) \tag{7.20}$$

Unter Verwendung von (7.19) erhält man

$$\frac{d^2\boldsymbol{x}}{dt^2} = -\nabla\phi(\boldsymbol{x}) \tag{7.21}$$

(Dabei hat sich die Masse m des Körpers herausgehoben.)

Die Newtonschen Gleichungen (7.18) und (7.21) müssen sich nun als Grenzfall (für schwache Gravitationsfelder) des ganz andersartigen Argumentationszusammenhangs der ART herausstellen. Und zwar

- muss offenbar (7.21) der Grenzfall der Bewegungsgleichung (7.15) eines Körpers in der ART sein und
- muss (7.18) der Grenzfall des Gleichungssystems (7.13) der ART für das Gravitationsfeld sein.

Zur Überprüfung beginnen wir mit dem einfacheren Fall, der Bewegungsgleichung (7.15). In dieser Gleichung kann man die Geschwindigkeiten $\frac{dx}{d\tau}$ von Planeten, Meteoren, Satelliten gegenüber $\frac{dt}{d\tau}$ vernachlässigen. (Dies entspricht der Vernachlässigung des Weges, die ein Körper innerhalb der Zeit $d\tau$ im Vergleich zum Licht zurücklegt.)

Dann nimmt (7.15) die Form an:

$$\frac{d^2x^\mu}{d\tau^2} + \Gamma^\mu_{00}(\boldsymbol{x})\left(\frac{dt}{d\tau}\right)^2 = 0 \tag{7.22}$$

Für $\Gamma^\mu_{00}(\boldsymbol{x})$ verwenden wir (7.16). Da das Gravitationsfeld stationär ist und damit $g_{\mu\nu}(x^0, x^1, x^2, x^3)$ nicht von der Zeit x^0 abhängt, entfallen alle Zeitableitungen von $g_{\mu\nu}(\boldsymbol{x})$ und $\Gamma^\mu_{00}(\boldsymbol{x})$ wird:

$$\Gamma^\mu_{00}(\boldsymbol{x}) = -\frac{1}{2}g^{\mu\nu}(\boldsymbol{x})\frac{\partial g_{00}(\boldsymbol{x})}{\partial x^\nu} \tag{7.23}$$

Berücksichtigt man, dass das Gravitationsfeld (selbst das der Sonne!) schwach ist, dann sind die Abweichungen der allgemeinen Metrik $g^{\mu\nu}(\boldsymbol{x})$ von der Metrik $\eta^{\mu\nu}$ der SRT klein. Das heißt:

$$g_{\alpha\beta}(\boldsymbol{x}) = \eta_{\alpha\beta} + h_{\alpha\beta}(\boldsymbol{x}) \quad \text{mit } |h_{\alpha\beta}(\boldsymbol{x})| \ll 1 \tag{7.24}$$

In erster Ordnung in $h_{\alpha\beta}(\boldsymbol{x})$ gilt daher statt (7.23)

$$\Gamma^\mu_{00}(\boldsymbol{x}) = -\frac{1}{2}\eta^{\mu\nu}\frac{\partial h_{00}(\boldsymbol{x})}{\partial x^\nu} \tag{7.25}$$

Dividiert man (7.22) durch $\left(\frac{dt}{d\tau}\right)^2$, setzt den Ausdruck in (7.25) ein und fasst die Komponenten $\mu = 1, 2, 3$ zusammen, so entsteht:

$$\frac{d^2\boldsymbol{x}}{d\tau^2} \cdot \left(\frac{d\tau}{dt}\right)^2 = \frac{d^2\boldsymbol{x}}{dt^2} = +\frac{1}{2}\nabla h_{00}(\boldsymbol{x}) \tag{7.26}$$

Vergleicht man (7.26) mit der Newtonschen Bewegungsgleichung (7.21), so muss in dieser Näherung gelten

$$h_{00}(\boldsymbol{x}) = -2\phi(\boldsymbol{x}) \tag{7.27}$$

bzw.

$$g_{00}(\boldsymbol{x}) = -(1 + 2\phi(\boldsymbol{x})) \tag{7.28}$$

In Newtonscher Näherung muss daher die größte Komponente $g_{00}(\boldsymbol{x})$ des Metriktensors die Form (7.28) annehmen. Dann ergibt sich in dieser Näherung aus (7.15) die Newtonsche Bewegungsgleichung (7.21). Gemäß (7.18) bedeutet dies auch, dass $g_{00}(\boldsymbol{x})$ in Newtonscher Näherung der Feldgleichung

$$\Delta g_{00}(\boldsymbol{x}) = -8\pi G\rho(\boldsymbol{x}) \tag{7.29}$$

gehorchen muss.

Einstein hatte nun die Aufgabe, einen Tensor$G_{\mu\nu}(\boldsymbol{x})$ zu finden,
- der von dem Metriktensor $g_{\alpha\beta}(\boldsymbol{x})$ und dessen ersten und zweiten Ableitungen abhängt und
- der einer Tensorgleichung als Feldgleichung für $g_{\alpha\beta}(\boldsymbol{x})$ genügt, die einerseits in beliebigen Koordinatensystemen kovariant ist, und sich andererseits in Newtonscher Näherung auf (7.29) reduziert.

Er fand diese Gleichung (bzw. dieses Gleichungssystem) in Gestalt von (7.13). Die entsprechende Herleitung wird in Abschnitt 7.4 skizziert.

Das Inklusionsprinzips ist dann erfüllt, wenn
- bei Vorliegen nichtrelativistischer gewöhnlicher Materie der Energie-Impuls-Tensor durch die große Komponente

$$T_{00}(\boldsymbol{x}) \cong \rho(\boldsymbol{x}) \tag{7.30}$$

bestimmt wird und
- der Tensor $G_{\mu\nu}(\boldsymbol{x})$ sich in Newtonscher Näherung, d. h. bei schwachen stationären Gravitationsfeldern auf die große Komponente

$$G_{00}(\boldsymbol{x}) \cong \Delta g_{00}(\boldsymbol{x}) \tag{7.31}$$

reduziert.

Mithilfe der Gleichungen (7.26) bis (7.31) ist dann der Anschluss der Grundgleichungen (7.15) und (7.13) der ART an die Newtonsche Theorie (7.21) und (7.18) erreicht.

Das ist allerdings nur eine notwendige Bedingung für die Geltung der ART. Erst wenn die über die Newtonsche Theorie hinausreichenden Folgerungen der ART in der Wirklichkeit zutreffen, hat sie sich voll bewährt. Das ist bisher in erstaunlichem Maße der Fall.

7.3 Anwendungen der ART

Die Art der Anwendungen der ART lässt sich verstehen, wenn wir ihre Rolle im Rahmen der großen Theorien näher charakterisieren. Der Ausgangspunkt der Mechanik (Kapitel 3) und der Elektrodynamik (Kapitel 5) war anschaulich und nach einiger Zeit der Entwicklung gab es eine Fülle von Anwendungen, die bis heute fortdauern. Bei der ART war es anders: Als Gravitationstheorie setzte sie bei der schon in hohem Maße bewährten Newtonschen Gravitationstheorie an, die sie deshalb auch im Sinne des Inklusionsprinzips mit einschließen musste. Aufbauend auf der Riemannschen nicht euklidischen Geometrie ließ sie sich nur mit großem mathematischem Aufwand herleiten (siehe Abschnitt 7.4). Als Anwendungen blieben ihr, soweit ersichtlich, nur einige übrig gebliebene, ungeklärte Feinheiten der Newtonschen Theorie zur Erklärung übrig. Skeptiker konnten deshalb das ungünstige Verhältnis von Aufwand zu Ertrag kritisieren, etwa in der Art von Horaz: "Parturient montes, nascetur ridiculus mus" (Es kreißen die Berge, geboren wird eine lächerliche Maus).

Doch es kam anders.

Wenn wir wie bei der Newtonschen Mechanik auch bei der ART eine Einteilung in irdische, astronomische und kosmologische Anwendungen vornehmen, so kamen zwar tatsächlich die Möglichkeiten irdischer Anwendungen erst spät zum Zuge: heutzutage beim Global Positioning System (GPS), das ohne Berücksichtigung von SRT und ART nicht funktionieren würde (7.3.2.2).

Anders war es schon bei den astronomischen Anwendungen in der Welt der Sterne. Kleine, aber von Astronomen exakt nachmessbare Änderungen von Newtonschen Bahnkurven (Ablenkung des Sternenlichts am Sonnenrand, Periheldrehung der Merkurbahn) bestätigten die ART quantitativ (7.3.2). Später kamen astrophysikalische Extremfälle wie Schwarze Löcher dazu, die nur im Rahmen der ART erklärt werden können.

Die eigentliche Tiefe der ART zeigte sich indessen erst bei ihrer grandiosen Anwendung auf den Kosmos: Ohne Übertreibung kann man sagen: Erst mithilfe der ART war es möglich, einen konsistenten physikalischen Rahmen für den Kosmos aufzustellen, der den Rang einer Rahmentheorie hat und die jahrtausendealten Spekulationen hinter sich gelassen hat (Kapitel 8 Kosmologie).

7.3.1 GPS nicht ohne SRT und ART

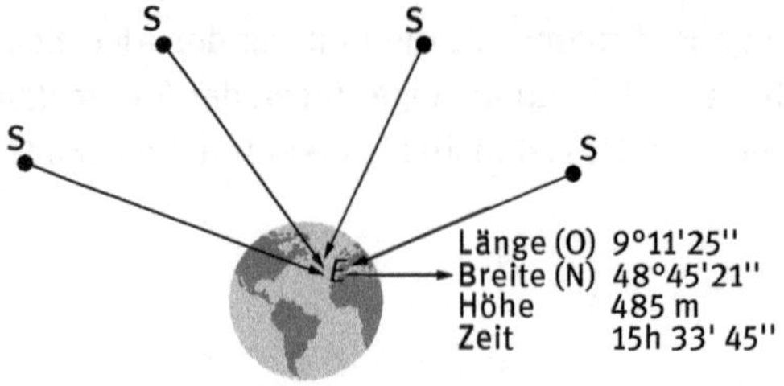

Abb. 7.1. Das Satellitensystem bei „Global Positioning System" (GPS).

Bei dem Global Positioning System (GPS) geht es darum, mithilfe von Satelliten (S), die sich in einer Höhe von ca. 20 200 km über der Erdoberfläche befinden, einen Empfänger (E) auf der Erde genau zu orten. Zur Ortung dienen Laufzeitmessungen zwischen drei Satelliten und dem Empfänger. Für die exakte Messung der Signallaufzeiten hat jeder Satellit Atomuhren an Bord. Aus den Positionsangaben der drei Satelliten und den drei Signallaufzeiten lässt sich die Position des Empfängers auf der Erde bestimmen (Man erhält ein System von drei Gleichungen für die drei Koordinaten des Empfängers auf der Erde). An dieser Stelle ist jedoch noch zu beachten, dass die Uhr des Empfängers nicht die gewünschte Genauigkeit erreichen kann, um verlässliche Signallaufzeiten zu bestimmen. Aus diesem Grund wird noch ein vierter Satellit herangezogen. Über ihn erhält man eine vierte Gleichung und kann damit die Empfängerzeit eliminieren. Mit dem GPS können Standortbestimmungen auf 30 m genau erreicht werden. Diese Distanz legen elektromagnetische Wellen in $10 \cdot 10^{-9}$ s zurück. Diese Abschätzung zeigt, dass äußerst genaue Zeit- bzw. Frequenzmessungen notwendig sind und deshalb auch noch so kleine Effekte der Relativitätstheorie zu berücksichtigen sind. Es kommen zwei Effekte ins Spiel:

- Aus der SRT ist schon die relativistische Zeitdilatation bekannt. Sie besagt, dass die bewegte Uhr im Satelliten langsamer geht als die Uhr des Empfängers auf der Erde.
- Mit der ART hat Einstein gezeigt, dass die Gravitation einen Einfluss auf die Zeit hat, und zwar: Je größer die Gravitation, desto langsamer vergeht die Zeit.

Beide Effekte wirken beim GPS System in entgegengesetzter Richtung.

Zur quantitativen Berechnung dieser Effekte betrachten wir das stationäre Gravitationsfeld eines kugelförmigen Körpers der Masse M (z. B. der Erde). Die Lösung der Einsteinschen Gleichungen für den Außenraum des Körpers hatte Karl Schwarzschild (1873–1916) gefunden. Er konnte die Metrikkoeffizienten $g_{\nu\mu}(\boldsymbol{x})$ bzw. das – gegenüber beliebigen Koordinatentransformationen invariante – Zeitdifferential $d\tau^2$ berechnen. Unter Verwendung von Kugelkoordinaten erhielt er die exakte Lösung:

$$d\tau^2 = (1 + 2\phi(r))dt^2 - (1 + 2\phi(r))^{-1}dr^2 - r^2 d\vartheta^2 - r^2 \sin^2 \vartheta d\varphi^2 \tag{7.32}$$

Dabei ist $\phi(r)$ das aus der Newtonschen Gravitationstheorie bekannte Potential

$$\phi(r) = -G\frac{M}{r} \tag{7.33}$$

Man beachte, dass im verwendeten Maßsystem $c = 1$ gesetzt wurde. Dadurch erhalten Zeiten die Dimension von Metern. Die Geschwindigkeit v wird ebenso wie das Potential ϕ dimensionslos. Der numerische Wert von v ist derselbe wie der von $\beta = v/c$ im alten Maßsystem. Da die hier betrachteten Geschwindigkeiten sehr klein gegenüber der Lichtgeschwindigkeit sind, ist $|v_S|$ stets sehr klein gegenüber 1.

Für die Erdmasse M und die hier betrachteten Radien r_S (Radius der Satellitenbahn) und r_E (Erdradius) sowie für die Satellitengeschwindigkeit v_S gilt dann:

$$|v_S| \ll 1\,, \quad |\phi(r_S)| \ll 1\,, \quad |\phi(r_E)| \ll 1 \tag{7.34}$$

Deshalb folgt aus (7.32) beim Übergang zu kartesischen Koordinaten und Beachtung der Größenordnungen aus (7.34) folgende Näherung für $d\tau^2$:

$$\begin{aligned} d\tau^2 &= (1 + 2\phi(r))dt^2 - dx^2 - dy^2 - dz^2 \\ &= -g_{\nu\mu}(\boldsymbol{x})dx^\nu dx^\mu \end{aligned} \tag{7.35}$$

Bei der Taylorentwicklung des Faktors $(1 + 2\phi(r))^{-1}$ entstehen Produkte der Form $\phi(r))dr^2, \ldots$ und $\phi(r))dt^2$. Da $|v_S| \ll 1$ ist nur $\phi(r))dt^2$ weiter zu berücksichtigen.

In dieser Näherung gilt also:

$$\{g_{\nu\mu}(\boldsymbol{x})\} = \begin{pmatrix} -(1 + 2\phi(r)) & 0 & 0 & 0 \\ 0 & 1 & 0 & 0 \\ 0 & 0 & 1 & 0 \\ 0 & 0 & 0 & 1 \end{pmatrix} \tag{7.36}$$

Wir betrachten nun an drei verschiedenen Raum-Zeit-Punkten P_∞, P_S, P_E die Zeitintervalle $d\tau$ bzw. $d\tau^2$ unter Verwendung kartesischer (t, x, y, z) bzw. Polarkoordinaten $(t, r, \vartheta, \varphi)$.

$P_\infty(t, r_\infty, \vartheta_0, \varphi_0)$ ist ein ruhender Ort, der unendlich weit vom Massenmittelpunkt entfernt ist $(r_\infty, \vartheta_0, \varphi_0)$.

$P_S(t, x_S(t), y_S(t), z_S(t))$ ist der Ort des Satelliten, der mit der Geschwindigkeit $\boldsymbol{v}_S = \frac{d\boldsymbol{x}_S(t)}{dt}$ im Abstand r_S vom Erdmittelpunkt um die Erde kreist.

$P_E(t, x_E, y_E, z_E)$ ist der Ort des Empfängers, der im Abstand r_E vom Erdmittelpunkt auf der Erdoberfläche ruht, bzw. sich langsam bewegt.

– Im unendlich entfernten Punkt P_∞ verschwindet das Potential $\phi(r_\infty) = 0$. Damit stimmen dort die Metrik Koeffizienten mit denen der SRT überein. Das bedeutet: die Schwarzschild Metrik geht asymptotisch in die SRT Metrik über.

$$d\tau_\infty^2 = dt^2 \quad \text{bzw.} \quad d\tau_\infty = dt \tag{7.37}$$

Damit stimmt für den im Koordinatensystem (t, x, y, z) ruhenden Weltpunkt P_∞ das invariante, physikalisch maßgebende Zeitintervall $d\tau_\infty$ mit dem Intervall dt des Koordinatensystems überein.

- Für das invariante, physikalisch maßgebende Zeitintervall $d\tau_S$ am Weltpunkt P_S des Satelliten gilt

$$d\tau_S^2 = (1 + 2\phi(r_S))\, dt^2 - \left(\frac{d\boldsymbol{x}_S(t)}{dt}\right)^2 dt^2$$
$$= \left(1 - 2\frac{GM}{r_S}\right) dt^2 - v_S^2 dt^2 \tag{7.38}$$

bzw.

$$d\tau_S = \sqrt{1 - 2\frac{GM}{r_S} - v_S^2}\, dt$$
$$\approx \left(1 - \frac{1}{2}\left(2\frac{GM}{r_S} + v_S^2\right)\right) dt \ < dt \tag{7.39}$$

- Das invariante, physikalisch maßgebende Zeitintervall $d\tau_E$ für den auf der Erdoberfläche ruhenden Empfänger ergibt sich aus

$$d\tau_E^2 = (1 + 2\phi(r_E))\, dt^2 = \left(1 - 2\frac{GM}{r_E}\right) dt^2 \tag{7.40}$$

bzw.

$$d\tau_E = \sqrt{1 - 2\frac{GM}{r_E}}\, dt \approx \left(1 - \frac{1}{2}\frac{2GM}{r_E}\right) dt \ < dt \tag{7.41}$$

Aus den Gleichungen (7.39) und (7.41) sieht man, dass an den Weltpunkten P_S und P_E die Zeitintervalle gegenüber dem unendlich entfernten Weltpunkt P_∞ verkürzt sind: $d\tau_S < dt$ und $d\tau_E < dt$. Das heißt, die Zeit vergeht an den Weltpunkten P_S und P_E langsamer als an dem unendlich entfernten Weltpunkt P_∞.

Das Zeitintervall $d\tau_S$ (7.39) enthält zwei Anteile: den Gravitationsanteil (hervorgerufen durch die Masse M) und den Geschwindigkeitsanteil (hervorgerufen durch die Geschwindigkeit, mit der der Satellit die Erde umkreist). Beim Zeitintervall $d\tau_E$ auf der Erde (7.41) spielt nur die Gravitation eine Rolle. Bildet man den Quotienten beider Zeitintervalle, so erhält man

$$\frac{d\tau_E}{d\tau_S} = \frac{\sqrt{1 - 2\frac{GM}{r_E}}}{\sqrt{1 - 2\frac{GM}{r_S} - v_S^2}} \tag{7.42}$$

Die Taylorentwicklung beider Wurzeln ergibt

$$\frac{d\tau_E}{d\tau_S} \approx \left(1 - \frac{GM}{r_E}\right) \cdot \left(1 + \frac{GM}{r_S} + \frac{1}{2}v_S^2\right)$$

Multipliziert man die Klammern aus und nimmt nur die größten Glieder mit, so ergibt sich

$$\frac{d\tau_E}{d\tau_S} \approx 1 - \frac{GM}{r_E} + \frac{GM}{r_S} + \frac{1}{2}v_S^2 = 1 - \frac{\Delta_G\tau}{\tau} + \frac{\Delta_v\tau}{\tau} \tag{7.43}$$

Der zweite Summand in Gleichung (7.43) enthält den Gravitationseffekt $\frac{\Delta_G\tau}{\tau}$ und der dritte den Geschwindigkeitseffekt $\frac{\Delta_v\tau}{\tau}$. Beide Effekte sind gegenläufig. Ebenso wie im Verhältnis der beiden Zeitintervalle treten der Gravitations- und Geschwindigkeitseffekt auch im Verhältnis der emittierten und empfangenen Frequenzen auf. Hierzu betrachten wir die Wellenzüge, die an den Weltpunkten P_S, P_E bzw. P_∞ in den Zeitintervallen $d\tau_S$, $d\tau_E$ bzw. $d\tau_\infty$ emittiert werden. Zwischen den Anzahlen dN der Wellen, die mit den Frequenzen ν in den Zeitintervallen $d\tau$ emittiert werden, besteht folgende Beziehung

$$dN_S = \nu_S d\tau_S\,, \quad dN_E = \nu_E d\tau_E\,, \quad dN_\infty = \nu_\infty d\tau_\infty \tag{7.44}$$

Diese Wellenzüge werden an dem anderen Weltpunkt in dessen entsprechenden Zeitintervallen empfangen. Die Anzahl der emittierten und empfangenen Wellzüge muss an beiden Orten übereinstimmen. Deshalb muss gelten:

$$dN_S = dN_E = dN_\infty = dN \quad \text{bzw.} \quad \nu_S d\tau_S = \nu_E d\tau_E = \nu_\infty d\tau_\infty \tag{7.45}$$

Daraus folgt:

$$\frac{d\tau_E}{d\tau_S} = \frac{\nu_S}{\nu_E}; \quad \frac{d\tau_\infty}{d\tau_E} = \frac{\nu_E}{\nu_\infty}; \quad \frac{d\tau_S}{d\tau_\infty} = \frac{\nu_\infty}{\nu_S} \tag{7.46}$$

Mit (7.42) ergibt sich

$$\frac{\nu_E}{\nu_S} = \frac{d\tau_S}{d\tau_E} = \frac{\sqrt{1 - 2\frac{GM}{r_S} - v_S^2}}{\sqrt{1 - 2\frac{GM}{r_E}}} \tag{7.47}$$

Wie bei (7.42) werden auch hier die Wurzeln nach Taylor entwickelt und nur die größten Terme mitgenommen.

$$\begin{aligned} \frac{\nu_E}{\nu_S} &= \left(1 - \frac{GM}{r_S} - \frac{1}{2}v_S^2\right) \cdot \left(1 + \frac{GM}{r_E}\right) \\ &\approx 1 + \frac{GM}{r_E} - \frac{GM}{r_S} - \frac{1}{2}v_S^2 = 1 + \frac{\Delta_G\nu}{\nu} - \frac{\Delta_v\nu}{\nu} \end{aligned} \tag{7.48}$$

Bezogen auf die Frequenzen ist also der Gravitationseffekt

$$\frac{\Delta_G\nu}{\nu} = \frac{GM}{r_E} - \frac{GM}{r_S}$$

und der Geschwindigkeitseffekt

$$\frac{\Delta_v\nu}{\nu} = \frac{1}{2}v_S^2$$

Zur Berechnung der beiden Effekte verwenden wir folgende Werte:
Erdradius $r_E = 6378\,\text{km}$.

GM aus in (7.43) $GM = 3{,}986 \cdot 10^{14}\,m^3/s^2$.
Umlaufbahn der Satelliten $r_S = 26\,561$ km

Das entspricht einer Höhe von 20 183 km über der Erde.

Satellitengeschwindigkeit $v_S = 3874$ m/s.

Mit diesen Zahlenwerten ergibt sich für die beiden Summanden in (7.48)

$$\frac{\Delta_G \nu}{\nu} = 5{,}28 \cdot 10^{-10} \quad \frac{\Delta_v \nu}{\nu} = 0{,}835 \cdot 10^{-10} \tag{7.49}$$

Der positive Gravitationseffekt übertrifft den negativen Geschwindigkeitseffekt um etwa das Sechsfache. Gegenüber der vom Satelliten emittierten Frequenz ν_S, ist die auf der Erde empfangene Frequenz v_e vermöge der relativistischen Korrekturen etwas höher.

Bei GPS erfolgt die Signalübertragung auf einer Modulationsfrequenz von 10,23 MHz. Um die relativistischen Korrekturen der Frequenzverschiebung nicht jedes Mal in die Berechnung einbeziehen zu müssen, reduziert man die Modulationsfrequenz um $4{,}44 \cdot 10^{-8}$% auf 10,229999995453 MHz. Damit wird der relativistische Frequenzverschiebungseffekt für die Satellitenuhr korrigiert. Der Fehler bei Nichtberücksichtigung dieses Effektes würde mit der Messzeit wachsen und pro Sekunde einen Fehler der Längenbestimmung (bzw. Positionsbestimmung) von 13 cm verursachen. Das wären in einer Stunde bereits etwa 500 m.

Man kann sich nun fragen, ob es der ganzen ART bedarf, um den einfachen Effekt der Frequenzverschiebung zu erklären. Eine solche einfache Erklärung gibt es tatsächlich: In der Quantentheorie besteht das Licht (im Sinne des Welle-Teilchen-Dualismus, siehe Kapitel 10) aus Photonen der Energie $E = h\nu$. Läuft das Photon von einem schwachen Gravitationspotential $\phi(S)$ in ein starkes $\phi(E)$, so nimmt gemäß (7.48) die Frequenz zu. (Es findet eine Blauverschiebung statt.) Das bedeutet zugleich eine Energiezunahme gemäß

$$\frac{\Delta E}{E} = \frac{h\Delta\nu}{h\nu} = \Delta\phi = \phi(S) - \phi(E) > 0 \tag{7.50}$$

Es gibt auch den umgekehrten Fall: Läuft das Photon aus einem starken Gravitationsfeld (z. B. eines Sternes) in ein Gebiet ohne bzw. schwacher Gravitation, so findet eine Frequenzabnahme bzw. eine Rotverschiebung statt.

7.3.2 Astronomische Bestätigungen der ART

7.3.2.1 Einsteins Gedankenversuch

Einstein vertraute stark auf seine Intuition und legte anhand von Gedankenexperimenten manch eine Grundlage zur Allgemeinen Relativitätstheorie. Ein Beispiel hierfür ist das berühmt gewordene Gedankenexperiment, aus dem die Äquivalenz von träger und schwerer Masse folgte. Es besteht aus einem geschlossenen Laborsystem, in dem sich ein Körper der Masse m und ein Experimentator befinden. Der Experimentator ist in diesem Laborsystem eingeschlossen und weiß nicht, in welcher Umgebung er sich befindet. Er untersucht die Kraft F, die auf den Körper wirkt. Die Kraft auf den Körper kann zwei unterschiedliche Gründe haben:

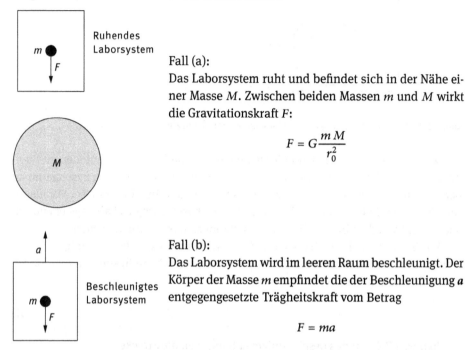

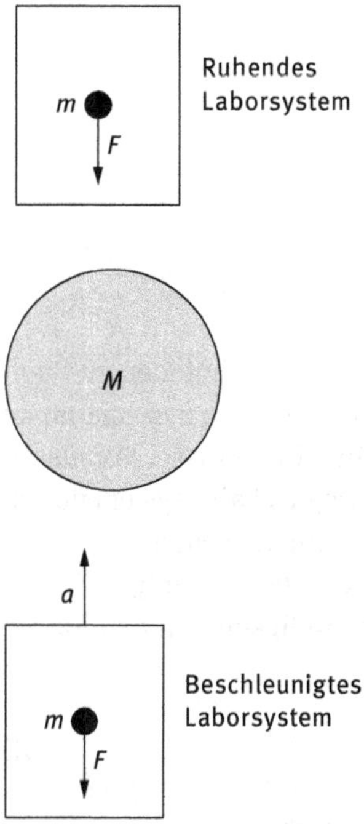

Fall (a):
Das Laborsystem ruht und befindet sich in der Nähe einer Masse M. Zwischen beiden Massen m und M wirkt die Gravitationskraft F:

$$F = G\frac{m\,M}{r_0^2}$$

Fall (b):
Das Laborsystem wird im leeren Raum beschleunigt. Der Körper der Masse m empfindet die der Beschleunigung $\boldsymbol{a}$ entgegengesetzte Trägheitskraft vom Betrag

$$F = ma$$

Abb. 7.2. Gedankenversuch zur Äquivalenz von träger und schwerer Masse.

Es stellt sich nun die Frage: Kann der Experimentator entscheiden, ob sich sein Laborsystem im Gravitationsbereich einer Masse befindet oder ob sein Laborsystem beschleunigt wird? Er kann verschiedenste Untersuchungen anstellen, aber er findet kein Experiment, das auf die Ursache der Kraft schließen lässt. Daher ist Einsteins Antwort: Der Experimentator kann innerhalb seines Systems nicht aufklären, ob Fall (a) oder Fall (b) vorliegt. Damit kann man nicht unterscheiden, ob das System beschleunigt wird (träge Masse) oder eine andere Masse M die Kraft auf den Körper der Masse m ausübt (schwere Masse). Dieses Gedankenexperiment führt Einstein zunächst zum schwachen Äquivalenzprinzip. Es besagt: Schwere und träge Masse sind äquivalent.

Dieses Prinzip wurde von Einstein zum starken Äquivalenzprinzip verallgemeinert. Es besagt: Ein Beobachter in einem geschlossenen Laborsystem ohne Wechselwirkung nach außen kann durch überhaupt kein Experiment feststellen, ob er sich im gravitationsfreien Raum oder im freien Fall in der Nähe einer Masse befindet.

Das Äquivalenzprinzip gilt allerdings nur lokal. Denn ein Körper, der sich näher am Gravitationszentrum befindet, wird von diesem stärker angezogen als ein Körper, der weiter weg ist.

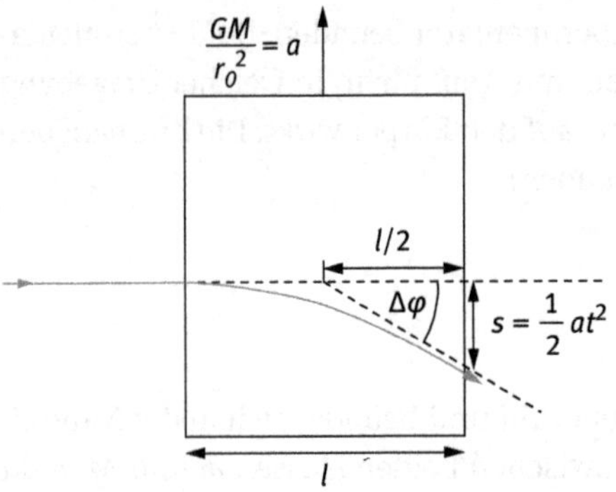

Abb. 7.3. Lichtablenkung im Gravitationsfeld gemäß dem Äquivalenzprinzip.

Als Nächstes versuchte Einstein dieses Gedankenexperiment auf Photonen zu übertragen. Er ging davon aus, dass Experimente in einem beschleunigten System und im Bereich eines Gravitationsfeldes nicht zu unterscheiden sind. Unter dieser Voraussetzung ist das Verhalten eines Lichtstrahls, der ein beschleunigtes Laborsystem durchquert, nicht von dem innerhalb eines Gravitationsfeldes zu unterscheiden.

Wir betrachten ein nach oben mit der Beschleunigung $|\boldsymbol{a}|$ beschleunigtes Laborsystem. Der Lichtstrahl tritt von links mit der Lichtgeschwindigkeit c in den Kasten ein. Er durchquert den Kasten in der Zeit

$$t = \frac{l}{c} \tag{7.51}$$

In dieser Zeit hat das beschleunigte Laborsystem die Strecke

$$s = \frac{1}{2}at^2 \tag{7.52}$$

zurückgelegt. Vom Laborsystem aus gesehen, ist der Lichtstrahl nicht geradeaus geflogen, sondern wurde um den Winkel $\Delta\varphi$ abgelenkt.

$$\Delta\varphi = \frac{\frac{1}{2}at^2}{l/2} = \frac{at^2}{l} = \frac{al}{c^2} \tag{7.53}$$

Würde die Beschleunigung durch die Gravitation eines Körpers der Masse M im Abstand r_0 hervorgerufen, so müsste gelten

$$\frac{GM}{r_0^2} = a \tag{7.54}$$

die von einer Masse M auf den im geringsten Abstand r_0 vorbeifliegenden Lichtstrahl ausgeübt wird. Wenn R_0 der Radius einer Sonnenkugel der Masse M ist, an welcher der Strahl vorbeifliegt, ist es sinnvoll, im Vergleich zu dem Kasten zu setzen

$$R_0 \approx l/2 \tag{7.55}$$

Einsetzen von (7.54) und (7.55) in (7.53) ergibt

$$\Delta\varphi = \frac{GM \cdot 2R_0}{r_0^2 c^2} = \frac{R_0}{r_0}\frac{r_S}{r_0} \tag{7.56}$$

Dabei ist r_S der Schwarzschildradius

$$r_S = \frac{2GM}{c^2} \tag{7.57}$$

Er wurde bei der zuerst von Schwarzschild vollzogenen allgemein relativistischen Berechnung der Gravitation einer kugelförmigen Masse angegeben. Den größten Ablenkungswinkel erhält man, wenn der Lichtstrahl die Sonnenoberfläche streift, wenn also $r_0 = R_0$ ist. Dann ergibt sich

$$\Delta\varphi_{\max} = \frac{r_S}{R_0} \tag{7.58}$$

7.3.2.2 Bahnberechnungen im Rahmen der ART

Nunmehr gehen wir vom Gedankenversuch zu der strengen allgemein relativistischen Rechnung über. Bei schwachen Gravitationsfeldern (zu denen auch das Feld der Sonne gehört) spielt die Newtonschen Gravitationstheorie stets die dominierende Rolle. Die Berücksichtigung der ART führt nur zu kleinen Abweichungen gegenüber den bekannten Ergebnissen. Diese dienen aber einer Überprüfung der ART. Die Änderungen durch die ART sind allerdings allein schon deswegen interessant, da sie aus einem völlig anderen Begriffssystem und Formalismus heraus erfolgen müssen: Nicht Newtonsche Gravitationskräfte (Kapitel 3), sondern die nicht euklidische Krümmung der Raumzeit sind jetzt die Ursache der Bewegung. Diese Überprüfung der ART erfolgte schon bald nach ihrer Aufstellung an zwei Bahnkurven um die Sonne:

- An der leicht gekrümmten Bahn des Lichtstrahls eines Sterns, der nahe an der Sonne vorbeistreicht und
- an der leicht abgeänderten Bahn des innersten Planeten Merkur um die Sonne.

In beiden Fällen ist der Ausgangspunkt nach der ART die Bewegungsgleichung (7.15)

$$\frac{d^2x^\mu}{dp^2} + \Gamma^\mu_{\nu\lambda}(\boldsymbol{x})\frac{dx^\nu}{dp} \cdot \frac{dx^\lambda}{dp} = 0 \tag{7.59}$$

Dabei ist p der Bahnparameter, der die Eigenzeit τ des Körpers oder die Zeit t des benutzten Koordinatensystems sein kann.

Zur Lösung von Gleichung (7.59) ist es jedoch sinnvoll die Kugelsymmetrie des Gravitationsfeldes der Sonne auszunutzen und sphärische Kugelkoordinaten (r, ϑ, φ) zu verwenden. Damit ergibt sich eine wesentliche Vereinfachung der Einsteinschen Feldgleichungen, aus denen sich der Metriktensor $g_{\mu\nu}(t, r, \vartheta, \varphi)$ bestimmt. Mit diesen Koordinaten wird das invariante Quadrat des Zeitintervalls $d\tau$:

$$d\tau^2 = B(r)dt^2 - A(r)dr^2 - r^2 d\vartheta^2 - r^2 \sin^2 \vartheta d\varphi^2 \tag{7.60}$$

Die Einsteinschen Feldgleichungen schrumpfen dabei zu (hier übergangenen) Gleichungen zusammen, deren berühmte Lösung im Außenraum der Sonne K. Schwarzschild schon 1916 fand:

$$B(r) = \left(1 - \frac{2MG}{r}\right), \quad A(r) = \left(1 - \frac{2MG}{r}\right)^{-1} \approx 1 + \frac{2MG}{r} \tag{7.61}$$

Zugleich sieht man, dass $d\tau$ für $r \to \infty$ in das invariante Zeitintervall der SRT übergeht. Die gekrümmte Raumzeit in der Umgebung der Sonne ist also asymptotisch in die flache Raumzeit der SRT eingebettet. Damit haben, im Außenraum der Sonne, die Koordinaten die übliche Bedeutung der Zeit und der räumlichen Polarkoordinaten.

Denn aus (7.61) sieht man, dass für $r \to \infty$ die Terme $B(r)$ und $A(r)$ gegen 1 gehen. Damit wird das invariante Quadrat des Zeitintervalls (7.60) asymptotisch

$$d\tau^2 = dt^2 - dr^2 - r^2 d\vartheta^2 - r^2 \sin^2 \vartheta d\varphi^2$$

Da $dr^2 + r^2 d\vartheta^2 + r^2 \sin^2 \vartheta d\varphi^2$ der differentielle Raumabstand in Kugelkoordinaten ist, sieht man, dass $d\tau$ für $r \to \infty$ in das invariante Zeitintervall der SRT übergeht.

Setzt man nun die so gefundene Metrik unter Benutzung der Christoffelsymbole (7.16) in die Bewegungsgleichungen (7.59) ein, so entstehen zunächst vier Gleichungen für t, r, ϑ und φ. Sie lauten

$$0 = \frac{d^2 r}{dp^2} + \frac{A'(r)}{2A(r)}\left(\frac{dr}{dp}\right)^2 - \frac{r}{A(r)}\left(\frac{d\vartheta}{dp}\right)^2 - r\frac{\sin^2\vartheta}{A(r)}\left(\frac{d\varphi}{dp}\right)^2 + \frac{B'(r)}{2A(r)}\left(\frac{dt}{dp}\right)^2 \tag{7.62}$$

$$0 = \frac{d^2\vartheta}{dp^2} + \frac{2}{r}\frac{d\vartheta}{dp}\frac{dr}{dp} - \sin\vartheta\cos\vartheta\left(\frac{d\varphi}{dp}\right)^2 \tag{7.63}$$

$$0 = \frac{d^2\varphi}{dp^2} + \frac{2}{r}\frac{d\varphi}{dp}\frac{dr}{dp} + \cot\vartheta\frac{d\varphi}{dp}\frac{d\vartheta}{dp} \tag{7.64}$$

$$0 = \frac{d^2 t}{dp^2} + \frac{B'(r)}{B(r)}\frac{dt}{dp}\frac{dr}{dp} \tag{7.65}$$

Es scheint, dass sich Einstein mit diesen vier Gleichungen der ART sehr weit von dem Newtonschen Planetenproblem (siehe Kapitel 3) wegbewegt hat. Aber der Eindruck täuscht. Gleichung (7.65) legt den Zusammenhang zwischen t und dem Bahnparameter p fest. Durch Integration erhält man

$$\frac{dt}{dp} = \frac{1}{B(r)}, \quad \text{bzw. } t \approx p \quad \text{für } B(r) \approx 1 \tag{7.66}$$

Die anderen drei Gleichungen (7.62)–(7.64) entsprechen weitgehend den Newtonschen Bahngleichungen (in Polarkoordinaten) für die Bewegung eines Körpers um die Sonne. Ähnlich wie bei der Lösung der Newtonschen Gleichungen folgen aus ihnen die sogenannten ersten Integrale, die die Erhaltungssätze beinhalten

$$\vartheta = \frac{\pi}{2} \qquad \text{d. h. Bewegung in einer Ebene} \tag{7.67}$$

$$r^2 \frac{d\varphi}{dt} = JB(r) \qquad \text{Drehimpulserhaltung} \tag{7.68}$$

$$\frac{A(r)}{B^2(r)} \left(\frac{dr}{dt}\right)^2 + \frac{J^2}{r^2} - \frac{1}{B(r)} = -E \qquad \text{Energieerhaltung} \tag{7.69}$$

Eliminiert man die Zeit t aus den Gleichungen (7.68) und (7.69), dann erhält man nur eine Gleichung für die Bahnkurve:

$$\frac{A(r)}{r^4} \left(\frac{dr}{d\varphi}\right)^2 + \frac{1}{r^2} - \frac{1}{J^2 B(r)} = -\frac{E}{J^2} \tag{7.70}$$

Aufgelöst nach $\frac{d\varphi}{dr}$ lautet sie

$$\frac{d\varphi}{dr} = \pm \frac{\sqrt{A(r)}}{r^2} \left[\frac{1}{J^2 B(r)} - \frac{1}{r^2} - \frac{E}{J^2} \right]^{-1/2}$$

mit der Lösung

$$\varphi(r) = \pm \int\limits_r \frac{\sqrt{A(r)} dr}{r^2 \sqrt{1/(J^2 B(r)) - E/J^2 - 1/r^2}} \tag{7.71}$$

Diese Lösung beschreibt sowohl die Ablenkung des Lichtstrahls im Gravitationsfeld der Sonne (siehe 7.3.2.3) wie auch die Bahn eines gebundenen Planeten um die Sonne. In beiden Fällen müssen die Konstanten E und J entsprechend gewählt werden.

7.3.2.3 Gravitationslinseneffekt

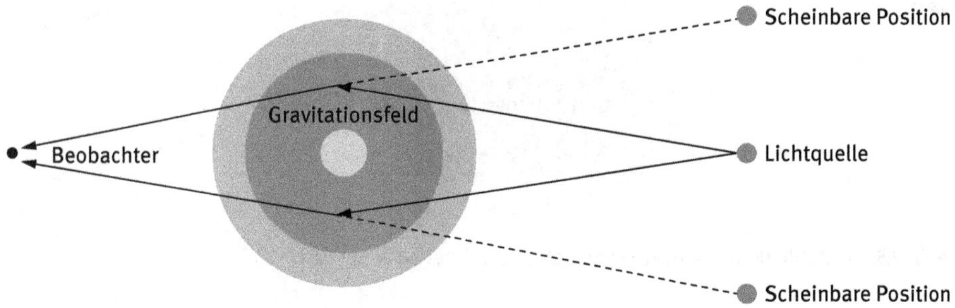

Abb. 7.4. Lichtablenkung im Gravitationsfeld: Der Gravitationslinseneffekt.

Die Ablenkung eines Lichtstrahls durch das Gravitationsfeld schwerer Massen wird in Analogie zu optischen Linsen als Gravitationslinseneffekt bezeichnet. Durch das Gravitationsfeld ändert sich die Ausbreitungsrichtung des Lichts, sodass die Position der Lichtquelle verschoben erscheint.

Dieser Effekt ergibt sich aus der Gleichung (7.69) (Energieerhaltung) und aus (7.70). Zur Berechnung der Konstanten E und J werden die Stellen $r = \infty$ und $r = r_0$ (geringster Abstand des Strahls von der Sonne) herangezogen.

$$r = \infty: \qquad A(\infty) = B(\infty) = 1\,; \quad E = 1 - \boldsymbol{v}^2 = 0 \tag{7.72}$$

$$r = r_0: \qquad \left.\frac{dr}{d\varphi}\right|_{r=r_0} = 0\,, \quad J = r_0 \frac{1}{\sqrt{B(r_0)}} - E = \frac{r_0}{\sqrt{B(r_0)}} \tag{7.73}$$

Dabei wurde berücksichtigt, dass für Photonen $\boldsymbol{v}^2 = 1$ und $E = 0$ ist.

Damit ergibt sich durch Einsetzen in (7.71)

$$\begin{aligned}\Delta\varphi(r_0) &= \varphi(r_0) \; - \varphi(\infty)\\ &= \int_{r_0}^{\infty} \frac{\sqrt{A(r)}}{r^2} \cdot \frac{dr}{\sqrt{(B(r_0)/B(r)) \cdot 1/r_0^2 - 1/r^2}}\\ &= \int_{r_0}^{\infty} \frac{\sqrt{A(r)}}{r} \cdot \frac{dr}{\sqrt{(B(r_0)/B(r)) \cdot r^2/r_0^2 - 1}}\end{aligned} \tag{7.74}$$

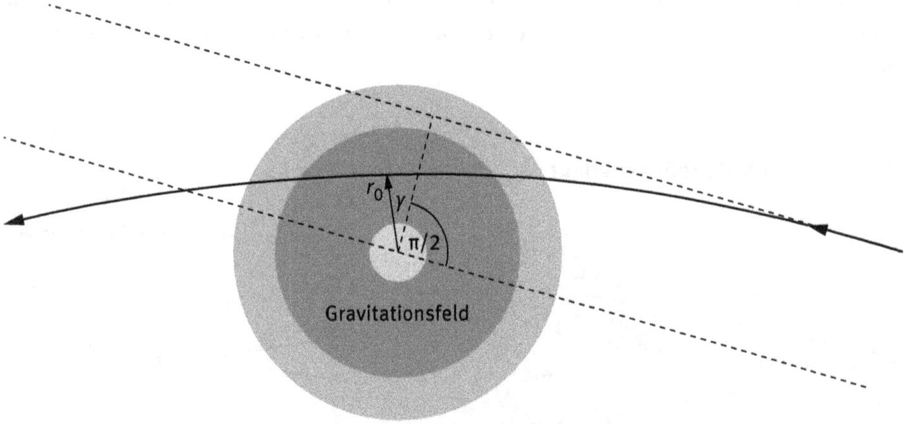

Abb. 7.5. Lichtablenkung im Gravitationsfeld, berechnet nach der ART.

Wir betrachten den Weg eines Photons im Polarkoordinatensystem des Gravitationszentrums. In unendlicher Entfernung hat das Photon die Koordinaten $r = \infty$ und $\varphi = 0$. Bei der Annäherung an die Masse wächst der Polarwinkel φ an. Würde das Photon nicht abgelenkt, so hätte es den geringsten Abstand bei $\varphi = \pi/2$ erreicht. Durch die Wirkung des Gravitationsfeldes fliegt das Photon näher an der Masse vorbei und der geringste Abstand stellt sich bei $r = r_0$ und $\Delta\varphi(r_0) = \pi/2 + \gamma(r_0)$ ein. Der Punkt des geringsten Abstandes liegt in der Mitte der symmetrischen Bahnkurve des Photons. Beim Weiterflug werden dann die Koordinaten in unendlich weiter Entfernung $r = \infty$ und $\varphi = \pi + 2\gamma(r_0)$. Wäre das Photon nicht abgelenkt worden, so wären die Koordinaten $r = \infty$ und $\varphi = \pi$. Damit beträgt der Ablenkwinkel durch das Gravitationszentrum $2\gamma(r_0)$.

Die gesamte Ablenkung von $r = \infty$ über $r = r_0$ nach $r = \infty$ gegenüber dem geradeaus vorbeifliegenden Strahl ist damit

$$\delta(r_0) = 2\Delta\varphi(r_0) - \pi = 2\gamma(r_0) \tag{7.75}$$

Die Berechnung des Integrals (7.74) ergibt unter Verwendung von (7.61) in erster Näherung in MG/r_0 für $\delta(r_0)$

$$\delta(r_0) = \frac{4MG}{r_0} \tag{7.76}$$

Mit der Sonnenmasse M_0 und ihrem Radius R_0

$$M_0 = 1{,}97 \cdot 10^{30}\,\mathrm{kg}; \quad R_0 = 6{,}95 \cdot 10^{8}\,\mathrm{m} \tag{7.77}$$

ergibt sich

$$\delta(r_0) = \frac{R_0}{r_0}\vartheta_0 \quad \text{mit} \quad \vartheta_0 = 4\frac{M_0 G}{R_0} = 1{,}75'' \tag{7.78}$$

Der im Rahmen der ART exakt berechnete Wert (7.78) des Ablenkungswinkels von nahe an der Sonne vorbeistreichenden Sternenlichtstrahlen ist doppelt so groß wie der mit dem Äquivalenzprinzip und der Newtonschen Gravitationstheorie abgeschätzte Wert (7.57). Mehrere Beobachtungen der Ablenkungen von Sternenlicht während totaler Sonnenfinsternisse haben den exakten Wert (7.78) mit großer Genauigkeit bestätigt.

7.3.2.4 Perihel Drehung

Nach dem Newtonschen Gravitationsgesetz ergibt sich für die Umlaufbahn eines Planeten um die Sonne eine Ellipse. Ein Modell, das nur die Sonne und den Planeten betrachtet, ist eine erste Näherung, die die Einflüsse der anderen Planeten vernachlässigt. Die Berücksichtigung des Gravitationsfelds der anderen Planeten sowie der Abplattung der Sonne führen zu einer Drehung des Perihels (sonnennächster Punkt der Umlaufbahn). Für die Merkurbahn ergibt sich so eine Periheldrehung von $530''$ pro Jahrhundert. Gemessen wurde allerdings $571{,}91''$ pro Jahrhundert. Diese Diskrepanz konnte Einstein mit der Allgemeinen Relativitätstheorie aufklären.

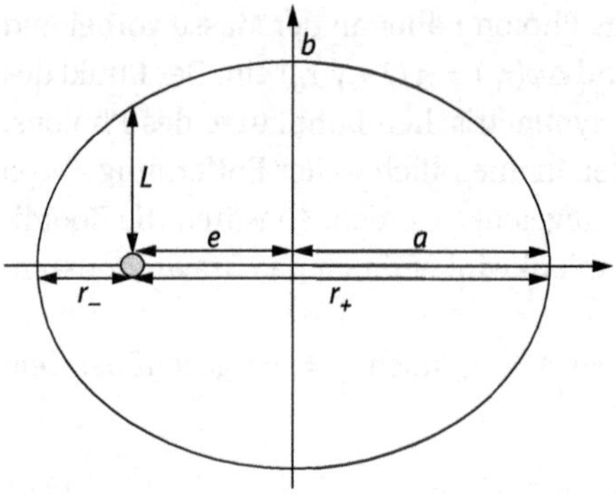

Für die Ellipse gelten folgende Beziehungen:

$$e^2 = a^2 - b^2$$
$$\varepsilon = \frac{e}{a}$$
$$r_\pm = (1 \pm \varepsilon)a$$
$$L = (1 - \varepsilon^2)a$$

Abb. 7.6. Zur Berechnung des relativistischen Beitrags zur Periheldrehung der Merkurbahn.

Für den größten Abstand von der Sonne (Aphel, r_+) und den kleinsten Abstand (Perihel, r_-) gilt:

$$\left.\frac{dr}{d\varphi}\right|_{r_+} = \left.\frac{dr}{d\varphi}\right|_{r_-} = 0 \qquad (7.79)$$

Setzt man diese Stellen in die Bahngleichung (7.70) ein, so erhält man

$$\frac{1}{r_\pm^2} - \frac{1}{J^2 B(r_\pm)} = -\frac{E}{J^2} \qquad (7.80)$$

Hiermit kann man die Konstanten E und J^2 durch r_+ und r_- ausdrücken.

$$E = \frac{\frac{r_+^2}{B(r_+)} - \frac{r_-^2}{B(r_-)}}{r_+^2 - r_-^2}$$

$$J^2 = \frac{\frac{1}{B(r_+)} - \frac{1}{B(r_-)}}{\frac{1}{r_+^2} - \frac{1}{r_-^2}} \qquad (7.81)$$

Beim Durchlaufen der Bahn von r_- bis r wird entsprechend (7.71) der Winkel φ überstrichen

$$\varphi(r) = \varphi(r_-) + \int_{r_-}^{r} \frac{\sqrt{A(r)}}{r^2} \left(\frac{1}{J^2 B(r)} - \frac{E}{J^2} - \frac{1}{r^2} \right)^{-1/2} dr \qquad (7.82)$$

Die Winkeländerung beim Lauf von r_- nach r_+ ist dieselbe wie beim Lauf von r_+ nach r_-. Die totale Winkeländerung per Umlauf ist dann

$$\Delta_{\text{tot}}\varphi = 2(\varphi(r_+) - \varphi(r_-)) \qquad (7.83)$$

Wenn die Bahnkurve eine geschlossene Ellipse wäre, müsste sich 2π ergeben. Das ist aber nicht der Fall. Vielmehr ändert die Ellipsenachse ihre Richtung, sie präzessiert. Der Präzessionswinkel pro Umlauf ist also

$$\Delta\varphi = 2(\varphi(r_+) - \varphi(r_-)) - 2\pi \qquad (7.84)$$

Die etwas langwierige aber mittels (7.82) direkte Berechnung von $\Delta\varphi$ ergibt:

$$\Delta\varphi = 6\pi\frac{MG}{L} \tag{7.85}$$

mit

$$r_{\pm} = (1 \pm \varepsilon)a\,, \quad L = (1 - \varepsilon^2)a \tag{7.86}$$

Natürlich kumuliert die Präzession mit jedem Umlauf.

Der Merkur zeigt die größte Präzession. Für ihn wurde berechnet

$$\Delta\varphi_{\mathrm{ART}} = 43{,}03'' \text{ pro Jahrhundert} \tag{7.87}$$

und beobachtet: $\Delta\varphi_{\mathrm{obs}} = 43{,}11'' \pm 0{,}45''$ pro Jahrhundert

Mit diesem ART Anteil in der Präzession hatte Einstein den fehlenden Wert geklärt und eine erste Bestätigung für die Allgemeine Relativitätstheorie aufgezeigt.

7.4 Die Herleitung der Gleichungen der ART

Nein! Diesen Abschnitt muss man sich nicht antun. In der Tat kann man sich mit Abschnitt 7.2 begnügen, wenn man mit dem Einblick in das Endresultat der ART zufrieden ist.

Hat man dagegen den Anspruch, wirklich über das Zustandekommen der ART urteilen zu können, dann muss man sich (mindestens) der Mühe dieses Abschnitts unterziehen. Als Geisteswissenschaftler und/oder Schriftsteller wird man dann – auf hoher Ebene – sogar eine gewisse Verwandtschaft zwischen der Argumentation der ART und der eigenen Arbeit verspüren, wie sich im Folgenden zeigt.

Die Theorie der klassischen Mechanik bzw. Elektrodynamik (siehe Kapitel 3 und Kapitel 5) baute auf einer Fülle von vorliegenden Experimenten auf. Ganz anders war es bei der ART. Nachdem Einstein die SRT aufgestellt hatte, war ein erster Schritt für die Behandlung von Inertialsystemen erfolgt. Der nächste Schritt zur ART kam nicht durch Orientierung an der schon vorliegenden Empirie zustande, sondern durch Nachdenken über die notwendige logische Kohärenz der geistigen Hintergrundstruktur der Wirklichkeit.

Hierbei kam Einstein die Theorie der nicht euklidischen Geometrie zu Hilfe, die der Mathematiker Bernhard Riemann (1826–1866) Mitte des 19-ten Jahrhunderts für den abstrakten n-dimensionalen Raum aufgestellt hatte.

Die Naturgesetze sollten auch in der ART unabhängig (invariant) von dem speziellen Koordinatensystem sein. Deshalb war es notwendig, die Grundgleichungen der ART in Form von kovarianten Tensorgleichungen aufzustellen.

Daher wundern Sie sich nicht, liebe Schriftsteller und Poeten. Sie sind dazu prädestiniert – auch wenn Ihnen das bisher nicht bewusst war – ein inniges Verhältnis zur Tensorrechnung zu entwickeln. So wie Sie dringend daran interessiert sind, dass

Ihr Werk in jede Sprache der Welt übersetzbar ist und übersetzt wird, um den der einzelnen Sprache übergeordneten Sinn Ihres Werkes zu demonstrieren – so war Einstein dringend daran interessiert, dass seine Theorie in jedem Koordinatensystem gilt, sodass die Geltung der Theorie über der zufälligen Wahl des jeweils benutzten Beschreibungssystems steht. Diese von Einstein angestrebte und erreichte Geltung der ART in jedem Koordinatensystem, die man auch „Kovarianz der Grundgleichungen der ART" nennt, schließt jedoch nicht aus, dass es für bestimmte Massenkonfigurationen besonders angepasste Koordinatensysteme gibt, in welchen die Grundgleichungen eine besonders einfache Form annehmen und sogar exakt gelöst werden können.
Zwei solche Fälle sind besonders wichtig:
- die in Abschnitt 7.3 verwendete, von Karl Schwarzschild gefundene exakte Metrik für eine kugelförmige Masse (d. h. Stern)
- die in Kapitel 8 eingeführte Robertson-Walker-Metrik für den frühen Kosmos mit homogen und isotrop verteilter Materie

Dieser Abschnitt hat daher eine durch die innere Logik der Herleitung der ART vorgezeichnete Gestalt:
- 7.4.1 Tensoranalysis: Sie zeigt den Umgang mit Vektoren und Tensoren, ihre Transformation zwischen beliebigen Koordinatensystemen sowie die Formulierung kovarianter Naturgesetze mithilfe von Vektoren und Tensoren.
- 7.4.2 Intuitionsleitende Einsichten zur Nichteuklidischen Geometrie: Diese dienen der Schulung der Anschauung im Hinblick auf die Nichteuklidische Geometrie.
- 7.4.3 Die Riemannsche Nichteuklidische Geometrie: In ihr vollendet sich die rein mathematische Formulierung der Nichteuklidischen Geometrie unter Verwendung der Tensorrechnung
- 7.4.4 Die Einsteinschen Gleichungen der ART für die reale Raumzeit

Vorausgesetzt ist bei 7.4.1 bis 7.4.4 die Kenntnis der Differentialrechnung auf dem Niveau der Oberstufe des Gymnasiums.

7.4.1 Tensoranalysis

Im n-dimensionalen Raum ist ein Punkt P durch n Koordinaten festgelegt. Im Koordinatensystem S werden sie beschrieben durch

$$\{\boldsymbol{x}\} = \{x^1, x^2, \ldots, x^n\} \quad \text{oder:} \quad P(x^\nu)\,.$$

In einem anderen System S' sind die Koordinaten desselben Punktes $P(x'^\mu)$:

$$\{\boldsymbol{x}'\} = \{x'^1, x'^2, \ldots, x'^n\}\,.$$

Der Übergang zwischen den Koordinatensystemen $S \to S'(\{\boldsymbol{x}\} \to \{\boldsymbol{x}'\})$ erfolgt durch eine Koordinatentransformation

$$x'^\mu = x'^\mu(x^1, x^2, \ldots, x^n) = x'^\mu(\boldsymbol{x}) \tag{7.88}$$

Die Rücktransformation $S' \to S(\{\boldsymbol{x}'\} \to \{\boldsymbol{x}\})$ wird beschrieben durch

$$x^\rho = x^\rho(x'^1, x'^2, \ldots, x'^n) = x^\rho(\boldsymbol{x}') \tag{7.89}$$

Beispiele für den Übergang zwischen verschiedenen Koordinatensystemen sind:

- Kartesisches Koordinatensystem → Polarkoordinatensystem
- Rechtwinkliges Koordinatensystem → verschobenes rechtwinkliges Koordinatensystem
- Rechtwinkliges Koordinatensystem → schiefwinkliges Koordinatensystem

Die Transformation der Differentiale von dx^ν nach dx'^μ ergibt sich durch Differenziation von (7.88)

$$dx'^\mu = \frac{dx'^\mu}{dx^\nu} dx^\nu \tag{7.90}$$

Entsprechend erfolgt die Transformation der Differentiale dx'^μ nach dx^ρ durch Differenziation von (7.89)

$$dx^\rho = \frac{dx^\rho}{dx'^\lambda} dx'^\lambda \tag{7.91}$$

In den Gleichungen (7.90) und (7.91) und im Folgenden wird konsequent die schon in Abschnitt 7.2 eingeführte Summenkonvention verwendet. Sie ist eine verkürzende Schreibweise für $\sum_{i=1}^{n} a^i b_i$ durch $a^i b_i$. Es wird also automatisch über den Index i von 1 bis n summiert, der einmal unten und einmal oben auftritt. Bei der Differenziation ist zu beachten, dass man den Index des Objekts $\frac{1}{dx'^\lambda}$ als unteren Index ansieht.

Die Differentiale dx'^μ sind lineare Funktionen der dx^ν und die dx^ρ sind lineare Funktionen der dx'^λ, wobei die Koeffizienten durch die Ableitungen $\frac{dx'^\mu}{dx^\nu}$ bzw. $\frac{dx^\rho}{dx'^\lambda}$ gegeben sind.

7.4.1.1 Kontravariante und kovariante Vektoren

Wenn wir im Folgenden von Vektoren und Tensoren sprechen, so sind es genau gesagt Vektor- und Tensor-Felder, die vom jeweiligen Punkt P abhängen. Dieser wird beschrieben durch $\boldsymbol{x}$ im Koordinatensystem S und durch $\boldsymbol{x}'$ im Koordinatensystem S'. In der ART wird der Punkt P als Raum-Zeit-Punkt oder Weltpunkt bezeichnet.

Kontravariante Vektoren $V^\nu(\boldsymbol{x})$ sind Größen, die sich beim Übergang $\{\boldsymbol{x}\} \to \{\boldsymbol{x}'\}$ mit denselben Koeffizienten transformieren wie die Differentiale $dx^\nu \to dx'^\mu$ (siehe (7.90))

$$V'^\mu(\boldsymbol{x}') = \frac{\partial x'^\mu}{\partial x^\nu} V^\nu(\boldsymbol{x}) \tag{7.92}$$

Die Indizes kontravarianter Vektoren stehen oben.

Kovariante Vektoren $U_\mu(\boldsymbol{x})$ sind Größen, die sich beim Übergang $\{\boldsymbol{x}\} \to \{\boldsymbol{x}'\}$ mit den Koeffizienten aus (7.91) transformieren

$$U'_\mu(\boldsymbol{x}') = \frac{\partial x^\rho}{\partial x'^\mu} U_\rho(\boldsymbol{x}) \tag{7.93}$$

Die Indizes kovarianter Vektoren stehen unten.

Ein Beispiel für einen kovarianten Vektor sind die Ableitungen einer skalaren Funktion $\phi(\boldsymbol{x}) = \phi(\boldsymbol{x}')$ nach den Koordinaten $\boldsymbol{x}$ bzw. $\boldsymbol{x}'$. Nach der Kettenregel gilt:

$$\frac{\partial\phi(\boldsymbol{x}')}{\partial x'^{\mu}} = \frac{\partial\,\phi(\boldsymbol{x})}{\partial x^{\rho}} \cdot \frac{\partial x^{\rho}}{\partial x'^{\mu}} \tag{7.94}$$

Zusammenhänge zwischen den Koordinaten $\boldsymbol{x}$ und $\boldsymbol{x}'$

– Die Differenziation der Koordinate x'^{ρ} nach x'^{σ} bzw. x^{ρ} nach x^{σ} ergibt

$$\frac{\partial x'^{\rho}}{\partial x'^{\sigma}} = \delta^{\rho}_{\sigma} \quad \frac{\partial x^{\rho}}{\partial x^{\sigma}} = \delta^{\rho}_{\sigma} \tag{7.95}$$

Hierbei wurde das Kronecker Symbol verwendet, das wie folgt definiert ist:

$$\delta^{\rho}_{\sigma} = \begin{cases} 1 & \text{für } \rho = \sigma \\ 0 & \text{für } \rho \neq \sigma \end{cases} \tag{7.96}$$

– Beachtet man, dass x'^{ρ} von $\{\boldsymbol{x}\}$ abhängt, so folgt aus (7.95)

$$\frac{\partial x'^{\rho}}{\partial x^{\lambda}} \cdot \frac{\partial x^{\lambda}}{\partial x'^{\sigma}} = \delta^{\rho}_{\sigma}\,.$$

Entsprechend gilt für die Abhängigkeit der x^{ρ} von $\{\boldsymbol{x}'\}$

$$\frac{\partial x^{\rho}}{\partial x'^{\lambda}} \cdot \frac{\partial x'^{\lambda}}{\partial\, x^{\sigma}} = \delta^{\rho}_{\sigma}\,.$$

Damit ergibt sich zusammenfassend

$$\frac{\partial x'^{\rho}}{\partial x^{\lambda}} \cdot \frac{\partial x^{\lambda}}{\partial x'^{\sigma}} = \delta^{\rho}_{\sigma} = \frac{\partial x^{\rho}}{\partial x'^{\lambda}} \cdot \frac{\partial x'^{\lambda}}{\partial x^{\sigma}} \tag{7.97}$$

7.4.1.2 Tensoren

Ein Tensor transformiert sich beim Übergang von einem Koordinatensystem $\{\boldsymbol{x}\}$ zu einem beliebig anderen $\{\boldsymbol{x}'\}$ am selben Punkt wie das Produkt aus kontravarianten und/oder kovarianten Vektoren. So transformiert sich z. B. der Tensor $T^{\kappa\sigma}_{\rho}(\boldsymbol{x})$ dritter Stufe definitionsgemäß wie folgt:

$$T'^{\mu\lambda}_{\nu}(\boldsymbol{x}') = \frac{\partial x'^{\mu}}{\partial x^{\kappa}} \cdot \frac{\partial x^{\rho}}{\partial x'^{\nu}} \cdot \frac{\partial x'^{\lambda}}{\partial x^{\sigma}} T^{\kappa\sigma}_{\rho}(\boldsymbol{x}) \tag{7.98}$$

Durch Kontraktion kann man einen Tensor höherer Stufe verjüngen, d. h. in einen Tensor niedrigerer Stufe überführen. Hierbei wird ein oberer (kontravarianter) Index mit einem unteren (kovarianten) Index gleichgesetzt. Nach der Summenregel wird dann automatisch über diesen Index von 1 bis n summiert. Damit entsteht ein um zwei Stufen verjüngter Tensor. Der Index, über den summiert wurde, entfällt und trägt damit nicht mehr zum Transformationsverhalten bei. Wir zeigen dies am Tensor $T^{\mu\lambda}_{\nu}(\boldsymbol{x})$, indem wir $\nu = \mu$ setzen und so zum verjüngten Tensor $T_{\mu}^{\mu\lambda}(\boldsymbol{x}) = T^{\lambda}(\boldsymbol{x})$ übergehen. Man kann $T_{\mu}^{\mu\lambda}(\boldsymbol{x}) = T^{\lambda}(\boldsymbol{x})$ schreiben, wenn man nicht vergisst, wie $T^{\lambda}(\boldsymbol{x})$ zustande gekommen ist.

Aus (7.98) folgt unter Verwendung von (7.97)

$$\begin{aligned} T'^{\mu\lambda}_{\mu}(\boldsymbol{x}') &= \frac{\partial x'^{\mu}}{\partial x^{\kappa}} \cdot \frac{\partial x^{\rho}}{\partial x'^{\mu}} \cdot \frac{\partial x'^{\lambda}}{\partial x^{\sigma}} T_{\rho}^{\kappa\sigma}(\boldsymbol{x}) \\ &= \delta_{\kappa}^{\rho} \frac{\partial x'^{\lambda}}{\partial x^{\sigma}} T_{\rho}^{\kappa\sigma}(\boldsymbol{x}) = \frac{\partial x'^{\lambda}}{\partial x^{\sigma}} T_{\kappa}^{\kappa\sigma}(\boldsymbol{x}) \end{aligned} \tag{7.99}$$

Das Transformationsverhalten $T'^{\mu\lambda}_{\mu}(\boldsymbol{x}') = \frac{\partial x'^{\lambda}}{\partial x^{\sigma}} T_{\kappa}^{\kappa\sigma}(\boldsymbol{x})$ bzw. $T'^{\lambda}(\boldsymbol{x}') = \frac{\partial x'^{\lambda}}{\partial x^{\sigma}} T^{\sigma}(\boldsymbol{x})$ stimmt also tatsächlich mit dem eines kontravarianten Vektors (7.92) überein. Damit erhält man durch Kontraktion aus dem dreistufigen Tensor einen einstufigen Tensor (= Vektor).

Die Transformationen vom Typ (7.98) sind homogene lineare Transformationen der Tensorkomponenten an jeder Stelle $\boldsymbol{x}$ des Raumes. Addiert man zwei Tensoren derselben Stufe mit denselben Indizes, so transformiert sich die Summe wieder mit denselben Koeffizienten homogen linear, ist also wieder ein Tensor.

Spezielle Aussagen.

- Transformation des Kroneckersymbols

  Das Kroneckersymbol hat nach (7.96) einerseits die Zahlenwerte 1 oder 0. Multipliziert man (7.97) mit δ_{ν}^{μ}, so ergibt sich

$$\delta_{\nu}^{\mu} \frac{\partial x'^{\rho}}{\partial x^{\mu}} \cdot \frac{\partial x^{\nu}}{\partial x'^{\sigma}} = \frac{\partial x'^{\rho}}{\partial x^{\mu}} \cdot \frac{\partial x^{\mu}}{\partial x'^{\sigma}} = \delta_{\sigma}^{\rho} \tag{7.100}$$

  Daraus sieht man, dass sich das Kroneckersymbol andererseits beim Übergang $\{\boldsymbol{x}\} \to \{\boldsymbol{x}'\}$ wie ein gemischter Tensor verhält.

- Zweistufige kovariante Tensoren $T_{\mu\nu}(\boldsymbol{x})$ mit einer Inversen:

  Nicht jeder Tensor hat eine Inverse. Wenn er eine Inverse $T^{\lambda\mu}(\boldsymbol{x})$ hat, so muss folgende Bedingung erfüllt sein

$$T^{\lambda\mu}(\boldsymbol{x}) T_{\mu\nu}(\boldsymbol{x}) = \delta_{\nu}^{\lambda} \tag{7.101}$$

  Beim Übergang $\{\boldsymbol{x}\} \to \{\boldsymbol{x}'\}$ transformiert sich die Inverse $T^{\lambda\mu}(\boldsymbol{x})$ unter Verwendung von (7.97)

$$\begin{aligned} T'^{\lambda\mu}(\boldsymbol{x}') T'_{\mu\nu}(\boldsymbol{x}') &= \frac{\partial x'^{\lambda}}{\partial x^{\rho}} \cdot \frac{\partial x'^{\mu}}{\partial x^{\sigma}} T^{\rho\sigma}(\boldsymbol{x}) \frac{\partial x^{\kappa}}{\partial x'^{\mu}} \cdot \frac{\partial x^{\eta}}{\partial x'^{\nu}} T_{\kappa\eta}(\boldsymbol{x}) \\ &= \frac{\partial x'^{\lambda}}{\partial x^{\rho}} \cdot \delta_{\sigma}^{\kappa} \cdot \frac{\partial x^{\eta}}{\partial x'^{\nu}} T^{\rho\sigma}(\boldsymbol{x}) T_{\kappa\eta}(\boldsymbol{x}) \\ &= \frac{\partial x'^{\lambda}}{\partial x^{\rho}} \cdot \frac{\partial x^{\eta}}{\partial x'^{\nu}} T^{\rho\kappa}(\boldsymbol{x}) T_{\kappa\eta}(\boldsymbol{x}) \\ &= \frac{\partial x'^{\lambda}}{\partial x^{\rho}} \cdot \frac{\partial x^{\eta}}{\partial x'^{\nu}} \delta_{\eta}^{\rho} \\ &= \frac{\partial x'^{\lambda}}{\partial x^{\rho}} \cdot \frac{\partial x^{\rho}}{\partial x'^{\nu}} = \delta_{\nu}^{\lambda} \end{aligned} \tag{7.102}$$

Das heißt: Genau dann, wenn sich $T_{\kappa\eta}(\boldsymbol{x})$ gemäß $T^{\rho\kappa}(\boldsymbol{x})T_{\kappa\eta}(\boldsymbol{x}) = \delta^{\rho}_{\eta}$ als Tensor mit Inverse transformiert, ist $T'^{\lambda\mu}(\boldsymbol{x}')$ auch im Koordinatensystem $\boldsymbol{x}'$ die Inverse von $T'_{\mu\nu}(\boldsymbol{x}')$.

– Inverse des metrischen Tensors
  In der SRT hat der metrische Tensor η eine Inverse. Diese Eigenschaft bleibt auch in der ART für den metrischen Tensor $g_{\nu\mu}(\boldsymbol{x})$ erhalten. Seine kontravariante Version ist also gemäß (7.101) hierdurch definiert:

$$g^{\lambda\mu}(\boldsymbol{x})g_{\mu\nu}(\boldsymbol{x}) = \delta^{\lambda}_{\nu} \tag{7.103}$$

7.4.1.3 Bedeutung des Transformationsverhaltens von Tensoren

Das Transformationsverhalten von Tensoren ist für die Formulierung von Naturgesetzen, die unabhängig von der Wahl des Koordinatensystems gelten sollen, unerlässlich. Um dies zu zeigen, betrachten wir zwei physikalische Mannigfaltigkeiten $A^{\kappa}_{\rho}(\boldsymbol{x})$ und $B^{\kappa}_{\rho}(\boldsymbol{x})$, die sich beim Übergang vom Koordinatensystem S zum System S' wie Tensoren transformieren. Für sie gelte im System S das Naturgesetz

$$A^{\kappa}_{\rho}(\boldsymbol{x}) = B^{\kappa}_{\rho}(\boldsymbol{x}) \quad \text{bzw.} \quad A^{\kappa}_{\rho}(\boldsymbol{x}) - B^{\kappa}_{\rho}(\boldsymbol{x}) = 0 \tag{7.104}$$

Da $A^{\kappa}_{\rho}(\boldsymbol{x})$ und $B^{\kappa}_{\rho}(\boldsymbol{x})$ Tensoren sind, werden sie nach (7.98) in dem System S' durch

$$A'^{\mu}_{\nu}(\boldsymbol{x}') = \frac{\partial x'^{\mu}}{\partial x^{\kappa}} \cdot \frac{\partial x^{\rho}}{\partial x'^{\nu}} A^{\kappa}_{\rho}(\boldsymbol{x}) \quad \text{bzw.} \quad B'^{\mu}_{\nu}(\boldsymbol{x}') = \frac{\partial x'^{\mu}}{\partial x^{\kappa}} \cdot \frac{\partial x^{\rho}}{\partial x'^{\nu}} B^{\kappa}_{\rho}(\boldsymbol{x}) \tag{7.105}$$

dargestellt. In diesem Koordinatensystem nimmt das Naturgesetz die Form an:

$$\begin{aligned} A'^{\mu}_{\nu}(\boldsymbol{x}') - B'^{\mu}_{\nu}(\boldsymbol{x}') &= \frac{\partial x'^{\mu}}{\partial x^{\kappa}} \cdot \frac{\partial x^{\rho}}{\partial x'^{\nu}} A^{\kappa}_{\rho}(\boldsymbol{x}) - \frac{\partial x'^{\mu}}{\partial x^{\kappa}} \cdot \frac{\partial x^{\rho}}{\partial x'^{\nu}} B^{\kappa}_{\rho}(\boldsymbol{x}) = 0 \\ &= \frac{\partial x'^{\mu}}{\partial x^{\kappa}} \cdot \frac{\partial x^{\rho}}{\partial x'^{\nu}} \left(A^{\kappa}_{\rho}(\boldsymbol{x}) - B^{\kappa}_{\rho}(\boldsymbol{x})\right) = 0 \end{aligned}$$

Es gilt also sowohl (7.104) für alle κ und ρ im System S sowie

$$A'^{\mu}_{\nu}(\boldsymbol{x}') - B'^{\mu}_{\nu}(\boldsymbol{x}') = A^{\mu}_{\nu}(\boldsymbol{x}) - B^{\mu}_{\nu}(\boldsymbol{x}) = 0 \tag{7.106}$$

für alle μ und ν im System S'.

Daraus folgt:

Kann ein Naturgesetz in Form von Tensorgleichungen formuliert werden, dann hat es in jedem Koordinatensystem dieselbe Form.

(Der Unterschied zwischen SRT und ART besteht darin, dass in der SRT die Transfomationskoeffizienten ortsunabhängig sind, während in der ART die $\frac{\partial x'^{\mu}}{\partial x^{\nu}}$ und $\frac{\partial x^{\rho}}{\partial x'^{\mu}}$ noch vom Ort abhängen können.)

Es ist also verständlich, dass Einstein danach trachtete, die Grundgleichungen der ART in der Form von Tensorgleichungen zu formulieren. Nur dann haben die Grundgleichungen in jedem beliebigen Koordinatensystem dieselbe Form. Dies ist eine Erweiterung der SRT, da die SRT nur für Inertialsysteme (mit den linearen Lorentztransformationen zwischen ihnen) gültig ist.

Als Erstes musste er wissen, wie sich physikalische Größen, die auch Ableitungen nach den Koordinaten enthalten können, beim Übergang in ein beliebiges anderes Koordinatensystem verhalten. Denn nicht jede Größe transformiert sich wie ein Tensor.

Hierzu zwei Beispiele:

- Das Transformationsverhalten des kontravarianten Tensor $V^\nu(\boldsymbol{x})$ ist durch (7.92) gegeben $V'^\mu(\boldsymbol{x}') = \frac{\partial x'^\mu}{\partial x^\nu} V^\nu(\boldsymbol{x})$. Die Differenziation nach x'^λ ergibt unter Verwendung der Produktregel

$$\begin{aligned}\frac{\partial V'^\mu(\boldsymbol{x}')}{\partial x'^\lambda} &= \frac{\partial}{\partial x'^\lambda}\left(\frac{\partial x'^\mu}{\partial x^\nu} V^\nu(\boldsymbol{x})\right) = \frac{\partial x^\rho}{\partial x'^\lambda}\cdot\frac{\partial}{\partial x^\rho}\left(\frac{\partial x'^\mu}{\partial x^\nu} V^\nu(\boldsymbol{x})\right)\\ &= \frac{\partial x^\rho}{\partial x'^\lambda}\cdot\frac{\partial^2 x'^\mu}{\partial x^\rho \partial x^\nu} V^\nu(\boldsymbol{x}) + \frac{\partial x^\rho}{\partial x'^\lambda}\cdot\frac{\partial x'^\mu}{\partial x^\nu}\cdot\frac{\partial V^\nu(\boldsymbol{x})}{\partial x^\rho}\end{aligned} \tag{7.107}$$

  Wäre der erste Summand = 0, dann würde sich die Ableitung $\frac{\partial V'^\mu(\boldsymbol{x}')}{\partial x'^\lambda}$ wie ein Tensor transformieren. Da aber der erste Term nicht verschwindet, ist $\frac{\partial V'^\mu(\boldsymbol{x}')}{\partial x'^\lambda}$ kein Tensor.

- Das zweite Bespiel bezieht sich auf die Ableitungen des kovarianten Metriktensors zweiter Stufe $g_{\mu\nu}(\boldsymbol{x})$

$$\begin{aligned}\frac{\partial}{\partial x'^\kappa} g'_{\mu\nu}(\boldsymbol{x}') &= \frac{\partial}{\partial x'^\kappa}\left(g_{\rho\sigma}(\boldsymbol{x})\frac{\partial x^\rho}{\partial x'^\mu}\cdot\frac{\partial x^\sigma}{\partial x'^\nu}\right)\\ &= \frac{\partial g_{\rho\sigma}(\boldsymbol{x})}{\partial x^\tau}\cdot\frac{\partial x^\tau}{\partial x'^\kappa}\cdot\frac{\partial x^\rho}{\partial x'^\mu}\cdot\frac{\partial x^\sigma}{\partial x'^\nu}\\ &\quad + g_{\rho\sigma}(\boldsymbol{x})\frac{\partial^2 x^\rho}{\partial x'^\kappa \partial x'^\mu}\cdot\frac{\partial x^\sigma}{\partial x'^\nu} + g_{\rho\sigma}(\boldsymbol{x})\frac{\partial x^\rho}{\partial x'^\mu}\cdot\frac{\partial^2 x^\sigma}{\partial x'^\kappa \partial x'^\nu}\end{aligned} \tag{7.108}$$

  Auch hier sieht man wieder, dass die beiden letzten Summanden dafür verantwortlich sind, dass das Transformationsverhalten eines Tensors nicht erfüllt ist und damit die Ableitungen des kovarianten Tensors zweiter Stufe $g_{\mu\nu}(\boldsymbol{x})$ keine Tensoren sein können.

7.4.1.4 Christoffelsymbole, kovariante Ableitung und metrischer Tensor

Christoffelsymbole

Ausgehend von den Ableitungen des Metriktensors (7.108) und der Aussage, dass der Metriktensor eine Inverse hat (7.103), hat Elwin Bruno Christoffel (1829–1900) neue nach ihm benannte Größen, die Christoffelsymbole $\Gamma^\lambda_{\mu\nu}(\boldsymbol{x})$ eingeführt:

$$\Gamma^\lambda_{\mu\nu}(\boldsymbol{x}) = \frac{1}{2} g^{\lambda\kappa}(\boldsymbol{x})\left[\frac{\partial g_{\kappa\nu}(\boldsymbol{x})}{\partial x^\mu} + \frac{\partial g_{\kappa\mu}(\boldsymbol{x})}{\partial x^\nu} - \frac{\partial g_{\mu\nu}(\boldsymbol{x})}{\partial x^\kappa}\right] \tag{7.109}$$

In der englischen Literatur werden sie affine connection genannt. Nach einer einfachen Rechnung folgt aus (7.108), dass die Christoffelsymbole $\Gamma^\lambda_{\mu\nu}(\boldsymbol{x})$ zwar keine Tensoren sind, aber ein einfacheres Transformationsverhalten als die Ableitungen $\frac{\partial g_{\nu\mu}(\boldsymbol{x})}{\partial x^\tau}$

des Metriktensors beim Übergang $\{x\} \to \{x'\}$ haben. Es ist

$$\Gamma'^{\lambda}_{\mu\nu}(x') = \frac{\partial x'^{\lambda}}{\partial x^{\rho}} \cdot \frac{\partial x^{\tau}}{\partial x'^{\mu}} \cdot \frac{\partial x^{\sigma}}{\partial x'^{\nu}} \Gamma^{\rho}_{\tau\sigma}(x) + \frac{\partial x'^{\lambda}}{\partial x^{\rho}} \cdot \frac{\partial^2 x^{\rho}}{\partial x'^{\mu} \partial x'^{\nu}} \tag{7.110}$$

Die Transformation (7.110) enthält einen inhomogenen Term, der neben den ersten auch aus den zweiten Ableitungen der Koordinaten besteht. Aus diesem Grund stellen die Christoffelsymbole die Verbindung zur Nachbarschaft des Punktes x im nicht euklidischen Fall her.

Die Christoffelsymbole erweisen sich bei der Formulierung der kovarianten Ableitungen als äußerst nützlich. Im Gegensatz zu den gewöhnlichen Ableitungen (z. B. (7.107) und (7.108)), die die Tensoreigenschaften nicht haben, haben die kovarianten Ableitungen den gewünschten Tensor-Transformations-Charakter.

Kovariante Ableitungen von Vektoren

Als erstes Beispiel bilden wir den Ausdruck

$$V^{\mu}_{;\lambda}(x) = \frac{\partial V^{\mu}(x)}{\partial x^{\lambda}} + \Gamma^{\mu}_{\lambda\kappa}(x) V^{\kappa}(x) \tag{7.111}$$

Er heißt die kovariante Ableitung des Vektors $V^{\mu}(x)$ nach x_{λ}. Die kovariante Ableitung wird mit $;\lambda$ bezeichnet. Einsetzen von (7.107) und (7.110) ergibt

$$\left(\frac{\partial V'^{\mu}(x')}{\partial x'^{\lambda}} + \Gamma'^{\mu}_{\lambda\kappa}(x') V'^{\kappa}(x') \right) = \frac{\partial x'^{\mu}}{\partial x^{\nu}} \cdot \frac{\partial x^{\rho}}{\partial x'^{\lambda}} \left(\frac{\partial V^{\nu}(x)}{\partial x^{\rho}} + \Gamma^{\nu}_{\rho\sigma}(x) V^{\sigma}(x) \right) \tag{7.112}$$

Die kovariante Ableitung $V^{\mu}_{;\lambda}(x)$ transformiert sich also wie ein gemischter Tensor zweiter Stufe.

Kovariante Ableitung von Tensoren

Der Übergang von gewöhnlichen Ableitungen zu kovarianten Ableitungen unter Benutzung der Christoffelsymbole lässt sich auf Tensoren höherer Stufe verallgemeinern. So ergibt sich z. B., dass sich der Ausdruck

$$T^{\mu\sigma}_{\lambda;\rho}(x) = \frac{\partial}{\partial x^{\rho}} T^{\mu\sigma}_{\lambda}(x) + \Gamma^{\mu}_{\rho\nu}(x) T^{\nu\sigma}_{\lambda}(x) + \Gamma^{\sigma}_{\rho\nu}(x) T^{\mu\nu}_{\lambda}(x) - \Gamma^{\kappa}_{\lambda\rho}(x) T^{\mu\sigma}_{\kappa}(x) \tag{7.113}$$

als Tensor vierter Stufe transformiert. Er ist die kovariante Ableitung von $T^{\mu\sigma}_{\lambda}(x)$ nach ρ und wird mit $T^{\mu\sigma}_{\lambda;\rho}(x)$ bezeichnet.

Kovariante Ableitung des Metriktensors

In analoger Weise beweist man für den metrischen Tensor durch Einsetzen von (7.108) und (7.110), dass sich $g_{\mu\nu;\lambda}(x)$,

$$g_{\mu\nu;\lambda}(x) = \frac{\partial g_{\mu\nu}(x)}{\partial x^{\rho}} - \Gamma^{\rho}_{\lambda\mu}(x) g_{\rho\nu}(x) - \Gamma^{\rho}_{\lambda\nu}(x) g_{\rho\mu}(x) \tag{7.114}$$

als kovarianter Tensor dritter Stufe transformiert. In diesem Fall kann man folgenden eleganten Schluss ziehen: Geht man in ein lokales euklidisches Koordinatensystem $g_{\mu\nu}(\boldsymbol{x}) \to \eta_{\mu\nu}$, so ist darin $\Gamma^{\rho}_{\lambda\mu}(\boldsymbol{x}) = 0$ und $\partial g_{\mu\nu}(\boldsymbol{x})/\partial x^{\lambda} = 0$, also auch $g_{\mu\nu;\lambda}(\boldsymbol{x}) = 0$. Da aber $g_{\mu\nu;\lambda}(\boldsymbol{x})$ im Gegensatz zu $\partial g_{\mu\nu}(\boldsymbol{x})/\partial x^{\lambda}$ ein Tensor ist, muss sogar in jedem Koordinatensystem die kovariante Ableitung von $g_{\mu\nu}(\boldsymbol{x})$ verschwinden

$$g_{\mu\nu;\lambda}(\boldsymbol{x}) = 0 \tag{7.115}$$

Schon jetzt erkennen wir: Im Fall der SRT mit ihrer flachen Metrik $g_{\mu\nu} = \eta_{\mu\nu}$, die überall konstant ist, gilt: $\Gamma^{\mu}_{\lambda\kappa}(\boldsymbol{x}) = 0$, wie sich sofort aus (7.109) ergibt. Das heißt: In den Koordinatensystemen der SRT stimmt die kovariante Ableitung (7.111) mit der gewöhnlichen Ableitung überein. Dies ist der erste wichtige Schritt, der erkennen lässt, wie der Übergang von der SRT zur ART im Bereich der mathematischen Formulierung zu erfolgen hat.

7.4.2 Intuitionsleitende Einsichten zur Nichteuklidischen Geometrie

Zum Glück gibt es nun ein Beispiel für die nicht euklidische Geometrie, das unserer Anschauung unmittelbar zugänglich ist und daher den Einstieg in die Begriffe der ART erleichtert.

Dazu betrachten wir die Oberfläche einer Kugel und vergleichen die Eigenschaften dieser Fläche mit denen einer unendlich ausgedehnten Ebene. Wie die Ebene hat auch die Kugeloberfläche keine Grenze, sie ist überall gleichartig, aber ihre Fläche ist endlich. Der wesentliche Unterschied zwischen beiden Flächen ist ihre Krümmung. Die Ebene ist flach, dagegen hat die Kugeloberfläche eine konstante Krümmung.

Die Eigenschaften der Kugeloberfläche können wir leicht intuitiv erfassen, da unser Anschauungsvermögen den dreidimensionalen Raum voll verarbeitet hat und die dreidimensionale Kugel mit samt ihrer zweidimensionalen Oberfläche in den dreidimensionalen Raum eingebettet ist.

Wir betrachten nun ein fiktives zweidimensionales Wesen, das wir den Zweier nennen wollen. Der Zweier soll seine Fläche nie verlassen können und von ihrer Einbettung in den dreidimensionalen Raum nichts wissen. Ansonsten sei er aber ein intelligentes Kerlchen.

Wir fragen nun: Ist denn der Zweier überhaupt in der Lage festzustellen, dass er sich auf der gekrümmten Kugeloberfläche befindet, und nicht etwa auf der flachen Ebene. (Schließlich dachten doch auch vor einigen hundert Jahren noch viele Menschen, dass die Erdoberfläche flach sei.) Die Antwort ist: Ja, er kann es tatsächlich. Um dies festzustellen, macht der Zweier folgendes Experiment:

Der Zweier lebe am Nordpol seiner Kugeloberfläche. Zunächst läuft er eine sehr kleine Strecke r in Meridianrichtung. Sodann schlägt er mit diesem Radius r einen Kreis mit Umfang U um den Nordpol. Er misst r und U und stellt fest: $U \approx 2\pi r$, zumindest im Rahmen seiner Messgenauigkeit. Nun prüft er im größeren Maßstab und läuft die Strecke R bis zum Äquator. Anschließend läuft er um den Äquator herum. Jetzt stellt er für den Umfang fest: $U = 4R$. Läuft er sodann längs des Meridians eine Strecke $s > R$ und prüft den Umfang $U(s)$ des zugehörigen Breitenkreises, so stellt er fest, dass $U(s) < 4R$ ist. Der Äquator war also der Breitenkreis mit dem größten Umfang.

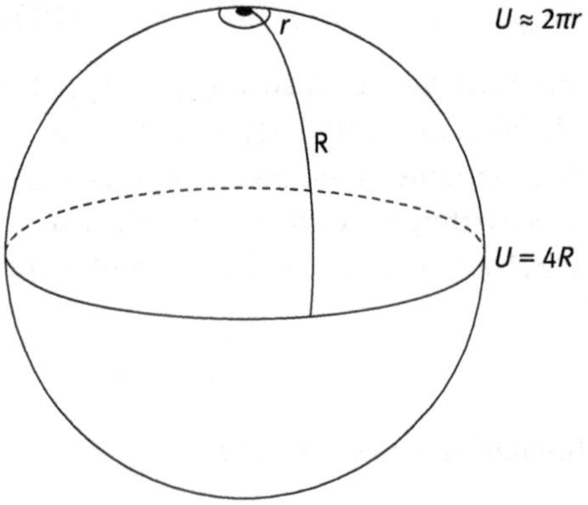

Abb. 7.7. Zur Feststellung der Krümmung der Kugeloberfläche durch den „Zweier".

Um uns nun den Gedanken des Mathematikers Bernhard Riemann (1826–1866) anzunähern, betrachten wir die Ebene und die Kugeloberfläche mit unterschiedlichen Koordinatensystemen.

Zur Charakterisierung der Punkte einer Ebene benutzt man bevorzugt zwei Koordinatensysteme: kartesische Koordinaten (x, y) oder Polarkoordinaten (r, φ).

Bei Benutzung von kartesischen Koordinaten bilden die vertikalen Geraden $x =$ const. und horizontalen Geraden $y =$ const. ein orthogonales Gitter. Bei Verwendung von Polarkoordinaten schneiden die Ursprungsgeraden $\varphi =$ const. die Kreise um den Ursprung $r =$ const. unter einem rechten Winkel.

Die Koordinaten zweier infinitesimal benachbarter Punkte P_1 und P_2 sind im kartesischen System

$$P_1 = P(x, y), \quad P_2 = P(x + dx, y + dy) \tag{7.116}$$

und in Polarkoordinaten

$$P_1 = P(r, \varphi), \quad P_2 = P(r + dr, \varphi + d\varphi) \tag{7.117}$$

Für die Transformation zwischen kartesischen und Polarkoordinaten gilt:

$$x = r\cos\varphi, \quad y = r\sin\varphi \tag{7.118}$$

Für die Transformation der Differentiale ergibt sich aus (7.118):

$$\begin{aligned} dx &= dr\cos\varphi - r\sin\varphi d\varphi \\ dy &= dr\sin\varphi + r\cos\varphi d\varphi \end{aligned} \tag{7.119}$$

Ferner existiere auf der Ebene eine Metrik, d. h. ein Abstandsbegriff für infinitesimal benachbarte Punkte.

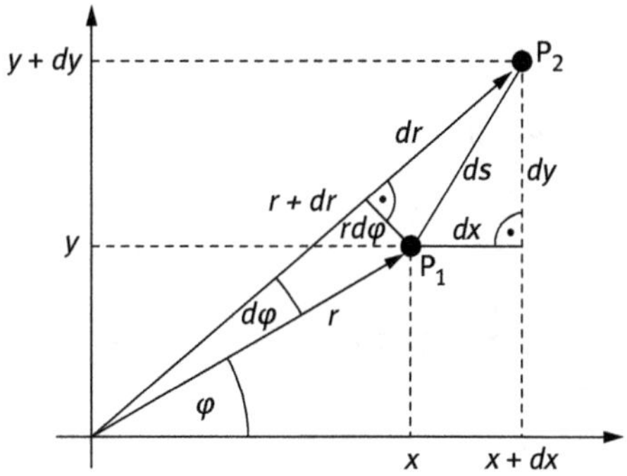

Der Abstand zwischen P_1 und P_2 ist ds. Sowohl bei der Verwendung von kartesischen als auch Polarkoordinaten ist ds die Hypotenuse eines infinitesimal kleinen rechtwinkligen Dreiecks. Im Fall von kartesischen Koordinaten sind die Katheten dx und dy. Im Fall von Polarkoordinaten dr und $rd\varphi$.

Abb. 7.8. Unabhängigkeit des Abstandes infinitesimal benachbarter Punkte vom benutzten Koordinatensystem.

Der Abstand dieser Punkte ist unabhängig vom verwendeten Koordinatensystem, also invariant gegenüber Koordinatentransformationen.

Mit dem Satz des Pythagoras wird der Abstand ds

$$ds^2 = dx^2 + dy^2 = dr^2 + r^2 d\varphi^2 \tag{7.120}$$

Da wir im Folgenden die Verhältnisse auf der Kugeloberfläche betrachten, bezeichnen wir von nun an die Koordinaten in der Ebene mit dem Index E, also mit (x_E, y_E) und (r_E, φ_E).

Betrachten wir nun die Oberfläche einer Kugel. Ein Punkt auf der Kugeloberfläche wird in sphärischen Polarkoordinaten definiert durch (ϑ_K, φ_K). Mit ϑ_K = const. und φ_K = const. wird ein Netz von Meridianen und Breitenkreisen definiert. Längs eines Meridians bleibt φ_K konstant und ϑ_K läuft von 0 bis π. Längs eines Breitenkreises bleibt ϑ_K konstant und φ_K läuft von 0 bis 2π. Meridiane und Breitenkreise schneiden sich im rechten Winkel. Meridiane sind Großkreise mit Radius R. Breitenkreise haben einen Radius von $r = R \sin \vartheta_K$.

Wir betrachten nun ein infinitesimales rechtwinkliges Dreieck A, B, C mit folgenden Koordinaten:

$$\mathrm{A}(\vartheta_K + d\vartheta_K, \varphi_K), \quad \mathrm{B}(\vartheta_K, \varphi_K + d\varphi_K), \quad \mathrm{C}(\vartheta_K, \varphi_K) \tag{7.121}$$

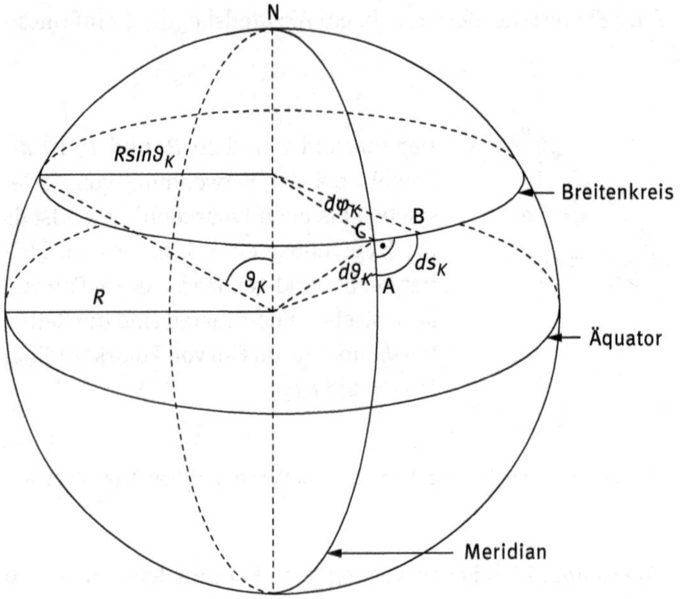

Abb. 7.9. Das invariante infinitesimale Abstandsquadrat unter Verwendung von sphärischen Polarkoordinaten und ϑ_K und ϕ_K.

Hinweis: Man kann die sphärischen Polarkoordinaten stets so wählen, dass C und B auf demselben Breitenkreis und C und A auf demselben Meridian liegen.

Da das Dreieck infinitesimal klein ist, kann man die Krümmung von Hypotenuse und Katheten vernachlässigen. Für das rechtwinklige Dreieck gilt nach dem Satz des Pythagoras

$$\overline{\mathrm{AB}}^2 = \overline{\mathrm{CA}}^2 + \overline{\mathrm{CB}}^2 \tag{7.122}$$

Aus der Lage des Dreiecks liest man die Länge der Strecken ab:

$$\overline{\mathrm{AB}} = ds_K\,, \quad \overline{\mathrm{CA}} = Rd\vartheta_K\,, \quad \overline{\mathrm{CB}} = rd\varphi_K = R\sin\vartheta_K d\varphi_K \tag{7.123}$$

Das invariante Abstandsquadrat wird mit (7.122) und (7.123)

$$ds_K^2 = R^2 d\vartheta_K^2 + R^2\sin^2\vartheta_K d\varphi_K^2 \tag{7.124}$$

Man bildet nun die Kugeloberfläche auf eine Ebene ab, die die Kugel im Nordpol berührt.

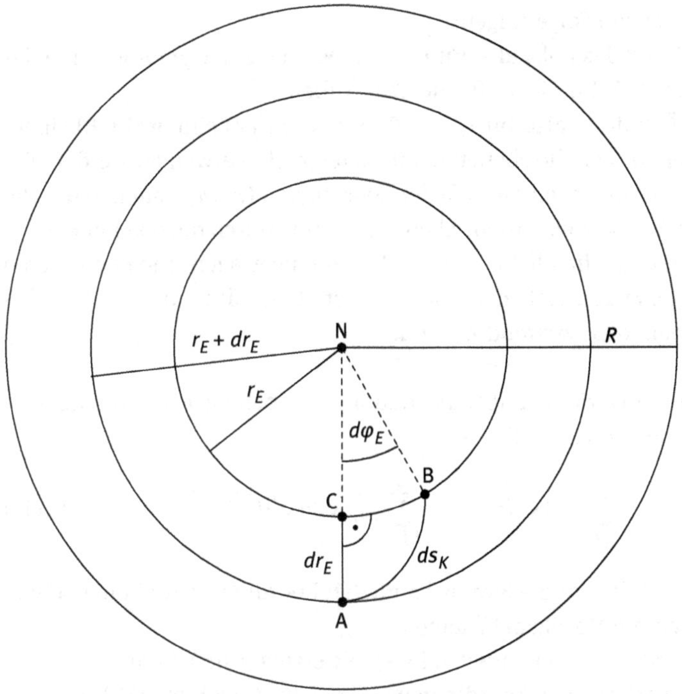

Abb. 7.10. Das invariante infinitesimale Abstandsquadrat unter Verwendung ebener Polarkoordinaten r_E und φ_E.

Die Koordinaten von A, B und C, die sich bei der Abbildung von der Kugeloberfläche auf die Ebene ergeben, sind:

$$A(r_E + dr_E, \varphi_E), \quad B(r_E, \varphi_E + d\varphi_E), \quad C(r_E, \varphi_E) \tag{7.125}$$

Die Beziehungen zwischen den Koordinaten auf der Kugeloberfläche (ϑ_K, φ_K) und denen auf der Ebene (r_E, φ_E) sind:

$$r_E = R \sin \vartheta_K \quad \varphi_E = \varphi_K \tag{7.126}$$

Für die Transformation der Differentiale gilt

$$\begin{aligned} dr_E &= R \cos \vartheta_K d\vartheta_K, & d\varphi_E &= d\varphi_K \\ d\vartheta_K &= \frac{dr_E}{R \cos \vartheta_K}, & d\vartheta_K^2 &= \frac{dr_E^2}{R^2 \cos^2 \vartheta_K} = \frac{dr_E^2}{R^2 - r_E^2} \end{aligned} \tag{7.127}$$

Mit (7.126) und (7.127) ergibt sich aus (7.124)

$$ds_K^2 = \frac{dr_E^2}{1 - r_E^2/R^2} + r_E^2 d\varphi_E^2 \tag{7.128}$$

Hieraus ergeben sich die Folgerungen:

- In direkter Umgebung des Pols, also für $r_E \ll R$, geht (7.128) asymptotisch in das Abstandsquadrat (7.120) für die die flache Ebene über.
- In der Nähe des Äquators, also für $r_E \to R$, wird die Darstellung (7.128) singulär. Das heißt: hier können die ebenen Koordinaten nicht verwendet werden. Die Kugeloberfläche wird hingegen mithilfe der Koordinaten (ϑ_K, φ_K) auch in der Nähe des Äquators völlig korrekt beschrieben. Das heißt: Durch die ebenen Koordinaten (r_E, φ_E) wird eine künstliche Singularität hereingetragen. Die Koordinaten (ϑ_K, φ_K) sind auf der Kugeloberfläche global verwendbar, während (r_E, φ_E) nur beschränkt, sozusagen lokal verwendbar sind.

Die allgemeine Form des invarianten Abstandsquadrats für beliebige Koordinatensysteme auf einer zweidimensionalen Fläche ist

$$ds^2 = \sum_{i,j=1}^{2} g_{ij}(\boldsymbol{x})dx^i dx^j = \sum_{i,j=1}^{2} g'_{ij}(\boldsymbol{x}')dx'^i dx'^j \tag{7.129}$$

Dabei sind (x^1, x^2) bzw. (x'^1, x'^2) die jeweils benutzten Koordinaten und die Koeffizienten $g_{ij}(\boldsymbol{x})$, $g'_{ij}(\boldsymbol{x}')$ sind die Metrikkoeffizienten.

Die Metrikkoeffizienten der behandelten Beispiele ergeben sich damit

- Für die Ebene mit kartesischen Koordinaten (x_E, y_E) aus Gleichung (7.120).

$$x^1 = x_E \quad x^2 = y_E \quad g_{11} = 1 \quad g_{12} = g_{21} = 0 \quad g_{22} = 1 \tag{7.130}$$

- Für die Ebene mit ebenen Polarkoordinaten (r_E, φ_E) aus Gleichung (7.120).

$$x^1 = r_E \quad x^2 = \varphi_E \quad g_{11} = 1 \quad g_{12} = g_{21} = 0 \quad g_{22} = r_E^2 \tag{7.131}$$

- Für die Kugeloberfläche mit sphärischen Polarkoordinaten (ϑ_K, φ_K) aus Gleichung (7.124)

$$x^1 = \vartheta_K \quad x^2 = \varphi_K \quad g_{11} = R^2 \quad g_{12} = g_{21} = 0 \quad g_{22} = R^2 \sin^2 \vartheta_K \tag{7.132}$$

- Für die Kugeloberfläche mit ebenen Polarkoordinaten (r_E, φ_E) aus Gleichung (7.128)

$$x^1 = r_E \quad x^2 = \varphi_E \quad g_{11} = \frac{1}{1 - r_E^2/R^2} \quad g_{12} = g_{21} = 0 \quad g_{22} = r_E^2 \tag{7.133}$$

Die allgemeine Form des Abstandsquadrats ist in (7.129) als quadratische Form der Differentiale und für beliebige Koordinatensysteme dargestellt. Es stellt sich nun die Frage, ob man aus den Metrikkoeffizienten des Abstandsquadrats (7.129) auf die Krümmung der Fläche schließen kann?

Dieses Problem wurde von Bernhard Riemann für den n-dimensionalen Raum bei gegebener Metrik $\{g_{ij}(\boldsymbol{x})\}$ abschließend in bejahendem Sinne gelöst, wie wir in Abschnitt 7.4.3 zeigen werden.

7.4.3 Die Riemannsche Nichteuklidische Geometrie

In Abschnitt 7.4.3 und 7.4.4 folgen wir im Wesentlichen der Vorgehensweise von Steven Weinberg in seinem Lehrbuch „Gravitation and Cosmology" (1972) aus folgenden Gründen

- Sie führt ohne Umwege direkt vom Metriktensor zum Riemannschen Krümmungstensor und
- Die Herleitung der Einsteinschen Gleichungen geht direkt von dem für die ART charakteristischen Äquivalenzprinzip aus.

In Abschnitt 7.4.1 haben wir gelernt, dass sich Tensoren besonders dazu eignen, geometrische oder sogar physikalische Eigenschaften zu formulieren, die invariant gegenüber dem jeweils verwendeten Koordinatensystem sind. In Abschnitt 7.4.2 haben wir andererseits anschaulich gesehen, dass es verschiedene (z. B. flache, gekrümmte) Raumarten gibt, die durch den darin herrschenden (infinitesimalen) Abstand zwischen benachbarten Punkten charakterisiert werden konnten. Dabei wurden verschiedene Koordinatensysteme benutzt.

Bernhard Riemann griff beide Sachverhalte auf und versuchte für den n-dimensionalen Raum Größen zu finden, die über die Krümmung des Raums entscheiden, ob also der Raum flach oder gekrümmt ist. Wie im Fall der zweidimensionalen Fläche startete er von dem Abstand (der Metrik) zwischen zwei infinitesimal benachbarten Punkten $P(x^1, x^2, \ldots, x^n)$ und $P(x^1 + dx^1, x^2 + dx^2, \ldots, x^n + dx^n)$, und verallgemeinerte jetzt den Abstand auf den n-dimensionalen Raum.

$$ds^2 = g_{\nu\mu}(\boldsymbol{x})dx^\nu dx^\mu \tag{7.134}$$

In Gleichung (7.134) ist wieder die Summenkonvention zu berücksichtigen. Voraussetzung für beliebige Transformationen der Koordinaten $\boldsymbol{x}(x^1, x^2, \ldots, x^n)$ in $\boldsymbol{x}'(x'^1, x'^2, \ldots, x'^n)$ ist, dass dabei das Abstandsquadrat ds^2 invariant bleiben soll.

$$ds^2 = g_{\nu\mu}(\boldsymbol{x})dx^\nu dx^\mu = g'_{\rho\lambda}(\boldsymbol{x}')dx'^\rho dx'^\lambda \tag{7.135}$$

Da sich die Differentiale dx^ν nach (7.90) beim Übergang von $\{\boldsymbol{x}\} \to \{\boldsymbol{x}'\}$ kontravariant transformieren, bleibt das Abstandsquadrat ds^2 bei diesem Übergang nur dann invariant, wenn sich $g_{\nu\mu}(\boldsymbol{x})$ als kovarianter Tensor zweiter Stufe gemäß (7.98) transformiert.

7.4.3.1 Informationsgehalt des Metriktensors

Es stellt sich nun die Frage, ob der Metriktensor $g_{\nu\mu}(\boldsymbol{x})$ ausreichend Information enthält, um Aussagen über die koordinatenunabhängige Krümmungsstruktur des Raumes zu machen. (Man erinnere sich an die verschiedene Form, die die Metrik-Koeffizienten schon für eine Fläche bei Benutzung verschiedener Koordinaten annehmen (vgl. 7.4.2).)

Würde es gelingen, einen beliebigen vorliegenden Metriktensor $g_{\nu\mu}(\boldsymbol{x})$ durch eine globale, d. h. für den ganzen Raum gültige Koordinatentransformation immer in den für den euklidischen Raum gültigen Metriktensor umzuwandeln, dann enthielte der Metriktensor unzureichende Information über die Krümmungsstruktur des Raums. Durch die Transformation würde sich dann ergeben:

$$\begin{aligned} ds^2 &= (dx'^1)^2 + (dx'^2)^2 + \ldots + (dx'^n)^2 \\ \text{bzw.} \quad g'_{\nu\mu}(\boldsymbol{x}') &= 1 \quad \text{für} \quad \nu = \mu \\ g'_{\nu\mu}(\boldsymbol{x}') &= 0 \quad \text{für} \quad \nu \neq \mu \end{aligned} \tag{7.136}$$

Dann wäre jeder Raum flach. Für $n = 2$ würde es anschaulich bedeuten, die Kugeloberfläche verzerrungslos mit einem flachen Stück Papier einwickeln zu können.

Aber der symmetrische Tensor $g_{\nu\mu}(\boldsymbol{x}) = g_{\mu\nu}(\boldsymbol{x})$ enthält in Wirklichkeit mehr Information, denn im n-dimensionalen Fall besteht er aus $n + \frac{n^2-n}{2} = \frac{n(n+1)}{2}$ Komponenten $g_{\nu\mu}(\boldsymbol{x})$. Die n Funktionen $x^\nu(\boldsymbol{x}')$ der Koordinatentransformationen reichen daher nicht aus, um die $g_{\nu\mu}(\boldsymbol{x})$ in jedem Fall global auf die des flachen Raums zu transformieren. Das bedeutet: die $g_{\nu\mu}(\boldsymbol{x})$, d. h. Metrik (7.134), enthält auch noch Information über die eventuelle nicht euklidische Krümmung des Raums.

7.4.3.2 Konstruktion des Riemann-Christoffelschen Krümmungstensors

Riemann suchte nun nach einer Mannigfaltigkeit von Größen, die von $g_{\nu\mu}(\boldsymbol{x})$ und seinen Ableitungen nach den x^ν abhängen sollte und diese invariante Raumstruktur repräsentieren sollte. Diese Mannigfaltigkeit musste ein Tensor sein, dessen Komponenten sich linear und homogen beim Übergang zwischen Koordinatensystemen transformieren (siehe 7.4.1)

Wir stellen nun die Hauptpunkte der abstrakten, aber letzten Endes einfachen Überlegungen dar, die zu dem berühmten Riemann-Christoffel Krümmungstensor führen.

Ausgangspunkt sind wieder die Christoffelsymbole $\Gamma^\lambda_{\mu\nu}(\boldsymbol{x})$, die sich aus Ableitungen des Metriktensors zusammensetzt (vgl. (7.109)). Für den Übergang $\boldsymbol{x}' \to \boldsymbol{x}$ gilt:

$$\Gamma^\lambda_{\mu\nu}(\boldsymbol{x}) = \frac{\partial x^\lambda}{\partial x'^\tau} \cdot \frac{\partial x'^\rho}{\partial x^\mu} \cdot \frac{\partial x'^\sigma}{\partial x^\nu} \Gamma'^\tau_{\rho\sigma}(\boldsymbol{x}') + \frac{\partial x^\lambda}{\partial x'^\tau} \cdot \frac{\partial^2 x'^\tau}{\partial x^\mu \partial x^\nu} \tag{7.137}$$

Gleichung (7.137) enthält zusätzlich zu den Termen mit den Christoffelsymbolen $\Gamma^\lambda_{\mu\nu}(\boldsymbol{x})$ und $\Gamma'^\tau_{\rho\sigma}(\boldsymbol{x}')$ auch noch den inhomogenen Term $\frac{\partial x^\lambda}{\partial x'^\tau} \cdot \frac{\partial^2 x'^\tau}{\partial x^\mu \partial x^\nu}$. Aus diesem Grund kann $\Gamma^\lambda_{\mu\nu}(\boldsymbol{x})$ kein Tensor sein. Die Multiplikation von (7.137) mit $\frac{\partial x'^\tau}{\partial x^\lambda}$ ergibt mit (7.97)

$$\frac{\partial^2 x'^\tau}{\partial x^\mu \partial x^\nu} = \frac{\partial x'^\tau}{\partial x^\lambda} \Gamma^\lambda_{\mu\nu}(\boldsymbol{x}) - \frac{\partial x'^\rho}{\partial x^\mu} \cdot \frac{\partial x'^\sigma}{\partial x^\nu} \Gamma'^\tau_{\rho\sigma}(\boldsymbol{x}') \tag{7.138}$$

Immer mit dem Ziel, schließlich eine Größe zu konstruieren, die sich als Tensor transformiert, bildet man nun mit (7.138) die dritten Ableitungen. Das führt zunächst unter Anwendung der Produktregel der Differenziation, dem wiederholten Einsetzen der Gleichung (7.138) sowie dem Gebrauch der Kettenregel für die fünf Terme die bei der Anwendung von $\frac{\partial}{\partial x^\kappa}$ auf $\frac{\partial^2 x'^\tau}{\partial x^\mu \partial x^\nu}$ entstehen

$$\begin{aligned}\frac{\partial^3 x'^\tau}{\partial x^\kappa \partial x^\mu \partial x^\nu} = & \left(\frac{\partial x'^\tau}{\partial x^\eta}\Gamma^\eta_{\kappa\lambda}(\boldsymbol{x}) - \frac{\partial x'^\rho}{\partial x^\kappa}\cdot\frac{\partial x'^\sigma}{\partial x^\lambda}\Gamma'^\tau_{\rho\sigma}(\boldsymbol{x}')\right)\cdot\Gamma^\lambda_{\mu\nu}(\boldsymbol{x}) \\ & + \frac{\partial x'^\tau}{\partial x^\lambda}\cdot\frac{\partial \Gamma^\lambda_{\mu\nu}(\boldsymbol{x})}{\partial x^\kappa} \\ & - \left(\frac{\partial x'^\sigma}{\partial x^\eta}\Gamma^\eta_{\kappa\nu}(\boldsymbol{x}) - \frac{\partial x'^\eta}{\partial x^\kappa}\cdot\frac{\partial x'^\xi}{\partial x^\nu}\Gamma'^\sigma_{\eta\xi}(\boldsymbol{x}')\right)\frac{\partial x'^\rho}{\partial x^\mu}\Gamma'^\tau_{\rho\sigma}(\boldsymbol{x}') \\ & - \left(\frac{\partial x'^\rho}{\partial x^\eta}\Gamma^\eta_{\kappa\mu}(\boldsymbol{x}) - \frac{\partial x'^\eta}{\partial x^\kappa}\cdot\frac{\partial x'^\xi}{\partial x^\mu}\Gamma'^\rho_{\eta\xi}(\boldsymbol{x}')\right)\frac{\partial x'^\sigma}{\partial x^\nu}\Gamma'^\tau_{\rho\sigma}(\boldsymbol{x}') \\ & - \frac{\partial x'^\rho}{\partial x^\mu}\cdot\frac{\partial x'^\sigma}{\partial x^\nu}\cdot\frac{\partial x'^\eta}{\partial x^\kappa}\cdot\frac{\partial \Gamma'^\tau_{\rho\sigma}(\boldsymbol{x}')}{\partial x'^\eta}\end{aligned} \tag{7.139}$$

Die Zusammenfassung ähnlicher Terme führt sodann auf

$$\begin{aligned}\frac{\partial^3 x'^\tau}{\partial x^\kappa \partial x^\mu \partial x^\nu} = & \frac{\partial x'^\tau}{\partial x^\lambda}\left(\frac{\partial \Gamma^\lambda_{\mu\nu}(\boldsymbol{x})}{\partial x^\kappa} + \Gamma^\eta_{\mu\nu}(\boldsymbol{x})\Gamma^\lambda_{\kappa\eta}(\boldsymbol{x})\right) \\ & - \frac{\partial x'^\rho}{\partial x^\mu}\cdot\frac{\partial x'^\sigma}{\partial x^\nu}\cdot\frac{\partial x'^\eta}{\partial x^\kappa}\cdot\left(\frac{\partial \Gamma'^\tau_{\rho\sigma}(\boldsymbol{x}')}{\partial x'^\eta} - \Gamma'^\tau_{\rho\lambda}(\boldsymbol{x}')\Gamma'^\lambda_{\eta\sigma}(\boldsymbol{x}') - \Gamma'^\tau_{\lambda\sigma}(\boldsymbol{x}')\Gamma'^\lambda_{\eta\rho}(\boldsymbol{x}')\right) \\ & - \Gamma'^\tau_{\rho\sigma}(\boldsymbol{x}')\frac{\partial x'^\sigma}{\partial x^\lambda}\cdot\left(\Gamma^\lambda_{\mu\nu}(\boldsymbol{x})\frac{\partial x'^\rho}{\partial x^\kappa} + \Gamma^\lambda_{\kappa\nu}(\boldsymbol{x})\frac{\partial x'^\rho}{\partial x^\mu} + \Gamma^\lambda_{\kappa\mu}(\boldsymbol{x})\frac{\partial x'^\rho}{\partial x^\nu}\right)\end{aligned} \tag{7.140}$$

Da die Reihenfolge der partiellen Ableitungen auf der linken Seite von (7.140) vertauschbar ist, kann man die dritten Ableitungen eliminieren, indem von (7.140) denselben Ausdruck unter Vertauschung der Ableitungsbildung nach ν und κ subtrahiert. Die linke Seite wird damit = 0, da sich die dritten Ableitungen gegenseitig aufheben. Auf der rechten Seite heben sich die Produkte zwischen den $\Gamma'^\tau_{\rho\sigma}(\boldsymbol{x}')$ und $\Gamma^\lambda_{\mu\nu}(\boldsymbol{x})$ gegenseitig weg. Es entsteht damit

$$\begin{aligned}0 = & \frac{\partial x'^\tau}{\partial x^\lambda}\left(\frac{\partial \Gamma^\lambda_{\mu\nu}(\boldsymbol{x})}{\partial x^\kappa} - \frac{\partial \Gamma^\lambda_{\mu\kappa}(\boldsymbol{x})}{\partial x^\nu}\right) \\ & + \frac{\partial x'^\tau}{\partial x^\lambda}\left(\Gamma^\eta_{\mu\nu}(\boldsymbol{x})\Gamma^\lambda_{\kappa\eta}(\boldsymbol{x}) - \Gamma^\eta_{\mu\kappa}(\boldsymbol{x})\Gamma^\lambda_{\nu\eta}(\boldsymbol{x})\right) \\ & - \frac{\partial x'^\rho}{\partial x^\mu}\cdot\frac{\partial x'^\sigma}{\partial x^\nu}\cdot\frac{\partial x'^\eta}{\partial x^\kappa}\cdot\left(\frac{\partial \Gamma'^\tau_{\rho\sigma}(\boldsymbol{x}')}{\partial x'^\eta} - \frac{\partial \Gamma'^{\,\tau}_{\rho\eta}(\boldsymbol{x}')}{\partial x'^\sigma}\right) \\ & - \frac{\partial x'^\rho}{\partial x^\mu}\cdot\frac{\partial x'^\sigma}{\partial x^\nu}\cdot\frac{\partial x'^\eta}{\partial x^\kappa}\cdot\left\{-\Gamma'^\tau_{\lambda\sigma}(\boldsymbol{x}')\Gamma'^\lambda_{\eta\rho}(\boldsymbol{x}') + \Gamma'^\tau_{\lambda\eta}(\boldsymbol{x}')\Gamma'^\lambda_{\sigma\rho}(\boldsymbol{x}')\right\}\end{aligned} \tag{7.141}$$

(7.141) lässt sich unter dreifacher Anwendung von (7.97) als Transformationsgleichung schreiben:

$$R'^{\tau}_{\rho\sigma\eta}(\boldsymbol{x}') = \frac{\partial x'^{\tau}}{\partial x^{\lambda}} \cdot \frac{\partial x^{\mu}}{\partial x'^{\rho}} \cdot \frac{\partial x^{\nu}}{\partial x'^{\sigma}} \cdot \frac{\partial x^{\kappa}}{\partial x'^{\eta}} R^{\lambda}_{\ \mu\nu\kappa}(\boldsymbol{x}) \tag{7.142}$$

mit

$$R^{\lambda}_{\ \mu\nu\kappa}(\boldsymbol{x}) = \frac{\partial \Gamma^{\lambda}_{\mu\nu}(\boldsymbol{x})}{\partial x^{\kappa}} - \frac{\partial \Gamma^{\lambda}_{\mu\kappa}(\boldsymbol{x})}{\partial x^{\nu}} + \Gamma^{\eta}_{\mu\nu}(\boldsymbol{x})\Gamma^{\lambda}_{\kappa\eta}(\boldsymbol{x}) - \Gamma^{\eta}_{\mu\kappa}(\boldsymbol{x})\Gamma^{\lambda}_{\nu\eta}(\boldsymbol{x}) \tag{7.143}$$

Nun darf man aufatmen, denn dieser Ausdruck, der sich offenbar als Tensor vierter Stufe transformiert, ist schon der Riemann-Christoffel Krümmungstensor. Er ist der zentrale Ausdruck der ganzen nicht euklidischen Geometrie.

Durch Umformungen, die immer denselben Regeln der Tensorrechnung folgen, kommt man auf äquivalente Formen des Krümmungstensors, die manchmal zweckmäßiger sind als (7.143). Durch Herunterziehen des kontravarianten Index λ folgt zunächst:

$$R_{\lambda\mu\nu\kappa}(\boldsymbol{x}) = g_{\lambda\sigma}(\boldsymbol{x}) R^{\sigma}_{\mu\nu\kappa}(\boldsymbol{x}) \tag{7.144}$$

Nach Einsetzen der Form der $\Gamma^{\lambda}_{\mu\nu}(\boldsymbol{x})$ folgt

$$\begin{aligned} R_{\lambda\mu\nu\kappa}(\boldsymbol{x}) = \frac{1}{2}\left[\frac{\partial^2 g_{\lambda\nu}(\boldsymbol{x})}{\partial x^{\kappa}\partial x^{\mu}} - \frac{\partial^2 g_{\mu\nu}(\boldsymbol{x})}{\partial x^{\kappa}\partial x^{\lambda}} - \frac{\partial^2 g_{\lambda\kappa}(\boldsymbol{x})}{\partial x^{\nu}\partial x^{\mu}} + \frac{\partial^2 g_{\mu\kappa}(\boldsymbol{x})}{\partial x^{\nu}\partial x^{\lambda}}\right] \\ + g_{\eta\sigma}(\boldsymbol{x})\left[\Gamma^{\eta}_{\nu\lambda}(\boldsymbol{x})\Gamma^{\sigma}_{\mu\kappa}(\boldsymbol{x}) - \Gamma^{\eta}_{\kappa\lambda}(\boldsymbol{x})\Gamma^{\sigma}_{\mu\nu}(\boldsymbol{x})\right] \end{aligned} \tag{7.145}$$

7.4.3.3 Symmetrieeigenschaften des Krümmungstensors, Ricci-Tensor, Krümmungsskalar

Der Krümmungstensor enthält sowohl den Metriktensor selbst wie dessen erste und zweite Ableitungen. Zunächst hat der Krümmungstensor im n-dimensionalen Raum, da jeder Index n Werte durchläuft, n^4 Komponenten. Zum Glück wird diese hohe Zahl durch folgende Eigenschaften, die sich aus (7.145) ergeben, reduziert

Symmetrie:

$$R_{\lambda\mu\nu\kappa}(\boldsymbol{x}) = R_{\nu\kappa\lambda\mu}(\boldsymbol{x}) \tag{7.146}$$

Antisymmetrie:

$$R_{\lambda\mu\nu\kappa}(\boldsymbol{x}) = -R_{\mu\lambda\nu\kappa}(\boldsymbol{x}) = -R_{\lambda\mu\kappa\nu}(\boldsymbol{x}) = +R_{\mu\lambda\kappa\nu}(\boldsymbol{x}) \tag{7.147}$$

Zyklizität:

$$R_{\lambda\mu\nu\kappa}(\boldsymbol{x}) + R_{\lambda\kappa\mu\nu}(\boldsymbol{x}) + R_{\lambda\nu\kappa\mu}(\boldsymbol{x}) = 0 \tag{7.148}$$

Aus $R_{\lambda\mu\nu\kappa}(\boldsymbol{x})$ kann man durch Kontraktion (Verjüngung) einen zweistufigen symmetrischen Tensor, den Ricci-Tensor bilden:

$$R_{\mu\kappa}(\boldsymbol{x}) = g^{\lambda\nu}(\boldsymbol{x}) R_{\lambda\mu\nu\kappa}(\boldsymbol{x}) = R_{\kappa\mu}(\boldsymbol{x}) \tag{7.149}$$

Durch weitere Kontraktion folgt der Krümmungsskalar

$$R(\boldsymbol{x}) = g^{\lambda\nu}(\boldsymbol{x})g^{\mu\kappa}(\boldsymbol{x})R_{\lambda\mu\nu\kappa}(\boldsymbol{x}) = -g^{\lambda\nu}(\boldsymbol{x})g^{\mu\kappa}(\boldsymbol{x})R_{\mu\lambda\nu\kappa}(\boldsymbol{x}) = g^{\mu\kappa}(\boldsymbol{x})R_{\mu\kappa}(\boldsymbol{x}) \tag{7.150}$$

Aus den Eigenschaften (7.146) bis (7.148) folgt, dass der Ricci-Tensor bzw. der Krümmungsskalar der einzige zweistufige Tensor bzw. Skalar ist, den man durch Verjüngung aus dem Krümmungstensor herleiten kann.

7.4.3.4 Kovariante Ableitungen des Krümmungstensors, Bianchi-Identitäten

Neben den gewissermaßen algebraischen Eigenschaften von $R_{\lambda\mu\nu\kappa}(\boldsymbol{x})$, nämlich (7.146) bis (7.150), ergeben sich Identitäten, die die kovarianten Ableitungen des Krümmungstensors betreffen, die man in Erweiterung natürlich auch von dem vierstufigen $R_{\lambda\mu\nu\kappa}(\boldsymbol{x})$ bilden kann. Es ergeben sich die Bianchi-Identitäten:

$$R_{\lambda\mu\nu\kappa;\eta}(\boldsymbol{x}) + R_{\lambda\mu\eta\nu;\kappa}(\boldsymbol{x}) + R_{\lambda\mu\kappa\eta;\nu}(\boldsymbol{x}) = 0 \tag{7.151}$$

Ihr direkter Beweis ist wegen der komplizierten Gestalt von $R_{\lambda\mu\nu\kappa}(\boldsymbol{x})$ zwar im Prinzip einfach, aber mühselig. Mit einer eleganten Beweismethode geht man in ein am Punkt $\boldsymbol{x}_0$ lokal flaches Koordinatensystem. An dieser Stelle (und nur dort) gilt $g_{\nu\mu}(\boldsymbol{x}_0) = \eta_{\nu\mu}$, Die ersten Ableitungen sind = 0, während die zweiten Ableitungen nicht verschwinden. Gemäß (7.109) sind dort auch die Christoffelsymbole = 0, und damit reduziert sich dort die kovariante Ableitung auf die gewöhnliche Ableitung. An dieser Stelle bleibt daher von der kovarianten Ableitung nur folgender Rest übrig:

$$R_{\lambda\mu\nu\kappa;\eta}(\boldsymbol{x}_0) = \frac{1}{2}\frac{\partial}{\partial x^\eta}\left[\frac{\partial^2 g_{\lambda\nu}(\boldsymbol{x}_0)}{\partial x^\kappa \partial x^\mu} - \frac{\partial^2 g_{\mu\nu}(\boldsymbol{x}_0)}{\partial x^\kappa \partial x^\lambda} - \frac{\partial^2 g_{\lambda\kappa}(\boldsymbol{x}_0)}{\partial x^\mu \partial x^\nu} + \frac{\partial^2 g_{\mu\kappa}(\boldsymbol{x}_0)}{\partial x^\nu \partial x^\lambda}\right] \tag{7.152}$$

An diesem Ausdruck sind die Bianchi-Identitäten leicht zu beweisen. Nun ist aber die linke Seite von (7.151) ein (fünfstufiger) Tensor. An der Stelle $\boldsymbol{x}_0$ sind also alle Komponenten der Bianchi-Identitäten = 0. Beim Übergang zu einem beliebigen Koordinatensystem $\boldsymbol{x}$ transformieren sich die Komponenten der Bianchi-Identitäten als Tensor nur linear homogen. Sie bleiben daher alle = 0. Daher muss (7.151) nicht nur für $\boldsymbol{x}_0$, sondern für beliebige Koordinaten $\boldsymbol{x}$ gelten.

Von der Bianchi-Identität (7.151) ausgehend gelangt man nun zu Formeln, die die kovarianten Ableitungen des Ricci-Tensors und des Krümmungsskalars betreffen. Dabei ist zu beachten, dass die kovarianten Ableitungen von $g_{\nu\mu}(\boldsymbol{x})$ und $g^{\rho\lambda}(\boldsymbol{x})$ verschwinden (siehe (7.115)).

Die Kontraktion der Terme der Bianchi-Identität ergibt:

$$\begin{aligned}
g^{\nu\lambda}(\boldsymbol{x})R_{\lambda\mu\nu\kappa;\eta}(\boldsymbol{x}) &= \left(g^{\nu\lambda}(\boldsymbol{x})R_{\lambda\mu\nu\kappa}(\boldsymbol{x})\right)_{;\eta} = R^{\nu}_{\mu\nu\kappa;\eta}(\boldsymbol{x}) = R_{\mu\kappa;\eta}(\boldsymbol{x}) \\
g^{\nu\lambda}(\boldsymbol{x})R_{\lambda\mu\eta\nu;\kappa}(\boldsymbol{x}) &= \left(g^{\nu\lambda}(\boldsymbol{x})R_{\lambda\mu\eta\nu}(\boldsymbol{x})\right)_{;\kappa} = R^{\nu}_{\mu\eta\nu;\kappa}(\boldsymbol{x}) = R_{\mu\eta;\kappa}(\boldsymbol{x}) \\
g^{\nu\lambda}(\boldsymbol{x})R_{\lambda\mu\kappa\eta;\nu}(\boldsymbol{x}) &= R^{\nu}_{\mu\kappa\eta;\nu}(\boldsymbol{x})
\end{aligned} \tag{7.153}$$

sodass aus (7.151) nach Kontraktion von λ mit ν folgt

$$R_{\mu\kappa;\eta}(\boldsymbol{x}) - R_{\mu\eta;\kappa}(\boldsymbol{x}) + R^{\nu}_{\mu\kappa\eta;\nu}(\boldsymbol{x}) = 0 \tag{7.154}$$

Nochmalige Kontraktion von μ mit κ ergibt mit (7.150)

$$R_{;\eta}(\boldsymbol{x}) - R^{\mu}_{\eta;\mu}(\boldsymbol{x}) - R^{\nu}_{\eta;\nu}(\boldsymbol{x}) = R_{;\eta}(\boldsymbol{x}) - 2R^{\mu}_{\eta;\mu}(\boldsymbol{x}) = 0 \tag{7.155}$$

oder äquivalent dazu

$$\left(R^{\mu\nu}(\boldsymbol{x}) - \frac{1}{2}g^{\mu\nu}(\boldsymbol{x})R(\boldsymbol{x})\right)_{;\mu} = 0 \tag{7.156}$$

Es erweist sich nun, dass der Vater, der Krümmungstensor $R_{\lambda\mu\nu\kappa}(\boldsymbol{x})$, mit seinen verjüngten Kindern und Enkeln, dem Ricci-Tensor $R_{\mu\kappa}(\boldsymbol{x})$ und dem Krümmungsskalar $R(\boldsymbol{x})$, die Krönung der gesamten nicht euklidischen Geometrie darstellen. Dies gilt aus folgenden Gründen:

– Die notwendige und hinreichende Bedingung dafür, dass der n-dimensionale, mit Metrik (7.135) ausgestattete Raum flach, d.h. nicht gekrümmt bzw. euklidisch ist, lautet:

$$R_{\lambda\mu\nu\kappa}(\boldsymbol{x}) = 0 \tag{7.157}$$

Beweis: Wenn für ein Koordinatensystem $\boldsymbol{\xi}$ die Metrik überall konstant ist, wenn also $g_{\nu\mu}(\boldsymbol{\xi}) = \eta_{\nu\mu}$ gilt, dann sind alle Ableitungen von $g_{\nu\mu}(\boldsymbol{\xi})$ gleich 0. Daher sind auch alle Christoffel-Symbole $\Gamma^{\eta}_{\nu\lambda}(\xi) = 0$ (siehe (7.109)), ebenfalls natürlich die Terme mit den zweiten Ableitungen von $g_{\nu\mu} = \eta_{\nu\mu}$. Daher gilt für dieses Koordinatensystem trivialerweise $R_{\lambda\mu\nu\kappa}(\boldsymbol{\xi}) = 0$. Geht man nun von $\boldsymbol{\xi}$ zu einem beliebigen Koordinatensystem $\boldsymbol{x}$ über, dann verschwinden im Allgemeinen weder die Christoffelsymbole $\Gamma^{\eta}_{\nu\lambda}(\boldsymbol{x})$ noch die zweiten Ableitungen von $g_{\nu\mu}(\boldsymbol{x})$. Jedoch müssen auch dann alle Komponenten $R_{\eta\sigma\rho\varepsilon}(\boldsymbol{x}) = 0$ sein, denn diese $R_{\eta\sigma\rho\varepsilon}(\boldsymbol{x})$ gehen durch lineare homogene Transformationen aus den $R_{\lambda\mu\nu\kappa}(\boldsymbol{\xi})$ hervor, da $R_{\lambda\mu\nu\kappa}(\boldsymbol{\xi})$ als Tensor konstruiert wurde. Die Bedingungen (7.157) sind also notwendig für die Euklidizität des Raumes.

– Dass andererseits die Bedingung (7.157) auch hinreichend für die Flachheit (Euklidizität) des Raumes ist, ergibt sich daraus, dass man, unter der Voraussetzung $R_{\lambda\mu\nu\kappa}(\boldsymbol{x}) = 0$, ausgehend von einem Punkt $\boldsymbol{x}$ des Raumes, im ganzen Raum Koordinaten $\boldsymbol{\xi}$ konstruieren kann, für die $g_{\nu\mu} = \eta_{\nu\mu}$ gilt. Es ergibt sich auch, dass $R_{\lambda\mu\nu\kappa}(\boldsymbol{x})$ der einzige Tensor ist, der von $g_{\nu\mu}(\boldsymbol{x})$ und dessen ersten und zweiten Ableitungen abhängt und dabei linear in den zweiten Ableitungen ist.

– Wenn sich andererseits für bestimmte Wahlen von $g_{\nu\mu}(\boldsymbol{x})$ ergibt, dass $R_{\lambda\mu\nu\kappa}(\boldsymbol{x}) \neq 0$ ist, dann hat der Raum eine gekrümmte Struktur (wie wir schon für $n = 2$ im Fall der Kugeloberfläche gesehen haben). Ihre Krümmungscharakteristika müssen dann, ausgehend von $R_{\lambda\mu\nu\kappa}(\boldsymbol{x})$, bestimmt werden.

7.4.4 Die Einsteinschen Gleichungen der ART für die reale Raumzeit

Nach Vollendung der SRT lag nun folgende Situation vor:

- Einerseits hatten die Mathematiker Riemann, Ricci, Christoffel und andere ein beeindruckendes Gebäude der n-dimensionalen nicht euklidischen Geometrie erbaut, dessen auf das Notwendigste beschränkte Form wir in den Abschnitten 7.4.1, 7.4.3 und 7.4.2 kennengelernt haben. An die Anwendung dieser Strukturen auf die reale Raumzeit hatte jedoch kein Mathematiker gedacht.
- Andererseits beschränkten sich die Physiker auf die Untersuchung der physikalischen Konsequenzen der SRT im Rahmen ihrer flachen Metrik, ohne die Mathematik der nicht euklidischen Geometrie auch nur zu kennen.

Einstein hatte jedoch erkannt, dass die SRT nur auf Inertialsysteme beschränkt und insofern unzureichend war. Deshalb strebte er danach, die SRT unter Einbeziehung der Gravitation auf eine allgemeinere Relativitätstheorie zu erweitern. Ihm war bewusst, dass er den Raum nicht nur – wie in der SRT – auf vier flache raumzeitliche Dimensionen erweitern, sondern eine allgemeinere Raumzeitstruktur zulassen musste. Als mathematische Grundlage konnte er auf die Riemannsche nicht euklidische Geometrie zurückgreifen, musste sie aber zunächst studieren und verstehen. Als Mathematiker stand ihm Marcel Großmann zur Seite.

7.4.4.1 Vom Metriktensor der SRT zu dem der ART

Da wir in einem stationären Gravitationsfeld leben, wurde die grundlegende Bedeutung lokaler Koordinatensysteme lange Zeit verkannt. Immerhin weiß heute jedes Kind aus Fernsehübertragungen, dass innerhalb der frei fallenden Weltraumstation die Menschen, die Werkzeuge, die Wassertropfen usw. sich geradlinig, gleichförmig, also schwerelos fortbewegen. Das liegt daran, dass im lokalen, bewegten Koordinatensystem (d. h. im Satelliten) die Gravitationskraft der Erde durch die Zentrifugalkraft auf der Umlaufbahn kompensiert wird.

Wenn wir im Folgenden lokale, bewegte Koordinatensysteme verwenden, in denen sich die Körper gravitationsfrei bewegen, bezeichnen wir sie mit $\boldsymbol{\xi}$.

$$\boldsymbol{\xi} = \{\xi^0, \xi^1, \xi^2, \xi^3\} \tag{7.158}$$

Für sie gilt die bekannte Metrik aus der SRT

$$\boldsymbol{\eta} = \{\eta_{\nu\mu}\} = \begin{pmatrix} -1 & 0 & 0 & 0 \\ 0 & 1 & 0 & 0 \\ 0 & 0 & 1 & 0 \\ 0 & 0 & 0 & 1 \end{pmatrix} \tag{7.159}$$

Hiermit wird das invariante Quadrat des Zeitdifferentials

$$d\tau^2 = -d\xi^\nu \eta_{\nu\mu} d\xi^\mu = -\{-(d\xi^0)^2 + (d\xi^1)^2 + (d\xi^2)^2 + (d\xi^3)^2\} \tag{7.160}$$

Es gibt viele solche besondere, bewegte Systeme $\xi, \xi', \xi'', \ldots$ am jeweiligen Weltpunkt. Die Transformation zwischen ihnen geschieht, wie in der SRT, mithilfe von Lorentztransformationen, wobei der Metriktensor (7.159) erhalten bleibt.

Dennoch sind diese Koordinatensysteme ξ ausgesprochene Randerscheinungen, und zwar im wahrsten Sinne des Wortes. Sie entsprechen den an jedem Punkt der Kugeloberfläche anlegbaren flachen Ebenen, die aber die wahre Natur der Raumzeitgeometrie nur unvollkommen abbilden. Die Fülle aller möglichen Koordinatensysteme

$$\boldsymbol{x} = \{x^0, x^1, x^2, x^3\}, \quad \boldsymbol{x}' = \{x'^0, x'^1, x'^2, x'^3\} \tag{7.161}$$

erhält man dadurch, dass man von ξ zu $\boldsymbol{x}$ und dann von $\boldsymbol{x}$ zu $\boldsymbol{x}'$ usw. übergeht. Hierbei verwendet man beliebige, i. A. nicht lineare, aber lokal umkehrbare Koordinatentransformationen $\xi(\boldsymbol{x})$, $\boldsymbol{x}(\boldsymbol{x}')$, … mit den inversen Transformationen $\boldsymbol{x}(\xi)$, $\boldsymbol{x}'(\boldsymbol{x})$. Der Metriktensor $\boldsymbol{\eta}$ geht in den allgemeinen Metriktensor über:

$$\boldsymbol{g} = \{g_{\nu\mu}(\boldsymbol{x})\} = \begin{pmatrix} g_{00}(\boldsymbol{x}) & g_{01}(\boldsymbol{x}) & g_{02}(\boldsymbol{x}) & g_{03}(\boldsymbol{x}) \\ g_{10}(\boldsymbol{x}) & g_{11}(\boldsymbol{x}) & g_{12}(\boldsymbol{x}) & g_{13}(\boldsymbol{x}) \\ g_{20}(\boldsymbol{x}) & g_{21}(\boldsymbol{x}) & g_{22}(\boldsymbol{x}) & g_{23}(\boldsymbol{x}) \\ g_{30}(\boldsymbol{x}) & g_{31}(\boldsymbol{x}) & g_{32}(\boldsymbol{x}) & g_{33}(\boldsymbol{x}) \end{pmatrix} \tag{7.162}$$

Auch hier gilt die Bedingung, dass das Zeitdifferential $d\tau$ bei der Transformation invariant bleiben muss. In die Transformation gehen die Differentiale $d\xi^\alpha$, dx^γ, dx'^ε ein, die sich linear transformieren (vgl. (7.90), (7.91)). Dadurch kommt automatisch die Tensorrechnung ins Spiel (siehe Abschnitt 7.4.1). Zum Beispiel ergibt sich nun die Definition der kontravarianten und kovarianten Transformation von Vektoren und Tensoren (vgl. (7.92), (7.93), (7.98)). Der Metriktensor (7.162) erweist sich dabei als kovarianter Tensor zweiter Stufe. Ferner zeigte sich schon beim Aufbau der nicht euklidischen Geometrie, dass der allgemeine Metriktensor (7.162) mehr Freiheitsgrade enthält als sich bei der Wahl der Koordinatensysteme beim Übergang von den ξ zu den allgemeinen $\boldsymbol{x}$ ergibt. Daher muss und kann der Metriktensor $\boldsymbol{g}$ weiterhin durch physikalisch zu begründende Feldgleichungen bestimmt werden.

Wir beginnen mit der Definition des allgemeinen Metriktensors $\boldsymbol{g}(\boldsymbol{x})$, wie er sich unter Anwendung des Äquivalenzprinzips (der Existenz spezieller Koordinaten ξ) und der Existenz eines invarianten Zeitdifferentials $d\tau$ unter Koordinatentransformationen $\xi \to \boldsymbol{x}$ ergibt:

$$d\tau^2 = -\frac{\partial \xi^\nu(\boldsymbol{x})}{\partial x^\rho} dx^\rho \eta_{\nu\mu} \frac{\partial \xi^\mu(\boldsymbol{x})}{\partial x^\lambda} dx^\lambda = -dx^\rho g_{\rho\lambda}(\boldsymbol{x}) dx^\lambda \tag{7.163}$$

wobei

$$g_{\rho\lambda}(\boldsymbol{x}) = \frac{\partial \xi^\nu(\boldsymbol{x})}{\partial x^\rho} \eta_{\nu\mu} \frac{\partial \xi^\mu(\boldsymbol{x})}{\partial x^\lambda} \tag{7.164}$$

per definitionem der allgemeine Metriktensor ist. Da $d\tau$ stets invariant bleibt, gilt beim Übergang $\boldsymbol{x} \to \boldsymbol{x}'$

$$dx^\rho g_{\rho\lambda}(\boldsymbol{x}) dx^\lambda = \frac{\partial x^\rho(\boldsymbol{x}')}{\partial x'^\gamma} dx'^\gamma g_{\rho\lambda}(\boldsymbol{x}) \frac{\partial x^\lambda(\boldsymbol{x}')}{\partial x'^\sigma} dx'^\sigma = dx'^\gamma g'_{\gamma\sigma}(\boldsymbol{x}') dx'^\sigma \tag{7.165}$$

mit

$$g'_{\gamma\sigma}(\boldsymbol{x}') = \frac{\partial x^\rho(\boldsymbol{x}')}{\partial x'^\gamma} g_{\rho\lambda}(\boldsymbol{x}) \frac{\partial x^\lambda(\boldsymbol{x}')}{\partial x'^\sigma} \tag{7.166}$$

Auch in Erinnerung an Abschnitt 7.3.1 (GPS) bemerken wir: Das Zeitdifferential $d\tau$ hängt sehr wohl von dem Weltpunkt ab, an dem es beobachtet wird. Es ist aber invariant gegenüber dem Raumzeit-Koordinatensystem, mit dem dieser Weltpunkt beschrieben wird.

7.4.4.2 Die Bewegungsgleichungen der ART

Die Stärke des Äquivalenzprinzips erweist sich bei der Aufstellung der Bewegungsgleichung eines Körpers in einer allgemeinen Metrik (7.164). Man kann an jeder Stelle des Universums (z. B. auch in einem stationären Gravitationsfeld) ein raumzeitlich lokales Koordinatensystem $\boldsymbol{\xi}$ verwenden, in dem sich ein Körper gravitationsfrei bewegt. Das heißt in $\boldsymbol{\xi}$ gilt die Bewegungsgleichung für eine kräftefreie gleichförmige, geradlinige Bewegung, nämlich

$$\frac{d^2\,\xi^\alpha}{d\tau^2} = 0 \tag{7.167}$$

Geht man nun in ein allgemeines Koordinatensystem $\boldsymbol{x}$ über, so lautet die Transformation von (7.167)

$$0 = \frac{d}{d\tau}\left(\frac{\partial\,\xi^\alpha}{\partial x^\mu} \cdot \frac{dx^\mu}{d\tau}\right) = \frac{\partial\,\xi^\alpha}{\partial x^\mu} \cdot \frac{d^2x^\mu}{d\tau^2} + \frac{\partial^2\,\xi^\alpha}{\partial x^\mu \partial x^\nu} \cdot \frac{dx^\mu}{d\tau} \cdot \frac{dx^\nu}{d\tau} \tag{7.168}$$

Die Multiplikation von (7.168) mit $\frac{\partial x^\lambda}{\partial \xi^\alpha}$ sowie die Verwendung der Kettenregel und Summenkonvention ergibt nach (7.97)

$$\frac{\partial\,\xi^\alpha}{\partial x^\mu} \cdot \frac{\partial x^\lambda}{\partial\,\xi^\alpha} = \frac{\partial x^\lambda}{\partial x^\mu} = \delta^\lambda_\mu \tag{7.169}$$

Damit wird (7.168)

$$0 = \frac{d^2x^\lambda}{d\tau^2} + \Gamma^\lambda_{\mu\nu}(\boldsymbol{x}) \frac{dx^\mu}{d\tau} \cdot \frac{dx^\nu}{d\tau} \tag{7.170}$$

Dabei wurden die Christoffelsymbole unter Benutzung der lokalen Koordinaten $\boldsymbol{\xi}$ in der Form

$$\Gamma^\lambda_{\mu\nu}(\boldsymbol{x}) = \frac{\partial x^\lambda}{\partial\,\xi^\alpha} \cdot \frac{\partial^2\,\xi^\alpha}{\partial x^\mu \partial x^\nu} \tag{7.171}$$

verwendet. Die Christoffelsymbole sind keine Tensoren. Nach einigen (hier nicht durchgeführten) Umformungen kann man sie durch Ableitungen des Metriktensors ausdrücken. So wurden sie schon in der allgemeinen nicht euklidischen Geometrie von Christoffel verwendet (siehe (7.109)).

$$\Gamma^\sigma_{\lambda\mu}(\boldsymbol{x}) = \frac{1}{2} g^{\nu\sigma}(\boldsymbol{x}) \left(\frac{\partial g_{\mu\nu}(\boldsymbol{x})}{\partial x^\lambda} + \frac{\partial g_{\lambda\nu}(\boldsymbol{x})}{\partial x^\mu} - \frac{\partial g_{\mu\lambda}(\boldsymbol{x})}{\partial x^\nu}\right) \tag{7.172}$$

Dabei ist der kontravariante Tensor $g^{\nu\sigma}(\boldsymbol{x})$ die Inverse des kovarianten Tensor $g_{\kappa\nu}(\boldsymbol{x})$, sodass also per definitionem gilt

$$g^{\nu\sigma}(\boldsymbol{x})g_{\kappa\nu}(\boldsymbol{x}) = \delta^{\sigma}_{\kappa} \tag{7.173}$$

Gleichung (7.170) ist eine der Hauptgleichungen der ART. Sie ist die Grundlage für die Bewegung eines Körpers im Gravitationsfeld. Man kann zeigen, dass sie die kürzeste Bahn (Geodäte) zwischen zwei Weltpunkten $\boldsymbol{x}_1$ und $\boldsymbol{x}_2$ beschreibt.

In gekrümmten Räumen ist $\Gamma^{\lambda}_{\mu\nu}(\boldsymbol{x}) \neq 0$ und daher auch $\frac{d^2x^\lambda}{d\tau^2} \neq 0$. Keiner der Terme in (7.170) ist ein Tensor. Nur ihre Summe ergibt einen kovarianten Vektor, der = 0 ist. Hat man ein globales, d. h. für die ganze Raumzeit einführbares Koordinatensystem $\boldsymbol{x}$ (z. B. für die stationäre Metrik einer Sonne), dann erhält man aus (7.170) in diesem Koordinatensystem $\boldsymbol{x}$ die gekrümmte Bahn eines Meteors oder eines Planeten (vgl. Abschnitt 7.3.2). Das steht aber nicht im Widerspruch dazu, dass dieselbe Bahn in lokalen Koordinatensystemen $\boldsymbol{\xi}$ geradlinig ist. Denn es gibt in diesem Fall nur lokale $\boldsymbol{\xi}$, d. h. an jedem Weltpunkt andere Koordinatensysteme (sozusagen tangential angelegte), in denen die Bahn lokal geradlinig gleichförmig ist. Nur dann, wenn man ein *globales* Koordinatensystem $\boldsymbol{\xi}$ einführen könnte, wäre $\xi^{\alpha}(\tau)$ überall geradlinig und gleichförmig. Genau dann verschwände $\Gamma^{\lambda}_{\mu\nu}(\boldsymbol{\xi})$ überall und der Raum wäre global flach, d. h. euklidisch.

Die Hauptaufgabe besteht nun darin, in möglichst eindeutiger Weise physikalisch begründete Bestimmungsgleichungen für den Metriktensor zu finden, und zwar so, dass diese in den allgemeinen Rahmen der nicht euklidischen Geometrie passen. Wie in Abschnitt 7.4.3 dargestellt, spielen darin Tensorgrößen die Hauptrolle. Es muss also ein Tensor sein, in dem die allgemeinen makroskopischen Eigenschaften der Materie einschließlich der Erhaltungssätze zum Ausdruck kommen. Denn nur diese Makro-Eigenschaften können die Raumzeitstruktur beeinflussen. (Erst bei eventuellen Extremzuständen kann die Quantentheorie, die die Mikrostruktur der Materie beschreibt, eine Rolle spielen.)

7.4.4.3 Energie-Impuls-Tensor der SRT

Als die Gleichungen der Elektrodynamik in der SRT in Tensorgleichungen umgeschrieben wurden, wurde schon der Energie-Impuls-Tensor eingeführt, der die Materiestruktur auf Makroebene zusammenfasst.

Für eine ideale Flüssigkeit (bzw. Gas) hat er zunächst im Rahmen der SRT folgende Struktur:

$$\begin{aligned}
T^{ij}(\boldsymbol{x}) &= T^{ji}(\boldsymbol{x}) = p(\boldsymbol{x})\delta^{ij} + \big(p(\boldsymbol{x}) + \rho(\boldsymbol{x})\big)\,\frac{\beta^i(\boldsymbol{x})\beta^j(\boldsymbol{x})}{1-\beta^2(\boldsymbol{x})} \\
T^{i0}(\boldsymbol{x}) &= T^{0i}(\boldsymbol{x}) = \big(p(\boldsymbol{x}) + \rho(\boldsymbol{x})\big)\,\frac{\beta^i(\boldsymbol{x})}{1-\beta^2(\boldsymbol{x})} \\
T^{00}(\boldsymbol{x}) &= \big(\rho(\boldsymbol{x}) + p(\boldsymbol{x})\beta^2(\boldsymbol{x})\big)\,\frac{1}{1-\beta^2(\boldsymbol{x})}
\end{aligned} \tag{7.174}$$

Dabei sind

$$\beta(x) = \frac{v(x)}{c}, \quad \beta^i(x) = \frac{v^i(x)}{c}$$

$p(x)$ Materiedruck
$\rho(x)$ Materiedichte

Die Werte sind im Ruhesystem angegeben. Schreibt man den Energie-Impuls-Tensor in der Form

$$T^{\alpha\beta}(x) = T^{\beta\alpha}(x) = p(x)\eta^{\alpha\beta} + \left(p(x) + \rho(x)\right) \frac{u^\alpha(x)u^\beta(x)}{c^2} \tag{7.175}$$

so ist die Tensoreigenschaft besser ersichtlich. In (7.175) wurde die Vierergeschwindigkeit $u = \left(\frac{dx^0}{d\tau}, \frac{dx^1}{d\tau}, \frac{dx^2}{d\tau}, \frac{dx^3}{d\tau}\right)$ eingeführt. Aus ihrer Definition folgt

$$u^\nu u_\nu = -c^2 = -1 \tag{7.176}$$

(In Abschnitt 7.4 verwenden wir konsequent ein Maßsystem, in dem Zeiten und Längen mit derselben Maßeinheit gemessen werden und in dem $c = 1$ wird.)

Der Energie-Impuls-Tensor erfüllt die wichtigsten Erhaltungssätze der Materie, nämlich den Energie- und den Impulserhaltungssatz (für Impulsdichte und Energiedichte der idealen Flüssigkeit) in folgender Form (zunächst in der SRT):

$$0 = \frac{\partial T^{\alpha\beta}(x)}{\partial x^\beta} = \frac{\partial T^{\beta\alpha}(x)}{\partial x^\beta} = \frac{\partial p(x)}{\partial x_\alpha} + \frac{\partial}{\partial x^\beta}\left[\left(p(x) + \rho(x)\right) u^\alpha(x)u^\beta(x)\right] \tag{7.177}$$

Aus (7.177) ergeben sich

- Für die drei räumlichen Koordinaten ($\alpha = i = 1, 2, 3$) die Eulerschen Bewegungsgleichungen für eine ideale Flüssigkeit.
- Für $\alpha = 0$ erhält man den Energiesatz in der Flüssigkeit.

7.4.4.4 Übergang zur ART

Gleichung (7.175) gilt für den Energie-Impuls-Tensor im Rahmen der SRT. Mit dem Übergang zur ART wird die konstante Metrik $\eta^{\alpha\beta}$ durch die weltpunktabhängige $g^{\alpha\beta}(x)$ ersetzt. Das ergibt:

$$T^{\alpha\beta}(x) = p(x)g^{\alpha\beta}(x) + \left(p(x) + \rho(x)\right) u^\alpha(x)u^\beta(x) \tag{7.178}$$

In (7.177) wird die partielle Ableitung durch die kovariante Ableitung ersetzt.

$$T^{\alpha\beta}_{;\beta}(x) = 0 \tag{7.179}$$

Durch (7.179) wird der Energie-Impulserhaltungssatz (7.177) in allgemein kovarianter Form dargestellt. Der Übergang von gewöhnlichen Raumzeit-Ableitungen zu kovarianten Ableitungen (siehe Abschnitt 7.4.1.4) führt jedoch zu Zusatztermen, die die Interpretation von (7.179) als Erhaltungssatz stören. Sie spielen im lokalen Bereich bei schwachen Gravitationsfeldern, wenn die ART asymptotisch in die SRT eingebettet ist, wegen des Inklusionsprinzips eine vernachlässigbare Rolle. Für starke Gravitationsfelder und für globale kosmologische Probleme sind sie jedoch nicht vernachlässigbar.

Der Gedanke Einsteins war nun, die Krümmung (Metriktensor) des Raums mit der Materieverteilung (Energie-Impuls-Tensor) in Zusammenhang zu bringen. Dafür machte er folgenden Ansatz

$$G_{\nu\mu}(\boldsymbol{x}) = aT_{\nu\mu}(\boldsymbol{x}) \tag{7.180}$$

$G_{\nu\mu}(\boldsymbol{x})$ und $T_{\nu\mu}(\boldsymbol{x})$ sind symmetrische Tensoren, wobei $G_{\nu\mu}(\boldsymbol{x})$ noch bestimmt werden muss. $G_{\nu\mu}(\boldsymbol{x})$ muss den Metriktensor sowie dessen erste und zweite Ableitungen enthalten. Die Konstante a ist ebenfalls noch festzulegen. Es müssen folgende notwendige Bedingungen erfüllt werden:

- Das schon bekannte Inklusionsprinzip muss erfüllt werden, d. h. die Newtonsche Gravitationstheorie und die SRT müssen als Grenzfall in (7.180) enthalten sein.
- Weiterhin muss gelten

  $$G_{\nu\mu}^{;\mu}(\boldsymbol{x}) = 0 \quad \text{bzw.} \quad G^{\nu\mu}_{;\mu}(\boldsymbol{x}) = 0 \tag{7.181}$$

  (Man kann immer in gewohnter Weise von kovarianten zu kontravarianter Tensoren übergehen oder umgekehrt)
  Der Energie-Impuls-Tensor soll ja die unentbehrlichen Erhaltungssätze erfüllen. Sollte nun, $G_{\nu\mu}(\boldsymbol{x})$ so gewählt werden können, dass (7.181) von selbst erfüllt ist, dann erzwingt der Ansatz (7.180), dass zugleich die Erhaltungssätze (7.179) gelten müssen. Dann passt also alles bestens zusammen.

7.4.4.5 Überprüfung des Inklusionsprinzips

Zum Inklusionsprinzip: In der Newtonschen Gravitationstheorie lautete die Bewegungsgleichung:

$$\frac{d^2\boldsymbol{x}}{dt^2} = -\nabla\phi(\boldsymbol{x}), \quad \boldsymbol{x} = (x^1, x^2, x^3) \tag{7.182}$$

Das Gravitationspotential bestimmt sich dabei aus der die Gravitation ausübenden Massendichte $\rho(\boldsymbol{x})$ wie folgt:

$$\Delta\phi(\boldsymbol{x}) = 4\pi G\rho(\boldsymbol{x}) \tag{7.183}$$

G ist dabei die Gravitationskonstante.

Für einen kugelsymmetrischen Stern der Gesamtmasse M ergibt sich als Lösung von (7.183) im Außenraum des Sterns

$$\phi(\boldsymbol{x}) = -G\frac{M}{r} \tag{7.184}$$

Wie bekannt ergeben sich die Keplerschen Gesetze für die Planetenbahnen als Lösung von (7.182).

Die Bewegungsgleichung (7.170) der ART hat zunächst ein völlig anderes Aussehen als die Newtonsche Bewegungsgleichung (7.182). Befindet man sich allerdings im Bereich einer schwachen Gravitation, dann weichen die Metrikkoeffizienten $g_{\alpha\beta}(\boldsymbol{x})$ nur wenig von den konstanten $\eta_{\alpha\beta}$ der SRT ab und man kann für sie folgenden Ansatz machen:

$$g_{\alpha\beta}(\boldsymbol{x}) = \eta_{\alpha\beta} + h_{\alpha\beta}(\boldsymbol{x}) \quad \text{mit} \quad |h_{\alpha\beta}| \ll 1 \tag{7.185}$$

Mit dem Ansatz (7.185) berechnet man die Christoffel Symbole (7.172) und setzt diese anschließend in (7.170) ein. In der Entwicklung (7.185) geht man dabei nur bis zu linearen Gliedern in den $h_{\alpha\beta}(\boldsymbol{x})$. Damit wird (7.170)

$$\frac{d^2\boldsymbol{x}}{dt^2} = \frac{1}{2}\nabla g_{00}(\boldsymbol{x}) = \frac{1}{2}\nabla h_{00}(\boldsymbol{x}) \tag{7.186}$$

Wenn diese Näherung der ART Bewegungsgleichung (7.170) mit der Newtonschen Bewegungsgleichung, also mit (7.182) übereinstimmen soll, muss gelten:

$$h_{00}(\boldsymbol{x}) = -2\phi(\boldsymbol{x}) \quad \text{mit (7.185):} \quad g_{00}(\boldsymbol{x}) \cong -(1 + 2\phi(\boldsymbol{x})) \tag{7.187}$$

Nach Newtons Theorie wird das Potential $\phi(\boldsymbol{x})$ als Lösung der Potentialgleichung (7.183) bestimmt. In der ART werden die Komponenten des Metriktensors $g_{\nu\mu}(\boldsymbol{x})$ (insbesondere $g_{00}(\boldsymbol{x})$) aus der noch gesuchten ganz andersartigen ART Gleichung (7.180) zu bestimmen sein. Von dieser kennen wir vorläufig nur die rechte Seite. Im nicht relativistischen Grenzfall bei (fast) ruhender Materie reduziert sich der Energie-Impuls-Tensor $T^{\alpha\beta}(\boldsymbol{x})$ auf seine 00-Komponente

$$T_{00}(\boldsymbol{x}) \cong \rho(\boldsymbol{x}) \tag{7.188}$$

Bei der Suche nach dem richtigen $G_{\nu\mu}(\boldsymbol{x})$ kann man wieder davon ausgehen, dass bei schwacher Gravitation die Metrikkoeffizienten nur wenig von $\eta_{\alpha\beta}$ abweichen. Unter der Voraussetzung (7.185) sollte sich dann $G_{\nu\mu}(\boldsymbol{x})$ näherungsweise auf die einzige Komponente reduzieren

$$G_{00}(\boldsymbol{x}) = \Delta g_{00}(\boldsymbol{x}) \tag{7.189}$$

In diesem Fall wird die gesuchte Metrikbestimmungsgleichung (7.180) der ART unter Verwendung von (7.188) und (7.189)

$$\Delta g_{00}(\boldsymbol{x}) = -2\Delta\phi(\boldsymbol{x}) = a\rho(\boldsymbol{x}) \tag{7.190}$$

Dabei wurde für $g_{00}(\boldsymbol{x})$ die Näherung (7.187) eingesetzt. Wenn diese Gleichung mit der Newtonschen Bestimmungsgleichung (7.183) für das Potential $\phi(\boldsymbol{x})$ übereinstimmen soll, dann muss die Konstante a in (7.180)

$$a = -8\pi G \quad (G \text{ Gravitationskonstante}) \tag{7.191}$$

gesetzt werden.

Zusammenfassend kann man also sagen: Wenn in den neuen Grundgleichungen der ART, nämlich (7.170) und (7.180) in erster Näherung gerade (7.186) bis (7.190) gilt sowie (7.191) gesetzt wird, dann ist das Inklusionsprinzip erfüllt, denn dann ergibt sich ja in erster Näherung die alte Newtonsche Gravitationstheorie (7.182) und (7.183).

7.4.4.6 Überlegungen zum Aufstellen des Einstein-Tensors

Es lief nun alles auf die Aufgabe hinaus, einen zweistufigen Tensor $G_{\nu\mu}(\boldsymbol{x})$ zu finden, der aus der Metrik $g_{\nu\mu}(\boldsymbol{x})$, ihren ersten und zweiten Ableitungen $\frac{\partial g_{\nu\mu}(x)}{\partial x^\rho}$ und $\frac{\partial^2 g_{\nu\mu}(x)}{\partial x^\rho \partial x^\lambda}$ gebildet wird, und für den in erster Näherung (7.189) gilt. Dieser Tensor muss auch mit den physikalischen Erhaltungssätzen (7.177) bzw. (7.179) kompatibel sein, also auch (7.181) erfüllen.

(Eine Bemerkung für Romanschriftsteller sei erlaubt: Man kann hier nicht durch Umkonstruktion der Handlung ein Happy End erzwingen. Vielmehr ist dies hier ein „Alles oder Nichts" Spiel. Entweder es gibt ein solches $G_{\nu\mu}(\boldsymbol{x})$, dann ist alles gut. Oder aber es gibt ein solches $G_{\nu\mu}(\boldsymbol{x})$ nicht, dann ist alles nichts.)

Der Spielraum für das Auffinden des richtigen $G_{\nu\mu}(\boldsymbol{x})$ ist klein. Wenn $G_{\nu\mu}(\boldsymbol{x})$ gefunden wird, dann ist der Aufbau der ganzen ART praktisch eindeutig. Wenn es aber kein $G_{\nu\mu}(\boldsymbol{x})$ gibt, das alle Forderungen erfüllt, dann war, wie oben schon gesagt, alle Mühe umsonst.

Einstein konnte dabei zum Glück auf den Riemannschen Arbeiten aufbauen. Er kannte den vierstufigen Krümmungstensor und den hieraus durch Kontraktion entstehenden zweistufigen Ricci-Tensor und Krümmungsskalar. Der Krümmungstensor enthält erste und zweite Ableitungen des Metriktensors $g_{\lambda\nu}(\boldsymbol{x})$. Bei schwacher Gravitation (wie z. B. bei der Sonne), weicht $g_{\lambda\nu}(\boldsymbol{x})$ nur leicht von der euklidischen Metrik $\eta_{\lambda\nu}$ ab, sodass (7.185) gilt. In diesem Fall kann man in $R_{\lambda\mu\nu\kappa}(\boldsymbol{x})$ die quadratischen Glieder in $h_{\alpha\beta}(\boldsymbol{x})$ vernachlässigen und nur die in den zweiten Ableitungen der $g_{\lambda\mu}(\boldsymbol{x})$ linearen Glieder beibehalten. Damit wird der Krümmungstensor (7.145):

$$R_{\lambda\mu\nu\kappa}(\boldsymbol{x}) \cong \frac{1}{2}\left[\frac{\partial^2 g_{\lambda\nu}(\boldsymbol{x})}{\partial x^\kappa \partial x^\mu} - \frac{\partial^2 g_{\mu\nu}(\boldsymbol{x})}{\partial x^\kappa \partial x^\lambda} - \frac{\partial^2 g_{\lambda\kappa}(\boldsymbol{x})}{\partial x^\nu \partial x^\mu} + \frac{\partial^2 g_{\mu\kappa}(\boldsymbol{x})}{\partial x^\nu \partial x^\lambda}\right] \tag{7.192}$$

Aus dem Krümmungstensor $R_{\lambda\mu\nu\kappa}(\boldsymbol{x})$ ergibt sich durch Kontraktion der Ricci-Tensor (7.149)

$$R_{\mu\kappa}(\boldsymbol{x}) = R_{\kappa\mu}(\boldsymbol{x}) = g^{\lambda\nu}(\boldsymbol{x}) R_{\lambda\mu\nu\kappa}(\boldsymbol{x}) \tag{7.193}$$

und durch weitere Kontraktion der Krümmungsskalar (7.150)

$$R(\boldsymbol{x}) = g^{\mu\kappa}(\boldsymbol{x}) R_{\mu\kappa}(\boldsymbol{x}) = g^{\lambda\nu}(\boldsymbol{x}) g^{\mu\kappa}(\boldsymbol{x}) R_{\lambda\mu\nu\kappa}(\boldsymbol{x}) \tag{7.194}$$

Aus den von Bianchi abgeleiteten Identitäten (7.151) erhält man durch Verjüngung die Beziehung (7.156) für $R^{\mu\nu}(\boldsymbol{x})$ und $R(\boldsymbol{x})$.

$$\left(R_{\mu\nu}(\boldsymbol{x}) - \frac{1}{2} g^{\mu\nu}(\boldsymbol{x}) R(\boldsymbol{x})\right)_{;\mu} = 0 \tag{7.195}$$

Um $G_{\rho\sigma}(\boldsymbol{x})$ bzw. $G^{\rho\sigma}(\boldsymbol{x})$ zu konstruieren (wobei der Übergang von Kovarianz zu Kontravarianz in der üblichen Weise geschehen kann), blieben eigentlich nur die Kandidaten $R_{\rho\sigma}(\boldsymbol{x})$ und $g_{\rho\sigma}(\boldsymbol{x}) R(\boldsymbol{x})$ oder eine Linearkombination davon übrig. Aber welche? Da erinnerte sich Einstein, dass $G_{\rho\sigma}(\boldsymbol{x})$ wegen (7.179) auch noch (7.181) erfüllen musste, dass also die kovariante Ableitung $G^{\sigma}_{\rho\sigma}(\boldsymbol{x})$ verschwinden musste, damit die Erhaltungssätze automatisch gelten.

Das führte Einstein unter Beachtung von (7.195) auf den Ansatz:

$$G_{\mu\nu}(\boldsymbol{x}) = R_{\mu\nu}(\boldsymbol{x}) - \frac{1}{2}g_{\mu\nu}(\boldsymbol{x})R(\boldsymbol{x}) \tag{7.196}$$

Setzt man (7.196) zusammen mit (7.191) in (7.180) ein, so erhält man die Einsteinschen Gravitationsgleichungen

$$G_{\mu\nu}(\boldsymbol{x}) = R_{\mu\nu}(\boldsymbol{x}) - \frac{1}{2}g_{\mu\nu}(\boldsymbol{x})R(\boldsymbol{x}) = -8\pi G T_{\mu\nu}(\boldsymbol{x}) \tag{7.197}$$

Dieser zweistufige Tensor $G_{\mu\nu}(\boldsymbol{x})$ wurde später zu Ehren Einsteins der Einstein-Tensor genannt.

Nun musste also – im Alles oder Nichts Spiel – noch geprüft werden, ob diese Gleichungen bei schwachen Gravitationsfeldern auch die Bedingungen (7.185) und (7.189) erfüllen, die für das Zutreffen des Inklusionsprinzips unerlässlich ist.

Wir führen jetzt diesen Nachweis.

Für nichtrelativistische Verhältnisse, also im Newtonschen Grenzfall, gilt für die Komponenten des Energie-Impuls-Tensors

$$|T_{ij}(\boldsymbol{x})| \ll |T_{00}(\boldsymbol{x})| \quad i,j = 1,2,3$$

Also muss in diesem Fall gemäß (7.197) auch gelten:

$$|G_{ij}(\boldsymbol{x})| \lll |G_{00}(\boldsymbol{x})|$$

Damit folgt aus (7.196) unter Vernachlässigung der $h_{ij}(\boldsymbol{x})$, da $|h_{ij}(\boldsymbol{x})| \ll 1$.

$$R_{ij}(\boldsymbol{x}) \approx \frac{1}{2}g_{ij}(\boldsymbol{x})R(\boldsymbol{x}) \approx \frac{1}{2}\eta_{ij}R(\boldsymbol{x}) \quad \text{für} \quad i,j = 1,2,3$$

Das bedeutet: $R_{11}(\boldsymbol{x}) = R_{22}(\boldsymbol{x}) = R_{33}(\boldsymbol{x}) \approx \frac{1}{2}R(\boldsymbol{x})$. Für den Skalar $R(\boldsymbol{x})$ folgt daraus

$$\begin{aligned} R(\boldsymbol{x}) &= g^{\mu\kappa}(\boldsymbol{x})R_{\mu\kappa}(\boldsymbol{x}) \approx \eta^{\mu\kappa}R_{\mu\kappa}(\boldsymbol{x}) \\ &= -R_{00}(\boldsymbol{x}) + R_{11}(\boldsymbol{x}) + R_{22}(\boldsymbol{x}) + R_{33}(\boldsymbol{x}) \\ &= -R_{00}(\boldsymbol{x}) + \frac{3}{2}R(\boldsymbol{x}) \end{aligned}$$

Also:

$$R(\boldsymbol{x}) \cong 2R_{00}(\boldsymbol{x}).$$

Einsetzen in (7.197) ergibt für $\mu = \nu = 0$

$$\begin{aligned} G_{00}(\boldsymbol{x}) &= R_{00}(\boldsymbol{x}) - \frac{1}{2}g_{00}(\boldsymbol{x})R(\boldsymbol{x}) \approx R_{00}(\boldsymbol{x}) - \frac{1}{2}\eta_{00}R(\boldsymbol{x}) \\ &= R_{00}(\boldsymbol{x}) + \frac{1}{2}R(\boldsymbol{x}) \\ &= R_{00}(\boldsymbol{x}) + R_{00}(\boldsymbol{x}) = 2R_{00}(\boldsymbol{x}) \end{aligned}$$

Gemäß der Definition (7.193) von $R_{\mu\kappa}(x)$ gilt also

$$\begin{aligned} G_{00}(x) &\equiv 2\eta^{\lambda\nu} R_{\lambda 0 \nu 0}(x) \\ &= 2(-R_{0000}(x) + R_{1010}(x) + R_{2020}(x) + R_{3030}(x)) \end{aligned}$$

In diese Gleichung werden die Komponenten des Krümmungstensors $R_{\lambda\mu\nu\kappa}(x)$ eingesetzt. Dabei wird die Näherung (7.192) für schwache Gravitation benutzt. Da das Gravitationsfeld stationär ist, verschwinden alle Zeitableitungen des metrischen Tensors. Es bleiben nur folgende Komponenten von $R_{\lambda\mu\nu\kappa}(x)$ übrig:

$$R_{i0j0}(x) \approx \frac{1}{2} \frac{\partial^2 g_{00}(x)}{\partial x^i \partial x^j}$$

Setzt man diese in den Ausdruck für $G_{00}(x)$ ein, so folgt, in der Näherung eines schwachen stationären Gravitationsfeldes

$$G_{00}(x) \approx \left(\frac{\partial^2 g_{00}(x)}{\partial (x^1)^2} + \frac{\partial^2 g_{00}(x)}{\partial (x^2)^2} + \frac{\partial^2 g_{00}(x)}{\partial (x^3)^2} \right) = \Delta g_{00}(x)$$

Das heißt: Die entscheidende Bedingung (7.189) ist erfüllt.

Man wird sich nunmehr nicht wundern, wenn Einstein 1916 nach dieser Vollendung seiner ART an den führenden theoretischen Physiker Arnold Sommerfeld sinngemäß schrieb: „Ich schreibe Ihnen kein Wort der Verteidigung meiner Theorie. Denn nachdem Sie sie studiert haben, werden Sie davon völlig überzeugt sein.“

8 Einblick in die Kosmologie

8.1 Vorbemerkung

Am Ende des neunzehnten Jahrhunderts konnte man auf die Frage

> „Gelten denn die Gesetze der Physik jenseits des Sonnensystems, also im gesamten Universum?"

noch antworten:

> „Ein Narr fragt mehr als zehn Weise beantworten können."

Jedoch hat sich die Lage im letzten Jahrhundert grundlegend verändert. In diesem Jahrhundert wurde mehr über das Universum bekannt und erkannt als in den vorangehenden Jahrhunderten.

Einerseits verbesserten sich die Beobachtungsinstrumente der Astronomie so weit, dass neue Entdeckungen möglich wurden: Die Rotverschiebung der Spektren entfernter Galaxien und die homogen und isotrop verteilte kosmische Hintergrundstrahlung. Sie führten zum Schluss, dass der Kosmos nicht statisch sein kann, sondern eine Entwicklungsdynamik hat(te), die aus einem singulären Anfangszustand, dem Urknall hervorgegangen sein muss.

Andererseits gab es entscheidende Fortschritte in der theoretischen Physik: Es entstand, im Wesentlichen durch Albert Einstein, die Allgemeine Relativitätstheorie (ART). Die Statistische Mechanik, d. h. die Grundlage der Thermodynamik erreichte ihren Reifezustand. Sie erwies sich als auch anwendbar auf den Frühzustand des Kosmos, wo die inzwischen in der Elementarteilchenphysik entdeckten Teilchen, die entscheidende Rolle spielen. Alle drei Gebiete werden mit raffinierten Beobachtungen der modernen Kosmologie vereinigt, um eine logisch kohärente Erkenntnis über die Struktur und Dynamik des Kosmos zu erlangen.

Inzwischen gibt es viele populäre Darstellungen dieser modernen Kosmologie. Sie sind anerkennenswert, nützlich und wegen ihrer Anschaulichkeit weit verbreitet. Jedoch enthalten sie oft nicht die notwendige Erklärungstiefe.

Die Frage

> „Kann dieses moderne Weltbild denn auch wissenschaftlich stabil begründet werden oder ist es nur ein moderner Mythos im Sinne eines Paradigmenwechsels im Rahmen eines allgemeinen Kulturrelativismus?"

bleibt dann unbeantwortet.

Wir wollen uns demgegenüber dieser Frage zuwenden, soweit mit unseren Mitteln möglich, und dabei wie folgt vorgehen:

- Zunächst formulieren wir eine sehr komprimierte Version der modernen Vorstellung der Entwicklung des Universums bis zum Ende seines homogenen, isotropen Zustands.
- Im Hauptteil dieses Kapitels schildern wir wie ART, Thermodynamik und Elementarteilchentheorie zusammenwirken, um die Grundlagen einer kohärenten Theorie des Kosmos zu liefern. Ausgangspunkt sind die Ergebnisse der Kapitel über die Thermodynamik, die Spezielle und die Allgemeinen Relativitätstheorie.
- Zum Schluss gehen wir auf einige philosophische und sogar theologische Fragen ein. Denn für beide „Metabereiche“ stellt die Kosmologie eine besondere Herausforderung dar.

8.2 Das moderne Weltbild des Universums

Die uns vorliegenden, experimentell und theoretisch noch zu fundierenden Erkenntnisse führen anschaulich zur Vorstellung eines sich entwickelnden Universums, das von einem Zeitbeginn an, der Urknall genannt wird, sich mit der Zeit räumlich ausdehnt. Dabei kühlt es sich von einem heißen Zustand höchster Temperatur mit der Ausdehnung immer weiter ab.

In der frühen Phase dieser Entwicklung sind Materie, d. h. Energie und Druck, homogen und isotrop verteilt, bis sie sich in der Spätphase entmischen und den heutigen Zustand, bestehend aus Galaxien und der Hintergrundstrahlung, erreichten. Wir betrachten nur die frühe Phase. Diese durchläuft bei sinkender Temperatur verschiedene Stadien, die nun kurz charakterisiert werden.

In dieser frühen Phase existiert zu Anfang ein dichtes Gemisch aus relativistischer Materie, Antimaterie und Photonen, die durch Vernichtungs- und Erzeugungsprozesse miteinander in engster Wechselwirkung stehen. Aus der hochenergetischen Strahlung bilden sich Materie- und Antimaterieteilchen (Erzeugungsprozesse). Der umgekehrte Prozess der Vernichtung von Materie- und Antimaterieteilchen findet in gleichem Maß statt. Mit dem sich ausdehnenden Universum, und damit einhergehend, sinkender Temperatur durchläuft das Universum verschiedene Stadien, die durch die Photonenenergie charakterisiert sind. Mit sinkender Photonenenergie ist folgendes zu beachten:
- Sobald die Photonenenergie nicht mehr ausreicht, um die entsprechende Bindung aufzubrechen, können sich komplexere Teilchen bilden (z. B. Hadronen aus Quarks, Wasserstoff aus Protonen und Elektronen).
- Sinkt die Photonenenergie unter die Schwelle zur Erzeugung einer bestimmten Teilchensorte mit den zugehörigen Antiteilchen, herrscht die Paarvernichtung vor und die entsprechenden Teilchen bzw. Antiteilchen sterben aus.

8.2.1 GUT Ära (Grand Unified Theory)

Ab $t = 10^{-43}$ s, $T = 10^{32}$ K, $E = 10^{19}$ GeV

Das Universum ist dicht und heiß. Die vier Grundkräfte (Gravitation, Elektromagnetismus, schwache und starke Kernkraft) sind vereinigt. Mit sinkender Temperatur spaltet sich die Gravitation als erste Kraft ab.

GUT ist die Abkürzung für „Grand Unified Theory“ und geht davon aus, dass in dieser Phase die starke Kernkraft, die schwache Kernkraft und die elektromagnetische Kraft noch vereinigt sind.

8.2.2 Ära der Inflation

Ab $t = 10^{-36}$ s, $T = 10^{27}$ K, $E = 10^{14}$ GeV

Die starke Kernkraft spaltet sich ab. Der Raum dehnt sich innerhalb kurzer Zeit um den Faktor 10^{30} bis 10^{50} aus (Inflation). Diese inflationäre Ausdehnung des Raums führte zu einer gleichmäßigen Verteilung von Strahlung und Materie im Universum. Damit einhergeht eine starke Abkühlung, sodass sich die elektromagnetische Kraft und die Schwache Kernkraft trennen.

8.2.3 Quarkära

Ab $t = 10^{-30}$ s, $T = 10^{25}$ K, $E = 10^{12}$ GeV

Ab diesem Zeitpunkt können die bekannten physikalischen Theorien zur Beschreibung des Universums herangezogen werden. Sie sind durch Beobachtungen abgesichert.

Es existiert ein heißes Plasma aus Quarks, Elektronen deren Antiteilchen und Photonen, das schnell abkühlt. Solange die Photonenenergie über der Schwellenergie (Ruheenergie) der entsprechenden Teilchen liegt, sind Paarerzeugung und Paarvernichtung im Gleichgewicht. Unterhalb dieser Energie findet nur noch die Paarvernichtung statt.

Die weitere Ausdehnung des Kosmos bewirkt ein Absinken der Temperatur. Ab einer Schwelltemperatur können die Photonen keine Quarks und Antiquarks mehr erzeugen. Fast alle Quarks und Antiquarks zerstrahlen. Hätte es die gleiche Anzahl von Quarks und Antiquarks gegeben, so hätten sich alle Quarks mit den Antiquarks gegenseitig vernichtet und es wären nur noch Photonen übriggeblieben. Da jedoch Materie im Universum vorhanden ist, muss es einen Überschuss von $1 : 10^9$ an Materie gegeben haben.

Aus den Quarks können sich mit der Zeit schwerere Elementarteilchen wie Neutronen und Protonen bilden. Zu Anfang ist das Plasma noch so heiß, dass die Bindung der

Quarks in den Hadronen (Protonen, Neutronen) durch die energiereichen Photonen immer wieder aufgebrochen wird.

8.2.4 Hadronära

Ab $t = 10^{-6}$ s, $T = 10^{13}$ K, $E = 1$ GeV

Die Temperatur ist so weit abgesunken, dass sich aus drei Quarks Protonen bzw. Neutronen bilden können. Die Photonenenergie reicht nicht mehr aus, die Bindung der Quarks in den Protonen und Neutronen zu zerstören. Wenn die Temperatur unter 1 GeV gesunken ist, können Photonen keine Paare von Protonen und Antiprotonen bzw. Neutronen und Antineutronen mehr erzeugen. Der Vernichtungsprozess von Protonen und Neutronen mit ihren Antiteilchen gewinnt die Überhand. Es bleibt ein Materieüberschuss von einem Milliardstel übrig.

8.2.5 Leptonen- und Strahlungsära

Ab $t = 10^{-4}$ s, $T = 10^{12}$ K, $E = 100$ MeV

Bei der Umwandlung von Protonen in Neutronen und auch dem umgekehrten Prozess entsteht eine große Menge von Neutrinos. Da sie kaum noch mit anderer Materie wechselwirken, koppeln sie sich von dem Rest des Universums ab. Das Universum besteht nun noch aus Protonen, Neutronen, Photonen sowie Elektronen und Positronen. Bei sinkender Temperatur ($T \sim 10^{10}$ K) reicht die Photonenenergie nicht mehr zur Erzeugung von Elektron-Positron-Paaren aus. Fast alle Elektronen zerstrahlen bei Zusammenstößen mit Positronen. Ein geringer Überschuss an Elektronen bleibt übrig. Der Überschuss an Elektronen entspricht dem schon früher entstandenen Überschuss an Protonen, sodass bei der Bildung von Atomen die gleiche Anzahl von Protonen und Elektronen vorhanden und in der Folge das Universum elektrisch neutral ist. In dieser Phase ist die Strahlung immer noch dominant. Ihre Energiedichte übersteigt die Energiedichte der Materie um den Faktor 10^{10}.

8.2.6 Primordiale Nukleosynthese

Ab $t = 10$ s, $T = 10^9$ K, $E = 100$ keV

Die primordiale (kosmische) Nukleosynthese beschreibt den Aufbau von Atomkernen während der ersten drei Minuten innerhalb der Entwicklung des Universums.

Etwa eine hundertstel Sekunde nach dem Urknall hatte sich das Universum auf 10^{10} K abgekühlt, Protonen und Neutronen konnten sich aus Quarks bilden (Quarkära). Stöße von Protonen und Neutronen führten zu Deuteronen entsprechend dem Prozess $p+n \leftrightarrow d+\gamma$. Da aber die Photonen noch genügend Energie besaßen, konnten sie die Bindung der Deuteronen wieder aufbrechen und ein bedeutender Aufbau von Deuteronen war noch nicht möglich.

Bei niedrigeren Temperaturen steht der Zerfall von Neutronen mit deren Erzeugung in Konkurrenz. Mit einer Lebensdauer von knapp 15 Minuten zerfallen die Neutronen nach der Reaktion $n \rightarrow p + e^- + \overline{\nu}$. Wenn diese Reaktion vorherrschen würde, würden mit der Zeit alle Neutronen in Protonen und Elektronen zerfallen.

Aber etwa eine Minute nach dem Urknall ist die Temperatur soweit abgesunken (auf ca. $6 \cdot 10^{10}$ K, 80 keV), dass die Photonen die Bindung der Deuteronen nicht mehr aufbrechen können. Damit können Deuteronen entsprechend $p + n \rightarrow d + \gamma$ gebildet werden und die freien Neutronen werden in eine stabile Verbindung eingebaut. Mit dieser Reaktion begann die kosmische Nukleosynthese, in deren Verlauf über weitere Zwischenprodukte (^{3}H und ^{3}He) stabile Heliumkerne entstanden.

An dieser Stelle ist zu beachten, dass die Deuteronenproduktion genau zum richtigen Zeitpunkt eingesetzt hat. Wäre sie erst zu einem späteren Zeitpunkt (also bei noch niedrigeren Energien) möglich gewesen, so wären dann schon alle Neutronen (mittlere Lebensdauer knapp 15 Minuten) zerfallen gewesen und der Start in eine Heliumproduktion hätte nicht mehr stattfinden können.

Mit dem Aufbau von ^{4}He ist der größte Teil der freien Neutronen in stabile Heliumkerne eingebaut. Dieser Prozess ist ca. vier Minuten nach dem Urknall abgeschlossen. Etwa 25 % der Masse des Universums ist in ^{4}He umgewandelt. Die Bindungsenergie von ^{4}He ist so hoch, dass ^{4}He kaum abgebaut wird. Schwerere Kerne entstehen nicht, da hierzu die Temperatur in der Zwischenzeit zu stark abgesunken ist, es keine stabilen Kerne mit den Massenzahlen 5 und 6 gibt und für die Produktion von ^{12}C Dreierstöße von ^{4}He notwendig wären.

Elemente mit höheren Massenzahlen wurden erst später in den Sternen (stellare Nukleosynthese) gebildet. Etwa eine halbe Stunde nach dem Urknall ist die primordiale Nukleosynthese beendet.

8.2.7 Entstehung neutraler Atome: Entkopplung von Strahlung und Materie

Die nächsten Tausende von Jahren verlaufen relativ ereignislos. Es existieren positiv geladene Atomkerne (im Wesentlichen ^{1}H und ^{4}He) sowie Elektronen und Photonen. Das Universum expandiert und als Folge davon sinken Temperatur und Dichte. Außerdem wird durch die Expansion die Wellenlänge der Strahlung weiter in den langwelligen (energiearmen) Bereich verschoben.

Die Energie der Photonen steht in Konkurrenz zur Bindungsenergie der Elektronen in den Atomen. Die elektromagnetische Kraft bewirkt eine Anziehung zwischen den positiv geladenen Atomkernen und den negativen Elektronen, sodass neutrale Atome entstehen können. Die Bindungsenergie der Elektronen liegt im eV-Bereich und kann damit durch energiereichere Photonen aufgebrochen werden. In den ersten Jahren werden damit die neutralen Atome stets durch Photonen zerstört.

Ab 300.000 Jahre, 3000 K, $E = 0{,}2$ eV

Erst nach 300.000 Jahren hat sich das Universum auf 3000 K abgekühlt und die Strahlung hat nicht mehr genügend Energie, um die Bildung von neutralen Atomen aus Protonen und Elektronen zu verhindern. In der nächsten Zeit bilden sich neutrale Wasserstoff- und Heliumatome (Rekombination). Dadurch geht die Wechselwirkung zwischen den Photonen und den neutralen Atomen auf etwa ein Millionstel zurück. Nun können sich die Photonen, ungehindert von der Materie, ausbreiten und das Universum wird durchsichtig. Erst ab diesem Zeitpunkt können die Astronomen das Universum beobachten. Die damals 3000 K heiße Strahlung des Universums wird heute als Mikrowellenhintergrundstrahlung der Temperatur 2,73 K beobachtet. Im weiteren Verlauf der Ausdehnung haben sich nach einer Million Jahre fast alle Protonen mit Elektronen zu neutralen Wasserstoffatomen verbunden.

Nach der Entkopplung von Strahlung und Materie sinkt die Strahlungstemperatur weiter entsprechend $T_R \sim a^{-1}(t)$ (siehe Abschnitt 8.4.2 Gleichung (8.85)) ab, während die Materie schneller mit $T_M \sim a^{-2}(t)$ (siehe Abschnitt 8.4.3 Gleichung (8.87)) zur nicht relativistischen Materie erkaltet.

8.2.8 Klumpung der Materie und Galaxienbildung

Ab 1.000.000 Jahre

Nachdem die Rekombination erfolgt ist, übt die Strahlung keinen Druck mehr auf die Materie aus. Der Einfluss der Gravitation wird größer. Aus Dichteschwankungen der Inflationsphase bilden sich Zusammenballungen. In Regionen mit höherer Dichte ist die Gravitation größer und zieht damit weitere Materie an. Durch die Verdichtung des Gases steigen die Temperatur und damit die kinetische Energie des Gases an. Damit erhöht sich der thermische Druck, der der Gravitation entgegenwirkt. Für die Galaxienbildung ist es notwendig, dass die Gravitation stärker ist als der thermische Druck des Gases und sich die Materiewolke weiter zusammenziehen kann. Diesen Zusammenhang erkannte der englische Astrophysiker James Jeans und gab eine Abschätzung für die notwendige Masse für eine Kontraktion einer Gaswolke als Funktion der Temperatur und Dichte an (siehe Abschnitt 8.4.3.1 Gleichung (8.93)).

Eine Gaswolke kann kollabieren, wenn die Jeans-Masse überschritten ist. Sie hängt von der Temperatur und der Dichte ab ($M_{\text{Jeans}} \sim T^{3/2}/\rho^{1/2}$) und ist umso größer, je höher die Temperatur und je niedriger die Dichte ist.

Für $T \sim 100$ K ist die Jeans-Masse etwa 100.000 Sonnenmassen, bei $T \sim 10$ K und gleicher Dichte ist die Jeans-Masse etwa 3.000 Sonnenmassen.

In diesen dichteren Wolken fragmentieren Teilbereiche, in denen dann Sterne entstehen können. Die Sterne schlagen je nach ihrer Masse einen unterschiedlichen Lebensweg ein.

Sterne mit einer geringen Masse sind die Braunen Zwerge. Ihre Temperaturen reichen nicht aus, um die Wasserstofffusion zu zünden. Sie erhalten ihre Energie aus Fusionen, die bei niedrigerer Temperatur ablaufen können (^{7}Li + $p \rightarrow 2\alpha$, $d + p \rightarrow {}^3$He). Sie haben eine Lebensdauer von über 20 Milliarden Jahre.

Bei sonnenähnlichen Sternen dauert das Wasserstoffbrennen mehrere Milliarden Jahre. Bei nachlassendem Energienachschub aus der Kernregion blähen sie sich zu einem Roten Riesen auf. Nach Abstoßen der Hülle zu einem Planetarischen Nebel verbleibt ein Weißer Zwerg.

Bei Sternen von ca. einer Sonnenmasse dauert das Brennen ca. 10 Milliarden Jahre. Unsere Sonne hat jetzt nach 4,6 Milliarden Jahre 35 % ihres Brennstoffs verbraucht.

Massereiche Sterne (Überriesen) entwickeln sich sehr schnell und enden nach einer kurzen Lebensdauer (~10 Millionen Jahre) als Neutronensterne oder Schwarzes Loch.

8.3 Grundzüge der Physik des Universums

Bei der physikalischen Begründung der modernen Kosmologie wirkten Theorie und Experiment auf eine besonders interessante Weise zusammen, sodass innerhalb eines Jahrhunderts ihr heutiges Standardmodell entstand. Es ist inzwischen soweit gefestigt, dass es der irreversibel gewordene Ausgangspunkt weiterer Verfeinerungen und Entdeckungen werden wird. In der folgenden Darstellung geht es nun um die Begründung der vorab anschaulich geschilderten Entwicklung des frühen Universums.

Wesentliche Beiträge zu dieser Entwicklung lieferten unter anderem

– die Experimentatoren
  Edwin Hubble 1889 – 1953
  Arno Penzias 1933 –
  Robert Wilson 1936 –
– die Theoretiker
  Albert Einstein 1889 – 1953
  Willem de Sitter 1872 – 1934
  Alexander Friedmann 1888 – 1925
  George Lemaitre 1894 – 1966
  Howard Robertson 1903 – 1961
  Arthur Walker 1909 – 2001
  Steven Weinberg 1933 –

8.3.1 Rotverschiebung und Entfernungen

8.3.1.1 Kosmische Rotverschiebung und Dynamik des Kosmos

Die Spektralanalyse entfernter Galaxien zeigt, dass das Spektrum dieser Galaxien zu längeren Wellenlängen hin verschoben ist (Rotverschiebung). Das bedeutet, dass sich die Lichtquelle vom Beobachter entfernt. Da dies bei der Beobachtung aller weit entfernten Galaxien der Fall ist, muss man daraus schließen, dass sich der Kosmos insgesamt ausdehnt. Diese Erkenntnis setzte sich in den 20er Jahren des zwanzigsten Jahrhunderts durch. Einstein ging in den ersten Jahren der ART noch von einem statischen Kosmos aus.

Zur Beschreibung des sich verändernden Kosmos wird der Skalenfaktor $a(t)$ eingeführt, der ein Maß für die Ausdehnung des Kosmos ist:
- $a(t)$ anwachsend der Kosmos dehnt sich aus
- $a(t)$ abnehmend der Kosmos schrumpft
- $a(t) = \text{const.}$ der Kosmos ist statisch

Ein anschauliches Beispiel für den sich aufblähenden Kosmos ist die zweidimensionale Oberfläche eines Ballons. Sieht man die Galaxienhaufen als Punkte auf der Oberfläche des Ballons an und bläst den Ballon auf, so entfernen sich die Punkte voneinander, ohne dass sie sich auf der Oberfläche bewegen.

Genauso wird die Bewegung der Objekte durch die Ausdehnung des Raumes im kosmischen Maßstab bestimmt. Dies ist eine scheinbare Bewegung, denn die Objekte bewegen sich nicht, sie bleiben fest in dem sich ausdehnenden Raum, aber der Abstand zwischen den Objekten ändert sich. Das Koordinatensystem, das der Ausdehnung des Raums Rechnung trägt, ist das mitbewegte Koordinatensystem. In ihm bleiben die Koordinaten von Orten, die durch die homogene Expansion des Raums mitbewegt werden, konstant. Die physikalische Entfernung zwischen zwei Orten ergibt sich dann durch Multiplikation mit dem Skalenfaktor $a(t)$, der die Expansion des Raums beschreibt.

Der wesentliche Anteil der Geschwindigkeit weit entfernter Galaxien ist durch die Ausdehnung des Raums gegeben. In unserer näheren Umgebung, d. h. innerhalb von Galaxien, Galaxiengruppen usw. wird die Materie durch die Gravitation zusammengehalten und ihre Bewegung durch die Gravitation bestimmt. Aus diesem Grund haben wir in unserem Sonnensystem und innerhalb der Milchstraße feste Entfernungen, die sich mit der Zeit nicht ändern.

Die Ausdehnung der Raumzeit wird durch den Skalenfaktor $a(t)$ beschrieben. Damit ändern sich die Entfernungen innerhalb des Kosmos, die durch die Ausdehnung der Raumzeit bedingt sind, nach

$$d_j(t) = a(t)d_j \tag{8.1}$$

d_j ist der konstante Abstand im mitbewegten Koordinatensystem.

Für das Verhältnis der Entfernungen zu verschiedenen Zeiten gilt

$$\frac{d_j(t_0)}{d_j(t_1)} = \frac{a(t_0)}{a(t_1)}$$

Wenn sich eine elektromagnetische Welle frei durch den sich ausdehnenden Raum bewegt, so prägt sich ihr die Expansion des Raumes auf, und aus den spektroskopischen Daten lässt sich der Skalenfaktor bestimmen. Die häufigsten in den

Galaxien vorkommenden Elemente sind Wasserstoff und Helium, die man an ihren charakteristischen Spektrallinien erkennt. Untersucht ein Beobachter B zur Zeit t_B das Licht, das von einem Emitter E zur Zeit t_E ausgesandt wurde, so stellt er fest, dass sich die Spektrallinien verschoben haben. Durch die Ausdehnung der Raumzeit hat sich der ursprüngliche Abstand $d_{EB}(t_E)$ zwischen E und B auf $d_{EB}(t_B)$ vergrößert und entsprechend hat sich die Wellenlänge von λ_E auf λ_B gedehnt. Es gilt also:

$$\frac{d_{jEB}(t_B)}{d_{jEB}(t_E)} = \frac{a(t_B)}{a(t_E)} = \frac{\lambda_B}{\lambda_E} = 1 + z \qquad (8.2)$$

z wird Rotverschiebung genannt.

Der Zusammenhang zwischen Wellenlänge und Frequenz ist

$$\lambda_B \nu_B = c = \lambda_E \nu_E \qquad (8.3)$$

Damit ergibt sich aus (8.2)

$$\frac{a(t_B)}{a(t_E)} = \frac{\nu_E}{\nu_B} = 1 + z \qquad (8.4)$$

Wenn sich der Kosmos ausdehnt, dann

- wächst der Skalenfaktor $a(t_B) > a(t_E)$
- ist die Rotverschiebung positiv $z > 0$
- registriert der Beobachter eine größere Wellenlänge $\lambda_B > \lambda_E$ und damit eine kleinere Frequenz $\nu_B < \nu_E$ als sie vom Emitter ausgesandt wurde.

Seit Anfang des zwanzigsten Jahrhunderts wurden die Geschwindigkeiten weit entfernter Galaxien aus den Verschiebungen der Spektren bestimmt. Im Jahr 1929 entdeckte Edwin Hubble, dass zwischen der Entfernung d der Galaxien und ihrer Rotverschiebung z ein nahezu linearer Zusammenhang besteht. Je weiter die Galaxie entfernt ist, umso stärker sind die Spektren ins Langwellige verschoben, d. h. je weiter das Objekt entfernt ist, desto größer ist die Rotverschiebung.

Je weiter das Objekt entfernt ist umso länger hat das Licht zu uns gebraucht und wir sehen das Objekt in dem Zustand wie es in früheren Zeiten war. Damit blicken wir umso tiefer in die Vergangenheit je größer die Rotverschiebung ist. Dies macht es uns möglich, die Entwicklung des Kosmos nachzuvollziehen. Jede Beobachtung ist ein Schnappschuss des Kosmos zu einer bestimmten kosmischen Zeit. Verbindet man diese Beobachtungen mit der Rotverschiebung, so kann man sie auf einer zeitlichen Skala aufreihen und Aussagen über die Entwicklung des Universums machen.

Ist t_0 die jetzige Beobachtungszeit und t_1 die Zeit zu der die elektromagnetische Welle emittiert wurde ($t_0 > t_1$), dann folgt aus (8.2)

$$1 + z = \frac{a(t_0)}{a(t_1)} \qquad (8.5)$$

In erster Näherung kann man den Skalenfaktor $a(t_1)$ um t_0 entwickeln

$$a(t_1) = a(t_0) + \left.\frac{da(t)}{dt}\right|_{t=t_0} (t_1 - t_0) + \cdots$$

Einsetzen in den Nenner von (8.5) ergibt

$$1+z=\frac{1}{1-\frac{\dot{a}(t_0)}{a(t_0)}\left(t_0-t_1\right)+\cdots}\quad \text{mit}\ \dot{a}\left(t_0\right)=\left.\frac{da(t)}{dt}\right|_{t=t_0}$$

Die Entwicklung des Nenners ergibt

$$1+z=1+\frac{\dot{a}\left(t_0\right)}{a\left(t_0\right)}\left(t_0-t_1\right)+\cdots \tag{8.6}$$

Die Änderungsrate des Skalenfaktors $\frac{\dot{a}(t_0)}{a(t_0)}$ zur Jetztzeit t_0 entspricht der Hubble-Konstanten H_0

$$H_0=\frac{\dot{a}\left(t_0\right)}{a\left(t_0\right)} \tag{8.7}$$

Die Änderungsrate des Skalenfaktors zu einem beliebigen Zeitpunkt wird Hubble-Parameter genannt.

$$H(t)=\frac{\dot{a}(t)}{a(t)} \tag{8.8}$$

Aus (8.6) und (8.7) erhält man den Zusammenhang zwischen der Rotverschiebung z und der Entfernung d

$$z=H_0(t_0-t_1)+\ldots\quad \text{bzw.}\quad cz=H_0 d+\ldots \tag{8.9}$$

Die Hubble-Konstante wurde mit verschiedenen Methoden gemessen, ihr mittlerer Wert liegt bei

$$H_0=73\frac{\text{km}}{\text{s}}\cdot\frac{1}{\text{Mparsec}}$$

Die Einheit parsec ist ein Entfernungsmaß ($1\text{parsec}=3{,}09\cdot 10^{16}\text{m}$) und wurde bei der Entfernungsmessung über Sternparalaxen eingeführt.

Die Hubble-Konstante H_0 hat die Dimension einer reziproken Zeit. Der Kehrwert der Hubble-Konstante wird Hubble-Zeit genannt. Wenn die Expansion des Universums gleichförmig verlaufen wäre, dann wäre die Hubble-Zeit die seit dem Urknall vergangene Zeit.

8.3.1.2 Entfernungen

Unsere Alltagserfahrung beruht auf einem statischen euklidischen Raum. Hier gibt es verschiedene Methoden zur Entfernungsbestimmung, die alle zum gleichen Ergebnis führen. Für einen Kosmos, der sich ausdehnt gilt: Je weiter ein Objekt entfernt ist, desto länger braucht das Licht bis zu uns, desto früher wurde es ausgesandt, desto kleiner war der Kosmos zu diesem Zeitpunkt und umso größer ist die Rotverschiebung z.

Zwischen der Aussendung des Lichts und seiner Beobachtung dehnt sich der Kosmos aus und der Skalenfaktor $a(t)$ ändert sich. Damit unterliegt die Strahlung der kosmischen Expansion.

Die Rotverschiebung eines Signals, das zur Zeit t ausgesandt wurde und zur Jetztzeit t_0 beobachtet wird, ist nach (8.5)

$$1 + z = \frac{a(t_0)}{a(t)} = \frac{a_0}{a(t)} \tag{8.10}$$

$a_0 = a(t_0)$ ist der Skalenfaktor zur Jetztzeit. Aus (8.10) sieht man, dass die Rotverschiebung z in direktem Zusammenhang mit dem Skalenfaktor $a(t)$ zum Zeitpunkt der Strahlungsemission steht. Die Rotverschiebung ist einfach zu beobachten und damit ein geeignetes Maß zur Entfernungsbestimmung. Es müssen also die verschiedenen Messmethoden mit der Rotverschiebung in Verbindung gebracht werden.

8.3.1.3 Laufzeitentfernung

Die Laufzeitentfernung sagt z. B. aus: Das Licht der sehr weit entfernten Galaxie hat 10 Milliarden Jahre bis zu uns gebraucht. Das bedeutet vor 10 Milliarden Jahren war die Galaxie 10 Milliarden Lichtjahre von unserem heutigen Ort entfernt. Da sich der Raum in der Zwischenzeit weiter ausgedehnt hat, hat die Galaxie durch diese Dehnung ihren Ort geändert und ist noch weiter entfernt. Die Laufzeitentfernung ist die Distanz zu dem Objekt an der Stelle wie der Beobachter es sieht. Man sieht das Objekt in der Vergangenheit.

Die Laufzeitentfernung (*LT* Light Travel Distance) ist die vom Licht innerhalb dt zurückgelegte Strecke

$$dD_{LT} = c\,dt \tag{8.11}$$

Das Zeitintervall dt lässt sich durch den Hubble-Parameter ausdrücken

$$\dot{a} = \frac{da}{dt} \quad \text{daraus folgt} \quad dt = \frac{da}{\dot{a}} = \frac{1}{H}\frac{da}{a} \tag{8.12}$$

Der Zusammenhang zwischen dem Skalenfaktor und der Rotverschiebung ist nach (8.10)

$$a(t) = \frac{a_0}{1+z} \quad \text{bzw.} \quad \frac{da}{a} = -\frac{dz}{1+z}$$

Damit wird (8.12)

$$dt = -\frac{1}{H} \cdot \frac{dz}{1+z} \tag{8.13}$$

Die Laufzeitentfernung erhält man aus (8.11) und (8.13) durch Integration von t_1 (Rotverschiebung $z' = z$) bis t_0 (Rotverschiebung $z' = 0$ Jetztzeit) und Umdrehen der Integrationsgrenzen.

$$D_{LT} = c \int_0^z \frac{dz'}{(1+z')\,H(z')} \tag{8.14}$$

Weitere Aussagen zum Hubble-Parameter $H(z')$ werden später in Abschnitt 8.3.4.6 gemacht. In Spezialfällen lässt sich das Integral analytisch lösen, sonst werden Näherungsmethoden angewandt.

8.3.1.4 Mitbewegte Entfernung und physikalische Entfernung

Die mitbewegte Entfernung D_{com} (*com* comoving distance) wird in dem Koordinatensystem gemessen, das sich zusammen mit dem Universum ausdehnt. In diesem System bleiben die räumlichen Koordinaten für Objekte, die sich mit dem Hubble-Fluss (der homogenen Expansion des Universums) bewegen, konstant. Den physikalischen Abstand D_{prop} (*prop* proper distance) erhält man hieraus durch Multiplikation mit dem Skalenfaktor $a(t)$. Die mitbewegte Entfernung ist die Distanz, die Beobachter und Objekt zum gleichen Zeitpunkt haben.

Die mitbewegte Entfernung zweier infinitesimal entfernter Orte zu einer konstanten kosmologischen Zeit t ist

$$dD_{com} = \frac{cdt}{a(t)}$$

Hieraus erhält man die mitbewegte Distanz zwischen Quelle und Beobachter durch Integration.

$$D_{com} = c \int_{t_1}^{t_0} \frac{dt}{a(t)} \tag{8.15}$$

Den Übergang zur Rotverschiebung erhält man mit $a(t)$ aus (8.10) und dt aus (8.13)

$$D_{com} = \frac{c}{a_0} \int_0^z \frac{dz'}{H(z')} \tag{8.16}$$

Aus der mitbewegten Entfernung D_{com} erhält man den physikalischen Abstand durch Multiplikation mit $a(t)$.

$$D_{prop}(t) = a(t) D_{com} \tag{8.17}$$

8.3.1.5 Leuchtkraftentfernung

Die Leuchtkraftentfernung D_L ist definiert durch die Beziehung zwischen der Leuchtkraft L des Objektes, von dem die Strahlung ausgeht und der scheinbaren Helligkeit l, die der Beobachter registriert. Für sie gilt

$$l = \frac{L}{4\pi D_L^2(z)} \tag{8.18}$$

Die scheinbare Helligkeit nimmt aus geometrischen Gründen mit dem Abstand von der Quelle quadratisch ab. Darüber hinaus bewirkt die Expansion des Kosmos eine kosmologische Rotverschiebung und eine kosmologische Zeitdilatation, die beide den Abstand D_{com} um den Faktor $(1 + z)$ dehnen.

Verwendet man ein mitbewegtes System, bei dem die Quelle im Ursprung liegt, dann ist die scheinbare Helligkeit, die man auf einer sphärischen Fläche um die Lichtquelle im Abstand D_{com} misst

$$l = \frac{L}{4\pi D_{com}^2 (1+z)^2} \tag{8.19}$$

Durch Vergleich mit (8.15) erhält man den Zusammenhang zwischen der mitbewegten Entfernung und der Leuchtkraftentfernung

$$D_L = D_{com}(1+z) \tag{8.20}$$

8.3.2 Grundlagen der Kosmologie

8.3.2.1 Einsteinsche Gravitationsgleichungen

Die Allgemeine Relativitätstheorie (ART) bildet den wesentlichen Teil der theoretischen Kosmologie. Deshalb wiederholen wir hier ihre Hauptbestandteile. Im Kapitel über die ART wurden die Einsteinschen Gravitationsgleichungen abgeleitet. Im Folgenden wird, wie in diesem Kapitel, die Lichtgeschwindigkeit $c = 1$ gesetzt und die Einsteinsche Summenkonvention verwendet. Die Einsteinschen Gravitationsgleichungen sind

$$R_{\mu\nu} - \frac{1}{2} g_{\mu\nu} R = -8\pi G T_{\mu\nu} + g_{\mu\nu}\Lambda \quad \mu, \nu = 0, 1, 2, 3 \tag{8.21}$$

Dabei sind

$R_{\mu\nu}$ der Ricci-Krümmungstensor,
R der Krümmungsskalar, $R = g^{\mu\nu} R_{\mu\nu}$,
$g_{\mu\nu}$ der metrische Tensor,
$T_{\mu\nu}$ der Energie-Impuls-Tensor,
G die Gravitationskonstante und
Λ die kosmologische Konstante

Die Einsteinschen Gravitationsgleichungen (8.21) beschreiben die dynamische Wechselwirkung zwischen der Geometrie der Raumzeit ($R_{\mu\nu}$, R, $g_{\mu\nu}$) und der Energie (Energie-Impuls-Tensor $T_{\mu\nu}$ ist durch Materie und Strahlung gegeben). Materie und Strahlung erzeugen die Geometrie der Raumzeit, die wiederum die Grundlage für die Bewegung der Materie und Strahlung ist und damit wieder auf die Raumzeit zurückwirkt.

Das kosmologische Glied $g_{\mu\nu}\Lambda$ wurde von Einstein 1917 zusätzlich in die Gravitationsgleichungen eingeführt, um ein statisches Universum zu erzwingen. Wie wir sehen werden, spielt es heute für die Entwicklung des Universums eine ganz andere wichtige Rolle: Es muss jedoch so klein sein, dass es sich nur in Raumzeit-Bereichen kosmischer Größenordnungen auswirkt. Andernfalls würde es für kleinere Bereiche die Anschlussbedingung an die Newtonsche Gravitationstheorie gemäß dem Inklusionsprinzip verletzen (siehe Kapitel ART).

Der Krümmungstensor hat folgende kovariante, d. h. in jedem Koordinatensystem gültige Form:

$$R_{\mu\nu} = \frac{\partial \Gamma^{\lambda}_{\mu\lambda}}{\partial x^{\nu}} - \frac{\partial \Gamma^{\lambda}_{\mu\nu}}{\partial x^{\lambda}} + \Gamma^{\kappa}_{\mu\lambda}\Gamma^{\lambda}_{\nu\kappa} - \Gamma^{\kappa}_{\mu\nu}\Gamma^{\lambda}_{\lambda\kappa} \tag{8.22}$$

wobei die Christoffel-Symbole $\Gamma^{\lambda}_{\mu\nu}$ wiederum Funktionen der Metrikkoeffizienten $g_{\mu\nu}$ und ihrer ersten Ableitungen nach den Raumzeit-Koordinaten sind:

$$\Gamma^{\lambda}_{\mu\nu}(\boldsymbol{x}) = \frac{1}{2} g^{\lambda\kappa} \left[\frac{\partial g_{\kappa\nu}}{\partial x^{\mu}} + \frac{\partial g_{\kappa\mu}}{\partial x^{\nu}} - \frac{\partial g_{\mu\nu}}{\partial x^{\kappa}} \right] \tag{8.23}$$

Der Energie-Impuls-Tensor $T_{\mu\nu}$ hat die kovariante Form

$$T_{\mu\nu} = p(\boldsymbol{x})\, g_{\mu\nu}(\boldsymbol{x}) + (p(\boldsymbol{x}) + \rho(\boldsymbol{x}))\, u_{\mu}(\boldsymbol{x})\, u_{\nu}(\boldsymbol{x}) \tag{8.24}$$

Dabei sind
$p(\boldsymbol{x})$ der Druck,
$\rho(\boldsymbol{x})$ die Energiedichte
$u_{\mu}(\boldsymbol{x})$ Vierergeschwindigkeit, hängt i. Allg. vom Weltpunkt $\boldsymbol{x}$ ab.
$T_{\mu\nu}$ charakterisiert den Zustand der Energie und Materie im Universum.

Die Grundgleichungen (8.21) beschreiben die Abhängigkeit der Raumzeit-Struktur des Universums von der Materieverteilung. Ihre allgemeine Form ist sehr kompliziert. Es sind 10 gekoppelte nichtlineare Differentialgleichungen für die Metrikkoeffizienten $g_{\mu\nu}(\boldsymbol{x})$ und ihre ersten und zweiten Ableitungen nach den Raumzeit-Koordinaten.

8.3.2.2 Homogenität und Isotropie des frühen Universums

Die Gesamtheit der Beobachtungen zur Jetztzeit t_0 erstreckt sich mittlerweile auf immer größere Distanzen und damit Tiefen des Universums. Je tiefer wir in das Universum blicken umso länger war dieses Licht zu uns unterwegs und umso früher liegt die Entwicklungsphase, die wir beobachten.

Dabei stellte sich heraus: In diesen früheren Stadien ist das Universum weitestgehend homogen und isotrop.

- Homogenität bedeutet dabei, dass überall im frühen Universum dieselben lokalen Makrovariablen herrschten und somit keine Ausdifferenzierung vorlag.
- Isotropie bedeutet dabei, dass damals sowohl von uns aus wie von jedem anderen Ort aus keine räumliche Richtungsauszeichnung, also keine Anisotropie vorlag.

Wir sehen heute das Universum in einem späten Entwicklungsstadium, in dem schon längst die gravitationsbedingte Klumpung der Materie zu Galaxien mit Sternen stattgefunden hat.

Es war daher eine kühne theoretische Vorwegnahme späterer Beobachtungen als schon im Jahr 1922 Alexander Friedmann und 1927 Georges Lemaitre aus der ART mathematische Modelle ableiteten, in denen sie ein homogenes (mit überall gleicher Materie- und Strahlungsdichte) und isotropes (ohne Richtungsabhängigkeit) Universum voraussetzten.

Experimentell wurde dies erst 1964 durch die Entdeckung der Hintergrundstrahlung, die auf kosmischen Skalen homogen und isotrop ist, bestätigt. Kosmische Skalen umfassen in unserem heutigen Universum Entfernungen, die über die Ausmaße von Galaxiengruppen hinausgehen.

Die Annahmen von Friedmann und Lemaitre wurden von Robertson (1935) und Walker (1936) in einen Ansatz für die Metrik eines homogenen isotropen Universums gebracht, der heute FLRW-Metrik heißt und den Ausgangspunkt für die theoretische Kosmologie bildet.

8.3.2.3 Die FLRW-Metrik

Die von Friedmann, Lemaitre, Robertson und Walker (FLRW) aufgestellte Metrik für ein homogenes und isotropes Universum hat in einem kartesischen Koordinatensystem (mit $c = 1$) die Form

$$d\tau^2 = dt^2 - a^2(t)\left[d\boldsymbol{x}\cdot d\boldsymbol{x} + k\frac{(\boldsymbol{x}\cdot d\boldsymbol{x})^2}{1-k\cdot\boldsymbol{x}\cdot\boldsymbol{x}}\right] \tag{8.25}$$

Dabei sind

$a(t)$ der noch zu bestimmende Skalenfaktor

t die kosmische Zeit. Sie entspricht der Anzeige einer Uhr, die im mitbewegten System fest verankert ist.

k mit der Dimension m^{-2} ein noch festzulegendes Krümmungsmaß, für das gilt

- $k > 0$ bei sphärischer Krümmung
- $k = 0$ bei flachem euklidischen Raum ohne Krümmung
- $k < 0$ bei hyperbolischer Krümmung

$d\tau$ das invariante, von der Koordinatenwahl unabhängige Zeitdifferential

dt das von der Koordinatenwahl abhängige Zeitdifferential

dx^1, dx^2, dx^3 sind die von der Koordinatenwahl abhängige Längendifferentiale

In kartesischen Koordinaten lauten die Metrikkoeffizienten $g_{\mu\nu}$

$$g_{ij} = a^2(t)\left[\delta_{ij} + k\frac{x^i x^j}{1-k\boldsymbol{x}\cdot\boldsymbol{x}}\right], \quad g_{i0} = 0, \quad g_{00} = -1 \tag{8.26}$$

In räumlichen Polarkoordinaten hat die FLRW-Metrik die Form

$$d\tau^2 = dt^2 - a^2(t)\left[k\frac{dr^2}{1-k\cdot r^2} + r^2 d\Omega\right] \tag{8.27}$$

mit $d\Omega = d\vartheta^2 + \sin^2\vartheta \cdot d\varphi^2$ und den zugehörigen Metrikkoeffizienten

$$\begin{aligned} g_{rr} &= \frac{a^2(t)}{1 - k \cdot r^2}\,, \qquad g_{\vartheta\vartheta} = a^2(t) r^2\,, \\ g_{\varphi\varphi} &= a^2(t) r^2 \sin^2\vartheta\,, \qquad g_{00} = -1 \end{aligned} \tag{8.28}$$

Diese Metrik ist nicht nur kovariant gegenüber räumlichen Drehungen (Isotropie), sondern auch gegenüber Translationen der Koordinaten $\boldsymbol{x}$ im dreidimensionalen Raum (Homogenität). Sie ist also voll an ein homogenes und isotropes Universum angepasst.

8.3.2.4 Die Friedmann-Lemaitre-(FL-)Gleichungen

Die FLRW-Metrik ist zunächst als Ansatz für die Raum-Zeit-Struktur des frühen Universums zu verstehen. Die Friedmann-Lemaitre-Gleichungen (FL-Gleichungen) ergeben sich sodann aus der Forderung, dass die FLRW-Metrik die Gleichungen der ART erfüllen muss.

Aus der Gravitationsgleichung (8.21)

$$R_{\mu\nu} - \frac{1}{2} g_{\mu\nu} R = -8\pi G T_{\mu\nu} + g_{\mu\nu}\Lambda \qquad \mu, \nu = 0, 1, 2, 3$$

folgt mit

$$R = g^{\mu\nu} R_{\mu\nu} \quad \text{und} \quad g^{\mu\nu} g_{\mu\nu} = 4 \tag{8.29}$$

durch Kontraktion

$$R = 8\pi G T^{\rho}{}_{\rho} - 4\Lambda \tag{8.30}$$

Für Physiker, die nicht damit zufrieden sind die FL-Gleichungen nur hingeschrieben zu sehen, skizzieren wir ihre mühevolle Ableitung aus der ART.

Hierzu muss auf der linken Seite von Gleichung (8.21) der Ricci-Tensor durch die Christoffel-Symbole (Gleichung (8.23)) und diese wiederum durch die Metrik ausgedrückt werden. Diese Rechnung ergibt

$$R_{00} = 3\frac{\ddot{a}}{a}, R_{i0} = R_{0i} = 0, R_{ij} = -\left[2k + 2\dot{a}^2 + a\ddot{a}\right]\frac{g_{ij}}{a^2} \tag{8.31}$$

Auf der rechten Seite muss der Energie-Impulstensor für ein homogenes Universum

$$\begin{aligned} T_{00} = \rho(t)\,, \quad T_{i0} = T_{0i} = 0\,, \quad T_{ij} = p(t) g_{ij} \\ T^0{}_0 + T^i{}_i = T^\rho{}_\rho = -\rho(t) + 3p(t) \end{aligned} \tag{8.32}$$

eingesetzt werden.

Für die zeitliche 00-Komponente von Gleichung (8.21)

$$R_{00} - \frac{1}{2} g_{00} R = -8\pi G T_{00} + g_{00}\Lambda \tag{8.33}$$

ergibt sich mit $g_{00} = -1$

$$3\frac{\ddot{a}}{a} = -4\pi G\,(\rho + 3p) + \Lambda \tag{8.34}$$

Die räumlichen Komponenten ij sind

$$R_{ij} - \frac{1}{2}g_{ij}R = -8\pi G T_{ij} + g_{ij}\Lambda \quad i, j = 1, 2, 3 \tag{8.35}$$

Hierfür erhält man

$$-\frac{\left[2k + 2\dot{a}^2 + a\ddot{a}\right]}{a^2} = -4\pi G\,(\rho - p) - \Lambda \tag{8.36}$$

Multipliziert man Gleichung (8.36) mit dem Faktor 3 und addiert sie zu Gleichung (8.34), so erhält man die erste Friedmann-Lemaitre-Gleichung

$$\frac{\dot{a}^2}{a^2} = \frac{8}{3}\pi G\rho - \frac{k}{a^2} + \frac{1}{3}\Lambda \tag{8.37}$$

Sie beschreibt die Änderungsrate des Skalenfaktors, also den Hubble-Parameter (8.8).

Die zweite Friedmann-Lemaitre-Gleichung entspricht Gleichung (8.34)

$$\frac{\ddot{a}}{a} = -\frac{4}{3}\pi G\,(\rho + 3p) + \frac{1}{3}\Lambda \tag{8.38}$$

und beschreibt die Beschleunigung des Skalenfaktors.

Die beiden FL-Gleichungen sind der Ausgangspunkt für die moderne Kosmologie. Neben den drei zu berechnenden Größen $a(t)$, $\rho(t)$ und $p(t)$ enthalten sie die Gravitationskonstante G, das Krümmungsmaß k und die kosmologische Konstante Λ. Die Konstanten k und Λ folgen nicht aus den Prinzipien der Homogenität, Isotropie und der ART, sondern müssen durch Experimente der Astronomie bestimmt werden.

8.3.3 Zustandsgleichungen

Differenziert man Gleichung (8.37) nach der Zeit und ersetzt die zweite Ableitung durch Gleichung (8.38), so erhält man den Zusammenhang zwischen Druck p, Energiedichte ρ und Skalenfaktor $a(t)$

$$\dot{\rho} + 3\frac{\dot{a}}{a}\,(\rho + p) = 0 \tag{8.39}$$

Diese Gleichung lässt sich durch eine Zustandsgleichung der Form

$$p(\rho) = w\rho \tag{8.40}$$

lösen. Damit ergibt sich

$$\dot{\rho} + 3\,(1 + w)\,\frac{\dot{a}}{a}\rho = 0$$

mit der Lösung

$$\rho(t) = \rho_0 \left(\frac{a(t)}{a_0}\right)^{-3(1+w)} \tag{8.41}$$

wobei ρ_0 und a_0 Dichte und Skalenfaktor zur Jetztzeit sind.

Der Quotient aus Druck und Energiedichte (der zeitunabhängige Parameter w) beschreibt unterschiedliche Extremfälle des Universums, in denen sich folgende Zusammenhänge zwischen Druck, Energiedichte und Skalenfaktor ergeben

– $w = 1/3$: strahlungsdominiertes Universum

$$p = \frac{1}{3}\rho \qquad \rho \sim \frac{1}{a^4} \tag{8.42}$$

– $w = 0$: materiedominiertes Universum (Staub, nicht relativistische Teilchen ohne Druck)

$$p = 0 \qquad \rho \sim \frac{1}{a^3} \tag{8.43}$$

– $w = -1$ Vakuumenergie dominiert

$$p = -\rho \qquad \rho \sim \text{const}\,. \tag{8.44}$$

die Energiedichte ist konstant (Kosmologische Konstante)

8.3.3.1 Kritische Energiedichte

Die kritische Energiedichte ist diejenige Dichte ρ, die sich aus der ersten FL-Gleichung (8.37) für einen flachen Raum ($k = 0$) und eine kosmologische Konstante $\Lambda = 0$ ergibt

$$\left(\frac{\dot{a}(t)}{a(t)}\right)^2 = \frac{8\pi G}{3}\rho_{\text{crit}}(t)$$

Berücksichtigt man, dass die Änderungsrate des Skalenfaktors mit dem Hubble-Parameter (8.8) übereinstimmt, so erhält man

$$3H^2(t) = 8\pi G\rho_{\text{crit}}(t) \quad \text{oder}$$

$$\rho_{\text{crit}}(t) = \frac{3H^2(t)}{8\pi G} \quad \text{bzw.} \quad \rho_{\text{crit}}(t_0) = \rho_{0crit} = \frac{3H_0^2}{8\pi G} \tag{8.45}$$

Der Wert der kritischen Dichte zur Jetztzeit t_0 entspricht etwa einem Proton pro 100 Liter. Er ist zwar sehr klein, aber entscheidet, ob bei dem wirklichen $\rho(t)$ die Entwicklung des Universums verzögert oder beschleunigt verläuft.

8.3.3.2 Verzögerungsparameter

Der Hubble-Parameter $H = \frac{\dot{a}(t)}{a(t)}$ enthält die erste Ableitung des Skalenfaktors und beschreibt die Expansion des Universums. Der Verzögerungsparameter q beschreibt die beschleunigte Expansion. Er ist definiert durch

$$q = -\frac{\ddot{a}(t)a(t)}{\dot{a}^2(t)} \tag{8.46}$$

Der Name Verzögerungsparameter ist historisch bedingt. Man ging damals von einem schrumpfenden Universum aus, was heute aber anders gesehen wird.

Der Zusammenhang zwischen der zeitlichen Ableitung des Hubble-Parameters und dem Verzögerungsparameter ist unter Verwendung von (8.46):

$$\dot{H} = -H^2 - qH^2 \quad \rightarrow \quad \frac{\dot{H}}{H^2} = -(1+q) \tag{8.47}$$

8.3.4 Lösungen der Friedmann-Lemaitre-Gleichungen

Die Friedmann-Lemaitre-Gleichungen (8.37) und (8.38) sind ein nichtlineares Differentialgleichungssystem, in dem der Skalenfaktor $a(t)$ in verschiedenen Potenzen auftritt. Es lässt sich nicht exakt lösen. Für Näherungslösungen gibt es unterschiedliche Ansätze. Hierzu gehören:

- Statisches Universum mit konstantem Weltradius (Einstein).
  Die Feldgleichungen lassen nur dann eine statische Lösung zu, wenn die Gleichungen eine positive kosmologische Konstante enthalten. Erst später zeigte sich, dass diese Lösung instabil ist.
- $k = \pm 1$, $p = 0$ (Friedmann)
  Friedmann betrachtete Lösungen seiner Gleichung, die zu einem wachsenden Skalenfaktor und damit zu einem expandierenden Universum führten. Dies stand im Widerspruch zu Einsteins Vorstellung eines statischen Universums. Einstein sah Friedmanns Rechnung zwar als mathematisch korrekt aber physikalisch falsch an.
- Friedmann und Lemaitre haben gezeigt, dass die Feldgleichungen bei einer verschwindenden kosmologischen Konstante expandierende Lösungen zulassen.
- Expandierendes Universum $k > 0$, $\Lambda > 0$ (Lemaitre)
- Flache Lösung ($k = 0$), Λ dominiert, $p \approx 0$, $\rho \approx 0$ (de Sitter)
  Die Arbeiten von de Sitter mit einem Universum verschwindender Massendichte und einer positiven kosmologischen Konstanten sind als Grenzfall für andere Lösungen interessant.
- $k = 0$, $\Lambda = 0$ (Einstein-de Sitter-Universum)
  Die Arbeiten von Hubble wiesen auf ein expandierendes Universum hin. Dies überzeugte Einstein, von dem statischen Universum Abstand zu nehmen. Damit konnte Einstein die kosmologische Konstante, die er nur zum Erzwingen eines statischen Universums eingeführt hatte, wieder verwerfen.

8.3.4.1 Einstein-Kosmos

Als Albert Einstein die Allgemeine Relativitätstheorie aufstellte, konnte er sich nur einen statischen Kosmos vorstellen. Das bedeutet, dass in den Friedmann-Lemaitre-Gleichungen (8.37) und (8.38) die zeitlichen Ableitungen des Skalenfaktors verschwinden, also

$$\dot{a}(t) = 0 \quad \text{und} \quad \ddot{a}(t) = 0$$

Aus (8.37) ergibt sich mit $\dot{a} = 0$

$$3\frac{k}{a^2} - \Lambda = 8\pi G\rho \tag{8.48}$$

Aus (8.38) erhält man mit $\ddot{a} = 0$

$$\Lambda = 4\pi G\rho + 12\pi Gp \tag{8.49}$$

Einsetzen von Λ in (8.48) ergibt

$$\frac{k}{a^2} = 4\pi G\left(\rho + p\right) \tag{8.50}$$

Für nicht relativistische Materie kann man $p = 0$ setzen und erhält aus (8.49) den Wert für die kosmologische Konstante, die das statische Universum erzwingt

$$\Lambda = 4\pi G\rho \tag{8.51}$$

Aus (8.50) erhält man für $p = 0$ und positive Krümmung ($k = 1$) den Radius a_E des Einstein Universums

$$\frac{1}{a_E^2} = 4\pi G\rho = \Lambda \tag{8.52}$$

Einstein sah in der Einführung der kosmologischen Konstanten die einzige Möglichkeit für einen statischen Kosmos. Zu diesem Zeitpunkt waren die Rotverschiebung und das Hubble-Gesetz noch nicht bekannt, die Einsteins damalige Vorstellungen widerlegten und auf die Ausdehnung des Kosmos hinwiesen.

8.3.4.2 Friedmann-Modelle

Friedmann untersuchte Modelle mit nichtverschwindender Raumkrümmung ($k > 0$) und verschwindender kosmologischer Konstante ($\Lambda = 0$) für den materiedominierten Fall ($\rho(t) = \rho_M(t)$)

Die erste FL-Gleichung (8.37) wird mit (8.41) und $w = 0$

$$\frac{\dot{a}^2}{a^2} = \frac{8\pi G}{3}\rho_{M0}\left(\frac{a_0}{a}\right)^3 - \frac{k}{a^2} = \frac{8\pi G}{3}\left(\frac{a_0}{a}\right)^2\left(\rho_{M0}\frac{a_0}{a} - \kappa\right) \quad \text{mit } \kappa = \frac{3k}{8\pi G}\cdot\frac{1}{a_0^2} \tag{8.53}$$

Dieser Gleichung sieht man an, dass $a(t)$ für positive (sphärische Krümmung) κ von $a(0) = 0$ bis zu einem Maximalwert a_{max} bei t_{max} anwachsen

$$\frac{a_0}{a_{max}} = \frac{\kappa}{\rho_{M0}}$$

und danach wieder auf $a = 0$ schrumpfen muss. Friedmann berechnete die analytische Lösung, auf die wir hier verzichten.

8.3.4.3 Einstein-de Sitter-Kosmos

Die Rotverschiebung der Spektren gab die ersten Hinweise auf eine Ausdehnung des Kosmos. Damit war die kosmologische Konstante zur Aufrechterhaltung eines statischen Kosmos nicht mehr nötig. Die Arbeiten von Einstein und de Sitter wurden dann mit folgenden Spezifikationen ausgeführt: flacher Raum ($k = 0$), kosmologische Konstante $\Lambda = 0$.

Die erste Friedmann-Lemaitre-Gleichung (8.37) wird dann

$$\left(\frac{\dot{a}}{a}\right)^2 = \frac{8\pi G\rho}{3} \tag{8.54}$$

Der Zusammenhang zwischen Energiedichte und Skalenfaktor ist nach Gleichung (8.41)

$$\frac{\rho(t)}{\rho_0} = \left(\frac{a(t)}{a_0}\right)^{-3(1+w)} = \left(\frac{a(t)}{a_0}\right)^{-2b} \quad \text{mit} \quad b = 3(1+w)/2 \tag{8.55}$$

Damit wird Gleichung (8.54)

$$\frac{\dot{a}^2}{a_0^2} = \frac{8\pi G}{3}\rho_0\left(\frac{a}{a_0}\right)^{-2b+2} \qquad \frac{da}{a_0}\cdot\left(\frac{a}{a_0}\right)^{b-1} = \sqrt{\frac{8\pi G}{3}\rho_0}dt$$

Die Integration ergibt

$$\left(\frac{a(t)}{a_0}\right)^b = b\sqrt{\frac{8\pi G}{3}\rho_0}t \quad \text{bzw.} \quad a(t) = a_0\cdot\left(\frac{t}{t_0}\right)^{1/b} \tag{8.56}$$

mit

$$t_0 = \frac{1}{b}\sqrt{\frac{3}{8\pi G\rho_0}} \tag{8.57}$$

Beim strahlungsdominierten Universum ist nach 8.3.3 $w = 1/3$. Damit ist $b = 2$, und aus (8.56) erhält man den Skalenfaktor

$$a(t) = a_0\sqrt{t/t_0} \tag{8.58}$$

Die zeitlichen Ableitungen sind

$$\dot{a}(t) = \frac{a_0}{\sqrt{t_0}}\cdot\frac{1}{2}t^{-1/2} \qquad \ddot{a}(t) = -\frac{a_0}{\sqrt{t_0}}\cdot\frac{1}{4}t^{-3/2} \tag{8.59}$$

Beim materiedominierten Universum (Staub) ist nach 8.3.3 $w = 0$. Damit ist $b = 3/2$, und aus (8.56) erhält man den Skalenfaktor

$$a(t) = a_0 \left(\frac{t}{t_0}\right)^{2/3} \tag{8.60}$$

Die zeitlichen Ableitungen sind

$$\dot{a}(t) = \frac{a_0}{t_0^{2/3}} \cdot \frac{2}{3} t^{-1/3} \qquad \ddot{a}(t) = -\frac{a_0}{t_0^{2/3}} \cdot \frac{2}{9} t^{-4/3} \tag{8.61}$$

Aus dem bekannten Skalenfaktor nach Gleichung (8.58) bzw. (8.60) und den zugehörigen zeitlichen Ableitungen lassen sich für die strahlungsdominierten bzw. materiedominierten Fälle des Einstein-de Sitter-Universums die weiteren Größen bestimmen

Tab. 8.1. Zeitliche Beziehungen im Einstein-de Sitter-Kosmos

	Strahlungsdominiert	**Materiedominert**
Skalenfaktor	$a(t) = a_0 \sqrt{t/t_0}$	$a(t) = a_0 \cdot (t/t_0)^{2/3}$
Rotverschiebung (8.5): $1 + z = \frac{a_0}{a(t)}$	$z = \sqrt{t_0/t} - 1$	$z = (t_0/t)^{2/3} - 1$
Dichte ρ (8.55), (8.57):	$\rho = \frac{3}{32\pi G} \cdot \frac{1}{t^2}$	$\rho = \frac{1}{6\pi G} \cdot \frac{1}{t^2}$
Hubble-Parameter (8.8): $H = \frac{\dot{a}}{a}$	$H = \frac{1}{2t}$	$H = \frac{2}{3t}$
Verzögerungsparameter (8.46): $q = -\frac{\ddot{a}a}{\dot{a}^2}$	$q = 1$	$q = \frac{1}{2}$

Mit den Beziehungen aus 8.1 werden die mitbewegten Entfernungen $D_{com}(t_0)$ nach (8.15)

Tab. 8.2. Mitbewegte Entfernungen im Einstein-de Sitter-Kosmos

	Mitbewegte Entfernung $D_{com}(t_0)$
Strahlungsdominiert	$D_{com}(t_0) = \frac{2}{a_0} \sqrt{t_0} \cdot (\sqrt{t_0} - \sqrt{t_1})$
Materiedominiert	$D_{com}(t_0) = \frac{3}{a_0} t_0^{2/3} (t_0^{2/3} - t_1^{2/3})$

Das Einstein-de Sitter-Modell liefert sowohl für das strahlungsdominierte als auch für das materiedominierte Universum positive Verzögerungsfaktoren. Das bedeutet die Expansion wird abgebremst.

8.3.4.4 de Sitter-Kosmos

Der de Sitter-Kosmos beschreibt ein flaches Universum ($k = 0$), in dem die Materie und Strahlung keine Rolle mehr spielen ($p \approx 0$, $\rho \approx 0$). Dies kann der Zustand in einer sehr fernen Zukunft sein. Wenn die Expansion weiter anhält, werden Materie- und Energiedichte immer kleiner und die Friedmann-Lemaitre-Gleichung (8.37) wird allein durch die kosmologische Konstante dominiert. Die kosmologische Konstante wird heute mit der Dunklen Energie in Verbindung gebracht.

$$\frac{\dot{a}}{a} = \sqrt{\frac{\Lambda}{3}} = H = \text{const.} \qquad (8.62)$$

In diesem Fall ist der Hubble-Parameter unabhängig von der Zeit. Als Lösung erhält man aus (8.62)

$$a(t) = a_0 e^{H(t-t_0)} \qquad (8.63)$$

Der Skalenfaktor wächst exponentiell mit der Zeit an.

Die zeitlichen Ableitungen sind

$$\dot{a}(t) = a_0 H e^{H(t-t_0)} \quad \text{und} \quad \ddot{a}(t) = a_0 H^2 e^{H(t-t_0)} \qquad (8.64)$$

Der Verzögerungsparameter ist

$$q = -\frac{\ddot{a}a}{\dot{a}^2} = -1 \qquad (8.65)$$

Nach (8.15) ist die mitbewegte Entfernung $D_{com}(t_0)$

$$D_{com}(t_0) = \frac{1}{a_0 H}\left(e^{H(t_0-t_1)} - 1\right) \qquad (8.66)$$

Das de Sitter-Modell, das nur die kosmologische Konstante berücksichtigt, führt zu einem mit der Zeit exponentiell anwachsenden Skalenfaktor und einem negativen Verzögerungsfaktor (beschleunigte Expansion). Das Einstein-de Sitter-Modell zeigte, dass Materie und Strahlung zu einem Abbremsen der Expansion führen. Im Gegensatz hierzu steht die kosmologische Konstante, die die Expansion immer stärker antreibt.

8.3.4.5 Kosmologische Konstante und Vakuumenergie

In den vorangegangenen Abschnitten wurden Spezialfälle der Friedmann-Lemaitre-Gleichungen (8.37) und (8.38) untersucht. Diese Gleichungen enthalten die Energiedichte ρ (Strahlung und Materie), die entsprechend der Zustandsgleichungen (8.42) und (8.43) mit der vierten Potenz (Strahlungsdichte) bzw. mit der dritten Potenz (Materiedichte) des Skalenfaktors abnehmen. Wären nur diese beiden Dichten wirksam, so würden die Änderung und die Beschleunigung des Skalenfaktors mit der Zeit abnehmen und die Expansion käme zum Stillstand. Ganz im Gegensatz dazu steht die kosmologische Konstante in den Friedmann-Lemaitre-Gleichungen. Ihr Wert ist zeitlich konstant und treibt damit das Expandieren des Universums immer weiter an. Damit setzte sich die Erkenntnis durch, dass die kosmologische Konstante Λ eine viel grundlegendere Bedeutung hat, als bisher angenommen wurde. Sie ist das Maß für eine bisher unbeachtet gebliebene, aber in kosmischen Dimensionen sogar ausschlaggebende Form der Energie: Die Vakuumenergie oder Dunkle Energie.

Diese Dunkle Energie ist zunächst eine hypothetische Form der Energie, die die beschleunigte Expansion des Universums erklären soll. Die physikalische Erklärung der Dunklen Energie steht noch aus. Eine mögliche Interpretation sieht sie (entsprechend wie die Nullpunktsenergien von Grundzuständen in der Quantentheorie) als Vakuumenergie des leeren Universums an.

8.3.4.6 Das realistische Modell

Die erste Friedmann-Lemaitre-Gleichung (8.37)

$$\frac{\dot{a}^2}{a^2} = \frac{8}{3}\pi G\rho - \frac{k}{a^2} + \frac{1}{3}\Lambda$$

lässt sich unter Verwendung der kritischen Dichte (8.45) und der Hubble-Konstante (8.8) umformen

$$\frac{\dot{a}^2}{a^2} = H_0^2\left(\frac{\rho}{\rho_{0crit}} - \frac{k}{H_0^2 a^2} + \frac{\Lambda}{3H_0^2}\right) \tag{8.67}$$

Für die Terme in der Klammer führt man die Dichteparameter

$$\Omega(t) = \frac{\rho}{\rho_{0crit}}, \quad \Omega_k(t) = \frac{k}{H_0^2 a_0^2}, \quad \Omega_\Lambda(t) = \frac{\Lambda}{3H_0^2} \tag{8.68}$$

ein. Damit wird die Gleichung (8.67)

$$\frac{\dot{a}^2}{a^2} = H_0^2\left(\Omega(t) - \Omega_k\left(\frac{a}{a_0}\right)^{-2} + \Omega_\Lambda\right) \tag{8.69}$$

Der Dichteparameter $\Omega(t)$ enthält die gesamte Energiedichte, die sich durch Materie M und Strahlung R ergibt. Nach den Gleichungen (8.42) und (8.43) ist damit

$$\Omega(t) = \Omega_M\left(\frac{a(t)}{a_0}\right)^{-3} + \Omega_R\left(\frac{a(t)}{a_0}\right)^{-4}$$

Dabei sind

$$\Omega_M = \frac{\rho_{0M}}{\rho_{0crit}} \quad \text{und} \quad \Omega_R = \frac{\rho_{0R}}{\rho_{0crit}}$$

Damit wird Gleichung (8.69)

$$\frac{\dot{a}^2}{a^2} = H_0^2\left(\Omega_M\left(\frac{a(t)}{a_0}\right)^{-3} + \Omega_R\left(\frac{a(t)}{a_0}\right)^{-4} - \Omega_k\left(\frac{a(t)}{a_0}\right)^{-2} + \Omega_\Lambda\right) = H^2(a) \tag{8.70}$$

Der Ausdruck für den Hubble-Parameter enthält Terme mit unterschiedlichen Potenzen des Skalenfaktors $a(t)$, die damit zu verschiedenen Zeiten den Hubble-Parameter dominieren werden. Zusammen mit den Dichteparametern werden hierdurch sowohl die Geometrie als auch die zeitliche Entwicklung des Universums bestimmt.

Der Zusammenhang zwischen der Rotverschiebung und dem Skalenfaktor ist nach (8.5)

$$\frac{a(t)}{a_0} = \frac{1}{1+z}$$

Damit wird der Hubble-Parameter als Funktion der Dichteparameter und der Rotverschiebung

$$H(z) = H_0 \sqrt{\Omega_M (1+z)^3 + \Omega_R (1+z)^4 - \Omega_k (1+z)^2 + \Omega_\Lambda} \tag{8.71}$$

Für die Zeit $t = t_0$ gilt $a = a_0$, $z = 0$ und $H = H_0$. Damit müssen die Dichteparameter die Bedingung

$$\Omega_k = \Omega_M + \Omega_R + \Omega_\Lambda - 1$$

erfüllen.

8.3.4.7 Supernovaexperiment

Bis Ende der 1980er Jahre war man davon überzeugt, dass die Lösung der Friedmann-Lemaitre-Gleichungen mit kosmologischer Konstante $\Lambda = 0$ das Universum richtig beschreiben.

Das Supernova Cosmology Project (SCP) sollte in den 1990er Jahren Entscheidungshilfen dafür liefern, welche der besprochenen Näherungen unserem Universum am nächsten kommt. Supernovaexplosionen vom Typ 1a, sind Sternexplosionen mit einer fest definierten absoluten Helligkeit. Ziel des SCP war es, die Expansionsrate unseres Universums zu messen. Für jede Supernova wurden die Rotverschiebung und der Abstand durch den Vergleich der scheinbaren mit der absoluten Helligkeit bestimmt. Trägt man die Rotverschiebung z über dem Abstand D auf, so sollte sich nach dem Hubble-Gesetz $cz = H_0 D$ eine Gerade ergeben.

Das Ergebnis zeigte, dass die Rotverschiebung unterhalb der Geraden $cz = H_0 D$ liegt. Die Rotverschiebung ist ein Maß für die Expansionsrate und der Abstand D ein Maß für die Zeit. Wenn die Rotverschiebung in früheren Zeiten unterhalb der heutigen Hubble-Geraden liegt, dann bedeutet dies, dass die Expansionsrate früher kleiner war. Das heißt, wir leben in einem Universum mit beschleunigter Expansion.

Diese Forschungen wurden von den beiden Teams um Saul Perlmutter bzw. Brian Schmidt und Adam Riess durchgeführt. Ihre Ergebnisse waren überraschend und stehen im Widerspruch zu den bis zu diesem Zeitpunkt anerkannten Aussagen des Einstein-de Sitter-Universums mit verschwindender kosmologischer Konstante Λ. Die Entdeckungen der beiden Teams haben zu völlig neuen Erkenntnissen geführt, sodass sie hierfür 2011 den Nobelpreis erhielten.

Damit stand fest: Die Expansion des Universums lässt sich nur dann durch die Friedmann-Lemaitre-Gleichungen beschreiben, wenn der Beitrag der kosmologischen Konstante berücksichtigt wird. Die kosmologische Konstante hat ein positives Vorzeichen und wirkt der Gravitation mit dem negativen Vorzeichen entgegen. Die Expansion ist bis heute noch nicht verstanden und wird mit dem Begriff Vakuumenergie oder Dunkle Energie in Verbindung gebracht.

Als Ergebnis der SCP Messungen erhielt man folgende Aussagen

- $\Omega_k \approx 0$ und $\Omega_R \approx 0$.
  Unser Universum wird durch eine flache Geometrie beherrscht und die Strahlungsenergiedichte ist zu vernachlässigen.
- Für die Materieenergiedichte und die Vakuumenergiedichte ergibt sich:
  $\Omega_M = 0{,}28$ und $\Omega_\Lambda = 0{,}72 = 0$, also $\Omega_M + \Omega_\Lambda = 1$.

Die Vakuumenergie, die das Universum immer schneller auseinandertreibt, hat damit den wesentlichen Anteil und ist unserem Verständnis bis heute noch nicht zugänglich. Aber auch die 28 % Materie sind bis heute noch nicht verstanden. Von dieser Materie können nur 20 % durch die uns bekannte baryonische Materie erklärt werden, während sich die restlichen 80 % nur durch ihre Gravitationswirkungen bemerkbar machen. Aus diesem Grund (da sie nicht verstanden ist) wird sie Dunkle Materie genannt. Damit können wir heute nur 5 % des Universums erklären, also 95 % des Universums sind unverstanden.

8.4 Die Thermodynamik des frühen Universums

Schon mit den Entdeckungen von Edwin Hubble wurde klar, dass in der Frühzeit des Universums extreme Verhältnisse geherrscht haben müssen. Damit musste die Theorie des statischen Universums aufgegeben werden. Die erst 1967 entdeckte Hintergrundstrahlung konnte sodann als erkalteter Rest eines ursprünglich extrem heißen Universums interpretiert werden.

Damit kam nun die Thermodynamik ins Spiel, und zwar nicht als zusätzliche Ausschmückung, sondern als unerlässlicher Bestandteil eines kohärenten physikalischen Verständnisses des Kosmos.

Dieser Bestandteil ist aber keine triviale Ergänzung, denn seine quantitativen Aussagen dürfen dem Bisherigen nicht widersprechen, sondern müssen damit zusammenpassen. Wenn dies jedoch der Fall ist – und wir werden sehen, dass das zutrifft –, dann gewinnt die gesamte durch experimentelle Schlüsselergebnisse untermauerte physikalische Theorie der Entwicklung des Universums die nötige Glaubwürdigkeit, um sie als Standardmodell des Universums bezeichnen zu können.

Eine Grundannahme der Kosmologie ist, dass die Naturgesetze universell sind. Das bedeutet, sie gelten zu allen Zeiten und im gesamten Universum. Wir kennen heute die vier Grundkräfte: Gravitation, starke und schwache Kernkraft, elektromagnetische Kraft. Das Anfangsgemisch im Kosmos war ein brodelndes Urplasma bestehend aus Photonen der Energie $E = h\nu$, (relativistischen) Teilchen und Antiteilchen mit Masse m, Impuls p und Energie E im thermodynamischen Gleichgewicht. Bei den hohen Temperaturen konnte die Strahlung durch Paarbildung Elementarteilchen und deren Antiteilchen erzeugen. Beim Zusammenstoß von Teilchen und Antiteilchen fand der umgekehrte, der Vernichtungsprozess, statt und es entstand Strahlung. Alle möglichen Erzeugungs- und Vernichtungsprozesse stehen im thermodynamischen

Gleichgewicht. Aus diesem Grund ist es auch einfach, diese hochenergetischen Entwicklungsphasen zu beschreiben. Durch die Ausdehnung des Universums sank entsprechend der Thermodynamik die Temperatur und damit die Energie der Photonen. Das bedeutet, dass zu unterschiedlichen Zeiten verschiedene Photonenenergien vorherrschten und sich damit jeweils andere Prozesse herausbildeten.

- Im thermodynamischen Gleichgewicht stehen Paarbildung und Paarvernichtung im Gleichgewicht. Dies ist jedoch nur bei einer ausreichenden thermischen Energie ($k_B T \gg$ Ruheenergie) möglich, sodass mit sinkender Temperatur schwerere Elementarteilchen nicht mehr durch Paarbildung erzeugt werden können und die Paarvernichtung überwiegt. Diese Grenzen liegen für Protonen und Neutronen bei 1 GeV ($T \sim 10^{13}$ K) und für Elektronen bei 0,5 MeV ($T \sim 0{,}5\ 10^{10}$ K).
- Die Bildung von komplexeren Teilchen aus Elementarteilchen steht mit deren Aufspaltung durch energiereiche Photonen im Gleichgewicht. Bei sinkender Temperatur können die Photonen manche Bindungen nicht mehr aufbrechen. Beispiele hierfür sind: Aus drei Quarks können sich Protonen bzw. Neutronen bilden, später aus Protonen und Neutronen Deuteronen und bei noch wesentlich tieferen Temperaturen ist die Bildung von neutralen Atomen aus Atomkern und Elektronen möglich.

Die wichtigste – nicht nur stillschweigende – Voraussetzung ist dabei, dass die im lokalen Bereich gewonnenen Erkenntnisse über physikalische Naturgesetze im ganzen Universum gelten. Allein das führt zu notwendigen Folgerungen, die wir zunächst in allgemeiner Form schildern, um sie sodann konkret zu formulieren:

- Im thermischen Gleichgewicht gelten der erste und zweite Hauptsatz der Thermodynamik.
- Normalerweise gibt es zwischen Innenbereich und Außenbereich thermodynamischer Systeme Austauschprozesse, nämlich isotherme, isobare, isochore und adiabatische Prozesse. Bei letzteren findet kein Austausch von Wärmeenergie statt. Für das Universum kommt nur ein adiabatischer Prozess in Frage, denn es gibt keinen Außenraum, an den Wärme abgegeben, oder von dem Wärme aufgenommen werden könnte. Hingegen kann im Innenbereich Arbeit, z. B. von Gravitationskräften, geleistet werden. Dabei gilt der Energiesatz.
- Charakteristisch für adiabatische Prozesse (immer während eines dabei herrschenden thermischen Gleichgewichts) ist es, dass dabei die Entropie S konstant bleibt. Dadurch wird der Zusammenhang zwischen der (bzw. den) Temperatur(en) und dem Skalenfaktor $a(t)$ hergestellt.
- Zur Aufrechterhaltung des thermischen Gleichgewichts sind zwischen Strahlung und Materie ständige dynamische Ausgleichsprozesse nötig. Diese hängen von der Art der Komponenten ab (Photonen, schwere bzw. leichte Teilchen, die gestreut werden oder sogar erzeugt bzw. vernichtet werden können).

Bei der Quantifizierung dieser Anforderungen gehen wir nun wie folgt vor:

- Wir formulieren die Grundgleichung der phänomenologischen Thermodynamik.
- Wir wenden diese Formeln auf die Extremfälle des ultraheißen und des erkalteten Universums an. Dabei ergänzen wir die in 8.3.4.2 bis 8.3.4.4 behandelten Grenzfälle des strahlungs- bzw. materiedominierten Universums durch die dazugehörige Thermodynamik und Statistische Physik.
- Der Übergang vom strahlungsdominierten zum materiedominierten und dem realistischen Fall entspricht den in 8.2.1 bis 8.2.8 anschaulich besprochenen Entwicklungsären des frühen Universums. Es handelt sich um Aussterbe- bzw. Kombinationsprozesse von Elementarteilchen im ständig dabei erhaltenen thermischen Gleichgewicht bei schnell absinkender Temperatur. Dabei spielen gewisse Aussterbe- bzw. Bindungsschwellen eine Rolle, die sich einfach quantitativ charakterisieren lassen.

8.4.1 Die thermodynamischen Grundlagen

Diese Grundlagen wurden in dem Kapitel über die Thermodynamik behandelt. Für ein abgegrenztes System, das Wärme δQ und Arbeit δW mit der Umgebung austauschen kann, gilt der Energiesatz (erster Hauptsatz)

$$dU = \delta Q + \delta W\,; \quad U = \text{Innere Energie}(73) \tag{8.72}$$

Wenn dabei immer thermisches Gleichgewicht (bei einheitlicher Temperatur T) herrscht, lässt sich auch die rechte Seite von (8.72) durch Zustandsgrößen und ihre Differentiale ausdrücken:

$$dU = TdS - pdV \tag{8.73}$$

mit
T = Temperatur
S = Entropie
p = Druck
V = Volumen

Die Auflösung von (8.73) nach dS ergibt

$$dS = \frac{1}{T}(dU + pdV) \tag{8.74}$$

Die extensiven Größen U und S sind zerlegbar in ihre homogenen Dichten und das Volumen V

$$U = \rho(T, V) \cdot V\,; \quad S = s(T, V) \cdot V \tag{8.75}$$

Hierbei ist ρ die Energiedichte.

Im Prinzip können alle thermodynamischen Größen von der Zeit t abhängen. Zunächst einmal betrachten wir aber die thermodynamischen Größen in (8.74) und (8.75) als Funktionen der Temperatur T und dem Volumen V. Damit erhält man

$$dS = \frac{\partial S}{\partial T}dT + \frac{\partial S}{\partial V}dV = \frac{\partial s}{\partial T}VdT + \frac{\partial s}{\partial V}VdV + sdV \quad (8.76)$$

$$dU = \frac{\partial \rho}{\partial T}VdT + \frac{\partial \rho}{\partial V}VdV + \rho dV \quad (8.77)$$

Durch Einsetzen von (8.76) und (8.77) in (8.74) und Koeffizientenvergleich bei dV folgt:

$$s + \frac{\partial s}{\partial V}V = \frac{1}{T}\left(\rho + \frac{\partial \rho}{\partial V}V + p\right)$$

oder falls s, ρ und p nur von der Temperatur abhängen

$$s(T) = \frac{\rho(T) + p(T)}{T} \quad (8.78)$$

Der Koeffizientenvergleich bei dT ergibt

$$\frac{\partial s}{\partial T} = \frac{1}{T}\frac{\partial \rho}{\partial T}$$

Wenn s, ρ und p nur von der Temperatur abhängen, wird

$$\frac{ds}{dT} = \frac{1}{T} \cdot \frac{d\rho(T)}{dT} \quad (8.79)$$

Leitet man Gleichung (8.78) nach der Temperatur ab und setzt diese dann in Gleichung (8.79) ein, so erhält man

$$T\frac{dp}{dT} = \rho(T) + p(T) \quad (8.80)$$

Gleichung (8.80) entspricht dem Energiesatz des frühen Universums.

Um weitere Einsichten zu gewinnen, müssen nun begründete Annahmen über die Zusammensetzung der Dichte $\rho(T, V)$ und daraus folgend für den Druck $p(T, V)$ aus der bei der Temperatur T vorliegenden Form der Materie gemacht werden.

8.4.2 Strahlungsdominiertes Universum

Kurz nach dem Urknall existiert ein Temperaturgleichgewicht so hoher Temperatur, dass die mittlere Bewegungsenergie der Elementarteilchen deren Ruheenergie bei weitem übersteigt. Damit verhalten sich alle Teilchensorten praktisch wie masselose Photonen. Man kann also den Zustand durch ein Photonengas extrem hoher Temperatur beschreiben.

Das Universum ist ein abgeschlossenes System, ein Wärmeaustausch mit einem anderen System ist nicht möglich. Damit können nur adiabatische Prozesse ablaufen. Nach dem ersten Hauptsatz ist

$$dU = -pdV \quad (8.81)$$

Dabei sind U die Innere Energie, p der Druck und V das eingeschlossene Volumen.

Die Innere Energie ergibt sich aus der Energiedichte ρ: $U = \rho(T)V$.

Nach (8.42) ist für Photonen der Zusammenhang zwischen Druck und Energiedichte

$$p(T) = \frac{1}{3}\rho(T)$$

Damit wird (8.81)

$$d\left(\rho(T)V\right) = -\frac{1}{3}\rho(T)dV \tag{8.82}$$

Das Volumen ist $V = a^3$; $dV = 3a^2da$.

Damit erhält man aus (8.82)

$$\frac{d\rho}{\rho} = -4\frac{da}{a}$$

Die Integration ergibt

$$\rho(t) \sim \frac{1}{a^4(t)} \tag{8.83}$$

Für den Zusammenhang zwischen Temperatur und Skalenfaktor gehen wir davon aus, dass im Universum adiabatische Prozesse ablaufen, also die Entropie konstant ist. Mit Gleichung (8.78) für die Entropiedichte und Gleichung (8.42) für den Zusammenhang zwischen Energiedichte und Photonendruck erhält man

$$\frac{4}{3}\frac{\rho}{T}V = \frac{4}{3}\frac{\rho}{T}a^3(t) = \text{const.} \tag{8.84}$$

Verwendet man $\rho(t)$ aus Gleichung (8.83), so ergibt sich

$$T(t) \sim \frac{1}{a(t)} \quad \text{und} \quad a(t) \sim \frac{1}{T(t)} \tag{8.85}$$

Mit (8.83) und (8.85) ergibt sich der Zusammenhang zwischen Energiedichte und Temperatur für das strahlungsdominierte Universum

$$\rho(t) \sim T^4 \tag{8.86}$$

Die Energiedichte ist proportional zu T^4. Dieser Zusammenhang ist als Stefan-Boltzmann-Gesetz bekannt, das sich auch aus dem Planckschen Strahlungsgesetz (Kapitel 9.2.2) ergibt.

Für das strahlungsdominierte Universum gilt damit:

Tab. 8.3. Strahlungsdominiertes Universum

		Zeitabhängigkeit im Einstein-de Sitter-Kosmos ($k = 0$, $\Lambda = 0$)
Skalenfaktor	$a(t) \sim 1/T(t)$	$a(t) \sim \sqrt{t}$Gleichung (8.58)
Energiedichte	Stefan-Boltzmann	
	$\rho(T) \sim T^4$	$\rho(t) \sim 1/t^2$
	$\rho(T) \sim 1/a^4$	
Temperatur	$T \sim 1/a(t)$	$T \sim 1/\sqrt{t}$

8.4.3 Materiedominiertes Universum

Für ein ideales Gas gelten die Gleichungen

$$pV = nk_BT \quad \text{und} \quad U = \frac{3}{2}nk_BT$$

Hieraus folgt $p = \frac{2U}{3V}$

Für eine adiabatische Expansion gilt nach dem ersten Hauptsatz

$$dU = -pdV = -\frac{2U}{3V}dV$$

$$d\left(\frac{3}{2}nk_BT\right) = -\frac{nk_BT}{V}dV$$

Bei einer konstanten Teilchenzahl wird

$$\frac{3}{2}\cdot\frac{dT}{T} = -\frac{dV}{V} = -\frac{3a^2da}{a^3} \quad \text{bzw.} \quad \frac{1}{2}\cdot\frac{dT}{T} = -\frac{da}{a}$$

Die Integration ergibt $\frac{1}{2}\ln T = -\ln a$

Daraus folgt

$$T(t) \sim \frac{1}{a^2(t)} \tag{8.87}$$

Im materiedominierten Universum fällt die Temperatur umgekehrt proportional zum Quadrat des Skalenfaktors ab, die Energiedichte ist umgekehrt proportional zum Volumen.

$$\rho = \frac{E}{V} \to \rho \sim \frac{1}{a^3} \tag{8.88}$$

Aus (8.87) und (8.88) ergibt sich der Zusammenhang zwischen Energiedichte und Temperatur

$$\rho \sim T^{3/2} \tag{8.89}$$

Damit gilt für das materiedominierte Universum:

Tab. 8.4. Materiedominiertes Universum

		Zeitabhängigkeit im Einstein-de Sitter-Kosmos ($k = 0, \Lambda = 0$)
Skalenfaktor	$a \sim 1/\sqrt{T}$	$a(t) \sim t^{2/3}$ Gleichung (8.60)
Energiedichte	$\rho \sim T^{3/2}$	$\rho(t) \sim 1/a^3(t)$, $\rho(t) \sim 1/t^2$
Temperatur	$T \sim 1/a^2(t)$	$T \sim t^{-4/3}$

8.4.3.1 Jeans-Masse

Mit weiter fallender Temperatur können sich aus positiven Atomkernen und Elektronen neutrale Atome bilden, die sich zu Gaswolken zusammenschließen. Es stellt sich die Frage, wie sich aus dem homogen, isotropen Urzustand die Strukturen des Universums bilden können.

In einer Gaswolke wirken zwei Effekte gegeneinander: Die kinetische Energie der Moleküle treibt die Gaswolke auseinander, die Gravitation wirkt dem entgegen. Die Gaswolke kann sich nur dann weiter zusammenziehen, wenn der Gravitationsdruck größer ist als der Druck durch die kinetische Energie der Moleküle. Das Kriterium $|p_{\text{Gas}}| = |p_{Grav}|$ liefert eine mögliche Abschätzung für die Jeans-Masse.

Nach der idealen Gasgleichung ist $p_{\text{Gas}}V = nk_{\text{B}}T$, oder

$$p_{\text{Gas}} = \frac{\rho}{\mu}k_{\text{B}}T \tag{8.90}$$

Dabei sind: p_{Gas} der Druck, T die Temperatur, k_{B} die Boltzmann-Konstante, ρ die Dichte und μ die Masse des einzelnen Gasmoleküls.

Der gravitative Druck ist

$$p_{Grav} = \frac{3GM^2}{8\pi R^4} \tag{8.91}$$

Damit wird die Gleichgewichtsbedingung

$$\frac{\rho}{\mu}k_{\text{B}}T = \frac{3GM^2}{8\pi R^4} \tag{8.92}$$

Der Zusammenhang zwischen Radius und Masse ist

$$M = \frac{4\pi}{3}R^3\rho \quad \text{oder} \quad R = \left(\frac{3M}{4\pi\rho}\right)^{1/3}$$

Damit wird

$$k_{\text{B}}T = \frac{3G\mu M^2}{2\cdot 4\pi R^3\rho R} = \frac{G\mu M^2}{2\cdot MR} = \frac{G\mu}{2}\cdot\frac{M}{R}$$

Einsetzen von R ergibt $k_{\text{B}}T = \frac{G\mu}{2}\cdot M\cdot\left(\frac{3M}{4\pi\rho}\right)^{-1/3}$

Hieraus erhält man die Jeans-Masse

$$M_{\text{Jeans}} = \left(\frac{6}{\pi}\right)^{\frac{1}{2}}\cdot\left(\frac{kT}{G\mu}\right)^{3/2}\cdot\left(\frac{1}{\rho}\right)^{\frac{1}{2}} \tag{8.93}$$

Eine Gaswolke kann kollabieren, wenn die Jeans-Masse überschritten ist. Sie hängt von der Temperatur und der Dichte ab ($M_{\text{Jeans}} \sim T^{3/2} / \rho^{1/2}$) und ist umso größer, je höher die Temperatur und je niedriger die Dichte ist.

8.5 Kosmologie und Wissenschaftstheorie

Wir kommen auf die Frage des Narren am Anfang dieses Kapitels zurück. Der Autor erwartet und stimmt zu, dass nun mehr als zehn weise Wissenschaftler sie positiv beantworten werden: „Ja, wir wissen nun Vieles über Struktur und Dynamik des Universums. Die Annahme der universellen Geltung der Naturgesetze hat sich dabei bewährt.“

Dennoch sind einige grundsätzliche Bemerkungen angebracht:

- Der Kosmos als Ganzes bleibt für die Wissenschaft ein Ausnahmesystem. Er existiert (für uns) ein einziges Mal und ist dem direkten experimentellen Zugriff nur sehr schwer zugänglich.
- Demnach ist das Standardmodell in folgendem Sinne erfolgreich: Gestützt auf wenige aber grundlegende Beobachtungen (Rotverschiebung, Hintergrundstrahlung) gelang es, eine kohärente physikalische Theorie aufzubauen, die auf bewährten Teilen der Physik (ART, Thermodynamik, Elementarteilchenphysik) beruht. Es konnten dabei ad-hoc-Annahmen vermieden werden. Insofern ist das Standardmodell alternativlos und höchstwahrscheinlich als Stand der Erkenntnis irreversibel. Denn ein etwaiges Alternativmodell müsste sämtliche Fragen (und zwar ohne ad-hoc-Annahmen) beantworten, die vom Standardmodell quantitativ beantwortet werden konnten.
- Jedoch unterliegt auch das Standardmodell dem unbedingten Duktus der Wissenschaft, alle Behauptungen und Probleme zu hinterfragen. Das führt zum *regressus ad infinitum* des Hinterfragens und Weiterfragens, der weiteres Forschen ermöglicht, andererseits abschließende Vollständigkeitsaussagen unmöglich macht.
- Demnach ergibt sich eine unbestimmbare Grenze des wissenschaftlich Auslotbaren. Insofern bleibt es legitim, den Begriff Transzendenz als Jenseits des Ergründbaren einzuführen. Per definitionem ist dann aber Transzendenz gleichbedeutend mit wissenschaftlicher Unverfügbarkeit. An dieser Grenze befinden sich Wissenschaftler (Kosmologen), Philosophen und Theologen gleichermaßen auf der Suche nach übergreifenden Begriffen.

9 Teilchen und Diskrete Energien

Nur die Fülle führt zur Klarheit.
Schiller

9.1 Einleitung

Da dieses Buch nicht nur Physikern, sondern auch den Geistes- und Sozialwissenschaftlern gewidmet ist, sei es erlaubt zu zitieren, was große Dichter zu dem hier betrachteten Problemkreis beitragen:

- So sagt Goethes Faust:

  „Dass ich nicht mehr mit saurem Schweiß
  rede von dem was ich nicht weiß –
  (sondern)
  Dass ich erkenne, was die Welt
  im Innersten zusammenhält."

- Schiller lässt Konfuzius sprechen:

  „Soll sich Dir die Welt gestalten,
  In die Tiefe musst Du steigen,
  Soll sich Dir das Wesen zeigen,
  Nur Beharrung führt zum Ziel,
  Nur die Fülle führt zur Klarheit,
  Doch im Abgrund wohnt die Wahrheit."

Diese Zitate passen in besonderem Maße zum Themenkreis der nächsten drei Kapitel, in denen die Mikrostruktur der Welt behandelt wird. Wir werden seine – von Friedrich Schiller dem Konfuzius zugeschriebenen – Worte zum Leitfaden der Kapitel 9, 10 und 11 machen.

Vor allem eins wird dabei deutlich werden:

Die Mikrowelt der Atome und Elementarteilchen ist unserer alltäglichen Erfahrungswelt hinsichtlich ihrer Zugänglichkeit genau so weit entfernt wie Sterne, Galaxien und der gesamte Kosmos.

Das gilt sowohl hinsichtlich der nur indirekt möglichen experimentellen Erfassung wie ihrer Erfassung mit theoretischen Begriffsystemen.

Deswegen werden in diesem Kapitel mehrere raffinierte Experimente zur Bestimmung mikrophysikalischer Strukturen und grundlegender Naturkonstanten besprochen, sowie andererseits neue theoretische Konzepte, z. B. die wahrscheinlichkeitstheoretische Behandlung und die daraus entstehenden Grundlagenprobleme. Zum Glück ist jedoch die Idee zu den Experimenten durchaus verständlich. Dasselbe gilt für die Theorie, für die der jeweils einfachste Einstieg gewählt wird. Zugleich wird in diesem Kapitel die Tragweite der klassischen Vorstellungen überprüft. Es wird sich zeigen, dass diese fast unerwartet weit reichen und sich zunächst einmal bewährt haben. Erst im Kapitel 10 zeigen sich die nicht beseitigbaren Grenzen dieser Vorstellungswelt, und in Kapitel 11 die erstaunliche Überwindung der Probleme durch die Quantentheorie.

Beim Eindringen in das zunächst unbekannte Gebiet des Mikrokosmos hat sich eine Forschungsmethode bewährt, die im heutigen Nachhinein sehr plausibel erscheint, obwohl sie in der Durchführung sehr schwierig und sogar umstritten war. Sie bestand (und besteht) aus folgenden Schritten:

- Hypothetische Anwendung bisher (d. h. in der klassischen Physik) bewährter Begriffe (z. B. Teilchenbegriff, Feldbegriff) auf die neuen Experimente.
  Dabei gilt der unter Physikern wohlbekannte Schlüsselwitz: Da hat einer den Schlüssel zu seiner Haustür verloren und sucht ihn jetzt unter der Straßenlaterne. Nun fragt ihn ein anderer: „Warum suchst Du gerade dort?" Seine Antwort: „Weil es dort hell ist!" (Bemerkung: Der Witz soll auch für Philosophen und Theologen anwendbar sein.)
- Prüfung des vom angenommenen Modell her notwendigen logischen Zusammenhanges zwischen verschiedenartigen experimentellen Ergebnissen. Besonders wichtig ist dabei die vom Modell her notwendige Vernetzung der Naturkonstanten. Haben sie überhaupt die ihnen zugeschriebene Bedeutung und die ihnen deshalb in allen Zusammenhängen zukommenden konstanten Werte?
- Es zeigt sich dabei entweder das Versagen oder aber die Tragweite des angewandten Modells für diesen Wirklichkeitsbereich.
- Im Falle des Erfolges ergibt sich im *Rückblick* die Absicherung der verifizierten logisch konsistenten Ergebnisse durch das *Inklusionsprinzip* (wodurch die alten Ergebnisse jedenfalls weiter bestehen bleiben).
  Im *Vorausblick* bleibt jedoch die Geltung der Modellierungskonzepte in *erweiterten* Erfahrungsbereichen offen, denn diese ist keine notwendige Folge. (So bleibt z. B. die klassische Teilchenvorstellung nicht notwendigerweise erhalten, wenn man neuartige Experimente mit den „Mikro-Entitäten" macht (siehe Kapitel 10 und 11.)

9.2 Der Atomismus in der antiken Naturphilosophie und in der modernen Physik

Wenn von den Naturphilosophen der Antike die Rede ist und dabei das Wort *Atom* fällt, dann kommt unweigerlich der Name Demokrit (Δημοκριτοζ), (460–371 v. Chr.) ins Spiel. Er nahm als Erster an, dass unteilbare (ατομοζ) Gebilde die Leere des Raumes (το κενον) füllten und dass die Vielfalt der Welt durch verschiedene Kombinationen und Bewegungsformen dieser *Atome* zustande kommt. Darüber hinaus setzte sich

Demokrit mit erkenntnistheoretischen Fragen auseinander: Aus dem Nichts könne nichts entstehen und sich deshalb auch nichts in Nichts verwandeln. Die Welt müsse deshalb unendlich sein, da sie von keiner außerweltlichen Macht geschaffen sei.

Der Atomismus Demokrits wurde von Lukrez (ca. 97–55 v. Chr.) in seinem Lehrgedicht „De rerum natura“ ausführlich dargelegt und darin ausführlich beschrieben, wie aus der wimmelnden Vielfalt der Atome die langsame Bewegung makroskopischer Körper zustande kommt. (siehe K. Simonyi, Kultur-Geschichte der Physik, S. 72). Die gesamte Vorstellung war schon eine erstaunliche Vorwegnahme der modernen „Kinetischen Gastheorie“.

Man wundert sich deshalb, warum Demokrits Vorstellungswelt nicht eher aufgegriffen wurde, sondern über 2000 Jahre unbeachtet blieb. Was können die Gründe dafür sein?

- Es ist wohl der wesentliche Unterschied zwischen spekulativer Naturphilosophie und moderner Naturwissenschaft. Während der Ersteren waren die Vorstellungen von Demokrit ja rein spekulativer Natur und hatten mit den verschiedenen spekulativen Vorstellungen von den die Welt aufbauenden Grundelementen zu konkurrieren.
- Die griechischen Naturphilosophen fragten ja von Anfang an nach dem Urprinzip alles Seins (αρχη τϖν οντων).
  - Anaximander (Αναξιμανδροζ) (610–547 v. Chr.) ging nicht von einem Urstoff, sondern vom Unergründlichen (απειρον) aus.
  - Anaximenes (Αναξιμενηζ) (585–526 v. Chr.) kehrte zu einem einzigen Urstoff zurück, den er in der Luft zu finden glaubte.
  - Nach Heraklit (Ηρακλειτοζ) (ca. 520–460 v. Chr.) ist der Ursprung aller Dinge das Weltfeuer, aus dem die Welt entsteht. Seine Auffassung, dass alles sich im ständigen, fließenden Prozess des Werdens befinde, führte später zu dem verkürzenden Motto „Alles fließt“ (παντα ρει).
  - Erst Empedokles (Εμπεδοκληζ) (495–435 v. Chr.) sprach von den vier Elementen Erde, Luft, Wasser und Feuer.
  - Aristoteles (Αριστοτεληζ) (384–322 v. Chr.) der Begründer der europäischen philosophischen Tradition nahm diese vier Elemente in sein philosophisches System auf.

Die Vorstellungen Demokrits kannten keinen Schöpfer der ewig existierenden Welt und hatten insofern eine atheistische Grundhaltung. Erst der Pater Gassendi (1592–1655) brachte die Demokritsche Atomtheorie in eine für die christliche Lehre akzeptable Form. Er postulierte, dass auch Atome von Gott erschaffen wurden und sich nach Gottes Willen bewegen.

Insgesamt muss man im Rückblick feststellen, dass weder die spekulative Naturphilosophie noch die frühe Naturwissenschaft die nötigen Mittel und demzufolge die

nötige Reife besaßen, um schon mit voller Kompetenz in die Mikrowelt eindringen (und so die Welt beschreiben) zu können. Zwei Methoden waren und sind dazu nötig:
- Eine fortgeschrittene Experimentierkunst und
- Eine hoch entwickelte Mathematik, die die Ergebnisse auch in quantitativer Form zu formulieren vermag.

Diese kombinierte Vorgehensweise war erst gegen Ende des 19-ten Jahrhunderts möglich und führte unter Teilnahme vieler bedeutender Forscher zu den in den folgenden Abschnitten skizzierten Schritten und Erfolgen.

9.3 Beiträge der Statistischen Physik

In Kapitel 4 diente das ideale Gas als zentrales Objekt der Herleitung der Gesetze der phänomenologischen Thermodynamik, d. h. der makroskopischen Gesetze aus der mikroskopischen Bewegung der Moleküle. Nunmehr benutzen wir das ideale Gas als Wegbereiter zum Verständnis der Mikroebene.

9.3.1 Universelle Konstanten der Thermodynamik

Ein ideales Gas sei in dem Volumen V unter dem Druck p bei der Temperatur T eingeschlossen. Es besteht definitionsgemäß aus punktförmigen Teilchen (Atome oder Moleküle) und die Wechselwirkung zwischen den Teilchen soll nur über elastische Stöße stattfinden. Werden Volumen, Druck und Temperatur verändert, aber die Masse konstant gehalten, so gilt folgende experimentell nachprüfbare Zustandsgleichung

$$\frac{p\,V}{T} = \frac{p_0\,V_0}{T_0} = \text{const.} \tag{9.1}$$

Das bedeutet, das Volumen ändert sich proportional zur Temperatur und umgekehrt proportional zum Druck. Dabei zeigt sich erstaunlicherweise, dass die Proportionalitätskonstante für alle Gase gleich ist.

Betrachtet man nun ein vorgegebenes Volumen, in das bei gleicher Temperatur und gleichem Druck unterschiedliche Gase eingeschlossen sind, und bestimmt die Gesamtmasse des jeweiligen Gases, so stellt man fest, dass sich die Gesamtmassen wie die Massen der einzelnen Teilchen verhalten. (Hinweis: die Masse eines Atoms oder Moleküls kann man heutzutage massenspektrometrisch bestimmen, siehe Abschnitt 6.4). Es ist also

$$\frac{M_1}{m_1} = \frac{M_2}{m_2} = \cdots = \frac{M_i}{m_i} \tag{9.2}$$

Dabei ist m_i die Masse des einzelnen Teilchens und M_i die Gesamtmasse im Volumen V. Der Quotient aus Gesamtmasse und Masse des einzelnen Teilchens ergibt die Anzahl N der im Volumen V vorhandenen Teilchen. Das bedeutet: Sind Druck, Temperatur und Volumen vorgegeben, so befindet sich in dem Volumen – unabhängig von der Art des im Volumen eingeschlossenen Gases – stets dieselbe Anzahl von Teilchen. Oder wenn sich das Volumen bei konstantem Druck und Temperatur ändert, muss sich proportional zum Volumen die Teilchenzahl im Volumen ändern.

$$pV \sim NT = Nk_\mathrm{B}T \tag{9.3}$$

Die in der idealen Gasgleichung eingeführte Konstante k_B ist die Boltzmann-Konstante. Sie ist eine von dem speziellen Gas unabhängige Naturkonstante.

9.3.1.1 Avogadro-Konstante, Mol, Molvolumen und Molmasse

Man ist nun daran interessiert, ein Maß für die Teilchenzahl einzuführen.

Dazu betrachtet man zunächst ein Volumen, das unter Normbedingungen (T_n, p_n) atomaren Wasserstoff enthält. Wasserstoff ist das leichteste Atom, dessen Kern aus einem Proton besteht. Das Volumen wird so groß gewählt, dass sich die Masse von 1 g ergibt. Die zugehörige Anzahl von Wasserstoffatomen ist N_A. Man nennt N_A die Avogadro-Konstante und die Stoffmenge, die aus N_A Wasserstoffatomen besteht, nennt man ein Mol Wasserstoff. Das Volumen, das ein Mol atomaren Wasserstoffs einnimmt, ist das Molvolumen V_mol.

Da aber bei vorgegebenem Druck und Temperatur in einem bestimmten Volumen – unabhängig von der Art des eingeschlossenen Gases – stets die gleiche Anzahl von Gasatomen bzw. -molekülen vorhanden ist, sind für jedes Gas in dem Molvolumen V_mol stets N_A Atome bzw. Moleküle vorhanden.

So enthält das Molvolumen V_mol mit dem als Gas vorliegenden Kohlenstoffisotop ^{12}C (mit 6 Protonen und 6 Neutronen) ebenfalls N_A Atome und hat die Masse von 12 g.

Das Mol ist eine SI-Basiseinheit. Zur Herleitung der Avogadro-Konstanten und des Mols wurde für einen ersten Einblick ein Gas aus Wasserstoffatomen herangezogen. Die SI-Basiseinheit bezieht sich jedoch nicht auf Wasserstoff, sondern auf das Kohlenstoffisotop ^{12}C. Die Definition lautet:

Das Mol ist die Stoffmenge eines Systems, das aus ebenso vielen Einzelteilchen besteht, wie Atome in 12 Gramm des Kohlenstoff-Isotops ^{12}C in ungebundenem Zustand enthalten sind; sein Symbol ist „mol“.

Damit wird die ideale Gasgleichung für ein Mol

$$pV_\mathrm{mol} = N_\mathrm{A}k_\mathrm{B}T = RT \tag{9.4}$$

und entsprechend für n Mole

$$pV = nN_A k_B T = nRT \tag{9.5}$$

Man nennt die zur Abkürzung eingeführte Konstante $R = N_A k_B$ die universelle Gaskonstante. Man kann sie aus der idealen Gasgleichung bestimmen. Sie hat den Wert

$$R = N_A k_B = 8{,}31\,\mathrm{J\,K^{-1}mol^{-1}} \tag{9.6}$$

Molmasse

Die Molmasse, auch molare Masse genannt, ist die Masse eines Mols, also von N_A Teilchen. Sie ist

$$M_{\mathrm{mol}} = N_A m \tag{9.7}$$

Dabei ist m die Masse des einzelnen Teilchens.

Die Molmasse hängt von dem vorliegenden Stoff ab. Beispiele:

Element	Molmasse
Wasserstoff H	1,007941 g/mol
Kohlenstoff C	12,0107 g/mol
Sauerstoff O	15,9994 g/mol

Verbindung	Molmasse
Wasserstoff H_2	2,01588 g/mol
Sauerstoff O_2	31,9988 g/mol
Wasser H_2O	18,0152 g/mol

Die in die universelle Gaskonstante eingehende Boltzmann- und Avogadro-Konstante können nicht so direkt gemessen werden. Hierzu müssen weitere Überlegungen und Messungen angestellt werden.

Der Vollständigkeit halber werden hier schon die Werte dieser Konstanten angegeben:

Boltzmann-Konstante	$k_B = 1{,}38 \cdot 10^{-23}\,\mathrm{JK^{-1}}$
Avogadro-Konstante	$N_A = 6{,}022 \cdot 10^{23}\,\mathrm{mol^{-1}}$
Molvolumen	$V_{\mathrm{mol}} = 22{,}4\,\mathrm{l\,mol^{-1}}$
(unter Normbedingungen	$T_n = 273{,}15\,\mathrm{K}$ und $p_n = 1\,\mathrm{bar}$)

9.3.2 Die Barometrische Höhenformel

Bei der Beschreibung der Atmosphäre muss man beachten, dass sich Druck und Dichte mit der Höhe ändern.

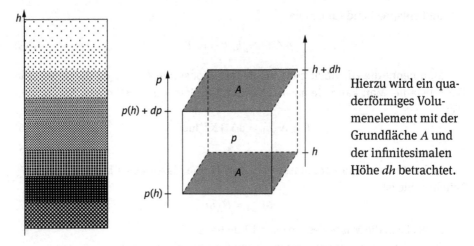

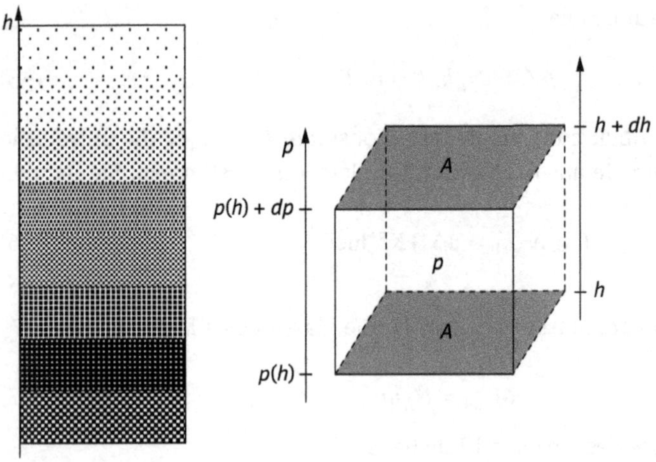

Hierzu wird ein quaderförmiges Volumenelement mit der Grundfläche A und der infinitesimalen Höhe dh betrachtet.

Abb. 9.1. Schaubild zur Ableitung der barometrischen Höhenformel.

Die Kraft, die auf die untere Fläche wirkt ist: $F(h) = pA$. Sie ist die Summe aus der Kraft $F(h + dh) = (p + dp)A$ auf die Fläche A in der Höhe $h + dh$ und der durch das Volumenelement erzeugten Gewichtskraft $gdm = g\rho dV = g\rho Adh$.

$$p \cdot A = (p + dp) \cdot A + g \cdot \rho Adh \tag{9.8}$$

Daraus folgt

$$\frac{dp(h)}{dh} = -\rho(h)\, g \tag{9.9}$$

Der Zusammenhang zwischen dem Druck p und der Dichte ρ ergibt sich aus der idealen Gasgleichung. Bei konstanter Temperatur ist $pV = \text{const.}$

Beim Übergang zur Dichte $p/\rho = p_0/\rho_0$ wird Gleichung (9.9)

$$\frac{dp(h)}{dh} = -g\frac{\rho_0}{p_0}p(h) \tag{9.10}$$

Die Lösung dieser Differentialgleichung ist

$$p(h) = p_0 \exp\left(-g\frac{\rho_0}{p_0}h\right) \tag{9.11}$$

wobei p_0 der Druck und ρ_0 die Massendichte in der Höhe $h = 0$ ist.
Entsprechend ergibt sich für die Massendichte

$$\rho(h) = \rho_0 \exp\left(-g\frac{\rho_0}{p_0}h\right) \tag{9.12}$$

Der Zusammenhang zwischen der Massendichte $\rho(h)$ und der Teilchendichte $\rho_N(h) = N(h)/V$ ist: $\rho(h) = m\rho_N(h)$. Dabei ist$N(h)$ die Anzahl der Teilchen in einem Volumen V in der Höhe h und m die Masse des einzelnen Teilchens. Damit wird (9.12)

$$\rho_N(h) = \rho_{0N} \exp\left(-g\frac{\rho_0}{p_0}h\right) \tag{9.13}$$

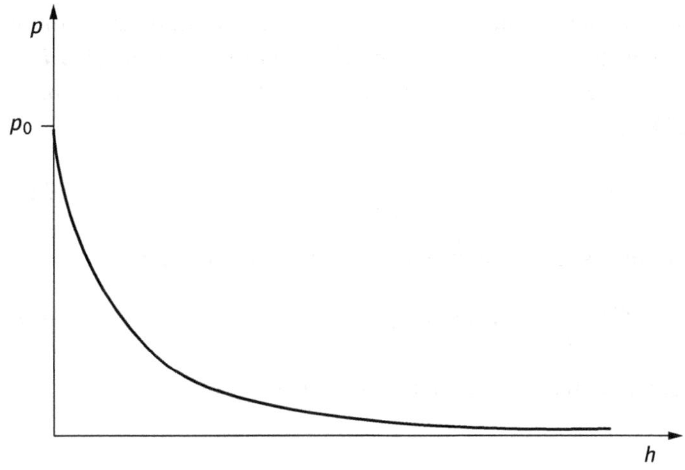

Abb. 9.2. Abhängigkeit des Drucks von der Höhe gemäß der barometrischen Höhenformel.

Bei der Umformung des Terms ρ_0/p_0 im Exponenten verwendet man

$$\rho_0 = m\rho_{0N} = mN_0/V \quad \text{und}$$
$$\text{die ideale Gasgleichung } p_0V = N_0k_\mathrm{B}T$$

Damit erhält man aus (9.13)

$$\rho_N(h) = \rho_{0N} \exp\left(-\frac{m\,g\,h}{k_\mathrm{B}\,T}\right) \tag{9.14}$$

Diese Ableitungen zeigen, dass der Druck, die Massendichte und Teilchendichte exponentiell mit der Höhe abnehmen.

9.3.2.1 Der Boltzmannfaktor

Die barometrische Höhenformel ist ein Beispiel eines viel allgemeineren Zusammenhangs, der im Mittelpunkt des Lebenswerks von Ludwig Boltzmann (1844–1906) steht.

Ein Teilchen, das sich bei der Temperatur T im thermischen Gleichgewicht mit anderen Teilchen befindet und dabei statistisch herumgestoßen wird, kann verschiedene Zustände mit unterschiedlicher Wahrscheinlichkeit annehmen. Diese Zustände z haben jeweils eine Energie $\varepsilon(z)$. Nach Boltzmann hängt die Wahrscheinlichkeit, einen solchen Zustand z im thermischen Gleichgewicht anzunehmen, nur von der Energie $\varepsilon(z)$ ab, die zu diesem Zustand gehört.

$$w(z) = \frac{\exp(-\varepsilon(z)/(k_\mathrm{B}\,T))}{\sum_z \exp(-\varepsilon(z)/(k_\mathrm{B}\,T))} \tag{9.15}$$

Die Summe im Nenner ist der Normierungsfaktor. Mit ihm wird die Summe über alle Wahrscheinlichkeiten 1.

Wendet man die Boltzmannverteilung (9.15) auf ein Gas in der Atmosphäre an, so ist die Anzahl der Zustände im Höhenintervall $(h, h+dh)$ proportional zu dh, also $dz = C \cdot dh$ und $\varepsilon(z)$ ist die potentielle Energie eines Teilchens in der Höhe h, also $\varepsilon(z) = mgh$. Damit wird Gleichung (9.15)

$$w(h)dh = \frac{\exp(-m\,g\,h/(k_B\,T))\;dh}{\sum_z \exp(-m\,g\,h/(k_B\,T))} \tag{9.16}$$

Der Quotient der Wahrscheinlichkeiten $w(h, h + dh)$ und $w(h)$ ist dann

$$\frac{w(h+dh)}{w(h)} = \exp(-m\,g\,dh/(k_B\,T)) \tag{9.17}$$

Er ist gleich dem Quotient der Teilchendichten aus (9.14).

9.3.2.2 Bestimmung der Boltzmann- und Avogadro-Konstanten

Die Gleichung (9.14) gibt die Teilchendichte als Funktion der Höhe an.

Das Verhältnis der Teilchendichten in der Höhe h und $h + dh$ ergibt sich hieraus

$$\frac{\rho_N(h)}{\rho_N(h+dh)} = \frac{\exp\left(-\frac{m\,gh}{k_B\,T}\right)}{\exp\left(-\frac{m\,g\,(h+dh)}{k_B\,T}\right)} = \exp\left(\frac{m\,g\,dh}{k_B\,T}\right) \tag{9.18}$$

Diesen Sachverhalt nutzte Jean Baptiste Perrin (1870–1942) zur Bestimmung der Boltzmann-Konstanten. Das Experiment führte er nicht in Luft, sondern in Wasser durch und verwendete anstelle der Gasmoleküle kleine Schwebeteilchen bekannter Masse m. Er zählte die Schwebeteilchen in der Höhe h und $h + \Delta h$ ab. Durch das Verhältnis beider Anzahlen ist die linke Seite von Gleichung (9.18) bestimmt. Bei vorgegebener Temperatur T ist die Boltzmann-Konstante die einzig unbekannte Größe in der Gleichung. Für sie ergab sich aus den Messungen von Perrin der Wert von $k_B = 1{,}3 \cdot 10^{-23}\,\mathrm{J\,K^{-1}}$

Unter Benutzung von (9.6) ergibt sich mit $R = 8{,}31\,\mathrm{J\,K^{-1}\,mol^{-1}}$ für die Avogadro-Konstante der Wert $N_A = 6{,}4 \cdot 10^{23}\,\mathrm{mol^{-1}}$. Diese erste Bestimmung der Boltzmann-Konstanten liegt um einige Prozent unter dem heutigen Wert von $k_B = 1{,}38 \cdot 10^{-23}\,\mathrm{J\,K^{-1}}$.

Die Bestimmung der Avogadro-Konstanten ergibt einen ersten Einblick in die Mikrowelt. Wenn man nun die Anzahl der Teilchen in einem Mol kennt, kann man die Masse der einzelnen Teilchen berechnen. Bezogen auf ein Mol Wasserstoff Atome, das eine Masse von ca. 1 g hat, ergibt sich für die Masse des Wasserstoffatoms:

$$m_H = 1\,\mathrm{g}/N_A = 1{,}672 \cdot 10^{-24}\,\mathrm{g}$$

9.3.2.3 Grobe Abschätzung zur Größe eines Atoms/Moleküls

Mit Kenntnis der Avogadro-Konstanten kann man eine obere Grenze für die Größe eines Atoms/Moleküls angeben. Hierzu nehmen wir an, dass jedes Teilchen einen

Würfel ausfüllt, die N_A Würfel dicht gepackt sind und so das Molvolumen ausfüllen. Als Beispiel verwenden wir Kohlenstoff in der Form von Diamant mit der Dichte $\rho_C = 3{,}51\ \mathrm{g/cm^3}$. Dies führt zu einem Molvolumen von $V_{\mathrm{mol\,C}} = 3{,}42 \cdot 10^{-6}\ \mathrm{m^3/mol}$. Diese grobe Abschätzung führt zu

$$V_C = \frac{V_{\mathrm{mol\,C}}}{N_A} = \frac{3{,}42 \cdot 10^{-6}\ \mathrm{m}^3}{6{,}02 \cdot 10^{23}} = 5{,}68 \cdot 10^{-30}\ \mathrm{m}^3$$

Damit ergibt sich eine obere Grenze von $2 \cdot 10^{-10}$ m für die Größe eines Kohlenstoffatoms.

9.3.3 Die Maxwell-Boltzmann-Verteilung und der Gleichverteilungssatz

9.3.3.1 Anwendung auf ein ideales Gas

In einem idealen Gas ist der Zustand z eines Teilchens durch seine Geschwindigkeit $\boldsymbol{v} = (v_1, v_2, v_3)$ charakterisiert. Die zugehörige kinetische Energie ist:

$$\varepsilon(z) = \varepsilon(v_1, v_2, v_3) = \frac{m}{2}(v_1^2 + v_2^2 + v_3^2) \tag{9.19}$$

Bei jedem Stoß kann sich die Geschwindigkeit der Teilchen ändern. Zwischen den Stößen bleibt die Geschwindigkeit konstant.

Die Wahrscheinlichkeit, das Teilchen im Zustandsintervall $\boldsymbol{v} = (v_1, v_2, v_3)$ und $\boldsymbol{v} + d\boldsymbol{v} = (v_1 + dv_1, v_2 + dv_2, v_3 + dv_3)$ vorzufinden ist nach (9.15)

$$w(v_1, v_2, v_3)\, dv_1\, dv_2\, dv_3 = \frac{\exp(-\varepsilon(v_1, v_2, v_3)/(k_B T))\, dv_1\, dv_2\, dv_3}{\int_{-\infty}^{\infty} \exp(-\varepsilon(v_1, v_2, v_3)/(k_B T))\, dv_1\, dv_2\, dv_3} \tag{9.20}$$

Mit (9.19) sieht man, dass dieser Ausdruck das Produkt von drei gleichartigen Faktoren ist

$$w(v_i)\, dv_i = \frac{\exp(-m v_i^2/(2 k_B T))\, dv_i}{\int_{-\infty}^{\infty} \exp(-m v_i^2/(2 k_B T))\, dv_i} \tag{9.21}$$

sodass

$$w(v_1, v_2, v_3)\, dv_1\, dv_2\, dv_3 = w(v_1) dv_1\, w(v_2)\, dv_2\, w(v_3)\, dv_3 \tag{9.22}$$

Das bestimmte Integral im Nenner von (9.21) lässt sich zurückführen auf

$$\int_{-\infty}^{\infty} \exp(-a^2 x^2)\, dx = \frac{1}{a}\sqrt{\pi} \tag{9.23}$$

sodass man mit $a = \sqrt{\frac{m}{2 k_B T}}$

$$\int_{-\infty}^{\infty} \exp(-m v_i^2/(2 k_B T))\, dv_i = \sqrt{\frac{2\pi\, k_B T}{m}} \tag{9.24}$$

erhält.

Für den Nenner von (9.20) ergibt sich entsprechend der drei Faktoren

$$\int_{-\infty}^{\infty} \exp(-\varepsilon(v_1, v_2, v_3)/(k_B T))\, dv_1\, dv_2\, dv_3 =$$

$$\int_{-\infty}^{\infty} \exp\left(-\frac{m}{2k_B T}(v_1^2 + v_2^2 + v_3^2)\right) dv_1\, dv_2\, dv_3 = \sqrt{\frac{2\pi\, k_B T}{m}}^{\,3} \tag{9.25}$$

Damit wird die Geschwindigkeitsverteilung (9.20) in einem idealen Gas

$$w(v_1, v_2, v_3)\, dv_1\, dv_2\, dv_3 = \sqrt{\frac{m}{2\pi\, k_B T}}^{\,3} \exp\left(-\frac{m}{2\, k_B T}(v_1^2 + v_2^2 + v_3^2)\right) dv_1\, dv_2\, dv_3 \tag{9.26}$$

Die Verteilung ist isotrop, das bedeutet, in allen Richtungen ist die Wahrscheinlichkeit, einen bestimmten Geschwindigkeitsbetrag vorzufinden, gleich.

Der thermische Mittelwert der kinetischen Energie eines Teilchens ist

$$\begin{aligned}\bar{\varepsilon}_{\text{kin}} &= \frac{\int_{-\infty}^{\infty} \frac{m}{2}(v_1^2 + v_2^2 + v_3^2) w(v_1, v_2, v_3)\, dv_1\, dv_2\, dv_3}{\int_{-\infty}^{\infty} w(v_1, v_2, v_3)\, dv_1\, dv_2\, dv_3} \\ &= \frac{\int_{-\infty}^{\infty} \frac{m}{2}(v_1^2 + v_2^2 + v_3^2) \exp(-\frac{m}{2k_B T}(v_1^2 + v_2^2 + v_3^2)\, dv_1\, dv_2\, dv_3}{\int_{-\infty}^{\infty} \exp(-\frac{m}{2k_B T}(v_1^2 + v_2^2 + v_3^2)\, dv_1\, dv_2\, dv_3}\end{aligned} \tag{9.27}$$

Das Integral ist die Summe von drei Summanden der Form

$$\bar{\varepsilon}_{i\,\text{kin}} = \frac{m}{2} \frac{\int_{-\infty}^{\infty} v_i^2 \exp(-\frac{m}{2k_B T} v_i^2) dv_i}{\int_{-\infty}^{\infty} \exp(-\frac{m}{2k_B T} v_i^2)\, dv_i} \tag{9.28}$$

Das bestimmte Integral im Zähler lässt sich zurückführen auf

$$\int_{-\infty}^{\infty} x^2 \exp(-a^2 x^2)\, dx = \frac{1}{2a^3}\sqrt{\pi} \tag{9.29}$$

Das bestimmte Integral im Nenner ist nach (9.23)

$$\int_{-\infty}^{\infty} \exp(-a^2 x^2)\, dx = \frac{1}{a}\sqrt{\pi}$$

Damit wird $\bar{\varepsilon}_{i\,\text{kin}} = \frac{m}{2}\frac{\sqrt{\pi}}{2a^3} \cdot \frac{a}{\sqrt{\pi}}$. Mit $a = \sqrt{\frac{m}{2k_B T}}$ erhält man

$$\bar{\varepsilon}_{i\,\text{kin}} = \frac{m}{2}\frac{1}{2a^2} = \frac{1}{2} k_B T \tag{9.30}$$

Bildet man entsprechend (9.27) die Summe über alle drei Raumrichtungen, so wird:

$$\bar{\varepsilon}_{\text{kin}} = \frac{3}{2} k_B T \tag{9.31}$$

Das mittlere thermische Geschwindigkeitsquadrat ist

$$\overline{v^2} = \frac{2\bar{\varepsilon}}{m} = \frac{3k_\mathrm{B}T}{m} \tag{9.32}$$

Multipliziert man (9.31) mit der Avogadro-Konstanten, so erhält man die mittlere thermische Energie für 1 Mol eines idealen Gases.

$$\bar{E}_\text{mol kin} = \frac{3}{2}N_\mathrm{A}k_\mathrm{B}T \tag{9.33}$$

Unter Verwendung der idealen Gasgleichung $pV = N_\mathrm{A}k_\mathrm{B}T$ für 1 Mol, ergibt sich dessen Innere Energie

$$\bar{E}_\text{mol kin} = \frac{3}{2}p\,V \tag{9.34}$$

9.3.3.2 Anwendung auf einen Festkörper

In einem Festkörper üben die einzelnen Atome Kräfte aufeinander aus, durch die sie in ihrer Ruhelage gehalten werden. Bei höheren Temperaturen bewegen sich die Atome um ihre Ruhelage, wobei sie sich näherungsweise wie ein System gekoppelter harmonischer Oszillatoren verhalten. In geeigneten Normalkoordinaten ist die potentielle Energie

$$\varepsilon_\text{pot} = a_1q_1^2 + a_2q_2^2 + a_3q_3^2 = E_\text{1pot} + E_\text{2pot} + E_\text{3pot} \tag{9.35}$$

Die potentielle Energie hat die gleiche Form wie die kinetische Energie (9.19). Eine entsprechende Rechnung wie bei der kinetischen Energie ergibt für die mittlere thermische potentielle Energie den Wert

$$\bar{\varepsilon}_\text{pot} = \frac{3}{2}k_\mathrm{B}T \tag{9.36}$$

Die gesamte mittlere thermische Energie pro Atom eines Festkörpers wird damit

$$\bar{\varepsilon} = \bar{\varepsilon}_\text{kin} + \bar{\varepsilon}_\text{pot} = 3k_\mathrm{B}T \tag{9.37}$$

Hieraus ergibt sich für ein Mol eines Festkörpers die Innere Energie

$$U(T) = 3N_\mathrm{A}k_\mathrm{B}T = 3RT \tag{9.38}$$

Die molare spezifische Wärme C_V eines Festkörpers wird dann:

$$C_V(T) = \frac{\partial U(T)}{\partial T} = 3R = \text{const.} \tag{9.39}$$

Dieser Zusammenhang wurde schon 1819 von Pierre Louis Dulong (1785–1838) und Alexis Thérèse Petit (1791–1820) experimentell festgestellt. Sie vermuteten, dass dies eine allgemeine Gesetzmäßigkeit sei. Heute wird (9.39) zu Ehren der beiden Experimentatoren das Dulong-Petitsche Gesetz genannt.

Zur Herleitung der Aussagen (9.38) und (9.39) wurden sehr allgemeine Grundsätze der klassischen statistischen Physik verwendet. Entsprechend (9.39) sollte die spezifische Wärme über den gesamten Temperaturbereich konstant sein. Aber zur Verwunderung der Physiker stellte sich heraus, dass dies nur für sehr hohe Temperaturen der Fall ist, während sie zu niedrigen Temperaturen hin stark abnimmt. Dies ist ein erstes Anzeichen dafür, dass die Vorstellungen der klassischen Physik im Mikrokosmos etwas Grundsätzliches nicht berücksichtigen und insofern an die Grenze ihrer Tragfähigkeit gelangt waren. Erst mit der Quantentheorie konnte diese Diskrepanz gelöst werden.

9.3.4 Die Boltzmann-Gleichung

Alle bisher gewonnen Erkenntnisse der phänomenologischen Thermodynamik (Kapitel 4) und der statistischen Physik (Kapitel 9) betrafen das thermische Gleichgewicht. Der maßgebliche Parameter dafür ist die Gleichgewichtstemperatur T. Dabei wird fast unausgesprochen vorausgesetzt, dass abgeschlossene makroskopische Systeme einem Gleichgewichtszustand zustreben, in dem sie dann verbleiben. Diese Aussage ist unabhängig von der Art des Systems. Es können Gase, Flüssigkeiten oder Festkörper sein. Die Abgeschlossenheit des Systems bedeutet, dass weder Materie noch Energie mit der Umgebung ausgetauscht werden.

Diese Grundvoraussetzung nennt man den „Nullten Hauptsatz der Thermodynamik". Er wird selten erwähnt, da er für selbstverständlich gehalten wird.

Hier ist allerdings eine Bemerkung fällig, die die gesamte Menschheit und ihre Kulturen betrifft: Für je selbstverständlicher man ein Phänomen hält, desto tiefgründiger und eigentlich geheimnisvoller ist es.

Man kann es daher als die Krönung des Lebenswerkes von Ludwig Boltzmann (1844–1906) ansehen, dass er das hinter dem Nullten Hauptsatz stehenden Grundproblem im Rahmen der statistischen Mechanik bzw. der kinetischen Gastheorie behandelt und gelöst hat. Diese grundsätzliche Frage lautet:

> Wie kommt es überhaupt dazu, dass abgeschlossene makroskopische Systeme immer einem Gleichgewichtszustand zustreben und dann darin verbleiben?

Die Lösung dieses Problems ist die nach ihm benannte Boltzmann-Gleichung.

Hierzu betrachtete Boltzmann alle Teilchen des abgeschlossenen Systems. Jedes Teilchen ist gekennzeichnet durch sechs zeitveränderliche Parameter:

- seine Geschwindigkeit: $\boldsymbol{v}(t) = (v_1(t), v_2(t), v_3(t))$ und
- seinen Ort: $\boldsymbol{x}(t) = (x_1(t), x_2(t), x_3(t))$

Diese sechs Parameter bilden den sogenannten $\boldsymbol{\mu}$-Raum. Die drei Orts- und Geschwindigkeitskoordinaten eines jeden Teilchens legen einen Punkt im $\boldsymbol{\mu}$-Raum fest, der mit der Zeit durch den Raum wandert. Betrachtet man ein Mol eines Gases, so bewegt sich ein Schwarm von N_A Punkten in dem μ-Raum.

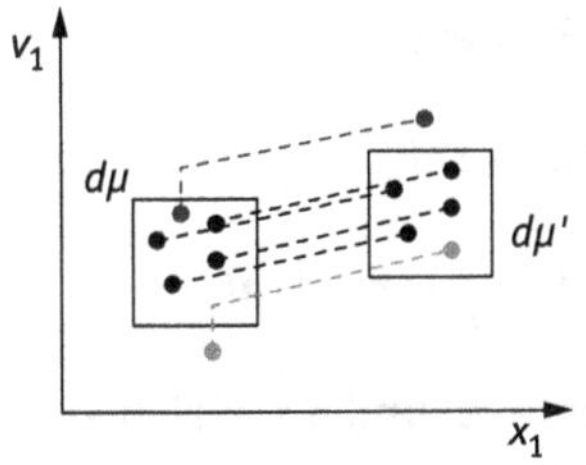

Hier ist der μ-Raum nur zweidimensional mit den Koordinaten x_1 und v_1 dargestellt.
Der Schwarm von Teilchen des Volumenelements $d\mu$ bewegt sich gemeinsam unter der äußeren Kraft F. Ort und Geschwindigkeit ändern sich, das Volumenelement $d\mu$ geht in $d\mu'$ über. Durch einen Stoß kann ein Teilchen

- den Schwarm verlassen und schließt sich einem anderen Schwarm an oder
- aus einem fremden Schwarm in den betrachteten kommen.

Abb. 9.3. Beschreibung eines Teilchenschwarms im μ-Raum.

Zur Beschreibung des Teilchenschwarms führte Boltzmann die Verteilungsfunktion $f(\boldsymbol{x}, \boldsymbol{v}, t)$ ein.

$$f(\boldsymbol{x}, \boldsymbol{v}, t)d\boldsymbol{x}d\boldsymbol{v} \tag{9.40}$$

Sie gibt die Anzahl der Teilchen im Ortsintervall $(\boldsymbol{x}; \boldsymbol{x} + d\boldsymbol{x}) = ((x_1, x_2, x_3; x_1 + dx_1, x_2 + dx_2, x_3 + dx_3))$ und Geschwindigkeitsintervall $(\boldsymbol{v}; \boldsymbol{v} + d\boldsymbol{v}) = ((v_1, v_2, v_3; v_1 + dv_1, v_2 + dv_2, v_3 + dv_3))$ zur Zeit t an.

Die Bahnkurve eines Teilchens wird beschrieben durch

$$\boldsymbol{x}(t + dt) = \boldsymbol{x}(t) + \boldsymbol{v}(t)dt$$
$$\boldsymbol{v}(t + dt) = \boldsymbol{v}(t) + \dot{\boldsymbol{v}}(t)\,dt = \boldsymbol{v}(t) + \frac{\boldsymbol{F}}{m}\,dt$$

wobei $\boldsymbol{F}$ eine äußere Kraft ist, die auf die Teilchen wirkt.

Werden zunächst keine Stöße zwischen den Teilchen betrachtet, so strömen alle Teilchen gemeinsam unter der äußeren Kraft $\boldsymbol{F}$ aus dem Volumenelement $d\mu = (\boldsymbol{x}, \boldsymbol{x}+d\boldsymbol{x}; \boldsymbol{v}, \boldsymbol{v}+d\boldsymbol{v})$ des μ-Raums, in dem sie sich zur Zeit t befinden, in das Volumenelement $d\mu'$, das sie zur Zeit $t + dt$ einnehmen. Da keine Teilchen den Schwarm verlassen oder hinzukommen können, ist die Anzahl in beiden Volumenelementen gleich.

$$f\left(\boldsymbol{x} + \boldsymbol{v}\,dt, \boldsymbol{v} + \frac{\boldsymbol{F}}{m}\,dt, t + dt\right)\,d\mu' = f(\boldsymbol{x}, \boldsymbol{v}, t)\,d\mu \tag{9.41}$$

Durch Stöße zwischen zwei Teilchen werden deren Geschwindigkeiten geändert und damit verlassen die gestoßenen Teilchen ihren Schwarm im μ-Raum. Entsprechend können sich Teilchen aus anderen Schwärmen durch Stöße dem betrachteten Schwarm anschließen. Damit wird:

$$f\left(\boldsymbol{x} + \boldsymbol{v}\,dt, \boldsymbol{v} + \frac{\boldsymbol{F}}{m}\,dt, t + dt\right)\,d\mu' = f(\boldsymbol{x}, \boldsymbol{v}, t)\,d\mu + f|_{\text{coll}}\,d\mu' \tag{9.42}$$

Die Änderung der Teilchenzahl durch Stöße (collision) wird durch $f|_{\text{coll}}$ beschrieben. $f|_{\text{coll}}$ besteht aus zwei Termen. Der eine beschreibt die Anzahl der Teilchen, die den Schwarm verlassen (Verlust) und der andere die Anzahl der Teilchen, die sich dem Schwarm anschließen (Gewinn).

Die Reihenentwicklung der linken Seite von (9.42) nach dt ergibt

$$f\left(\boldsymbol{x} + \boldsymbol{v}dt, \boldsymbol{v} + \frac{\boldsymbol{F}}{m}dt, t + dt\right) = f(\boldsymbol{x}, \boldsymbol{v}, t) + \boldsymbol{v} \cdot \nabla_x f(\boldsymbol{x}, \boldsymbol{v}, t)dt + \frac{\boldsymbol{F}}{m} \cdot \nabla_v f(\boldsymbol{x}, \boldsymbol{v}, t)\, dt + \frac{\partial}{\partial t} f(\boldsymbol{x}, \boldsymbol{v}, t)\, dt$$

Geht man nun davon aus, dass die beiden Volumenelemente $d\mu$ und $d\mu'$ gleich groß sind und dividiert durch dt, so erhält man aus (9.42) die Boltzmann-Gleichung

$$\frac{\partial f(\boldsymbol{x}, \boldsymbol{v}, t)}{\partial t} + \boldsymbol{v} \cdot \nabla_x f(\boldsymbol{x}, \boldsymbol{v}, t) + \frac{\boldsymbol{F}}{m} \cdot \nabla_v f(\boldsymbol{x}, \boldsymbol{v}, t) = \left.\frac{\partial f(\boldsymbol{x}, \boldsymbol{v}, t)}{\partial t}\right|_{\text{coll}} \tag{9.43}$$

oder

$$\left(\frac{\partial}{\partial t} + \boldsymbol{v} \cdot \nabla_x + \frac{\boldsymbol{F}}{m} \cdot \nabla_v\right) f(\boldsymbol{x}, \boldsymbol{v}, t) = \left.\frac{\partial f(\boldsymbol{x}, \boldsymbol{v}, t)}{\partial t}\right|_{\text{coll}} \tag{9.44}$$

Die linke Seite der Boltzmann-Gleichung ist der Strömungsterm und die rechte der Stoßterm.

Im engeren Sinn versteht man unter der Boltzmann-Gleichung die Gleichung (9.44) zusammen mit dem von Boltzmann gemachten Stoßansatz. Er wird aus der Bilanz von Gewinn- und Verlustprozessen für das Volumenelement $d\mu$ zur Zeit t berechnet.

$$f(\boldsymbol{x}, \boldsymbol{v}, t)|_{\text{coll}}\, d\mu = f_+(\boldsymbol{x}, \boldsymbol{v}, t)d\mu - f_-(\boldsymbol{x}, \boldsymbol{v}, t)\, d\mu$$

Für den Gewinnterm $f_+(\boldsymbol{x}, \boldsymbol{v}, t)$ betrachtet man zwei Teilchen im Volumenelement $d\boldsymbol{x}$ um den Ort $\boldsymbol{x}$, die vor dem Stoß die Geschwindigkeiten $\boldsymbol{v}'$ und $\boldsymbol{v}_1'$ haben. Ihre Geschwindigkeiten nach dem Stoß sollen in den Intervallen $(\boldsymbol{v}, \boldsymbol{v} + d\boldsymbol{v})$ bzw. $(\boldsymbol{v}_1, \boldsymbol{v}_1 + d\boldsymbol{v}_1)$ liegen. Der Gewinnterm ist das Produkt aus

- dem Wirkungsquerschnitt für die Streuung $\sigma\,(\boldsymbol{v}', \boldsymbol{v}_1' \to \boldsymbol{v}, \boldsymbol{v}_1)$.
- der Anzahl der Teilchen $f(\boldsymbol{x}, \boldsymbol{v}', t)d\boldsymbol{x}d\boldsymbol{v}'$ mit der Geschwindigkeit $\boldsymbol{v}'$ im Volumenelement $(\boldsymbol{x}, \boldsymbol{x} + d\boldsymbol{x})$.
- der Anzahl der Teilchen $f(\boldsymbol{x}, \boldsymbol{v}_1', t)d\boldsymbol{x}d\boldsymbol{v}_1'$ mit der Geschwindigkeit $\boldsymbol{v}_1'$ im Volumenelement $(\boldsymbol{x}, \boldsymbol{x} + d\boldsymbol{x})$.

Für den Verlustterm $f_-(\boldsymbol{x}, \boldsymbol{v}, t)$ wird ein Teilchen im Volumenelement $d\boldsymbol{x}$ um den Ort $\boldsymbol{x}$ betrachtet, das vor dem Stoß die Geschwindigkeit $\boldsymbol{v}$ hat. Durch den Stoß mit einem zweiten Teilchen der Geschwindigkeit $\boldsymbol{v}_1$ ändern sich beide Geschwindigkeiten. Die Geschwindigkeiten nach dem Stoß liegen in den Intervallen $(\boldsymbol{v}', \boldsymbol{v}' + d\boldsymbol{v}')$ bzw. $(\boldsymbol{v}_1', \boldsymbol{v}_1' + d\boldsymbol{v}_1')$. Der Verlustterm ist das Produkt aus

- dem Wirkungsquerschnitt für die Streuung $\sigma\,(\boldsymbol{v}, \boldsymbol{v}_1 \to \boldsymbol{v}', \boldsymbol{v}_1')$.
- der Anzahl der Teilchen $f(\boldsymbol{x}, \boldsymbol{v}, t)d\boldsymbol{x}d\boldsymbol{v}$ mit der Geschwindigkeit $\boldsymbol{v}$ im Volumenelement $(\boldsymbol{x}, \boldsymbol{x} + d\boldsymbol{x})$.

– der Anzahl der Teilchen $f(\boldsymbol{x}, \boldsymbol{v}_1, t) d\boldsymbol{x} d\boldsymbol{v}_1$ mit der Geschwindigkeit $\boldsymbol{v}_1$ im Volumenelement $(\boldsymbol{x}, \boldsymbol{x} + d\boldsymbol{x})$.

Für die Streuquerschnitte im Gewinn- und Verlustterm wird angenommen, dass sie symmetrisch gegenüber der Zeitumkehr sind, sodass $\sigma(\boldsymbol{v}, \boldsymbol{v}_1 \rightarrow \boldsymbol{v}', \boldsymbol{v}_1') = \sigma(\boldsymbol{v}', \boldsymbol{v}_1' \rightarrow \boldsymbol{v}, \boldsymbol{v}_1)$.

Damit wird der Stoßterm der Boltzmann-Gleichung

$$\begin{aligned} \left.\frac{\partial f(\boldsymbol{x}, \boldsymbol{v}, t)}{\partial t}\right|_{\text{coll}} &= \int d\boldsymbol{v}_1\, d\boldsymbol{v}'\, d\boldsymbol{v}_1' \cdot \sigma(\boldsymbol{v}, \boldsymbol{v}_1 \rightarrow \boldsymbol{v}', \boldsymbol{v}_1') \cdot \\ &\cdot \delta(v' + v_1' - v - v_1) \cdot \delta(v'^2 + v_1'^2 - v^2 - v_1^2) \cdot \\ &\cdot \left[f(\boldsymbol{x}, \boldsymbol{v}', t) \cdot f(\boldsymbol{x}, \boldsymbol{v}_1', t) - f(\boldsymbol{x}, \boldsymbol{v}, t) \cdot f(\boldsymbol{x}, \boldsymbol{v}_1, t) \right] \end{aligned} \tag{9.45}$$

Der Stoßterm enthält unter dem Integral zwei δ-Funktionen. Sie sorgen dafür, dass die Erhaltungssätze eingehalten werden. Die erste δ-Funktion gewährleistet die Einhaltung des Impulserhaltungssatzes, die zweite die des Energiesatzes. Da hier Stöße zwischen Teilchen gleicher Masse betrachtet werden, tritt in den δ-Funktionen die Masse nicht auf.

Da im Stoßterm das Produkt der Verteilungsfunktion auftritt, ist die Boltzmann-Gleichung (9.44) eine nicht lineare Integro-Differentialgleichung. Die Lösungen der Boltzmann-Gleichung beschreiben thermodynamische Systeme außerhalb des thermodynamischen Gleichgewichts, die ins thermodynamische Gleichgewicht streben. Im stationären (d. h. zeitunabhängigen) Fall hat die Boltzmann-Gleichung eine einfache Lösung

$$f_{\text{stat}}(\boldsymbol{x}, \boldsymbol{v}) = C \exp\left(-\beta\left(V(x) + \frac{m}{2}v^2\right)\right) \tag{9.46}$$

Dabei ist $V(\boldsymbol{x})$ das Potential, aus dem sich die Kraft $\boldsymbol{F}$ herleitet.

$$\boldsymbol{F} = -\nabla_x V(\boldsymbol{x}) \tag{9.47}$$

C ist eine Integrationskonstante. β ist ebenfalls eine noch zu wählende Konstante. β^{-1} hat die Dimension einer Energie. Vergleicht man die stationäre Lösung der Boltzmann-Gleichung mit der Geschwindigkeitsverteilung (9.26), so sieht man, dass β wie folgt gewählt werden muss

$$\beta = \frac{1}{k_B T} \tag{9.48}$$

Durch Einsetzen von (9.46) in die Boltzmann-Gleichung (9.44), lässt sich zeigen, dass die Boltzmann-Gleichung erfüllt ist und somit (9.46) eine Lösung der Boltzmann-Gleichung ist.

Zunächst wird die linke Seite der Boltzmann-Gleichung betrachtet. Mit (9.46) wird:

$$\begin{aligned}&\left(\boldsymbol{v}\cdot\nabla_x+\frac{\boldsymbol{F}}{m}\cdot\nabla_v\right)C\exp\left(-\beta\left(V(\boldsymbol{x})+\frac{m}{2}\boldsymbol{v}^2\right)\right)\\&=C\left(-\beta\,\boldsymbol{v}\cdot\nabla_x V(\boldsymbol{x})-\beta\frac{\boldsymbol{F}}{m}\cdot\frac{m}{2}\cdot\nabla_v\boldsymbol{v}^2\right)\exp\left(-\beta\left(V(\boldsymbol{x})+\frac{m}{2}\boldsymbol{v}^2\right)\right)\\&=\beta C\left(\boldsymbol{v}\cdot\boldsymbol{F}-\boldsymbol{F}\cdot\boldsymbol{v}\right)\exp\left(-\beta\left(V(\boldsymbol{x})+\frac{m}{2}\boldsymbol{v}^2\right)\right)=0\end{aligned}\tag{9.49}$$

Die rechte Seite der Boltzmann-Gleichung, also der Stoßterm, enthält die Produkte der Verteilungsfunktion $[f(\boldsymbol{x},\boldsymbol{v}',t)\cdot f(\boldsymbol{x},\boldsymbol{v}_1',t)-f(\boldsymbol{x},\boldsymbol{v},t)\cdot f(\boldsymbol{x},\boldsymbol{v}_1,t)]$.

Mit (9.46) wird der erste Summand

$$\begin{aligned}f(\boldsymbol{x},\boldsymbol{v}',t)\cdot f(\boldsymbol{x},\boldsymbol{v}_1',t)&=C\exp\left(-\beta\left(V(\boldsymbol{x})+\frac{m}{2}\boldsymbol{v}'^2\right)\right)\cdot C\exp\left(-\beta\left(V(\boldsymbol{x})+\frac{m}{2}\boldsymbol{v}_1'^2\right)\right)\\&=C\exp\left(-\beta\left(2V(\boldsymbol{x})+\frac{m}{2}(\boldsymbol{v}'^2+\boldsymbol{v}_1'^2)\right)\right)\end{aligned}$$

Für den zweiten Summanden ergibt sich

$$\begin{aligned}f(\boldsymbol{x},\boldsymbol{v},t)\cdot f(\boldsymbol{x},\boldsymbol{v}_1,t)&=C\exp\left(-\beta\left(V(\boldsymbol{x})+\frac{m}{2}\boldsymbol{v}^2\right)\right)\cdot C\exp\left(-\beta\left(V(\boldsymbol{x})+\frac{m}{2}\boldsymbol{v}_1^2\right)\right)\\&=C\exp\left(-\beta\left(2V(\boldsymbol{x})+\frac{m}{2}(\boldsymbol{v}^2+\boldsymbol{v}_1^2)\right)\right)\end{aligned}$$

Die Differenz wird damit

$$\begin{aligned}&f(\boldsymbol{x},\boldsymbol{v}',t)\cdot f(\boldsymbol{x},\boldsymbol{v}_1',t)-f(\boldsymbol{x},\boldsymbol{v}',t)\cdot f(\boldsymbol{x},\boldsymbol{v}_1',t)=\\&=C\exp\left(-\beta\left(2V(\boldsymbol{x})+\frac{m}{2}(\boldsymbol{v}'^2+\boldsymbol{v}_1'^2)\right)\right)-C\exp\left(-\beta\left(2V(\boldsymbol{x})+\frac{m}{2}(\boldsymbol{v}^2+\boldsymbol{v}_1^2)\right)\right)\\&=C\exp(-\beta(2V(\boldsymbol{x}))\cdot\left(\exp\left(\frac{m}{2}(\boldsymbol{v}'^2+\boldsymbol{v}_1'^2)\right)-\exp\left(\frac{m}{2}(\boldsymbol{v}^2+\boldsymbol{v}_1^2)\right)\right)\end{aligned}$$

Da die δ-Funktion $\delta(\boldsymbol{v}'^2+\boldsymbol{v}_1'^2-\boldsymbol{v}^2-\boldsymbol{v}_1^2)$ unter dem Integral (9.45) für die Energieerhaltung sorgt, sind beide Exponenten in der Klammer gleich und die Klammer verschwindet. Damit ist auch die rechte Seite der Boltzmann-Gleichung null und die Lösung (9.46) erfüllt die Boltzmann-Gleichung.

Die Lösung (9.46) beschreibt den Fall, dass äußere Kräfte einwirken. Betrachtet man ein Gas im thermischen Gleichgewicht, das keinen Kräften ausgesetzt ist, dann ist die stationäre Lösung unabhängig von $\boldsymbol{x}$.

$$f_{\text{stat}}(\boldsymbol{v})\,d\boldsymbol{v}=C\exp\left(-\beta\frac{m}{2}v^2\right)\,d\boldsymbol{v}\tag{9.50}$$

Die Lösung (9.50) gibt die Anzahl der Teilchen im Intervall $(\boldsymbol{v},\boldsymbol{v}+d\boldsymbol{v})$ an. Da sich hier im thermischen Gleichgewicht keine Richtung auszeichnet, kann man zu dem Betrag $v=|\boldsymbol{v}|$ übergehen, muss dabei aber beachten, dass durch das Betragsintervall $(v,v+dv)$ alle Volumenelemente zusammengefasst werden, die an die Kugeloberfläche $4\pi v^2$ angrenzen.

$$f_{\text{stat}}(v)dv=4\pi v^2C'\exp\left(-\beta\frac{m}{2}v^2\right)\,dv\tag{9.51}$$

Die Konstante C' bestimmt sich aus der Normierung $\int_0^\infty f_{\text{stat}}(v)\,dv = 1$.
Also $4\pi C' \int_0^\infty v^2 \exp(-\beta\frac{m}{2}v^2)\,dv = 1$.
Mit $\int_{-\infty}^{\infty} x^2 \exp(-a^2x^2)\,dx = \frac{1}{2a^3}\sqrt{\pi}$ und $\beta = \frac{1}{k_B T}$ wird $C' = \sqrt{\frac{m}{2\pi\,k_B T}}$.
Damit wird die Geschwindigkeitsverteilung eines Gases im thermischen Gleichgewicht

$$f_{\text{stat}}(v)dv = \sqrt{\frac{2}{\pi}}\left(\frac{m}{k_B T}\right)^{3/2} v^2 \exp(-\frac{m}{2k_B T}v^2)\,dv \tag{9.52}$$

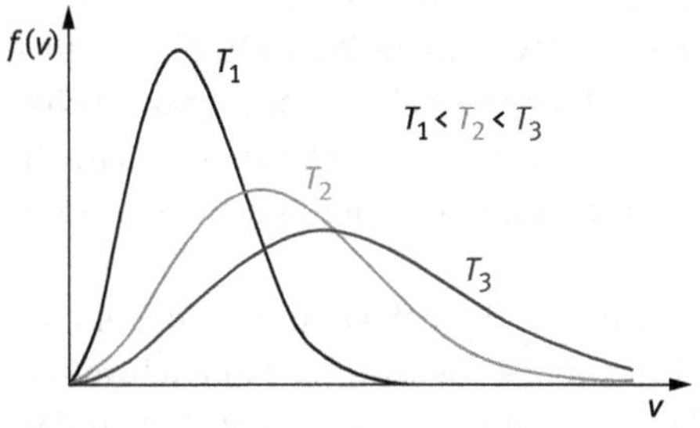

Geschwindigkeitsverteilung für verschiedene Temperaturen

Abb. 9.4. Geschwindigkeitsverteilung der Teilchen eines idealen Gases im thermischen Gleichgewicht.

Die Lösung (9.46) ist nicht nur eine beliebige stationäre Lösung der Boltzmann-Gleichung, sondern Boltzmann bewies, dass

- (9.46) die einzige stationäre Lösung ist
- alle zeitabhängigen Lösungen der Boltzmann-Gleichung (9.44), die von einem beliebigen Anfangszustand $f(\boldsymbol{x}, \boldsymbol{v}, t = 0)$ aus starten, sich stets auf die Gleichgewichtslösung (9.46) hin entwickeln.

Boltzmann zeigte in seinem H-Theorem außerdem, dass es eine Entropie-Funktion $S(t)$ gibt, die mit der Zeit monoton zunimmt und einem Maximum zustrebt. Im Maximum von $S(t)$ hat zugleich auch $f(\boldsymbol{x}, \boldsymbol{v}, t)$ die Gleichgewichtsverteilung $f_{\text{stat}}(\boldsymbol{x}, \boldsymbol{v})$ erreicht.

9.4 Grundlagenproblematik: Ist die Zeit reversibel oder irreversibel?

Nach dem Erfolg der kinetischen Gastheorie und ihrer Krönung, der Boltzmann-Gleichung, könnte man annehmen, dass nunmehr alle Probleme in diesem Bereich der Mikrowelt im Prinzip gelöst sind.

Dem Zeitgeist anhängende Kulturrelativisten kämen vielleicht sogar auf die Idee: Nun ist eine neue Ära angebrochen. Nun sind die alten Ergebnisse überholt. Nun werfen wir sie weg. So ist es ja oft in der Politik und Gesellschaft.

Demgegenüber muss man sagen: Nicht so in der Physik! Nicht so bei Physikern! Hier gilt zum wiederholten Male das Inklusionsprinzip: Neue Theorien müssen die alten Ergebnisse als Grenzfall enthalten, zumindest aber mit ihnen kompatibel sein.

Doch hier tritt nun ein Problem zwischen der Boltzmann-Gleichung und den durchaus ausgereiften und anerkannten Prinzipien der Newtonschen Mechanik und der Elektrodynamik auf.

- Boltzmann hatte gezeigt, dass die Entropiefunktion mit der Zeit monoton anwächst und einem Maximum zustrebt. Auch die Boltzmann-Gleichung ist daher eine in der Zeit irreversible Gleichung. Die Entwicklung kommt aus der Vergangenheit und geht über die augenblickliche Gegenwart in die Zukunft. Eine zeitlich umgekehrte Entwicklung ist nicht möglich. Dies erscheint dem physikalischen Laien sowohl als selbstverständlich wie von allgemeiner Gesetzmäßigkeit. Die Evolution und die Menschheitsentwicklung gehen doch auch nur in einer Richtung vor sich und ist nicht umkehrbar.
- In dieser Selbstverständlichkeit sehen die Physiker jedoch ein tiefes Problem: Alle ihre Grundgleichungen, von deren weitreichender Geltung sie mit nachweisbarem Recht überzeugt sind, sind in der Zeit reversibel. Das bedeutet: Neben dem vorwärts laufenden Prozess können diese Gleichungen ebenso gut den rückwärts laufenden Prozess beschreiben.

Hieraus ergibt sich sofort das Problem:

- Warum kommen in der Wirklichkeit nur die vorwärts laufenden Prozesse vor und nicht die theoretisch gleichermaßen möglichen rückwärts laufenden Prozesse?
- Wie kommt die Irreversibilität der Boltzmann-Gleichung zustande, obwohl doch (angeblich oder wirklich?) bei ihrer Aufstellung nur die bewährten Grundsätze der klassischen Mechanik benutzt wurden?

Es stellt sich also die Frage: Wieso ist die Irreversibilität der Boltzmann-Gleichung mit der Reversibilität der Newtonschen Mechanik kompatibel? Dieses Problem wurde in der Zwischenzeit von der Physik gelöst und hat sogar zu einem tieferen Einblick in das Verhältnis zwischen Mikrowelt und Makrowelt geführt.

9.4.1 Übergang zum Γ-Raum

Im μ-Raum (ein sechsdimensionaler Raum) wird jedes Teilchen mit dem Ort $\boldsymbol{x}(t)$ und der Geschwindigkeit $\boldsymbol{v}(t)$ durch einen Punkt dargestellt. Dieser Punkt bewegt sich mit der Zeit durch den μ-Raum. Werden N Teilchen betrachtet, so muss man N Punkte im μ-Raum verfolgen.

Der Γ-Raum ist ein $6N$-dimensionaler Raum, in dem die N Punkte des μ-Raums durch einen einzigen Punkt dargestellt werden. Dieser eine Punkt beschreibt das gesamte System von N Teilchen. Im Γ-Raum wird anstelle der Geschwindigkeit der Impuls verwendet p_i. Das System wird damit durch die Koordinaten $(x_i(t), p_i(t))$ mit $i = (1, \ldots 3N)$ beschrieben, die einen einzigen Punkt im Γ-Raum festlegen. Die Dynamik dieses Punktes wird durch die Hamiltonschen Gleichungen (Kapitel 3, Abschnitt 3.2) beschrieben. In kompakter Schreibweise lauten sie:

$$\frac{dx_i}{dt} = \frac{\partial H(\boldsymbol{p}, \boldsymbol{x})}{\partial p_i} \quad \text{und} \quad \frac{dp_i}{dt} = -\frac{\partial H(\boldsymbol{p}, \boldsymbol{x})}{\partial x_i} \quad \text{mit } i = (1, \ldots 3N) \tag{9.53}$$

Die Hamiltonfunktion hat im einfachsten Fall die Form

$$H(\boldsymbol{p}, \boldsymbol{x}) = \sum_{i=1}^{3N} \frac{p_i^2}{2m_i} + V(x_1, \ldots x_{3N}) \tag{9.54}$$

Die Gleichung (9.53) legt die Bewegung des Systempunktes im Γ-Raum fest.

9.4.2 Das Umkehrtheorem

Die Hamiltonschen Gleichungen (9.53) sind invariant gegenüber der Zeitumkehr $t' = -t$. Für den Zeitpunkt $(t = 0)$ der Zeitumkehr, ab dem die folgende Transformation gelten soll, ändert die Geschwindigkeit ihre Richtung.

$$t' = -t \to x_i'(t') = x_i(t) \quad p_i'(t') = -p_i(t) \tag{9.55}$$

Die Gleichungen (9.53) werden damit

$$\frac{dx_i'(t')}{dt'} = \frac{\partial H(\boldsymbol{p}', \boldsymbol{x}')}{\partial p_i'} \quad \text{und} \quad \frac{dp_i'}{dt'} = -\frac{\partial H(\boldsymbol{p}', \boldsymbol{x}')}{\partial x_i'} \tag{9.56}$$

Die Hamiltonfunktion (9.54) ändert sich nicht gegenüber der Zeitumkehr

$$H(\boldsymbol{p}', \boldsymbol{x}') = H(\boldsymbol{p}, \boldsymbol{x}) \tag{9.57}$$

Diese Transformation entspricht dem Anhalten eines Films zum Zeitpunkt $t = 0$ und dem folgenden Rückwärtslaufen des Films. Das bedeutet: zu einem beliebig wählbaren Zeitpunkt $t = -t' = 0$ werden nach (9.55) die Impulse p_i aller Teilchen exakt umgedreht und die Orte x_i aller Teilchen exakt festgehalten. Von da an läuft nach denselben Gleichungen (9.56) die Entwicklung des gesamten Systems exakt rückwärts. Hierzu zwei Beispiele:

- Lässt man einen Ball aus der Höhe auf den Boden fallen, so wird er am Boden reflektiert. Bei einem voll elastischen Stoß ändert die Geschwindigkeit nur ihr Vorzeichen, ihr Betrag bleibt erhalten. Damit erreicht der Ball wieder seine Ausgangshöhe. In diesem Beispiel läuft der Vorgang zuerst vorwärts und nach dem voll elastischen Stoß, so als ob er rückwärts laufen würde.
- Ganz anders sieht es schon aus, wenn man einen Teller zu Boden fallen lässt. Es ist noch nie beobachtet worden, dass sich die Scherben wieder zusammenfügen und nach oben fliegen.

Beide Vorgänge könnte man filmen und danach den Film rückwärts laufen lassen. Der rückwärts laufende Film würde genau der Zeitumkehr nach (9.55) entsprechen. Die Bewegung des elastisch springenden Balles könnte tatsächlich so auch „rückwärts" verlaufen. Im Falle des zerbrochenen Tellers scheint dies hingegen völlig unmöglich zu sein! Worin liegt der Unterschied? Doch wohl in Anzahl und Komplexität der beteiligten physikalischen Variablen. Im Falle des Balles sind es wenige elastische Schwingungsmoden des Balles. Im Falle des Tellers unabgrenzbar viele mikroskopische molekulare Bewegungen und Bindungen. In beiden Fällen müsste bei Zeitumkehr gleichzeitig eine exakte Umpräparierung aller Anfangsbedingungen gelingen. Das ist im ersten Fall denkbar, im zweiten ist diese Mikro-Präparierung experimentell unmöglich. Man erkennt also: Obwohl die physikalischen Gleichungen für alle Prozesse gültig bleiben, ist es nicht möglich, jede Anfangsbedingung (z. B. solche, die zu Rückwärtsprozessen führen würde) durch experimentellen Eingriff zu präparieren.

Geht man zu kühneren Gedankenspielen über, z. B. ob man nicht bewirken könne, dass der ganze Zweite Weltkrieg rückwärts verlaufen könne, dann sprechen dagegen noch grundsätzlichere Einwände: Es ist nicht nur offensichtlich unmöglich, die Anfangsbedingung für den Rückwärtsverlauf herzustellen, sondern man muss dann auch davon ausgehen, dass die Gesetze der klassischen Physik nicht durchgehend anwendbar bleiben. Sie haben ja, wie wir heute schon innerhalb der Physik wissen (siehe Kapitel 11) nur eine begrenzte Tragweite!

Um rückwärts laufende Prozesse zu initiieren, müssen nach (9.55) zum Zeitpunkt der Zeitumkehr alle Geschwindigkeiten in ihrer Richtung umgedreht werden. Die exakte Umkehr der Geschwindigkeiten aller Teilchen eines abgeschlossenen Systems zu exakt einem Zeitpunkt ist eine experimentell unmögliche Präparation des Systems. Ihr gegenüber hat Sisyphus eine lächerlich einfache Aufgabe.

Damit lautet die vorläufige (für dieses Kapitel noch gültige) Antwort auf das Umkehrtheorem:

Die physikalischen Gleichungen bleiben auch bei Zeitumkehr gültig. Aber es ist völlig unmöglich, die mikroskopischen Anfangsbedingungen so zu präparieren, wie es zu einem exakten Rückwärtsprozess einer System-Trajektorie im Γ-Raum nötig wäre.

9.4.3 Das Wiederkehrtheorem

Das Wiederkehrtheorem ist ein zweites Theorem, das die Dynamik von Systemen im Γ-Raum betrifft. Es besagt:

> Jedes System, das zu einem Ensemble von Systemen gehört, die den Hamiltonschen Gleichungen (9.56) genügen und dessen Phasenraumvolumen $\phi(\Gamma)$ endlich ist, muss ohne jeden äußeren Eingriff früher oder später zu seinem Anfangszustand zurückkehren.

Zuvor wollen wir jedoch die geradezu unheimliche Bedeutung der „Ewigen Wiederkehr allen Geschehens“ in der Sprache von Friedrich Nietzsche (1844–1900) auf uns wirken lassen. In seinem Werk „Also sprach Zarathustra“ heißt es:

> „Siehe diesen Torweg“ sprach Zarathustra, „der hat zwei Gesichter. Zwei Wege kommen hier zusammen: die ging noch niemand zu Ende. Diese lange Gasse zurück, die währt eine Ewigkeit; und jene lange Gasse hinaus, das ist eine andere Ewigkeit; und hier an diesem Torweg ist es, wo sie zusammen kommen. Der Name des Torwegs steht oben geschrieben: „Augenblick“. Und siehe, von diesem Torweg „Augenblick“ läuft eine lange Gasse rückwärts; hinter uns liegt eine Ewigkeit. Muss nicht was laufen kann von allen Dingen schon einmal diese Gasse gelaufen sein? Muss nicht, was geschehen kann von allen Dingen schon einmal geschehen, getan, vorüber gelaufen sein? Muss auch dieser Torweg „Augenblick“ nicht schon da gewesen sein? Und diese langsame Spinne, die im Mondschein kriecht, und dieser Mondschein selber, und ich und du im Torwege zusammen von ewigen Dingen flüsternd – müssen wir nicht schon alle da gewesen sein? – Und sind nicht solchermaßen alle Dinge fest verknotet, dass dieser Augenblick alle kommenden Dinge nach sich zieht? Also sich selber noch? Denn, was laufen kann von allen Dingen – muss es nicht noch einmal laufen und wiederkommen und in jener anderen Gasse laufen, vor uns, in dieser langen schaurigen Gasse: Müssen wir nicht ewig wiederkommen?“

Diesen Worten philosophischer Poesie stellen wir nun das Wiederkehrtheorem des Mathematikers Henri Poincaré gegenüber, der in genialer Kühle einen echten Beweis des Theorems lieferte.

Dieser Beweis operiert im Γ-Raum und verlangt ein gewisses mathematisches Abstraktionsvermögen, das Geisteswissenschaftlern entgegenkommt, denn die Mathematik steht ja bekanntlich zwischen den Geistes- und Naturwissenschaften.

Poincaré verwendete bei seinem Beweis das Theorem von Liouville (1809–1882). Das Liouvilletheorem basiert auf folgenden Voraussetzungen:

- Ein System bestehe aus unabhängigen Teilchen, die sich entsprechend (9.56) bewegen.
- Man betrachtet ein gewisses Volumen im Γ-Raum, das aus lauter Systempunkten besteht.
- Das Volumen des gesamten Γ-Raums soll endlich sein, sodass $\phi(\Gamma) < \infty$. Dies gilt z. B. für ein Gas, das in einem endlichen Gefäß eingeschlossen ist und eine endliche Gesamtenergie hat.

Unter diesen Voraussetzungen kommt Liouville zu der Aussage

- Die Form des Volumens kann sich mit der Zeit zwar radikal ändern, aber das Volumen selbst bleibt im $6N$-dimensionalen Γ-Raum erhalten. Dieses Volumen bewegt sich im Phasenraum wie ein Tintentropfen in einer inkompressiblen Flüssigkeit (z. B. Wasser).

Zum Beweis des Wiederkehrtheorems ging Poincaré wie folgt vor:
- Alle Systeme, deren Γ-Raum Punkte $P(x_1, \ldots x_{3N}; p_1 \ldots p_{3N})$ zur Zeit $t = 0$ in einem vorgegebenen Bereich (Tropfen) $g(0)$ liegen, werden zusammengefasst. Das Volumen von $g(0)$ ist $\phi(g(0))$.
- Nach der Zeit $t_1 > 0$ hat sich der Tropfen $g(0)$ in den Tropfen $g(t_1)$ entwickelt. Er wird als zukünftige Phase von $g(0)$ bezeichnet. Nach dem Theorem von Liouville ist $\phi(g(t_1)) = \phi(g(0))$.
- Man betrachtet nun einen Riesentropfen $G(0) \subset \Gamma$, der alle zukünftigen Phasen von $g(0)$ umfasst, in die sich $g(0)$ jemals entwickelt. Dieser Riesentropfen enthält also alle Tropfen $g(t)$ mit $0 \leqslant t < \infty$.
- Entsprechend betrachtet man einen Riesentropfen $G(t_1) \subset \Gamma$, der alle zukünftigen Phasen von $g(t_1)$ umfasst, also alle Tropfen $g(t')$ mit $t_1 \leqslant t' < \infty$.

Mit diesen Voraussetzungen ergeben sich folgende Schlussfolgerungen:

$$G(0) \supseteq G(t_1). \tag{9.58}$$

- $G(0)$ muss $G(t_1)$ umfassen, da $G(0)$ alle zukünftigen Phasen von $g(0)$ von $t = 0$ an enthält. $G(t_1)$ dagegen enthält nur die zukünftigen Phasen von $g(0)$ ab $t_1 > 0$.
- Der Riesentropfen $G(t_1)$ ist eine zukünftige Phase von $G(0)$, da $G(0)$ alle zukünftigen Phasen $g(t)$ von $g(0)$ mit $0 < t < \infty$ umfasst.
- $G(t_1)$ umfasst alle um das Zeitintervall t_1 in die Zukunft verschobenen Phasen $g(t')$ von $g(0)$ mit $t_1 < t' < \infty$.
- Nach dem Liouvilletheorem muss daher auch gelten

$$\phi(G(t_1)) = \phi(G(0)) \tag{9.59}$$

Wegen (9.58) und (9.59) können sich dann $G(t_1)$ und $G(0)$ nur um ein marginales Gebiet vom Volumen $\phi = 0$ unterscheiden. Das heißt, sie müssen praktisch identisch sein. Deshalb muss $G(t_1)$, das alle zukünftigen Phasen von $g(t_1)$ umfasst, auch $g(0) \subset G(0)$ enthalten (bis eventuell auf ein Gebiet vom Volumen $\phi = 0$). Da $g(t_1)$ selbst eine zukünftige Phase von $g(0)$ ist, folgt, dass die Vereinigung aller zukünftigen Phasen von $g(0)$, das ist ja $G(0)$, den Tropfen $g(0)$ selbst umfassen muss.

Das bedeutet aber nichts anderes, als dass Systeme, die zur Zeit $t = 0$ im Tropfen $g(0)$ gemäß ihren Anfangszuständen enthalten waren, früher oder später zu denselben Anfangszuständen in $g(0)$ zurückkehren müssen.

9.4.4 Die Boltzmann-Gleichung im Widerspruch zum Umkehr- und Wiederkehrtheorem

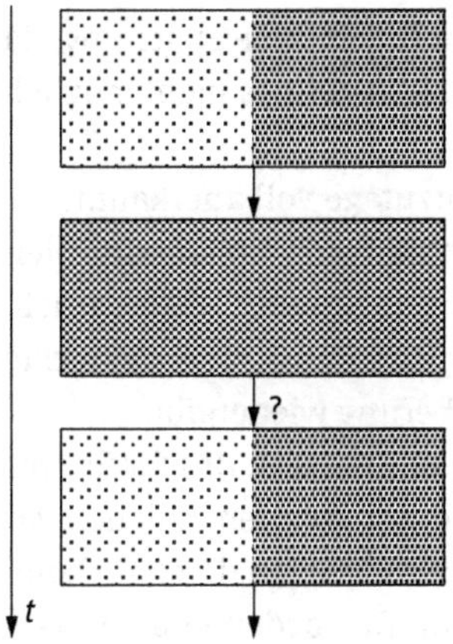

Wir betrachten einen Behälter, in dem zwei verschiedene Gase durch eine Wand getrennt sind.
Wird die Wand entfernt, so sind nach einer gewissen Zeit beide Gase vermischt.
Nach dem Wiederkehrtheorem ist es möglich, dass sich nach einer unbestimmten Zeit beide Gase von selbst trennen und so der Ausgangszustand wieder vorliegt.
Dieser Vorgang bedeutet eine Abnahme der Entropie und ist nach dem 2. Hauptsatz ausgeschlossen.

Abb. 9.5. Illustration zum Widerspruch zwischen Boltzmann-Gleichung und Umkehr- sowie Wiederkehr-Theorem.

Dieser Widerspruch wurde heftig diskutiert. Ludwig Boltzmann veröffentlichte einige Artikel über den Zusammenhang zwischen dem 2. Hauptsatz und dem Wiederkehrtheorem. Der Widerspruch löst sich auf, wenn man den 2. Hauptsatz statistisch interpretiert.

> Schon *Clausius, Maxwell* u. a. haben wiederholt darauf hingewiesen, daß die Lehrsätze der Gastheorie den Charakter statistischer Wahrheiten haben. Ich habe besonders oft und so deutlich als mir möglich war betont, daß das *Maxwellsche Gesetz* der Geschwindigkeitsverteilung unter Gasmolekülen keineswegs wie ein Lehrsatz der gewöhnlichen Mechanik aus den Bewegungsgleichungen allein bewiesen werden kann, daß man vielmehr nur beweisen kann, daß dasselbe weitaus die größte Wahrscheinlichkeit hat und bei einer großen Anzahl von Molekülen alle übrigen Zustände damit verglichen so unwahrscheinlich ist, daß sie praktisch nicht in Betracht kommen. An derselben Stelle habe ich auch betont, daß der zweite Hauptsatz vom molekulartheoretischen Standpunkte ein bloßer Wahrscheinlichkeitssatz ist.[1]

Darüber hinaus weist Boltzmann daraufhin, dass eine Abnahme der Entropie prinzipiell nicht unmöglich, aber innerhalb eines überschaubaren Zeitraums sehr unwahrscheinlich ist. Boltzmann gibt auch eine Abschätzung der Wiederkehrzeit für Moleküle der Luft mit normaler Dichte in einem Gefäß mit einem Volumen von $1\,\text{cm}^3$ an. Er kommt zu einer Zahl, die viele Trillionen Stellen hat und noch mit einer Zahl ähnlicher Größenordnung multipliziert werden muss.

1 Aus: Ludwig Boltzmann: Entgegnung auf die wärmetheoretischen Betrachtungen des Hrn. E. Zermelo, Wied. Ann. 57, S. 773–784 (1896). In: Wissenschaftliche Abhandlungen von Ludwig Boltzmann, hrsg. von Fritz Hasenöhrl, III. Band, New York 1968

Im Vergleich zur Wiederkehrzeit ist das Alter des Weltalls (ca. 14 Milliarden Jahre) verschwindend klein und damit ist das Wiederkehrtheorem in seiner Auswirkung irrelevant.

Das Umkehrtheorem ist ebenfalls kein Widerspruch zur Boltzmann-Gleichung, da gezeigt wurde, dass die exakte Präparierbarkeit des Anfangszustandes nicht möglich ist.

Damit ist das Lebenswerk von Ludwig Boltzmann heutzutage voll anerkannt.

Nichtsdestoweniger besteht zwischen der Irreversibilität der Boltzmann-Gleichung und dem Rückkehrtheorem exakter Theoreme ein prinzipieller Widerspruch. Dieser kann nur dadurch aufgelöst werden, dass in ihrer Herleitung eine versteckte Annahme steckt, die aber die Wirklichkeit in bester Annäherung wiedergibt.

Mittlerweile weiß man, dass die Näherungsannahme in der Form des Stoßterms (collision-term) (9.45) steckt. Es wird angenommen, dass die stoßenden Teilchen vor und nach dem Stoß derselben Verteilungsfunktion $f(\boldsymbol{x}, \boldsymbol{v}, t)$ gehorchen. Deshalb kommen im Stoßterm die Produkte der Verteilungsfunktion vor. Das bedeutet aber, dass weder vor noch nach dem Stoß Korrelationen zwischen den Koordinaten der Stoßparameter bestehen können. Sie bleiben also statistisch unabhängig, da sie derselben Verteilungsfunktion $f(\boldsymbol{x}, \boldsymbol{v}, t)$ angehören. Das ist zwar eine ausgezeichnete Näherung, aber streng genommen nicht der Fall. Genau diese Annahme führt aber dazu, dass die Boltzmann-Gleichung einen irreversiblen Prozess beschreibt.

9.4.5 Der intuitive Zugang zur Irreversibilität der Zeit

Die bisherigen Überlegungen zeigten einen formal recht anspruchsvollen Zugang zur Irreversibilität realer Prozesse. Es gibt aber auch einen Weg, der der Intuition mehr entgegenkommt.

Man betrachtet das Ausbreitungsverhalten inkompressibler Tropfen im Γ-Raum. Der Teilbereich $\Gamma(\mathrm{NGL}) \subset \Gamma$ von Zuständen $z \in \Gamma(\mathrm{NGL})$, die zu makroskopischen Nichtgleichgewichtszuständen gehören, ist geradezu winzig gegenüber dem Teilbereich $\Gamma(\mathrm{GL}) \subset \Gamma$ von Zuständen $z \in \Gamma(\mathrm{GL})$, die zum makroskopischen Gleichgewicht gehören.

Für die entsprechenden Volumina in Γ gilt andererseits:

$$\phi(\Gamma(\mathrm{NGL}) <<< \phi(\Gamma(\mathrm{GL}) \tag{9.60}$$

Wenn nun ein Tropfen $g(0)$, der zur Zeit $t = 0$ aus Zuständen $z \in \Gamma(\mathrm{NGL})$ eines Nichtgleichgewichtsbereichs besteht, sich nach Hamilton weiterentwickelt und dabei nach Liouville sein Volumen beibehält, also $\phi(g(t)) = \phi(g(0))$, wird er früher oder später wegen (9.60) in die Gleichgewichtszelle $\phi(\Gamma(\mathrm{GL}))$ hinein wandern. Da die Gleichgewichtszelle sehr groß ist, wird er darin für sehr lange Zeit ($\Delta t(\mathrm{GL})$) verbleiben. Erst nach einer Poincaréschen Wiederkehrzeit t_P, die viel größer als die bisherige Dauer des Universums ist, kann es vorkommen, dass $g(t_P)$ für eine kurze Verweildauer

($\Delta t(P)$) in das alte Nichtgleichgewichtsgebiet zurückwandert. Es ist also:

$$\Delta t(P) <<< \Delta t(\text{GL}) \quad \text{und} \quad g(t_P) \subset \Gamma(\text{NGL}) \tag{9.61}$$

Alle Bereiche von $\Gamma(\text{GL})$, die $g(t)$ durchwandert, unterscheiden sich makroskopisch nicht. Damit verharren alle Zustände $z \in g(t)$ (gesehen mit unserem groben Makroblick) für sehr sehr lange Zeit im makroskopischen Gleichgewicht.

Dies führt zurück zu dem genialen Gedanken Boltzmanns. Die wichtigste Größe der Thermodynamik ist neben der Temperatur T und der Inneren Energie U die Entropie S. Ihr gab er ihre mikrophysikalische Deutung

$$S = k_B \ln \Omega \tag{9.62}$$

Dabei ist

- k_B die Boltzmann-Konstante.
- Ω die Anzahl der Mikrozustände (Komplexionenzahl), die ein Teilbereich $\Gamma(\text{NGL})$ bzw. $\Gamma(\text{GL})$ umfasst, der zu den makroskopischen Nichtgleichgewichts- $\Gamma(\text{NGL})$ bzw. Gleichgewichtszuständen $\Gamma(\text{GL})$ gehört.

Diese Anzahl ist proportional zu dem Volumen $\phi(\Gamma(\text{NGL})$ bzw. $\phi(\Gamma(\text{GL})$. Es gilt also

$$\Omega = h^{-3N}\phi \tag{9.63}$$

wobei der Faktor h^{-3N} dafür sorgt, dass Ω dimensionslos wird. Da die Koordinaten im Phasenraum die Ortskoordinaten x und Impulskoordinaten p sind, muss für die Dimension von h gelten: $[h] = [px]$.

Es wurde zumindest intuitiv begründet, dass der Zustand $z \in g(t)$ aus Nichtgleichgewichtsbereichen $\Gamma(\text{NGL})$ schließlich in den Gleichgewichtsbereich $\Gamma(\text{GL})$ wandert, in dem er praktisch unendlich lange bleibt. Da dabei das Volumen der durchwanderten Bereiche monoton anwächst, gilt dies auch für $S(t)$:

Boltzmann bewies, dass $S(t)$ monoton anwächst und dass $S(\infty) = k_B \ln \Omega(\infty) = k_B \ln \Omega(\text{GL})$ sein Maximum annimmt und darin verbleibt.

9.5 Eine vorläufige Bilanz

Bevor wir weiter in die Mikrowelt eindringen, stellen wir fest:

- Die Statistische Mechanik führte in der Form der kinetischen Gastheorie schon zu ersten Erfolgen. Bisher traten noch keine Probleme hinsichtlich der Tragweite der klassischen Anschauungen und Begriffe auf. Sie waren einstweilen ausreichend.
- Eine wichtige Größe, die Avogadro-Konstante N_A (Anzahl der Moleküle in einem Mol) konnte experimentell bestimmt werden. Man kann also jetzt aus der Molmasse und der Avogadro-Konstante N_A die Masse von Atomen und Molekülen bestimmen, obwohl es keine klassische Waage gibt, mit der man deren Masse messen könnte.

- Boltzmann leitete aus den Gesetzen der klassischen Mechanik die Boltzmann-Gleichung ab. Hieraus ergab sich eine Geschwindigkeitsverteilung der Mikroteilchen im Temperaturgleichgewicht. Die mittlere Energie der Teilchen hängt von der Temperatur ab. Bei gegebener Masse und Temperatur kennt man die mittlere Geschwindigkeit der Teilchen.
- Es stellte sich ein Grundlagenproblem ein:
  Die Boltzmann-Gleichung beschreibt eine irreversible Entwicklung ins thermische Gleichgewicht. Diese Irreversibilität steht im Gegensatz zur Zeitumkehrinvarianz der physikalischen Grundgleichungen. Dieses Problem konnte geklärt werden: Die Boltzmann-Gleichung vernachlässigt gewisse Mikrokorrelationen. Das führt zur beobachteten Irreversibilität. Vernachlässigt man sie nicht, dann kann es nach unglaublich langen Zeiträumen zur Wiederkehr eines Anfangszustands des Systems kommen.
- Am Ende des 19-ten Jahrhunderts kam es zu einer heftigen naturphilosophischen Kontroverse zwischen den philosophischen Gegnern Ernst Mach (1838–1916) und Ludwig Boltzmann. Etwas zugespitzt ging es um Folgendes:
  - Mach war ein Positivist, der alles auf unmittelbar zugängliche Protokollsätze experimenteller Ergebnisse zurückführen wollte. Er hielt daher Modelle über zunächst unzugängliche Wirklichkeitsbereiche für naiv und primitiv. Modelle hatten für ihn nur die Bedeutung „als ob" die Wirklichkeit so wäre, nichts weiter. Sie hatten für ihn allenfalls denk-ökonomischen Wert als im Wesentlichen willkürliche oder höchstens nützliche Ordnungsprinzipien der Gedanken. In diesem Sinne hatten sie keinen echten Erkenntnischarakter über die Wirklichkeit. Im Gegenteil: Ihr Erkenntniswert wurde bagatellisiert, da ja alles auf empirische Protokollsätze hinauslaufen sollte. Zu bemerken ist, dass dieser philosophische Grundansatz selbst nicht auf Protokollsätze zurückführbar ist, sich also selbst widerspricht.
  - Boltzmann betrachtete dagegen seine Modelle als weiterzuentwickelnde Hypothese über echte Strukturen der objektiven Wirklichkeit. Ihre innere Kohärenz und logische Folgerichtigkeit sollte zeigen, dass sie nicht nur eine naive oder sogar willkürliche Annahme darstellen, sondern bei zunehmender Konkretisierung eine approximative Wahrheit über die Mikrowirklichkeit beinhalten und insofern einen Weg zu echter Erkenntnis darstellen.

Mit Anfang des 20-ten Jahrhunderts wurden immer mehr Einzelheiten über die Struktur bekannt. Damit neigte sich die Kontroverse (trotz des tragischen Selbstmords von Ludwig Boltzmann, der sein Lebenswerk philosophisch diskreditiert sah) zunehmend zugunsten der Auffassung von Boltzmann. Obwohl auch heute noch von manchen Naturphilosophen die Meinung vertreten wird, die Physik erfinde nur reine Modelle ohne wirklichen Erkenntnischarakter, erweist sich diese Meinung heute als ebenso absurd wie etwa der Standpunkt, die moderne Kenntnis über das Planetensystem sei genauso „nichts als ein Modell" wie das System des Ptolemäus.

9.6 Das elektromagnetische Feld als Sonde beim Eindringen in die Mikrowelt

Um Aussagen über die Mikrowelt machen zu können, erweist sich das elektromagnetische Feld (siehe Kapitel 5) bei elektrisch geladenen Teilchen als besonders geeignet. Auf ungeladene Teilchen wirkt es nicht und man sieht keine oder nur eine indirekte Wechselwirkung.

Im Folgenden wird eine Auswahl grundlegender Experimente vorgestellt, die Kenntnis über den Aufbau der Materie gebracht haben.

9.6.1 Millikan Versuch (Nachweis der Elementarladung)

Robert Andrews Millikan (1868–1953) gelang es 1910 zum ersten Mal, die Elementarladung direkt zu bestimmen. Hierzu brachte er fein zerstäubte elektrisch geladene Öltröpfchen zwischen die Platten eines Kondensators. Liegt kein elektrisches Feld an, so sinken die Tröpfchen unter Berücksichtigung der Schwerkraft und des Reibungswiderstandes mit konstanter Geschwindigkeit (Stokessches Gesetz). Legt man ein elektrisches Feld so an, dass die elektrische Kraft der Schwerkraft entgegenwirkt, so sinken die Tröpfchen langsamer oder bei entsprechend starkem Feld, fangen sie an zu steigen.

Stationäres Sinken des Tropfens

Zunächst wird das stationäre Sinken des Tropfens ohne angelegtes elektrisches Feld betrachtet.

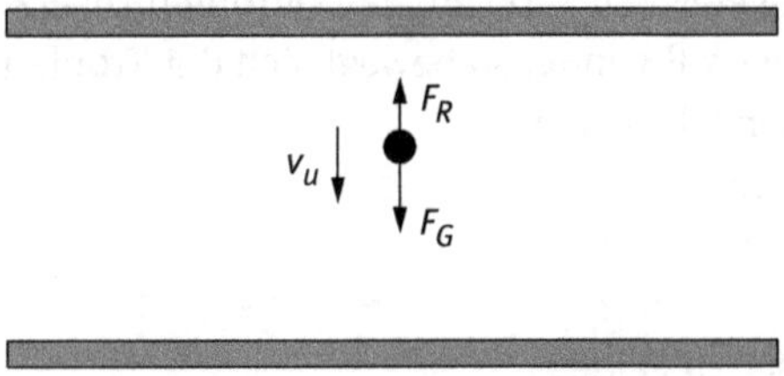

Öltropfen
Masse: m
Massendichte: ρ
Radius: r
Volumen: $V = \frac{4\pi}{3} r^3$

Abb. 9.6. Illustration zur Messung der Elementarladung nach Millikan.

Auf den Tropfen wirken
- die Gewichtskraft

$$F_G = -mg = -\frac{4\pi}{3} r^3 \rho g \tag{9.64}$$

und

– die Reibungskraft

$$F_R = 6\pi\eta r v_u \tag{9.65}$$

Die Reibungskraft wird nach dem Stokesschen Gesetz berechnet. Sie ist proportional zur Geschwindigkeit und wirkt der nach unten gerichteten Geschwindigkeit v_u entgegen. Ihre Richtung zeigt also nach oben. η ist der für das betrachtete Gas bekannte Reibungskoeffizient.

Sobald die Gewichtskraft und die Reibungskraft betragsmäßig gleich sind, wirkt auf den Tropfen keine resultierende Kraft mehr und der Tropfen sinkt mit konstanter Geschwindigkeit. In diesem Fall ist

$$F_G = F_R \quad \text{oder} \quad \frac{4\pi}{3} r^3 \rho\, g = 6\pi\, \eta\, r\, v_u$$

Hieraus berechnet sich der Radius des Tropfens

$$r = 3\sqrt{\frac{\eta\, v_u}{2 g\, \rho}} \tag{9.66}$$

Steigen des Tropfens

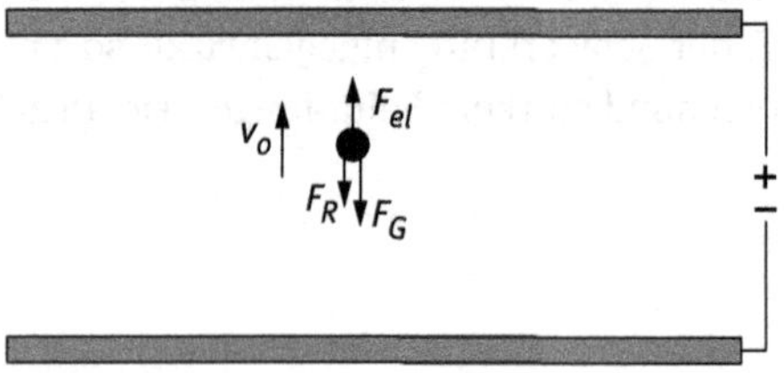

Abb. 9.7. Steigen und Fallen des Öltropfens beim Millikan-Versuch.

Wird an den Kondensator eine Spannung angelegt, so wirkt auf den Öltropfen zusätzlich eine elektrische Kraft nach oben. Ist sie groß genug, so bewegt sich der Tropfen nach oben. Insgesamt wirken auf den Tropfen wie bisher

– die Gewichtskraft $F_G = -mg = -\frac{4\pi}{3} r^3 \rho\, g$ und
– die Reibungskraft $F_R = -6\pi\eta r v_o$

Hinzu kommt die Coulombkraft des elektrischen Feldes

$$F_{\text{el}} = qE \tag{9.67}$$

Sobald der Tropfen mit konstanter Geschwindigkeit steigt, müssen sich alle drei Kräfte das Gleichgewicht halten. In diesem Fall ist

$$qE = \frac{4\pi}{3} r^3 \rho\, g + 6\pi\eta r v_o \tag{9.68}$$

Daraus folgt

$$q = \frac{1}{E}\left(\frac{4\pi}{3} r^3 \rho\, g + 6\pi\, \eta\, r\, v_o\right) \tag{9.69}$$

Stellt man die Spannung so ein, dass der Tropfen schwebt, so ist seine Geschwindigkeit 0. In diesem Fall wird die Ladung

$$q = \frac{1}{E}\frac{4\pi}{3}r^3\rho g \tag{9.70}$$

Verwendet man r aus (9.66), so ergibt sich

$$q = \frac{9\pi}{E}\sqrt{\frac{2\eta^3 v_u^3}{\rho g}} \tag{9.71}$$

Diese vielfach wiederholten Experimente zeigen, dass die gemessenen Ladungen in einem ganzzahligen Verhältnis zueinander stehen. Es ist also

$$q = ze, z = 1, 2, 3, \ldots \tag{9.72}$$

wobei e die kleinste jemals gemessene Ladung, die Elementarladung ist, mit dem Wert

$$e = 1{,}602 \cdot 10^{-19}\,\mathrm{C} \tag{9.73}$$

9.6.2 Bestimmung der Elementarladung durch Elektrolyse

Die ersten Versuche zur Elektrolyse (ca. 1834) gehen auf Michael Faraday (1791–1867) zurück. Eine Flüssigkeit oder Lösung mit elektrischer Leitfähigkeit bezeichnete er als Elektrolyt. In Elektrolyten befinden sich Ionen (positive oder negative Ladungsträger), die sobald eine Spannung anliegt zur Kathode (negative Elektrode) bzw. Anode (positive Elektrode) wandern.

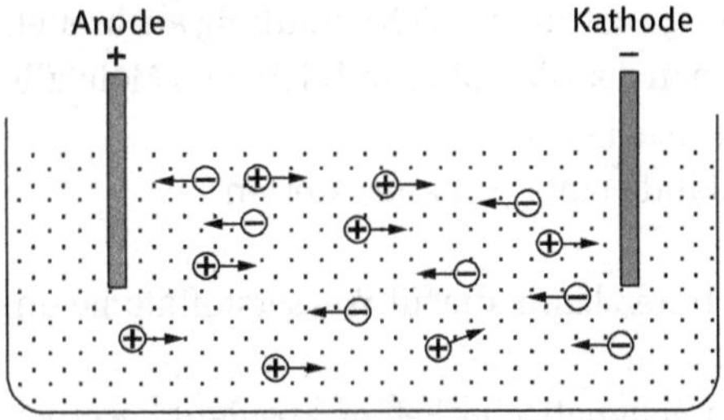

Abb. 9.8. Prinzipbild zur Bestimmung der Elementarladung durch Elektrolyse.

Metallionen (z. B. Silber) haben eine positive Ladung, wandern bei der Elektrolyse zur Kathode und werden dort neutralisiert.

Ein einwertiges Ion trägt die Elementarladung 1e. Um ein Mol eines einwertigen Ions, also N_A Ionen, an der Kathode abzuscheiden, benötigt man die Ladungsmenge von

$$Q = N_A e = F \tag{9.74}$$

Hierbei ist N_A die bekannte Avogadro-Konstante, aus der sich zusammen mit der Elementarladung die Faraday-Konstante F ergibt

$$F = 96\,485{,}33\,\mathrm{C}\cdot\mathrm{mol}^{-1} \tag{9.75}$$

Da die Molmasse des verwendeten Ions bekannt ist, führt man die Elektrolyse solange durch, bis sich die Kathodenmasse um die Molmasse geändert hat. Die Ladungsmenge, die bis zu diesem Zeitpunkt notwendig war, ist dann die Faradaykonstante. Aus ihr und der Avogadro-Konstanten ergibt sich die Elementarladung wiederum zu $e = 1{,}602 \cdot 10^{-19}\,\mathrm{C}$.

9.6.3 Die Entdeckung des Elektrons

In den Faradayschen Experimenten zur Elektrolyse zeigte es sich, dass es eine kleinste elektrische Ladung gibt. Damit setzte nun die Suche nach dem kleinsten Teilchen der Elektrizität ein.

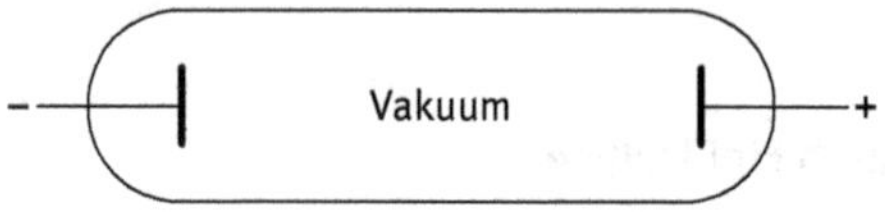

Abb. 9.9. Vakuumröhre zur Untersuchung von Kathodenstrahlen.

1859 wurden die Kathodenstrahlen durch Julius Plücker (1801–1868) entdeckt. Er legte eine Hochspannung an zwei Elektroden an, die sich in einer evakuierten Glasröhre befanden und versuchte so, Strom durch das Vakuum zu leiten. Bei diesen Versuchen und deren Verbesserung in den folgenden Jahren zeigte sich, dass

- von der Kathode eine elektrische Strahlung austritt, die sich geradlinig ausbreitet.
- diese Strahlung beim Auftreffen auf noch in der Glasröhre verbliebenen Moleküle oder auf die Glaswand ein Leuchten verursachen kann.
- in den Kathodenstrahl gestellte Gegenstände einen Schatten werfen.
- fotografische Platten belichtet werden
- diese Strahlung durch eine dünne Folie treten kann, die für Wasserstoffatome undurchdringlich ist.
- diese Strahlung durch elektrische oder magnetische Felder abgelenkt werden kann

Die bei diesen Versuchen auftretende Strahlung deutete man als schnell bewegte negative Teilchen. Diesen Teilchen wurde der Name Elektron gegeben.

Joseph John Thomson (1856–1940) gelang im Jahr 1897 der experimentelle Nachweis des Elektrons. Mit stetig verbesserter Experimentiertechnik war es Thomson möglich, sich dem subatomaren Bereich in Gestalt des Elektrons (Was die Welt im Innersten zusammenhält) zu nähern.

In den ersten Experimenten konnte Thomson zeigen, dass sich Elektronen durch ein Magnetfeld ablenken ließen.

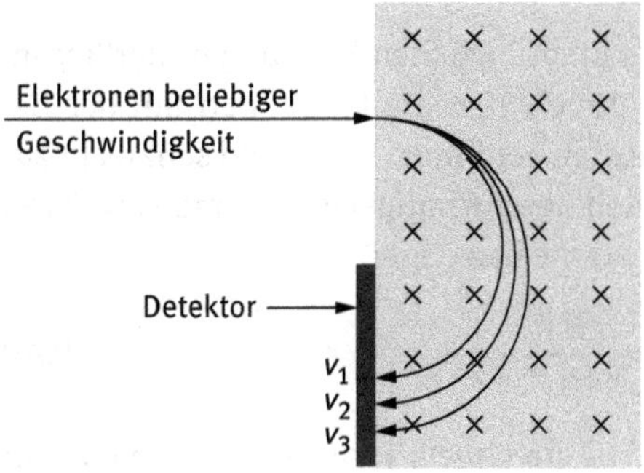

Tritt ein Kathodenstrahl (Elektronen) senkrecht in ein Magnetfeld ein, so werden die Elektronen abgelenkt.
Die Magnetfeldlinien verlaufen senkrecht zur Zeichenebene.

Abb. 9.10. Ablenkung von Elektronenstrahlen durch ein Magnetfeld.

Die Ablenkung durch das Magnetfeld ist durch die Lorentzkraft evB gegeben. Sie zwingt die Elektronen auf eine Kreisbahn und ist damit der Zentripetalkraft $\frac{m_{el}v^2}{r}$ gleich zu setzen.

$$\frac{m_{\mathrm{el}}v^2}{r} = evB \quad \text{oder} \quad \frac{m_{\mathrm{el}}}{e} = \frac{rB}{v} \tag{9.76}$$

Die Stärke des Magnetfeldes ist bekannt, den Radius der Kreisbahn kann man messen. Wenn man auch die Geschwindigkeit der Elektronen kennen würde, könnte man das Verhältnis von Masse zu Ladung des Elektrons berechnen.

Deshalb musste Thomson, bevor das eigentliche Ablenkexperiment startete, zunächst Elektronen einer bestimmten Geschwindigkeit v_0 aus dem Kathodenstrahl aussondern.

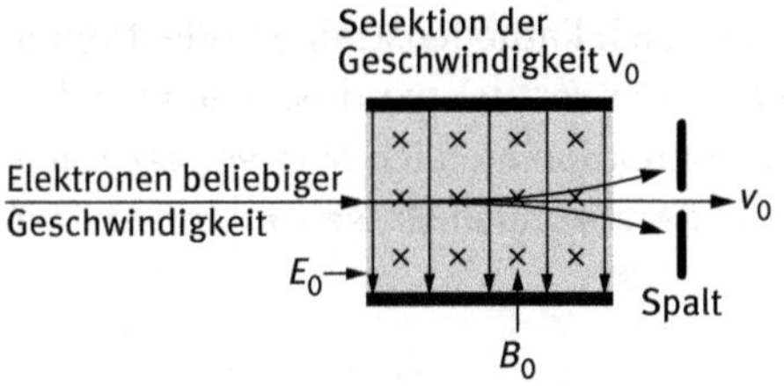

Abb. 9.11. Selektion der Geschwindigkeit von Elektronen.

Hierzu nutzte er ein elektrisches Feld E_0, das senkrecht zu dem Magnetfeld B_0 und dem Kathodenstrahl verläuft. Es hat die Aufgabe, die Wirkung des Magnetfeldes zu kompensieren, sodass die Elektronen durch die Summe beider Felder nicht abgelenkt werden. Die Kraft durch das elektrische Feld ist eE_0. Damit muss für die Geschwindigkeit v_0 der Elektronen, die beide Felder ohne Richtungsänderung durchlaufen, gelten

$$eE_0 = ev_0B_0 \quad \text{oder} \quad v_0 = E_0/B_0 \tag{9.77}$$

Alle anderen Elektronen, die nicht in der ursprünglichen Richtung weiterfliegen, haben eine andere Geschwindigkeit. Nun durchlaufen die Elektronen mit der Geschwindigkeit v_0 das zweite Magnetfeld B, dessen Feldlinien wiederum senkrecht zur Flugrichtung verlaufen. Mit der nun bekannten Geschwindigkeit kann man aus (9.76) das Verhältnis von Masse zu Ladung des Elektrons berechnen

$$\frac{m_{\text{el}}}{e} = \frac{rB}{v_0} = \frac{r\,B\,B_0}{E_0} \tag{9.78}$$

Mit den gemessenen Werten r, B, B_0 und E_0 errechnete Thomson 1897 einen Wert von

$$\frac{m_{\text{el}}}{e} = 5{,}686 \cdot 10^{-12}\,\text{kg}\,\text{C}^{-1} \tag{9.79}$$

Mit dem Wert für die Elementarladung $e = 1{,}602 \cdot 10^{-19}$ C ergibt sich die Masse des Elektrons zu

$$m_{\text{el}} = 9{,}109 \cdot 10^{-31}\,\text{kg} \tag{9.80}$$

Dieses Ergebnis rief kräftiges Erstaunen hervor. Die Masse des einzelnen Wasserstoffatoms war bekannt: $m_{\text{H}} = 1\,\text{g}/N_{\text{A}} = 1{,}672 \cdot 10^{-27}$ kg. Damit ist die Masse des Elektrons um fast den Faktor 2000 kleiner als die des Protons (Wasserstoffion).

9.6.4 Massenspektrometer

Bei seinem klassischen Versuch zur Bestimmung des Verhältnisses von Masse zu Ladung des Elektrons hatte Thomson gezeigt, dass sich Kathodenstrahlen (Elektronen) im elektromagnetischen Feld ablenken lassen. Dieser Versuch wurde weiterentwickelt und führte nach mehr als 20 Jahren zum ersten funktionierenden Massenspektrometer. Ein Massenspektrometer dient zur Messung der absoluten Massen m_{A} von Atomen oder Molekülen. Es besteht aus

- einer Ionenquelle
- einem Magneten und
- einem Detektorsystem

Für jedes dieser Bauteile gibt es unterschiedliche Funktionsweisen, sodass die folgende Beschreibung (Massenspektrometer nach Bainbridge) nur als ein Beispiel anzusehen ist.

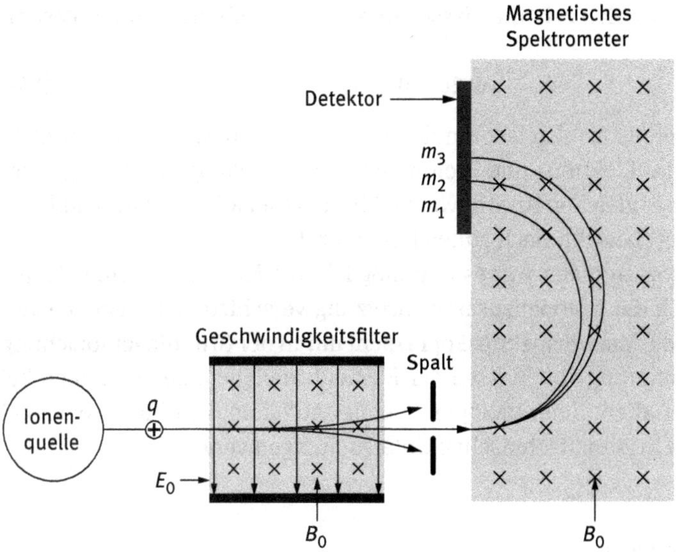

Abb. 9.12. Prinzipbild eines Massenspektrometers.

- Ionenquelle
  Die zu untersuchende Substanz wird verdampft. Durch Beschuss mit Elektronen wird aus den Molekülen ein Elektron heraus geschlagen, sodass ein positives Ion entsteht. Danach werden die Ionen beschleunigt.
- Anschließend passieren die Ionen ein Geschwindigkeitsfilter. Dieser besteht wie bei dem Thomson Versuch aus einem elektrischen (E_0) und einem magnetischen (B_0) Feld, die senkrecht aufeinander und senkrecht zur Flugrichtung der Ionen stehen. Die Geschwindigkeit der Ionen, die in ihrer Flugrichtung nicht abgelenkt werden, ist entsprechend (9.77) $v_0 = E_0/B_0$. Durch einen Spalt werden diese Ionen selektiert.
- In dem anschließenden magnetischen Spektrometer werden die Ionen auf eine Kreisbahn gezwungen, für die nach (9.76) und (9.78) gilt $\frac{mv^2}{r} = qvB$ oder $\frac{m}{q} = \frac{rB}{v_0} = \frac{r\,B\,B_0}{E_0}$.

$$m = \frac{q\,B\,B_0}{E_0} r \tag{9.81}$$

Da der Bahnradius proportional zur Masse des Ions ist, treffen Ionen unterschiedlicher Masse an verschiedenen Stellen des Detektors auf. Bei der Auswertung ist zu beachten, dass stets nur das Verhältnis m/q gemessen werden kann. Die Ladung ist jedoch stets ein ganzzahliges Vielfaches der Elementarladung ($q = ze$) und meistens ist das Ion einfach positiv ($z = +1$) geladen. Zur Registrierung der Ionen wurden in den Anfangszeiten Fotoplatten verwendet, heute kommen empfindlichere Teilchendetektoren zum Einsatz.

Auf diese Weise lässt sich z. B. die Masse eines Wasserstoffions (Proton) bestimmen. Man erhält

$$m_P = 1{,}6726 \cdot 10^{-27}\ \mathrm{kg} \tag{9.82}$$

Die Masse des Protons ist also fast um den Faktor 2000 größer als die des Elektrons. Die Ladungen des Elektrons und Protons sind betragsmäßig gleich. Insgesamt ist ein Atom, das aus der gleichen Anzahl von Elektronen (negative Ladung) und Protonen (positive Ladung) besteht, nach außen hin neutral.

Mit dem Massenspektrometer war es nun möglich, die Massen einzelner Atome zu messen so wie auch die Isotopenzusammensetzung verschiedener Elemente aufzuzeigen. Heute wird die Massenspektroskopie nicht nur in der Grundlagenforschung wie z. B. bei der Bestimmung von Massen der Elementarteilchen, sondern auch bei der Analyse von Materialien in der Biologie, Chemie, Archäologie, Klimatologie, bei Dopingkontrollen und kriminaltechnischen Untersuchungen verwendet.

9.6.5 Franck-Hertz-Versuch

Die vorangegangenen Versuche haben gezeigt, dass es Elementarladungen gibt, die Elektronen sind negativ ($-e$) geladen, die Protonen positiv ($+e$). Atome sind aus der gleichen Anzahl von Protonen und Elektronen aufgebaut, sodass ein Atom nach außen hin neutral ist. Die Masse eines Protons ist fast um den Faktor 2000 größer als die des Elektrons. Um Aussagen über die Bindung der Elektronen in den Atomen zu erhalten, ließen James Franck (1882–1964) und Gustav Ludwig Hertz (1887–1975) beschleunigte Elektronen mit Atomen zusammenstoßen.

In einem gut evakuierten Glaskolben befindet sich unter niedrigem Druck eine Substanz (z. B. Quecksilberdampf Hg). Aus einer Glühkathode treten Elektronen aus, die durch eine regelbare elektrische Spannung zwischen Kathode und Gitter beschleunigt werden. Die Elektronen können mit den Quecksilberatomen zusammenstoßen. Bei einem elastischen Stoß ändern sie nur ihre Richtung, bei einem inelastischen Stoß geben sie Energie an das Atom ab. Die Auffanganode hat ein leicht negatives Potential gegenüber dem Gitter. Damit können nur die energiereichen Elektronen die Anode erreichen. Elektronen, die durch einen inelastischen Stoß Energie an ein Atom abgegeben haben, können die Gegenspannung zur Anode nicht überwinden und kehren zum Gitter zurück.

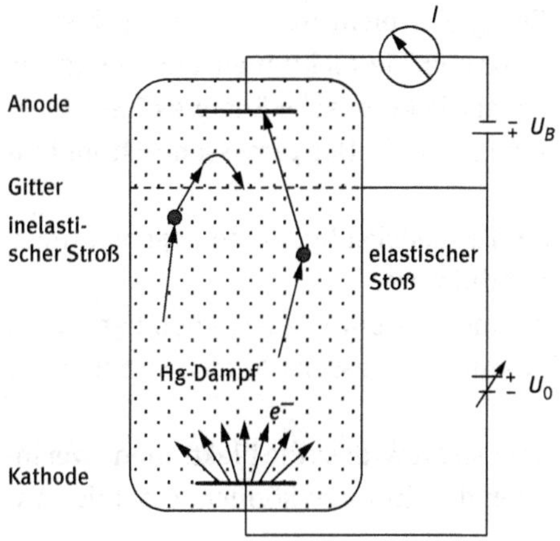

Abb. 9.13. Prinzipbild des Franck-Hertz-Versuchs zur Messung diskreter atomarer Energiezustände.

Der an der Anode ankommende Strom wird mithilfe eines Ampèremeters gemessen. Er ist als Funktion der Spannung zwischen Kathode und Gitter in der folgenden Abbildung aufgetragen:

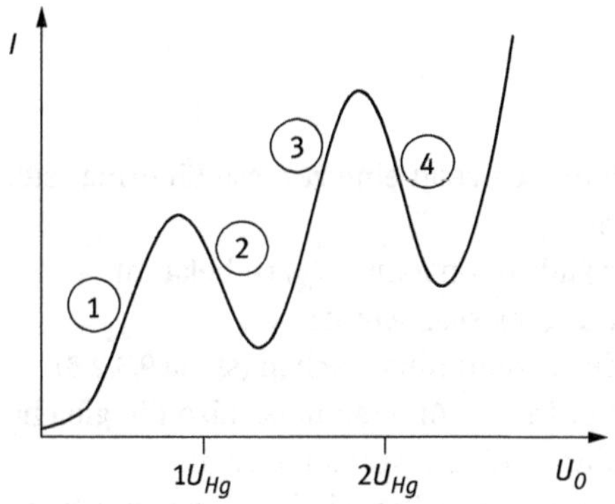

Abb. 9.14. Anodenstrom als Funktion der Beschleunigungsspannung der Elektronen.

Mit wachsender Beschleunigungsspannung steigt der gemessene Strom an (Bereich 1). Der Strom erreicht ein Maximum, fällt wieder ab (Bereich 2) bis zu einem Minimum und steigt wieder an (Bereich 3). Dieser Vorgang wiederholt sich periodisch. Die Stromstärke steigt jedes Mal auf einen höheren Wert. Die Abstände zwischen den Maxima sind annähernd konstant. Hieraus kann man sehen, dass die Elektronen nicht eine beliebige Energie an die Quecksilberatome abgeben können, sondern die Quecksilberatome bei einem inelastischen Stoß nur ganz bestimmte Energieportionen (Quanten) aufnehmen können.

– Im Bereich 1 finden nur elastische Stöße statt, die Elektronen können keine Energie an die Quecksilberatome abgeben.

- Sobald die Elektronen eine bestimmte Energie erreicht haben (die Beschleunigungsspannung entspricht dann $1\,U_{Hg}$), können die Elektronen Energie an die Quecksilberatome abgeben. Anschließend ist die kinetische Energie dieser Elektronen zu klein, um die Anode erreichen zu können. Der gemessene Strom fällt ab.
- Bereich 2: Je mehr Elektronen Energie an die Quecksilberatome abgeben umso stärker fällt der Strom ab bis hin zu einem Minimum.
- Nach diesem Minimum ist die Beschleunigungsspannung ausreichend groß, um wieder mehr Elektronen zur Anode durchkommen zu lassen (Bereich 3), der Strom steigt wieder an.
- Ist die Beschleunigungsspannung dann aber so groß, dass die Elektronen zwei inelastische Stöße mit den Quecksilberatomen durchführen können, sinkt der Anodenstrom wieder ab (Bereich 4).

Nach der klassischen Mechanik würde man erwarten, dass die Quecksilberatome beim inelastischen Stoß beliebige Energien aufnehmen können. Die Aufnahme ganz bestimmter Energieportionen ist nach der klassischen Mechanik unverständlich. Es deutet sich also eine Diskrepanz zu den klassischen Vorstellungen an.

9.7 Atommodelle

Die bisher gewonnene Kenntnis über die Mikrowelt zeigt eine gewisse Eindringtiefe, die wie folgt zusammengefasst werden kann:
- Die Anzahl der Atome in einem Mol (Avogadro-Konstante N_A) ist bekannt
- Die Masse eines Atoms oder Molekül kann gemessen werden.
- Man kann eine obere Abschätzung für den Atomradius machen (siehe 9.3.2.3)
- Ein einzelnes Atom ist elektrisch neutral. In den Atomen muss also die gleiche Anzahl von positiven und negativen Ladungsträgern vorhanden sein.
- In wässriger Lösung kommen sowohl negativ wie positiv geladene Ionen vor. Beim Anlegen einer Spannung wandern sie zur Anode bzw. Kathode und werden dort neutralisiert.
- Im Millikan Versuch wurde die kleinste elektrische Ladung (Elementarladung) gemessen
- Thomson hatte die Masse der Träger der negativen Elementarladung (Elektronen) festgestellt.
- Die Träger der entsprechenden positiven Elementarladung sind die Protonen, deren Masse um fast den Faktor 2000 größer ist als die der Elektronen.

Am Ende des 19-ten Jahrhunderts untersuchte das Ehepaar Curie (Pierre Curie 1859–1906, Marie Curie 1867–1934) die Strahlung, die von instabilen (radioaktiven) Atomen ausging. Zu dieser Zeit entdeckte Ernest Rutherford (1871–1937), dass die ionisierende Strahlung des Urans aus mehreren Teilchenarten bestand, die er α-, β- und γ-Strahlung nannte.

- γ-Strahlen wurden im Magnetfeld nicht abgelenkt
- α-Strahlen sind schwerere Teilchen mit etwa der vierfachen Masse des Wasserstoffatoms und der Ladung $+2e$
- β-Strahlung stellte sich als Elektronen heraus mit der Elementarladung $-e$

Der Zerfall instabiler Atome bestärkte die Vermutung, dass Atome aus positiven und negativen massetragenden Elementarladungen zusammengesetzt sind.

Immer dringender wurde damit die Frage nach der inneren Struktur der Materie.

9.7.1 Das Atommodell von J. J. Thomson

Im Jahr 1903 schlug Joseph John Thomson (1856–1940) als erster ein Atommodell vor. Danach besteht das Atom aus gleichmäßig verteilter positiver Masse, in der die Elektronen angeordnet sind. Die Anordnung der Elektronen führte dazu, dass man es – nicht ohne zu schmunzeln – als Plumpudding oder Rosinenkuchenmodell bezeichnet.

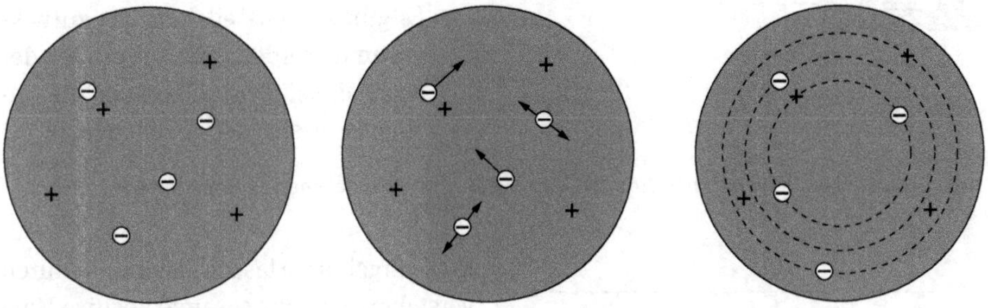

Abb. 9.15. Das „Rosinenkuchen"-Atommodell von J. J. Thomson.

Die Elektronen konnten dabei ruhen, sich bewegen und in Schalen angeordnet sein. Im Grundzustand sind die Elektronen so verteilt, dass die potentielle Energie minimal ist. Wenn sie angeregt werden, fangen sie an zu schwingen.

9.7.2 Rutherfordstreuung und Atommodell

Das Thomsonsche Atommodell war eine erste Vorstellung des Atomaufbaus, das nun durch Experimente verifiziert werden musste. Hierzu führte Ernest Rutherford (1871–1937) in den Jahren 1909 bis 1913 Streuexperimente durch. Die Versuche sollten dazu dienen, die Verteilung der positiven und negativen Massen im Atom zu beantworten. Er nutzte die aus dem radioaktiven Zerfall bekannten α-Teilchen, schoss sie auf eine dünne Goldfolie und beobachtete auf einem Schirm die gestreuten Teilchen.

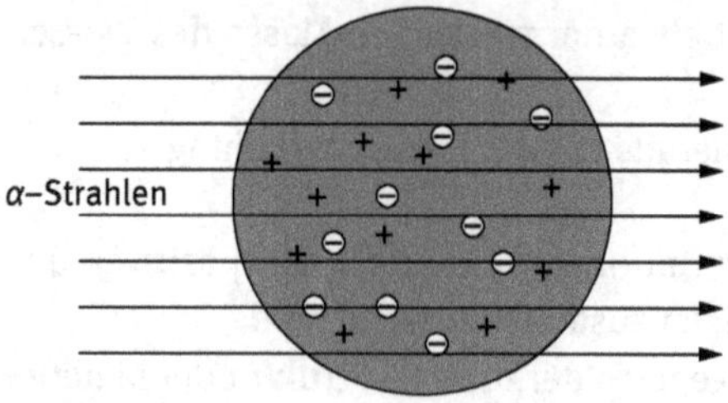

Bei einer homogen verteilten positiven Masse, sollte man erwarten, dass die α-Teilchen nahezu ungehindert die Atome passieren können. Da die Elektronen etwa um den Faktor 8000 leichter sind als die α-Teilchen, stellen sie kein Hindernis dar.

Abb. 9.16. Unabgelenktes Passieren des Atoms durch α-Teilchen gemäß dem Thomsonschen Atommodell.

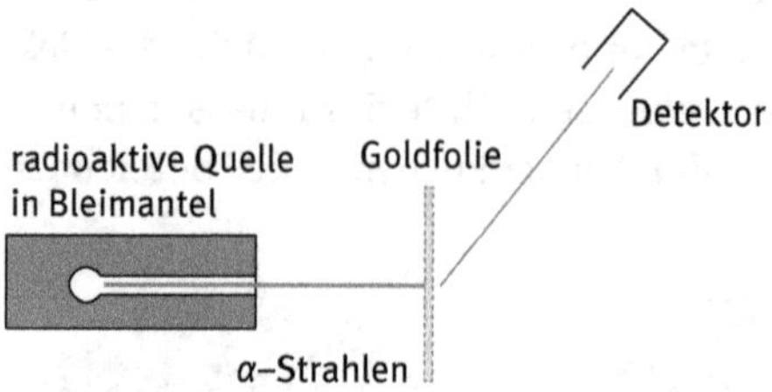

Ergebnis der Rutherfordschen Streuversuche

- Fast alle α-Teilchen passieren die Goldfolie ungehindert
- Bei sehr wenigen α-Teilchen ändert sich die Richtung
- Es gibt auch α-Teilchen, die zurückgestreut werden, aber je größer der Streuwinkel, desto kleiner ist die Anzahl der gestreuten α-Teilchen.

Abb. 9.17. Prinzipbild der Rutherfordschen Streuversuche von α-Teilchen an Goldatomen.

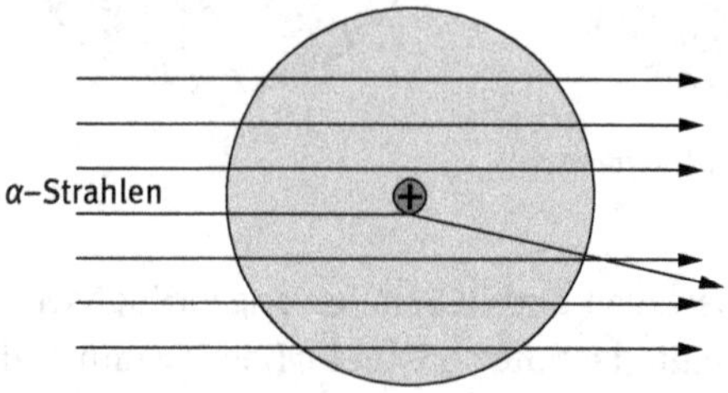

Diese Ergebnisse lassen sich nur dadurch verstehen, dass die gesamte positive Masse in einem sehr kleinen Kern zusammengeballt sein muss. Nur wenn ein α-Teilchen auf diesen Kern trifft oder in seiner Nähe vorbeifliegt, kann es gestreut werden.

Abb. 9.18. Ergebnis der Rutherfordschen Streuversuche: Starke Streuung der α-Teilchen am Atomkern.

Damit ist das Thomsonsche Atommodell mit einer homogen verteilten positiven Masse hinfällig geworden.

Nach den Rutherfordschen Versuchen musste man nun von einem kleinen schweren Kern ausgehen, der fast die gesamte Masse des Atoms trägt. Die Elektronen füllen im Vergleich zum Kern einen riesigen leeren Raum aus und schirmen die positive Kernladung ab, sodass das gesamte Atom nach außen hin neutral erscheint. Diese Aussagen sind die Grundlage für das Rutherfordsche Atommodell und man konnte nun versuchen auf dieser Basis, die Rutherfordschen Streuexperimente mit den bekannten physikalischen Gesetzen zu erklären.

Man geht also von folgenden Aussagen aus

- Das Atom hat einen sehr kleinen Kern, in dem die gesamte Ladung $(+Z_2e)$ und fast die gesamte Masse vereinigt ist
- Zwischen dem α-Teilchen (Ladung $Z_1e = +2e$) und dem Kern wirkt die abstoßende Coulomb Kraft $F_{\mathrm{el}} = \frac{Z_1Z_2e^2}{4\pi\varepsilon_0 r^2}$

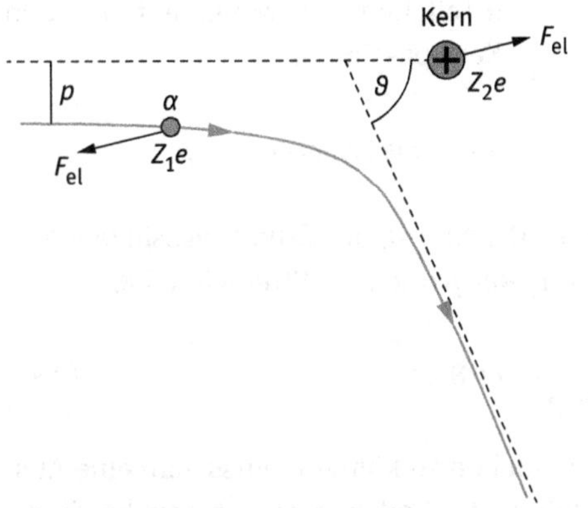

Abb. 9.19. Zur quantitativen Behandlung der Rutherfordstreuung als Ablenkung des α Teilchens durch den positiven Atomkern.

Die Coulomb Kraft hat die gleiche r-Abhängigkeit wie die Gravitationskraft bei der Planetenbewegung. Deshalb ist wie bei der Planetenbewegung die Bahnkurve des α-Teilchens ein Kegelschnitt. Da sich das α-Teilchen und der positiv geladene Kern jedoch abstoßen, erhält man eine Hyperbel (und nicht eine Ellipse), in deren einem Brennpunkt der streuende Kern steht.

Der Abstand, in dem das α-Teilchen an dem Kern vorbeifliegen würde, wenn das elektrische Feld nicht vorhanden wäre, wird Stoßparameter p genannt.

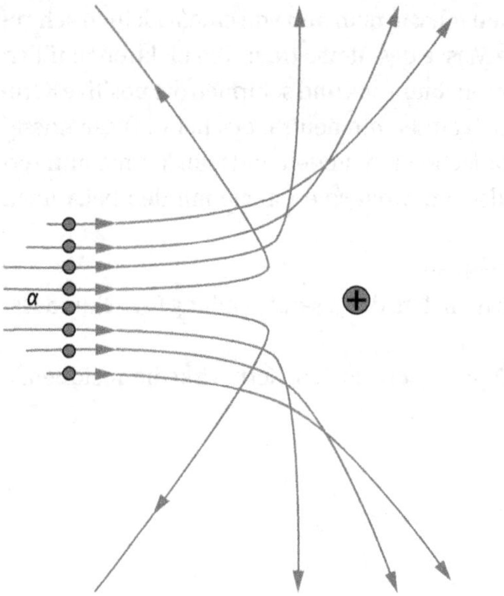

Die nebenstehende Abbildung zeigt den Verlauf der Bahnkurven für verschiedene Stoßparameter p. Die Bahnkurven kann man in den Streuexperimenten allerdings nicht verfolgen, sondern man stellt über die Detektoren nur fest, wie stark die α-Teilchen abgelenkt, d. h. gestreut wurden, nämlich: α-Teilchen, die näher am Kern vorbeifliegen, werden stärker durch das elektrische Feld des Kerns beeinflusst und damit auch stärker abgelenkt als α-Teilchen, die weiter entfernt den Kern passieren.

Abb. 9.20. Verlauf der Bahnkurven des α-Teilchens für verschiedene Stoßparameter p.

Die explizite Berechnung der Streuung unter Beachtung der Erhaltungssätze ergibt den Zusammenhang zwischen dem Stoßparameter p und dem Streuwinkel ϑ.

$$p = \frac{Z_1 Z_2 e^2}{4\pi\varepsilon_0} \frac{1}{m_\alpha v^2} \cot(\vartheta/2) \tag{9.83}$$

Um die Theorie mit dem Experiment vergleichen zu können, muss man eine Aussage über die Wahrscheinlichkeit machen, mit der die Teilchen unter einem bestimmten Winkel im Detektor auftreffen.

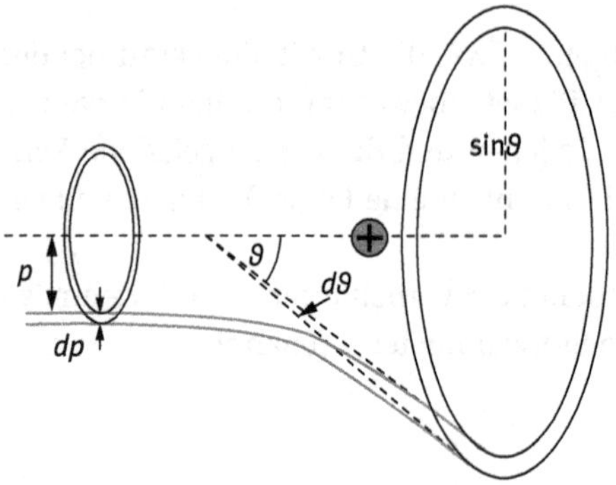

Abb. 9.21. Zusammenhang zwischen Stoßparameter p und Ablenkungswinkel ϑ.

Hierzu betrachtet man die α-Teilchen, die (ohne das elektrische Feld des streuenden Kerns) den Kern im Abstand p und $p + dp$ passieren würden. Sie durchdringen einen Kreisring der Fläche $A_R = 2\pi p dp$. Werden die α-Teilchen auf eine Folie der Fläche A, der Dicke D und der Teilchendichte ρ_N geschossen, so trifft der Teilchenstrahl auf N Atome, an denen er gestreut werden kann, mit $N = \rho_N AD$. Damit wird für die gesamte Folie mit N Atomen die Fläche für die Streuung in den Winkelbereich $(\vartheta, \vartheta + d\vartheta)$: $NA_R = 2\pi p dp N = 2\pi p dp \rho_N AD$.

Das Verhältnis dieser Fläche zur Gesamtfläche der Folie A ist die Wahrscheinlichkeit für die Streuung der α-Teilchen in den Winkelbereich $(\vartheta, \vartheta + d\vartheta)$

$$W(\vartheta) = \frac{N A_R}{A} = 2\pi\, p\, dp \rho_N D \tag{9.84}$$

Die Streuung in den Winkelbereich $(\vartheta, \vartheta + d\vartheta)$ entspricht der Streuung in den Raumwinkelbereich der Größe

$$d\Omega = 2\pi \sin\vartheta d\vartheta = 4\pi \sin(\vartheta/2)\cos(\vartheta/2) d\vartheta \tag{9.85}$$

Durch Ableiten von (9.83) ergibt sich

$$dp = -\frac{Z_1 Z_2 e^2}{4\pi\varepsilon_0} \frac{1}{m_\alpha v^2} \frac{d\vartheta}{2\sin^2(\vartheta/2)} \tag{9.86}$$

Für $d\vartheta$ erhält man aus (9.85)

$$d\vartheta = 4\pi \frac{d\Omega}{\sin(\vartheta/2)\,\cos(\vartheta/2)} \tag{9.87}$$

Setzt man (9.83), (9.86) und (9.87) in (9.84) ein, so erhält man

$$W(\vartheta, \Omega) = 2\pi \left(\frac{Z_1 Z_2 e^2}{4\pi\varepsilon_0}\right)^2 \frac{1}{(m_\alpha v^2)^2} \cdot \frac{\cos(\vartheta/2)}{\sin(\vartheta/2)} \cdot \frac{1}{2\sin^2(\vartheta/2)} \cdot \frac{d\Omega}{4\pi \sin(\vartheta/2)\cos(\vartheta/2)} \cdot \rho_N D$$

$\frac{W(\vartheta,\Omega)}{\rho_N D\, d\Omega}$ wird differentieller Wirkungsquerschnitt $\frac{d\sigma}{d\Omega}$ genannt. Er ist damit:

$$\frac{d\sigma}{d\Omega} = \left(\frac{Z_1 Z_2 e^2}{4\pi\varepsilon_0}\right)^2 \frac{1}{4(m_\alpha v^2)^2} \cdot \frac{1}{\sin^4(\vartheta/2)} \tag{9.88}$$

Das ist die Rutherfordsche Formel für die Streuung. Die folgende Abbildung zeigt den Verlauf des differentiellen Wirkungsquerschnitts nach (9.88) als Funktion des Streuwinkels ϑ. Wie das Experiment zeigt auch die Theorie, dass der allergrößte Teil der α-Teilchen kaum von seiner Flugbahn abweicht und die Wahrscheinlichkeit, abgelenkt zu werden, mit größerem Streuwinkel immer geringer wird.

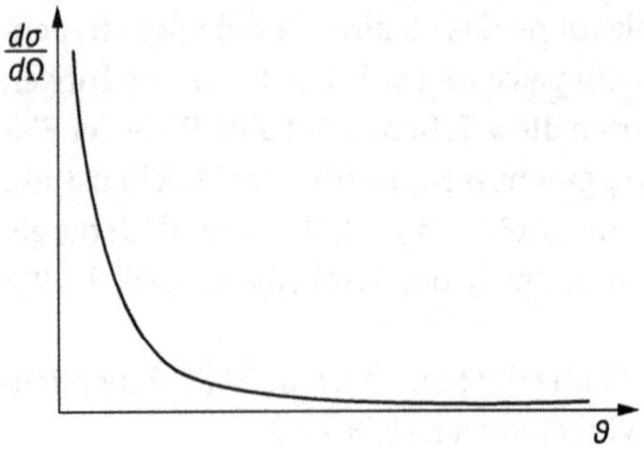

Abb. 9.22. Der Differentielle Wirkungsquerschnitt $\frac{d\sigma}{d\Omega}$ als Funktion des Streuwinkels ϑ.

9.7.3 Das Bohrsche Atommodell

Die Rutherfordschen Streuversuche brachten einen ersten Durchbruch im Verständnis über die Struktur des Atoms. Von Niels Bohr (1885–1962) wurde 1913 ein Atommodell aufgestellt, das einen großen Beitrag zur Weiterentwicklung brachte. Allerdings muss gesagt werden, dass dieses Modell nur einen Zwischenschritt darstellt und eine Art Zwitternatur hat. Es benutzt die klassischen Vorstellungen der Newtonschen Mechanik über Bahnkurven, Impuls, Drehimpuls, Energie usw. und versucht die damals neuen Ergebnisse der experimentellen Atomphysik zu integrieren. Das waren die folgenden, im Rahmen der klassischen Physik völlig unverstandenen und unvertretbaren Ergebnisse:

- Das Licht ist nicht nur eine elektromagnetische Welle (vgl. Kapitel 5), sondern besteht – wie wir vorwegnehmen – andererseits auch aus Lichtquanten der Energie $E = h\nu$ (vgl. Kapitel 10)
- Wird atomarer Wasserstoff angeregt, so würde man nach der klassischen Physik ein Spektrum kontinuierlicher Frequenzen ν erwarten. Man beobachtet jedoch ganz spezifische Spektrallinien (Balmer Serie), für die bestimmte Beziehungen (Rydberg-Formeln) angegeben werden können.
- Nach der klassischen Elektrodynamik erzeugt ein Elektron, das sich auf einer Kreisbahn bewegt, elektromagnetische Wellen, mit denen Energie abgestrahlt wird. Das bedeutet, das Elektron würde kontinuierlich Energie verlieren, sich damit auf einer Spiralbahn bewegen und in den Kern hineinstürzen. Das Atom wäre instabil.
- Wie im Franck-Hertz-Versuch (siehe 9.6.5) gezeigt wurde, nehmen Atome nur diskrete angeregte Energiezustände ein. Dies steht im Gegensatz zur klassischen Physik nach der man kontinuierlich verteilte Anregungszustände erwarten würde.

Bohr betrachtete das Wasserstoffatom analog zu einem Planetensystem. Unter dem Einfluss der anziehenden Coulombkraft bewegt sich das Elektron mit der Elementarladung e^- um das im Zentrum sitzende Proton mit der Elementarladung e^+. Zwischen beiden herrscht die Coulombkraft

$$F_{\mathrm{el}} = \frac{1}{4\pi\varepsilon_0}\frac{e^2}{r^2} \qquad (9.89)$$

Bewegt sich das Elektron auf einer Kreisbahn, so muss die Zentripetalkraft

$$F_Z = m\frac{v^2}{r} \qquad (9.90)$$

durch die Coulombkraft aufgebracht werden. Also $F_Z = F_{\mathrm{el}}$.

$$\frac{1}{4\pi\varepsilon_0}\frac{e^2}{r^2} = m\frac{v^2}{r} \qquad (9.91)$$

Entsprechend der klassischen Physik hat das Elektron

- einen Drehimpuls

$$|\boldsymbol{L}| = |\boldsymbol{r}| \cdot |\boldsymbol{p}| = mrv \qquad (9.92)$$

- eine kinetische Energie

$$E_{\mathrm{kin}} = \frac{1}{2}mv^2 \qquad (9.93)$$

- eine potentielle Energie

$$E_{\mathrm{pot}} = -\frac{1}{4\pi\varepsilon_0}\frac{e^2}{r} \qquad (9.94)$$

- und damit die Gesamtenergie

$$E = \frac{1}{2}mv^2 - \frac{1}{4\pi\varepsilon_0}\frac{e^2}{r} \qquad (9.95)$$

Diese klassischen Beziehungen ergänzte Bohr um drei ad hoc eingeführte Postulate:

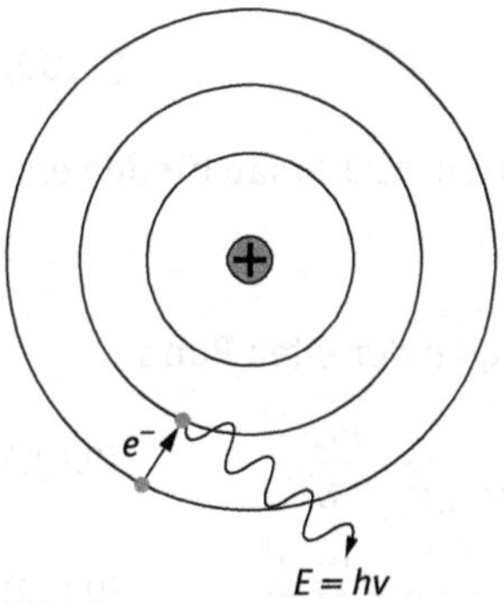

Abb. 9.23. Prinzipbild des Bohrschen Atommodells.

- Dem Elektron stehen nicht alle klassisch möglichen Bahnen zur Verfügung. Es kann sich nur auf speziellen Bahnen bewegen. Auf ihnen strahlt das Elektron keine elektromagnetischen Wellen ab. Es behält also seine Energie und damit ist das Atom stabil. Diese Bahnen sind die stationären Zustände des Atoms.
- Das Elektron kann von einem stationären Zustand zum anderen springen. Die Energiedifferenz zwischen beiden Zuständen strahlt es entweder ab oder sie muss ihm zugeführt werden (Franck-Hertz-Versuch). Ein derartiger Quantensprung liegt außerhalb des Gültigkeitsbereichs der klassischen Physik. Der Zusammenhang zwischen der abgegebenen Energie ΔE und der Frequenz ν ist nach Max Planck: $\Delta E = h\nu$.
- Für die stabilen Bahnen forderte Bohr, dass der Drehimpuls des Elektrons nur ganzzahlige Vielfache der neuen von Planck eingeführten Naturkonstanten $\hbar$ annehmen dürfe.

$$\hbar = \frac{h}{2\pi} \quad L_n = n\hbar \quad n = 1, 2, 3, \ldots \tag{9.96}$$

Diese Quantelung des Drehimpulses zieht automatisch die Quantelung aller die Bahn beschreibenden Größen nach sich, sodass auch sie nur diskrete Werte annehmen können.

Setzt man die Quantenbedingung (9.96) in (9.92) ein, so erhält man

$$L_n = m_e r_n v_n = n\hbar \quad \text{oder} \quad v_n r_n = \frac{n\hbar}{m_e} \tag{9.97}$$

Aus (9.91) ergibt sich

$$v_n = \frac{e^2}{4\pi\varepsilon_0 m_e} \frac{1}{r_n v_n} \tag{9.98}$$

Mit (9.97) erhält man die Geschwindigkeit auf der n-ten Bahn

$$v_n = \frac{e^2}{4\pi\varepsilon_0 n\hbar} \tag{9.99}$$

Aus (9.97) ergibt sich damit der Radius der n-ten Bahn

$$r_n = \frac{n\hbar}{m_e} \frac{4\pi\varepsilon_0\, n\hbar}{e^2} = n^2 \frac{4\pi\varepsilon_0\, \hbar^2}{m_e e^2} \tag{9.100}$$

Setzt man die Werte der Naturkonstanten in (9.100) ein so erhält man für den ersten Bohrschen Radius

$$r_1 = 0{,}529 \cdot 10^{-10}\,\text{m}.$$

Mit den Werten von r_n und v_n berechnen sich die Energien der n-ten Bahn

kinetische Energie
$$E_{\text{kin},n} = \frac{1}{2} m_e v_n^2 = \frac{1}{n^2} \cdot \frac{1}{(4\pi\varepsilon_0)^2} \cdot \frac{m_e e^4}{\hbar^2} \tag{9.101}$$

potentielle Energie
$$E_{\text{pot},n} = -\frac{1}{4\pi\varepsilon_0} \frac{e^2}{r_n} = -\frac{1}{n^2} \frac{1}{(4\pi\varepsilon_0)^2} \frac{m_e e^4}{\hbar^2} \tag{9.102}$$

Gesamtenergie
$$E_n = -\frac{1}{n^2} \frac{1}{(4\pi\varepsilon_0)^2} \frac{m_e e^4}{2\hbar^2} \tag{9.103}$$

Springt das Elektron von der n-ten Bahn mit der Energie E_n auf die Bahn $n-1$ mit der Energie E_{n-1}, so sendet das Atom ein Lichtquant mit der Frequenz ν aus. Hierfür gilt

$$h\nu_n = E_n - E_{n-1} = -\frac{1}{(4\pi\varepsilon_0)^2}\frac{m_e e^4}{2\hbar^2}\left(\frac{1}{n^2}-\frac{1}{(n-1)^2}\right) \tag{9.104}$$

Entsprechend kann ein Atom nur dann Photonen absorbieren, wenn deren Energie der Differenz zweier stationärer Energieniveaus entspricht.

Mit den in (9.104) berechneten Frequenzen ließen sich die Balmer Serien und die Rydberg-Formel erklären, was natürlich ein großer Erfolg für das Bohrsche Atommodell war.

So erfolgreich das Bohrsche Modell auch war, so unbefriedigend war es, dass es mit der klassischen Physik nicht vereinbar war. Nach den klassischen Vorstellungen müsste die Frequenz des Photons mit der Bahnfrequenz des umlaufenden Elektrons übereinstimmen. Man kann jedoch zeigen, dass für große Quantenzahlen n sich das Bohrsche Modell der klassischen Vorstellung nähert.

Nach der klassischen Betrachtung folgt die Umlauffrequenz ν_n des Elektrons auf der n-ten Bahn (Radius r_n) aus der Umlaufgeschwindigkeit v_n

$$v_n = 2\pi r_n \nu_n \quad \text{oder} \quad \nu_n = v_n/(2\pi r_n) \tag{9.105}$$

Mit den Werten von r_n aus (9.100) und v_n aus (9.99) erhält man für diese klassische Umlauf-Frequenz

$$\nu_n = \frac{1}{2\pi}\cdot\frac{e^2}{4\pi\varepsilon_0}\cdot\frac{1}{n\hbar}\cdot\frac{m_e e^2}{4\pi\varepsilon_0}\cdot\frac{1}{n^2\hbar^2}$$

und damit für die Energie eines Lichtquants dieser Frequenz

$$h\,\nu_n = \frac{m_e e^4}{(4\pi\varepsilon_0)^2}\cdot\frac{1}{n^3\hbar^2} \tag{9.106}$$

Betrachtet man andererseits die Klammer in (9.104) für große n, so ergibt sich

$$\frac{1}{n^2}-\frac{1}{(n-1)^2} = \frac{(n-1)^2-n^2}{n^2(n-1)^2} = \frac{-2n+1}{n^2(n-1)^2} \to \frac{-2}{n^3} \quad \text{für } n\to\infty$$

Damit gilt für die Energiedifferenz zwischen den Bahnen n und $n-1$ für große Werte von n

$$(E_n - E_{n-1}) \to h\,\nu_n = \frac{m_e e^4}{(4\pi\varepsilon_0)^2}\cdot\frac{1}{n^3\hbar^2} \tag{9.107}$$

Das bedeutet für große Quantenzahlen stimmt die Umlauffrequenz des Elektrons auf einer klassischen Kreisbahn mit der Energiedifferenz zweier benachbarter stabiler Quantenzustände überein. Trotz der krassen Gegensätze zwischen Quantenphysik und klassischer Physik zeigt sich hier ein kontinuierlicher Übergang. Dieses quasiklassische Verhalten eines Quantensystems bei Annäherung an makroskopische Dimensionen nennt man in der Quantenphysik das Korrespondenzprinzip.

Auf das Bohrsche Atommodell folgte ab 1916 das Bohr-Sommerfeldsche Atommodell. Auf Vorschlag von Sommerfeld (1868–1951) wurden elliptische Bahnen mit einbezogen, um zunehmende Diskrepanzen zu den in der Zwischenzeit vorliegenden genaueren Experimenten erklären zu können. Für viele Physiker war das Buch „Atombau und Spektrallinien" von Arnold Sommerfeld aus dem Jahr 1919 ein Standardwerk.

9.8 Rückblick und Ausblick

9.8.1 Erfolge der klassischen Physik

Im 19-ten Jahrhundert und zu Anfang des 20-ten Jahrhunderts wurden viele Experimente durchgeführt, die einen großen Erfolg zum Verständnis der Atome brachten. Einige hiervon wurden in den vorangegangenen Abschnitten vorgestellt.

Michael Faraday (1791–1867)	1834 Faradaysche Gesetze zur Elektrolyse
Julius Plücker (1801–1868)	1859 Entdeckung der Kathodenstrahlen
Joseph John Thomson (1856–1940)	1897 Entdeckung des Elektrons. 1903 Thomsonsches Atommodell 1906 Nobelpreis für Physik (Elektrische Leitfähigkeit von Gasen)
Jean Baptiste Perrin (1870–1942)	1908–1909 genaue Bestimmung der Boltzmann-Konstanten und damit der Avogadro-Konstanten 1924 Nobelpreis für Physik
Robert Andrews Millikan (1868–1953)	1910 Bestimmung der Elementarladung. 1923 den Nobelpreis für Physik.
Ernest Rutherford (1871–1937) Schüler von J. J. Thomson 1908 den Nobelpreis für Chemie	1909–1913 Streuversuche 1911 Atommodell. Durch radioaktiven Zerfall, (α-, β-, γ-Strahlen) gehen chemische Elemente in Elemente niedriger Ordnungszahl über.
James Franck (1882–1964) Gustav Ludwig Hertz (1887–1975)	1911–1914 Versuche zum Nachweis diskreter Energieniveaus in Atomen. Damit Unterstützung des Bohrschen Atommodells. 1925 Nobelpreis für Physik
Niels Bohr (1885–1962)	Erforschung der Struktur der Atome. 1913 Bohrsches Atommodell 1922 Nobelpreis für Physik

Beim Bohrschen Atommodell (vgl. 9.7.3) zeigten sich die Grenzen der Tragweite der klassischen Physik.

Es traten nun erstmalig auch wissenschaftstheoretische Probleme in neuer Schärfe auf. Diese können an dieser Stelle nur vorläufig behandelt werden. Es zeigt sich nämlich erst in den folgenden Abschnitten, dass

- sowohl die Experimente zur Erfassung der Mikrowelt immer raffinierter werden müssen
- als auch die klassische Begriffswelt überhaupt partiell infrage gestellt werden muss.

  (Hierzu eine nicht ganz unwichtige Nebenbemerkung: Die Physik kann der Philosophie und der Theologie bei diesem ihrem Schicksal als ein einfaches Beispiel dienen. In der Physik bleibt immer eine gewisse Eingrenzung der Problematik gewahrt, während die Philosophie der Entgrenzung der Problematik und die Theologie der Transzendenz gewidmet sind)

9.8.2 Das Poppersche Theorem

Im Zentrum der von dem Philosophen Karl Popper (1902–1994) entwickelten Wissenschaftstheorie steht das folgende Theorem:

> Ein Naturgesetz, das aus Hypothesen heraus etabliert wird, kann nicht im streng logischen Sinn des Wortes verifiziert werden. Jedoch kann es durch ein einziges den Behauptungen der Hypothese klar widersprechendes Experimentum crucis widerlegt werden.

Als Vorgehen der Wissenschaft bleibt daher nur die Methode des trial and error, das ist die versuchsweise Postulierung einer Hypothese und die Überprüfung ihrer Bewährung. Die Hypothese bleibt dann solange vorläufig gültig, bis sich aufgrund eines experimentellen Gegenbeweises ihr Scheitern, d. h. ihr Nichtzutreffen zeigt und sie aussortiert werden muss.

Das Poppersche Theorem ist in der Naturwissenschaft voll anerkannt und wird angewandt. Nichtsdestoweniger bedeutet es eine Verengung der Problematik. Es lässt noch offen, welche Stabilitäts-Werte eine theoretische Erkenntnis eventuell beanspruchen kann oder auch nicht verdient.

9.8.3 Die Frage nach dem Stabilitätsgrad von Hypothesen bzw. Naturgesetzen

Die Frage: „Wie sicher ist eine einmal gefundene Erkenntnis" kann mit dem Popperschen Theorem allein nicht beantwortet werden. Vielmehr ist eher sicher, dass es sehr verschiedene Sicherheitsgrade gibt, sowie sehr verschiedene Ansichten über die Sicherheit gewonnener Erkenntnisse.

- So argumentieren Anhänger des Zeitgeistes, darunter viele Journalisten und Geisteswissenschaftler, wie folgt: Heutzutage müssen wir erkennen, dass das von der Wissenschaft gelieferte Wissen schnell veraltet. Schon im Laufe eines Menschenlebens stellt man fest, dass man mehrfach umlernen muss. Das, was vorher noch gültig war, trifft nun nicht mehr zu!

- Andererseits kennen wir die Haltung Albert Einsteins. Als ihm angetragen wurde, der erste Präsident des neu gegründeten Staates Israel zu werden, antwortete er: „Ich bin mir der Ehre bewusst, muss es aber dennoch nach reiflicher Überlegung ablehnen. Denn Politik ist für den Tag, aber die u. a. von mir entdeckten Naturgesetze sind für die Ewigkeit."

Wir müssen uns also in so tief wie möglich begründeter Weise in Bezug auf die Physik der Frage stellen, wer recht hat:
- Ein positivistischer Philosoph wie Ernst Mach, der die Annahme, es existieren wirklich Atome, für ein naives und primitives rein denkökonomisches Modell hielt
- oder Albert Einstein, der seinen Gleichungen Gültigkeit mindestens für den seit Milliarden von Jahren existierenden Kosmos oder aber sogar für die Ewigkeit zuschrieb.

9.8.3.1 Begründung der Sicherheit methodisch adäquat erkannter Naturgesetze

Ausgangspunkt der Überlegungen, wie trotz des Popperschen Theorems ganz verschiedene Schlussfolgerungen über die Sicherheit des jeweils Erkannten zustande kommen können, ist die Schichtenstruktur der Wirklichkeit. Sie ist offensichtlich und bedarf als solche keiner raffinierten methodischen Vorgehensweise. In grober, aber verfeinerbaren Einteilung bedeutet sie nur, dass die unmittelbar zugängliche makroskopische Welt irgendwie auf mikroskopischen Seinselementen *aufruht* und durch diese irgendwie etabliert wird.

Der Aufgabe, die Art und Weise dieses *Aufruhens* und *Etabliertwerdens* zu erforschen, und zwar zunächst an den Fällen möglichst geringer Komplexität, hat sich nun die Mikrophysik gestellt. In diesem Kapitel wurde an immerhin zentralen Beispielen gezeigt, wie weit man mit den experimentellen und begrifflichen Methoden der klassischen Physik kommt.

Es zeigt sich aber, dass die mögliche Eindringtiefe und das dazugehörige Auflösungsvermögen die entscheidende Rolle spielt. Dieses Vermögen reicht erstaunlich weit, nämlich um viele Größenordnungen, besser Winzigkeitsordnungen, weiter als mit den besten Mikroskopen erreichbar. Dabei zeigte sich vor allem, oft zur Überraschung der Forscher selbst, eine erstaunliche logische Kohärenz, das heißt Übereinstimmung mit den hypothetisch vorausgesetzten Modellvorstellungen, bei ganz verschiedenartigen, mit unabhängigen Methoden durchgeführten Experimenten.

Am markantesten zeigt sich diese logische Kohärenz, also die innere Stimmigkeit, bei der Messung der Naturkonstanten. So treten in den grundlegenden Naturgesetzen immer wieder Konstante wie die Elementarladung e, die Massen des Elektrons m_e bzw. Protons m_P, die Avogadro- N_A und Boltzmann-Konstante k_B und die Lichtgeschwindigkeit c, auf. Für ganz verschiedenartige Experimente werden die quantitativen Ergebnisse in den jeweils zugehörigen mathematischen Zusammenhang gestellt. Für jedes Experiment kommen immer wieder dieselben Naturkonstanten an der für das

Experiment logisch notwendigen Stelle vor. Wenn nun die Naturkonstanten aus völlig unterschiedlichen Experimenten bestimmt werden und dabei diese Naturkonstanten auf mehrere Stellen nach dem Komma stets dieselben Werte annehmen, dann stellen sich folgende Schlussfolgerungen als immer unabweisbarer, also immer sicherer ein:

- Es kann sich bei der Gesamtheit der erzielten Ergebnisse nur um das Erreichen einer echten Erkenntnis über eine objektiv existierende Wirklichkeitsschicht und die in ihr herrschende aus Naturgesetzen bestehende Hintergrundstruktur handeln. Dies allerdings nur soweit, wie das Struktur-Auflösungsvermögen der angewandten Methoden reicht.
- Zugleich fallen ganze philosophische Richtungen als nicht stimmig und nicht begründbar in sich zusammen
- Im Rahmen der positivistischen Grundannahme, alles das sei nur eine denkökonomische, insoweit willkürliche Modellvorstellung, als ob die Welt so sei, lässt absolut unerklärt, wie diese unerwartete und umso erstaunlichere Kohärenz der quantitativen Ergebnisse dann zustande kommt, wenn sie nicht auf eine objektive Hintergrundstruktur zurückzuführen ist.
- Die subjektbezogene apriorische idealistische Erkenntnistheorie erweist sich ebenfalls endgültig als unzureichend: Beim Newtonschen Gravitationsgesetz konnte man sich noch bei gutem Willen darauf einlassen, dass dieses ja so anschaulich sei, dass es wohl apriorisch im transzendentalen Subjekt schon angelegt sei, nunmehr auf die Welt projiziert werde und diese dadurch apriori erklärbar mache. Bezogen auf die Ergebnisse der Mikrowelt (wie natürlich auch der Relativitätstheorie) wird es indessen völlig unmöglich, der Annahme des apriorischen Angelegtseins im transzendentalen Subjekt noch eine Plausibilität zuzumessen.
- Es bleibt also die vorsichtige These des aposteriorischen kritischen Realismus, der sich allerdings der möglicherweise schichtenspezifischen Eindringtiefe der Methodik bewusst bleibt und sogar die im menschlichen Geist tief verankerte Begrifflichkeit nicht als eine absolute Unbestreitbarkeit voraussetzt.
- Nichtsdestoweniger behält auch das Inklusionsprinzip im Rahmen der erreichten Eindringtiefe in die betreffende Wirklichkeitsschicht seine Gültigkeit. Denn wenn die bisherigen Ergebnisse eine Teilerkenntnis über echte Wirklichkeitsstrukturen darstellen (und nicht nur eine fiktive Modellvorstellung sind), dann werden sie nicht durch umfassendere, tiefer eindringende Ergebnisse aufgehoben, sondern müssen eingeschlossen werden. Das Inklusionsprinzip sichert also sozusagen im Rückblick die Weitergeltung des schon Erkannten. In diesem Sinne veraltet es nicht.
- In diesem Sinne dürfen wir sehr sicher sein und darauf wetten, auch wenn das Prinzip trial and error weiterhin gilt, dass
  - auch morgen sich die Erde weiter dreht
  - auch morgen die Moleküle gemäß der kinetischen Gastheorie herumfliegen
  - auch morgen die Elementarladung denselben Wert haben wird.

9.8.3.2 Wie weit reichen erkennbare Naturgesetze?

Wir haben nun gesehen, dass Naturgesetzlichkeit, wenn sie mit adäquater methodischer Eindringtiefe schichtenspezifisch erkannt wurde, durchaus den Anspruch auf Sicherheit erheben kann und dass diese Sicherheit sogar im Rückblick wegen des Inklusionsprinzips erhalten bleibt, wenn neue Methoden zu tieferen und weiterreichenden Erkenntnissen führen.

Wie aber steht es mit dem Ausblick auf zukünftige Forschungsergebnisse? Gilt der Anspruch des Szientismus, dass die Welt im Prinzip vollständig erkennbar sei? Die Antwort auf die Frage nach weiteren erkennbaren Naturgesetzen muss in der Schwebe bleiben. Denn es gibt keine automatische Extrapolierbarkeit bekannter Methoden, vor allem aber einer gegebenen Begrifflichkeit auf noch unbekannte Wirklichkeitsschichten. Solche liegen aber beim weiteren Eindringen in die Mikrostruktur der Wirklichkeit vor.

In den folgenden Kapiteln werden wir sehen, dass die Physiker bei der weiteren Suche geradezu unverschämtes Glück hatten, dass es sich aber andererseits zeigte, dass die Wahrheit in einem bisher noch nie durchschrittenen Abgrund liegt.

10 Der Welle-Teilchen-Dualismus

10.1 Übergang von klassischer zu moderner Physik

Am Ende des 19-ten und zu Anfang des 20-ten Jahrhunderts hatten die Physiker erhebliche Fortschritte gemacht und es sah fast schon so aus, als könnten sie mit den inzwischen erreichten Erfolgen zufrieden sein. Die wesentlichen Strukturen der Makro- und Mikrowelt schienen nunmehr erkannt und erklärt zu sein. Insbesondere waren die ersten Schritte zum Eindringen in die Mikrowelt der Atome sowohl experimentell wie begrifflich dem Anschein nach erfolgreich gelungen und die Probleme gelöst worden. Als Resultat ergab sich folgendes Gesamtbild:

- Einerseits besteht die Mikrowelt, wie von Demokrit spekulativ vorausgeahnt, aus kleinsten Teilchen, den Atomen. Aber diese sind nicht wie von Demokrit postuliert unteilbar, sondern setzen sich zusammen aus:
  - einem positiv geladenen schweren Kern und aus
  - ihn umkreisenden negativ geladenen leichten Teilchen, den Elektronen.

  Dieser Aufbau der Atome, sowie die Masse und die elektrische Ladung ihrer Bestandteile konnte nachgewiesen und gemessen werden. Damit war man der Struktur der Mikrowelt näher gekommen und konnte auch eine Antwort darauf geben, wie sich hieraus die Makrowelt, also Gase, Flüssigkeiten und Festkörper zusammensetzen.
- Andererseits wurde klar, dass zwischen diesen kleinsten räumlich kompakten Teilchen räumlich ausgedehnte und zeitlich statische oder periodisch oszillierende Felder existieren (Gravitationsfeld, elektromagnetisches Feld). Die Felder, die von den Teilchen ausgehen, können durch ihre Kraftwirkung auf die Teilchen nachgewiesen werden.
- Auch die Natur des Lichtes konnte erklärt werden: nämlich als oszillierendes elektromagnetisches Feld, das sich mit Lichtgeschwindigkeit im Raum ausbreitet.

Die anscheinend vorhandene innere Stimmigkeit dieses physikalischen Weltbildes ließ die meisten Physiker zum damaligen Zeitpunkt philosophisch Anhänger eines „Naiven Realismus“ werden. Es gab nämlich zunächst kaum Argumente, die dafür sprachen, zwischen der Wirklichkeit als solcher und der Erkenntnis dieser Wirklichkeit durch die Theorie eine gewisse kritische Distanz zu wahren, so wie es heute im „Kritischen Realismus“ der Fall ist.

Zugleich fand im 19-ten Jahrhundert eine gewisse Entfremdung zwischen Naturwissenschaft einerseits und Philosophie andererseits statt. (Die Theologie, soweit nicht als natürliche Theologie integriert, wurde wohl zumeist als eigenständiges Gebiet ausgeklammert.)

So wandten sich große Philosophen des 19-ten Jahrhunderts z. B. Friedrich Hegel (1770–1831) und Karl Marx (1818–1883) eher der Gesellschaftstheorie zu. Zur Beschreibung der Dynamik der Gesellschaft, entweder idealistisch als Wirken des Weltgeistes, oder materialistisch als Bewegungsform der Materie, wurde für sie der Begriff der Dialektik grundlegend. Obwohl Versuche nicht fehlten, die Dialektik auch auf die Beschreibung physikalischer Phänomene anzuwenden, erwiesen sich diese als nicht brauchbar. Dagegen zeigte es sich, dass die in mathematischer Form entwickelte Logik viel geeigneter ist, auch komplizierte physikalische Phänomene quantitativ zu beschreiben. In neuerer Zeit zeigte sich sogar, dass mit der Mathematik stochastischer Prozesse nicht nur physikalische Probleme, sondern die gesellschaftliche Dynamik (einschließlich revolutionärer Umwälzungen) beschrieben werden kann.

Auch die Auffassung, die Erkenntnisgewinnung in der Grundlagenwissenschaft Physik sei nur eine abhängige Variable sozio-ökonomischer Prozesse, wie etwa des Verwertungsinteresses des Kapitals (siehe Habermas: Erkenntnis und Interesse), erwies sich als eher abwegig.

Vielmehr zeigte sich, dass der Erkenntnisfortschritt der Physik der eigenständigen inneren Logik der experimentellen Ergebnisse und ihrer theoretischen Aufarbeitung folgte.

Während sich nun also unter Physikern eine gewissen Befriedigung über die gewonnenen, scheinbar abschließenden Erkenntnisse ausbreitete, ahnte keiner von ihnen – ganz zu schweigen von den Philosophen – dass die Entdeckung einer die Welt der Wissenschaft und Philosophie erschütternden Tiefendimension der Wirklichkeit erst noch bevorstand.

10.2 Plancksches Strahlungsgesetz

Als Max Planck (1858–1947) auf der Suche nach einem Studienfach war, erkundigte er sich bei einem Münchner Physikprofessor nach den Aussichten in der Physik. Der Professor erklärte ihm, dass „in dieser Wissenschaft schon fast alles erforscht sei, und es gelte, nur noch einige unbedeutende Lücken zu schließen." Diese Ansicht wurde zu dieser Zeit von vielen Physikern geteilt.

Trotz dieser nicht besonders rosigen Aussichten wandte sich Max Planck der Physik zu und beschäftigte sich im ausgehenden 19-ten Jahrhundert mit der Theorie der Wärmestrahlung. Ein heißer Körper sendet elektromagnetische Wellen in Form von Licht und Wärmestrahlung aus. Max Planck setzte sich zum Ziel, die Spektralverteilung der Strahlung im Temperaturgleichgewicht theoretisch zu verstehen.

Als vereinfachendes Beispiel wird ein kubusförmiger Hohlraum betrachtet. Seine Wände sind wärmeundurchlässig und werden auf der Temperatur T gehalten.

10.2.1 Strahlungsgesetz nach Rayleigh-Jeans

Die ersten theoretischen Arbeiten zum Verständnis der Hohlraumstrahlung gehen auf John Williams Rayleigh (1842–1919) und James Jeans (1877–1946) zurück. Deren Ableitung ist im Sinne der klassischen Physik vollkommen korrekt.

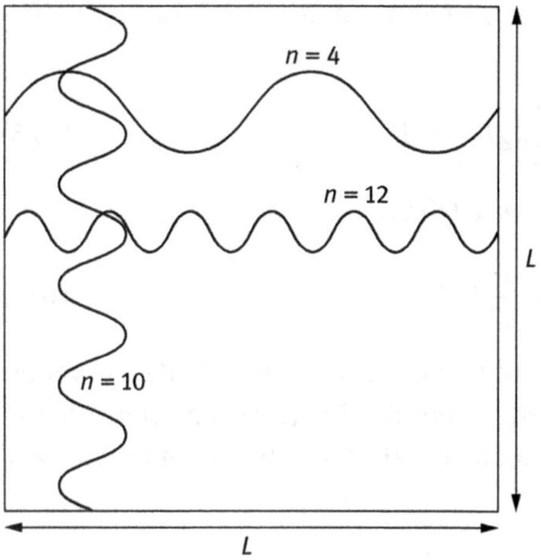

Abb. 10.1. Prinzipbild zur elektromagnetischen Hohlraumstrahlung im thermischen Gleichgewicht.

In einem kubischen Hohlraum der Kantenlänge L gibt es im thermischen Gleichgewicht eine Vielzahl stehender elektromagnetischer Wellen. Diese Schwingungsmoden entsprechen harmonischen Oszillatoren und enden an den Wänden mit einem Knoten. Deshalb können nur solche Wellen existieren, für die der Abstand L zwischen den Wänden ein ganzzahliges Vielfaches der halben Wellenlänge ist.

$$L = n\lambda/2 \quad \text{mit } \lambda = c/\nu \tag{10.1}$$

Durch Abzählen der Schwingungen (ohne Beweis), die in das Volumen $V = L^3$ passen erhält man die Anzahl dN der Schwingungsmoden im Frequenzintervall $d\nu$

$$dN = 8\pi V \frac{\nu^2}{c^3} d\nu \tag{10.2}$$

Bezieht man sich auf das Volumenelement dV, so ergibt sich:

$$d^2N = 8\pi \frac{\nu^2}{c^3} dV\, d\nu \tag{10.3}$$

Jede Frequenz entspricht einem harmonischen Oszillator, der zwei Freiheitsgrade bzw. zwei senkrecht zueinander polarisierte Schwingungsmoden hat. Seine mittlere thermische Energie sei $\overline{E}(T,\nu)$. Dann ist die thermische elektromagnetische Energie $u(T\nu)$ im Intervall $dVd\nu$

$$\begin{aligned} u(T,\nu)dV\, d\nu &= 8\pi \frac{\nu^2}{c^3} dV\, d\nu\, \overline{E}(T,\nu) \\ &= d^2N\overline{E}(T,\nu) \end{aligned} \tag{10.4}$$

oder die Energie pro Volumen- und Frequenzeinheit

$$u(T,\nu) = 8\pi\frac{\nu^2}{c^3}\overline{E}(T,\nu) \tag{10.5}$$

In Kapitel 9, Abschnitt 9.3.3 wurde der Gleichverteilungssatz hergeleitet. Danach besitzt jeder Schwingungsfreiheitsgrad eine mittlere thermische Energie von $\frac{1}{2}k_B T$. Da hier zwei senkrecht zueinander polarisierte Schwingungsmoden zur Frequenz ν existieren, ist die mittlere thermische Energie

$$\overline{E}(T,\nu) = 2 \cdot \frac{1}{2}k_B T = k_B T \tag{10.6}$$

Sie ist unabhängig von der Frequenz. Damit wird (10.5)

$$u(T,\nu) = 8\pi\frac{\nu^2}{c^3}k_B T \tag{10.7}$$

Dies ist das Strahlungsgesetz nach Rayleigh und Jeans. Die Energiedichte ist proportional zu ν^2. Das bedeutet, dass sie quadratisch mit der Frequenz ansteigt. Die Gesamtenergie pro Volumeneinheit des Hohlraums erhält man, in dem man über alle Frequenzen integriert.

$$U(T) = \int_0^\infty u(T,\nu)d\nu = \frac{8\pi}{c^3}k_B T\int_0^\infty \nu^2 d\nu = \infty \tag{10.8}$$

Das Integral über die quadratische Funktion ist ∞, sodass sich insgesamt eine unendliche Energiedichte ergibt. Diesen theoretischen Effekt, der natürlich nicht mit der Realität übereinstimmt, nennt man Ultraviolettkatastrophe.

Die Experimentalphysiker Otto Lummer (1860–1925), Ernest Pringsheim (1859–1914) und Heinrich Rubens (1865–1922), die damals alle wie Max Planck in Berlin tätig waren, konnten genaue Messungen der Energiedichte vornehmen. Sie zeigten, dass (10.7) wenigstens für kleine ν, also im Infrarotbereich gut mit den Messungen übereinstimmt.

10.2.2 Plancksches Strahlungsgesetz

Planck, der Theoretiker, suchte verzweifelt nach einem Ausweg. Ihm war klar, dass Rayleigh und Jeans keinen Rechenfehler gemacht hatten. Deswegen musste etwas Grundsätzliches an den klassischen Vorstellungen falsch sein. Er konnte die Gesamtenergie, die sich durch Integration aus (10.5) ergibt, nur dann retten, wenn die mittlere thermische Energie $\overline{E}(T,\nu)$ eines Oszillators auch von der Frequenz abhängt. Ganz im Gegensatz zu den klassischen Vorstellungen und seinen eigenen Überzeugungen nahm er an, dass ein Oszillator nicht beliebige Energien aufnehmen kann, sondern nur in gequantelten Portionen, die von seiner Frequenz abhängen. Plancks damalige

Rechnung enthielt den wegweisenden Gedanken, ist aber nicht leicht nachzuverfolgen. Deswegen ersetzen wir sie durch eine Rechnung, die direkter zum Ziel führt und leichter erkennen lässt, mit welch genialer Intuition er die Schwierigkeit überwand.

Planck musste folgende Annahmen machen:

- ein harmonischer Oszillator bzw. eine elektromagnetische Mode kann nur diskrete Energiestufen annehmen:

$$E_0 = 0 \cdot h\nu\,, \quad E_1 = 1 \cdot h\nu\,, \quad E_2 = 2 \cdot h\nu\,, \quad \ldots, \quad E_n = n \cdot h\nu \tag{10.9}$$

  Dabei hängen die Energiestufen von der Schwingungsfrequenz ν ab. h wurde später das Plancksche Wirkungsquantum genannt.
- Entsprechend Boltzmanns statistischer Thermodynamik sind die verschiedenen Energiestufen eines Systems im thermischen Gleichgewicht mit der Wahrscheinlichkeit

$$w(E_n) = \frac{\exp(-E_n/(k_\mathrm{B}T))}{\sum_{m=0}^{\infty} \exp(-E_m/(k_\mathrm{B}T))} = \frac{\exp(-nh\nu/(k_\mathrm{B}T))}{\sum_{m=0}^{\infty} \exp(-mh\nu/(k_\mathrm{B}T))} \tag{10.10}$$

  verteilt (siehe Kapitel 9, (9.15)).

Die mittlere thermische Energie eines harmonischen Oszillators der Frequenz ν ergibt sich dann mithilfe der Wahrscheinlichkeiten zu:

$$\overline{E}(T,\nu) = \sum_{n=0}^{\infty} E_n w(E_n) \tag{10.11}$$

Zusammen mit $E_n = n \cdot h\nu$ erhält man

$$\overline{E}(T,\nu) = \frac{h\nu \sum_{n=0}^{\infty} n \exp(-nh\nu/(k_\mathrm{B}T))}{\sum_{m=0}^{\infty} \exp(-mh\nu/(k_\mathrm{B}T))} \tag{10.12}$$

Setzt man zur Abkürzung $x = \exp(-h\nu/(k_\mathrm{B}T))$, so lässt sich (10.12) schreiben als

$$\overline{E}(T,\nu) = \frac{h\nu \sum_{n=0}^{\infty} n x^n}{\sum_{m=0}^{\infty} x^m} \tag{10.13}$$

Nenner und Zähler ergeben sich jeweils aus einer geometrischen Reihe, deren Ergebnis bekannt ist. Und zwar ist:

$$\sum_{m=0}^{\infty} x^m = \frac{1}{1-x} \quad \text{und} \quad \sum_{n=0}^{\infty} n x^n = x \frac{d}{dx} \frac{1}{1-x} = \frac{x}{(1-x)^2} \tag{10.14}$$

Damit wird die mittlere thermische Energie (10.13)

$$\overline{E}(T,\nu) = h\nu \frac{x}{1-x} \tag{10.15}$$

Mit $x = \exp(-h\nu/(k_\mathrm{B}T))$ wird (10.15)

$$\overline{E}(T,\nu) = h\nu \frac{\exp(-h\nu/(k_\mathrm{B}T))}{1 - \exp(-h\nu/(k_\mathrm{B}T))} = \frac{h\nu}{\exp(h\nu/(k_\mathrm{B}T)) - 1} \tag{10.16}$$

Setzt man diese mittlere thermische Energie des Oszillators in die Energiedichte (10.5) ein, so ergibt sich die Plancksche Strahlungsformel:

$$u(T,\nu) = 8\pi h \frac{\nu^3}{c^3} \frac{1}{\exp(h\nu/(k_B T)) - 1} \tag{10.17}$$

Für kleine Frequenzen kann man den Nenner entwickeln $\frac{1}{\exp(h\nu/(k_B T))-1} \approx \frac{k_B T}{h\nu}$ und man erhält als Grenzfall das bekannte Strahlungsgesetz nach Rayleigh und Jeans. Für hohe Frequenzen hingegen dominiert im Planckschen Strahlungsgesetz (10.17) der Faktor $\frac{1}{\exp(h\nu/(k_B T))-1}$. Er sorgt dafür, dass die Energiedichte für $\nu \to \infty$ gegen 0 geht und damit die Gesamtenergie endlich bleibt.

Diese Formel wurde von Lummer, Pringsheim und Rubens noch in derselben Woche überprüft und im gesamten Frequenzbereich für gültig befunden. Aus den Messungen wurde der Wert der neuen Konstanten h bestimmt

$$h = 6{,}6261 \cdot 10^{-34}\,\mathrm{J\,s} \quad \text{bzw.} \quad \hbar = \frac{h}{2\pi} = 1{,}0546 \cdot 10^{-34}\,\mathrm{J\,s} \tag{10.18}$$

Das Plancksche Wirkungsquantum h erwies sich später als eine fundamentale Naturkonstante, die die gesamte Quantenphysik durchdringt.

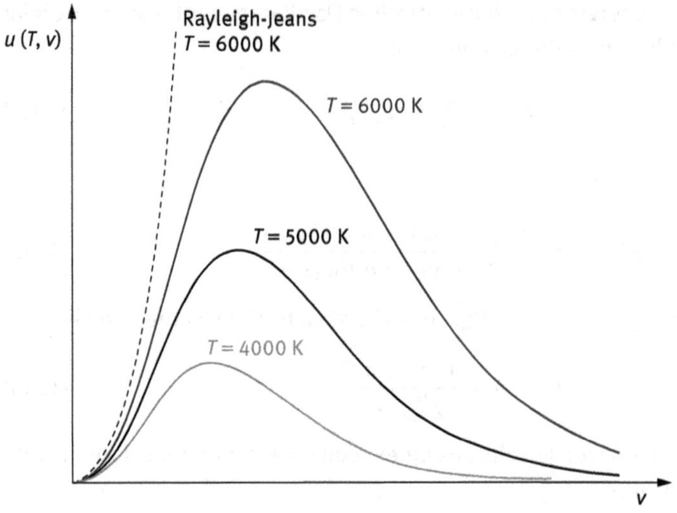

Abb. 10.2. Das Plancksche Strahlungsgesetz: Die Energiedichte pro Volumen und Frequenz $u(T,\nu)$ der elektromagnetischen Strahlung im thermischen Gleichgewicht für verschiedene Temperaturen.

Aus der Darstellung sieht man, dass sich das Maximum der Energiedichte mit steigender Temperatur zu höheren Frequenzen verschiebt.

Die gesamte Energiedichte wird nun

$$U(T) = \int_0^\infty u(T,\nu)d\nu = \frac{8\pi h}{c^3} \int_0^\infty \frac{\nu^3}{\exp(h\nu/(k_B T)) - 1} d\nu$$

Das bestimmte Integral lässt sich in Integraltafeln nachschlagen:

$$\int_0^\infty \frac{x^3}{\exp(\beta x) - 1} dx = \frac{1}{15} \cdot \left(\frac{\pi}{\beta}\right)^4$$

Damit wird

$$U(T) = \int_0^\infty u(T, \nu) d\nu = \frac{8}{15} \cdot \frac{\pi^5 k_B^4}{h^3 c^3} \cdot T^4 = b \cdot T^4 \tag{10.19}$$

mit $b = 7{,}564 \cdot 10^{-16}\,\mathrm{J\,m^{-3}\,K^{-4}}$

Die Gesamtenergiedichte (die Fläche unter den jeweiligen Kurven für die verschiedenen Temperaturen in der obigen Abbildung) ist endlich. Damit ist die Ultraviolettkatastrophe entsprechend (10.8) behoben. Die Gesamtenergiedichte steigt mit der vierten Potenz der Temperatur an. Der Proportionalitätsfaktor hängt nur von den Naturkonstanten k_B, h und c ab. Die Messung der Gesamtenergie lässt also keinen Spielraum mehr zu. Entweder bestätigt sich (10.19) durch die Messungen oder die Plancksche Ableitung geht von falschen Voraussetzungen aus. Da sich die Plancksche Formel jedoch voll bestätigte, ist ihre Bedeutung und Aussagekraft umso größer.

Obwohl sich zeigte, dass die Messungen voll mit (10.19) übereinstimmen, wurde Plancks Theorie nicht mit Jubel begrüßt. Man war äußerst skeptisch, denn die allgemeingültige Meinung war: Die Natur macht keine Sprünge. Doch genau diese Sprünge (Quanten) musste Planck im Jahr 1900 einführen, um die Messungen zu erklären.

10.2.3 Die Einsteinsche Ableitung der Planckschen Formel

Planck betrachtete bei seiner Ableitung das thermodynamische Gleichgewicht elektromagnetischer Strahlung in einem Hohlraum. Eine interessante zweite Ableitung legte Einstein Jahre später vor, in der er von der Wechselwirkung zwischen Atomen und Photonen im thermischen Gleichgewicht ausging. Dazu betrachtete er ein Ensemble von Atomen mit den Energien E_n. Beim Wechsel zwischen zwei Energieniveaus wird ein Photon absorbiert oder emittiert.

$$E_m - E_n = h\nu = \hbar\omega \tag{10.20}$$

Die Wechselwirkung zwischen Atomen und Photonen ergibt sich aus statistisch stattfindenden Emissions- und Absorptionsprozessen. Hierzu betrachtete er die Übergangswahrscheinlichkeiten pro Zeiteinheit.

Die Wahrscheinlichkeit für die Absorption eines Photons der Energie $h\nu$ ist proportional zur Energiedichte $u(T, \nu)$ bei der Frequenz ν.

$$p_{n-m} = B_{nm} u(T, \nu) \tag{10.21}$$

Die Emission eines Photons der Energie $h\nu$ kann entweder spontan stattfinden (Term A_{mn}) oder durch die vorhandene Energiedichte bei der Frequenz ν induziert werden. Die entsprechende Wahrscheinlichkeit ist:

$$p_{m-n} = B_{mn}u(T,\nu) + A_{mn} \tag{10.22}$$

Die Koeffizienten B_{nm}, B_{mn} und A_{mn} sind noch unbekannt und müssen durch weitere Überlegungen bestimmt werden.

Das thermische Gleichgewicht wird dadurch aufrechterhalten, dass zwischen den N_m Atomen im Zustand E_m und den N_n Atomen im Zustand E_n pro Zeiteinheit gleich viele Absorptions- bzw. Emissionsprozesse stattfinden. Dazu muss gelten

$$N_n p_{n-m} = N_m p_{m-n} \tag{10.23}$$

Mit (10.21) und (10.22) wird (10.23)

$$N_n B_{nm} u(T,\nu) = N_m(B_{mn}u(T,\nu) + A_{mn}) \tag{10.24}$$

Auflösen nach $u(T,\nu)$ ergibt:

$$u(T,\nu) = \frac{N_m A_{mn}}{N_n B_{nm} - N_m B_{mn}} = \frac{A_{mn}}{\frac{N_n}{N_m}B_{nm} - B_{mn}} \tag{10.25}$$

Nach dem Boltzmannschen Theorem ist im thermischen Gleichgewicht die Besetzungswahrscheinlichkeit eines Zustandes der Energie E:

$$w(E) \sim \exp(-E/(k_B T)) \tag{10.26}$$

Unter Berücksichtigung der Energieerhaltung (10.20) beim Übergang zwischen den Energieniveaus ergibt sich

$$\frac{N_n}{N_m} = \frac{w(E_n)}{w(E_m)} = \exp(-(E_n - E_m)/(k_B T)) = \exp(h\nu/(k_B T)) \tag{10.27}$$

Damit wird (10.25)

$$u(T,\nu) = \frac{A_{mn}}{B_{nm}\exp(h\nu/(k_B T)) - B_{mn}} \tag{10.28}$$

Zur Festlegung der Koeffizienten B_{nm}, B_{mn} und A_{mn} benutzt man zunächst die Randbedingung: Für $T \to \infty$ muss auch die Energiedichte gegen ∞ gehen. Das ist nur dann möglich, wenn $B_{nm} = B_{mn}$ ist. Damit wird:

$$u(T,\nu) = \frac{A_{mn}}{B_{mn}} \cdot \frac{1}{\exp(h\nu/(k_B T)) - 1} \tag{10.29}$$

Für kleine Frequenzen beschreibt die Rayleigh-Jeanssche Strahlungsformel die Messergebnisse richtig. Deshalb muss im Sinne des Inklusionsprinzips die Energiedichte nach (10.29) in diesem Frequenzbereich mit Rayleigh-Jeans nach (10.7) übereinstimmen. Für kleine Frequenzen ergibt die Reihenentwicklung des zweiten Terms aus (10.29) $\frac{k_B T}{h\nu}$.

Damit muss gelten $\frac{A_{mn}}{B_{mn}} \cdot \frac{k_B T}{h\nu} = 8\pi \frac{\nu^2}{c^3} k_B T$, oder

$$\frac{A_{mn}}{B_{mn}} = \frac{8\pi h\nu^3}{c^3} \tag{10.30}$$

Die Ergebnisse (10.29) und (10.30) sind in voller Übereinstimmung mit der Planckschen Strahlungsformel (10.17).

10.2.4 Die weitreichende Bedeutung des Planckschen Strahlungsgesetzes

Rückblickend sieht man nun das Entscheidende an der Planckschen Annahme zur Ableitung des Strahlungsgesetzes: Rein mathematisch wurden nur diskrete Energiequanten $h\nu$ für die Oszillatoren des elektromagnetischen Strahlungsfeldes zugelassen. Im thermischen Gleichgewicht bedeutet das nach Boltzmann, dass mit steigender Energie $h\nu$ einer Anregungsstufe die Wahrscheinlichkeit für eine Anregung sinkt (siehe (10.10)). Man sagt: „Diese Anregungszustände bleiben eingefroren.“ Aus diesem Grund nimmt die Energiedichte $u(T, \nu)$ bei höheren Frequenzen ν wieder ab. Die weitergehende Tragweite des Schrittes diskreter Energien wurde indessen erst langsam klar. Im Rahmen der klassischen Physik hatte er den Charakter einer ad hoc Annahme. Denn bis dahin konnte die Energie eines Oszillators kontinuierliche Werte annehmen (nach dem Motto: „natura non facit saltus“). In Einsteins Ableitung, die fast 10 Jahre später als die Arbeit von Planck vorgelegt wurde, gehen diese Quanten als Photonen (Teilchen ohne Masse) ein. Die Photonen waren von Einstein im Jahr 1905 zur Erklärung des Fotoeffekts postuliert worden. Die Anregungsstufe $nh\nu$ bedeutete also, n Photonen, die zur Schwingungsmode der Frequenz ν und damit der Wellenlänge $\lambda = c/\nu$ gehören. Da aber Licht bisher ausschließlich als elektromagnetische Welle verstanden wurde, wurde jetzt erstmals der unvermeidliche Doppelcharakter des Lichtes klar: das eine Mal als Welle und das andere Mal als Lichtquant. Einstweilen schien dieser Doppelcharakter auf das Licht beschränkt zu sein.

Nun stellen die Meinungsführer unserer postmodernen Gesellschaft gerne fest, dass unser Wissen sehr schnell veraltet. Zwar wird bei dieser Feststellung meistens vergessen, zwischen technischen Anwendungen und grundlegenden Erkenntnissen zu unterscheiden. Aber immerhin stellt sich die Frage nach der Geltungsdauer auch bei einem neu entdeckten, grundlegende Bedeutung beanspruchenden Naturgesetz.

Das Plancksche Strahlungsgesetz wurde nun nicht nur an der Sonne (Oberflächentemperatur $\approx$ 6000 K) und anderen Sternen so wie schwarzen Körpern auf der Erde überprüft, sondern es diente auch zur Untersuchung der erst 1967 entdeckten Hintergrundstrahlung. Die kosmische Hintergrundstrahlung ist eine elektromagnetische Strahlung, die in jedem Bereich des Universums vorhanden ist, aber nicht konkreten Quellen zugeordnet werden kann. Sie gilt mit als Beweis der Urknalltheorie und stammt aus der Zeit ca. 380 000 Jahre nach dem Urknall. Sie ist eine Strahlung, die isotrop und vollkommen homogen im All verteilt ist, mit einer Temperatur von

$T = 2{,}725\,\mathrm{K}$, und gehorcht mit einer Abweichung von weit unter 1% dem Planckschen Strahlungsgesetz. Wenn nun die Hintergrundstrahlung aus einer Zeit vor ca. 14 Milliarden Jahren stammt, stellt sich die Frage, ob das Plancksche Strahlungsgesetz während dieser ganzen Zeit der Ausdehnung und Abkühlung des Kosmos gültig war. Wenn dies der Fall ist, dann sind vor der Geltungsdauer dieses Naturgesetzes 1000 Jahre nur wie ein Augenblick.

Grundlage der Überprüfung dieser Dauerhaftigkeit der Geltung des Planckschen Strahlungsgesetzes ist das Standardmodell der Kosmologie. Den Rahmen für dieses Modell bilden die ART, die Thermodynamik und die Elementarteilchentheorie. Der wichtigste Parameter bei der Entwicklung des Universums ist der Skalenfaktor $a(t)$, der die Ausdehnung seit dem Urknall beschreibt. Andere Größen wie die Dehnung der Wellenlänge des Lichts, die Materiedichte und die Temperatur sind Funktionen des Skalenparameters. Die zum theoretischen Fundament gehörenden Größen wie das Plancksche Wirkungsquantum h, die Lichtgeschwindigkeit c, die Elementarladung e, und die Gravitationskonstante G werden während dieser Entwicklung als unveränderliche Naturkonstanten behandelt. Mehrere zunächst völlig unabhängige Messgrößen (Elementhäufigkeit, Sternentwicklung) passen dann widerspruchslos in dieses Standardmodell. Unbeschadet weiterer Entdeckungen (dunkle Materie) und Entscheidungen zwischen gewissen Varianten des Standardmodells kann es heute als solches als gesicherter Ausgangspunkt für weitere Überprüfungen gelten. Zu dieser Überprüfung gehört auch, ob das Plancksche Strahlungsgesetz während der Entwicklung des Kosmos immer gültig blieb.

Zum Nachweis betrachtet man die zunehmende Ausdehnung des Universums, die durch den Skalenfaktor $a(t)$ beschrieben wird. Der jetzige Wert des Skalenfaktors sei a, der zu einem früheren Zeitpunkt a'. Dann ist f gegeben durch $f = a/a'$. Da nach neusten Erkenntnissen der Skalenfaktor mit der Zeit wächst, gilt: $f > 1$ und $f^{-1} < 1$.

Nach dem Standardmodell ergibt sich dann:

Früher war es heißer als heute	$T' = fT$	(10.31)
Kosmische Rotverschiebung	$\lambda' = f^{-1}\lambda$	
bzw. für die Frequenz	$\nu' = f\nu$	(10.32)
Teilvolumen vor und nach der Abkühlung	$V' = f^{-3}V$	(10.33)

Für die daraus abgeleiteten Größen gilt

–

$$\frac{h\nu'}{k_B T'} = \frac{h\nu}{k_B T} \tag{10.34}$$

– Mittlere thermische Energie einer elektromagnetischen Mode nach dem Planckschen Strahlungsgesetz

$$\overline{E}' = \overline{E}'(T', \nu') = \frac{h\nu'}{\exp(h\nu'/(k_B T')) - 1} = f\overline{E}(T, \nu) \tag{10.35}$$

– Energiedichte nach dem Planckschen Strahlungsgesetz

$$u' = u'(T', \nu') = \frac{8\pi h\nu'^3}{c^3} \frac{1}{\exp(h\nu'/(k_B T')) - 1} = f^3 u(T, \nu) \tag{10.36}$$

$$u'(T', \nu')dV' = u(T, \nu)dV \tag{10.37}$$

– Die gesamte Strahlungsenergiedichte

$$\begin{aligned} U'(T') &= \int_0^\infty u'(T', \nu')d\nu' = f^4 \int_0^\infty u'(T, \nu)d\nu = f^4 U(T) \\ U'(T') &= \frac{8}{15} \cdot \frac{\pi^5 k_B^4}{h^3 c^3} \cdot f^4 T^4 = \frac{8}{15} \cdot \frac{\pi^5 k_B^4}{h^3 c^3} \cdot T'^4 \end{aligned} \tag{10.38}$$

bleibt aufgrund der Entwicklungsgesetze (10.31) bis (10.33) bis auf den Skalierungsfaktor f^4 erhalten. Dieser Faktor ist auf die Aufblähung des Universums zurückzuführen. Das Strahlungsgesetz bleibt also zu allen Zeiten erhalten. Seine Forminvarianz erlaubt es, Rückschlüsse auf die Strahlung im frühen Kosmos zu ziehen.

10.3 Der Photoelektrische Effekt

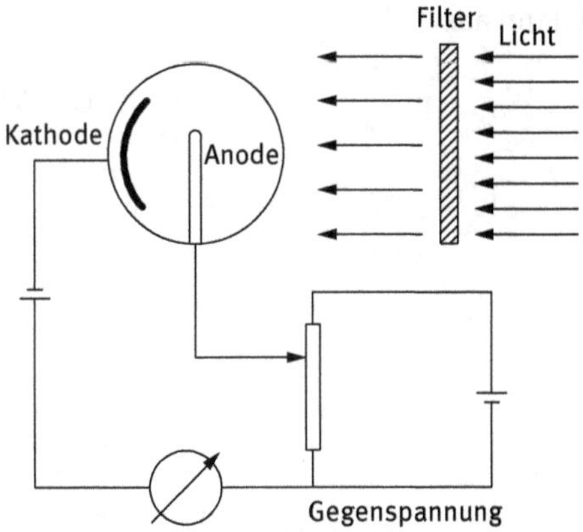

In einem evakuierten Glaskolben wird eine Metallplatte (Kathode) mit kurzwelligem Licht bestrahlt. Man beobachtet, dass Elektronen aus dem Metall heraustreten und zur Anode gelangen. Der Anodenstrom wird über ein Amperemeter gemessen.
Durch ein Filter kann die Wellenlänge des Lichts ausgewählt werden.

Abb. 10.3. Prinzipbild zur Messung des photoelektrischen Effektes.

Zur Bestimmung der kinetischen Energie der Elektronen, wird zwischen Anode und Kathode eine Gegenspannung U_G angelegt. Diese wird solange erhöht, bis kein Strom mehr fließt. Dann berechnet sich die kinetische Energie der Elektronen aus:

$$E_{\text{kin}} = \frac{1}{2}mv^2 = eU_G$$

Es werden folgende Effekte festgestellt:

- Abhängig vom Metall ist eine Mindestfrequenz des Lichtes notwendig, um Elektronen zu emittieren.
- Die Energie der Elektronen ist umso höher, je höher die Frequenz des auslösenden Lichtes ist.
- Die Intensität des Lichtes verstärkt den Anodenstrom (löst also mehr Elektronen aus), hat aber keinen Einfluss auf die Energie der Elektronen.

Die ersten Experimente zum Photoelektrischen Effekt wurden in den Jahren 1887 und 1888 von Heinrich Hertz (1857–1894) und Wilhelm Hallwachs (1859–1922) durchgeführt. Kurz zuvor hatte Heinrich Hertz nachgewiesen, dass Licht eine elektromagnetische Welle ist. Auf dieser Grundlage versuchte man nun auch den Photoelektrischen Effekt zu verstehen. Danach würde die Energie der Welle auf die Elektronen aufgeteilt, sodass mit steigender Intensität auch die kinetische Energie der Elektronen ansteigen müsste. Auch bei niedrigen Frequenzen müsste der Fotoeffekt zu beobachten sein, sobald die Intensität der Welle nur groß genug ist. Mit diesen Vorstellungen konnte man den Fotoeffekt aber nicht verstehen.

Erst im Jahr 1905 wurde dieses Problem durch Albert Einstein gelöst. Er baute auf dem Postulat vom Max Planck auf, nach dem elektromagnetische Strahlung aus Quanten (Photonen) der Energie $h\nu$ besteht. Trifft ein Photon im Metall auf ein Elektron, so kann das Photon seine Energie auf das Elektron übertragen. Das Elektron kann das Metall verlassen, sobald die übertragene Energie die Austrittsarbeit W_A übersteigt. Die kinetische Energie des Elektrons ergibt sich dann aus

$$E_{\text{kin}} = h\nu - W_A \tag{10.39}$$

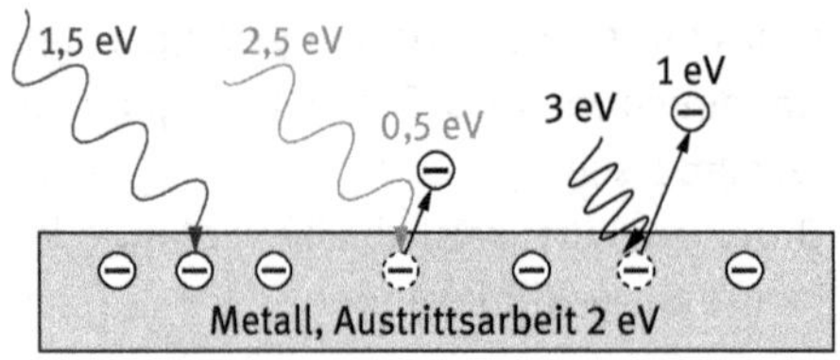

Abb. 10.4. Energieaustausch zwischen Photonen und Elektronen beim Photoeffekt.

Hiermit konnte Einstein alle gemessenen Effekte des Photoelektrischen Effekts erklären.

- Der Energieaustausch findet zwischen dem einzelnen Photon und dem Elektron statt.
- Die Energie des Photons ist $h\nu$, d. h. sie ist proportional zur Frequenz.

- Erst wenn die Frequenz so hoch ist, dass die zugehörige Photonenenergie die Austrittsarbeit übersteigt, können Elektronen aus dem Metall emittiert werden
- Je kurzwelliger das Licht, umso größer ist die Photonenenergie und umso mehr Energie kann auf ein Elektron übertragen werden. Damit steigt mit der Frequenz der Strahlung die kinetische Energie der emittierten Elektronen an.
- Steigt die Lichtintensität (Anzahl der Photonen in der Welle) an, so können mehr Elektronen aus dem Metall emittiert werden, der Anodenstrom steigt an.

Ebenso wie bei der Erklärung des Strahlungsgesetzes durch Planck herrschte auch bei der Erklärung des Photoelektrischen Effektes durch Einstein keine Begeisterung. Hatte man doch gerade erst Licht als eine elektromagnetische Welle kennengelernt und nun wurde diese Theorie durch Teilchen (Photonen) über den Haufen geworfen. Die Gemeinde der Physiker war äußerst skeptisch gegenüber diesen Theorien. So fand im Jahr 1911 die 1. Solvay Konferenz statt, die unter dem Thema „Die Theorie der Strahlung und der Quanten“ stand. Walther Nernst sagte zur Einführung: „... *die fundamentalen und fruchtbaren Ideen von Planck und Einstein sollten uns als Grundlage unserer Diskussionen dienen, wir können sie modifizieren oder verbessern, aber wir können sie nicht ignorieren ...*“. Die Konferenz selbst kam zu keinem Ergebnis, aber sie führte dazu, dass sich die anwesenden Physiker zunehmend der Probleme bewusst wurden und sich später die Generation jüngerer Physiker mit der Quantentheorie auseinandersetzte. Albert Einstein beschrieb später die damalige Situation als: „*einer Wehklage auf die Trümmer Jerusalems ähnlich*“.

Albert Einstein erhielt 1921 für seine Arbeiten zum Fotoeffekt den Nobelpreis. Er und Planck waren die ersten auf dem Weg, die die Teilchennatur des Lichtes aufgezeigt haben. Dieser Teilchennatur stand die Wellennatur des Lichtes, die ja durch die Wellenoptik schon lange bekannt war, gegenüber. Das Licht zeigte also eine Doppelnatur, einmal Welle, einmal Teilchen und man fragte sich, in welchem Fall man die eine bzw. andere Natur verwenden sollte bzw. musste.

Diese Frage blieb einstweilen offen. Es wurde aber langsam klar, dass eine neue Ära der Physik angebrochen war, vorläufig mit vielen Fragen und wenigen Antworten.

10.4 Elektronen: Nur Teilchen oder auch Wellen?

Nachdem das Licht sich in seiner Doppelnatur in physikalischen Experimenten sowohl als Welle als auch als Teilchen zeigen konnte, stellte Louis de Broglie (1892–1984) im Jahr 1924 die Hypothese auf, dass auch Materie Welleneigenschaften haben könne. Betrachten wir zunächst das Elektron, das wir bis jetzt nur als Teilchen kennen.

Es hat (siehe Kapitel 9)

- eine Ladung von $e = 1{,}602 \cdot 10^{-19}$ C
- eine Masse von $m_{el} = 9{,}109 \cdot 10^{-31}$ kg

Seine kinetische Energie ist
- im nicht relativistischen Fall $E_{\text{kin}} = \frac{1}{2}mv^2$
- im relativistischen Fall $E_{\text{kin}} = \frac{m_0c^2}{\sqrt{1-v^2/c^2}} - m_0c^2$ (siehe Kapitel 6).

Im elektromagnetischen Feld bewegt es sich unter der Lorentzkraft (siehe Kapitel 5) $\boldsymbol{F} = \boldsymbol{F}_E + \boldsymbol{F}_B = q \cdot \boldsymbol{E} + q \cdot \boldsymbol{v} \times \boldsymbol{B}$
- im nicht relativistischen Fall nach dem Newtonschen Grundgesetz $\boldsymbol{F} = m_0\boldsymbol{a}$
- im relativistischen Fall nach der relativistischen Bewegungsgleichung (siehe Kapitel 6) $\frac{d\boldsymbol{p}}{d\tau} = \boldsymbol{K}$.

Das Elektron hinterlässt dabei Spuren seiner Teilchenbahn in der Nebelkammer, die das Bewegungsgesetz bestätigen.

Wenn nun die Behauptung aufgestellt wurde, dass das Elektron auch Welleneigenschaften haben könnte, muss man zu Experimenten kommen, die auf den Wellencharakter abzielen.

10.4.1 Das Davisson-Germer Experiment

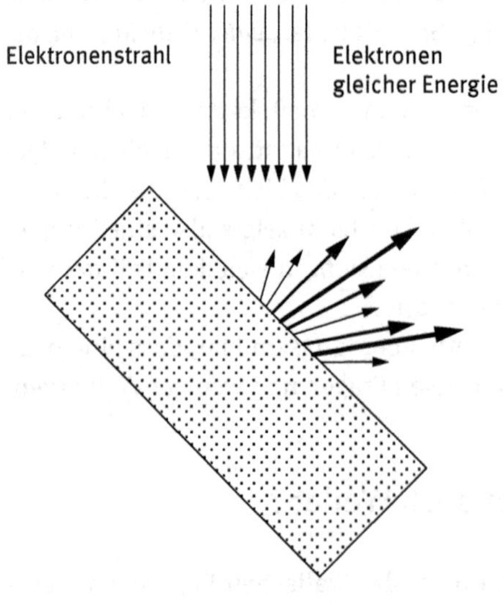

Abb. 10.5. Prinzipbild des Davisson-Germer-Experimentes zum Nachweis des Wellencharakters eines Elektronenstrahls.

Im Jahr 1927 führten Clinton Davisson (1881–1957) und Lester Germer (1896–1971) ein entsprechendes Experiment durch. Elektronen gleicher Energie treffen auf einen Kristall auf. Man misst die Intensität der gestreuten Elektronen als Funktion des Streuwinkels.

Nach den klassischen Vorstellungen würde man erwarten, dass die Intensität der gestreuten Elektronen in allen Richtungen gleich ist. Man beobachtete jedoch eine starke Winkelabhängigkeit. Es ergibt sich ein Interferenzmuster und die Winkel, unter denen die Maxima auftreten entsprechen der Braggschen Interferenzbedingung

$$2d \sin\varphi = n\lambda, \quad n = 1, 2, \dots \tag{10.40}$$

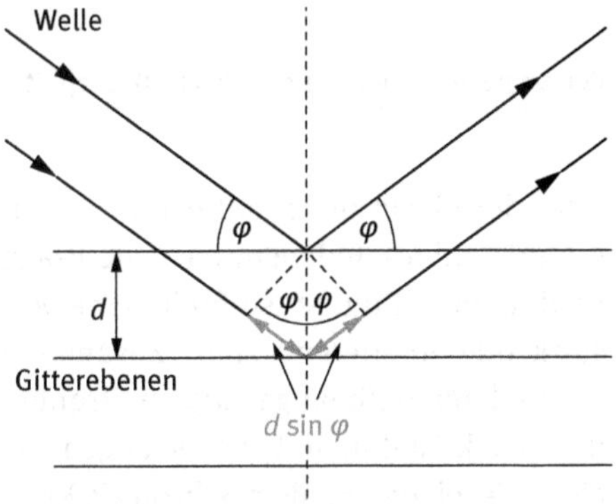

Die Braggsche Interferenzbedingung wurde 1912 von William Laurence Bragg (1862–1942) für die Beugung von Röntgenstrahlen an Kristallen aufgestellt. Durch die Streuung an den verschiedenen Gitterebenen tritt ein Gangunterschied zwischen den Wellen auf. Dieser ist bei der Streuung an der ersten und zweiten Gitterebene $2d \sin\varphi$. Die Teilwellen verstärken sich, wenn ihr Gangunterschied ein ganzzahliges Vielfaches der Wellenlänge ist.

Abb. 10.6. Nachweis des Wellencharakters von Röntgenstrahlen: Interferenz der an Gitterebenen gestreuten Teilstrahlen nach Bragg.

Mit diesem Experiment konnten Davisson und Germer zeigen, dass sich Elektronen unter bestimmten Bedingungen wie eine elektromagnetische Welle verhalten.

Wenn der Abstand d der Gitterebenen bekannt ist, so lässt sich aus dem ersten Maximum des Streuwinkels die Wellenlänge der Elektronen berechnen: $\lambda = 2d \sin\varphi$.

10.4.2 Streuung von Elektronen an Graphit

Im Jahr 1928 wies G. P. Thomson (1891–1975) die Beugung von Elektronen an einer dünnen Graphitfolie nach. In einer evakuierten Röhre werden Elektronen von einer Heizkathode emittiert und durch eine Spannung U_B beschleunigt. Anschließend treffen die Elektronen auf eine Folie aus polykristallinem Graphit, an der sie gestreut werden. Auf dem Fluoreszenzschirm sieht man konzentrische Ringe, also ein Beugungsmuster wie bei einer Welle.

Das Beugungsmuster entspricht der Beugung von Röntgenstrahlen an polykristallinen Kristallen nach der Debye-Scherrer-Methode.

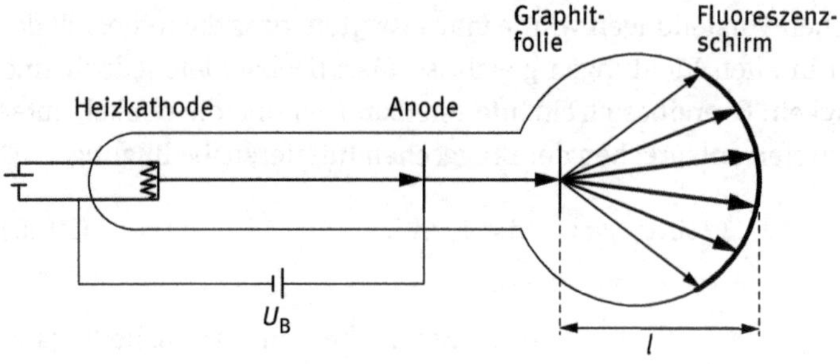

Abb. 10.7. Prinzipbild zur Beugung von Röntgenstrahlen an polykristallinen Kristallen (z. B. Graphit).

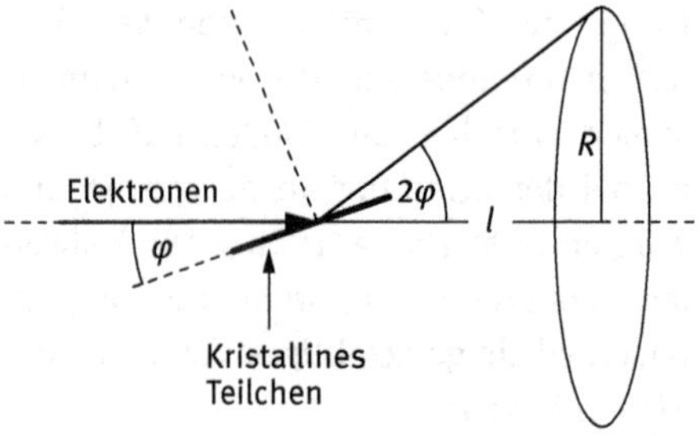

Trifft der Elektronenstrahl gerade so auf ein kristallines Teilchen, dass die Bragg Bedingung erfüllt ist, so findet eine verstärkende Interferenz statt. Zusammen mit anderen optimal gebeugten Strahlen der polykristallinen Folie erzeugen sie einen Kegel, der auf dem Schirm als Kreis zu sehen ist.

Abb. 10.8. Erklärung der Beugungsmuster von Elektronenstrahlen an Polykristallen gemäß der Braggschen Interferenzbedingung.

Aus dem Radius des ersten Rings und dem Abstand des Leuchtschirms von der Folie kann man den Streuwinkel φ für die verstärkende Interferenz berechnen. $\tan 2\varphi = R/l$. Hieraus erhält man bei bekanntem Gitterabstand für die Graphitfolie aus der Bragg Bedingung die Wellenlänge der Elektronen $\lambda = 2d \sin\varphi$.

Erhöht man die Beschleunigungsspannung U_B, also die Geschwindigkeit der Elektronen, so entsteht auf dem Schirm ein Muster mit kleineren Ringen. Kleinere Ringe bedeuten kleinere Winkel φ und damit kleinere Wellenlängen λ. D. h. mit zunehmender Energie der Elektronen wird deren Wellenlänge kleiner und damit die Frequenz höher.

Mit dem Durchlaufen der Beschleunigungsspannung U_B wird den Elektronen (Ruhemasse m_0) die Energie eU_B zugeführt, die sie in die kinetische Energie $E_{\text{kin}} = \frac{1}{2}m_0v^2 = \frac{p^2}{2m_0}$ umsetzen.

$$\frac{p^2}{2m_0} = eU_B \quad \text{bzw.} \quad p = \sqrt{2m_0eU_B} \tag{10.41}$$

Die Zufuhr von Energie bedeutet also für die Elektronen
- Erhöhung der kinetischen Energie und damit des Impulses (10.41) und
- die Verkleinerung der Wellenlänge bzw. die Erhöhung der Frequenz

Hiermit ist der Welle-Teilchen-Dualismus für Elektronen offenbar. Experimentell wurde festgestellt, dass Impuls und Wellenlänge umgekehrt proportional zueinander sind, wobei die Messungen ergeben, dass die Proportionalitätskonstante dem Planckschen Wirkungsquantum entspricht.

$$p = \frac{h}{\lambda} \quad \text{bzw.} \quad \lambda = \frac{h}{p} \tag{10.42}$$

Die Photonen im sichtbaren Licht haben eine Energie von einigen eV, ihre Wellenlänge liegt im Bereich zwischen 400 und 700 nm. Die Wellenlänge von 100 kV Elektronen liegt bei etwa 4 pm. Sie ist damit ca. 100 000 mal kleiner als die des sichtbaren Lichts. Mikroskope können nur Strukturen auflösen, die größer als die Wellenlänge sind. Da sich Elektronen leicht erzeugen und mit magnetischen Linsen gut bündeln lassen, hat man mit Elektronenmikroskopen ein Instrument, mit dem man nun sehr viel tiefer in den Mikrokosmos eindringen kann. Wegbereiter auf diesem Gebiet war Ernst Ruska (1906–1988), der im Jahr 1931 mit den ersten Versuchen hierzu anfing.

10.5 Die Materiewellenhypothese von de Broglie

Anstoß für die Experimente von Davisson und Germer sowie von G. P. Thomson war die Doktorarbeit von Louis de Broglie (1892–1987) aus dem Jahr 1924. Er stellte hierin die kühne These auf, dass der Welle-Teilchen-Dualismus nicht nur ein Merkmal von Photonen ist, sondern auch für Materie gilt, sodass auch klassische Teilchen wie z. B. Elektronen Welleneigenschaften haben. Ihre Wellenlänge ist gegeben durch

$$\lambda = \frac{h}{p} \tag{10.43}$$

Diese revolutionäre Idee wurde vom Prüfungsausschuss (ihm gehörten u. a. Jean-Baptiste Perrin und Paul Langevin an) mit Skepsis aufgenommen. Insgesamt wurde dieser neue Gedanke als äußerst ungewöhnlich empfunden. So berichtete Max Planck später:

> Die Kühnheit dieser Idee war so groß – ich muss aufrichtig sagen, daß ich selber auch damals den Kopf schüttelte dazu, und ich erinnere mich sehr gut, daß Herr Lorentz mir damals sagte im vertraulichen Privatgespräch: „Diese jungen Leute nehmen es doch gar zu leicht, alte physikalische Begriffe beiseite zu setzen!" Es war damals die Rede von Broglie-Wellen, von der Heisenbergschen Unschärfe-Relation – das schien damals uns Älteren etwas sehr schwer Verständliches.

Einstein erklärte später, er glaube, dass de Broglies Doktorarbeit den ersten schwachen Lichtstrahl auf dieses leidigste unter den physikalischen Rätseln werfe.

Trotz der anfänglichen Vorbehalte wurde de Broglies Doktorarbeit angenommen. Kurz darauf folgten nicht nur die experimentellen Bestätigungen, sondern ihm wurden auch die verschiedensten Ehrungen zuteil. (1926, 1927 Institut de France, 1929 Henri Poincaré Medaille der Académie de Science, 1929 Nobelpreis für Physik).

10.5.1 Eigenschaften der Materie

Nach de Broglie haben Materieteilchen nun folgende Eigenschaften
- Energie und Impuls, sofern sie als Teilchen auftreten
- Frequenz bzw. Wellenlänge, wenn sie als Welle auftreten
- Zwischen beiden Erscheinungsformen bestehen die Beziehungen

$$\begin{aligned} E &= h\nu \quad & p &= h/\lambda = hk \\ \nu &= E/h \quad & \lambda &= h/p = 1/k \end{aligned} \tag{10.44}$$

$k = 1/\lambda$ ist die Wellenzahl, sie gibt die Anzahl der Wellen pro Längeneinheit an.

Da die Geschwindigkeiten der Teilchen sehr oft in der Nähe der Lichtgeschwindigkeit liegen, muss man die relativistischen Formulierungen verwenden:

Die invarianten Beziehungen zwischen Energie E und Impuls p sind

$$E_0^2 = E^2 - c^2p^2, \quad E(p) = \sqrt{E_0^2 + c^2p^2}, \quad p = \frac{1}{c}\sqrt{E^2 - E_0^2} \tag{10.45}$$

wobei

$$E_0 = m_0c^2 \tag{10.46}$$

die lorentzinvariante Ruheenergie ist.

Der Zusammenhang zwischen der Geschwindigkeit und der Energie der Teilchen ist (siehe Kapitel 6)

$$E(v) = m(v)c^2 \quad p(v) = m(v)v \tag{10.47}$$

mit

$$m(v) = \frac{m_0}{\sqrt{1 - v^2/c^2}} \tag{10.48}$$

10.5.1.1 Ausbreitung einer Welle

Allgemein ist eine Welle charakterisiert durch
- die Frequenz ν (bzw. Periodendauer $T = 1/\nu$) und
- die Wellenlänge λ (bzw. die Wellenzahl $k = 1/\lambda$).

Mathematisch wird eine in x-Richtung fortschreitende Welle durch

$$f(x,t) = A\sin\left(2\pi\left(\frac{t}{T} - \frac{x}{\lambda}\right)\right) = A\sin(2\pi(\nu t - kx)) \tag{10.49}$$

dargestellt. Alle Punkte mit $\frac{t}{T} - \frac{x}{\lambda} = const.$ haben die gleiche Auslenkung und diese Auslenkung bewegt sich mit der Zeit in die positive x-Richtung. Die Geschwindigkeit, mit der sich diese Auslenkung bewegt, nennt man die Phasengeschwindigkeit. Für sie gilt

$$v_{\mathrm{Ph}} = \nu\lambda = \nu/k \tag{10.50}$$

Mit $\nu = E/h$ und $k = p/h$ aus (10.44) ergibt sich

$$v_{\mathrm{Ph}} = \frac{E(p)}{p} = c \cdot \frac{E}{\sqrt{E^2 - E_0^2}} \geq c \tag{10.51}$$

10.5.1.2 Ausbreitung eines Wellenpakets

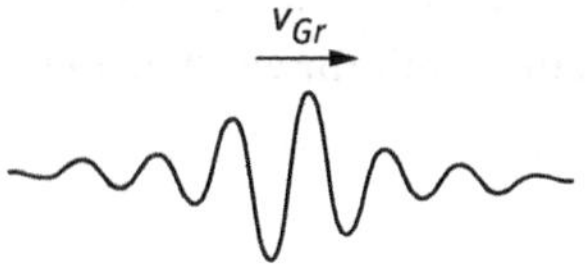

Abb. 10.9. Form eines Wellenpaketes.

Im Gegensatz zu einer Welle, die sich über den gesamten Raum ausbreitet, ist die Amplitude eines Wellenpakets nur in einem bestimmten Raumbereich von 0 verschieden.

Ein Wellenpaket setzt sich aus der Überlagerung von Wellen verschiedener Frequenz zusammen. Die Amplituden des Wellenpakets werden durch eine Hüllkurve eingeschlossen. Diese breitet sich mit der Gruppengeschwindigkeit v_{Gr} aus. Im Gegensatz dazu breiten sich die einzelnen Wellen jedoch mit der Phasengeschwindigkeit v_{Ph} aus, die sogar noch frequenzabhängig sein kann.

Für die Gruppengeschwindigkeit v_{Gr} gilt

$$v_{\mathrm{Gr}} = \frac{\partial \nu(k)}{\partial k} \tag{10.52}$$

Die Abhängigkeit der Frequenz von der Wellenzahl $\nu(k)$ wird Dispersionsgleichung genannt. Ist ν proportional zu k, so sind die Gruppen- und Phasengeschwindigkeit identisch. Andernfalls verbreitert sich die Hüllkurve des Wellenpakets.

Mit (10.44) ergibt sich

$$v_{\mathrm{Gr}} = \frac{\partial E(p)}{\partial p} = \frac{\partial \sqrt{E_0^2 + c^2 p^2}}{\partial p} = \frac{c^2 p}{\sqrt{E_0^2 + c^2 p^2}} = \frac{c^2 p}{E(p)} \tag{10.53}$$

$$\text{oder} \quad v_{\mathrm{Gr}} = \frac{c^2 m_0 v \sqrt{(1 - v^2/c^2)}}{c^2 m_0 \sqrt{(1 - v^2/c^2)}} = v \leq c$$

Für das Produkt der beiden Geschwindigkeiten gilt (Multiplikation von (10.51) und (10.53))

$$v_{\mathrm{Ph}} v_{\mathrm{Gr}} = c \frac{E}{\sqrt{E^2 - E_0^2}} \cdot \frac{c^2 p}{\sqrt{E_0^2 + c^2 p^2}}$$

Unter Verwendung von (10.45) erhält man:

$$v_{\mathrm{Ph}} v_{\mathrm{Gr}} = c^2 \quad \text{mit } v_{\mathrm{Ph}} \geq c \text{ und } v_{\mathrm{Gr}} \leq c \tag{10.54}$$

Ein Spezialfall sind die Photonen. Da ihre Phasengeschwindigkeit c ist, muss nach (10.54) ihre Gruppengeschwindigkeit ebenfalls c sein.

$$v_{\text{Ph}}(\text{Photon}) = v_{\text{Gr}}(\text{Photon}) = c \tag{10.55}$$

Die Gruppengeschwindigkeit v_{Gr} ist die Geschwindigkeit, mit der Energie oder Information transportiert wird. Deswegen ist es beruhigend, dass sie stets kleiner oder gleich der Lichtgeschwindigkeit ist, und damit im Einklang mit der Speziellen Relativitätstheorie steht (siehe Kapitel 6). Dagegen spielt es keine Rolle, wenn die Phasengeschwindigkeit größer als die Lichtgeschwindigkeit wird, denn mit ihr werden keine Signale transportiert.

10.5.2 Zusammenhang mit dem Bohrschen Atommodell

Bohr hatte als entscheidende Hypothese seines Atommodells die Quantelung des Drehimpulses eingeführt.

$$L_n = r_n \cdot p_n = n\hbar, \quad \text{mit } n = 1, 2, \ldots \text{ und } \hbar = h/2\pi \tag{10.56}$$

Diese ad hoc Hypothese war nur dadurch begründet, dass mit ihr die experimentell gemessenen Energieniveaus

$$E_n = -\frac{1}{n^2}\frac{1}{(4\pi\varepsilon_0)^2}\frac{m_e e^4}{2\hbar^2} \tag{10.57}$$

richtig berechnet werden konnten.

Setzt man in (10.56) die de Broglie Beziehung $p_n = h/\lambda_n$ für den Impuls ein, so erhält man

$$r_n \cdot h/\lambda_n = nh/2\pi \quad \text{oder} \quad n\lambda_n = 2\pi r_n; \; n = 1, 2, \ldots \tag{10.58}$$

Das bedeutet, der Umfang der Kreisbahn ist ein ganzzahliges Vielfaches der Wellenlänge. Damit passen auf den Umfang der n–ten Bahn genau n Wellenlängen. Das ist die Bedingung für eine geschlossene stabile Welle. Man kann dies als eine erste merkwürdige Annäherung an das Wellenbild betrachten.

10.5.3 Einordnung von de Broglies Materieeigenschaften

Für die damalige Zeit waren die Gedanken von de Broglie, die entsprechend (10.44) den Materieteilchen auch Welleneigenschaften zuordnen, eine enorme Herausforderung hinsichtlich der Interpretation. Am besten sind sie vielleicht gekennzeichnet durch den Spruch:

Ist es auch Wahnsinn, so hat es doch Methode,

und das aus folgenden Gründen
- Die beiden Vorstellungen „Teilchen“ und „Welle“ sind unvereinbar. Teilchen sind räumlich sehr kompakte Gebilde, die ihre Bahn durch den Raum ziehen.
- Andererseits ist eine Welle ein im Raum kontinuierlich ausgebreitetes Gebilde, das seine Form (durch Bilden und Verlaufen von Wellenpaketen) unter Umständen schnell verändern kann.

In der klassischen Physik waren daher beide Vorstellungen klar getrennt, wie z. B. in der klassischen Elektrodynamik (siehe Kapitel 5). De Broglie stellte mit seinen Beziehungen einen Zusammenhang zwischen beiden Vorstellungen her. Der Grund dieses Dilemmas ist, dass beide Vorstellungen einerseits unvereinbar und andererseits unentbehrlich sind. Abgesehen von dieser Unvereinbarkeit bleibt natürlich auch das „Wesen“ der postulierten und sich experimentell auswirkenden Welle noch völlig ungeklärt.

Es gibt eben Experimente, die nur mit der Wellenvorstellung erklärbar sind, und andererseits Experimente, die nur mit der Teilchenvorstellung vereinbar sind. Um der Absurdität nicht Vorschub zu leisten, muss also spätestens ab jetzt die Suche nach einer übergeordneten Begrifflichkeit beginnen, die die Unvereinbarkeit der Modellvorstellungen sozusagen auf höherer Ebene aufhebt. Nicht nur Physiker, sondern auch Philosophen und Theologen, die ohnehin gewohnt sind, am Rande der Begrifflichkeit zu operieren, werden sich da auf einiges gefasst machen müssen. Denn immerhin handelt es sich nicht um das Thema eines fiktiven Romans, sondern um Grundstrukturen des Universums.

Im nächsten Abschnitt beschäftigen wir uns deswegen mit einem Versuch, in dem beide Eigenschaften der Materieteilchen zutage treten.

10.6 Der Doppelspaltversuch

10.6.1 Nachweis der Wellennatur

Thomas Young (1773–1829) führte 1802 erstmals den Doppelspaltversuch durch, um die Wellennatur des Lichts nachzuweisen.

Monochromatisches Licht fällt auf einen ersten Schirm mit einem Doppelspalt. Dabei muss der Abstand der beiden Spalte größer als die Wellenlänge des Lichts sein. Auf einem zweiten Schirm, der ausreichend von dem ersten Schirm entfernt ist, wird das entstehende Bild beobachtet. Man könnte zunächst vermuten, dass auf dem Beobachtungsschirm zwei nahe beieinander liegende Lichtstreifen zu sehen sein müssten. Stattdessen findet man eine Reihe heller und dunkler Linien, die nur als Interferenzmuster der durch beide Spalte tretenden Welle gedeutet werden können. Die Welle, die sich hinter dem ersten Spalt ausbreitet, überlagert sich mit der Welle des zweiten Spaltes. Treffen zwei Wellentäler bzw. zwei Wellenberge aufeinander, so verstärken

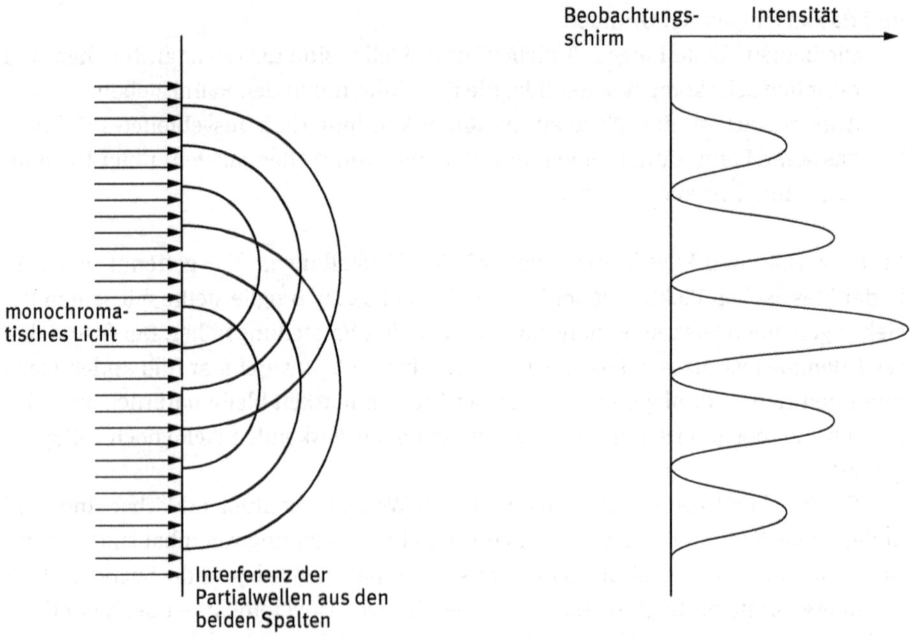

Abb. 10.10. Der Doppelspaltversuch: Gemäß dem Wellenbild tritt ein monochromatischer Lichtstrahl durch zwei Spalten. Die Partialwellen interferieren. Auf dem Schirm entsteht ein Interferenzschema der Intensität.

sie sich. Trifft ein Tal auf einen Berg, so löschen sie sich gegenseitig aus. So entstehen die hellen und dunklen Linien auf dem Beobachtungsschirm. Mit diesem Versuch war Young der Nachweis für die Wellennatur des Lichts gelungen.

10.6.2 Verhalten von Photonen

Das Ergebnis dieses Versuchs steht voll im Einklang mit der Wellennatur des Lichts. Wie ist das aber zu verstehen, wenn man daran denkt, dass wir das Licht auch als einen Strom von Photonen kennen gelernt haben. Ein Photon ist ein lokalisiertes Teilchen, das im Gegensatz zur Welle nicht beide Spalte gleichzeitig durchqueren kann, sondern nur durch einen der beiden Spalte fliegt. Um dies zu untersuchen, regelt man die Lichtintensität so weit herunter, dass immer nur ein Photon den Schirm mit den beiden Spalten durchquert.

Auf dem Beobachtungsschirm kann man über Zählrohre genau den Auftreffpunkt lokalisieren. Jedes Photon landet an einer bestimmten Stelle und nicht wie bei einer Welle über den Schirm verteilt. Lässt man das Experiment solange laufen, dass sehr viele Photonen die Anordnung durchquert haben, so ist es doch äußerst verblüffend, wenn man auf dem Beobachtungsschirm eine Intensitätsverteilung wie bei dem In-

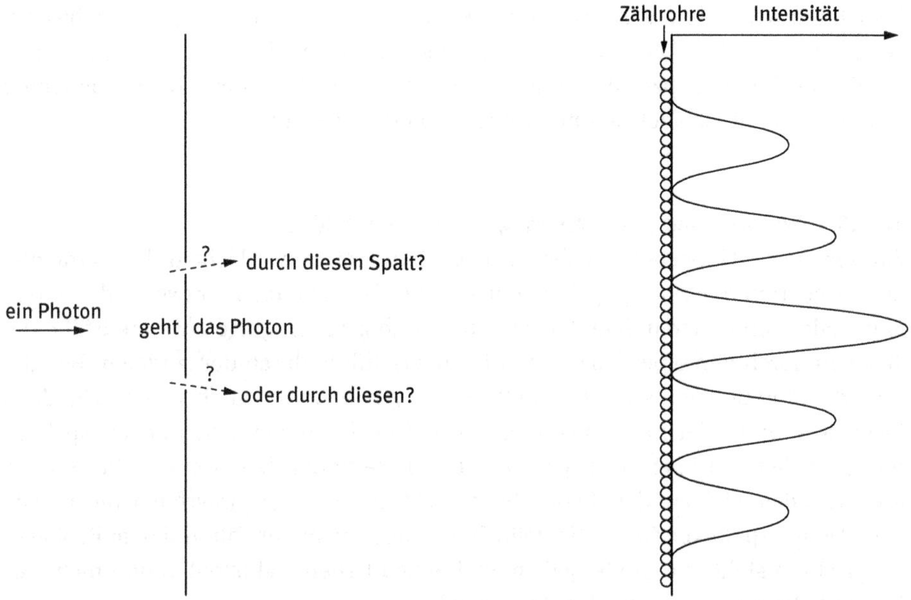

Abb. 10.11. Der Doppelspaltversuch: Gemäß dem Teilchenbild besteht der Lichtstrahl aus einzelnen Photonen, die einzeln an Zählrohren des Schirms ankommen, jedoch mit einer dem Interferenzschema entsprechenden Häufigkeit.

terferenzmuster des Wellenbildes erkennt. Jedes einzelne Photon verhält sich wie ein Teilchen, das zunächst nichts von den anderen weiß. Aber für die Gesamtheit vieler Photonen stellt sich ein Muster wie bei der Interferenz einer Welle ein. Das einzelne Photon wird also durch den Doppelspalt zumindest wahrscheinlichkeitstheoretisch in seinem Verhalten so auf den Beobachtungsschirm gelenkt, dass die Intensitätsverteilung aller Photonen der des Wellenbildes entspricht.

10.6.3 Die beschränkte Anwendbarkeit der Modellvorstellungen

In der klassischen Physik und in unserer normalen Lebensumgebung waren und sind wir daran gewöhnt, dass die uns zur Verfügung stehenden Vorstellungen durchgehend und bruchlos anwendbar sind. Für Evolutionsbiologen, die auch den Menschen in ihre Überlegung einbeziehen, ist das kein Wunder. Denn im Laufe der Evolution sind auch beim Menschen im Rahmen der erstaunlichen Entwicklung seines Gehirns gewisse in der makroskopischen Erfahrungswelt regelmäßig auftretende Strukturen automatisch fixiert worden. Sie kommen uns Menschen seitdem selbstverständlich und damit schwer überwindbar vor, obwohl sie nicht im absoluten Sinne begründbar sind, sondern von der Wirklichkeitsschicht abhängen, in der sich unser Leben abspielt. (Auf die philosophischen Konsequenzen gehen wir an anderer Stelle ein).

Beim Eindringen in die Mikrowelt sind wir jetzt an der Stelle angelangt, an der bisherige Selbstverständlichkeiten wie die durchgehende Verwendbarkeit von Vorstellungen wie die des Teilchen- bzw. Wellenbildes nicht nur fraglich sondern sogar widerlegbar sind. Dazu dient die nächste Untersuchung am Doppelspalt.

10.6.3.1 Widerlegung des durchgängigen Teilchenbildes

Zur genaueren Untersuchung des Teilchencharakters eines Lichtstrahls betrachtet man wiederum das Doppelspaltexperiment. Ein Teilchen muss entweder durch den einen oder den anderen Spalt fliegen. Statistisch gesehen ginge etwa die Hälfte der Teilchen durch den einen Spalt und die andere Hälfte durch den anderen. Bei dieser Art des Experiments hat das Teilchen die „freie Wahl" durch welchen Spalt es fliegt. Nun greift der Experimentator ein und deckt zunächst den ersten Spalt zu und anschließend über einen genauso langen Zeitraum den zweiten. Man könnte erwarten, dass sich auf dem Beobachtungsschirm das gleiche Interferenzmuster wie beim Doppelspaltexperiment einstellt. Das ist aber nicht der Fall. Auf dem Beobachtungsschirm sieht man hinter jedem Spalt einen hellen Lichtstreifen und nicht das bekannte Interferenzmuster des Doppelspalts.

Daraus muss man schließen:

- Nach der Vorstellung vom Teilchencharakter des Lichtes müsste jedes Photon beim (ungestörten) Doppelspaltexperiment durch genau einen der beiden Spalte fliegen. Trotzdem scheint jedes Teilchen – unabhängig davon durch welchen Spalt es fliegt – die gesamte Versuchsanordnung zu registrieren und verhält sich entsprechend.
- Wenn der Experimentator jedoch den genauen Weg eines Teilchens festlegen will (dadurch, dass er einen Spalt zudeckt), führt das zu einer entscheidenden Veränderung des Experiments.

10.6.3.2 Widerlegung des durchgängigen Wellenbildes

Obwohl die Wellenvorstellung die einzig mögliche Erklärung für das Zustandekommen des Interferenzphänomens ist, kann auch diese Vorstellung nicht durchgängig gelten. (Dies zeigte sich in ähnlicher Weise schon beim Fotoeffekt). Wäre nämlich die Welle ein räumlich verteiltes kontinuierliches Phänomen „verschmierter" Materie, so müssten auf dem Beobachtungsschirm zuerst die Stellen größter Intensität ansprechen (weil hier schon genügend Energie eingetroffen ist) und mit zeitlicher Verzögerung würden die Stellen mit geringerer Intensität folgen. Dies widerspricht aber völlig dem Versuchsverlauf. Direkt mit dem Einschalten des Strahls sprechen die Zähler an allen Stellen an, jedoch werden an den Stellen hoher Intensität mehr Ereignisse gezählt als an denen mit niedriger. Das Zählen eines Ereignisses bedeutet nichts anderes als das Eintreffen einer Energieportion (Photon) am jeweiligen Zähler und die Anzahl der Photonen entspricht der Intensitätsverteilung des Wellenbildes.

Dieses Zusammenspiel von Wellen- und Teilchenbild zeigte sich auch kürzlich bei einem Experiment des Hubble-Weltraumteleskops. Man richtete das Teleskop auf eine nachtschwarze Stelle des Himmels und wartete tagelang. Erst nach dieser Zeit konnte man ein Signal aus ca. 10 Milliarden Lichtjahren entfernten Galaxien aus der Zeit des frühen Kosmos registrieren. Von diesem Objekt ist nach dem Wellenbild eine Kugelwelle ausgegangen, deren Intensität mit $1/r^2$ abfällt. Wäre die Energie der Welle räumlich homogen verteilt, so müsste man (abgesehen von der Ausbreitungsdauer) sehr sehr lange warten bis sich an einer Stelle die Energie eines Photons angesammelt hat. Stattdessen kommt im Einklang mit dem Teilchenbild entweder gar nichts an oder streng lokalisiert genau ein Photon als Quant der Energie $h\nu$.

10.6.4 Schlussfolgerungen

Die Schlussfolgerungen aus diesem Kapitel sind tief greifend und nicht mehr zu umgehen. Zusammenfassend lauten sie:

- Einerseits sind die aus der klassischen Physik übernommenen Modellvorstellungen (insbesondere das Teilchen- und das Wellenbild) unentbehrlich, um eine ganze Gruppe von Experimenten zu erklären.
- Andererseits lässt sich keine dieser Modellvorstellungen durchgängig aufrechterhalten.
- Da sie unvereinbar sind, fehlt ihnen zunächst die logische Kohärenz des gesamten Erklärungsrahmens.
- Aus der Philosophie lässt sich kein Erklärungsmodell übernehmen. Das gilt schon deshalb, weil die experimentell erschlossene Erfahrungswelt sowohl für Physiker wie für Philosophen völlig neuartig ist.
- Umso dringender wird es, eine erweiterte, übergeordnete Begrifflichkeit zu finden, die die Unvereinbarkeit der Bilder aufhebt und zugleich ihren Erkenntnischarakter beibehält. Das Inklusionsprinzip muss dabei eine entscheidende Rolle spielen.
- Es ist dabei zu erwarten, dass auch Begriffskategorien modifiziert werden müssen, die sich in der gewohnten Wirklichkeitsumgebung bewährt haben und insoweit auch beibehalten werden können. Ihre Erweiterung ist aber notwendig, um den neuen Wirklichkeitsraum erfassen zu können.

11 Grundbegriffe der Quantentheorie

Vorbemerkung

Doch am Abgrund wohnt die Wahrheit.

Dieses Kapitel ist das bisher schwierigste dieses Buches. Denn es sollen die Grundbegriffe einer Theorie, die sich als bisher umfassendste und durchweg bewährte Grundlagentheorie der Wissenschaft überhaupt bewiesen hat, wenigstens annähernd in Kürze dargestellt werden.

- Für den Autor besteht die Herausforderung darin, einerseits alles (wahrscheinlich zu viel) weglassen zu müssen, was nicht unbedingt zu einem Grundverständnis nötig ist. Andererseits muss trotz der Lückenhaftigkeit der Darstellung eine gewisse logische Kohärenz gewahrt werden. Nur so kann gezeigt werden, welch harte Nuss die an der Entwicklung der Quantentheorie Beteiligten zu knacken hatten, um auf bisher unerhörte Fragestellungen eine tragfähige Antwort zu geben.
- Bei der Leserschaft muss man wohl zwischen ausgebildeten Physikern und interessierten, aber der Physik ferner stehenden Geisteswissenschaftlern unterscheiden. Die Physiker kommen ins Schmunzeln, da sie ja infolge der mittlerweile zum Standard der Ausbildung gehörenden Quantentheorie-Vorlesung alles schon wissen. Andererseits muss man Geisteswissenschaftler loben, die sich auf das schwierige Nachdenken über Grundlagenprobleme der Naturwissenschaft einlassen, anstatt sich mit populären Büchern vieler Autoren zu begnügen.

11.1 Die Situation

Im Rückblick auf die Kapitel 9 und 10 fassen wir die Situation nochmals zusammen, wie sie für die Grundlagen der Physik nunmehr entstanden war. Beim Eindringen in die Mikrowelt war man zunächst mit der Vorstellungswelt und Methodik der klassischen Physik erstaunlich weit gekommen (siehe Kapitel 9). Dann aber stellte sich (Kapitel 10) in der Gestalt des Welle-Teilchen-Dualismus die Unzulänglichkeit der klassischen Anschauungen und Begriffe auf beunruhigende Weise heraus. Die Vorstellungen von Teilchen bzw. Wellen waren ja einerseits unentbehrlich, andererseits unvereinbar. Sie waren also bestenfalls Aspekte einer dahinter stehenden Wirklichkeit. Sie waren aber noch keine kohärente Erklärung, wenn man unter Erklärung die Einbettung von Partialphänomenen in generelle logisch kohärente Zusammenhänge versteht. (Auch der erkenntnistheoretische Apriorismus Kantscher Prägung erwies sich als völlig unzureichend, denn der Welle-Teilchen Dualismus war im tranzendentalen Subjekt gewiss nicht vorgeprägt oder auch nur vorgesehen.)

Umso dringender war nun der Bedarf, die zunächst unvereinbaren Aspekte unter einen Erklärung bietenden Hut zu bringen. Dieser Fortschritt konnte wohl am ehesten von jüngeren, unbefangenen Wissenschaftlern geleistet werden. Denn ihre Gedankenwelt war noch nicht durch zwar bewährte, aber erstarrte Denktraditionen eingeengt. Von ihnen konnte man erwarten, dass sie die nötige Flexibilität mitbrachten, um neue Strukturen im Denkapparat zu repräsentieren.

Und so geschah es dann auch.

11.2 Der Durchbruch: Die Grundgleichungen der Quantentheorie

Der Durchbruch zu dieser neuen Gedankenwelt ist im Wesentlichen den beiden Physikern Werner Heisenberg (1901–1976) und Erwin Schrödinger (1887–1961) zu verdanken. Sie legten die Grundlage zu der sich in wenigen Jahrzehnten entwickelnden Quantentheorie. Beide Wissenschaftler gingen zunächst von ganz verschiedenartig scheinenden Ausgangspunkten aus.

Für Heisenberg waren nicht mehr die Elektronenbahnen und die Umlauffrequenzen der Elektronen wesentlich, sondern er legte sein Augenmerk auf die beobachtbaren Größen wie Strahlungsfrequenzen und Strahlungsintensität. Er kam so anstelle der alten Orts- und Impulskoordinaten zu Matrizen, die bestimmten Vertauschungsrelationen genügen. Man spricht daher von der Heisenbergschen Matrizenmechanik.

Schrödinger ging stattdessen von der alten Optik als intuitionsleitendem Gesichtspunkt aus, der viel direkter mit dem Welle-Teilchen-Dualismus zusammenhängt und auch anschaulicher ist. In der Elektrodynamik hatte man erkannt, dass Licht ein elektromagnetisches Wellenphänomen ist. Andererseits kannte man auch den Grenzfall der Strahlenoptik, mit der man den Weg der Lichtstrahlen z. B. in Mikroskopen und Fernrohren verfolgen kann. Indem er davon ausging, dass ähnliche Verhältnisse auch für Elektronen gelten und dass dabei die de Broglie Beziehungen gelten sollen, gelangte er zu seiner Wellengleichung.

Wir werden diesen Weg (siehe z. B. A. Wünschmann: Der Weg zur Quantenmechanik) jedoch nicht im Einzelnen verfolgen, da er natürlich noch keinen Beweis für die Richtigkeit darstellt. Dass Schrödinger damit genau das Richtige traf, zeigt sich vielmehr erst darin, dass nunmehr Vieles nicht mehr ad hoc postuliert werden musste, sondern auf natürliche Weise erklärbar wurde.

Zunächst nahmen Heisenberg und Schrödinger ihre Konzeptionen mit gegenseitiger Abneigung auf. Heisenberg bezeichnete Schrödingers Auffassung als „abscheulich“ und Schrödinger war von der Matrizenmechanik „abgeschreckt und abgestoßen“. Doch bald konnte Schrödinger beweisen, dass sie in Wirklichkeit mathematisch äquivalent sind. Heutzutage spricht jeder theoretische Physiker mit Selbstverständlichkeit vom Schrödingerbild bzw. vom Heisenbergbild als mathematisch äquivalenten Darstellungen derselben physikalischen Sachverhalte. Wir bevorzugen das Schrödingerbild wegen seiner direkteren Überführbarkeit in anschauliche Vorstellungen.

11.2.1 Die Schrödingergleichung

Die Schrödingergleichung wird heutzutage als die Grundgleichung der Quantentheorie angesehen. In ihrer allgemeinen Form lautet sie

$$i\hbar\frac{d\psi(z,t)}{dt} = \hat{H}(z)\psi(z,t) \tag{11.1}$$

Dabei ist

$\psi(z,t)$ der Zustand des oder der behandelten Elementarteilchen (z. B. des Elektrons im Wasserstoffatom). Er hängt von den Zustandsvariablen z und der Zeit t ab.
$\hat{H}(z)$ der Hamiltonoperator
$\hbar = \frac{h}{2\pi}$ das reduzierte Plancksche Wirkungsquantum

In dieser allgemeinen Form stellt Gleichung (11.1) den Rahmen für eine ganze Theorie dar. Um eine konkrete Bewegungsgleichung zu erhalten, müssen sowohl ψ als auch $\hat{H}$ spezifiziert werden. Hierzu wird in Abschnitt 11.2.2 eine Übersetzungsvorschrift behandelt, die eine tiefe Strukturverwandtschaft zwischen klassischer Mechanik und Quantenmechanik erkennen lässt.

Aus Gleichung (11.1) lässt sich die zeitunabhängige Schrödingergleichung ableiten. Die stationären Zustände $\varphi(z)$ hängen nur noch von den Zustandsvariablen z und nicht mehr von der Zeit t ab. Für den Zusammenhang mit den zeitabhängigen Zuständen macht man den Ansatz

$$\psi(z,t) = \exp(-i\,E\,t/\,\hbar)\,\varphi(z) \tag{11.2}$$

Durch Einsetzen in (11.1) ergibt sich

$$\begin{aligned} i\hbar\frac{d\psi(z,t)}{dt} &= i\hbar(-iE/\hbar)\exp(-iEt/\hbar)\varphi(z) \\ &= \exp(-iEt/\hbar)\hat{H}(z)\varphi(z) \end{aligned} \tag{11.3}$$

Diese Gleichung ist dann und nur dann erfüllt, wenn $\varphi(z)$ der zeitunabhängigen Schrödingergleichung

$$\hat{H}(z)\varphi(z) = E\varphi(z) \tag{11.4}$$

genügt. Man muss also nach den Lösungen und den dazu gehörigen Eigenwerten E von (11.4) suchen. Zuvor müssen aber die abstrakten Gleichungen (11.1) und (11.4) konkretisiert werden, um eine konkrete Bedeutung für konkrete Fälle zu erlangen. Dies geschieht auf höchst erstaunliche Weise, eine Weise, die vorher noch nie in der Physik vorkam.

11.2.2 Die außerordentliche Übersetzungsvorschrift

Heisenberg und Schrödinger verwandten mit der Matrizenrechnung bzw. der Differentialgleichung für eine Wellenfunktion höchst unterschiedliche Methoden, um sich dem Welle-Teilchen-Dualismus anzunähern. Wenn man die beiden Methoden von Weitem ansieht, so muss man sich wundern, dass es überhaupt möglich war, die mathematische Äquivalenz von so verschiedenartigen Vorgehensweisen nachzuweisen. Für diesen Nachweis wurde folgende Übersetzungsvorschrift angewandt:

- Den Grundvariablen (Ortvariable x_i und Impulsvariable p_i) der klassischen Mechanik (siehe Kapitel 3) werden in der Quantentheorie die abstrakten Operatoren $\hat{x}_i$ und $\hat{p}_i$ zugeordnet.
  Der Index i durchläuft im allgemeinen Fall alle Teilchen des Universums. Die Operatoren werden durch $^\wedge$ von den klassischen Größen unterschieden.
- Sämtliche Größen der klassischen Mechanik wie z. B. die potentielle und kinetische Energie, die Hamiltonfunktion, der Drehimpuls usw., die ursprünglich Funktionen der Variablen x_i und p_i sind, werden in der Quantentheorie in Operatoren übersetzt. Dabei werden in den entsprechenden Funktionen x_i und p_i durch $\hat{x}_i$ und $\hat{p}_i$ ersetzt.
- Die grundlegenden Operatoren $\hat{x}_i$ und $\hat{p}_i$ werden abstrakt dadurch charakterisiert, dass sie gewissen Vertauschungsrelationen genügen, nämlich

$$
\begin{aligned}
(\hat{p}_i\hat{x}_k - \hat{x}_k\hat{p}_i) &= [\hat{p}_i, \hat{x}_k] = \frac{\hbar}{i}\delta_{ik} && \text{(a)}\\
\hat{p}_i\hat{p}_k - \hat{p}_k\hat{p}_i &= [\hat{p}_i, \hat{p}_k] = 0 && \text{(b)}\\
\hat{x}_i\hat{x}_k - \hat{x}_k\hat{x}_i &= [\hat{x}_i, \hat{x}_k] = 0 && \text{(c)}
\end{aligned}
\qquad (11.5)
$$

  Aus (11.5) sieht man, dass $\hat{x}_i$ und $\hat{p}_i$ keine gewöhnliche Zahlen sein können. Denn für Zahlen gilt das Kommutativgesetz der Multiplikation:
  $a \cdot b = b \cdot a$ oder $a \cdot b - b \cdot a = 0$ oder $[a, b] = 0$.
  In der Mathematik gibt es Operatoren, die in Matrizenform darstellbar sind und der Vertauschungsrelation (11.5) genügen.

Damit sind die Größen, die Funktionen der Operatoren $\hat{x}_i$ und $\hat{p}_i$ sind, ebenfalls Operatoren und im Allgemeinen nicht vertauschbar. Die Auswirkungen dieser Operatoren-Eigenschaft sind tief greifend und werden im Folgenden besprochen.

- Operatoren bekommen ihre konkrete Bedeutung, wenn klar ist, worauf und wie sie wirken. Aus den Gleichungen (11.1) und (11.4) geht hervor, dass z. B. der Hamiltonoperator auf den quantenmechanischen Zustand $\psi(z, t)$ bzw. $\varphi(z)$ wirken muss und bei weiterer Konkretisierung auf die Wellenfunktion.
- Es war ein glücklicher Umstand, dass im Sinne einer „prästabilierten“ Harmonie der große Mathematiker David Hilbert (1862–1943) den erforderlichen mathematischen Rahmen aufgestellt hatte, der heute Hilbertraum heißt. Die physikalischen Zustände $\psi(z, t)$ bzw. $\varphi(z)$ können als Elemente des Hilbertraums dargestellt werden und die Operatoren $\hat{A}, \hat{B}, \ldots$ wirken in mathematisch präziser Weise auf diese Zustände.
- Die Möglichkeit der Darstellung von Zuständen und Operatoren im Hilbertraum betrifft letzten Endes die physikalische Wirklichkeit und nicht nur Gedankengän-

ge der reinen Mathematik. Es kommt also für die Physiker vor allem darauf an, wie man den Zusammenhang zwischen der abstrakten Ebene mit Zuständen und Operatoren und der Messung konkreter Messwerte konkret beobachtbarer Größen (Observablen) herstellt. Dies wird in den folgenden Abschnitten besprochen.

- Die Übersetzungsvorschrift etablierte trotz aller merkwürdigen Verschiedenheiten zwischen klassischen Größen (Zahlen bzw. Funktionen von Zahlen) und quantentheoretischen Größen (Zuständen bzw. Operatoren, die auf Zustände wirken) eine weitreichende aber zunächst abstrakte Strukturbeziehung zwischen klassischer Mechanik und Quantenmechanik. Das ging und geht soweit, dass man der Weltformel der klassischen Mechanik (siehe Kapitel 3)

$$\frac{dx_i}{dt} = \frac{\partial H(\boldsymbol{x}, \boldsymbol{p})}{\partial p_i}; \quad \frac{dp_i}{dt} = -\frac{\partial H(\boldsymbol{x}, \boldsymbol{p})}{\partial x_i} \tag{11.6}$$

nunmehr im Heisenbergbild, in dem die Operatoren zeitabhängig sind, die Weltformel der Quantentheorie zuordnen kann:

$$\frac{d\hat{x}_i}{dt} = \frac{\partial \hat{H}(\hat{\boldsymbol{x}}, \hat{\boldsymbol{p}})}{\partial \hat{p}_i}; \quad \frac{d\hat{p}_i}{dt} = -\frac{\partial \hat{H}(\hat{\boldsymbol{x}}, \hat{\boldsymbol{p}})}{\partial \hat{x}_i} \tag{11.7}$$

Bei der Weiterentwicklung der Quantentheorie zu einer umfassenden Basistheorie der Physik, die sich bis heute durchweg bewährt hat und bisher nicht an ihre Grenzen gestoßen ist, musste natürlich das Inklusionsprinzip erfüllt sein. Das bedeutet, die klassische Physik musste als Grenzfall in der Quantentheorie enthalten sein. Bei diesem (nicht trivialen) Nachweis spielt natürlich die Strukturverwandtschaft zwischen den Gleichungssystemen (11.6) und (11.7) eine große Rolle.

Die Übersetzungsvorschrift lieferte zugleich eine formal handhabbare Regel für die Aufstellung der quantentheoretischen Schrödingergleichung. Danach war alles vorgezeichnet. Man musste „nur" die Bedeutung des quantenmechanischen Zustandes richtig interpretieren (siehe Abschnitt 5 und 6) und die Schrödingergleichung lösen (siehe Abschnitt 11.3). (Beides ist leichter gesagt als getan).

Auf der Basis der durch die Übersetzungsvorschrift geschaffenen Grundlage, die in axiomatischer Form schon von dem Mathematiker John von Neumann (1903–1957) formuliert wurde, folgte in der ersten Hälfte des zwanzigsten Jahrhunderts eine stürmische Entwicklung der Quantentheorie. Damit konnte Günther Ludwig (1918–2007), wohl damals einer der besten Kenner der Quantentheorie, schon 1954 ein wegweisendes Buch über die Grundlagen der Quantenmechanik schreiben.

Bevor nun alles weiter konkretisiert werden muss, lohnt es sich, an dieser Stelle eine kulturpsychologische Bemerkung, die eine kritische Komponente enthält, zu machen. Da die Übersetzungsvorschrift als eine Wegmarke beim Übergang von klassischer zu neuer Physik gelten kann, scheint sie als Ort der Bemerkung geeignet zu sein. Betrachten wir das Verhalten von Physikern, Philosophen und Theologen:

- Ein gut ausgebildeter jüngerer Physiker kennt natürlich die Quantentheorie. Er wird die Schrödingergleichung (11.1) und die Vertauschungsrelationen (11.5) im

Schlaf herbeten können. Sie sind für ihn selbstverständlich und gehören eventuell zu seinem täglichen Arbeitsgebiet. Über interdisziplinäre Weiterungen denkt er im Allgemeinen nicht nach. (Wir hoffen jedoch, dass wir uns irren).

- Ein gut ausgebildeter Philosoph kennt die Quantentheorie nur am Rande. Denn zum Curriculum seiner Ausbildung gehört sie eher nicht. (Wir hoffen jedoch, dass wir uns irren). Dabei wäre die Frage nach dem ontologischen Rang der per Übersetzung eingeführten abstrakten und sehr allgemeinen Hintergrundstruktur der Wirklichkeit von großem Interesse. Gehört sie vielleicht in einem zu erneuerndem Sinne zur Metaphysik, also zu dem, was hinter den Dingen steht?
- Auch ein gut ausgebildeter Theologe kennt die grundlegenden Aussagen der Quantentheorie wohl eher nicht (Wir hoffen wiederum, dass wir uns irren). Immerhin wäre die Frage nicht abwegig, ob wohl die hoch geistige, hoch symmetrische, vor der Materialisierung stehende quantentheoretische Hintergrundstruktur etwas mit Transzendenz zu tun haben könnte. Und das, wo doch Theologie ohnehin darauf angewiesen ist, dass die immanente Wirklichkeit transparent sei zur Transzendenz?

11.3 Die zentralen Paradigmen

Unser Einstieg in die Quantentheorie ging von der allgemeinen Form der Schrödingergleichung und von einer Übersetzungsvorschrift, die zu ihrer Konkretisierung führt, aus. Er führt vom Abstrakten zum Konkreten. Bekanntlich ging Schrödinger den umgekehrten Weg: von der Optik zur konkreten Aufstellung der Gleichung für das Wasserstoffatom und erst danach kam er zur Formulierung allgemeinerer Fälle.

Diese Konkretisierung muss nun nachgeholt werden. In der klassischen Mechanik spielten zwei Paradebeispiele eine wichtige Rolle, nämlich der harmonische Oszillator (das Pendel) und die Bewegung eines Planeten um das Zentralgestirn. Die Gleichungen dafür waren exakt lösbar (siehe Kapitel 3).

Die analogen Beispiele der Quantentheorie sind der harmonische Oszillator und das Wasserstoffatom. Beide Fälle sind ebenfalls exakt lösbar und können daher als zentrale Paradigmen dienen, die auch intuitionsleitenden Charakter haben.

11.3.1 Der eindimensionale Harmonische Oszillator

Bei der Konkretisierung der Schrödingergleichung können wir ganz systematisch vorgehen. Zunächst wird der Zustand $\psi(z,t)$ als eine Wellenfunktion im Ortsraum betrachtet

$$\psi(z,t) = \psi(x,t) \quad -\infty < x < +\infty \tag{11.8}$$

z ist die Ortskoordinate, von der die Wellenfunktion abhängt.

Sodann müssen wir den Impulsoperator $\hat{p}$ und den Ortsoperator $\hat{x}$ so realisieren, dass sie als Operatoren auf Ortsfunktionen (11.8) wirken und dabei die Vertauschungsrelationen (11.5) einhalten. Diese Bedingung ist erfüllt, wenn man setzt

$$\hat{x} = x; \qquad \hat{p} = \frac{\hbar}{i} \cdot \frac{d}{dx} \tag{11.9}$$

Dies lässt sich durch die Anwendung von $\hat{p}$ und $\hat{x}$ auf eine beliebige Funktion $f(x)$ zeigen:

– Anwendung von $\hat{p}\hat{x}$ auf $f(x)$ ergibt

$$\hat{p}\,\hat{x} f(x) = \frac{\hbar}{i}\frac{d}{dx} x\, f(x) = \frac{\hbar}{i}\left(f(x) + x\frac{df(x)}{dx}\right)$$

– Vertauscht man die Operatoren, so erhält man

$$\hat{x}\hat{p} f(x) = x \frac{\hbar}{i}\frac{df(x)}{dx}$$

Damit wird in Übereinstimmung mit (11.5).

$$(\hat{p}\,\hat{x} - \hat{x}\,\hat{p}) f(x) = \frac{\hbar}{i} f(x) \tag{11.10}$$

Die Hamiltonfunktion (Summe aus kinetischer und potentieller Energie) des klassischen Harmonischen Oszillators lautet

$$H(p, x) = \frac{p^2}{2m} + \frac{m}{2}\omega^2 x^2 \tag{11.11}$$

Daraus folgen die klassischen Bewegungsgleichungen des harmonischen Oszillators

$$\frac{dx}{dt} = \frac{\partial H}{\partial p} = \frac{p}{m}; \qquad \frac{dp}{dt} = -\frac{\partial H}{\partial x} = -m\omega^2 x \tag{11.12}$$

oder nach Elimination von p

$$\frac{d^2x}{dt^2} + \omega^2 x = 0 \tag{11.13}$$

Mit der Übersetzungsvorschrift $H(p, x) \to \hat{H}(\hat{p}, \hat{x})$ ergibt sich aus (11.11) unter Verwendung von (11.9) der Hamiltonoperator

$$\hat{H}(\hat{p}, \hat{x}) = -\frac{\hbar^2}{2m}\frac{\partial^2}{\partial x^2} + \frac{m}{2}\omega^2 x^2 \tag{11.14}$$

Damit wird die zeitabhängige Schrödingergleichung (11.1)

$$i\hbar \frac{\partial \psi(x,t)}{\partial t} = \left(-\frac{\hbar^2}{2m}\frac{\partial^2}{\partial x^2} + \frac{m}{2}\omega^2 x^2\right)\psi(x,t) \tag{11.15}$$

Die stationäre Wellenfunktion $\varphi(x)$ ergibt aus der zeitunabhängigen Schrödingergleichung (11.4)

$$\hat{H}(\hat{p}, \hat{x})\,\varphi(x) = \left(-\frac{\hbar^2}{2m}\frac{d^2}{dx^2} + \frac{m}{2}\omega^2 x^2\right)\varphi(x) = E\varphi(x) \tag{11.16}$$

Im Hinblick auf die später festzulegende Bedeutung von $\varphi(x)$ und der zugehörigen zeitabhängigen Lösung

$$\psi(x,t) = \exp\left(-\frac{i}{\hbar}E\,t\right)\,\varphi\,(x)$$

kommen nur solche Lösungen von (11.16) in Frage, die die Normierungsbedingung

$$\int\limits_{-\infty}^{\infty} \varphi^*\,(x)\,\varphi\,(x)\,dx = 1 \tag{11.17}$$

erfüllen.

Das Integral (11.17) bleibt nur dann endlich, wenn die Funktion $\varphi(x)$ für $|x| \to \infty$ stark genug abklingt.

Die Schrödingergleichung (11.16) ist nicht für beliebige Energiewerte E lösbar. Lösungen, die die Normierungsbedingung (11.17) erfüllen, existieren nur für ganz bestimmte Werte von E, die Eigenwerte E_n. Die zugehörigen Funktionen sind die Eigenfunktionen $\varphi_n(x)$. Man nennt E_n und $\varphi_n(x)$ die Eigenwerte und Eigenfunktionen des Operators $\hat{H}(\hat{p},\hat{x})$.

11.3.1.1 Eigenfunktion zum niedrigsten Eigenwert

Eine Funktion, die die Schrödingergleichung (11.16) erfüllt und die – wie sich später zeigen wird – zum niedrigsten Eigenwert gehört, ist die Funktion

$$\varphi_0(x) = \left(\frac{m\omega}{\pi\hbar}\right)^{1/4} \exp\left(-\frac{1}{2}\frac{m\omega}{\hbar}x^2\right) \tag{11.18}$$

Der Faktor $\left(\frac{m\omega}{\pi\hbar}\right)^{1/4}$ folgt aus der Normierung der Funktion.

Der zugehörige Eigenwert ist

$$E_0 = \frac{1}{2}\hbar\,\omega \tag{11.19}$$

Durch Einsetzen von (11.18) und (11.19) in (11.16) sieht man, dass die Schrödingergleichung erfüllt ist. Die Ableitungen von $\varphi_0(x)$ sind:

$$\begin{aligned}
\frac{d}{dx}\varphi_0(x) &= -\frac{m\omega}{\hbar}x\cdot\varphi_0(x)\\
\frac{d^2}{dx^2}\varphi_0(x) &= -\frac{m\omega}{\hbar}\varphi_0(x) + \left(\frac{m\omega}{\hbar}\right)^2 x^2\cdot\varphi_0(x)\\
-\frac{\hbar^2}{2\,m}\frac{d^2}{dx^2}\varphi_0(x) &= -\frac{1}{2}m\omega^2x^2\varphi_0(x) + \frac{1}{2}\hbar\omega\,\varphi_0(x)
\end{aligned} \tag{11.20}$$

Durch Umstellen der letzten Gleichung ergibt sich die Schrödingergleichung (11.16)

$$\left[-\frac{\hbar^2}{2\,m}\frac{d^2}{dx^2} + \frac{1}{2}m\omega^2x^2\right]\varphi_0(x) = +\frac{1}{2}\hbar\omega\,\varphi_0(x) \tag{11.21}$$

11.3.1.2 Höhere Eigenwerte und Eigenfunktionen

Zur Bestimmung der höheren Eigenwerte und Eigenfunktionen geht man zu dimensionslosen Hilfsoperatoren über.

$$\hat{X} = \sqrt{\frac{m\omega}{\hbar}}\hat{x} \qquad \hat{P} = \frac{1}{\sqrt{m\hbar\omega}}\hat{p} \tag{11.22}$$

$$\hat{a} = \frac{1}{\sqrt{2}}(\hat{X} + i\hat{P}); \qquad \hat{a}^{+} = \frac{1}{\sqrt{2}}(\hat{X} - i\hat{P}) \tag{11.23}$$

Setzt man die Operatoren $\hat{a}$ und $\hat{a}^{+}$ in die kanonischen Vertauschungsrelationen (11.5) für $\hat{x}$ und $\hat{p}$ ein, so ergeben sich äquivalente aber einfacher handhabbare Vertauschungsrelationen

$$\begin{aligned} \hat{a}\,\hat{a}^{+} - \hat{a}^{+}\hat{a} &\equiv [\hat{a}, \hat{a}^{+}] = \hat{1} \\ \hat{a}^{+}\hat{a} - \hat{a}\,\hat{a}^{+} &\equiv [\hat{a}^{+}, \hat{a}] = -\hat{1} \end{aligned} \tag{11.24}$$

Dabei ist $\hat{1}$ die unter (11.34) definierte Einheitsmatrix.
Mit diesen Operatoren wird der Hamiltonoperator (11.14)

$$\begin{aligned} &\hat{H} = \hbar\omega \cdot \tfrac{1}{2}(\hat{X}^2 + \hat{P}^2) = \hbar\omega \cdot (\hat{a}^{+}\hat{a} + \tfrac{1}{2}) = \hbar\omega \cdot (\hat{N} + \tfrac{1}{2}) \\ &\text{mit } \hat{N} = \hat{a}^{+}\hat{a} \end{aligned} \tag{11.25}$$

Der Operator $\hat{N}$ erfüllt mit $\hat{a}$ und $\hat{a}^{+}$ folgende Vertauschungsrelationen

$$\begin{aligned} [\hat{N}, \hat{a}] &= [\hat{a}^{+}\hat{a}, \hat{a}] = \hat{a}^{+}[\hat{a}, \hat{a}] + [\hat{a}^{+}, \hat{a}]\,\hat{a} = -\hat{a} \\ [\hat{N}, \hat{a}^{+}] &= [\hat{a}^{+}\hat{a}, \hat{a}^{+}] = \hat{a}^{+}[\hat{a}, \hat{a}^{+}] + [\hat{a}^{+}, \hat{a}^{+}]\,\hat{a} = +\hat{a}^{+} \end{aligned} \tag{11.26}$$

Hierbei wurde wieder die allgemeine Schreibweise für die Vertauschungsrelationen verwendet: $[\hat{A}, \hat{B}] \equiv \hat{A}\,\hat{B} - \hat{B}\,\hat{A}$.

Mit diesen Relationen können nun die weiteren Eigenfunktionen von $\hat{H}$ erstellt werden. Man geht von einer Eigenfunktion φ_n aus, die die Gleichung (11.25)

$$\hat{H}\varphi_n = \hbar\omega\,(\hat{N} + \tfrac{1}{2})\,\varphi_n = \hbar\omega\,(n + \tfrac{1}{2})\,\varphi_n \tag{11.27}$$

erfüllt. n ist ein noch unbekannter Eigenwert des Operators $\hat{N}$ mit der Eigenfunktion φ_n. Für die Funktion $\hat{a}\,\varphi_n$ gilt dann nach (11.26) und (11.27)

$$\hat{N}\,\hat{a}\,\varphi_n = \hat{a}\,\hat{N}\,\varphi_n - \hat{a}\,\varphi_n = \hat{a}\,n\,\varphi_n - \hat{a}\,\varphi_n = (n-1)\,\hat{a}\,\varphi_n \tag{11.28}$$

Entsprechend gilt für $\hat{a}^{+}\varphi_n$

$$\hat{N}\,\hat{a}^{+}\varphi_n = \hat{a}^{+}\hat{N}\,\varphi_n + \hat{a}^{+}\varphi_n = \hat{a}^{+}n\,\varphi_n + \hat{a}^{+}\varphi_n = (n+1)\,\hat{a}^{+}\varphi_n \tag{11.29}$$

Das bedeutet: durch Anwenden von $\hat{a}$ bzw. $\hat{a}^{+}$ auf eine Eigenfunktion φ_n erhält man eine neue Eigenfunktion von $\hat{N}$ zu einem um 1 niedrigeren bzw. höheren Eigenwert.

Eigenfunktion von $\hat{N}$	Eigenwert von $\hat{N}$
φ_n	n
$\hat{a}\,\varphi_n$	$n-1$
$\hat{a}^+\varphi_n$	$n+1$

Allerdings bricht die Kette neuer Eigenzustände zu negativen Eigenwerten hin ab. Dies sieht man durch explizites Einsetzen von $\hat{a}$ und φ_0.

$$\hat{a}\,\varphi_0 = \frac{1}{\sqrt{2}}\left(\sqrt{\frac{m\omega}{\hbar}}x + \frac{i}{\sqrt{m\hbar\omega}}\frac{\hbar}{i}\frac{d}{dx}\right)\cdot\left(\frac{m\omega}{\pi\hbar}\right)^{1/4}\exp\left(-\frac{1}{2}\frac{m\omega}{\hbar}x^2\right) = 0 \tag{11.30}$$

Der niedrigste Eigenwert des Operators $\hat{N}$ ist also $n = 0$. Die höheren Eigenwerte sind damit ganze positive Zahlen. Kennt man also die niedrigste Eigenfunktion φ_0 (11.18), so ergeben sich die höheren Eigenfunktionen durch wiederholtes Anwenden von $\hat{a}^+$ auf φ_0. Unter zusätzlicher Verwendung der Normierungsbedingung (11.17) folgt dann

$$\begin{aligned}\hat{a}^+\,\varphi_n &= \sqrt{n+1}\varphi_{n+1}\\ \hat{a}\,\varphi_n &= \sqrt{n}\varphi_{n-1}\end{aligned} \tag{11.31}$$

11.3.1.3 Zusammenhang zwischen der Schrödingerschen Differentialgleichung und der Heisenbergschen Matrizenrechnung

Stellt man die Eigenfunktionen φ_n in der Form eines unendlich dimensionalen Vektors dar

$$\varphi_0 \hat{=} \begin{pmatrix}1\\0\\0\\0\\\vdots\end{pmatrix} \quad \varphi_1 \hat{=} \begin{pmatrix}0\\1\\0\\0\\\vdots\end{pmatrix} \quad \varphi_n \hat{=} \begin{pmatrix}0\\ \cdot\cdot\\1\\0\\\vdots\end{pmatrix} \leftarrow (n+1)\text{-te Reihe} \tag{11.32}$$

dann nehmen die Operatoren $\hat{a}^+$ und $\hat{a}$ die Form von (unendlich dimensionalen) Matrizen an

$$\hat{a} = \begin{pmatrix}0 & \sqrt{1} & 0 & 0 & \dots\\ 0 & 0 & \sqrt{2} & 0 & \dots\\ 0 & 0 & 0 & \sqrt{3} & \dots\\ \vdots & \vdots & \vdots & \vdots & \ddots\end{pmatrix} \quad \hat{a}^+ = \begin{pmatrix}0 & 0 & 0 & 0 & \dots\\ \sqrt{1} & 0 & 0 & 0 & \dots\\ 0 & \sqrt{2} & 0 & 0 & \dots\\ 0 & 0 & \sqrt{3} & 0 & \dots\\ \vdots & \vdots & \vdots & \vdots & \ddots\end{pmatrix} \tag{11.33}$$

Hiermit wird der Zusammenhang zwischen der Schrödingerschen Differentialgleichung mit der Heisenbergschen Matrizenrechnung deutlich. Die Vertauschungsrelation (11.24) wird durch

$$[\hat{a}\hat{a}^+] = \hat{a}\,\hat{a}^+ - \hat{a}^+\hat{a} = \begin{pmatrix} 1 & 0 & 0 & 0 & \dots \\ 0 & 1 & 0 & 0 & \dots \\ 0 & 0 & 1 & 0 & \dots \\ 0 & 0 & 0 & 1 & \dots \\ \vdots & \vdots & \vdots & \vdots & \ddots \end{pmatrix} = \hat{1} \tag{11.34}$$

erfüllt. $\hat{1}$ ist die Einheitsmatrix. Nach rekursiver Anwendung von $\hat{a}^+$ auf φ_0 ergibt sich

$$\varphi_n = \frac{1}{\sqrt{n!}}(\hat{a}^+)^n \varphi_0 \tag{11.35}$$

Damit zeigt sich endgültig, dass die φ_n die Eigenfunktionen der Operatoren $\hat{N}$ bzw. $\hat{H}$ sind und zwar gilt:

$$\hat{N}\varphi_n = n\varphi_n \tag{11.36}$$

Mit (11.27) ergibt sich

$$\hat{H}\varphi_n = \hbar\omega\left(n + \frac{1}{2}\right)\varphi_n = E_n\,\varphi_n \tag{11.37}$$

Da die Operatoren $\hat{a}$ und $\hat{a}^+$ den Eigenwert von $\hat{N}$ um 1 erniedrigen bzw. erhöhen, nennt man $\hat{a}$ und $\hat{a}^+$ Vernichtungs- bzw. Erzeugungsoperatoren.

11.3.1.4 Elektromagnetische Strahlung

In der Quantenelektrodynamik bekommen diese Operatoren eine neue Bedeutung. Dort beschreiben sie die oszillierenden Amplituden des elektromagnetischen Feldes. Geht man in Bezug auf diese klassischen Amplituden zu harmonischen Oszillatoren über, dann erhält man den Teilchenaspekt des elektromagnetischen Feldes: φ_n beschreibt den Zustand von n Photonen (Lichtquanten) der Energie $\hbar\omega$. Damit war der Anschluss der von Max Planck postulierten Lichtquanten an die übergreifende Methode der Quantisierung von Oszillatoren gefunden. Max Planck konnte im Jahr 1900 die Verteilung der elektromagnetischen Strahlungsenergie eines schwarzen Körpers nur dadurch mit den experimentellen Ergebnissen in Einklang bringen, dass er für die Oszillatoren des elektromagnetischen Feldes nur diskrete Energiestufen ($E_n = n \cdot \hbar\omega$) zuließ. Dies war damals eine ad hoc Annahme. Mit der Methode der Quantisierung wurde nun die theoretische Grundlage für diese Annahme gefunden.

11.3.1.5 Explizite Form der Wellenfunktion

Wir betrachten nun explizit das einfache Beispiel des harmonischen Oszillators, der in x-Richtung um seine Ruhelage schwingt. Ihm sind die Wellenfunktionen $\varphi_n(x)$ bzw.

$\psi_n(x,t)$ im Ortsraum zugeordnet. Es liegt nahe, sich vorzustellen, dass diese Eigenfunktionen mit ihren Eigenwerten E_n in einem Zusammenhang mit den Eigenschwingungen (also stehenden Wellen) eines in ein Potential $V(x)$ eingespannten schwingungsfähigen Systems stehen. Auch wenn noch nicht klar ist, welche Bedeutung dieses schwingende System hat, geht diese Vorstellung doch deutlich über die Annahmen des Bohrschen Atommodells mit diskreten Teilchenbahnen und deren diskreten Energien hinaus.

Die explizite Form der Wellenfunktion φ_n erhält man unter Verwendung von (11.18), (11.22), (11.23) und (11.35)

$$\varphi_n = \frac{1}{\sqrt{n!}} \cdot \frac{1}{\sqrt{2^n}} \left[\sqrt{\frac{m\omega}{\hbar}} x - \sqrt{\frac{\hbar}{m\omega}} \frac{d}{dx} \right]^n \varphi_0(x) \tag{11.38}$$

Die auf φ_0 folgenden Eigenfunktionen sind explizit:

$$\varphi_1 = \left[\frac{4}{\pi} \left(\frac{m\omega}{\hbar} \right)^3 \right]^{1/4} x \cdot \exp\left(-\frac{1}{2} \frac{m\omega}{\hbar} x^2 \right) \tag{11.39}$$

$$\varphi_2 = \left(\frac{m\omega}{4\pi\hbar} \right)^{1/4} \left[2\frac{m\omega}{\hbar} x^2 - 1 \right] \cdot \exp\left(-\frac{1}{2} \frac{m\omega}{\hbar} x^2 \right) \tag{11.40}$$

Später wird gezeigt, dass

$$\varphi_n^*(x) \varphi_n(x) dx \tag{11.41}$$

die stationäre Aufenthaltswahrscheinlichkeit des oszillierenden Teilchens im Ortsintervall $x \ldots x + dx$ nach Messung seines Ortes x ist.

$\varphi_n^*(x)$ ist die konjugiert komplexe Funktion zu $\varphi_n(x)$. Im vorliegenden Fall stimmen $\varphi_n^*(x)$ und $\varphi_n(x)$ überein, da $\varphi_n(x)$ reell ist.

Wegen der Normierungsbedingung (11.17) ist

$$\int_{-\infty}^{\infty} \varphi_n^*(x)\, \varphi_n(x)\, dx = 1 \tag{11.42}$$

(11.42) ist in Übereinstimmung mit der Bedeutung von $\varphi_n(x)$. Die Wahrscheinlichkeit, dass sich das Teilchen irgendwo im Bereich zwischen $x = -\infty$ und $x = +\infty$ aufhält, muss 1 sein.

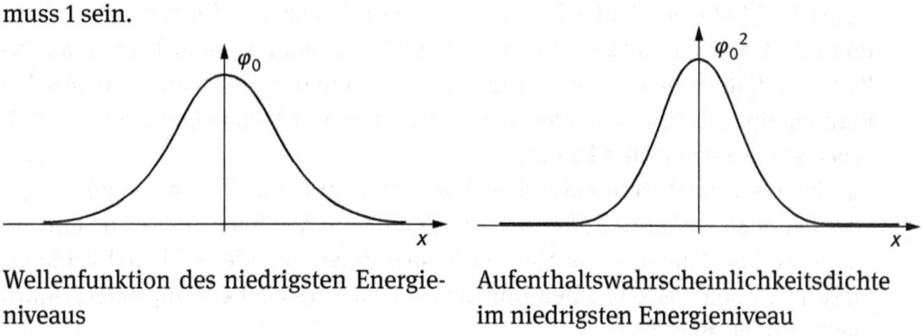

Wellenfunktion des niedrigsten Energieniveaus — Aufenthaltswahrscheinlichkeitsdichte im niedrigsten Energieniveau

Abb. 11.1. Wellenfunktion und Orts-Aufenthaltswahrscheinlichkeitsdichte des Teilchens im Oszillator zum niedrigsten Energieniveau E_0.

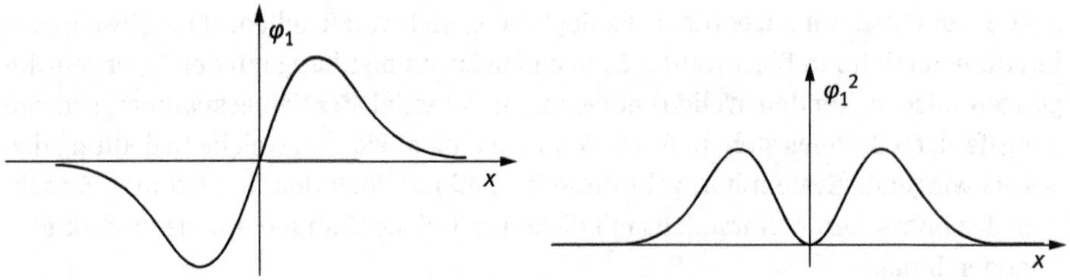

Wellenfunktion des ersten Energieniveaus | Aufenthaltswahrscheinlichkeitsdichte im ersten Energieniveau

Abb. 11.2. Wellenfunktion und Orts-Aufenthaltswahrscheinlichkeitsdichte zum Energieniveau E_1.

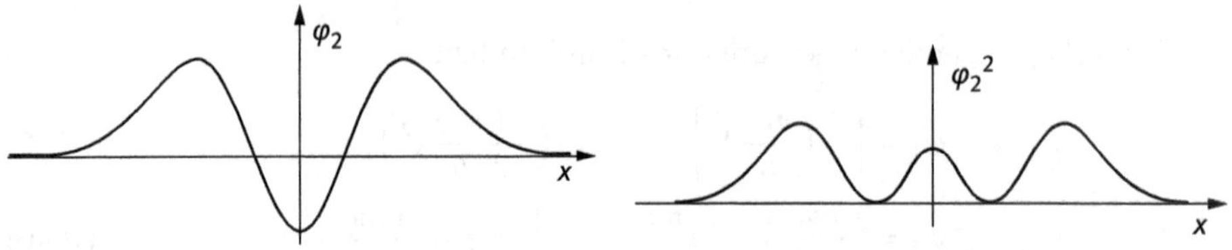

Wellenfunktion des zweiten Energieniveaus | Aufenthaltswahrscheinlichkeitsdichte im zweiten Energieniveau

Abb. 11.3. Wellenfunktion und Orts-Aufenthaltswahrscheinlichkeitdichte zum Energieniveau E_2.

11.3.2 Das Wasserstoffatom

Die Anwendung der neuen Quantentheorie auf den harmonischen Oszillator hatte gezeigt, dass die stehenden Wellen, die sich im stationären Fall bilden, notwendigerweise zu diskreten Energiewerten führen. Später werden wir zeigen, dass die Energiewerte E_n des Hamiltonoperators die einzigen möglichen Messwerte von $\hat{H}$ sind und die Bedeutung von Energien haben.

Der Boden war nun für die Behandlung des Wasserstoffatoms gut vorbereitet:

- Rutherford hatte gezeigt (siehe Kapitel 9), dass Atome aus einem positiven Kern und negativen ihn umgebenden Elektronen bestehen. Das einfachste Atom, das Wasserstoffatom, besteht aus einem Proton als Kern und einem Elektron, das den Kern umgibt. Die Kraft zwischen beiden ist die wohlbekannte Coulombkraft zwischen entgegengesetzten Ladungen.
- Für das Wasserstoffatom hatte Niels Bohr ein zwar erstaunlich aussagekräftiges aber dennoch vorläufiges Modell unter Benutzung des Teilchenmodells und gewisser ad hoc Annahmen aufgestellt. Insbesondere bot dieses Modell keine Erklärung für den Welle-Teilchen-Dualismus. Es bestand daher dringender Bedarf, dieses Modell zu ersetzen.
- Da es möglich war, die exakte Lösung für das Wasserstoffatom aufzufinden, wurde es zum zentralen Paradigma der Quantentheorie. Dies ist besonders beach-

tenswert, da die Winzigkeit des Wasserstoffatoms einen direkten experimentellen Zugriff auf seine Struktur unmöglich macht.

Der konsequente Weg von der Übersetzungsvorschrift zur expliziten Form der Wellenfunktion des Wasserstoffatoms wird in allen Lehrbüchern der Quantentheorie ausführlich beschrieben. Deswegen werden hier nur die wichtigsten Wegmarken aufgeführt.

Ausgangspunkt ist wie beim harmonischen Oszillator die klassische Hamiltonfunktion

$$H(p_x, p_y, p_z, x, y, z) = \frac{1}{2m}(p_x^2 + p_y^2 + p_z^2) + V(r) \tag{11.43}$$

mit dem zentralsymmetrischen Coulombpotential

$$V(r) = -\frac{e^2}{4\pi\varepsilon_0} \cdot \frac{1}{r} \tag{11.44}$$

Gemäß der Übersetzungsvorschrift wird der Hamiltonoperator

$$\hat{H} = -\frac{\hbar^2}{2m_e}\left(\frac{\partial^2}{\partial x^2} + \frac{\partial^2}{\partial y^2} + \frac{\partial^2}{\partial z^2}\right) + V(r) = -\frac{\hbar^2}{2m_e}\Delta + V(r) \tag{11.45}$$

Da das Coulombpotential kugelsymmetrisch ist, gehen wir zu Kugelkoordinaten über.

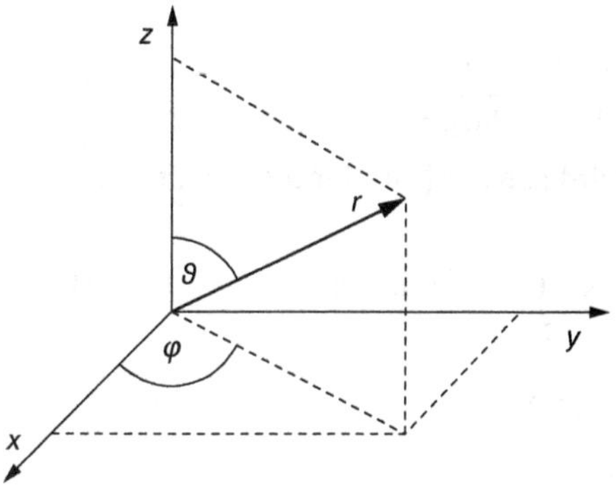

Der Hamiltonoperator für das Wasserstoffatom ist dann

$$\hat{H} = -\frac{\hbar^2}{2m_e}\left[\frac{\partial^2}{\partial r^2} + \frac{2}{r}\frac{\partial}{\partial r} + \frac{1}{r^2}\left(\frac{\partial^2}{\partial \vartheta^2} + \frac{1}{\tan\vartheta}\frac{\partial}{\partial\vartheta} + \frac{1}{\sin^2\vartheta}\frac{\partial^2}{\partial\varphi^2}\right)\right] - \frac{e^2}{4\pi\varepsilon_0}\cdot\frac{1}{r} \tag{11.46}$$

11.3.2.1 Grundzustand des Wasserstoffatoms

Es ist sinnvoll für die Wellenfunktion des Grundzustandes, die die zeitunabhängige Schrödingergleichung erfüllt

$$\hat{H}\phi(r) = E\phi(r) \tag{11.47}$$

einen kugelsymmetrischen Ansatz zu machen

$$\phi(x, y, z) = \phi(r) = A \cdot e^{-\alpha r} \tag{11.48}$$

Da $\phi(r)$ nicht von den Winkeln ϑ und φ abhängt, vereinfacht sich (11.46) zu

$$\hat{H} = -\frac{\hbar^2}{2m_e}\left[\frac{\partial^2}{\partial r^2} + \frac{2}{r}\frac{\partial}{\partial r}\right] - \frac{e^2}{4\pi\varepsilon_0} \cdot \frac{1}{r} \tag{11.49}$$

Die Ableitungen von $\phi(r)$ sind

$$\frac{d\phi}{dr} = -\alpha\phi \quad , \quad \frac{d^2\phi}{dr^2} = \alpha^2\phi \tag{11.50}$$

Einsetzen von (11.49) und (11.50) in (11.47) ergibt

$$\left(\frac{\hbar^2}{m_e}\alpha - \frac{e^2}{4\pi\varepsilon_0}\right) \cdot \frac{1}{r}\phi(r) - \frac{\hbar^2\alpha^2}{2m_e}\phi(r) = E\phi(r) \tag{11.51}$$

Die noch unbekannten Parameter α und E müssen so bestimmt werden, dass Gleichung (11.51) erfüllt ist. Das ist nur dann für alle Werte von r der Fall, wenn die Koeffizienten von $\frac{1}{r}\phi(r)$ und $\phi(r)$ null sind. Daraus folgt

$$\alpha = \frac{m_e e^2}{\hbar^2} \cdot \frac{1}{4\pi\varepsilon_0} \tag{11.52}$$

und

$$E = -\frac{\hbar^2\alpha^2}{2m_e} = -\frac{m_e e^4}{2\hbar^2} \cdot \frac{1}{(4\pi\varepsilon_0)^2} \tag{11.53}$$

Die Integrationskonstante A in (11.48) wird aus der Normierung bestimmt.

$$\int_0^\infty \phi^2(r) \cdot 4\pi\, r^2 dr = 4\pi\, A^2 \int_0^\infty e^{-2\alpha r} r^2 dr = 1 \tag{11.54}$$

Mit $\int_0^\infty e^{-2\alpha r} r^2 dr = \frac{1}{4\alpha^3}$ ergibt sich aus (11.54)

$$A^2 = \frac{\alpha^3}{\pi} = \frac{m_e^3 e^6}{\pi\hbar^6} \cdot \frac{1}{(4\pi\varepsilon_0)^3} \tag{11.55}$$

Wenn $\phi^2(x, y, z)d^3x = \phi^2(r)d^3x$ als Aufenthaltswahrscheinlichkeitsdichte des Elektrons im Volumenelement d^3x interpretiert wird, so ergibt sich die Aufenthaltswahrscheinlichkeitsdichte in einer Kugelschale zwischen Radius r und $r + dr$ zu

$$w(r)\, dr = \phi^2(r) \cdot 4\pi\, r^2 dr = 4\pi\, A^2 e^{-2\alpha r} r^2 dr \tag{11.56}$$

Der Radius maximaler Aufenthaltswahrscheinlichkeitsdichte wird aus der 1. Ableitung bestimmt

$$\frac{dw}{dr} = 4\pi\, A^2(-2\alpha\, r^2 + 2\, r) \cdot e^{-2\alpha r} = 0 \tag{11.57}$$

Er liegt bei $r = r_{max}$

$$r_{max} = \frac{1}{\alpha} = 4\pi\,\varepsilon_0 \frac{\hbar^2}{m_e e^2} \tag{11.58}$$

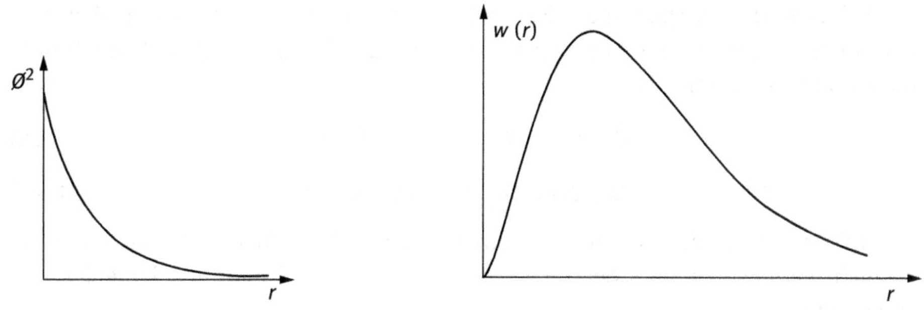

Aufenthaltswahrscheinlichkeits-dichte $\phi^2(r)$

Aufenthaltswahrscheinlichkeitsdichte in der Kugelschale zwischen r und $r + dr$

Abb. 11.4. Zum Grundzustand des Wasserstoffatoms: $\phi^2(r)$ und die Aufenthaltswahrscheinlichkeits-dichte $w(r)$ in der Kugelschale zwischen r und $(r + dr)$.

Vergleich mit den Parametern des Bohrschen Atommodells:

$$r_{max} = r_1 = \text{ Radius der innersten Bohrschen Elektronenbahn} \tag{11.59}$$

$$E = E_1 = \text{ Energie der innersten Bohrschen Elektronenbahn} \tag{11.60}$$

11.3.2.2 Drehimpuls

Ebenso wie bei der Lösung des klassischen Keplerproblems verwenden wir den Drehimpuls

$$\begin{gathered} \boldsymbol{L} = \boldsymbol{x} \times \boldsymbol{p} \quad \text{bzw.} \\ L_x = yp_z - zp_y \quad L_y = zp_x - xp_z \quad L_z = xp_y - yp_x \end{gathered} \tag{11.61}$$

und die Übersetzung in die entsprechenden Operatoren

$$\begin{aligned} \hat{L}_x &= \hat{y}\,\hat{p}_z - \hat{z}\,\hat{p}_y = \frac{\hbar}{i}\left(y\frac{\partial}{\partial z} - z\frac{\partial}{\partial y}\right) \\ \hat{L}_y &= \hat{z}\,\hat{p}_x - \hat{x}\,\hat{p}_z = \frac{\hbar}{i}\left(z\frac{\partial}{\partial x} - x\frac{\partial}{\partial z}\right) \\ \hat{L}_z &= \hat{x}\,\hat{p}_y - \hat{y}\,\hat{p}_x = \frac{\hbar}{i}\left(x\frac{\partial}{\partial y} - y\frac{\partial}{\partial z}\right) \end{aligned} \tag{11.62}$$

Ebenso gehört zu

$$\boldsymbol{L}^2 = L_x^2 + L_y^2 + L_z^2 \tag{11.63}$$

der Operator des Gesamtdrehimpulses

$$\hat{\boldsymbol{L}}^2 = \hat{L}_x^2 + \hat{L}_y^2 + \hat{L}_z^2 \tag{11.64}$$

Mit den grundlegenden Vertauschungsrelationen (11.5) für $\hat{x}$, $\hat{y}$, $\hat{z}$ und $\hat{p}_x$, $\hat{p}_y$, $\hat{p}_z$ ergeben sich die Vertauschungsrelationen für die Drehimpulsoperatoren

$$[\hat{L}_x, \hat{L}_y] = i\hbar\hat{L}_z \quad [\hat{L}_y, \hat{L}_z] = i\hbar\hat{L}_x \quad [\hat{L}_z, \hat{L}_x] = i\hbar\hat{L}_y \tag{11.65}$$

Während die Komponenten des Drehimpulsoperators untereinander nicht vertauschbar sind, sind sie mit dem Quadrat des Gesamtdrehimpulses und dem Hamiltonoperator vertauschbar.

$$[\hat{L}_x, \hat{L}^2] = [\hat{L}_y, \hat{L}^2] = [\hat{L}_z, \hat{L}^2] = 0 \tag{11.66}$$

$$[\hat{L}_x, \hat{H}] = [\hat{L}_y, \hat{H}] = [\hat{L}_z, \hat{H}] = 0 \tag{11.67}$$

Später wird gezeigt, dass untereinander vertauschbare Operatoren (im Gegensatz zu nicht vertauschbaren Operatoren) gemeinsame Eigenfunktionen haben. Damit muss gelten

$$\hat{H}\phi(x, y, z) = E\,\phi(x, y, z) \tag{11.68a}$$

$$\hat{L}^2\phi(x, y, z) = \Lambda^2 \cdot \phi(x, y, z) \tag{11.68b}$$

$$\hat{L}_z\phi(x, y, z) = \Lambda_z\phi(x, y, z) \tag{11.68c}$$

wobei sowohl die Eigenwerte E, Λ, Λ_z wie auch die Eigenfunktionen $\phi(x, y, z)$ noch zu bestimmen sind.

Die mathematische Darstellungstheorie, die hier nicht weiter ausgeführt wird, zeigt, dass allein die Vertauschungsrelationen der Drehimpulsoperatoren genügen, um die möglichen Eigenwerte zu bestimmen. Hieraus folgt

$$\begin{aligned} \Lambda^2 &= \hbar^2 l \cdot (l+1) \qquad l = 0, 1, 2, 3, \ldots \\ \Lambda_z &= \hbar m \qquad -l \leqslant m \leqslant +l, \quad m \text{ ganzzahlig} \end{aligned} \tag{11.69}$$

Damit reduziert sich die Lösung von (11.68) auf die Lösung des Gleichungssystems

$$\hat{H}\phi_{E,l,m}(x, y, z) = E\,\phi_{E,l,m}(x, y, z) \tag{11.70a}$$

$$\hat{L}^2\phi_{E,l,m}(x, y, z) = \hbar^2 \cdot l \cdot (l+1) \cdot \phi_{E,l,m}(x, y, z) \tag{11.70b}$$

$$\hat{L}_z\phi_{E,l,m}(x, y, z) = \hbar m\,\phi_{E,l,m}(x, y, z) \tag{11.70c}$$

für das die Energieeigenwerte von $\hat{H}$ und die Eigenfunktionen $\phi_{E,l,m}(x, y, z)$ zu bestimmen sind.

11.3.2.3 Eigenfunktionen des Wasserstoffatoms

Da das Wasserstoffatom kugelsymmetrisch ist, gehen wir zu räumlichen Polarkoordinaten (r, ϑ, φ) über. Der Zusammenhang mit den kartesischen Koordinaten (x, y, z) ist (siehe (11.3.2))

$$z = r\cos\vartheta\,, \quad x = r\sin\vartheta\cos\varphi\,, \quad y = r\sin\vartheta\sin\varphi \tag{11.71}$$

Die Eigenfunktion schreibt sich dann

$$\phi_{E,l,m}(x,y,z) = \phi_{E,l,m}(r,\vartheta,\varphi) \tag{11.72}$$

Verwendet man $\frac{\partial^2}{\partial r^2} + \frac{2}{r}\frac{\partial}{\partial r} = \frac{1}{r}\frac{\partial^2}{\partial r^2} r$, so wird (11.46)

$$\hat{H} = -\frac{\hbar^2}{2m_e}\left[\frac{1}{r}\frac{\partial^2}{\partial r^2} r + \frac{1}{r^2}\left(\frac{\partial^2}{\partial \vartheta^2} + \frac{1}{\tan\vartheta}\frac{\partial}{\partial\vartheta} + \frac{1}{\sin^2\vartheta}\frac{\partial^2}{\partial\varphi^2}\right)\right] + V(r) \tag{11.73}$$

Die Drehimpulsoperatoren sind ebenfalls in Polarkoordinaten auszudrücken

$$\hat{L}_x = i\hbar\left(\sin\varphi\frac{\partial}{\partial\vartheta} + \frac{\cos\varphi}{\tan\vartheta}\frac{\partial}{\partial\varphi}\right) \tag{11.74a}$$

$$\hat{L}_y = i\hbar\left(-\cos\varphi\frac{\partial}{\partial\vartheta} + \frac{\sin\varphi}{\tan\vartheta}\frac{\partial}{\partial\varphi}\right) \tag{11.74b}$$

$$\hat{L}_z = \frac{\hbar}{i}\cdot\frac{\partial}{\partial\varphi} \tag{11.74c}$$

$$\hat{\boldsymbol{L}}^2 = -\hbar^2\left(\frac{\partial^2}{\partial\vartheta^2} + \frac{1}{\tan\vartheta}\frac{\partial}{\partial\vartheta} + \frac{1}{\sin^2\vartheta}\frac{\partial^2}{\partial\varphi^2}\right) \tag{11.75}$$

Vergleicht man (11.75) mit (11.73) so sieht man, dass der zweite Summand in $\hat{H}$ durch $\hat{\boldsymbol{L}}^2$ dargestellt wird.

$$\hat{H} = -\frac{\hbar^2}{2m_e}\frac{1}{r}\frac{\partial^2}{\partial r^2} r + \frac{1}{2m_e r^2}\hat{\boldsymbol{L}}^2 + V(r) \tag{11.76}$$

11.3.2.3.1 Winkelabhängigkeit der Wellenfunktionen

Da $\hat{\boldsymbol{L}}^2$ nur auf die Winkelvariablen ϑ und φ wirkt und $\phi_{E,l,m}(r,\vartheta,\varphi)$ nach (11.70) eine Eigenfunktion von $\hat{\boldsymbol{L}}^2$ ist, kann $\phi_{E,l,m}(r,\vartheta,\varphi)$ als Produkt der nur von r abhängigen Funktion $R_{E,l}(r)$ und der nur von den Winkeln abhängigen Funktion $Y_l^m(\vartheta,\varphi)$ geschrieben werden.

$$\phi_{E,l,m}(r,\vartheta,\varphi) = R_{E,l}(r)Y_l^m(\vartheta,\varphi) \tag{11.77}$$

Setzt man (11.77) in (11.76) und (11.70) ein, so kann $\hat{\boldsymbol{L}}^2 Y_l^m(\vartheta,\varphi)$ durch den Eigenwert $\hbar^2\cdot l\cdot(l+1)Y_l^m(\vartheta,\varphi)$ ersetzt werden. Damit reduziert sich das Eigenwertproblem (11.70) auf

$$\left[-\frac{\hbar^2}{2m_e}\frac{1}{r}\frac{\partial^2}{\partial r^2} r + \frac{\hbar^2 l(l+1)}{2m_e r^2} + V(r)\right] R_{E,l}(r) = E\,R_{E,l}(r) \tag{11.78a}$$

$$\hat{\boldsymbol{L}}^2 Y_l^m(\vartheta,\varphi) = \hbar^2\cdot l\cdot(l+1)\cdot Y_l^m(\vartheta,\varphi) \tag{11.78b}$$

$$\hat{L}_z Y_l^m(\vartheta,\varphi) = \hbar\, m\, Y_l^m(\vartheta,\varphi) \tag{11.78c}$$

Da der Drehimpulsoperator $\hat{L}_z$ in (11.78) nur von φ abhängt, lässt sich $Y_l^m(\vartheta,\varphi)$ wiederum als Produkt schreiben

$$Y_l^m(\vartheta,\varphi) = e^{im\varphi}P_l^m(\cos\vartheta) \tag{11.79}$$

Verwendet man die Vertauschungsrelationen und berücksichtigt die Normierung, so erhält man

$$P_l^m(\cos\vartheta) = \frac{(-1)^{l+m}}{2^l l!}\sqrt{\frac{(2l+1)\,(l-m)!}{4\pi\,(l+m)!}}\,\sin^m\vartheta\cdot\frac{d^{l+m}\sin^{2l}\vartheta}{d(\cos\vartheta)^{l+m}} \tag{11.80}$$

$Y_l^m(\vartheta,\varphi)$ sind die Kugelflächenfunktionen. $P_l^m(\cos\vartheta)$, $(m = 0)$ sind die Kugelfunktionen und $P_l^m(\cos\vartheta)$, $(m \neq 0)$ sind die zugeordneten Kugelfunktionen.

Für die ersten Werte von l und m ist ihre explizite Form:

Funktion	Darstellung
$P_0^0(\cos\vartheta) = \frac{1}{\sqrt{4\pi}}.$	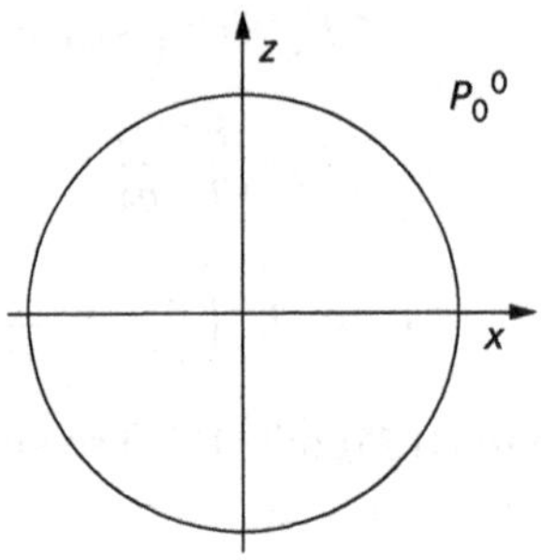
$P_1^0(\cos\vartheta) = \sqrt{\frac{3}{4\pi}}\cos\vartheta.$	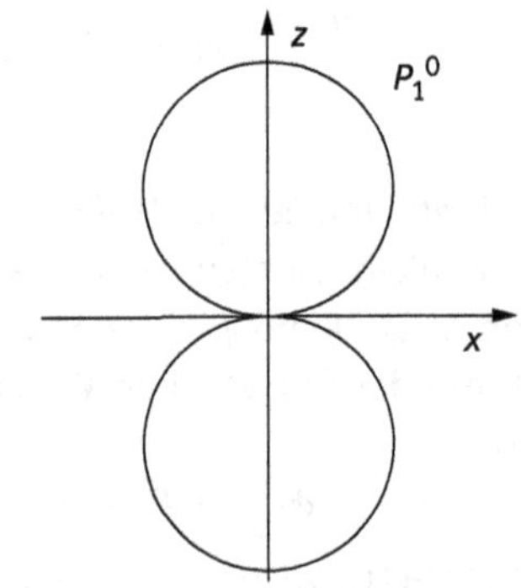
$P_1^{\pm1}(\cos\vartheta) = \mp\sqrt{\frac{3}{8\pi}}\sin\vartheta.$	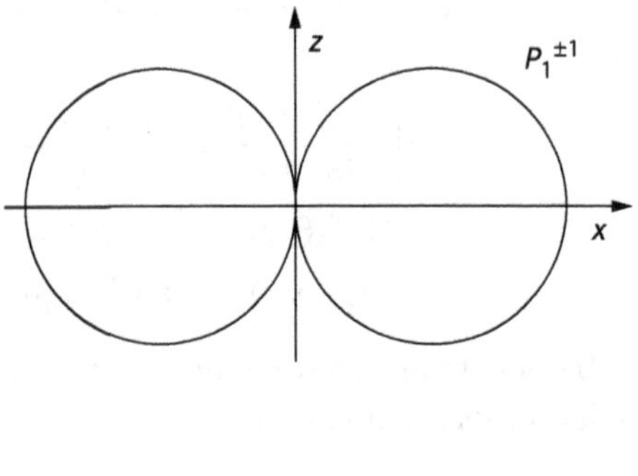

$$P_2^0(\cos\vartheta) = \sqrt{\frac{5}{16\pi}}(3\cos^2\vartheta - 1).$$

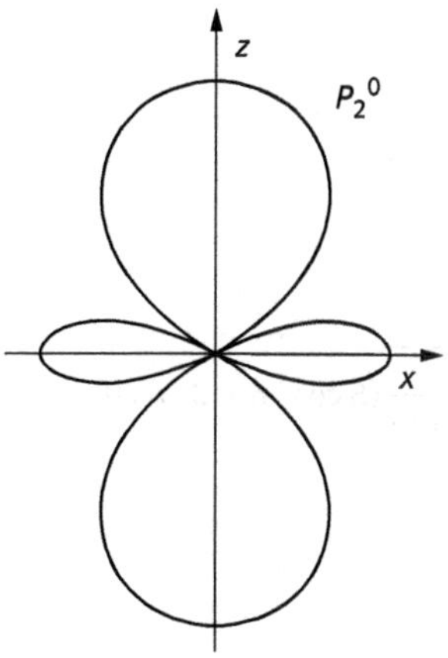

$$P_2^{\pm1}(\cos\vartheta) = \mp\sqrt{\frac{15}{8\pi}}\sin\vartheta\cos\vartheta.$$

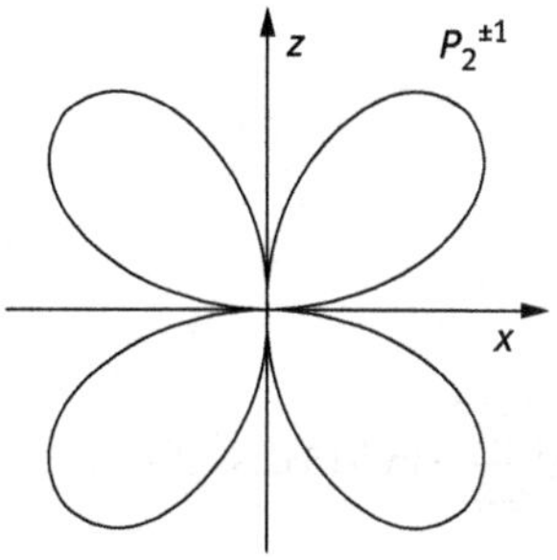

$$P_2^{\pm2}(\cos\vartheta) = \mp\sqrt{\frac{15}{32\pi}}\sin^2\vartheta.$$

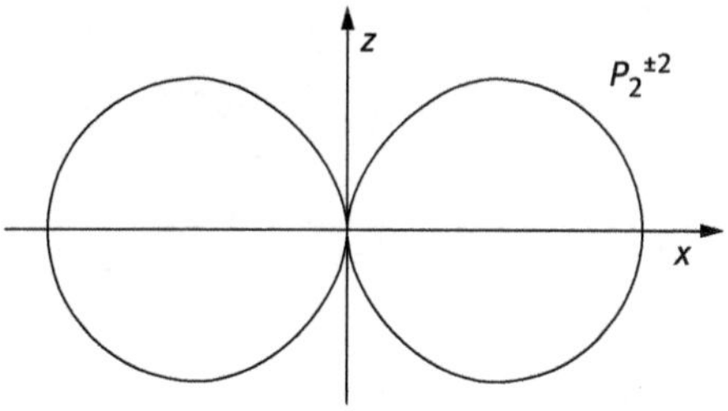

$$P_3^0(\cos\vartheta) = \sqrt{\frac{7}{16\pi}}(5\cos^3\vartheta - 3\cos\vartheta).$$

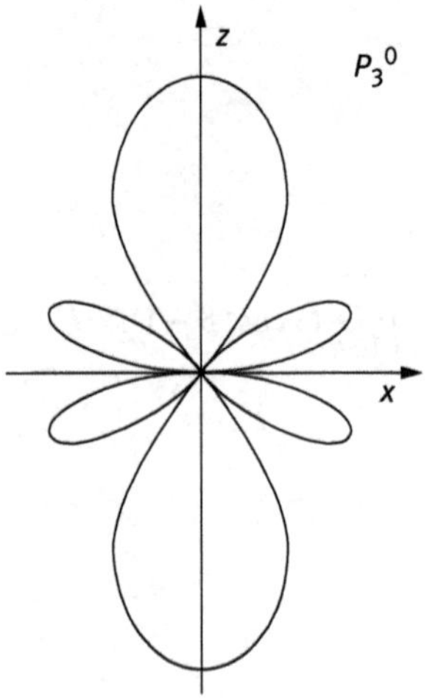

$$P_3^{\pm 1}(\cos\vartheta) = \mp\sqrt{\frac{21}{64\pi}}\sin\vartheta\,(5\cos^2\vartheta - 1).$$

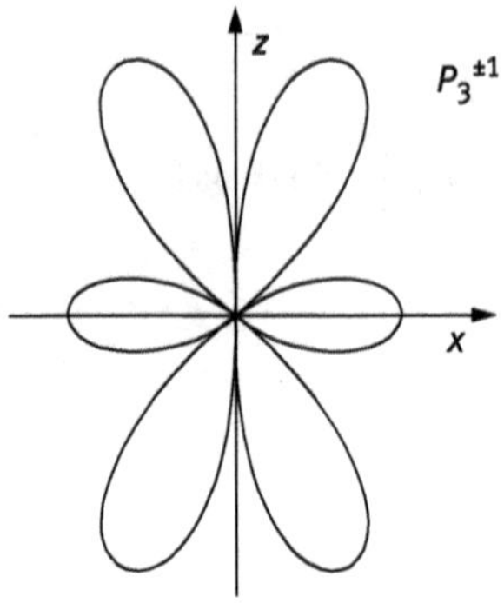

$$P_3^{\pm 2}(\cos\vartheta) = \mp\sqrt{\frac{105}{32\pi}}\sin^2\vartheta\cos\vartheta.$$

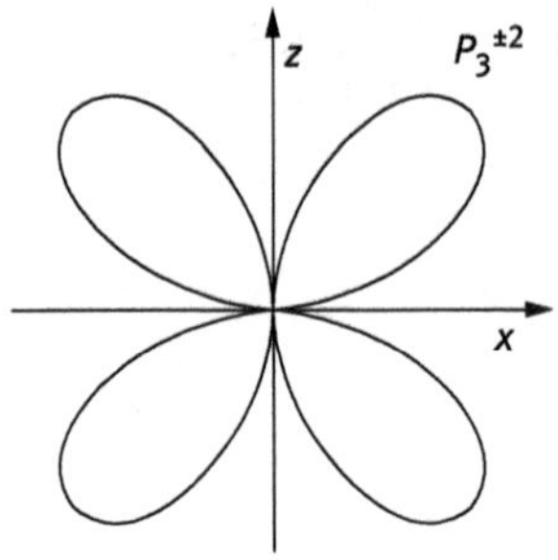

$$P_3^{\pm 3}(\cos\vartheta) = \mp\sqrt{\frac{35}{64\pi}}\sin^3\vartheta.$$

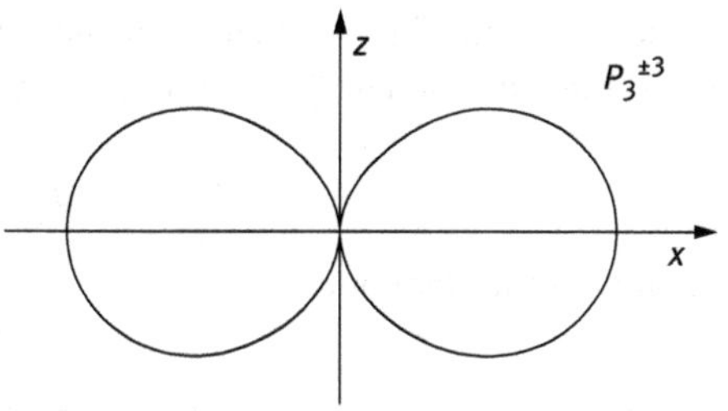

Abb. 11.5. Die zugeordneten Kugelfunktionen $P_l^m(\cos\vartheta)$ für $l = 0, 1, 2, 3$, und $-l \leqslant m \leqslant +l$.

11.3.2.3.2 Radialabhängigkeit der Wellenfunktionen

Die Kugelfunktionen legen die Winkelabhängigkeit der Wellenfunktionen des Wasserstoffatoms fest. Für den Radialanteil muss die Differentialgleichung (11.78)(a) gelöst werden. Hierzu machen wir den Ansatz

$$R_{E,l}(r) = \frac{u_l(r)}{r} \tag{11.81}$$

Zusammen mit dem Potential $V(r) = -\frac{e^2}{4\pi\varepsilon_0}\frac{1}{r}$ wird (11.78)(a)

$$\left(\frac{d^2}{dr^2} - \frac{l\,(l+1)}{r^2} + \frac{2\,m_e}{\hbar^2}\cdot\frac{e^2}{4\pi\varepsilon_0}\cdot\frac{1}{r} + \frac{2\,m_e}{\hbar^2}E\right)\cdot u_l(r) = 0 \tag{11.82}$$

Anstelle von r und E werden die dimensionslosen Größen ρ und ε eingeführt

$$\rho = \frac{r}{a_0} \quad \text{und} \quad \varepsilon = \frac{E}{E_a} \tag{11.83}$$

Hierbei sind

$$a_0 = 4\pi\varepsilon_0\frac{\hbar^2}{m_e e^2} \approx 5{,}3\cdot 10^{-11}\,\text{m} \qquad \text{der Bohrsche Radius} \tag{11.84}$$

und

$$E_a = \frac{e^2}{4\pi\varepsilon_0\,a_0} = \frac{\hbar^2}{m_e a_0^2} \approx 27{,}2\,\text{eV} \qquad \text{atomare Energieeinheit} \tag{11.85}$$

Damit wird (11.82)

$$\left(\frac{d^2}{d\rho^2} - \frac{l\,(l+1)}{\rho^2} + \frac{2}{\rho} + 2\varepsilon\right)\cdot u_l(\rho) = 0 \tag{11.86}$$

Schließlich setzen wir noch

$$2\varepsilon = -\gamma^2 \tag{11.87}$$

mit $\gamma > 0$ und beschränken uns auf gebundene Zustände des Wasserstoffatoms, was auf $\varepsilon < 0$ hinausläuft. Die normierbaren Lösungen von (11.86) dürfen für $r \to 0$ nicht singulär sein und für $r \to \infty$ müssen sie genügend stark gegen 0 konvergieren. Diese Forderungen können erfüllt werden, wenn man für $u_l(\rho)$ folgenden Ansatz macht:

$$u_l(\rho) = v(\rho)\rho^{l+1} \exp(-\gamma\rho) \tag{11.88}$$

Setzt man außerdem noch

$$\xi = 2\gamma\rho \tag{11.89}$$

so wird aus der Differentialgleichung (11.86) eine Gleichung für $v(\xi)$

$$\xi\frac{d^2v}{d\xi^2} + (2l + 2 - \xi)\frac{dv}{d\xi} + \left(\frac{1}{\gamma} - l - 1\right)v(\xi) = 0 \tag{11.90}$$

Diese Gleichung lässt sich mithilfe eines Potenzreihenansatzes lösen

$$v(\xi) = \sum_{j=0}^{\infty} a_j\xi^j \tag{11.91}$$

Setzt man diesen Ansatz in (11.90) ein, so erhält man eine Rekursionsformel für die a_j, nach der sich a_{j+1} aus a_j bestimmen lässt. So ergibt sich eine unendliche Reihe (11.91) als Lösung der Differentialgleichung (11.90). Es zeigt sich, dass sich diese Potenzreihe für große ξ wie $\exp(2\gamma\rho)$ verhält. Das bedeutet, dass $u_l(\rho)$ sich für große ρ der Funktion $\rho^l \exp(\gamma\rho)$ nähert. Da eine für $\rho \to \infty$ exponentiell anwachsende Funktion nicht normierbar ist, muss untersucht werden, ob (11.90) eventuell für spezielle Parameter Lösungen hat, sodass $u_l(\rho)$ für große Werte von ρ ausreichend stark abfällt und damit normierbar wird. Das ist dann und nur dann der Fall, wenn für den Koeffizienten von $v(\xi)$ in (11.90) nur ganzzahlige Werte zugelassen werden. Dann bricht die Potenzreihe (11.91) ab und wird ein Polynom endlichen Grades in ξ.

$$\frac{1}{\gamma} - l - 1 = k \quad \text{ganzzahlig mit } k = 0, 1, 2, \ldots \tag{11.92}$$

Anstelle von k führt man nun die Hauptquantenzahl n ein

$$n = k + l + 1 \quad n = 1, 2, 3, \ldots \tag{11.93}$$

Damit wird (11.92) bzw. (11.87)

$$\frac{1}{\gamma} = n, \quad \varepsilon = -\frac{\gamma^2}{2} = -\frac{1}{2n^2} = \varepsilon_n \tag{11.94}$$

bzw. in den ursprünglichen Einheiten

$$E_n = -\frac{e^2}{4\pi\varepsilon_0 a_0} \cdot \frac{1}{2n^2} = -\frac{m_e e^4}{(4\pi\varepsilon_0)^2\hbar^2} \cdot \frac{1}{2n^2} \tag{11.95}$$
$$n = 1, 2, 3, \ldots$$

Hieraus sieht man
- die Hauptquantenzahl n bestimmt den Energieeigenwert E_n
- zu ein und demselben n und damit zum Energieeigenwert E_n gehören je nach Wahl von k (11.93) verschiedene Werte von l und zwar

$$\begin{aligned} l = 0 : &\quad k = n - 1 \\ l = 1 : &\quad k = n - 2 \\ l = n - 1 : &\quad k = 0 \end{aligned} \tag{11.96}$$

Damit gehören zu einem Energieeigenwert E_n verschiedene Eigenzustände. Man nennt die Anzahl −1 der Eigenzustände zu einem Eigenwert seinen Entartungsgrad. Da zu jedem l noch $(2l + 1)$ verschiedene m Werte (11.69) und dazu gehörige Zustände gehören, ist die Gesamtzahl der Zustände zu dem Energieeigenwert E_n also

$$\sum_{l=0}^{n-1} (2l + 1) = 2 \sum_{l=0}^{n-1} l + n = 2\frac{n \cdot (n - 1)}{2} + n = n^2 \tag{11.97}$$

Der Energiewert E_n ist daher $(n^2 - 1)$-fach entartet.

Das zugehörige Polynom (11.91) k-ten $(k = n - l - 1)$ Grades heißt Laguerresches Polynom. Seine explizite Form ist

$$\begin{aligned} v_k^l(\xi) = L_k^{2l+1}(\xi) &= \sum_{j=0}^{n-l-1} \begin{pmatrix} k + 2l + 1 \\ k - j \end{pmatrix} \frac{(-1)^j}{j!} \xi^j \\ = L_{n-l-1}^{2l+1}(\xi) &= \sum_{j=0}^{n-l-1} \begin{pmatrix} n + l \\ n - l - 1 - j \end{pmatrix} \frac{(-1)^j}{j!} \xi^j \end{aligned} \tag{11.98}$$

Die Lösungen $\phi_{E,l,m}(r, \vartheta, \varphi) = R_{E,l}(r) Y_l^m(\vartheta, \varphi)$ der Schrödingergleichung für das Wasserstoffatom entsprechend (11.77) erhält man, indem man (11.98) in (11.88) und dann (11.88) in (11.81) einsetzt.

$$\begin{aligned} \phi_{n,l,m}(r, \vartheta, \varphi) = &\frac{1}{\sqrt{a_0^3}} \cdot \frac{2}{n^2} \sqrt{\frac{(n - l - 1)!}{(n + l)!}} \cdot \left(\frac{2r}{n\, a_0}\right)^l L_{n-l-1}^{2l+1}\left(\frac{2r}{n\, a_0}\right) \\ &\cdot \exp\left(-\frac{r}{n\, a_0}\right) Y_l^m(\vartheta, \varphi) \end{aligned} \tag{11.99}$$

Für die ersten Werte von n und l ist der Radialanteil:

$$\begin{aligned}
R_{1,0} &= \frac{2}{\sqrt{a_0^3}} \exp(-r/a_0) \\
R_{2,0} &= \frac{1}{\sqrt{2a_0^3}}(1 - \frac{r}{2a_0}) \cdot \exp(-r/(2a_0)) \\
R_{2,1} &= \frac{1}{2\sqrt{6\,a_0^3}} \cdot \frac{r}{a_0} \cdot \exp(-r/(2a_0)) \\
R_{3,1} &= \frac{8}{27\sqrt{6\,a_0^3}} \cdot \frac{r}{a_0}(1 - \frac{1}{6} \cdot \frac{r}{a_0}) \cdot \exp(-r/(3a_0)) \\
R_{3,2} &= \frac{4}{81\sqrt{30\,a_0^3}} \cdot \frac{r^2}{a_0^2} \cdot \exp(-r/(3a_0))
\end{aligned} \tag{11.100}$$

und der Verlauf ist:

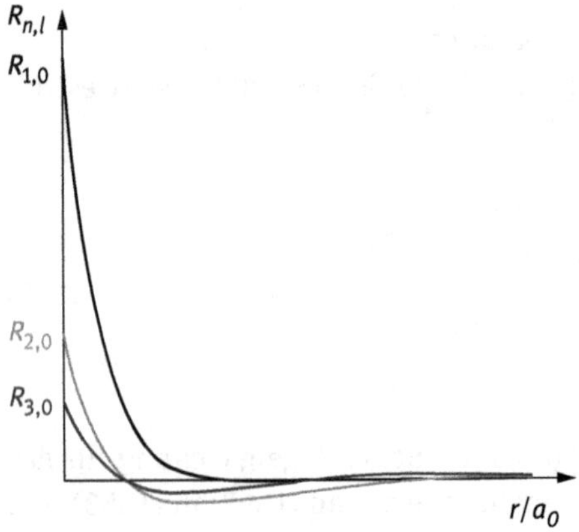

Radialanteil für $l = 0$ und $n = 1, 2, 3$

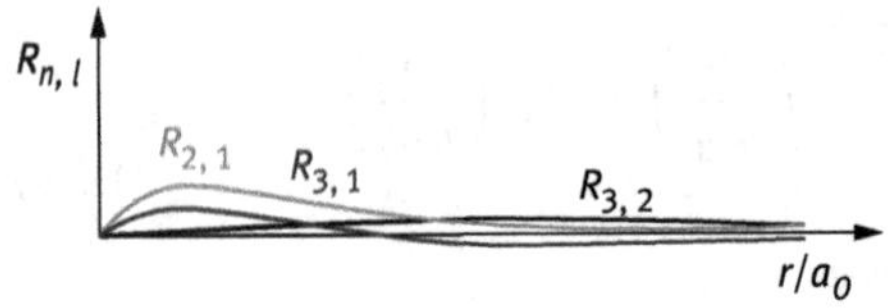

Radialanteil für
$n = 2, l = 1$
$n = 3, l = 1$
$n = 3, l = 2$

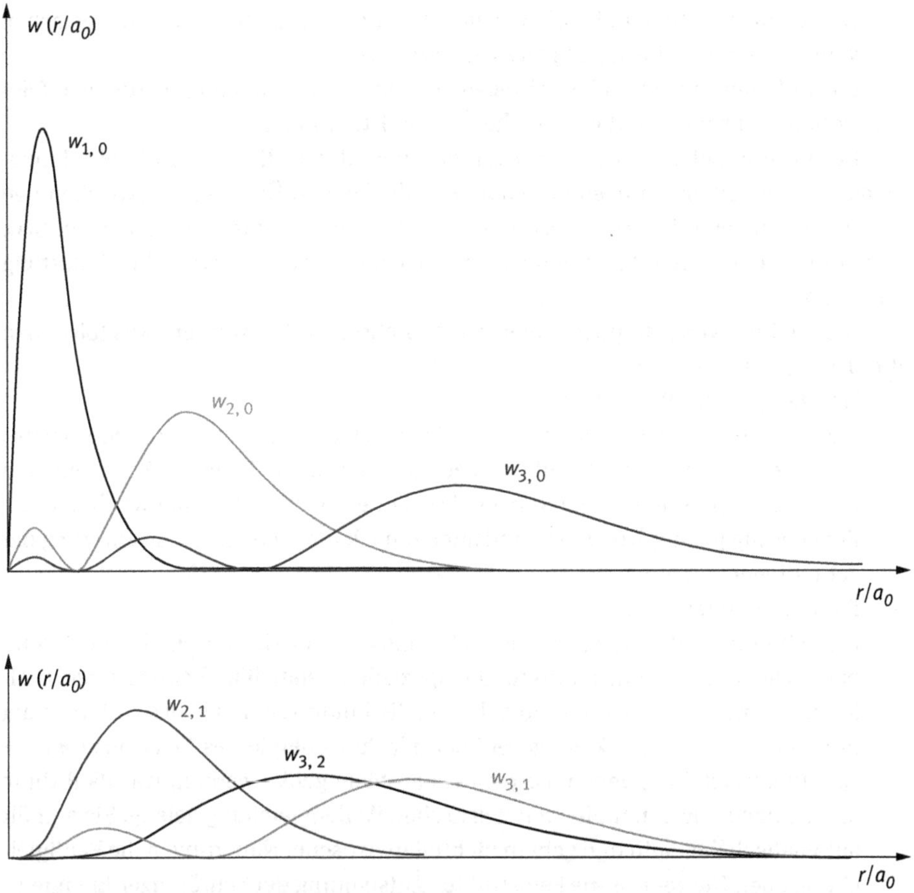

Aufenthaltswahrscheinlichkeit in der Kugelschale zwischen r und $r + dr$

Abb. 11.6. Radialanteile $R_n l(r)$ und Aufenthaltswahrscheinlichkeiten in der Kugelschale zwischen r und $(r + dr)$ für $n = 1, 2, 3$, und $l = 0, \ldots, (n-1)$.

11.3.2.4 Weiterer Fortschritt

Der Erkenntnisfortschritt von Theorie und Experiment beim Wasserstoffatom zeigt, wie naturwissenschaftliche Entwicklung überhaupt vor sich geht. Der Weg vom Bohrschen Vorläufer Modell über das jetzt behandelte zentrale Paradigma bis zu weiteren Erkenntnissen ist ein irreversibler Fortschritt. Das heißt: Dieses Paradigma wird niemals veralten. Jedoch gibt es weitere Verfeinerungen und Vertiefungen der hierdurch gewonnenen Erkenntnis. Es gibt also keinen Wegfall veralteter Paradigmen im Sinne einer Ablösung durch ganz andere zeitgeist-konforme Paradigmen.

Dies unterscheidet den Duktus naturwissenschaftlicher Entwicklungen von gesellschaftlichen Entwicklungen. Letztere müssen und sollen natürlich von politologischen und soziologischen Theorien begleitet werden, sind aber auch ideologischen Schwankungs- und Ablösungs-Prozessen ausgesetzt.

Die Verfeinerungen und Vertiefungen des zentralen Paradigmas beruhen auf der vorbildlichen Zusammenarbeit von Theorie und Experiment.

Der experimentelle Fortschritt kam vor allem durch die Spektroskopie. Immer genauere Frequenzmessungen der Photonen, die bei den Übergängen zwischen den Energieniveaus emittiert bzw. absorbiert werden, zeigten, dass die Bohrschen bzw. Schrödingerschen Energieniveaus weiter aufspalten. Dadurch wird ihre Entartung aufgehoben.

Diese feinen Veränderungen mussten theoretisch erklärt werden, was folgenden drei Theoretikern gelang:

– Wolfgang Pauli (1900–1958)
  1925 wurde der Spin (Eigendrehimpuls, begleitet durch das magnetische Moment) des Elektrons entdeckt. Vor allem wegen der Wechselwirkung des Spins mit dem Bahndrehimpuls musste der Spin in die Quantentheorie eingebaut werden. Diese Erweiterung gelang Wolfgang Pauli mit der nach ihm benannten Erweiterung der Schrödingergleichung.
– Paul Dirac (1902–1984)
  Die Schrödingergleichung ist eine nichtrelativistische Gleichung, die nicht kompatibel mit der Raum-Zeit Struktur der Speziellen Relativitätstheorie ist. Sie ist allerdings eine sehr gute Näherung, da z. B. die Bindungsenergie des Elektrons am Proton (ca. 10 eV) sehr klein gegenüber der Ruheenergie des Elektrons ($m_e c^2 \approx 0{,}5 \cdot 10^6$ eV) ist. Trotzdem musste dieses Problem gelöst werden, was Paul Dirac mit der nach ihm benannten relativistischen Wellengleichung gelang. Sie enthält automatisch den Spin und geht in nichtrelativistischer Näherung in die Pauligleichung über. Die gemessene Feinstruktur-Aufspaltung der Schrödinger-Energieniveaus konnte dadurch in höchst verständlicher Weise erklärt werden.
– Willis Lamb (1913–2008)
  Da auch das Proton einen Spin hat und ein zugehöriges magnetisches Moment besitzt, das mit dem des Elektronenspins wechselwirkt, führt dies zu einer weiteren Hyperfeinstruktur-Aufspaltung. Quantenfeldtheoretische Korrekturen des magnetischen Moments, die von Willis Lamb (1913–2008) aufgeklärt wurden, führten zu einem weiteren Hyperfeinstruktureffekt.

Diese Zusammenfassung neuerer und neuester Erkenntnisse über das Wasserstoffatom zeigt deutlich, dass das zentrale Paradigma den atomphysikalischen Fortschritt ausgelöst hat und weiterhin als Grundlage in ihn eingebettet ist.

Trotzdem bleibt vieles noch offen. Das zentrale Paradigma hat zwar gezeigt, welche Bedeutung das Wellenbild für die Erklärung diskreter Energieniveaus des Elektrons am Atom hat. Die Interpretation der Welle ist jedoch zunächst noch ungeklärt. Der Weg zur weiteren Klärung geht daher zunächst über den allgemeinen Formalismus der Quantentheorie, der dann zur physikalischen Interpretation führen muss, also vom Abstrakten zu einer Rückübersetzung in die konkrete Wirklichkeit.

11.4 Von der Vektorrechnung zum Hilbertraum

In diesem Abschnitt stehen wir wiederum vor der Aufgabe Geisteswissenschaftler und andere Nicht-Physiker dazu zu motivieren, diesen Abschnitt trotz der abstrakten Formeln zu lesen. Hierzu gibt es folgende Gründe:

- Moderne Künstler von Wassili Kandinski (1866–1944) bis Gerhard Richter (*1932) bemühen sich in zunehmenden Maße, ihre dem Laien nicht spontan vermittelbare Werke durch Erläuterungen auf abstrakter Ebene nahezubringen. Das Zweidimensionale oder Dreidimensionale muss daher mit Recht ins Hintergründige übersetzt werden.
- Ein ähnliches Problem haben die theoretischen Physiker. Sie müssen vermitteln, wieso sich die Vorgänge der Mikroebene unserer Wirklichkeit in einem diesmal unendlichdimensionalen Raum, dem Hilbertraum, darstellen lassen. Erstaunlicherweise geschieht das in einer hochästhetischen Weise, in welcher vorher Unverständliches auf einmal durchsichtig wird. Es ist, als ob man ausgehend von Hügeln einen Mount Everest erklommen hätte, von dem aus sich eine wunderbare Landschaft auftut. In der Tat fand tatsächlich bei der Entwicklung der Quantentheorie eine Wanderung „per aspera ad astra" statt.
- Für Philosophen ist dieser im Rahmen des Hilbertraums zumindest partiell erfassbare bisher äußerste Mikro-Rand der Wirklichkeit natürlich von prinzipiellem Interesse. Nur mit größter Mühe und mit durch Experiment und Mathematik gelenkter Intuition wurde dieser Rahmen erschlossen. Genauso, wie es daher bedauerlich ist, dass Philosophie nicht mehr zu den Erfordernissen der Doktorprüfungen in den Naturwissenschaften gehört, ist es andererseits wünschenswert – soweit nicht schon der Fall – dass die formalen Grundlagen der Quantentheorie zum Curriculum des Philosophiestudiums gehören sollten.
- Für Psychologen zeigt sich ein anderes bemerkenswertes Phänomen: Das, was man Vorstellungsvermögen und Intuition nennt, ist zwar nicht ein für alle Mal im transzendentalen Subjekt fixiert, wohl aber erstaunlich flexibel und zur Aufnahme, Verarbeitung und Repräsentation der neuen Begriffswelt der Quantentheorie in der Lage. So können Quantentheoretiker glaubhaft bezeugen: „Wir leben mit dem Hilbertraum, wir träumen davon, wir denken darüber nach, auch im Bad und auf Spaziergängen." In diesem Sinne leben sie als Konstrukteure in diesem Raum. Ins Irrationale abstürzen können sie dabei jedoch nicht. Davor schützt sie die Logik der Mathematik und die strenge Prüfung der Ideen durch die Wirklichkeit.

Nichtsdestoweniger wollen wir nicht verschweigen, dass beim Übergang zu abstrakten mathematischen Formalismen wie z. B. dem des Hilbertraums, große Verständnisschwierigkeiten entstehen. Solche Schwierigkeiten scheinen die eigentliche Hürde bei der Überwindung der Spaltung zwischen der naturwissenschaftlich und geisteswissenschaftlich orientierten Kultur zu sein.

Worin können sie bestehen? Einmal wohl in der notwendigen Einarbeitungs- und Studienzeit für den Umgang mit den jeweiligen Denkweisen. Gibt es darüber hinaus strukturelle Unterschiede der Wirklichkeitswelten, in denen sich Geistes- und Naturwissenschaftler bewegen, welche den Sprung von der einen in die andere „Welt" erschweren? Wohl doch.
Geisteswissenschaftler, Historiker, Schriftsteller, aber auch Soziologen und Politologen haben einen mittlerweile weitgehend akzeptierten Bildungsbegriff (siehe z. B. den Bestseller Schwanitz: „Was ist Bildung?"). Dazu gehört das Erlernen moderner Sprachen, das sich Hineinversetzen in die Lebenswelten der eigenen und anderer menschlicher Kulturen bis hin zu deren Geschichte. Es gehört auch dazu das Verständnis für bildende Kunst, also das „Haptische" und „Optische" mit seiner unmittelbar zugänglichen Anschaulichkeit, darüber hinaus für Literatur und Musik, diese Fantasie anregenden und in die Tiefe der Empfindung dringenden Formen zwischenmenschlicher geistiger und seelischer Beziehungen. Wohl niemand bestreitet ernsthaft die Bedeutung und den Wert der so verstandenen humanistischen Bildung. Demgegenüber betreffen Mathematik und Naturwissenschaften eine ganz andere Schicht der Wirklichkeit. Allerdings ist es jene, die zunächst einmal „die Welt im Innersten zusammenhält".

Die Aufgabe, diese grundlegende Wirklichkeit den anders Gebildeten zu vermitteln, kommt ihren Erkennern und Verarbeitern zu. Es gelingt ihnen mehr oder weniger, aber trotz mancher dankenswerter Bemühung eher weniger. Woran liegt das?

Beginnen wir mit der reinen Mathematik: Nicht nur vielen Schülern, sondern auch vielen konventionell Gebildeten erscheint sie sehr berechnend, schematisch, nüchtern, unpersönlich kalt, geradezu langweilig, aber dennoch eine eher unerwünschte Anstrengung erfordernd. Erst bei tieferem Eindringen zeigt sich ihr – offenbar viel zu wenig nahegebrachtes Wesen: Mathematische Axiome sind zwar im individuellen Gehirn repräsentierbar, aber dennoch von keiner Einzelperson abhängig. Die Axiome generieren jeweils eine unendliche Mannigfaltigkeit von abstrakten Gedankendingen, die per definitionem diese Axiome erfüllen. Die so erzeugten Strukturen besitzen eine kühle Schönheit jenseits von Raum und Zeit. Höchstes Glück der Mathematiker ist es, solche Strukturen in Form von zeitlos gültigen mathematischen Sätzen als logische Konsequenz der Axiome zu entdecken und zu beweisen. Der unausschöpfbaren Unendlichkeit dieser „reinen Strukturen" kommt eine unzerstörbare Seinsweise zu: Sie bilden eine eigene Seinskategorie. Diese dem Menschen immerhin wenigstens partiell zugängliche Kategorie gehört dabei eigentlich zur „reinen Geisteswissenschaft" und bildet ihr unzerstörbares Fundament. Auch insofern lohnt sich das Bemühen von Geisteswissenschaftlern, ihr eigenes Fundament zu studieren und zu würdigen, auch dann, wenn es in einem abstrakten Raum und zunächst nicht in der „natürlichen Lebenswelt" angesiedelt ist.

Umso mehr muss es nun höchstes Erstaunen hervorrufen, dass ausgerechnet solche hochabstrakten, der reinen Mathematik zugehörigen Strukturen wie der Hilbertraum sich als unentbehrlich für die theoretische Beschreibung der Wirklichkeit erweisen. Das ist nicht plausibel, geschweige denn selbstverständlich. Denn die real existierende Welt, also die Wirklichkeit, gehört zunächst einmal einer anderen ontologischen Kategorie an als die axiom-generierte Kategorie von abstrakten „Gedankendingen" der Mathematik. Wenn sich dennoch der (im Folgenden zu besprechende) Hilbertraum als unentbehrlicher theoretischer Beschreibungsrahmen einer Fülle von Wirklichkeitsstrukturen erweist, dann bleibt nur eine praktisch unausweichliche Konsequenz:
Die „Vordergrundstruktur" der Phänomene der Realität und die „Hintergrundstruktur" einer leitenden abstrakten Seinsebene bilden eine sich gegenseitig bedingende ontologische Einheit. Zum Glück sind wir in der Lage, die Hintergrundstruktur wenigstens partiell in der Form mathematischer logisch kohärenter Strukturen wie der des Hilbertraums zu erkennen. Will man diese Einheit der Wirklichkeit erkennen, so ist das Studium ihrer abstrakten Seite zwar schwierig, aber – zur Ermutigung sei es gesagt – bei geduldiger Anstrengung auch möglich.

11.4.1 Von den Basisvektoren zum Vektorraum

Vektoren gehören zu den Grundgrößen der Physik. Sie werden durch ihren Betrag und ihre Richtung gekennzeichnet. Beispiele hierfür sind: Geschwindigkeit, Beschleunigung, elektrisches und magnetisches Feld, welche Vektoren im dreidimensionalen Raum $\boldsymbol{R}^3$ sind. Anstelle von Betrag und Richtung können sie auch durch ihre drei Komponenten in Richtung der Koordinatenachsen beschrieben werden.

Will man in der Physik den Bewegungszustand eines Körpers beschreiben, so benötigt man seinen Ort (3 Ortskoordinaten), seine Geschwindigkeit (3 Geschwindigkeitskoordinaten) und seine Beschleunigung (3 Beschleunigungskoordinaten), also insgesamt 9 Zahlen. Man sagt, diese 9 Zahlen bilden einen 9-dimensionalen Vektor im 9-dimensionalen Raum. Allgemein beschreibt in der Mathematik ein Tupel von n Zahlen einen n-dimensionalen Vektor im n-dimensionalen Vektorraum $\boldsymbol{R}^n$.

David Hilbert (1862–1943) führte darüber hinaus einen Vektorraum mit abzählbar unendlich vielen Dimensionen ein. Dieser beinhaltet nicht nur Vektoren (also Tupel von n Zahlen) sondern auch Funktionen. Dieser Hilbertraum $\boldsymbol{H}$ wurde später der abstrakte Darstellungsraum für die reale Mikrowelt der Quantentheorie. Von den bekannten Vektoren im dreidimensionalen Raum führt ein Weg der Verallgemeinerung zu den Elementen des Hilbertraums. Hierzu verwenden wir die von Paul Dirac eingeführte und heute von allen Quantentheoretikern verwendete Schreibweise.

11.4.1.1 Die Vektoren des Vektorraums R^3

Im dreidimensionalen Raum R^3 benutzt man einen festen Satz von Basisvektoren

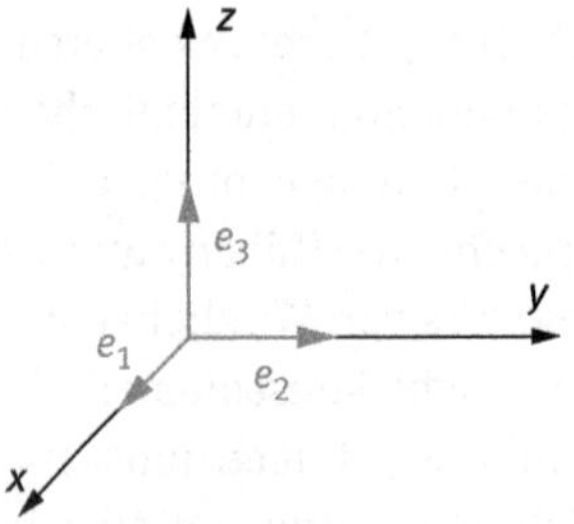

$$e_1 = \begin{pmatrix} 1 \\ 0 \\ 0 \end{pmatrix}, e_2 = \begin{pmatrix} 0 \\ 1 \\ 0 \end{pmatrix}, e_3 = \begin{pmatrix} 0 \\ 0 \\ 1 \end{pmatrix} \quad \text{(a)}$$

oder auch

$$e_1 = |1\rangle, \; e_2 = |2\rangle, \; e_3 = |3\rangle \quad \text{(b)} \qquad (11.101)$$

Die Vektoren sind Spaltenvektoren.
$|\ldots\rangle$ bezeichnet man als ket-Vektor.
Die Vektoren des Vektorraums können

- addiert oder
- mit einem Skalar (auch mit komplexen Zahlen) multipliziert werden.

Das bedeutet jede Linearkombination von Vektoren ergibt wieder einen Vektor des Vektorraums. Die drei Vektoren e_1, e_2, e_3 bilden eine vollständige Basis des Vektorraums. Typische Vektoren (d. h. Elemente) des Vektorraums R^3 haben folgende Form:

$$a = |a\rangle = \sum_{i=1}^{3} a_i \, e_i = \sum_{i=1}^{3} a_i \, |i\rangle = \begin{pmatrix} a_1 \\ a_2 \\ a_3 \end{pmatrix}$$

$$b = |b\rangle = \sum_{i=1}^{3} b_i \, e_i = \sum_{i=1}^{3} b_i \, |i\rangle = \begin{pmatrix} b_1 \\ b_2 \\ b_3 \end{pmatrix} \qquad (11.102)$$

Zusätzlich werden adjungierte Vektoren eingeführt.
Die adjungierten Einheitsvektoren sind:

$$e_1^+ = (1, 0, 0) \qquad e_2^+ = (0, 1, 0) \quad e_3^+ = (0, 0, 1) \quad \text{oder}$$
$$e_1^+ = \langle 1| \qquad e_2^+ = \langle 2| \quad e_3^+ = \langle 3| \qquad (11.103)$$

Adjungierte Vektoren werden als Zeilenvektoren dargestellt.
$\langle\ldots|$ nennt man einen bra-Vektor.
Der zu a adjungierte Vektor a^+ ist

$$a^+ = \sum_{i=1}^{3} a_i^* \, e_i^+ = (a_1^*, a_2^*, a_3^*) = \langle a| = \sum_{i=1}^{3} a_i^* \langle i| \qquad (11.104)$$

a_i^* ist die zu a_i konjugiert komplexe Zahl.

11.4.2 Produkte im Vektorraum R^3

11.4.2.1 Skalarprodukt

Das Skalarprodukt zweier Vektoren im dreidimensionalen Raum ist

$$\boldsymbol{a} \cdot \boldsymbol{b} = |\boldsymbol{a}| \cdot |\boldsymbol{b}| \cdot \cos(\boldsymbol{a}, \boldsymbol{b}) = \sum_{i=1}^{3} a_i \cdot b_i \tag{11.105}$$

Hieraus sieht man Folgendes

- Für $\boldsymbol{a} = \boldsymbol{b}$ ergibt sich das Längenquadrat des Vektors $\boldsymbol{a} \cdot \boldsymbol{a} = a_1^2 + a_2^2 + a_3^2$
- Stehen die Vektoren $\boldsymbol{a}$ und $\boldsymbol{b}$ senkrecht aufeinander, so ist das Skalarprodukt 0. Diese Vektoren nennt man orthogonal. Der Winkel $(\boldsymbol{a}, \boldsymbol{b})$ zwischen $\boldsymbol{a}$ und $\boldsymbol{b}$ ist dann 90°.

Bis jetzt hatten wir angenommen, dass die Komponenten der Vektoren reelle Zahlen sind. Sobald komplexe Zahlen auftreten, geht man über in den komplexen Vektorraum. Hier ist das Skalarprodukt definiert durch

$$\boldsymbol{a}^+ \cdot \boldsymbol{b} = \langle \boldsymbol{a} | \boldsymbol{b} \rangle \tag{11.106}$$

wobei $\boldsymbol{a}^+$ der zu $\boldsymbol{a}$ adjungierte Vektor ist.

Das Skalarprodukt der Einheitsvektoren im komplexen Vektorraum ist

$$\boldsymbol{e}_i^+ \cdot \boldsymbol{e}_j = \langle i| \cdot |j\rangle = \langle i|j\rangle = \delta_{ij} = \begin{cases} 1 & \text{für } i = j \\ 0 & \text{für } i \neq j \end{cases} \tag{11.107}$$

Als verkürzende Schreibweise wurde $\langle i| \cdot |j\rangle = \langle i|j\rangle$ eingeführt.

δ_{ij} ist das Kronecker-Delta.

Die Basisvektoren $\boldsymbol{e}_i$ sind vollständig, orthogonal und nach (11.107) auch normiert. Deswegen nennt man das System der Basisvektoren ein **V**ollständiges **O**rtho-**N**ormal**S**ystem (VONS).

Unter Verwendung von (11.102) bis (11.107) wird das Skalarprodukt (11.106)

$$\begin{aligned} \boldsymbol{a}^+ \cdot \boldsymbol{b} = \langle \boldsymbol{a}|\boldsymbol{b}\rangle &= \sum_{i=1}^{3} a_i^* \langle i| \cdot \sum_{j=1}^{3} b_j |j\rangle \\ &= \sum_{i=1}^{3}\sum_{j=1}^{3} a_i^* b_j \langle i|j\rangle = \sum_{i=1}^{3}\sum_{j=1}^{3} a_i^* b_j \delta_{ij} \\ &= \sum_{i=1}^{3} a_i^* b_i \end{aligned} \tag{11.108}$$

Vertauscht man die Vektoren $\boldsymbol{a}$ und $\boldsymbol{b}$ in (11.108), so erhält man:

$$\langle \boldsymbol{b}|\boldsymbol{a}\rangle = \sum_{i=1}^{3}\sum_{j=1}^{3} b_i^* a_j \langle i|j\rangle = \sum_{i=1}^{3} b_i^* a_i \tag{11.109}$$

Damit gilt:

$$\langle \boldsymbol{b}|\boldsymbol{a}\rangle = \langle \boldsymbol{a}|\boldsymbol{b}\rangle^* \tag{11.110}$$

Bei der Definition des Skalarproduktes zeigt sich die wohlüberlegte Bezeichnungsweise von Dirac. Der adjungierte bra(c)-Vektor $\langle \boldsymbol{a}|$ fügt sich mit dem ket-Vektor $|\boldsymbol{b}\rangle$ zu einer bracket, d. h. dem Skalarprodukt zusammen.

Das Skalarprodukt eines Vektors $|\boldsymbol{a}\rangle$ mit dem Basisvektor $\langle j|$ ist

$$\langle j|\boldsymbol{a}\rangle = \langle j|\sum_i a_i|i\rangle = \sum_i a_i\langle j|i\rangle = \sum_i a_i\delta_{ij} = a_j \tag{11.111}$$

Das Skalarprodukt $\langle j|\boldsymbol{a}\rangle$ ist also die Komponente von $\boldsymbol{a}$ in Richtung von j. Damit charakterisieren die Komponenten in Richtung der drei Einheitsvektoren eindeutig den abstrakten Vektor $\boldsymbol{a}$ im Basissystem der Einheitsvektoren $|i\rangle$.

Der Betrag von $\boldsymbol{a}$ ergibt sich aus dem Skalarprodukt

$$\langle \boldsymbol{a}|\boldsymbol{a}\rangle = \sum_{i,j=1}^{3} a_j^* a_i\langle j|i\rangle = \sum_{j=1}^{3} a_j^* a_j > 0 \tag{11.112}$$

11.4.2.2 Dyadisches Produkt

Das dyadische Produkt zweier Vektoren $\boldsymbol{a}$ und $\boldsymbol{b}$ in erzeugt einen speziellen Operator. Es wird kurz auch Dyade genannt.

$$\boldsymbol{C} = \boldsymbol{a}\otimes\boldsymbol{b} = |\boldsymbol{a}\rangle\langle\boldsymbol{b}| = \begin{pmatrix} a_1b_1^* & a_1b_2^* & a_1b_3^* \\ a_2b_1^* & a_2b_2^* & a_2b_3^* \\ a_3b_1^* & a_3b_2^* & a_3b_3^* \end{pmatrix} = \hat{C} \tag{11.113}$$

$\boldsymbol{C}$ und $\hat{C}$ sind äquivalente Schreibweisen. $\hat{C}$ lässt sich zerlegen in die Dyaden der Einheitsvektoren

$$\hat{C} = \sum_{i,j=1}^{3} a_i b_j^* |i\rangle\langle j| = \sum_{i,j=1}^{3} a_i b_j^* \hat{P}_{ij}$$

Die $\hat{P}_{ij}$ werden auch Projektoren genannt. Speziell für die Einheitsvektoren ergibt sich

$$\boldsymbol{e}_i\otimes\boldsymbol{e}_j = \hat{P}_{ij} = |i\rangle\langle j| \tag{11.114}$$

(11.114) schreibt sich in Matrixform

$$\begin{aligned}
|1\rangle\langle 1| &= \begin{pmatrix} 1&0&0\\0&0&0\\0&0&0\end{pmatrix} & |1\rangle\langle 2| &= \begin{pmatrix} 0&1&0\\0&0&0\\0&0&0\end{pmatrix} & |1\rangle\langle 3| &= \begin{pmatrix} 0&0&1\\0&0&0\\0&0&0\end{pmatrix}\\
|2\rangle\langle 1| &= \begin{pmatrix} 0&0&0\\1&0&0\\0&0&0\end{pmatrix} & |2\rangle\langle 2| &= \begin{pmatrix} 0&0&0\\0&1&0\\0&0&0\end{pmatrix} & |2\rangle\langle 3| &= \begin{pmatrix} 0&0&0\\0&0&1\\0&0&0\end{pmatrix}\\
|3\rangle\langle 1| &= \begin{pmatrix} 0&0&0\\0&0&0\\1&0&0\end{pmatrix} & |3\rangle\langle 2| &= \begin{pmatrix} 0&0&0\\0&0&0\\0&1&0\end{pmatrix} & |3\rangle\langle 3| &= \begin{pmatrix} 0&0&0\\0&0&0\\0&0&1\end{pmatrix}
\end{aligned} \tag{11.115}$$

Allgemein sind die Elemente des dyadischen Produktes (11.113)

$$C_{ij} = a_i b_j^* \tag{11.116}$$

11.4.3 Die Operatoren des Vektorraums $\boldsymbol{R}^3$

11.4.3.1 Allgemeine lineare Operatoren

Lineare Operatoren ($\hat{A}$, $\hat{B}$, $\hat{\Omega}$, ...) ordnen jedem Vektor $|\boldsymbol{a}\rangle \in \boldsymbol{R}^3$ in definierter Weise einen anderen Vektor $|\boldsymbol{c}\rangle$ zu. Wenn

$$|\boldsymbol{c}\rangle = \hat{A}\,|\boldsymbol{a}\rangle \quad |\boldsymbol{d}\rangle = \hat{A}\,|\boldsymbol{b}\rangle \tag{11.117}$$

dann bedeutet Linearität von $\hat{A}$, dass

$$\hat{A}\,|p\,\boldsymbol{a} + q\,\boldsymbol{b}\rangle = p\,\hat{A}\,|\boldsymbol{a}\rangle + q\,\hat{A}|\boldsymbol{b}\rangle = p\,|\boldsymbol{c}\rangle + q\,|\boldsymbol{d}\rangle = |p\,\boldsymbol{c} + q\,\boldsymbol{d}\rangle \tag{11.118}$$

gelten muss.

Der allgemeinste in $\boldsymbol{R}^3$ wirkende lineare Operator hat in der Basis (11.114) und (11.115) in verschiedenen äquivalenten Schreibweisen die Form:

$$\hat{A} = \sum_{i,j=1}^{3} a_{ij}\,\boldsymbol{e}_i \otimes \boldsymbol{e}_j = \sum_{i,j=1}^{3} a_{ij}\,\hat{P}_{ij} = \begin{pmatrix} a_{11} & a_{12} & a_{13} \\ a_{21} & a_{22} & a_{23} \\ a_{31} & a_{32} & a_{33} \end{pmatrix} = \sum_{i,j=1}^{3} |i\rangle a_{ij} \langle j| \tag{11.119}$$

Aus dem Vektor $|\boldsymbol{b}\rangle$ (11.102) erzeugt der Operator $\hat{A}$ den Vektor $|\boldsymbol{d}\rangle$ wie folgt:

$$\begin{aligned} \hat{A}|\boldsymbol{b}\rangle &= \sum_{i,j=1}^{3} |i\rangle a_{ij} \langle j| \cdot \sum_{k=1}^{3} b_k |k\rangle \\ &= \sum_{i,j,k=1}^{3} |i\rangle a_{ij} b_k \langle j|\,k\rangle = \sum_{i,j=1}^{3} |i\rangle a_{ij} b_j \\ &= \sum_{i=1}^{3} |i\rangle d_i = |\boldsymbol{d}\rangle \quad \text{mit} \quad d_i = \sum_{j=1}^{3} a_{ij} b_j \end{aligned} \tag{11.120}$$

oder in Matrixschreibweise

$$\hat{A}|b\rangle = \begin{pmatrix} a_{11} & a_{12} & a_{13} \\ a_{21} & a_{22} & a_{23} \\ a_{31} & a_{32} & a_{33} \end{pmatrix} \cdot \begin{pmatrix} b_1 \\ b_2 \\ b_3 \end{pmatrix} = \begin{pmatrix} d_1 \\ d_2 \\ d_3 \end{pmatrix} \tag{11.121}$$

Die Matrixelemente eines Operators $\hat{A}$ lassen sich ähnlich wie die Komponenten eines Vektors (11.111) durch Skalarprodukte darstellen:

$$\langle k|\hat{A}|l\rangle = \langle k| \sum_{i,j=1}^{3} |i\rangle a_{ij} \langle j|\,|\,l\rangle = \sum_{i,j=1}^{3} \delta_{k\,i}\, a_{ij}\, \delta_{j\,l} = a_{kl} \tag{11.122}$$

Daraus folgt für das Skalarprodukt mit Vektoren

$$\langle \boldsymbol{b}|\hat{A}|\boldsymbol{a}\rangle = \sum_{k,l=1}^{3} \langle \boldsymbol{b}|k\rangle \langle k|\hat{A}|l\rangle \langle l|\boldsymbol{a}\rangle = \sum_{k,l=1}^{3} b_k^*\, a_{kl}\, a_l \tag{11.123}$$

11.4.3.2 Adjungierte Operatoren

Über die Gleichung (11.104) wurden adjungierte Vektoren eingeführt. Eine adjungierte Matrix $\hat{A}^+$ (Operator) entsteht aus $\hat{A}$ durch Spiegeln an der Diagonale und Übergang zu konjugiert komplexen Elementen.

$$\hat{A} = \begin{pmatrix} a_{11} & a_{12} & a_{13} \\ a_{21} & a_{22} & a_{23} \\ a_{31} & a_{32} & a_{33} \end{pmatrix} \quad \hat{A}^+ = \begin{pmatrix} a_{11}^* & a_{21}^* & a_{31}^* \\ a_{12}^* & a_{22}^* & a_{32}^* \\ a_{13}^* & a_{23}^* & a_{33}^* \end{pmatrix} \tag{11.124}$$

Für das dyadische Produkt der Einheitsvektoren gilt dann

$$(\boldsymbol{e}_i \otimes \boldsymbol{e}_j)^+ = \boldsymbol{e}_j \otimes \boldsymbol{e}_i \tag{11.125}$$

bzw.

$$\hat{P}_{ij}^+ = \hat{P}_{ji}, \quad \text{das heißt} \quad (|i\rangle\langle j|)^+ = (|j\rangle\langle i|) \tag{11.126}$$

In anderer Schreibweise gilt also anstelle von (11.124)

$$\hat{A} = \sum_{i,j=1}^{3} a_{ij}\hat{P}_{ij} \quad \hat{A}^+ = \sum_{i,j=1}^{3} a_{ij}^* \hat{P}_{ij}^+ = \sum_{i,j=1}^{3} a_{ij}^* \hat{P}_{ji} = \sum_{j,i=1}^{3} a_{ji}^* \hat{P}_{ij} \tag{11.127}$$

Wendet man $\hat{A}^+$ auf Vektoren an, so erhält man:

$$\begin{aligned} \hat{A}^+|\boldsymbol{b}\rangle &= \sum_{i,j=1}^{3} |i\rangle a_{ji}^* \langle j| \sum_{k=1}^{3} b_k|k\rangle \\ &= \sum_{i,j=1}^{3} a_{ji}^* b_j|i\rangle \end{aligned} \tag{11.128}$$

und

$$\langle \boldsymbol{b}|\hat{A}|\boldsymbol{a}\rangle = \langle \hat{A}^+\boldsymbol{b}|\boldsymbol{a}\rangle = \sum_{i,j=1}^{3} b_j^* \, a_{ji}\, a_i \tag{11.129}$$

Es gilt also auch:

$$\langle \boldsymbol{b}|\hat{A} = \langle \hat{A}^+\boldsymbol{b}| \tag{11.130}$$

11.4.3.3 Projektoren $\hat{P}_{ij}$

Aus (11.114) sieht man, dass man jeden linearen Operator gemäß (11.119) in die speziellen Operatoren $\hat{P}_{ij} = |i\rangle\langle j|$ zerlegen kann. Da

$$\hat{P}_{ij}|k\rangle = |i\rangle\langle j|k\rangle = |i\rangle\delta_{jk} \tag{11.131}$$

greift $\hat{P}_{ij}$ aus allen Basisvektoren $|k\rangle$ nur $|j\rangle$ heraus und erzeugt daraus den Basisvektor $|i\rangle$. Man sagt $\hat{P}_{ij}$ projiziert $|j\rangle$ auf $|i\rangle$. Deswegen heißt $\hat{P}_{ij}$ Projektor. Zwischen den Projektoren gilt folgende Relation

$$\hat{P}_{ij}\hat{P}_{kl} = |i\rangle\langle j|k\rangle\langle l| = |i\rangle\delta_{jk}\langle l| = \delta_{jk}P_{il} \tag{11.132}$$

Daraus folgt insbesondere

$$\hat{P}_{ii}\hat{P}_{ii} = \hat{P}_{ii} = |i\rangle\langle i| \tag{11.133}$$

Da die Basisvektoren $\boldsymbol{e}_i$ ein vollständiges Orthonormalsystem (VONS) bilden, kann man den Eins-Operator aus den $\hat{P}_{ii}$ bilden:

$$\sum_{i=1}^{3} \hat{P}_{ii} = \sum_{i=1}^{3} |i\rangle\langle i| = \hat{1} = \begin{pmatrix} 1 & 0 & 0 \\ 0 & 1 & 0 \\ 0 & 0 & 1 \end{pmatrix} \tag{11.134}$$

Aus dieser Darstellung sieht man sofort, dass der Eins-Operator $\hat{1}$ jeden Vektor reproduziert.

$$\hat{1} \cdot |\boldsymbol{a}\rangle = \sum_{i=1}^{3} |i\rangle\langle i| \sum_{j=1}^{3} a_j |j\rangle = \sum_{i,j=1}^{3} |i\rangle\, a_j\, \delta_{ij} = \sum_{i=1}^{3} a_i\, |i\rangle = |\boldsymbol{a}\rangle \tag{11.135}$$

11.4.3.4 Selbstadjungierte (hermitesche) Operatoren

Man nennt einen Operator selbstadjungiert oder hermitesch, wenn der Operator $\hat{A}$ mit dem adjungierten Operator $\hat{A}^+$ übereinstimmt. Für solche Operatoren gilt also

$$\hat{A}^+ = \hat{A} \tag{11.136}$$

Für die Matrixelemente bedeutet dies gemäß (11.124)

$$a_{ji} = a_{ij}^* \tag{11.137}$$

Sind die Matrixelemente reell, dann zeigt (11.137), dass die Matrix symmetrisch ist.

Aus (11.120) folgt für hermitesche Operatoren

$$\langle \boldsymbol{b}|\hat{A}|\boldsymbol{a}\rangle = \langle \hat{A}\, \boldsymbol{b}|\boldsymbol{a}\rangle = \sum_{i,j} b_i^*\, a_{i\,j} a_j \tag{11.138}$$

11.4.3.4.1 Eigenwerte und Eigenvektoren hermitescher Operatoren

Der Vektor $|\alpha_1\rangle$ sei ein Eigenvektor des hermiteschen Operators $\hat{A}$. Das bedeutet die Anwendung von $\hat{A}$ auf $|\alpha_1\rangle$ reproduziert $|\alpha_1\rangle$ bis auf den Faktor, den Eigenwert α_1.

$$\hat{A}|\alpha_1\rangle = \alpha_1|\alpha_1\rangle \tag{11.139}$$

Aus (11.138) folgt dann

– Der Eigenwert muss reell sein, d. h. es gilt

$$\alpha_1 = \alpha_1^* \tag{11.140}$$

Beweis: Aus (11.138) und (11.139) folgt:

$$\langle\alpha_1|\hat{A}|\alpha_1\rangle = \alpha_1\langle\alpha_1|\alpha_1\rangle = \langle\hat{A}\alpha_1|\alpha_1\rangle = \alpha_1^*\langle\alpha_1|\alpha_1\rangle$$

Da $|\alpha_1\rangle \neq 0$, ist $\langle\alpha_1|\alpha_1\rangle > 0$.
Damit ist die Gleichung $\alpha_1\langle\alpha_1|\alpha_1\rangle = \alpha_1^*\langle\alpha_1|\alpha_1\rangle$ nur dann erfüllt, wenn $\alpha_1 = \alpha_1^*$.

- Eigenvektoren zu verschiedenen Eigenwerten sind orthogonal
  Beweis:
  Neben dem Eigenvektor $|\alpha_1\rangle$ gebe es den Eigenvektor $|\alpha_2\rangle$. Für $|\alpha_2\rangle$ gilt

$$\hat{A}|\alpha_2\rangle = \alpha_2|\alpha_2\rangle \tag{11.141}$$

wobei $\alpha_2 \neq \alpha_1$
Wegen (11.138), (11.139) (11.141) gilt:

$$\langle\alpha_2|\hat{A}|\alpha_1\rangle = \alpha_1\langle\alpha_2|\alpha_1\rangle = \langle\hat{A}\alpha_2|\alpha_1\rangle = \alpha_2\langle\alpha_2|\alpha_1\rangle \tag{11.142}$$

Die Eigenvektoren sollen zu verschiedenen Eigenwerten gehören, also ist: $\alpha_2 \neq \alpha_1$.
Dann kann aber die Gleichung (11.142)

$$\alpha_1\langle\alpha_2|\alpha_1\rangle = \alpha_2\langle\alpha_2|\alpha_1\rangle$$

nur dann erfüllt sein, wenn

$$\langle\alpha_2|\alpha_1\rangle = 0 \tag{11.143}$$

gilt, die beiden Eigenvektoren also orthogonal sind.

Bei der Bestimmung der Eigenvektoren eines hermiteschen Operators $\hat{A}$ stellt sich heraus, dass die Anzahl der Eigenwerte und zugehörigen Eigenvektoren mit der Dimension des Raumes übereinstimmt (siehe (11.4.3.4.3)). In $\boldsymbol{R}^3$ hat also der hermitesche Operator $\hat{A}$ drei Eigenvektoren $|\alpha_1\rangle$, $|\alpha_2\rangle$ und $|\alpha_3\rangle$, die wegen (11.143) orthogonal zueinander sind.

Normiert man die Eigenvektoren, so erfüllen sie die Bedingung:

$$\langle\alpha_i|\alpha_j\rangle = \delta_{ij} \quad j = 1, 2, 3 \tag{11.144}$$

Das bedeutet, die $|\alpha_i\rangle$ bilden ein vollständiges Orthonormalsystem (ein VONS), das zu der ursprünglichen Basis (11.101) der $\{|i\rangle\}$ gleichberechtigt ist.

Sobald die Eigenvektoren $|\alpha_i\rangle$ bekannt sind, kann man den hermiteschen Operator $\hat{A} = \hat{A}^+$ in der Basis seiner Eigenvektoren auf einfache Weise schreiben.

$$\hat{A} = \sum_{i=1}^{3} |\alpha_i\rangle\alpha_i\langle\alpha_i| \tag{11.145}$$

Diese Schreibweise ist die Spektraldarstellung des Operators $\hat{A}$.

Diese Form entspricht der Darstellung (11.119). Das sieht man, wenn man den Operator $\hat{A}$ auf den Eigenvektor $|\alpha_j\rangle$ anwendet

$$\hat{A}|\alpha_j\rangle = \sum_{i=1}^{3} |\alpha_i\rangle\alpha_i\langle\alpha_i|\alpha_j\rangle = \sum_{i=1}^{3} |\alpha_i\rangle\alpha_i\delta_{ij} = \alpha_j|\alpha_j\rangle \tag{11.146}$$

Die Form (11.146) zeigt, dass der Operator $\hat{A}$ in der vollständigen orthonormierten Basis seiner Eigenvektoren diagonalisiert ist. In dieser Basis hängt $\hat{A}$ nicht von allen „schiefen" Projektoren

$$\hat{Q}_{ij} = |\alpha_i\rangle\langle\alpha_j| \quad \text{mit} \quad \hat{Q}_{ij}\,\hat{Q}_{kl} = \delta_{jk}\,\hat{Q}_{il} \tag{11.147}$$

ab, sondern nur von den diagonalen Projektoren $\hat{Q}_{ii}$, die die Eigenzustände $|\alpha_j\rangle$ auf sich selbst projizieren.

Da die Eigenvektoren $|\alpha_i\rangle$ ebenso wie die $|i\rangle$ ein vollständiges Orthonormalsystem bilden, kann man den $\hat{1}$-Operator ebenso gut mit den $\hat{Q}_{ii}$ darstellen wie in (11.134) mit den Projektoren auf die ursprünglichen Basisvektoren.

$$\sum_{i=1}^{3} \hat{Q}_{i\,i} = \sum_{i=1}^{3} |\alpha_i\rangle\langle\alpha_i| = \hat{1} \tag{11.148}$$

Durch Vergleich von (11.119) und (11.145) sieht man, dass derselbe abstrakte Operator $\hat{A}$ sozusagen über seinen unterschiedlichen Darstellungen mit der einen oder der anderen Basis schwebt.

11.4.3.4.2 Vertauschbare hermitesche Operatoren

Im Allgemeinen sind zwei hermitesche Operatoren $\hat{A}$, $\hat{B}$ ($\hat{A} = \hat{A}^+$ und $\hat{B} = \hat{B}^+$) nicht vertauschbar, d. h. es gilt:

$$\hat{A}\,\hat{B} - \hat{B}\,\hat{A} = [\hat{A}, \hat{B}] \neq 0 \tag{11.149}$$

Sind aber zwei hermitesche Operatoren $\hat{C}$, $\hat{D}$ ($\hat{C} = \hat{C}^+$ und $\hat{D} = \hat{D}^+$) vertauschbar:

$$\hat{C}\,\hat{D} - \hat{C}\,\hat{D} = [\hat{C}, \hat{D}] = 0 \tag{11.150}$$

so kann man ein vollständiges Orthonormalsystem (VONS) gemeinsamer Eigenvektoren $\{|\gamma_i, \delta_i\rangle\}$ finden. Die Schreibweise $|\gamma_i, \delta_i\rangle$ soll anzeigen, dass hier Eigenvektoren vorliegen, die sowohl zum Operator $\hat{C}$ als auch zu $\hat{D}$ gehören. Für diese Eigenvektoren gilt neben $\langle\gamma_j, \delta_j|\gamma_i, \delta_i\rangle = \delta_{ij}$ auch:

$$\begin{aligned} \hat{C}|\gamma_i, \delta_i\rangle &= \gamma_i|\gamma_i, \delta_i\rangle, i = 1, 2, 3 \\ \hat{D}|\gamma_i, \delta_i\rangle &= \delta_i|\gamma_i, \delta_i\rangle, i = 1, 2, 3 \end{aligned} \tag{11.151}$$

und

$$\sum_{i=1}^{3} \hat{R}_{i\,i} = \sum_{i=1}^{3} |\gamma_i, \delta_i\rangle\langle\gamma_i, \delta_i| = \hat{1} \tag{11.152}$$

Beweis (für den nicht entarteten Fall):
Es sei $|\gamma\rangle$ einziger (nicht entarteter) Eigenvektor von $\hat{C}$ zum Eigenwert γ. Dann gilt

$$\hat{C}|\gamma\rangle = \gamma|\gamma\rangle \tag{11.153}$$

Wendet man auf (11.153) den Operator $\hat{D}$ an, so erhält man:

$$\hat{D}\hat{C}|\gamma\rangle = \hat{D}\gamma|\gamma\rangle = \gamma\hat{D}|\gamma\rangle \tag{11.154}$$

Anderseits gilt wegen der Vertauschbarkeit (11.150) von $\hat{C}$ und $\hat{D}$:

$$\hat{D}\hat{C}|\gamma\rangle = \hat{C}\hat{D}|\gamma\rangle = \gamma\hat{D}|\gamma\rangle \tag{11.155}$$

Hieraus sieht man, dass $\hat{D}|\gamma\rangle$ auch ein Eigenvektor von $\hat{C}$ ist. Da $|\gamma\rangle$ einziger Eigenvektor von $\hat{C}$ zum Eigenwert γ ist, muss $\hat{D}|\gamma\rangle$ proportional zu $|\gamma\rangle$ sein. Es muss also gelten:

$$\hat{D}|\gamma\rangle = \delta|\gamma\rangle \tag{11.156}$$

Da $|\gamma\rangle$ gemeinsamer Eigenvektor von $\hat{C}$ und $\hat{D}$ ist, bezeichnet man ihn nun als

$$|\gamma\rangle = |\gamma, \delta\rangle \tag{11.157}$$

Dieser Beweis wiederholt sich für alle nicht entarteten Eigenvektoren $|\gamma_i\rangle$ zu den Eigenwerten γ_i von $\hat{C}$. Daraus folgen dann (11.151) und (11.152). Für den Fall der Entartung kann der Beweis verallgemeinert werden.

11.4.3.4.3 Die explizite Konstruktion der Eigenvektoren und Eigenwerte eines hermiteschen Operators

Bisher haben wir für einen hermiteschen Operator bewiesen:
- Die Eigenwerte sind reell
- Zu verschiedenen Eigenwerten gehören orthogonale normierte Eigenvektoren, die zusammen ein vollständiges Orthonormalsystem (VONS) bilden.
- Die Spektraldarstellung (11.145) nimmt in diesem System eine besonders einfache Form an.

Als nächstes wollen wir die Eigenvektoren des hermiteschen Operators $\hat{A}$ explizit konstruieren.

Vorgegeben ist ein beliebig wählbares VONS von Vektoren

$$|k\rangle \text{ mit } \langle l|k\rangle = \delta_{lk}; \quad \sum_{k=1}^{3} |k\rangle\langle k| = \hat{1} \tag{11.158}$$

Die Matrixelemente des hermiteschen Operators $\hat{A} = \hat{A}^+$ sind in diesem VONS:

$$\langle l|\hat{A}|k\rangle = a_{lk} = \langle \hat{A}l|k\rangle = a_{kl}^* \tag{11.159}$$

Die Eigenvektoren, die

$$\hat{A}|\alpha\rangle = \alpha|\alpha\rangle \tag{11.160}$$

genügen sollen, werden nach dem VONS der $|k\rangle$ entwickelt

$$|\alpha\rangle = \sum_{k=1}^{3} |k\rangle\langle k|\alpha\rangle = \sum_{k=1}^{3} |k\rangle\, u_k \tag{11.161}$$

Zur Bestimmung der Eigenwerte α und der Entwicklungskoeffizienten $u_k = \langle k|\alpha\rangle$ erhält man mit (11.160) und (11.161)

$$\hat{A}\sum_{k=1}^{3} |k\rangle\langle k|\alpha\rangle = \alpha \sum_{k=1}^{3} |k\rangle\langle k|\alpha\rangle \tag{11.162}$$

Die Multiplikation mit dem bra-Vektor $\langle l|$ und die Verwendung von (11.158) und (11.159) ergibt

$$\begin{aligned} &\sum_{k=1}^{3} \langle l|\hat{A}|k\rangle u_k = \alpha \sum_{k=1}^{3} \delta_{lk} u_k \quad \text{oder} \\ &\sum_{k=1}^{3} (a_{lk} - \alpha \cdot \delta_{lk}) u_k = 0 \quad \text{für } l = 1, 2, 3 \end{aligned} \tag{11.163}$$

(11.163) ist ein lineares homogenes Gleichungssystem mit den drei Gleichungen ($l = 1, 2, 3$) für die Entwicklungskoeffizienten u_k. Dieses homogene Gleichungssystem hat nur dann nicht triviale Lösungen, wenn die Determinante verschwindet.

$$\| a_{lk} - \alpha\, \delta_{lk} \| = 0 \tag{11.164}$$

Dies ist eine kubische Gleichung für die möglichen Eigenwerte α. Diese hat drei Lösungen $\alpha = \alpha_j$ ($j = 1, 2, 3$). Zu jedem Eigenwert gehört bis auf einen freibleibenden Faktor eine Lösung u_{kj} des Gleichungssystems (11.163). Der Faktor wird so bestimmt, dass die Eigenvektoren $|\alpha_j\rangle$ normiert sind. Nach (11.143) sind sie auch orthogonal zueinander. Es gilt also:

$$\langle \alpha_i|\alpha_j\rangle = \sum_{k=1}^{3} \langle \alpha_i|k\rangle\langle k|\alpha_j\rangle = \sum_{k=1}^{3} u_{ki}^{*}\, u_{kj} = \delta_{ij} \tag{11.165}$$

und

$$\sum_{j=1}^{3} |\alpha_j\rangle\langle\alpha_j| = \sum_{j=1}^{3} \hat{Q}_{jj} = \hat{1} \quad \text{mit } \hat{Q}_{ji} = |\alpha_j\rangle\langle\alpha_i| \tag{11.166}$$

Die drei $|\alpha_j\rangle$ bilden also ein vollständiges Orthonormalsystem (VONS).

11.4.3.5 Unitäre Operatoren

Für einen unitären Operator $\hat{U}$ gilt per definitionem

$$\langle \hat{U}\boldsymbol{a}|\hat{U}\boldsymbol{b}\rangle = \langle \boldsymbol{a}|\boldsymbol{b}\rangle \quad \text{bzw.} \quad \langle \boldsymbol{a}|\hat{U}^{+}\hat{U}\boldsymbol{b}\rangle = \langle \boldsymbol{a}|\boldsymbol{b}\rangle \tag{11.167}$$

wobei $|\boldsymbol{a}\rangle$ und $|\boldsymbol{b}\rangle$ beliebige Vektoren sind. (11.167) ist dann und nur dann erfüllt, wenn gilt

$$\hat{U}^+\hat{U} = \hat{1} \quad \text{bzw.} \quad \hat{U}^+ = \hat{U}^{-1} \tag{11.168}$$

Die Eigenwerte und Eigenvektoren unitärer Operatoren sind wie folgt definiert

$$\hat{U}|\boldsymbol{u}\rangle = u|\boldsymbol{u}\rangle \tag{11.169}$$

Ihre allgemeinen Eigenschaften beweist man auf ähnliche Weise wie bei hermiteschen Operatoren. Aus (11.167) und (11.169) folgt:

$$\langle\hat{U}\boldsymbol{u}|\hat{U}\boldsymbol{u}\rangle = u^* u\langle\boldsymbol{u}|\boldsymbol{u}\rangle = \langle\boldsymbol{u}|\boldsymbol{u}\rangle \tag{11.170}$$

Da $\langle\boldsymbol{u}|\boldsymbol{u}\rangle \neq 0$ sein muss, folgt für die Eigenwerte

$$u^* u = |\boldsymbol{u}|^2 = 1 \tag{11.171}$$

Das bedeutet, ein Eigenwert u eines unitären Operators muss in der komplexen Ebene auf dem Einheitskreis liegen.

Hat man andererseits zwei Eigenvektoren zu verschiedenen Eigenwerten u_i, u_j, mit $u_i \neq u_j$, also

$$\hat{U}|\boldsymbol{u}_i\rangle = u_i|\boldsymbol{u}_i\rangle \quad \text{und} \quad \hat{U}|\boldsymbol{u}_j\rangle = u_j|\boldsymbol{u}_j\rangle \tag{11.172}$$

so folgt aus (11.167) und (11.172)

$$\langle\hat{U}\boldsymbol{u}_i|\,\hat{U}\boldsymbol{u}_j\rangle = u_i^* u_j\langle\boldsymbol{u}_i|\boldsymbol{u}_j\rangle = \langle\boldsymbol{u}_i|\boldsymbol{u}_j\rangle \tag{11.173}$$

Da nach Voraussetzung $u_i^* u_j \neq 1$ ist, kann (11.173) nur dann erfüllt sein, wenn gilt

$$\langle\boldsymbol{u}_i|\boldsymbol{u}_j\rangle = 0 \tag{11.174}$$

Das ist nur dann der Fall, wenn die Eigenvektoren zu verschiedenen Eigenwerten von $\hat{U}$ orthogonal zueinander sind.

Wenn die Eigenvektoren normiert sind und ein vollständiges Orthonormalsystem, also ein VONS, bilden, gilt ähnlich wie bei hermiteschen Operatoren die Spektraldarstellung

$$\hat{U} = \sum_j |\boldsymbol{u}_j\rangle u_j\langle\boldsymbol{u}_j| \tag{11.175}$$

Zwischen einem unitären Operator $\hat{U}$ und einem hermiteschen Operator $\hat{A} = \hat{A}^+$ sowie deren Eigenwerten und Eigenvektoren besteht ein einfacher Zusammenhang, wenn sich $\hat{U}$ wie folgt darstellen lässt:

$$\hat{U} = \exp(i\hat{A}) = \sum_{n=0}^{\infty} \frac{1}{n!}(i\hat{A})^n \tag{11.176}$$

In diesem Fall ist $\hat{U}$ unitär, da

$$\hat{U}^+\hat{U} = \exp(-i\hat{A}) \cdot \exp(i\hat{A}) = \hat{1} \tag{11.177}$$

Wegen der Vertauschbarkeit von $\hat{U}$ und $\hat{A}$

$$[\hat{U}, \hat{A}] = 0 \tag{11.178}$$

besitzen $\hat{U}$ und $\hat{A}$ ein gemeinsames vollständiges Orthonormalsystem (VONS) von Eigenvektoren. Für die gemeinsamen $|\alpha_i\rangle$ gilt:

$$\begin{aligned} \hat{A}|\alpha_j\rangle &= \alpha_j|\alpha_j\rangle \\ \hat{U}|\alpha_j\rangle &= \exp(i\hat{A})|\alpha_j\rangle = \exp(i\alpha_j)|\alpha_j\rangle = u_j|\alpha_j\rangle \end{aligned} \tag{11.179}$$

Unitäre Operatoren können verallgemeinerte Drehungen im komplexen Vektorraum durchführen. Z. B. ist ein geeignet definierter unitärer Operator $\hat{V}$ in der Lage ein beliebiges vollständiges Orthonormalsystem in das vollständige Orthonormalsystem der Eigenvektoren eines beliebigen hermiteschen Operators $\hat{A}$ zu transformieren. Ausgehend von den Eigenzuständen $|\alpha_j\rangle$ des hermiteschen Operators $\hat{A} = \hat{A}^+$ (siehe (11.156) bis (11.166)) definieren wir einen Operator $\hat{V}$, der folgendes bewirkt:

$$\hat{V}|j\rangle = |\alpha_j\rangle \quad \text{für alle } j = 1, 2, 3 \tag{11.180}$$

Seine Matrixelemente in dem beliebig gewählten VONS der Vektoren $|k\rangle$ sind:

$$\langle k|\hat{V}|j\rangle = \langle k|\alpha_j\rangle = u_{kj} \tag{11.181}$$

Diese erfüllen die in (11.165) bewiesenen Eigenschaften

$$\begin{aligned} \langle\alpha_i|\alpha_j\rangle = \langle\hat{V}i|\hat{V}j\rangle &= \sum_{k=1}^{3} \langle\alpha_i|k\rangle\langle k|\alpha_j\rangle \\ &= \sum_{k=1}^{3} u_{ki}^* u_{kj} = \delta_{ij} = \langle i|j\rangle \quad \text{für alle } i, j \end{aligned} \tag{11.182}$$

Hieraus sieht man, dass der so definierte Operator $\hat{V}$ unitär ist. Die Transformation des Ausgangs-Orthonormalsystems in das Ziel-Orthonormalsystem wird erreicht durch die nach (11.163), (11.164) und (11.165) berechneten Matrixelemente $\langle k|\hat{V}|j\rangle = u_{kj}$.

Der Operator $\hat{V}$ hat folgende Eigenschaften:

- Multipliziert man (11.180) mit dem adjungierten Operator $\hat{V}^+$, so erhält man unter Verwendung von $\hat{V}^+\hat{V} = \hat{1}$

$$|j\rangle = \hat{V}^+|\alpha_j\rangle \quad \text{für } j = 1, 2, 3 \tag{11.183}$$

Das bedeutet:
$\hat{V}$ transformiert die Basisvektoren $|j\rangle$ in die Eigenvektoren $|\alpha_j\rangle$
$\hat{V}^+$ transformiert die Eigenvektoren $|\alpha_j\rangle$ in die Basisvektoren $|j\rangle$.

- Der Operator $\hat{A}$ kann mit Hilfe von $\hat{V}$ unitär transformiert werden. Unter Verwendung von (11.160) und (11.180) erhält man

$$\hat{A}|\alpha_j\rangle = \alpha_j|\alpha_j\rangle = \hat{A}\hat{V}|j\rangle \tag{11.184}$$

Anwenden von $\hat{V}^+$ und Verwendung von (11.183) ergibt

$$\begin{aligned}\hat{V}^+\hat{A}|\alpha_j\rangle &= \hat{V}^+\alpha_j|\alpha_j\rangle = \alpha_j\hat{V}^+|\alpha_j\rangle \\ &= \alpha_j|j\rangle = \hat{V}^+\hat{A}\hat{V}|j\rangle\end{aligned} \tag{11.185}$$

Aus (11.185) sieht man, dass der transformierte Operator $\hat{V}^+\hat{A}\hat{V}$ das VONS der Basisvektoren $\{|j\rangle\}$ als sein Eigenvektorsystem besitzt, während das VONS des ursprünglichen Operators $\hat{A}$ seine Eigenvektoren $\{|\alpha_j\rangle\}$ sind. Bei der Transformation bleiben die Eigenwerte α_j erhalten. Damit lautet seine Spektraldarstellung

$$\hat{V}^+\hat{A}\hat{V} = \sum_{j=1}^{3} |j\rangle\alpha_j\langle j| \tag{11.186}$$

11.4.4 Vom dreidimensionalen Vektorraum R^3 nach R^n

Alle bis jetzt formulierten Begriffe im Vektorraum $\boldsymbol{R}^3$ lassen sich auf den n-dimensionalen Vektorraum $\boldsymbol{R}^n$ verallgemeinern. Dabei entfällt natürlich die anschauliche Bedeutung der drei Basis-Einheitsvektoren des kartesischen Koordinatensystems. Stattdessen werden die vollständigen Orthonormalsysteme, die von den hermiteschen Operatoren des Raums erzeugt werden, verwendet. Der Schritt vom n -dimensionalen Vektorraum $\boldsymbol{R}^n$ zum unendlich dimensionalen Vektorraum $\boldsymbol{H}$ wurde von David Hilbert vollzogen. In diesem erst ist die adäquate Darstellung der wichtigsten Operatoren der Quantentheorie wie Orts- und Impulsoperatoren möglich.

Wir stellen zunächst die wichtigsten Verallgemeinerungen beim Übergang von $\boldsymbol{R}^3$ nach $\boldsymbol{R}^n$ zusammen. In den meisten Fällen ist nur 3 durch n bzw. $\sum_{i=1}^{3}$ durch $\sum_{i=1}^{n}$ zu ersetzen.

Die Basisvektoren im n-dimensionalen Raum sind

$$\boldsymbol{e}_1 = \begin{pmatrix}1\\0\\\vdots\\0\end{pmatrix}, \quad \boldsymbol{e}_2 = \begin{pmatrix}0\\1\\\vdots\\0\end{pmatrix}, \quad \ldots, \quad \boldsymbol{e}_n = \begin{pmatrix}0\\0\\\vdots\\1\end{pmatrix} \tag{11.187}$$

$$\text{oder} \quad \boldsymbol{e}_1 = |1\rangle, \boldsymbol{e}_2 = |2\rangle, \ldots, \boldsymbol{e}_n = |n\rangle$$

Die adjungierten Basisvektoren sind

$$\begin{aligned}&\boldsymbol{e}_1^+ = (1, 0, 0, \ldots) \quad \boldsymbol{e}_2^+ = (0, 1, 0, \ldots) \quad \ldots \quad \boldsymbol{e}_n^+ = (0, \ldots, 1) \\ &\text{oder} \quad \boldsymbol{e}_1^+ = \langle 1| \quad \boldsymbol{e}_2^+ = \langle 2| \quad \ldots \quad \boldsymbol{e}_n^+ = \langle n|\end{aligned} \tag{11.188}$$

Die Vektoren lassen sich durch die Einheitsvektoren darstellen

$$\boldsymbol{a} = |\boldsymbol{a}\rangle = \sum_{i=1}^{n} a_i\,\boldsymbol{e}_i = \sum_{i=1}^{n} a_i\,|i\rangle = \begin{pmatrix}a_1\\\vdots\\a_n\end{pmatrix} \tag{11.189}$$

Der zu $\boldsymbol{a}$ adjungierte Vektor ist

$$\boldsymbol{a}^+ = \sum_{i=1}^{n} a_i^* \, \boldsymbol{e}_i^+ = (a_1^*, a_2^*, a_3^*, \ldots, a_n^*) = \langle \boldsymbol{a}| = \sum_{i=1}^{n} a_i^* \langle i| \tag{11.190}$$

Das Skalarprodukt ist

$$\boldsymbol{a}^+ \cdot \boldsymbol{b} = \langle \boldsymbol{a}|\boldsymbol{b}\rangle = \sum_{i=1}^{n} a_i^* b_i \tag{11.191}$$

Vertauscht man die Vektoren $\boldsymbol{a}$ und $\boldsymbol{b}$ so gilt

$$\langle \boldsymbol{b}|\boldsymbol{a}\rangle = \langle \boldsymbol{a}|\boldsymbol{b}\rangle^* \tag{11.192}$$

Die Einheitsvektoren bilden ein vollständiges Orthonormalsystem (VONS), wobei die Entwicklungskoeffizienten eines Vektors durch das Skalarprodukt mit den Basisvektoren $\langle j|$ ausgedrückt werden

$$\langle j|\boldsymbol{a}\rangle = \langle j| \sum_{i=1}^{n} a_i |i\rangle = \sum_{i=1}^{n} a_i \langle j|i\rangle = \sum_{i=1}^{n} a_i \delta_{i\,j} = a_j \tag{11.193}$$

Der Betrag des Vektors $\boldsymbol{a}$ ergibt sich aus dem Skalarprodukt

$$\langle \boldsymbol{a}|\boldsymbol{a}\rangle = \sum_{i,j=1}^{n} a_i^* a_j \langle j|i\rangle = \sum_{j=1}^{n} a_j^* a_j > 0 \tag{11.194}$$

Operatoren

Ebenso wie in $\boldsymbol{R}^3$ werden die Operatoren in $\boldsymbol{R}^n$ definiert.

– Projektoren sind definiert als

$$\boldsymbol{e}_i \otimes \boldsymbol{e}_j = \hat{P}_{ij} = |i\rangle\langle j| \quad i, j = 1, \ldots n \tag{11.195}$$

oder in Matrixform

$$|1\rangle\langle 1| = \begin{pmatrix} 1 & 0 & \ldots & 0 \\ 0 & \ldots & \ldots & 0 \\ \ldots & \ldots & \ldots & \ldots \\ \ldots & \ldots & \ldots & 0 \end{pmatrix}, \quad \ldots, \quad |1\rangle\langle n| = \begin{pmatrix} 0 & 0 & \ldots & 1 \\ 0 & \ldots & \ldots & 0 \\ \ldots & \ldots & \ldots & \ldots \\ \ldots & \ldots & \ldots & 0 \end{pmatrix}$$

$$|n\rangle\langle 1| = \begin{pmatrix} 0 & 0 & \ldots & 0 \\ 0 & \ldots & \ldots & 0 \\ \ldots & \ldots & \ldots & \ldots \\ 1 & \ldots & \ldots & 0 \end{pmatrix}, \quad \ldots, \quad |n\rangle\langle n| = \begin{pmatrix} 0 & 0 & \ldots & 0 \\ 0 & \ldots & \ldots & 0 \\ \ldots & \ldots & \ldots & \ldots \\ 0 & \ldots & \ldots & 1 \end{pmatrix} \tag{11.196}$$

Dabei ist

$$\hat{P}_{ij}^+ = \hat{P}_{ji} \quad (|i\rangle\langle j|)^+ = (|j\rangle\langle i|) \tag{11.197}$$

Da die Basisvektoren $\boldsymbol{e}_i$ ein vollständiges Orthonormalsystem bilden, kann man den Eins-Operator aus den $\hat{P}_{ii}$ bilden:

$$\sum_{i=1}^{n} \hat{P}_{ii} = \sum_{i=1}^{n} |i\rangle\langle i| = \hat{1} = \begin{pmatrix} 1 & 0 & \dots & 0 \\ 0 & 1 & \dots & 0 \\ \dots & \dots & \dots & 0 \\ 0 & 0 & \dots & 1 \end{pmatrix} \tag{11.198}$$

Hieraus sieht man, dass der Eins-Operator $\hat{1}$ jeden Vektor reproduziert.

$$\hat{1} \cdot |\boldsymbol{a}\rangle = \sum_{i=1}^{n} |i\rangle\langle i| \sum_{j=1}^{n} a_j |j\rangle = \sum_{i,j=1}^{n} |i\rangle\, a_j\, \delta_{ij} = \sum_{i=1}^{n} a_i\, |i\rangle = |\boldsymbol{a}\rangle \tag{11.199}$$

– Ein linearer Operator $\hat{A}$ ordnet jedem Vektor $|\boldsymbol{a}\rangle \in \boldsymbol{R}^n$ in definierter Weise einen anderen Vektor $|\boldsymbol{c}\rangle$ zu.

$$|\boldsymbol{c}\rangle = \hat{A}\, |\boldsymbol{a}\rangle \quad |\boldsymbol{d}\rangle = \hat{A}\, |\boldsymbol{b}\rangle \tag{11.200}$$

Seine allgemeine Form in $\boldsymbol{R}^n$ ist:

$$\hat{A} = \sum_{i,j=1}^{n} a_{ij}\, \boldsymbol{e}_i \otimes \boldsymbol{e}_j = \sum_{i,j=1}^{n} a_{ij}\, \hat{P}_{ij} = \sum_{i,j=1}^{n} |i\rangle a_{ij} \langle j| \tag{11.201}$$

Die Matrixelemente eines Operators $\hat{A}$ lassen sich ähnlich wie die Komponenten eines Vektors (11.193) durch Skalarprodukte darstellen:

$$\langle k|\hat{A}|l\rangle = \langle k| \sum_{i,j=1}^{n} |i\rangle a_{ij} \langle j|\,|l\rangle = \sum_{i,j=1}^{n} \delta_{ki}\, a_{ij}\, \delta_{kl} = a_{kl} \tag{11.202}$$

Daraus folgt für das Skalarprodukt eines Operators mit beliebigen Vektoren

$$\langle \boldsymbol{b}|\hat{A}|\boldsymbol{a}\rangle = \sum_{k,l=1}^{n} \langle \boldsymbol{b}|k\rangle \langle k|\hat{A}|l\rangle \langle l|\boldsymbol{a}\rangle = \sum_{k,l=1}^{n} b_k^*\, a_{kl}\, a_l \tag{11.203}$$

– Der zu $\hat{A}$ adjungierte Operator $\hat{A}^+$ entsteht durch Spiegeln der entsprechenden Matrix an der Hauptdiagonalen und Übergang zum konjugiert komplexen Matrixelement ($a_{ij} \to a_{ji}^*$). Wendet man $\hat{A}^+$auf Vektoren an, so erhält man:

$$\begin{aligned} \hat{A}^+|\boldsymbol{b}\rangle &= \sum_{i,j=1}^{n} |i\rangle\, a_{ji}^* \langle j| \sum_{k=1}^{n} b_k |k\rangle \\ &= \sum_{i,j=1}^{n} a_{ji}^*\, b_j |i\rangle \end{aligned} \tag{11.204}$$

und

$$\langle \boldsymbol{b}|\hat{A}|\boldsymbol{a}\rangle = \langle \hat{A}^+\boldsymbol{b}|\boldsymbol{a}\rangle = \sum_{i,j=1}^{n} b_j^*\, a_{ji}\, a_i \tag{11.205}$$

– Für hermitesche (selbstadjungierte) Operatoren gilt ebenso wie in $\boldsymbol{R}^3$

$$\hat{A}^{+} = \hat{A} \tag{11.206}$$

Die an der Hauptdiagonale gespiegelten Matrixelemente hermitescher Operatoren sind konjugiert komplex.

$$a_{ji} = a_{ij}^{*} \tag{11.207}$$

Sind die Matrixelemente reell, dann ist die Matrix symmetrisch.
Für das Skalarprodukt hermitescher Operatoren gilt

$$\langle \boldsymbol{b}|\hat{A}|\boldsymbol{a}\rangle = \langle \hat{A}\,\boldsymbol{b}|\boldsymbol{a}\rangle \tag{11.208}$$

– Für die Eigenwerte und Eigenvektoren eines hermiteschen Operators gilt

$$\hat{A}|\alpha_1\rangle = \alpha_1|\alpha_1\rangle \tag{11.209}$$

wobei die Eigenwerte reell sind

$$\alpha_1 = \alpha_1^{*} \tag{11.210}$$

Die Eigenvektoren zu zwei verschiedenen Eigenwerten sind orthogonal

$$\langle \alpha_2|\alpha_1\rangle = 0 \tag{11.211}$$

und die normierten Eigenvektoren bilden in $\boldsymbol{R}^n$ ein vollständiges Orthonormalsystem (VONS). In der Basis seiner Eigenvektoren ist der hermitesche Operator diagonalisiert.

$$\hat{A} = \sum_{i=1}^{n} |\alpha_i\rangle\alpha_i\langle\alpha_i| \tag{11.212}$$

In dieser Basis ist der Eins-Operator

$$\hat{1} = \sum_{i=1}^{n} |\alpha_i\rangle\langle\alpha_i| \tag{11.213}$$

– Für einen unitären Operator $\hat{U}$ gilt

$$\begin{aligned} \langle \hat{U}\boldsymbol{a}|\hat{U}\boldsymbol{b}\rangle &= \langle \boldsymbol{a}|\boldsymbol{b}\rangle \quad \text{bzw.} \\ \langle \boldsymbol{a}|\hat{U}^{+}\hat{U}\boldsymbol{b}\rangle &= \langle \boldsymbol{a}|\boldsymbol{b}\rangle \end{aligned} \tag{11.214}$$

oder

$$\hat{U}^{+}\hat{U} = \hat{1} \quad \text{bzw.} \quad \hat{U}^{+} = \hat{U}^{-1} \tag{11.215}$$

Die Eigenwerte u eines unitären Operators liegen in der komplexen Ebene auf dem Einheitskreis.

$$u^{*}u = |\boldsymbol{u}|^2 = 1 \tag{11.216}$$

Die Eigenvektoren zu verschiedenen Eigenwerten von $\hat{U}$ sind orthogonal zueinander.

$$\langle u_i | u_j \rangle = 0 \tag{11.217}$$

Sind sie normiert, so bilden sie ein VONS.
Die Spektraldarstellung eines unitären Operators ist darin

$$\hat{U} = \sum_j |u_j\rangle u_j \langle u_j| \tag{11.218}$$

Unitäre Operatoren können verallgemeinerte Drehungen im komplexen Vektorraum durchführen. Man kann unitäre Operatoren $\hat{V}$ finden, die ein beliebiges vollständiges Orthnormalsystem in das vollständige Orthonormalsystem der Eigenvektoren eines beliebigen hermiteschen Operators $\hat{A}$ transformieren.

Rein formal macht der Übergang von $\boldsymbol{R}^3$ nach $\boldsymbol{R}^n$ keine Schwierigkeiten.

Doch bei der expliziten Konstruktion (siehe (11.158) bis (11.166)) der Eigenwerte und Eigenvektoren spielt die Dimension n des Raumes eine große Rolle. Für die Eigenwerte α muss dann ein n-dimensionales homogenes lineares Gleichungssystem

$$\sum_{k=1}^{n} (a_{lk} - \alpha \cdot \delta_{lk}) u_k = 0 \quad l = 1, 2, \ldots n \tag{11.219}$$

gelöst werden, das nur dann nicht triviale Lösungen hat, wenn die Determinante verschwindet.

$$\| \, a_{lk} - \alpha \, \delta_{lk} \, \| = 0 \tag{11.220}$$

Das bedeutet, man muss eine algebraische Gleichung n-ten Grades für α lösen. Nach dem Hauptsatz der Algebra hat sie n Lösungen $\alpha = \alpha_1, \alpha_2, \ldots, \alpha_n$. Bis $n = 4$ lassen sich die Lösungen analytisch angeben für $n > 4$ muss man sie numerisch berechnen.

11.4.5 Vom Vektorraum R^n zum Hilbertraum H

Geht man nun in den Hilbertraum mit $n = \infty$, so kann die Standardmethode der Diagonalisierung eines hermiteschen Operators nicht mehr angewendet werden. Dies würde auf ein ∞-dimensionales Gleichungssystem mit einer ∞-dimensionalen Eigenwert-Bedingung führen. In wenigen Fällen (z. B. den zentralen Paradigmen der Quantentheorie) gelingt es auf andere Weise, den hermiteschen Hamiltonoperator exakt zu diagonalisieren und seine exakten Eigenwerte aufzufinden (siehe Abschnitt 11.3). Viele konkrete Probleme der Quantentheorie kreisen um dieses zentrale mathematische Problem und werden mit störungstheoretischen Methoden näherungsweise gelöst.

Die Darstellung der wichtigsten Operatoren der Quantentheorie erfolgt nun im unendlich dimensionalen Hilbertraum $\boldsymbol{H}$.

Entsprechend der außerordentlichen Übersetzungsvorschrift (siehe Abschnitt 11.2.2) sind der Orts- ($\hat{x}$) und Impulsoperator ($\hat{p}$) abstrakt durch ihre Vertauschungsrelationen charakterisiert. Für den einkomponentigen Fall sind sie

$$\begin{aligned} \hat{\boldsymbol{p}}\hat{\boldsymbol{x}} - \hat{\boldsymbol{x}}\hat{\boldsymbol{p}} &= [\hat{\boldsymbol{p}}, \hat{\boldsymbol{x}}] = \frac{\hbar}{i}\hat{1} \\ &\text{bzw.} \\ \hat{\boldsymbol{x}}\hat{\boldsymbol{p}} - \hat{\boldsymbol{p}}\hat{\boldsymbol{x}} &= [\hat{\boldsymbol{x}}, \hat{\boldsymbol{p}}] = i\hbar\hat{1} \end{aligned} \tag{11.221}$$

Die Operatoren $\hat{p}$ und $\hat{x}$ können mit diesen Vertauschungsrelationen nur in einem unendlich dimensionalen Raum, dem Hilbertraum $\boldsymbol{H}$, dargestellt werden. Sie haben ein durchweg kontinuierliches Spektrum reeller Eigenwerte mit den zugehörigen Eigenvektoren.

In Dirac-Schreibweise lauten die Eigenvektorgleichungen

$$\begin{aligned} \hat{x}|x\rangle &= x|x\rangle \quad \text{mit } -\infty \leqslant x \leqslant +\infty \\ \hat{p}|p\rangle &= p|p\rangle \quad \text{mit } -\infty \leqslant p \leqslant +\infty \end{aligned} \tag{11.222}$$

Dabei ist $|x\rangle$ der Eigenvektor von $\hat{x}$ zum Eigenwert x. Entsprechend ist $|p\rangle$ der Eigenvektor von $\hat{p}$ zum Eigenwert p. Die Eigenvektoren $|x\rangle$ und $|p\rangle$ sind Vektoren zu ganz unterschiedlichen vollständigen Orthonormalsystemen.

Da $\hat{x}$ und $\hat{p}$ als hermitesche Operatoren im Hilbertraum $\boldsymbol{H}$ wirken, müssen die Eigenvektoren ein vollständiges Orthonormalsystem bilden. Betrachtet man ein Beispiel mit n Elektronen, so hat man $3n$ Ortsoperatoren und $3n$ Impulsoperatoren zu behandeln. Diese werden zu dem gesamten Ortsoperator $\hat{\boldsymbol{x}}$ und Impulsoperator $\hat{\boldsymbol{p}}$ zusammengefasst und bestehen also jeweils aus $3n$ Komponenten.
Für die Skalarprodukte der Eigenvektoren $|\boldsymbol{x}\rangle$ und $|\boldsymbol{p}\rangle$ der Operatoren $\hat{\boldsymbol{x}}$ und $\hat{\boldsymbol{p}}$ gilt dann

$$\langle \boldsymbol{x}'|\boldsymbol{x}\rangle = \delta(\boldsymbol{x}' - \boldsymbol{x}) \tag{11.223}$$

und

$$\langle \boldsymbol{p}'|\boldsymbol{p}\rangle = \delta(\boldsymbol{p}' - \boldsymbol{p}) \tag{11.224}$$

In den Gleichungen (11.223), (11.224) und im Folgenden ist die δ-Funktion mit den fett geschriebenen Argumenten eine verkürzte Schreibweise für das Produkt von $3n$ δ-Funktionen:

$$\delta(\boldsymbol{x}' - \boldsymbol{x}) = \delta(x_1' - x_1) \cdot \delta(x_2' - x_2) \cdot \ldots \cdot \delta(x_{3n}' - x_{3n}).$$

Ebenso sind in den Integralen unter den Differentialen $d\boldsymbol{x}$ und $d\boldsymbol{p}$ die $3n$-fachen Differentiale

$$d\boldsymbol{x} = dx_1 \cdot dx_2 \cdot \ldots \cdot dx_{3n} \quad \text{und} \quad d\boldsymbol{p} = dp_1 \cdot dp_2 \cdot \ldots \cdot dp_{3n}$$

zu verstehen.

Die δ-Funktionen sind uneigentliche Funktionen mit

$$\begin{aligned} \delta(x'-x) &= 0 \quad \text{für} \quad x' \neq x \\ \delta(x'-x) &= \infty \quad \text{für} \quad x' = x \end{aligned} \tag{11.225}$$

und der definierenden Eigenschaft

$$\int_{-\infty}^{\infty} \delta(x'-x)\,\varphi(x)\,dx = \varphi(x') \tag{11.226}$$

und

$$\int_{-\infty}^{\infty} \delta(p'-p)\,\tilde{\varphi}(p)\,dp = \tilde{\varphi}(p') \tag{11.227}$$

Die Bedingungen (11.226) und (11.227) gelten für jede stetige Funktion $\varphi(x)$ und $\tilde{\varphi}(p)$.

Bemerkung: Die von Physikern benutzten δ-Funktionen kann man in einer mathematisch aufwendigen Spektralanalyse von Operatoren im Hilbertraum vermeiden. Wir benutzen jedoch die δ-Funktionen wegen ihrer großen Anschaulichkeit und Brauchbarkeit.

In direkter Verallgemeinerung des Falles diskreter Eigenwerte und Eigenfunktionen lautet die Vollständigkeitsrelation für die $|x\rangle$ und $|p\rangle$.

$$\int_{-\infty}^{\infty} dx|x\rangle\,\langle x| = \hat{1} \tag{11.228}$$

$$\int_{-\infty}^{\infty} dp|p\rangle\,\langle p| = \hat{1} \tag{11.229}$$

Dies sind die verschiedenen Zerlegungen des Einheitsoperators $\hat{1}$ in Projektoren auf die Eigenzustände der Operatoren $\hat{x}$ und $\hat{p}$.

Auch die Operatoren $\hat{x}$ und $\hat{p}$ haben eine besonders einfache Darstellung im System ihrer jeweils eigenen Eigenvektorsysteme. In direkter Verallgemeinerung des diskreten Falls ergibt sich

$$\hat{x} = \int_{-\infty}^{\infty} dx|x\rangle x\langle x| \tag{11.230}$$

$$\hat{p} = \int_{-\infty}^{\infty} dp|p\rangle p\langle p| \tag{11.231}$$

Bis jetzt haben wir die Operatoren $\hat{x}$ und $\hat{p}$ in ihrem jeweiligen eigenen vollständigem Orthonormalsystem betrachtet. Es ist jedoch interessanter, die Entwicklung

- der Eigenzustände $|p\rangle$ nach den Eigenzuständen $|x\rangle$ und
- der Eigenzustände $|x\rangle$ nach den Eigenzuständen $|p\rangle$

zu betrachten.

Dazu ist die Berechnung der Skalarprodukte $\langle \boldsymbol{x}|\boldsymbol{p}\rangle$ und $\langle \boldsymbol{p}|\boldsymbol{x}\rangle$ notwendig. Dafür betrachten wir den Ausdruck $\langle \boldsymbol{x}|\hat{\boldsymbol{p}}|\boldsymbol{p}\rangle$.

Da $|\boldsymbol{p}\rangle$ ein Eigenzustand von $\hat{\boldsymbol{p}}$ ist, gilt:

$$\langle \boldsymbol{x}|\hat{\boldsymbol{p}}|\boldsymbol{p}\rangle = \boldsymbol{p}\langle \boldsymbol{x}|\boldsymbol{p}\rangle \tag{11.232}$$

Da $\hat{\boldsymbol{p}}$ hermitesch ($\hat{\boldsymbol{p}} = \hat{\boldsymbol{p}}^+$) ist, gilt nach (11.208)

$$\langle \boldsymbol{x}|\hat{\boldsymbol{p}}|\boldsymbol{p}\rangle = \langle \hat{\boldsymbol{p}}\boldsymbol{x}|\boldsymbol{p}\rangle \tag{11.233}$$

Die Vertauschungsrelationen (11.221) sind erfüllt, wenn man $\hat{\boldsymbol{p}} = \frac{\hbar}{i} \cdot \frac{\partial}{\partial \boldsymbol{x}}$ bzw. in Komponenten $\hat{p}_j = \frac{\hbar}{i} \cdot \frac{\partial}{\partial x_j}$ wählt (siehe (11.9)).

Damit erhält man

$$\langle \boldsymbol{x}|\hat{\boldsymbol{p}}|\boldsymbol{p}\rangle = \frac{\hbar}{i} \cdot \frac{\partial}{\partial \boldsymbol{x}}\langle \boldsymbol{x}|\boldsymbol{p}\rangle \tag{11.234}$$

Der Vergleich von (11.232) und (11.234) ergibt

$$\frac{\hbar}{i} \cdot \frac{\partial}{\partial \boldsymbol{x}}\langle \boldsymbol{x}|\boldsymbol{p}\rangle = p\langle \boldsymbol{x}|\boldsymbol{p}\rangle \tag{11.235}$$

mit der Lösung

$$\langle \boldsymbol{x}|\boldsymbol{p}\rangle = C\exp\left[\frac{i}{\hbar}\boldsymbol{p}\boldsymbol{x}\right] \tag{11.236}$$

wobei $\boldsymbol{p} \cdot \boldsymbol{x} = p_1x_1 + p_2x_2 + \ldots + p_{3n}x_{3n}$ ist.

Da $\hat{\boldsymbol{x}}$ hermitesch ($\hat{\boldsymbol{x}} = \hat{\boldsymbol{x}}^+$) ist, lässt sich genauso zeigen, dass gilt

$$\langle \boldsymbol{p}|\boldsymbol{x}\rangle = C\exp\left[-\frac{i}{\hbar}\boldsymbol{p} \cdot \boldsymbol{x}\right] = \langle \boldsymbol{x}|\boldsymbol{p}\rangle^* \tag{11.237}$$

Hierbei wurde $\hat{\boldsymbol{x}} = i\hbar\frac{\partial}{\partial \boldsymbol{p}}$ und $\hat{\boldsymbol{p}} = \boldsymbol{p}$ verwendet, womit die Vertauschungsrelationen (11.221) ebenfalls erfüllt sind.

Die Integrationskonstante C wird aus der Normierungsbedingung (11.223) und (11.224) bestimmt. Nach (11.229) ist

$$\langle \boldsymbol{x}|\boldsymbol{x}'\rangle = \langle \boldsymbol{x}| \int_{-\infty}^{\infty} d\boldsymbol{p}|\boldsymbol{p}\rangle\langle \boldsymbol{p}||\boldsymbol{x}'\rangle = \int_{-\infty}^{\infty} d\boldsymbol{p}C^2 \exp\left[\frac{i}{\hbar}\boldsymbol{p}\left(\boldsymbol{x} - \boldsymbol{x}'\right)\right] = \delta(\boldsymbol{x} - \boldsymbol{x}') \tag{11.238}$$

Nach dem mathematischen Fouriertheorem gilt nun

$$\begin{aligned} &\frac{1}{(2\pi)^{3n}} \int_{-\infty}^{\infty} d\boldsymbol{k} \exp[i\boldsymbol{k}(\boldsymbol{x} - \boldsymbol{x}')] \\ &= \frac{1}{(2\pi\hbar)^{3n}} \int_{-\infty}^{\infty} d\boldsymbol{p} \exp\left[\frac{i}{\hbar}\boldsymbol{p} \cdot (\boldsymbol{x} - \boldsymbol{x}')\right] \\ &= \delta(\boldsymbol{x} - \boldsymbol{x}') \end{aligned} \tag{11.239}$$

Hierbei ist der Zusammenhang zwischen $\boldsymbol{k}$ und $\boldsymbol{p}$: $\boldsymbol{p} = \hbar\boldsymbol{k}$.

Der Vergleich von (11.238) und (11.239) ergibt den Normierungsfaktor

$$C = \frac{1}{(2\pi\hbar)^{3n/2}} \tag{11.240}$$

Einen abstrakten normierten Vektor $|\varphi\rangle$ des Hilbertraums kann man nach den Zuständen eines vollständigen Orthonormalsystems entwickeln, also beispielsweise auch nach den Eigenzuständen $|\boldsymbol{x}\rangle$ und $|\boldsymbol{p}\rangle$ der Operatoren $\hat{\boldsymbol{x}}$ und $\hat{\boldsymbol{p}}$. Wenn man mit dem Einheitsoperator $\hat{1}$ multipliziert und (11.228) und (11.229) benutzt, erhält man zum Beispiel:

$$|\varphi\rangle = \int_{-\infty}^{\infty} d\boldsymbol{x}|\,\boldsymbol{x}\rangle\langle\boldsymbol{x}|\varphi\rangle = \int_{-\infty}^{\infty} d\boldsymbol{x}|\,\boldsymbol{x}\rangle\varphi(\boldsymbol{x}) \tag{11.241}$$

oder auch

$$|\varphi\rangle = \int_{-\infty}^{\infty} d\boldsymbol{p}|\,\boldsymbol{p}\rangle\langle\boldsymbol{p}|\varphi\rangle = \int_{-\infty}^{\infty} d\boldsymbol{p}|\,\boldsymbol{p}\rangle\tilde{\varphi}(\boldsymbol{p}) \tag{11.242}$$

Die zugehörigen adjungierten Zustände sind

$$\langle\varphi| = \int_{-\infty}^{\infty} d\boldsymbol{x}\langle\varphi|\,\boldsymbol{x}\rangle\langle\boldsymbol{x}| = \int_{-\infty}^{\infty} d\boldsymbol{x}\varphi^*(\boldsymbol{x})|\langle\boldsymbol{x}| \tag{11.243}$$

oder

$$\langle\varphi| = \int_{-\infty}^{\infty} d\boldsymbol{p}\langle\varphi|\,\boldsymbol{p}\rangle\langle\boldsymbol{p}| = \int_{-\infty}^{\infty} d\boldsymbol{p}\tilde{\varphi}^*(\boldsymbol{p})\langle\boldsymbol{p}| \tag{11.244}$$

Den Zusammenhang zwischen $\varphi(\boldsymbol{x})$ und $\tilde{\varphi}(\boldsymbol{p})$ erhält man, wenn man $|\varphi\rangle$ aus (11.241) mit $\hat{1}$ entsprechend (11.229) multipliziert und dabei (11.237) verwendet:

$$\begin{aligned}
\hat{1}\cdot|\varphi\rangle &= \int_{-\infty}^{\infty} d\boldsymbol{p}\,|\boldsymbol{p}\rangle\langle\boldsymbol{p}| \int_{-\infty}^{\infty} d\boldsymbol{x}|\boldsymbol{x}\rangle\varphi(\boldsymbol{x}) \\
&= \int_{-\infty}^{\infty} d\boldsymbol{p}\,|\boldsymbol{p}\rangle \int_{-\infty}^{\infty} d\boldsymbol{x}\langle\boldsymbol{p}|\boldsymbol{x}\rangle\varphi(\boldsymbol{x}) \\
&= \int_{-\infty}^{\infty} d\boldsymbol{p}|\boldsymbol{p}\rangle \int_{-\infty}^{\infty} d\boldsymbol{x}\frac{1}{(2\pi\hbar)^{3n/2}} \exp\left[-\frac{i}{\hbar}\boldsymbol{p}\cdot\boldsymbol{x}\right]\varphi(\boldsymbol{x}) \\
&= \int_{-\infty}^{\infty} d\boldsymbol{p}|\boldsymbol{p}\rangle\tilde{\varphi}(\boldsymbol{p})
\end{aligned} \tag{11.245}$$

Daraus ergibt sich

$$\tilde{\varphi}(\boldsymbol{p}) = \frac{1}{(2\pi\hbar)^{3n/2}} \int_{-\infty}^{\infty} d\boldsymbol{x} \exp\left[-\frac{i}{\hbar}\boldsymbol{p}\cdot\boldsymbol{x}\right]\varphi(\boldsymbol{x}) \tag{11.246}$$

Damit ist $\tilde{\varphi}(\boldsymbol{p})$ die Fouriertransformierte von $\varphi(\boldsymbol{x})$.

Unter Verwendung von (11.241) und (11.243) wird die Norm

$$\begin{aligned}\langle\varphi|\varphi\rangle &= \int_{-\infty}^{\infty} dx' \int_{-\infty}^{\infty} dx\varphi^*(x')\langle x'|x\rangle\varphi(x)\\ &= \int_{-\infty}^{\infty} dx' \int_{-\infty}^{\infty} dx\delta(x'-x)\,\varphi^*(x')\varphi(x)\\ &= \int_{-\infty}^{\infty} dx|\varphi(x)|^2\end{aligned} \tag{11.247}$$

bzw. unter Verwendung von (11.242) und (11.244)

$$\begin{aligned}\langle\varphi|\varphi\rangle &= \int_{-\infty}^{\infty} dp' \int_{-\infty}^{\infty} dp\tilde{\varphi}^*(p')\langle p'|p\rangle\tilde{\varphi}(p)\\ &= \int_{-\infty}^{\infty} dp' \int_{-\infty}^{\infty} dp\delta(p'-p)\tilde{\varphi}^*(p')\tilde{\varphi}(p)\\ &= \int_{-\infty}^{\infty} dp|\tilde{\varphi}(p)|^2\end{aligned} \tag{11.248}$$

Die Ergebnisse (11.247) und (11.248) zeigen: Obwohl wir $|\varphi\rangle$ nach den δ-normierten Eigenfunktionen $|x\rangle$ bzw. $|p\rangle$ von $\hat{x}$ bzw. $\hat{p}$ entwickelt haben, kann $|\varphi\rangle$ ein normal normierbarer Zustand des Hilbertraums $\boldsymbol{H}$ sein. Er kann sogar auf $\langle\varphi|\varphi\rangle = 1$ normierbar sein. Das ist immer dann der Fall, wenn die Entwicklungskoeffizienten $\varphi(x)$ bzw. $\tilde{\varphi}(p)$ quadratintegrabel sind. Dann kann man sie so normieren, dass gilt:

$$\langle\varphi|\varphi\rangle = \int_{-\infty}^{\infty} dx|\varphi|^2 = \int_{-\infty}^{\infty} dp|\tilde{\varphi}|^2 = 1 \tag{11.249}$$

11.5 Der Quantensprung zur Quantentheorie

11.5.1 Die Eignung des Hilbertraums

Selten in der Wissenschaftsgeschichte gelang ein solcher Quantensprung wie bei dem Erkennen der Grundstrukturen der Mikrowelt durch ihre Darstellung im Hilbertraum. Die merkwürdige Übersetzungsvorschrift des Abschnitts 11.2.2, auch Quantisierungsvorschrift genannt, erwies sich nicht nur als Vorschrift zur Aufstellung der zentralen Paradigmen (siehe (11.8) und (11.9)) sondern auch als Eintrittstor in eine wunderbare abstrakte Landschaft, genannt Hilbertraum $\boldsymbol{H}$.

Wie dürftig erscheint nun die Philosophie des Materialismus, worin nur die Materie primär ist, während der Raum, worin sich ihre Gesetzmäßigkeit eigentlich abspielt und auch wenigstens zum Teil begrifflich erkennbar wird, allenfalls als „Überbau" abqualifiziert wird. Demgegenüber ist es wohl kein Wunder, dass die meisten Physiker heutzutage eher heimliche Platoniker als Materialisten sind.

11.5.2 Die intuitionsleitende Funktion der zentralen Paradigmen

Die zentralen Paradigmen (vgl. Abschnitt 11.3) werden nunmehr in $\boldsymbol{H}$ nicht nur eingebettet, sondern als am Anfang stehende Spezialfälle mit Vertrauen erweckender und zugleich intuitionsleitender Funktion erkannt. Zunächst stellt man fest, dass sich die zentralen Paradigmen problemlos den Zuständen und Operatoren des Hilbertraum zuordnen bzw. darin darstellen lassen.

Bei der Behandlung des eindimensionalen Oszillators durch die Schrödingergleichung in Abschnitt 11.3.1 befindet man sich zunächst in der Ortsdarstellung $\langle x|\varphi\rangle$ des Zustandes $|\varphi\rangle$. Dasselbe gilt für den Hamiltonoperator (11.14) $\hat{H}(\hat{p},\hat{x}) = -\frac{\hbar^2}{2m}\frac{\partial^2}{\partial x^2} + \frac{m}{2}\omega^2 x^2$ und die Bestimmungsgleichung für die Eigenzustände und Eigenwerte (11.16) $\hat{H}(\hat{p},\hat{x})\,\varphi(x) = (-\frac{\hbar^2}{2m}\frac{d^2}{dx^2} + \frac{m}{2}\omega^2 x^2)\,\varphi(x) = E\varphi(x)$.

Hier gelingt es, die abstrakten Eigenfunktionen $|\varphi_n\rangle$ (siehe (11.35)) $\varphi_n = \frac{1}{\sqrt{n}}(\hat{a}^+)^n\varphi_0$ auf elegante Weise mithilfe von Erzeugungsoperatoren $\hat{a}^+$ sukzessive in $\boldsymbol{H}$ herzustellen. In der Ortsdarstellung sehen die $\langle x|\varphi_n\rangle = \varphi_n(x)$ nach (11.38) wesentlich komplizierter aus.

Der Hamiltonoperator wirkt dann gemäß (11.37)

$$\hat{H}\varphi_n = \hbar\omega\left(n + \frac{1}{2}\right)\varphi_n = E_n\varphi_n$$

auf seine Eigenzustände mit den Eigenwerten $E_n = \hbar\omega(n + \frac{1}{2})$ und nimmt in dem vollständigen Orthonormalsystem (VONS) seiner Eigenzustände die Form an:

$$\hat{H} = \sum_{n=0}^{\infty} |\varphi_n\rangle E_n \langle\varphi_n| \tag{11.250}$$

Wesentlich komplizierter, aber gerade noch analytisch bewältigbar, ist der Fall des Wasserstoffatoms (Abschnitt 11.3.2). Auch hier wird durch (11.45) der Hamiltonoperator $\hat{H}(\hat{p},\hat{x})$ in der Ortsdarstellung angegeben. Zugleich werden die Drehimpulsoperatoren (11.62) eingeführt, die den Vertauschungsrelationen (11.65) genügen. Die Operatoren $\hat{H}$, $\hat{L}^2$, $\hat{L}_z$ sind untereinander vertauschbar und das Gleichungssystem (11.68) ergibt die Bestimmungsgleichungen für das gemeinsame vollständige Orthonormalsystem der Eigenvektoren in der Ortsdarstellung. Hieraus gelingt es die Eigenfunktionen $|\phi(n,l,m)\rangle$ analytisch in der Ortsdarstellung $\langle r,\vartheta,\varphi|\,\phi(n,l,m)\rangle$ zusammen mit den Eigenwerten E_n, Λ^2, Λ_z von $\hat{H}$, $\hat{L}^2$und $\hat{L}_z$ aufzufinden (siehe (11.99)).

Genau genommen hat man nur das System der gebundenen Eigenzustände von $\hat{H}$ mit $E_n < 0$ gefunden. Das vollständige Orthonormalsystem müsste noch die ungebundenen Zustände des Hamiltonoperators $\hat{H}$ mit den kontinuierlichen Eigenwerten $E > 0$ enthalten. Bei Beschränkung auf die gebundenen Zustände des Hamiltonoperators nehmen die Operatoren $\hat{H}$, $\hat{L}^2$ und $\hat{L}_z$ in ihren Eigenzuständen in Übereinstimmung mit (11.70) folgende Form an

$$\hat{H} = \sum_{n,l,m} |\phi(n,l,m)\rangle E_n \langle\phi(n,l,m)| \tag{11.251a}$$

$$\hat{L}^2 = \sum_{n,l,m} |\phi(n,l,m)\rangle \hbar^2 \cdot l \cdot (l+1) \langle\phi(n,l,m)| \tag{11.251b}$$

$$\hat{L}_z = \sum_{n,l,m} |\phi(n,l,m)\rangle \hbar \cdot m \langle\phi(n,l,m)| \tag{11.251c}$$

Dabei zeigt sich nach (11.97), dass der Eigenwert E_n des Hamiltonoperators entartet ist. Das heißt, es gehören n^2 Eigenzustände $|\phi(n,l,m)\rangle$ zu derselben Energie E_n. Nach der Bewährung der zentralen Paradigmen musste nun bei der Weiterentwicklung der Quantentheorie schrittweise ein systematisches Beziehungsgefüge aufgebaut werden. Hierbei war es erforderlich, dass die gesamte Mikrowelt unterhalb der Ebene der klassischen Begrifflichkeit durch dieses Beziehungsgefüge unter Verwendung der Mathematik des Hilbertraums darstellbar wird.

11.5.3 Zustände, Observable und Operatoren

In der klassischen Physik waren und sind die mathematisch beschreibbaren Größen (Masse, Geschwindigkeit, Beschleunigung, Kraft, elektrisches und magnetisches Feld …) zugleich unmittelbar messbare, also beobachtbare Größen. Durch die kühne Übersetzungsvorschrift (siehe Abschnitt 11.2.2) wurden jedoch den messbaren Observablen abstrakte Operatoren zugeordnet. Gerade erst dadurch entstanden die „zentralen Paradigmen“. Nachdem nun die Begrifflichkeit des Hilbertraums zur Verfügung stand, konnte die Übersetzungsvorschrift in allgemeiner Form formuliert werden, und zwar wie folgt:

- Den grundlegenden Observablen Ort x_i und Impuls p_j von Teilchen werden in der Quantentheorie lineare hermitesche Operatoren ($\hat{x}_i$ und $\hat{p}_j$) zugeordnet, die im Raum der Zustände $|\varphi\rangle$ eines Hilbertraums wirken. Sie genügen dabei konstitutiven Vertauschungsrelationen:

$$[\hat{p}_i, \hat{x}_j] = \frac{\hbar}{i}\delta_{ij} \quad [\hat{p}_i, \hat{p}_j] = 0 \quad [\hat{x}_i, \hat{x}_j] = 0 \tag{11.252}$$

- Observablen, die Funktionen der grundlegenden Orte x_i und Impulse p_j sind, (wie z. B. die Hamiltonfunktion, der Drehimpuls) werden in die entsprechenden Funktionen der Operatoren $\hat{x}_i$ und $\hat{p}_j$ übersetzt. Sie behalten dabei dieselbe physikalische Bedeutung, die sie schon in der klassischen Physik hatten. Die Bedeutung ihrer möglichen Messwerte wird in Abschnitt 11.5.4 geklärt. Man beachte, dass durch diese Übersetzungsvorschrift u. a. die Hamiltonoperatoren für die gesamte Atomphysik bereitgestellt werden. (Allein das überschreitet fundamental die Anwendungsmöglichkeiten des Bohrschen Atommodells (vgl. Kapitel 9). So lautet der Hamiltonoperator für ein Element, dessen Atom die Kernladungszahl Z hat und dessen Elektronenhülle aus Z Elektronen besteht

$$\hat{H}(\hat{x}_1 ... \hat{x}_{3Z}, \hat{p}_1 ... \hat{p}_{3Z}) = \sum_{i=1}^{3Z} \frac{\hat{p}_i^2}{2m_e} + \sum_{j=1}^{Z} V(\hat{r}_j) + \sum_{i<j=1}^{Z} V(\hat{r}_{ij}) \tag{11.253}$$

Die erste Summe geht über die Operatoren der kinetischen Energie, die zweite über die Coulombpotentiale der Z Elektronen mit dem Kern, die dritte über die Coulombpotentiale der Wechselwirkung zwischen den Elektronen.

- Die Zustände $|\psi\rangle$, auf die die Operatoren $\hat{A}$ wirken, sind Zustände des Hilbertraums $\boldsymbol{H}$. Ihre physikalische Bedeutung ergibt sich aus den Erwartungswerten bzw. Messwerten von Operatoren $\hat{A}$, die am Zustand gemessen werden (siehe Abschnitt 11.5.4). Ihre Dynamik folgt bei kohärenter Bewegung aus der Schrödingergleichung (siehe Abschnitt 11.5.4 und 11.6.3) und bei inkohärenter Bewegung aus der Analyse des Messprozesses (siehe Abschnitt 11.6.3).

11.5.4 Erwartungswerte, Messwerte, Varianzen, Unschärfe

11.5.4.1 Erwartungswert

Bis jetzt haben wir am Beispiel des Wasserstoffatoms gesehen wie man aus der Schrödingergleichung die Wellenfunktion berechnet. Dabei haben wir zunächst die Aufenthaltswahrscheinlichkeit des Elektrons diskutiert. Eine Vorschrift zur Berechnung relevanter physikalischer Größen haben wir noch nicht kennengelernt. Eine Messgröße wird z. B. durch den Operator $\hat{A}$ beschrieben. Den Zahlenwert

$$\langle\varphi|\hat{A}|\varphi\rangle \tag{11.254}$$

nennt man den Erwartungswert der zu $\hat{A}$ gehörenden Observablen im Zustand $|\varphi\rangle$.

Wir gehen zunächst von einem (hermiteschen) Operator $\hat{A}$ mit diskretem Eigenwertspektrum $\{\alpha_j\}$ aus. Dann gilt für das vollständige Orthonormalsystem seiner Eigenvektoren $|\alpha_j\rangle$

$$\hat{A}|\alpha_j\rangle = \alpha_j|\alpha_j\rangle\,, \quad \langle\alpha_i|\hat{A}|\alpha_j\rangle = \alpha_j\delta_{ij} \tag{11.255}$$

Die Zerlegung des Einheitsoperators nach den Projektoren auf die Eigenzustände lautet

$$\sum_j |\alpha_j\rangle\langle\alpha_j| = \hat{1} \tag{11.256}$$

Dann gilt

$$\begin{aligned}\langle\varphi|\hat{A}|\varphi\rangle &= \langle\varphi|\hat{1}\cdot\hat{A}\cdot\hat{1}|\varphi\rangle\\ &= \sum_{i,j}\langle\varphi|\alpha_i\rangle\langle\alpha_i|\hat{A}|\alpha_j\rangle\langle\alpha_j|\varphi\rangle\\ &= \sum_j\langle\varphi|\alpha_j\rangle\alpha_j\langle\alpha_j|\varphi\rangle = \sum_j|\varphi(\alpha_j)|^2\alpha_j\end{aligned}\tag{11.257}$$

mit

$$|\varphi\rangle = \hat{1}\cdot|\varphi\rangle = \sum_j|\alpha_j\rangle\langle\alpha_j|\,\varphi\rangle = \sum_j|\alpha_j\rangle\varphi(\alpha_j)\tag{11.258}$$

Wegen der Normierung von $|\varphi\rangle$ gilt

$$\langle\varphi|\varphi\rangle = 1 = \sum_j|\varphi(\alpha_j)|^2\tag{11.259}$$

Der Erwartungswert (11.254) ist also der Mittelwert der Eigenwerte a_j des Operators $\hat{A}$. Die Gewichte $|\varphi(\alpha_j)|^2$ bei der Mittelwertbildung ergeben sich aus der Entwicklung von $|\varphi\rangle$ nach dem VONS der Eigenvektoren von $\hat{A}$. Ganz Analoges gilt für Operatoren mit einem kontinuierlichen Eigenwertspektrum. So gilt für den Ortsoperator $\hat{x}$ bei entsprechender Zerlegung der $\hat{1}$:

$$\langle\varphi|\hat{x}|\varphi\rangle = \int dx\,dx'\langle\varphi|x'\rangle\langle x'|\hat{x}|x\rangle\langle x|\varphi\rangle = \int dx\langle\varphi|x\rangle x\langle x|\varphi\rangle = \int|\varphi(x)|^2x\,dx\tag{11.260}$$

Dabei ist

$$\langle x'|\hat{x}|x\rangle = \delta(x'-x)x\tag{11.261}$$

und

$$\langle\varphi|\varphi\rangle = 1 = \int dx|\langle x|\varphi\rangle|^2 = \int dx|\varphi(x)|^2\tag{11.262}$$

Entsprechendes gilt für den Impulsoperator $\hat{p}$:

$$\begin{aligned}\langle\varphi|\hat{p}|\varphi\rangle &= \int dp\,dp'\langle\varphi|p'\rangle\langle p'|\hat{p}|p\rangle\langle p|\varphi\rangle\\ &= \int dp\langle\varphi|p\rangle p\langle p|\varphi\rangle = \int|\tilde{\varphi}(p)|^2p\,dp\end{aligned}\tag{11.263}$$

Dabei wurde verwendet

$$\langle p'|\hat{p}|p\rangle = \delta(p'-p)p\tag{11.264}$$

und

$$\langle\varphi|\varphi\rangle = 1 = \int dp|\langle p|\varphi\rangle|^2 = \int dp|\tilde{\varphi}(p)|^2\tag{11.265}$$

11.5.4.2 Messwerte

Wir müssen nun ganz allgemein den Zusammenhang zwischen dem im Rahmen des mathematischen Formalismus definierten Erwartungswert (11.254) mit den Messwerten der zum Operator $\hat{A}$ gehörigen Observablen herstellen. Dabei gehen wir aus von einer Messung an (Mikro-)Objekten, die sich im Zustand $|\varphi\rangle$ des Systems befinden.

In Verallgemeinerung und zugleich Präzisierung dessen, was bei der Interpretation der zentralen Paradigmen (siehe Abschnitt 11.3) bereits stillschweigend vorausgesetzt wurde, sollen dabei folgende, den Formalismus mit der physikalischen Wirklichkeit in Verbindung bringende allgemeine Regeln bzw. Interpretationen für Messungen gelten:

- Das System, an dem die durch $\hat{A}$ repräsentierte Observable gemessen werden soll, kann in einem (auf $\langle\varphi|\varphi\rangle = 1$ normierten) Zustand $|\varphi\rangle \in \boldsymbol{H}$ präpariert werden. Ein konstanter Phasenfaktor $\exp(i\chi)$ bleibt dabei unbestimmt. Er hebt sich bei der in $|\psi(t)\rangle$ linearen Schrödingergleichung heraus, ebenso in der Definition (11.254) des Erwartungswertes.
- Diese Präparation des Systemzustandes ist die feinstmögliche. Eine noch detailliertere Präparierung des Systems als die in diesem reinen Zustand $|\varphi\rangle$ ist offenbar im Rahmen des Hilbertraums und damit der Quantentheorie überhaupt nicht möglich. Kann das System jedoch nicht in einem reinen Zustand $|\varphi\rangle$ präpariert werden, so liegt ein inkohärentes Gemisch verschiedener Zustände vor. Dieser allgemeinere Fall kann im quantentheoretischen Formalismus ebenfalls beschrieben werden (siehe Abschnitt 6). Hier beschränken wir uns zunächst auf den Fall eines reinen Zustandes $|\varphi\rangle$.
- Es muss damit gerechnet werden, dass nach der Messung der durch $\hat{A}$ repräsentierten Observablen am im Zustand $|\varphi\rangle$ befindlichen Objekt dasselbe verbraucht wird, indem z. B. durch die Messung selbst dessen Zustand $|\varphi\rangle$ zerstört wird. Andererseits gilt die Messung – dem Begriff der Messung entsprechend – nur dann als zuverlässig, wenn bei Wiederholung derselben Messung am selben Objekt unmittelbar nach der ersten Messung (d. h. ohne inzwischen erfolgte Zeitentwicklung) derselbe Messwert festgestellt wird.
- Um mehrere (im Prinzip unendlich viele) Messungen an Objekten im selben Zustand $|\varphi\rangle$ vornehmen zu können, müssen wir voraussetzen, dass ein ganzes Ensemble (im Prinzip beliebig viele) von Objekten im selben Zustand $|\varphi\rangle$ präpariert werden kann, deren jedes der Messung von $\hat{A}$ ausgesetzt werden kann.
- Wenn bei der Messung von $\hat{A}$ an sehr vielen (im Limes unendlich vielen) Objekten im Zustand $|\varphi\rangle$ die möglichen Messwerte a_j mit der relativen Häufigkeit (= Wahrscheinlichkeit) $w_\varphi(a_j)$ festgestellt werden, dann ist der Mittelwert dieser Messwerte gegeben durch

$$\langle a\rangle = \sum_j a_j w_\varphi(a_j) \quad \text{mit} \quad \sum_j w_\varphi(a_j) = 1 \tag{11.266}$$

- Die Behauptung der Quantentheorie ist nun, dass dieser experimentelle Mittelwert mit dem theoretisch errechneten Erwartungswert (11.254) $\langle\varphi|\hat{A}|\varphi\rangle$ für jeden Zustand $|\varphi\rangle$ und jede Observable $\hat{A}$ übereinstimmt.
- Folgende Fragen sind nun theoretisch zu klären:
  - Was sind die möglichen Messwerte a_j der Observablen $\hat{A}$?
  - Wie hängen die Wahrscheinlichkeiten $w_\varphi(a_j)$ mit dem Zustand $|\varphi\rangle$ und der gemessenen Observablen $\hat{A}$ zusammen?

11.5.4.3 Varianz

Ein möglicher Messwert a_i liegt vor, wenn in einem (noch zu findenden) speziellen Zustand $|\varphi\rangle$ bei wiederholten Messungen immer derselbe Messwert a_i auftritt, der dann natürlich mit dem Mittelwert $\langle a\rangle$ übereinstimmt. Dies ist genau dann der Fall, wenn die Varianz $V(a)$ Null ist. Die Varianz ist definiert durch

$$V(a) = \langle(a - \langle a\rangle)^2\rangle = \sum_j (a_j - \langle a\rangle)^2 w_\varphi(a_j) \tag{11.267}$$

Die Varianz ist der Mittelwert der quadratischen Abweichungen der Messwerte von ihrem Mittelwert.

Für einen *möglichen experimentellen* Messwert a_i gilt also, dass er im speziellen Zustand $|\varphi\rangle$ ausnahmslos gemessen wird:

$$\sum_j a_j w_\varphi(a_j) = a_i \tag{11.268}$$

$$\sum_j (a_j - a)^2 w_\varphi(a_j) = 0 \tag{11.269}$$

Die beiden Gleichungen (11.268) und (11.269) sind nur dann zu erfüllen, wenn $\langle a\rangle$ mit einem der möglichen a_i übereinstimmt und wenn a_i immer im (zu findenden) Zustand $|\varphi\rangle$ auftritt, wenn also gilt

$$\langle a\rangle = a_i \quad \text{und} \quad w_\varphi(a_j) = \delta_{ij} \tag{11.270}$$

Andererseits gilt für den *theoretischen Erwartungswert* der Observable $\hat{A}$ in irgendeinem Zustand $|\varphi\rangle$ nach (11.257)

$$\langle\hat{A}\rangle_\varphi = \langle\varphi|\hat{A}|\varphi\rangle = \sum_j |\varphi(\alpha_j)|^2 \alpha_j \tag{11.271}$$

und für die Varianz

$$\begin{aligned} V_\varphi(\hat{A}) &= \langle\varphi|(\hat{A} - \langle\hat{A}\rangle_\varphi)^2|\varphi\rangle \\ &= \sum_j |\varphi(\alpha_j)|^2(\alpha_j - \langle\hat{A}\rangle_\varphi)^2 \end{aligned} \tag{11.272}$$

Offenbar ist die Varianz $V_\varphi(\hat{A})$ nur dann gleich Null, wenn der Erwartungswert der Observable $\hat{A}$ mit einem ihrer Eigenwerte α_i übereinstimmt und wenn zugleich der Zustand $|\varphi\rangle$ der zugehörige Eigenzustand $|\varphi_i\rangle$ dieser Observable $\hat{A}$ ist. Denn nur dann gilt:

$$\langle\hat{A}\rangle_\varphi = \alpha_i \quad \text{und} \quad |\varphi(\alpha_j)|^2 = |\langle\alpha_j|\alpha_i\rangle|^2 = \delta_{ij} \tag{11.273}$$

Die Übereinstimmung zwischen Theorie und Experiment kann dann nur im Folgenden bestehen:

- Die möglichen Messwerte a_i stimmen mit den Eigenwerten α_i der Observable $\hat{A}$ überein.
- Wird der Wert $a_i = \alpha_i$ in einem speziellen Zustand $|\varphi\rangle$ mit Sicherheit wiederholt gemessen, sodass die Varianz $V(a_i) = V_\varphi(\hat{A})$ verschwindet, dann muss der *Eigenzustand von* $\hat{A}$: $|\varphi\rangle = |\alpha_i\rangle$ vorliegen.
- Liegt hingegen ein ***beliebiger Zustand*** $|\varphi\rangle$ mit $\sum_j |\alpha_j\rangle\langle\alpha_j|\varphi\rangle$ vor, so ergibt sich der Mittelwert (= Erwartungswert der Messwerte) aus der Übereinstimmung von (11.266) und (11.257)

$$\langle a\rangle = \sum_j \alpha_j w_\varphi(\alpha_j) = \langle\hat{A}\rangle_\varphi = \sum_j |\varphi(\alpha_j)|^2\alpha_j \tag{11.274}$$

Dabei ist die Wahrscheinlichkeit gleich der relativen Häufigkeit des Messwertes α_j im Zustand $|\varphi\rangle$:

$$w_\varphi(\alpha_j) = |\langle\alpha_j|\varphi\rangle|^2 = |\varphi(\alpha_j)|^2 \tag{11.275}$$

und die Varianz dieser Messwerte ist $V_\varphi(\hat{A}) > 0$ (vgl. (11.272)).

Insbesondere zeigt sich:

- Obwohl der allgemeine Zustand $|\varphi\rangle \in \boldsymbol{H}$ nicht verfeinert werden kann, hat die Messung der Observablen $\hat{A}$ an Objekten im Zustand $|\varphi\rangle$ kein eindeutiges Resultat. Vielmehr treten die Messwerte α_i mit Wahrscheinlichkeiten (= relativen Häufigkeiten) (11.275) auf.
- Dies ist ein prinzipieller Unterschied zur klassischen Physik: In dieser war es im Prinzip (wenn auch nicht in der experimentellen Realisierung) immer möglich, einen Systemzustand so fein zu präparieren, dass darin alle Observablen zugleich einen genauen exakten Wert annahmen.

Nach der Messung der Observablen $\hat{A}$ an Objekten im allgemeinen Zustand $|\varphi\rangle$ kann man diese in Unterensembles $W(j)$ sortieren, und zwar nach der relativen Häufigkeit (11.275), mit der der jeweilige Messwert α_j gemessen wurde. Was passiert, wenn man an den Objekten der Unterensembles $W(j)$ unmittelbar nach der ersten Messung die Observable $\hat{A}$ nochmals misst? Weil diese erste Messung eindeutig das jeweilige Ergebnis α_j ergab, kann die unmittelbar danach erfolgende nochmalige Messung dieses Ergebnis nur reproduzieren, sodass in den Unterensembles $W(j)$ nunmehr mit Sicherheit der jeweilige Messwert α_j vorliegen muss. Das bedeutet aber, dass nunmehr die Objekte der Unterensembles $W(j)$ sich im jeweiligen Eigenzustand $|\alpha_j\rangle$ der Observable $\hat{A}$ befinden müssen, denn nur in diesem (siehe oben) reproduziert sich mit Sicherheit (Varianz = 0) der Messwert α_j bei nochmaliger Messung.

Durch die Messung von $\hat{A}$ an Objekten im Zustand $|\varphi\rangle$ mit dem Ergebnis α_j ist also zugleich der Zustand $|\varphi\rangle$ für alle Objekte des Unterensembles $W(j)$ spontan in den Eigenzustand $|\alpha_j\rangle$ von $\hat{A}$ übergegangen: Vor der Messung waren alle Objekte im Zustand $|\varphi\rangle$ präpariert. Nach der Messung gehören sie je nach Messergebnis α_i, α_j, $\alpha_k, \ldots$ zu Unterensembles $W(i)$, $W(j)$, $W(k), \ldots$, die mit den relativen Häufigkeiten $|\varphi(\alpha_i)|^2$, $|\varphi(\alpha_j)|^2$, $|\varphi(\alpha_k)|^2, \ldots$ auftreten und sich nunmehr in den Eigenzuständen $|\alpha_i\rangle$, $|\alpha_j\rangle$, $|\alpha_k\rangle, \ldots$ von $\hat{A}$ befinden.

Diesen Zerfall von $|\varphi\rangle$ in ein inkohärentes Gemisch von Zuständen durch den Messprozess nennt man die Reduktion der Wellenfunktion. Der Messprozess ist also ein Dekohärenz erzeugender Prozess. Bei ihm geht ein Teil der in dem kohärenten Zustand $|\varphi\rangle = \sum_j |\alpha_j\rangle\langle\alpha_j|\varphi\rangle$ steckenden Information verloren. Denn der Entwicklungskoeffizient $\langle\alpha_j|\varphi\rangle$ ist eine komplexe Zahl mit Betrag und Phase, während die Wahrscheinlichkeit (11.275), also $|\langle\alpha_j|\varphi\rangle|^2$, nur den Betrag dieses Koeffizienten enthält.

Bei der Messung einer Observablen $\hat{A}$ an einem quantenmechanischen Zustand $|\varphi\rangle$ treten die Messwerte α_j also nicht mit Sicherheit, sondern mit Wahrscheinlichkeiten $|\langle\alpha_j|\varphi\rangle|^2$ auf. Dies bedeutet zugleich, dass die Quantentheorie an der entscheidenden Stelle des Messprozesses einen Indeterminismus, also eine nicht eliminierbare Rolle des Zufalls enthält.

Dies drückt sich in sehr grundlegender Weise auch dadurch aus, dass die Dynamik des Messprozesses nicht allein durch die (zeitabhängige) Schrödingergleichung beschrieben werden kann, sondern dass dabei zusätzliche Kohärenz zerstörende und Irreversibilität bewirkende Prozesse im Spiel sein müssen. Dieser Sachverhalt folgt einfach daraus, dass die Schrödingergleichung mit ihrer allgemeinen Lösung

$$|\psi(t)\rangle = \exp\left(-\frac{i}{\hbar}\hat{H}t\right)|\psi(0)\rangle$$

einen reinen Quantenzustand $|\psi(0)\rangle$ immer nur in einen anderen reinen Zustand $|\psi(t)\rangle$ überführen kann, aber nicht einen reinen Zustand in ein Gemisch, wie es beim Messprozess geschieht.

Die Worte Reduktion der Wellenfunktion und Dekohärenz beschreiben den Messprozess allerdings nur pauschal, ohne seine Dynamik schon zu erklären. Im Abschnitt 6 müssen wir daher die Problematik des Messprozesses vertieft behandeln. Zunächst fassen wir jedoch das Schema des Messprozesses nochmals zusammen:

Messung der Observable $\hat{A} = \sum |\alpha_j\rangle\alpha_j\langle\alpha_j|$ am allgemeinen Zustand $|\varphi\rangle = \sum_j |\alpha_j\rangle\langle\alpha_j|\varphi\rangle$

Vor der Messung

Der reine Zustand $\varphi = \sum_j |\alpha_j\rangle\langle\alpha_j|\,\varphi\rangle$ beschreibt das Ensemble $W(\varphi)$ der im Zustand $|\varphi\rangle$ präparierten (Mikro-)Objekte.

Messprozess

Die Messwerte (= Eigenwerte α_j) werden mit der Wahrscheinlichkeit (= relative

Häufigkeit) $w_\varphi(\alpha_j) = |\langle\alpha_j|\varphi\rangle|^2$ gemessen.
Der reine Zustand $|\varphi\rangle$ geht dabei in ein Gemisch der Zustände $|\alpha_i\rangle$ über.

Nach der Messung
Der reine Zustand $|\varphi\rangle$ ist nunmehr in ein Gemisch von Eigenzuständen $\{|\alpha_i\rangle\}$ von $\hat{A}$ zerfallen. Sie treten mit der Wahrscheinlichkeit $w_\varphi(\alpha_j) = |\langle\alpha_j|\varphi\rangle|^2$ auf. Das Ensemble $W(\varphi)$ ist in Unterensembles $W(j)$ zerfallen, deren Objekte nun in Zuständen $|\alpha_j\rangle$ präpariert sind.

11.5.4.4 Varianzen für Orts- und Impuls-Observable. Die Heisenbergsche Unschärferelation

Bei der Herleitung möglicher Messwerte und der Streuung der Messwerte um ihren Mittelwert spielte der Begriff der Varianz (11.272) eine wichtige Rolle. Da der Ortsoperator $\hat{x}$ und der Impulsoperator $\hat{p}$ die wichtigsten Operatoren der Quantentheorie sind, gehen wir nun zu deren Varianzen über. Diese Operatoren sind nicht vertauschbar, denn es gilt die grundsätzliche Vertauschungsrelation

$$[\hat{x}, \hat{p}] = \hat{x}\hat{p} - \hat{p}\hat{x} = i\hbar \tag{11.276}$$

Werner Heisenberg (1901–1975) hat nun für einen beliebigen Zustand $|\psi\rangle$ folgende Relation abgeleitet:

$$\langle\hat{x}^2\rangle\langle\hat{p}^2\rangle = \langle\psi|\hat{x}^2|\psi\rangle\langle\psi|\hat{p}^2|\psi\rangle \geqslant \frac{\hbar^2}{4} \tag{11.277}$$

Aus ihr folgt sofort

$$V(\hat{x}) \cdot V(\hat{p}) = \langle(\hat{x} - \langle\hat{x}\rangle)^2\rangle\,\langle(\hat{p} - \langle\hat{p}\rangle)^2\rangle \geqslant \frac{\hbar^2}{4} \tag{11.278}$$

also die eigentliche Unschärferelation für die Varianzen von $\hat{x}$ und $\hat{p}$ im Zustand $|\psi\rangle$, da $(\hat{x} - \langle\hat{x}\rangle)$ und $(\hat{p} - \langle\hat{p}\rangle)$ dieselbe Vertauschungsrelation (11.276) erfüllen.

Wegen der grundsätzlichen physikalischen wie philosophischen Bedeutung der Unschärferelation wird (11.278) bewiesen. Ausgehend von einem beliebigen auf 1 normierten Zustand $|\psi\rangle$ bilde man mit

$$|\varphi\rangle = (\hat{x} + i\lambda\hat{p})|\psi\rangle \tag{11.279}$$

die Norm:

$$\begin{aligned} 0 \leqslant \langle\varphi|\varphi\rangle &= \langle\psi|(\hat{x} - i\lambda\hat{p})(\hat{x} + i\lambda\hat{p})|\psi\rangle \\ &= \langle\psi|\hat{x}^2|\psi\rangle + i\lambda\langle\psi|[\hat{x}, \hat{p}]|\psi\rangle + \lambda^2\langle\psi|\hat{p}^2|\psi\rangle \\ &= \langle\psi|\hat{x}^2|\psi\rangle - \hbar\lambda + \lambda^2\langle\psi|\hat{p}^2|\psi\rangle \end{aligned} \tag{11.280}$$

Hierbei wurde in der letzten Zeile die Vertauschungsrelation (11.276) verwendet. (11.280) ist ein quadratischer Ausdruck in λ, der für beliebige reelle λ größer oder höchstens gleich 0 sein muss.

Die quadratische Gleichung

$$\lambda^2 + a\lambda + b = 0 \tag{11.281}$$

hat bekanntlich die Lösungen

$$\lambda_{\pm} = -\frac{a}{2} \pm \sqrt{\frac{a^2}{4} - b} \tag{11.282}$$

Diese sind konjugiert komplex (also nicht reell), wenn der Ausdruck unter der Wurzel negativ ist, wenn also gilt

$$\frac{a^2}{4} - b \leqslant 0 \tag{11.283}$$

In diesem Fall bleibt die linke Seite von (11.281) für alle λ positiv. Für den entsprechenden Ausdruck (11.280) bedeutet dies, dass (nach Division durch $\langle\psi|\hat{p}^2|\psi\rangle$) gelten muss

$$\frac{\hbar^2}{4} \cdot \frac{1}{\langle\psi|\hat{p}^2|\psi\rangle^2} \leqslant \frac{\langle\psi|\hat{x}^2|\psi\rangle}{\langle\psi|\hat{p}^2|\psi\rangle} \tag{11.284}$$

Hieraus folgt die Unschärferelation (11.277) bzw. (11.278).

Aus der Quantentheorie folgt damit in beweisbarer Weise, dass niemals – in welchem Zustand $|\psi\rangle$ auch immer – gleichzeitig ein exakter Wert des Ortes und des Impulses eines Elementarteilchens vorliegen kann. Denn dann müsste gleichzeitig gelten: $V(\hat{x}) = 0$ und $V(\hat{p}) = 0$, im Widerspruch zur Unschärferelation, d. h. zur Ungleichung (11.278). Das ist die grundsätzliche Bedeutung der Unschärferelation.

Diese Aussage steht im vollen Widerspruch zu den Grundvorstellungen der klassischen Physik. In dieser ging man davon aus, dass prinzipiell – abgesehen von den Unzulänglichkeiten der Messapparaturen – jede Messgröße, also auch die des Ortes und des Impulses gleichzeitig genau messbar sein soll. Deshalb hat es auch viele Gedankenversuche sowie realistische Versuche gegeben, die Unschärferelation (11.278) zu widerlegen. Man versuchte die Ungleichung zu unterlaufen, also Ort und Impuls gleichzeitig so genau zu messen, dass die Ungleichung (11.278) nicht zutreffen kann. Gelänge dieser Nachweis, so würde nicht nur die Ungleichung widerlegt, sondern mit ihr zusammen der gesamte Begriffsapparat der Quantentheorie, der in logisch einwandfreier Weise zur Ableitung der Ungleichung führt.

Es zeigte sich jedoch, dass es keinem einzigen dieser oft scharfsinnigen (Gedanken-) Versuche gelang, die Heisenbergsche Unschärferelation zu widerlegen. Sie gilt daher heute als eine unbestrittene grundlegende Aussage der Quantentheorie. Ihre weitreichenden Folgen werden in den nächsten Abschnitten weiter besprochen.

11.5.5 Die Bewegungsgleichungen

11.5.5.1 Die Doppelrolle des Hamiltonian

Schon in der klassischen Physik spielte die Hamiltonfunktion $H(\boldsymbol{p}, \boldsymbol{x})$ eine zentrale Doppelrolle: Einerseits war sie der Kern der Hamiltonschen Bewegungsgleichungen, also der Weltformel der klassischen Physik, andererseits war sie eine Invariante der Bewegung mit der Bedeutung „Energie“. Sie stand also für den universellen Energieerhaltungssatz.

Diese Doppelrolle überträgt sich nun in die Quantentheorie, wo gemäß der Übersetzungsvorschrift aus der Hamiltonfunktion der Hamiltonoperator geworden ist.

Einerseits steht nunmehr der Hamiltonoperator $\hat{H}$ im Zentrum der Bewegungsgleichung der Quantentheorie, der Schrödingergleichung

$$i\hbar \frac{\partial|\psi(t)\rangle}{\partial t} = \hat{H}|\psi(t)\rangle \tag{11.285}$$

In Verallgemeinerung des Ausgangspunktes der alten Schrödingergleichung für ein Elektron, ist nun $|\psi(t)\rangle \in \boldsymbol{H}$ ein Zustand des Hilbertraums. Er hängt vom behandelten System ab. Dies kann z. B. sein: ein freies oder gebundenes Elektron oder das Multielektronensystem des Atoms eines Elements oder das Myriadenelektronensystem eines Festkörpers. Je nach der Wahl des VONS, nach dem man $|\psi(t)\rangle$ entwickelt, kann man Gleichung (11.285) z. B. in der Ortsdarstellung oder gegebenenfalls in der Impulsdarstellung behandeln. Dementsprechend hängt dann $\langle\ldots|\psi(t)\rangle$ von den Orten bzw. Impulsen der Elektronen des Systems ab.

Die Abspaltung der Zeitabhängigkeit führt wie in Abschnitt 11.2.1 gezeigt auf

$$|\psi(t)\rangle = \exp(-i\,E\,t/\,\hbar)\,|\varphi\rangle \tag{11.286}$$

wobei $|\varphi\rangle$ der zeitunabhängigen Schrödingergleichung

$$\hat{H}|\varphi\rangle = E|\varphi\rangle \tag{11.287}$$

genügt. Dabei zeigt sich nunmehr in allgemeiner Form:

- Gleichung (11.287) stellt die Gleichung für die Eigenzustände und Eigenwerte des Hamiltonoperators dar. Als Lösung kann in Verallgemeinerung der zentralen Paradigmen (siehe (11.3.1) und (11.3.2)) (11.253) die Konstruktion eines vollständigen Orthonormalsystems von Eigenzuständen des Hamiltonians ermöglicht werden. In diesem nimmt $\hat{H}$ die Form an:

$$\hat{H} = \sum_{E,z} |\varphi(E,z)\rangle E \langle\varphi(E,z)| \tag{11.288}$$

  Dabei stellt z den Entartungsparameter der Eigenfunktion $|\varphi(E,z)\rangle$ des Hamiltonoperators $\hat{H}$ zum Eigenwert E dar.
- In den so konstruierten Eigenzuständen $|\psi(t,E,z)\rangle$ sind die Erwartungswerte aller Observablen zeitunabhängig:

$$\begin{aligned}\langle\psi(t,E,z)|\hat{A}|\psi(t,E,z)\rangle &= \langle\exp(-i\,E\,t/\,\hbar)\,\varphi(E,z)|\hat{A}|\exp(-i\,E\,t/\,\hbar)\,\varphi(E,z)\rangle\\ &= \langle\,\varphi(E,z)|\hat{A}|\,\varphi(E,z)\rangle\end{aligned} \tag{11.289}$$

Würde sich die Welt also ausschließlich in Eigenzuständen der Hamiltonians der Teilsysteme befinden, dann gäbe es keine an den Observablen beobachtbare Bewegung. Dies ist nicht so absurd, wie es zunächst scheint. Wenn nicht gerade mal ein Lichtquant emittiert wird oder ein radioaktiver Zerfall stattfindet, sind die Atome fast immer in einem stationären Energie-Eigenzustand.

Andererseits findet für einen allgemeinen Zustand $|\psi(t)\rangle$ gemäß der Schrödingergleichung (11.285) unter der Wirkung von $\hat{H}$ folgende Bewegung statt:

$$|\psi(t)\rangle = \exp(-i\hat{H}\,t/\hbar)\,|\psi(0)\rangle = \hat{U}(t)|\psi(0)\rangle \tag{11.290}$$

Da $\hat{H} = \hat{H}^+$ hermitesch ist, ist $\hat{U}(t)$ wegen $\hat{U}^+(t) = \hat{U}^{-1}(t)$ ein unitärer Operator. Entwickelt man $|\psi(t)\rangle$ nach den Eigenzuständen von $\hat{H}$, so entsteht:

$$\begin{aligned}|\psi(t)\rangle &= \hat{1}\cdot\hat{U}(t)|\psi(0)\rangle\\ &= \sum_{E,z}|\,\varphi(E,z)\rangle\langle\,\varphi(E,z)|\hat{U}(t)|\psi(0)\rangle\\ &= \sum_{E,z}|\,\varphi(E,z)\rangle\langle\,\hat{U}^+(t)\varphi(E,z)|\psi(0)\rangle\\ &= \sum_{E,z}|\,\varphi(E,z)\rangle\,\exp(-i\,E\,t/\,\hbar)\,\langle\varphi(E,z)|\psi(0)\rangle\end{aligned} \tag{11.291}$$

Der Operator $\hat{U}(t)$ ist gemäß (11.290) eine Funktion $f(\hat{H})$ des Hamiltonoperators $\hat{H}$. Nun gilt ganz allgemein für dessen Eigenwerte und Eigenvektoren:

$$f(\hat{H})|\varphi(E,z)\rangle = f(E)|\varphi(E,z)\rangle \tag{11.292}$$

Damit hat $\hat{U}(t)$ dasselbe VONS von Eigenvektoren wie $\hat{H}$ und besitzt die (11.288) entsprechende Darstellung

$$\hat{U}(t) = \sum_{E,z}|\varphi(E,z)\rangle\,\exp(-i\,E\,t/\hbar)\langle\varphi(E,z)| \tag{11.293}$$

In etwas abgemagerter Schreibweise und ohne Entartung d. h. mit $E = E_j$; $|\varphi(E,z)\rangle = |j\rangle$; $P_{jk} = |j\rangle\langle k|$ wie beim harmonischen Oszillator (siehe (11.3.1)) nehmen $\hat{H}$ und $\hat{U}$ die Form an

$$\hat{H} = \sum_j |j\rangle E_j\langle j| = \sum_j E_j P_{jj} \tag{11.294}$$

$$\hat{U}(t) = \sum_j |j\rangle\,\exp(-i\,E_j\,t/\hbar)\langle j| = \sum_j \exp(-i\,E_j\,t/\hbar)P_{jj} \tag{11.295}$$

Die Eigenwerte von $\hat{H}$ liegen auf der reellen Achse und die von $\hat{U}(t)$ rotieren mit der Zeit auf dem Einheitskreis in der komplexen Zahlenebene. Für $t = 0$ ist natürlich $\hat{U} = 1$.

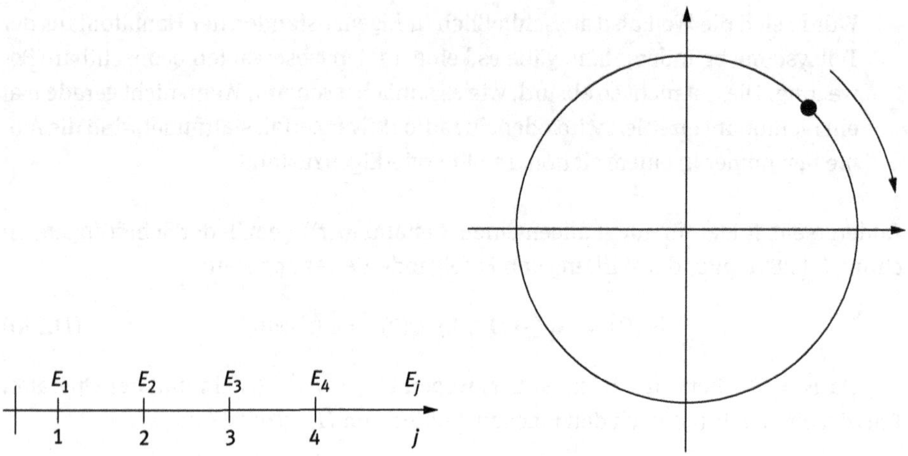

Eigenwerte des Hamiltonoperators

Eigenwerte $\exp(-i\,E_j\,t/\hbar)$ des unitären Operators $\hat{U}(t)$

Abb. 11.7. Eigenwerte des Hamiltonoperators und des unitären Operators.

In der vereinfachten Schreibweise entsteht mit (11.291) aus $|\psi(t)\rangle$ bei Entwicklung nach Energieeigenzuständen $|j\rangle$ mit den Abkürzungen

$$\langle\varphi\,(E_j)|\psi(0)\rangle = c_j(0)\,; \quad c_j(t) = \exp(-i\,E_j\,t/\hbar)\cdot c_j(0) \tag{11.296}$$

$$|\psi(t)\rangle = \sum_j c_j(t)|j\rangle \tag{11.297}$$

Entwickelt man andererseits $|\psi(0)\rangle$ nach den Eigenfunktionen $|x\rangle$ des Ortsoperators $\hat{x}$, dann entstehen der Reihe nach:

$$
\begin{aligned}
|\psi(0)\rangle &= \int_{x'} |x'\rangle\langle x'|\psi(0)\rangle dx' && \text{(a)}\\
|\psi(t)\rangle &= \int_{x'} \hat{U}(t)|x'\rangle\langle x'|\psi(0)\rangle dx' && \text{(b)}\\
\langle x|\psi(t)\rangle &= \int_{x'} \langle x|\hat{U}(t)|x'\rangle\langle x'|\psi(0)\rangle dx' && \\
&= \int_{x'}\sum_j \langle x|j\rangle \exp(-iE_jt/h)\langle j|x'\rangle\langle x'|\psi(0)\rangle dx' && \text{(c)}\\
\text{bzw. } \psi(t,x) &= \int_{x'} \langle x|\hat{U}(t)|x'\rangle\psi(0,x')dx' && \text{(d)}
\end{aligned}
\tag{11.298}
$$

Hierbei zeigt (11.298) (d) die Entwicklung der Wellenfunktion im Ortsraum.

11.5.5.2 Schrödingerbild und Heisenbergbild

Erfreulicherweise kommt nun auf elegante Weise die Klärung des lange nicht verstandenen Zusammenhanges zwischen Schrödingerbild (Bewegung des Zustands) und Heisenbergbild (Bewegung der Observablen) zustande. Dabei zeigt sich wieder einmal (im Sinne von „per aspera ad astra“), dass die Klärung der Verhältnisse nicht auf der Ebene der oft verwirrenden Vielfalt der Einzelphänomene stattfindet, sondern auf der Ebene der nur abstrakt zu fassenden Hintergrundstrukturen.

Der Zusammenhang stellt sich heraus, wenn man die zeitliche Entwicklung des Erwartungswertes einer allgemeinen Observable $\hat{A}$ in einem allgemeinen Zustand $|\psi(t)\rangle$ betrachtet:

$$\begin{aligned}\langle\psi(t)|\hat{A}|\psi(t)\rangle &= \langle\hat{U}(t)\,\psi(0)|\hat{A}|\hat{U}(t)\psi(0)\rangle\\ &= \langle\,\psi(0)|\hat{U}^{+}(t)\,\hat{A}\,\hat{U}(t)|\psi(0)\rangle\\ &= \langle\,\psi(0)|\hat{A}(t)\,|\psi(0)\rangle \qquad (11.299)\end{aligned}$$

mit

$$\hat{A}(t) = \hat{U}^{+}(t)\,\hat{A}\,\hat{U}(t) \qquad (11.300)$$

Bei der Bildung von Erwartungswerten ist es also vollkommen äquivalent, ob sich

- entweder der Zustand $\psi(t)$ nach der Schrödingergleichung (11.285) bzw. (11.290) bewegt, während die Observable durch den konstanten Operator $\hat{A}$ dargestellt wird
- oder ob sich der Operator $\hat{A}(t)$ nach (11.300) bewegt, während der Zustand $\psi(0)$ konstant bleibt.

Man kann auch zu einer Differentialgleichung als Bewegungsgleichung übergehen. Es gilt dann:

$$\frac{d}{dt}\langle\psi(0)|\hat{A}(t)|\psi(0)\rangle = \langle\psi(0)|\frac{d\hat{A}(t)}{dt}|\psi(0)\rangle \qquad (11.301)$$

mit

$$\begin{aligned}\frac{d\hat{A}(t)}{dt} &= \frac{d\hat{U}^{+}(t)}{dt}\hat{A}\,\hat{U}(t) + \hat{U}^{+}(t)\hat{A}\,\frac{d\hat{U}(t)}{dt}\\ &= \frac{i}{\hbar}(\hat{H}\,\hat{A}(t) - \hat{A}(t)\,\hat{H}) = \frac{i}{\hbar}[\hat{H},\,\hat{A}(t)] \qquad (11.302)\end{aligned}$$

Dabei wurde eingesetzt

$$\frac{d\hat{U}^{+}(t)}{dt} = \frac{i}{\hbar}\hat{H}\,\hat{U}^{+}(t) \quad \text{und} \quad \frac{d\hat{U}(t)}{dt} = -\frac{i}{\hbar}\,\hat{U}(t)\hat{H} \qquad (11.303)$$

Die Gleichung (11.302) ist die Bewegungsgleichung für Operatoren im Heisenbergbild. Sie kann wahlweise anstelle der Schrödingergleichung benutzt werden. Sobald $\hat{A}$ und $\hat{H}$ als Funktionen der Basisoperatoren $\hat{p}$ und $\hat{x}$ bekannt sind, kann die rechte Seite von (11.302) unter Benutzung der Vertauschungsrelationen für $\hat{p}$ und $\hat{x}$ explizit berechnet werden.

11.5.5.3 Das Ehrenfesttheorem

Paul Ehrenfest (1880–1933) interessierte sich besonders für das Inklusionsprinzip, also daran, wie die Gleichungen der Quantentheorie im Grenzfall mit den Gleichungen der klassischen Physik korrespondieren bzw. in sie übergehen. Er verglich dazu

- die Erwartungswerte der Heisenberggleichungen (11.302) für $\hat{A}(t) = \hat{x}(t)$ und $\hat{p}(t)$ in einem Zustand $|\varphi\rangle$:

$$\begin{aligned} \frac{d}{dt}\langle\varphi|\hat{x}(t)|\varphi\rangle &= \frac{i}{\hbar}\langle\varphi|[\hat{H},\hat{x}]|\varphi\rangle \\ \frac{d}{dt}\langle\varphi|\hat{p}(t)|\varphi\rangle &= \frac{i}{\hbar}\langle\varphi|[\hat{H},\hat{p}]|\varphi\rangle \end{aligned} \tag{11.304}$$

- mit den klassischen Hamiltongleichungen

$$\frac{d}{dt}x(t) = \frac{\partial H(p,x)}{\partial p} \quad \text{und} \quad \frac{d}{dt}p(t) = -\frac{\partial H(p,x)}{\partial x} \tag{11.305}$$

Im einfachsten Fall des harmonischen Oszillators ergibt sich mit

$$\hat{H} = \frac{\hat{p}^2}{2m} + \frac{m}{2}\omega^2\hat{x}^2 \qquad [\hat{p},\hat{x}] = \frac{\hbar}{i} \tag{11.306}$$

$$\begin{aligned} [\hat{H},\hat{x}] &= \frac{1}{2m}[\hat{p}^2,\hat{x}] = \frac{1}{2m}\{\hat{p}\cdot[\hat{p},\hat{x}] + [\hat{p},\hat{x}]\cdot\hat{p}\} \\ &= \frac{1}{2m}\cdot\frac{\hbar}{i}2\hat{p} \end{aligned} \tag{11.307}$$

$$\begin{aligned} [\hat{H},\hat{p}] &= \frac{m}{2}\omega^2[\hat{x}^2,\hat{p}] = \frac{m}{2}\omega^2\{\hat{x}\cdot[\hat{x},\hat{p}] + [\hat{x},\hat{p}]\cdot\hat{x}\} \\ &= \frac{m}{2}\omega^2\cdot\frac{-\hbar}{i}2\hat{x} \end{aligned} \tag{11.308}$$

Einsetzen von (11.307) und (11.308) in (11.304) ergibt:

$$\begin{aligned} \frac{d}{dt}\langle\varphi|\hat{x}|\varphi\rangle &= \frac{d}{dt}\langle\hat{x}\rangle = \frac{1}{2m}\langle\varphi|\hat{p}|\varphi\rangle = \frac{1}{2m}\langle\hat{p}\rangle \\ \frac{d}{dt}\langle\varphi|\hat{p}|\varphi\rangle &= \frac{d}{dt}\langle\hat{p}\rangle = -\frac{m}{2}\omega^2\langle\varphi|\hat{x}|\varphi\rangle \\ &= -\frac{m}{2}\omega^2\langle\hat{x}\rangle \end{aligned} \tag{11.309}$$

Das sind erstaunlicherweise dieselben Gleichungen für $\langle\hat{x}\rangle$ und $\langle\hat{p}\rangle$ wie die klassischen Hamiltongleichungen für $x(t)$ und $p(t)$.

Das Ergebnis lässt sich sogar verallgemeinern: Wenn sich der Hamiltonian $\hat{H}(\hat{p},\hat{x})$ als Polynom in $\hat{p}$ und $\hat{x}$ darstellen lässt (eventuell nach Taylor-Entwicklung und Übersetzungsvorschrift), dann kann man durch konsequente Anwendung der Vertauschungsrelation für $\hat{p}$ und $\hat{x}$ und ihrer allgemeinen Form für $\hat{p}_j$ und $\hat{x}_k$ zeigen, dass gilt:

$$[\hat{H},\hat{x}_k] = \frac{\hbar}{i}\frac{\partial\hat{H}}{\partial\hat{p}_k} \qquad [\hat{H},\hat{p}_j] = -\frac{\hbar}{i}\frac{\partial\hat{H}}{\partial\hat{x}_j} \tag{11.310}$$

Durch Einsetzen von (11.310) in die Heisenberggleichungen (11.304) folgt dann für die Erwartungswerte für $\hat{x}_k$ und $\hat{p}_j$

$$\begin{aligned} \frac{d}{dt}\langle\varphi|\hat{x}_k|\varphi\rangle &= \langle\varphi|\frac{\partial\hat{H}}{\partial\hat{p}_k}|\varphi\rangle \\ \frac{d}{dt}\langle\varphi|\hat{p}_j|\varphi\rangle &= -\langle\varphi|\frac{\partial\hat{H}}{\partial\hat{x}_j}|\varphi\rangle \end{aligned} \tag{11.311}$$

Nach (11.309) bzw. (11.311) sieht es fast so aus, als hätte sich erstaunlicherweise zwischen den klassischen und quantenmechanischen Bewegungsgleichungen überhaupt nichts geändert. Das ist aber nicht ganz so, denn

- (11.311) gilt nur für die Erwartungswerte. Die gleichzeitig gemessenen Messwerte der Observablen $\hat{x}_k$ und $\hat{p}_j$ genügen der Heisenbergschen Ungleichung. Dies führt zu ihren mehr oder weniger großen Abweichungen von den Erwartungswerten.
- Für eine nicht lineare Funktion $f(x)$ gilt im Allgemeinen:

$$\langle f(x)\rangle \neq f(\langle x\rangle) \tag{11.312}$$

Daher sind die Gleichungen (11.311) nicht identisch, sondern nur näherungsweise zu vergleichen mit den Hamiltongleichungen

$$\begin{aligned} \frac{d}{dt}\langle\hat{x}_k\rangle &= \frac{\partial H(\langle\hat{p}_j\rangle, \langle\hat{x}_l\rangle)}{\partial\langle\hat{p}_k\rangle} \\ \frac{d}{dt}\langle\hat{p}_j\rangle &= -\frac{\partial H(\langle\hat{p}_j\rangle, \langle\hat{x}_l\rangle)}{\partial\langle\hat{x}_j\rangle} \end{aligned} \tag{11.313}$$

Nur wenn sich die quantenmechanischen Bewegungsgleichungen in der Form (11.313) schreiben lassen würden, dann könnte man sie mit den klassischen Bewegungsgleichungen vergleichen.

11.6 Die Dichtematrix oder der statistische Operator

In Abschnitt 11.5 wurden die wichtigsten Elemente des begrifflichen Gerüsts der Quantentheorie eingeführt. In einem nächsten Schritt wird nun der Formalismus erweitert, wodurch auch eine vertiefte Darstellung des Problems der Messung von Messwerten der Observablen möglich wird.

In der realen Welt zeigen sich Mikroobjekte

- nicht nur in der Form reiner Zustände (z. B. als Eigenzustände von Operatoren), die in ihrer Dynamik durch die Schrödingergleichung beschrieben werden.
- sondern auch als inkohärente Gemische von voneinander unabhängigen Zuständen von Mikroobjekten eines statistischen Ensembles.

Bei der genaueren Beschreibung des Messprozesses oder auch bei der Herleitung der Thermodynamik aus der Quantenstatistik ist daher ein erweiterter Formalismus nötig, der reine Zustände und Gemische auf derselben Basis zu beschreiben erlaubt.

Hierzu ist die Dichtematrix, auch statistischer Operator genannt, geeignet. Wir bezeichnen sie/ihn mit $\hat{\Omega}$. Dieser statistische Operator $\hat{\Omega}$ hat die Form eines speziellen hermiteschen Operators: $\hat{\Omega} = \hat{\Omega}^+$ über $\boldsymbol{H}$, jedoch ist ihm keine Observable zugeordnet. Er soll ein im Allgemeinen inkohärentes Gemisch von reinen Zuständen eines statistischen Ensembles beschreiben können. Die reinen Zustände sind mit relativen Häufigkeiten (= Wahrscheinlichkeiten) in dem statistischen Ensemble vertreten. Der Fall nur eines reinen Zustandes ist damit als Spezialfall eingeschlossen.

Wir stellen zunächst die wichtigsten Eigenschaften des statistischen Operators $\hat{\Omega}$ zusammen und zeigen zugleich, dass er die obigen Forderungen erfüllen kann.

11.6.1 Eigenschaften des statistischen Operators

Der statistische Operator ist ein hermitescher Operator:

$$\hat{\Omega} = \hat{\Omega}^+ \tag{11.314}$$

Als solcher besitzt er ein vollständiges Orthonormalsystem (VONS) von Eigenzuständen und Eigenwerten:

$$\hat{\Omega}|\kappa\rangle = w(\kappa)|\kappa\rangle \quad \text{mit} \quad \langle\kappa|\lambda\rangle = \delta_{\kappa\lambda} \tag{11.315}$$

Dabei ist zu beachten

- $|\kappa\rangle$ sind die Eigenzustände von $\hat{\Omega}$ (Sie werden im Folgenden mit den kleinen griechischen Buchstaben $|\lambda\rangle$, $|\alpha\rangle$, $|\beta\rangle, \ldots$ gekennzeichnet.
- $w(\kappa)$ die relative Häufigkeit (= Wahrscheinlichkeit) der im Gemisch auftretenden Zustände

Der statistische Operator $\hat{\Omega}$ kann in der Form

$$\hat{\Omega} = \sum_{\kappa} |\kappa\rangle w(\kappa) \langle\kappa| \tag{11.316}$$

dargestellt werden.

$\hat{\Omega}$ beschreibt dann ein Gemisch von inkohärent nebeneinander auftretenden Zuständen, wenn für die Wahrscheinlichkeiten gilt:

$$\sum_{\kappa} w(\kappa) = 1 \quad \text{mit} \quad w(\kappa) \geqslant 0 \tag{11.317}$$

Als Folge von (11.317) ist $\hat{\Omega}$ ein positiver Operator, d. h. es gilt für beliebige Zustände $|k\rangle$

$$\langle k|\hat{\Omega}|k\rangle \geqslant 0 \tag{11.318}$$

Beweis:

$$\begin{aligned}\langle k|\hat{\Omega}|k\rangle &= \sum_{\kappa} \langle k|\kappa\rangle w(\kappa) \langle\kappa|k\rangle = \\ &= \sum_{\kappa} |\langle k|\kappa\rangle|^2 w(\kappa) \geqslant 0 \end{aligned} \tag{11.319}$$

Weiterhin erfüllt $\hat{\Omega}$ die Bedingung

$$\mathrm{Sp}(\hat{\Omega}) = \sum_{k} \langle k|\hat{\Omega}|k\rangle = 1 \tag{11.320}$$

Dabei ist $\mathrm{Sp}(\hat{\Omega})$ die Spur der Dichtematrix $\hat{\Omega}$. Die Spur einer Matrix $\hat{A}$ ist definiert als Summe über alle Diagonalelemente.

$$\mathrm{Sp}(\hat{A}) = \sum_{j} a_{jj} = a_{11} + a_{22} + \ldots$$

Die Zustände $\{|k\rangle\}$ bilden dabei ein beliebiges vollständiges Orthonormalsystem (VONS), das die Bedingungen

$$\langle k|l\rangle = \delta_{kl} \quad \text{und} \quad \hat{1} = \sum_{k} |k\rangle\langle k| \tag{11.321}$$

erfüllt.

Beweis:

$$\begin{aligned}\sum_{k} \langle k|\Omega|k\rangle &= \sum_{k,\kappa} \langle k|\kappa\rangle w(\kappa) \langle\kappa|k\rangle \\ &= \sum_{k,\kappa} \langle\kappa|k\rangle\langle k|\kappa\rangle w(\kappa) \\ &= \sum_{\kappa} \langle\kappa|\hat{1}|\kappa\rangle w(\kappa) = \sum_{\kappa} w(\kappa) = 1 \end{aligned} \tag{11.322}$$

Wenn (11.316) ein Gemisch von Zuständen $|\kappa\rangle$ mit relativer Häufigkeit $w(\kappa)$ repräsentiert, dann muss ein einziger reiner Zustand $|\kappa_0\rangle$ offenbar durch einen speziellen statistischen Operator

$$\hat{\Omega} = |\kappa_0\rangle\langle\kappa_0| \quad \text{mit } w(\kappa) = \delta_{\kappa\kappa_0} \tag{11.323}$$

beschrieben werden. Dabei ist $|\kappa_0\rangle$ ein Zustand aus dem zu $\hat{\Omega}$ gehörenden vollständigen Orthonormalsystem (VONS).

Liegt für einen statistischen Operator $\hat{\Omega}$ die Darstellung (11.316) in seinen Eigenzuständen nicht explizit vor, so repräsentiert er dann, und nur dann einen reinen Zustand, wenn er folgende Bedingung erfüllt:

$$\hat{\Omega}^2 = \hat{\Omega} \tag{11.324}$$

Beweis:
Verwendet man die Darstellung (11.316) für $\hat{\Omega}$, so wird (11.324)

$$\begin{aligned}\hat{\Omega}^2 &= \sum_{\kappa\kappa'} |\kappa\rangle w(\kappa)\langle\kappa|\kappa'\rangle w(\kappa')\langle\kappa'| \\ &= \sum_{\kappa} |\kappa\rangle w^2(\kappa)\langle\kappa| = \sum_{\kappa} |\kappa\rangle w(\kappa)\langle\kappa| = \hat{\Omega}\end{aligned}$$

Die letzte Zeile dieser Gleichung ist dann und nur dann erfüllt, wenn $w^2(\kappa) = w(\kappa)$ für jedes κ.

Dies ist mit (11.317) nur vereinbar für

$$w(\kappa) = \delta_{\kappa\kappa_0} \quad \text{für } \kappa_0 = \text{eines der } \kappa. \tag{11.325}$$

Als Beispiel werde der reine Zustand (11.323) nicht im VONS der Eigenzustände von $\hat{\Omega}$ sondern in der Basis (11.295) der Eigenfunktionen des Hamiltonian dargestellt. Mit:

$$\begin{aligned}&\langle i|\kappa_0\rangle = c_i, \quad \langle\kappa_0|i\rangle = c_i^*, \quad \hat{P}_{ij} = |i\rangle\langle j| \\ &|\kappa_0\rangle = \sum_i |i\rangle c_i, \quad \langle\kappa_0| = \sum_j c_j^* \langle j|\end{aligned} \tag{11.326}$$

ergibt sich

$$\hat{\Omega} = \sum_{i,j} c_i c_j^* \hat{P}_{ij} \tag{11.327}$$

oder als Matrix in der Darstellung nach Energieeigenzuständen

$$\hat{\Omega} = \begin{pmatrix} c_1c_1^* & c_1c_2^* & \dots & c_1c_j^* & \dots \\ c_2c_1^* & c_2c_2^* & \dots & c_2c_j^* & \dots \\ \vdots & \vdots & \ddots & \vdots & \dots \\ c_jc_1^* & c_jc_2^* & \dots & c_jc_j^* & \dots \\ \vdots & \vdots & & \vdots & \ddots \end{pmatrix} \tag{11.328}$$

In der Tat gilt hier mit $\hat{P}_{ij}\hat{P}_{kl} = \delta_{jk}$

$$\begin{aligned}&\hat{\Omega}^2 = \sum_{i,j,k,l} c_i c_j^* c_k c_l^* \hat{P}_{ij}\hat{P}_{kl} = \sum_k c_k^* c_k \sum_{i,l} c_i c_l^* \hat{P}_{il} = 1 \cdot \hat{\Omega} \\ &\text{da } \langle\kappa_0|\kappa_0\rangle = \sum_k c_k^* c_k = 1\end{aligned} \tag{11.329}$$

Schließlich zeigen wir noch: Wird die Spur (Sp siehe Gleichung (11.320)) eines Produktes von Operatoren gebildet, so sind die Operatoren unter der Spur zyklisch vertauschbar. Es gilt also:

$$\mathrm{Sp}(\hat{\Omega} \cdot \hat{A} \cdot \hat{B}) = \mathrm{Sp}(\hat{B} \cdot \hat{\Omega} \cdot \hat{A}) = \mathrm{Sp}(\hat{A} \cdot \hat{B} \cdot \hat{\Omega}) \tag{11.330}$$

Beweis:

$$\begin{aligned}\mathrm{Sp}(\hat{\Omega}\cdot\hat{A}\cdot\hat{B}) &= \sum_{k,l,m}\langle k|\hat{\Omega}|l\rangle\langle l|\hat{A}|m\rangle\langle m|\hat{B}|k\rangle\\ &= \sum_{k,l,m}\langle m|\hat{B}|k\rangle\langle k|\hat{\Omega}|l\rangle\langle l|\hat{A}|m\rangle = \mathrm{Sp}(\hat{B}\cdot\hat{\Omega}\cdot\hat{A})\\ &= \sum_{k,l,m}\langle l|\hat{A}|m\rangle\langle m|\hat{B}|k\rangle\langle k|\hat{\Omega}|l\rangle = \mathrm{Sp}(\hat{A}\cdot\hat{B}\cdot\hat{\Omega})\end{aligned}$$

Hierbei wurde

$$\sum_k |k\rangle\langle k| = \sum_l |l\rangle\langle l| = \sum_m |m\rangle\langle m| = 1 \tag{11.331}$$

verwendet.

11.6.2 Erwartungswerte und Bewegungsgleichungen mit der Dichtematrix

Die Nützlichkeit der Dichtematrix bzw. des statistischen Operators erweist sich bei der Formulierung grundlegender Begriffe der Quantentheorie und zwar sowohl beim Vorliegen reiner Zustände als auch eines Gemischs von Zuständen. Dabei ist der wichtigste Vorgang die Bildung des Erwartungswertes einer Observablen (bzw. des zugeordneten Operators $\hat{A}$).

In der alten Formulierung gilt:

für einen reinen Zustand $|\kappa\rangle$

$$\langle\hat{A}\rangle = \langle\kappa|\hat{A}|\kappa\rangle \qquad \text{(a)}$$

für ein Gemisch von Zuständen mit den relativen Häufigkeiten $w(\kappa)$ (11.332)

$$\langle\hat{A}\rangle = \sum_\kappa w(\kappa)\langle\kappa|\hat{A}|\kappa\rangle \qquad \text{(b)}$$

In der Formulierung mithilfe des statistischen Operators gilt stattdessen:

$$\begin{aligned}\langle\hat{A}\rangle &= \mathrm{Sp}(\hat{\Omega}\cdot\hat{A}) \quad \text{mit } \hat{\Omega} = |\kappa\rangle\langle\kappa| \qquad &\text{(a)}\\ \langle\hat{A}\rangle &= \mathrm{Sp}(\hat{\Omega}\cdot\hat{A}) \quad \text{mit } \hat{\Omega} = \sum_\kappa w(\kappa)|\kappa\rangle\langle\kappa| \qquad &\text{(b)}\end{aligned} \tag{11.333}$$

Die Äquivalenz von (11.332) und (11.333) zeigt sich wie folgt:

- Fall (a):
  Für beliebige vollständige Orthonormalsysteme $\{|k\rangle\}$ und $\{|k'\rangle\}$ gilt

$$\mathrm{Sp}(\hat{\Omega}\cdot\hat{A}) = \sum_{k,k'}\langle k|\kappa\rangle\langle\kappa|k'\rangle\langle k'|\hat{A}|k\rangle$$

Deshalb kann man auch vollständige Orthonormalsysteme nehmen, die den Zustand $|\kappa\rangle$ enthalten, also z. B.

$$\{|\kappa\rangle, \ldots, |k\rangle \neq |\kappa\rangle\,, \quad \text{mit} \quad \langle\kappa|k\rangle = 0\}$$

Dann reduziert sich die Doppelsumme auf

$$\langle\kappa|\kappa\rangle\langle\kappa|\kappa\rangle\langle\kappa|\hat{A}|\kappa\rangle = \langle\kappa|\hat{A}|\kappa\rangle$$

- Fall (b):
  Verwendet man bei der Spurbildung das vollständige Orthonormalsystem der $|\kappa\rangle$, mit dem $\hat{\Omega}$ diagonalisiert wird, so entsteht:

$$\begin{aligned}\mathrm{Sp}(\hat{\Omega}\cdot\hat{A}) &= \sum_{\kappa',\kappa''}\langle\kappa'|\sum_{\kappa} w(\kappa)|\kappa\rangle\langle\kappa|||\kappa''\rangle\langle\kappa''|\hat{A}|\kappa'\rangle \\ &= \sum_{\kappa',\kappa''}\sum_{\kappa} w(\kappa)|\delta_{\kappa'\kappa}\delta_{\kappa''\kappa}\langle\kappa''|\hat{A}|\kappa'\rangle \\ &= \sum_{\kappa} w(\kappa)\langle\kappa|\hat{A}|\kappa\rangle\end{aligned}$$

11.6.2.1 Die (kohärente) Bewegungsgleichung für $\hat{\Omega}(t)$

Es wurde schon gezeigt, dass für den Fall eines reinen Zustands zwei äquivalente Formulierungsmöglichkeiten bestehen:
- Im Schrödingerbild bewegt sich der Zustand, während die den Observablen zugeordneten Operatoren zeitunabhängig sind.
- Im Heisenbergbild bewegen sich hingegen die Operatoren, während der Zustand konstant bleibt.

Auch dies lässt sich auf die neue Formulierung übertragen, wobei $\hat{\Omega}$ einen reinen Zustand oder ein Zustandsgemisch repräsentiert. Für $\hat{\Omega}$ gilt jetzt im Schrödingerbild die Zeitentwicklung:

$$\hat{\Omega}(t) = \hat{U}(t)\hat{\Omega}(0)\hat{U}^{+}(t) \tag{11.334}$$

bzw.

$$\begin{aligned}\frac{d\hat{\Omega}}{dt} &= \frac{d\hat{U}(t)}{dt}\hat{\Omega}(0)\,\hat{U}^{+}(t) + \hat{U}(t)\,\hat{\Omega}(0)\frac{d\hat{U}^{+}(t)}{dt} \\ &= -\frac{i}{\hbar}\left(\hat{H}\hat{U}(t)\hat{\Omega}(0)\,\hat{U}^{+}(t) - \hat{U}(t)\hat{\Omega}(0)\,\hat{U}^{+}(t)\hat{H}\right) \\ &= -\frac{i}{\hbar}[\hat{H},\hat{\Omega}(t)]\end{aligned}$$

Man beachte: $\hat{\Omega}(t)$ dreht sich anders herum als die Observablen im Heisenbergbild, nämlich durch die Vertauschung von $\hat{U}(t)$ mit $\hat{U}^{+} = \hat{U}^{-1}$.

Für die Eigenzustände von $\hat{\Omega}(t)$ gilt dabei

$$\hat{\Omega}(t)|\kappa,t)\rangle = w(\kappa)|\kappa,t)\rangle \tag{11.335}$$

mit

$$|\kappa,t\rangle = \hat{U}(t)|\kappa\rangle = \exp(-i\,\hat{H}\,t/\hbar)|\kappa\rangle \tag{11.336}$$

Sie drehen sich also alle wie ein reiner Zustand im Schrödingerbild, nämlich nach der Schrödingergleichung.

Für die Zeitentwicklung des Erwartungswertes gilt nun unter Benutzung des statistischen Operators:

$$\begin{aligned}\langle\hat{A}\rangle(t) &= \mathrm{Sp}(\hat{A}\hat{\Omega}(t)) = \mathrm{Sp}(\hat{A}\hat{U}(t)\hat{\Omega}(0)\hat{U}^+(t)) \\ &= \mathrm{Sp}(\hat{U}^+(t)\hat{A}\hat{U}(t)\hat{\Omega}(0)) = \mathrm{Sp}(\hat{A}(t)\hat{\Omega}(0))\end{aligned} \tag{11.337}$$

Die Gleichung (11.337) enthält in kompakter Form den Übergang vom Schrödingerbild zum Heisenbergbild.

Interessant ist die Zeitentwicklung von $\hat{\Omega}(0)$ nach $\hat{\Omega}(t)$, wenn $\hat{\Omega}(0)$ einen reinen Zustand nach (11.327) und (11.328) in der Eigenzustandsbasis des Hamiltonian beschreibt. In diesem Fall gilt

$$\begin{aligned}\hat{\Omega}(t) &= \sum_{i,j} c_i c_j^* \hat{U}(t)\hat{P}_{ij}\hat{U}^+(t) \\ &= \sum_{i,j} c_i c_j^* \exp(-i(E_i - E_j)t/\hbar)\hat{P}_{ij}\end{aligned} \tag{11.338}$$

oder in Matrixdarstellung

$$\hat{\Omega}(t) = \begin{pmatrix} c_1c_1^* & c_1c_2^* e^{-i(E_1-E_2)t/h} & \dots & c_1c_j^* e^{-i(E_1-E_j)t/h} & \dots \\ c_2c_1^* e^{-i(E_2-E_1)t/h} & c_2c_2^* & \dots & c_2c_j^* e^{-i(E_2-E_j)t/h} & \dots \\ \vdots & \vdots & \ddots & \vdots & \dots \\ c_jc_1^* e^{-i(E_j-E_1)t/h} & c_jc_2^* e^{-i(E_j-E_2)t/h} & \dots & c_jc_j^* & \dots \\ \vdots & \vdots & \vdots & \ddots & \end{pmatrix} \tag{11.339}$$

Hieraus sieht man, dass die Diagonalelemente zeitunabhängig sind, während die Nichtdiagonalelemente eine von den Energiedifferenzen abhängige oszillatorische Bewegung zeigen. Die Diagonalelemente erfüllen wegen der Normierung des Zustandes $|\kappa_0\rangle$ die Bedingung

$$\sum_j c_j^* c_j = \sum_j |c_j|^2 = 1 \tag{11.340}$$

11.6.3 Messprozess und Dekohärenz

In Abschnitt 11.5.4 wurde die Definition eines Messprozesses formal präzisiert, sodass für ihn schon wesentliche Folgerungen im Rahmen der Quantentheorie gezogen werden konnten. Diese Folgerungen bedeuten einen Rückübersetzungsprozess von der abstrakten Ebene der Zustände und Operatoren auf die konkrete Ebene der Messwerte von Observablen.

In Abschnitt 11.6.1 und 11.6.2 wurde der Formalismus der Quantentheorie durch Einführung der Dichtematrix bzw. des statistischen Operators erweitert. Hiermit können sowohl reine Zustände wie Zustandsgemische elegant behandelt werden. Damit ist nun auch eine vertiefte Behandlung des Messprozesses möglich geworden.

Zunächst wiederholen wir die schon in Abschnitt 11.5.4 gewonnenen wichtigsten Ergebnisse:

– Wird eine Observable $\hat{A} = \sum_i |\alpha_i\rangle\alpha_i\langle\alpha_i|$ an einem Ensemble von Mikro-Objekten gemessen, die in dem reinen Zustand $|\varphi\rangle = \sum_i |\alpha_i\rangle\langle\alpha_i|\varphi\rangle$ präpariert wurden, so sind als Messwerte nur die Eigenwerte α_i von $\hat{A}$ möglich. Diese liegen mit der Wahrscheinlichkeit $w_\varphi(\alpha_i) = |\langle\alpha_i|\varphi\rangle|^2$ vor. Es herrscht also Indeterminismus.
– Durch den Messprozess ist der reine Zustand $|\varphi\rangle$ in ein inkohärentes Zustandsgemisch übergegangen. Dessen Objekte zerfallen in Teilensembles $W(i)$, deren Mitglieder nunmehr in den Eigenzuständen von $\hat{A}$, den $|\alpha_i\rangle$ vorliegen. Der statistische Operator $\hat{\Omega}$ lautet

$$\text{vor der Messung} \qquad \hat{\Omega}_v = |\varphi\rangle\langle\varphi|, \text{ und}$$

$$\text{unmittelbar nach der Messung} \qquad \hat{\Omega}_n = \sum_i |\alpha_i\rangle w_\varphi(\alpha_i)\langle\alpha_i|$$

$$\text{mit} \qquad \sum_i w_\varphi(\alpha_i) = 1$$

Nach dieser eher formalen Beschreibung des Messprozesses treten Fragen auf, die schon jetzt eindeutig beantwortet werden können:

– Frage: Können alle Observable an im selben reinen Zustand präparierten Mikroobjekten mit Sicherheit gemessen werden?

  Antwort: Nein! Aber man muss zwischen vertauschbaren und nicht vertauschbaren Operatoren unterscheiden.

  – Observable, die zu nicht vertauschbaren Operatoren gehören (Ort und Impuls sind prominente Beispiele) können nicht gleichzeitig an im selben Zustand befindlichen Mikroobjekten mit Sicherheit gemessen werden. Zu nicht vertauschbaren Operatoren $\hat{A}$ und $\hat{B}$ ($[\hat{A}, \hat{B}] \neq 0$) gehören nämlich verschiedene vollständige Orthonormalsysteme, die nicht übereinstimmen. Also $\{|\alpha_i\rangle\}$ zu $\hat{A}$ und $\{|\beta_i\rangle\}$ zu $\hat{B}$. Sollen nun der Eigenwert α_i von $\hat{A}$ und der Eigenwert β_i von $\hat{B}$ an demselben Ensemble von Mikroobjekten mit Sicherheit gemessen werden, dann müsste $|\alpha_i\rangle = |\beta_i\rangle$ sein, was nicht zutreffen kann.
  – Hingegen können Messwerte von Observablen, die zu vertauschbaren Operatoren gehören, gleichzeitig von im selben Zustand befindlichen Mikroobjekten gemessen werden, da vertauschbare Operatoren ein gemeinsames vollständiges Orthonormalsystem (VONS) haben.

  Das Verhältnis zwischen einem Substrat und seinen Eigenschaften ist also in der Quantentheorie ein anderes als in der klassischen Physik: In der Klassik (einschließlich ihrer Philosophie) hängen alle Eigenschaften zugleich an dem Substrat (z. B. Ort und Impuls an einem Teilchen). In der Quantentheorie können komplementäre Eigenschaften wie Ort und Impuls nicht zugleich mit festen Werten an den im gleichen Zustand präparierten Mikroobjekten hängen. Man könnte sagen: Wenn die eine Eigenschaft aktiviert ist, ist die komplementäre Eigenschaft gleichzeitig suspendiert.

– Frage: Erfolgt die Zeitentwicklung des statistischen Operators $\hat{\Omega}(t)$ während des Messprozesses einfach nach der Schrödingergleichung?
Antwort: Nein!
Die Schrödingergleichung allein kann nicht den Übergang von einem reinen Zustand
$$\hat{\Omega}(t) = |\kappa(t)\rangle\langle\kappa(t)| = \hat{U}(t)\hat{\Omega}(0)\hat{U}^+(t) \tag{11.341}$$
in das Zustandsgemisch während des Messprozesses beschreiben. Über diesen Verlauf müssen Zusatzannahmen gemacht werden.
Die Zeitentwicklung nach der Schrödingergleichung allein ist nämlich eine kohärente (sogar reversible) Entwicklung, bei der reine Zustände in reine Zustände transformiert werden.
Beweis:
Es sei $\hat{\Omega}(0)$ ein reiner Zustand. Die notwendige und hinreichende Bedingung dafür ist
$$\hat{\Omega}^2(0) = \hat{\Omega}(0) \tag{11.342}$$
Es gilt dann auch:
$$\begin{aligned}\hat{U}(t)\hat{\Omega}^2(0)\hat{U}^+(t) &= \hat{U}(t)\hat{\Omega}(0)\hat{U}^+(t)\hat{U}(t)\hat{\Omega}(0)\hat{U}^+(t)\\ &= \hat{\Omega}^2(t) = \hat{U}(t)\hat{\Omega}(0)\hat{U}^+(t) = \hat{\Omega}(t)\end{aligned} \tag{11.343}$$
Das heißt: Auch $\hat{\Omega}(t)$ bleibt ein reiner Zustand. Der irreversible Übergang von einem reinem in einen gemischten Zustand kann nicht durch die Schrödingergleichung allein bewirkt worden sein.
Es liegt also beim Messprozess eine erklärungsbedürftige Schnittstelle, d. h. ein Übergang zwischen verschiedenen Arten der Zeitentwicklung, vor. Wodurch kann der Schnitt zustande kommen?
Am Anfang der Entwicklung der Quantentheorie wurde zur Erklärung des Schnittes, vielleicht sogar durch missverständliche Äußerungen führender Physiker, der Eindruck erweckt, als ob dabei das Subjekt eine entscheidende Rolle spiele. Etwa durch folgende Formulierung: „Die Reduktion der Wellenfunktion kommt zustande und wird bewirkt vermöge der Zurkenntnisnahme des Messergebnisses durch den Beobachter".
Diese Interpretation wurde gern von Geisteswissenschaftlern aufgenommen, denen an der durchgängigen Bedeutung des Subjekts gelegen ist, z. B. auch von Erkenntnistheoretikern, die vom Primat des „transzendentalen Subjekts" beim Erkenntnisakt ausgehen.
Nichtsdestoweniger müssen wir diese Interpretation zurückweisen. Das Subjekt hat zwar die Möglichkeit, alternativ die eine oder andere Messung an komple-

mentären Observablen durch Bereitstellung des einen oder des anderen Messapparates vorzunehmen. Auf das Zustandekommen der Messergebnisse selbst hat es indessen keinen Einfluss, insbesondere auch nicht durch deren „Zurkenntnisnahme". Vielmehr kommen Messergebnisse durch (unter Umständen komplexe) Vorgänge in der subjektunabhängigen Wirklichkeit zustande und können auch subjektunabhängig registriert und fixiert werden.
Es ist das Verdienst von Günther Ludwig (1918–2007), schon früh, z. B. in seinem Lehrbuch „Die Grundlagen der Quantenmechanik" (1954), darauf hingewiesen zu haben, dass eine solche subjektfokussierte Interpretationsmöglichkeit im Hinblick auf den Verlauf des Messprozesses nicht existiert und bestenfalls als eine „philosophische Überinterpretation" angesehen werden muss. Schon vorher waren die unvermeidlichen Strukturprobleme der Quantentheorie von dem Mathematiker John v. Neumann (1903–1957) in seinem Buch „Mathematische Grundlagen der Quantenmechanik (1932)" klar formuliert worden.
Mit der Einsicht, dass das Subjekt nichts mit der Erklärung der Schnittstelle zu tun hat, ist jedoch die Problematik noch nicht gelöst. Die beim Messprozess auftretende Dekohärenz, d. h. das irreversible Wegfallen der Phasen der Entwicklungskoeffizienten, führt ja zu deren Bedeutung als (positiv definite) Wahrscheinlichkeiten des Auftretens der Messwerte, und damit zum Indeterminismus. Dieser kommt offenbar zustande, wenn das *Mikroobjekt* durch das Filter des Messapparates (oder der natürlichen Umgebung) seine *Spur im Makrokosmos* hinterlässt.
Der Zustand des Mikroobjekts ist dabei mehr als die Wahrscheinlichkeitsverteilung für die Messwerte *einer* Observablen. Vielmehr ist er besser charakterisierbar als *Möglichkeitswelle* für die Realisierung der Spur *aller seiner Observablen* im Makrokosmos. Der Messapparat bzw. die Makroumgebung des Mikroobjekts spielt dabei offenbar die Rolle, je nach zu messender Observable, die spezifische phasenzerstörende Dekohärenz einzuleiten, die aus dem ursprünglichen Zustand das Gemisch der Eigenzustände dieser Observablen macht.

11.6.4 Ein idealisiertes Modell des Messprozesses

Es soll nun ein Prinzip-Modell aufgestellt werden, das in vereinfachter Form zeigt:
- Wie die Zustände des Mikroobjekts mit denen des makroskopischen Messapparates zusammenhängen.
- Dass ein spezifischer Hamiltonian bei Messung einer Observablen $\hat{A}$ die Wechselwirkung zwischen Mikroobjekt und Messapparat herstellt.
- Dass dennoch die kohärente Zeitentwicklung per Schrödingergleichung noch nicht zum erwünschten Zustandsgemisch mit zugehörigen Messwerten führt.
- Dass ein unvermeidbares zusätzliches Mittelungsverfahren die Herstellung des Gemischs der Mikrozustände vermittelt.

Da zur Messung der Observablen $\hat{A}_S$ im System der Mikroobjekte S immer ein makroskopischer Messapparat (M) nötig ist, muss man das Gesamtsystem von Mikrozuständen $|\kappa\rangle, |\alpha\rangle, |\beta\rangle, \ldots$ des Mikroobjekts S mit den Makrozuständen $|\Phi\rangle, |\Psi\rangle, \ldots$ des Messapparates koppeln. Diese Quantenzustände gehören zu einem Makroobjekt, welches aus sehr vielen Mikroobjekten besteht, sodass in ihm Eigenschaften wie in der klassischen Physik dauerhaft fixiert werden können. Man muss also alle Produktzustände $|\kappa\rangle\Phi\rangle, |i\rangle|\Psi\rangle, \ldots$ betrachten, die Elemente des Produkt-Hilbertraums sind.

Dementsprechend ist auch der statistische Operator für den Produktraum aus den Mikrosystem- und den Messapparat-Zuständen aufzustellen:

$$\hat{\Omega} = \hat{\Omega}_S \otimes \hat{\Omega}_M \tag{11.344}$$

Wir betrachten den einfachsten Fall, dass am Anfang sowohl das Mikroobjekt als auch der Messapparat in einem reinen Zustand sind bzw. präpariert werden konnten. (Das ist eine idealisierte Annahme.):

$$\hat{\Omega}_S = |\kappa\rangle\langle\kappa| = \hat{Q}^S_{\kappa\kappa} \quad \hat{\Omega}_M = |\Phi_0\rangle\langle\Phi_0| = \hat{\Pi}^M_{00} \tag{11.345}$$

Typischerweise soll $|\kappa\rangle$ ein Nichtgleichgewichtszustand sein. Er kann aber als kohärente Linearkombination von Energieeigenzuständen $|i\rangle$ in S entwickelt werden.

$$|\kappa\rangle = \sum_i |i\rangle c_i\,, \quad \hat{H}_S|i\rangle = E^S_i|i\rangle\,, \quad \hat{P}^S_{ij} = |i\rangle\langle j| \tag{11.346}$$

Demgegenüber soll $|\Phi_0\rangle$ ein unangeregter Energiezustand des Messapparates sein

$$\hat{H}_M|\Phi_0\rangle = E^M_0|\Phi_0\rangle \tag{11.347}$$

Die Dynamik des ungekoppelten Systems wird zunächst durch die Schrödingergleichung mit einem Hamiltonian

$$\hat{H}_0 = \hat{H}_S + \hat{H}_M \quad \text{mit} \ [\hat{H}_S, \hat{H}_M] = 0 \tag{11.348}$$

beschrieben. Dabei entwickeln sich in der Zeit $0 < t < t_0$ die Teilsysteme S und M unabhängig voneinander. Es gilt also

$$\begin{aligned} \hat{\Omega}(t) &= \hat{U}(t)\hat{\Omega}(0)\hat{U}^+(t) \\ \hat{\Omega}_S(t) &= \hat{U}_S(t)\hat{\Omega}_S(0)\hat{U}^+_S(t) \\ \hat{\Omega}_M(t) &= \hat{U}_M(t)\hat{\Omega}_M(0)\hat{U}^+_M(t) \end{aligned} \tag{11.349}$$

mit

$$\begin{aligned} \hat{U}_S(t) &= \exp(-i\,\hat{H}_S t\,/\hbar) \\ \hat{U}_M(t) &= \exp(-i\,\hat{H}_M t\,/\hbar) \\ \hat{U}(t) &= \exp(-i\,\hat{H}_0 t\,/\hbar) \\ &= \exp(-i\,\hat{H}_S t\,/\hbar)\exp(-i\,\hat{H}_M t\,/\hbar) \\ &= \hat{U}_S(t)\cdot\hat{U}_M(t) \end{aligned} \tag{11.350}$$

Setzt man in diese Gleichung (11.344), (11.345), (11.346) und (11.349) ein, so ergibt sich zur Zeit t_0, dem Ende der ungekoppelten Entwicklung von S und M, der statistische Operator:

$$\hat{\Omega}(t_0) = \sum_{i,j} c_i(t_0)\, c_j^*(t_0) \hat{P}_{ij}^S \hat{\Pi}_{00}^M \tag{11.351}$$

mit

$$\begin{aligned} c_i(t_0) &= |c_i| \cdot \exp(-i\, E_i^S t_0/h), \\ c_j^*(t_0) &= |c_j| \cdot \exp(+i\, E_j^S t_0/h) \\ \sum_j |c_j|^2 &= 1 \\ \hat{\Pi}_{00}^M(t_0) &= \hat{\Pi}_{00}^M \end{aligned} \tag{11.352}$$

Zur Zeit t_0 setze der Messprozess ein, der über die Zeit $\Delta\tau$ andauert. In diesem Zeitraum wirkt im Gesamtsystem (S und M) nun auch der Wechselwirkungs-Hamiltonian, sodass der Gesamt-Hamiltonian für die Dauer des Messprozesses, d. h. für $t = t_0 + \tau, 0 \leqslant \tau \leqslant \Delta\tau$ lautet:

$$\hat{H} = \hat{H}_S + \hat{H}_M + \hat{H}_{SM} \tag{11.353}$$

Für diesen Zeitraum gehen wir zweckmäßigerweise in das sogenannte Wechselwirkungsbild über. (Hierbei übernehmen die Operatoren die ungestörte Bewegung wie im Heisenbergbild, während $\hat{\Omega}$ sich nur vermöge $\hat{H}_{SM}$ weiterbewegt. Die Bewegung der physikalischen Größen, also der Erwartungswerte der Operatoren, wird durch diesen Bilderwechsel nicht geändert.

Es gilt also jetzt für $0 \leqslant \tau \leqslant \Delta\tau$

$$\hat{\Omega}(t_0 + \tau) = \hat{U}_{SM}(\tau)\hat{\Omega}(t_0)\hat{U}_{SM}^+(\tau) \tag{11.354}$$

mit

$$\hat{U}_{SM}(\tau) = \exp(-i\hat{H}_{SM}\tau/\hbar) \tag{11.355}$$

Nun geht es ja nicht um irgendeine Bewegung mit Wechselwirkung zwischen zwei Teilsystemen S und M, sondern um einen Messprozess. Gemessen werden sollen (als typisches Beispiel) die Energien E_i^S im Teilsystem S, die zum Operator $\hat{H}_S$ gehören und im Zustand $|\kappa\rangle$ stecken. Es muss also ein $\hat{H}_{SM}$ gewählt werden, der das gekoppelte System (S und M) vermöge der Entwicklung (11.354) und (11.355) so präpariert, dass es zu genau dieser spezifischen Messung geeignet wird. Wir machen den Ansatz:

$$\hat{H}_{SM} = \sum_l \hat{P}_{ll}^S \hat{\Gamma}_l^M \tag{11.356}$$

Die $\hat{P}_{ll}^S$ projizieren die Energieeigenzustände $|l\rangle$ von $\hat{H}_S$ auf sich selbst, wobei gilt:

$$\hat{P}_{ij}^S = |i\rangle\langle j|\,, \quad \hat{P}_{ij}^S \hat{P}_{kk}^S = \delta_{jk}\hat{P}_{ij}^S\,, \quad \hat{P}_{ll}^S \hat{P}_{ij}^S = \delta_{il}\hat{P}_{ij}^S \tag{11.357}$$

während $\hat{\Gamma}_l^M = \hat{\Gamma}_l^{M+}$ im Raum $\boldsymbol{H}_M$ wirken soll, mit

$$\langle \Phi_l|\hat{\Gamma}_l|\Phi_0\rangle = \langle \Phi_0|\hat{\Gamma}_l|\Phi_l\rangle^* \neq 0 \tag{11.358}$$

sodass Übergänge in spezifische angeregte Zustände $|\Phi_l\rangle$ im Zustandsraum des Messapparats ermöglicht werden. Diese Übergänge im Messapparat sind vermöge $\hat{H}_{SM}$ mit den Zuständen $|l\rangle$, nach denen der zu messende Zustand $|\kappa\rangle$ im System S entwickelt wurde, gekoppelt.

Die Anteile $\hat{P}^S_{ll} \cdot \hat{\Gamma}^M_l$ des Wechselwirkungs-Hamiltonian (11.356) erweisen sich als vertauschbar, denn es gilt:

$$\begin{aligned}[\hat{P}^S_{ll}\hat{\Gamma}^M_l, \hat{P}^S_{ii}\hat{\Gamma}^M_i] &= \hat{P}^S_{ll}\hat{P}^S_{ii}\hat{\Gamma}^M_l\hat{\Gamma}^M_i - \hat{P}^S_{ii}\hat{P}^S_{ll}\hat{\Gamma}^M_i\hat{\Gamma}^M_l \\ &= \delta_{li}\hat{P}^S_{ll}[\hat{\Gamma}^M_l, \hat{\Gamma}^M_i] = 0 \end{aligned} \tag{11.359}$$

Daraufhin faktorisiert der unitäre Wechselwirkungsoperator $\hat{U}_{SM}(\tau)$ wie folgt:

$$\begin{aligned}\hat{U}_{SM}(\tau) &= \exp(-i\hat{H}_{SM}\tau/\hbar) \\ &= \exp((-i\tau/\hbar)\sum_l \hat{P}^S_{ll}\hat{\Gamma}^M_l) \\ &= \prod_l \exp((-i\tau/\hbar)\hat{P}^S_{ll}\hat{\Gamma}^M_l) \end{aligned} \tag{11.360}$$

Die Zeitentwicklung des statistischen Operators $\hat{\Omega}$ während des Messprozesses erhält man durch Einsetzen von (11.360) in (11.354)

$$\begin{aligned}\hat{\Omega}(t_0+\tau) &= \sum_{i,j} c_i(t_0)c_j^*(t_0)\prod_l \exp(-i\hat{P}^S_{ll}\hat{\Gamma}^M_l\tau/\hbar)\hat{P}^S_{ij}\hat{\Pi}^M_{00} \\ &\quad \cdot \prod_k \exp(+i\hat{P}^S_{kk}\hat{\Gamma}^M_k\tau/\hbar) \\ &= \sum_{i,j}\{c_i(t_0)c_j^*(t_0)\hat{P}^S_{ij} \\ &\quad \cdot \exp(-i\,\hat{\Gamma}^M_i\tau/\hbar)\cdot\hat{\Pi}^M_{00}\cdot\exp(+i\,\hat{\Gamma}^M_j\tau/\hbar)\} \\ &= \sum_{i,j} c_i(t_0)c_j^*(t_0)\hat{P}^S_{ij}\cdot\hat{\Pi}^M_{ij}(\tau) \end{aligned} \tag{11.361}$$

mit

$$\hat{\Pi}^M_{ij}(\tau) = |\Phi_i(\tau)\rangle\langle\Phi_j(\tau)| \quad \text{wobei} \quad \Phi_l(\tau) = \exp(-i\hat{\Gamma}_i\tau/\hbar)|\Phi_0\rangle \tag{11.362}$$

Leider gilt dann aber immer noch

$$\hat{\Omega}^2(t_0+\tau) = \hat{\Omega}(t_0+\tau) \tag{11.363}$$

Der Beweis wird genau so wie unter (11.342) und (11.343) geführt.

Das heißt: Obwohl sich nunmehr S und M vermöge $\hat{H}_{SM}$ bzw. $\hat{U}_{SM}(\tau)$ gemeinsam entwickelt haben, hat diese kohärente Entwicklung zunächst wieder zu einem reinen Zustand geführt, und nicht zu dem in Abschnitt 11.6.3 beschriebenen, wahrscheinlichkeitstheoretisch interpretierbaren, inkohärenten Gemisch von Eigenzuständen der zu messenden Observablen.

Es ist aber eine gewisse Messdauer $\Delta\tau$ nötig, um die Fixierung der Messwerte im Makroapparat zu ermöglichen. Diese ist in der kohärenten Entwicklung nicht enthalten, bedeutet aber einen entscheidenden Schritt. Man kann diese Messdauer formal dadurch berücksichtigen, dass man eine nichtkohärente Mittelung von $\hat{\Omega}(t_0 + \tau)$ über ein kleines Zeitintervall $\Delta\tau$ vornimmt.

Es ist also $\hat{\Omega}(t_0 + \Delta\tau)$ zu ersetzen durch

$$\begin{aligned}\hat{\Omega}(t_0 + \Delta\tau) &= \frac{1}{\Delta\tau}\int_0^{\Delta\tau} d\tau\hat{\Omega}(t_0 + \tau) = \overline{\hat{\Omega}(t_0 + \tau)} \\ &= \sum_{i,j} c_i(t_0)\, c_j^*(t_0)\hat{P}_{ij}^S \cdot \overline{\hat{\Pi}_{ij}^M(\tau)}\end{aligned} \tag{11.364}$$

$\hat{\Pi}_{ij}^M(\tau) = |\Phi_i(\tau)\rangle\langle\Phi_j(\tau)|$ enthält jedoch im System M periodisch oszillierende Anteile der Art $\exp(-i(E_i^M - E_j^M)\,\tau/\hbar)$. Bei dem Mittelungsprozess (11.363) heben sich die oszillierenden Anteile auf, bis auf die Diagonalelemente $i = j$. In diesem Fall wird $\exp(-i(E_i^M - E_i^M)\,\tau/\hbar) = 1$. Damit kann man als Resultat des Mittelungsprozesses im Makro-Messapparat ansetzen:

$$\overline{\hat{\Pi}_{ij}^M(\tau)} = \delta_{ij}\hat{\Pi}_{ij}^M \quad \text{mit } \hat{\Pi}_{ij}^M = |\Phi_i\rangle\langle\Phi_j| \tag{11.365}$$

Einsetzen von (11.365) in (11.363) ergibt nunmehr

$$\begin{aligned}\overline{\hat{\Omega}(t_0 + \Delta\tau)} &= \sum_{i,j} c_i(t_0)\, c_j^*(t_0)\hat{P}_{ij}^S \cdot \delta_{ij}\hat{\Pi}_{ij}^M \\ &= \sum_j |c_j(t_0)|^2\, \hat{P}_{jj}^S \cdot \hat{\Pi}_{jj}^M\end{aligned} \tag{11.366}$$

Das sieht nicht viel anders aus als das, was in Lehrbüchern in verkürzender Form dargestellt wird. Hier jedoch ist der Zustand des Mikrosystems $|j\rangle$ (bzw. sein Projektor $\hat{P}_{jj}^S$) mit der relativen Häufigkeit $|c_j(t_0)|^2$ seines Auftretens unmittelbar verknüpft mit einem Zustand des Makrosystems $|\Phi_j\rangle$ (bzw. seinem Projektor $\hat{\Pi}_{jj}^M$). Letzteren aber kann man in der makroskopischen Welt, also mit klassischen Registriermethoden, unmittelbar ablesen.

Man entnimmt also, dass das Zustandekommen des Zustandsgemisches, also die Reduktion der Wellenfunktion und der damit notwendigerweise verbundene Indeterminismus, zweierlei erfordert:

- Eine spezifische Kopplung zwischen Mikrosystem und seiner Makroumgebung (genannt Messapparat) vermöge eines geeignet gewählten Wechselwirkungs-Hamiltonian $\hat{H}_{SM}$ zwischen dem zu messenden Mikroobjekt in S und dem Messapparat in M.
- Eine für die Fixierung der Messdaten in der Makrowelt notwendige Unschärfe des Zeitablaufs der Messung. Diese erzeugt neben der Indeterminiertheit d. h. Streuung der Messergebnisse auch die Irreversibilität des Prozesses.

11.7 Vergleich der klassischen und quantentheoretischen Strukturen

11.7.1 Dekohärenz, Indeterminismus, Irreversibilität

Der Messprozess hat gezeigt, dass der Übergang von der Mikroebene zur Makroebene entscheidend ist. Dabei spielt der Hamiltonian, zu dem die Observable Energie gehört, wieder eine Doppelrolle. Diese Doppelrolle zeigt sich, sobald zusätzlich zur Energie weitere Observable gemessen werden, die zu Operatoren gehören, die mit dem Hamiltonian vertauschbar sind.

- Zunächst wirkt der Wechselwirkungshamiltonian $\hat{H}_{SM}$ als der die Dynamik der Messung einleitende Faktor ein. Dann entsteht durch Mittelung über die unvermeidliche Dauer des Messprozesses schließlich in irreversibler Weise ein Zustandsgemisch. Dies geschieht mit relativen Häufigkeiten, die nur wahrscheinlichkeitstheoretisch interpretiert werden können. In der Folge entsteht dadurch auf der Makroebene Indeterminismus mit all seinen Konsequenzen. Solange keine Wechselwirkung mit der Makroebene stattfindet, bleibt jedoch die kohärente, reversible, ungestörte Bewegung von Mikroobjekten auf der Mikroebene bestehen.
- Andererseits sind die bei der Messung entstandenen Eigenzustände $|i\rangle||\Phi_i\rangle$ von $(\hat{H}_S + \hat{H}_M)$ stationär. Das heißt, sie sind eine stabile Spur des Mikroobjekts auf der Makroebene geworden. Sie sind subjektunabhängig ablesbar am Makrozustand $|\Phi_i\rangle$.

Es können nun auch komplementäre Observable mit zugehörigen, nicht vertauschbaren Operatoren $\hat{A}$ und $\hat{B}$ gemessen werden. Das geschieht mit komplementären Messapparaten. Sie messen zwar nicht gleichzeitig dasselbe Mikroobjekt, aber im gleichen Zustand $|\kappa\rangle$ präparierte Mikroobjekte. Dabei entstehen komplementäre Wahrscheinlichkeitsverteilungen der Werte der komplementären Observablen. Die Mikroobjekte bewirken je nach gemessener Observable verschiedene indeterministische Spuren auf der Makroebene, obwohl sie vor der Messung im gleichen, nicht verfeinerbaren Zustand $|\kappa\rangle$ sind. Der passende Vorschlag ist also, $|\kappa\rangle$ als *Möglichkeitswelle* zu bezeichnen, mit dem Potential, *verschiedene Spuren* je nach Wahl des Messapparates zu hinterlassen.

Die Wahl des Messapparates obliegt dabei dem Experimentator. Darin unterscheidet sich aber der Quantenphysiker nicht vom klassischen Physiker. Die Denkweise des Experimentators ist: Je genauer das Messobjekt präpariert wird, desto eindeutiger wird das Resultat der Messung sein. Doch nun stellt sich heraus, dass die *reinen Zustände* von Messobjekten die Grenze der *prinzipiell nicht verbesserbaren Präparierbarkeit* von Zuständen darstellen. Trotzdem streuen die Messwerte. Wie die Quantentheorie gezeigt hat, *müssen sie sogar streuen.*

Trotz intensiver Versuche konnte kein Experiment diesen merkwürdigen Sachverhalt widerlegen. Deshalb stellt sich inzwischen die Sicherheit ein, dass die Quantentheorie nicht ein vorläufiges Ergebnis beschreibt, sondern eine prinzipielle Struktur der Wirklichkeit.

Dies schließt nun auch die Schlussfolgerung ein, dass der Messprozess einerseits zwar ein spezieller Prozess mit geeignet gewählten Wechselwirkungen ist. Andererseits ist er aber eingebettet in einen allgemeinen Dekohärenz-Prozess, der auch ohne die Intention eines Experimentators, etwas an speziell präparierten Mikroobjekten zu messen, geschieht.

Die Universalität eines überall wirksamen Dekohärenz-Prozesses zeigt sich insbesondere an dem Nullten Hauptsatz der Thermodynamik, wonach alles einem Gleichgewichtszustand mit überall gleicher Temperatur zustrebt. Dieser Gleichgewichtszustand wird nun sowohl in der klassischen statistischen Mechanik behandelt wie in der Quantenmechanik. Die beiden Behandlungsweisen sind also gut zum Vergleich geeignet. Dies umso mehr, als sich dabei wieder das Inklusionsprinzip zeigen und bewähren muss: Die quantentheoretische Beschreibung muss asymptotisch in die klassische Beschreibung übergehen, wenn das beschriebene System ein makroskopisch klassisches ist.

Die Grundlage der Quantenstatistik des thermischen Gleichgewichts ist nun ein statistischer Operator (= Zustandsgemisch im thermischen Gleichgewicht) der durch Übertragung der Boltzmannschen Formel für die thermische Wahrscheinlichkeitsverteilung der Energie in der Quantenmechanik entsteht:

$$\hat{\Omega}_{th} = \frac{\exp(-\hat{H}/kT)}{\mathrm{Sp}(\exp(-\hat{H}/kT))} = \frac{\exp(-\beta\hat{H})}{\mathrm{Sp}(\exp(-\beta\hat{H}))} \tag{11.367}$$

mit

$$\beta = \frac{1}{kT} \quad \text{und} \quad \mathrm{Sp}(\hat{\Omega}_{th}) = 1 \tag{11.368}$$

Da $\hat{\Omega}_{th}$ eine Funktion des Hamiltonian $\hat{H}$ ist, folgt

$$[\hat{H}, \hat{\Omega}_{th}] = 0 \tag{11.369}$$

Mit (11.334) ergibt sich

$$\frac{d\hat{\Omega}_{th}}{dt} = -\frac{i}{\hbar}[\hat{H}, \hat{\Omega}_{th}] = 0 \tag{11.370}$$

Das bedeutet: Das durch $\hat{\Omega}_{th}$ beschriebene thermische Gleichgewicht ist zur Ruhe gekommen, also stationär geworden.

Sollte ein quantenmechanisches Nichtgleichgewichtssystem durch eine Folge von Dekohärenz-Prozessen schließlich in das Gleichgewichtsgemisch (11.367) übergegangen sein, dann herrscht danach sein stationärer Wärmetod.

Der Erwartungswert von $\hat{H}$ im Zustandsgemisch $\hat{\Omega}_{th}$ ist der thermische Mittelwert der Energie. Er kann auf elegante Weise berechnet werden: Es gilt:

$$\langle \hat{H} \rangle_{th} = \mathrm{Sp}(\Omega_{th}\hat{H}) = -\frac{\frac{d}{d\beta}\,\mathrm{Sp}(\exp(-\beta\hat{H}))}{\mathrm{Sp}(\exp(-\beta\hat{H}))}$$
$$= -\frac{d}{d\beta}\ln(\mathrm{Sp}(\exp(-\beta\hat{H}))) \tag{11.371}$$

Kennt man die Zustandssumme Z

$$Z = \mathrm{Sp}(\exp(-\beta\hat{H})) \tag{11.372}$$

als Funktion von β, so kann man $\langle \hat{H} \rangle_{th}$ als Funktion der Temperatur T bzw. des Parameters $\beta = \frac{1}{kT}$ berechnen.

Hat $\hat{H}$ wie im Beispiel eines harmonischen Oszillators ein diskretes Spektrum von Eigenzuständen $|n\rangle$ und Eigenwerten $E_n = n\omega$, dann lautet seine Spektraldarstellung

$$\hat{H} = \sum_{n=0}^{\infty} |n\rangle E_n \langle n| \tag{11.373}$$

Sind im System viele Oszillatoren $w(\omega)d\omega$ im Frequenzintervall $d\omega$ vorhanden, so sind die Zustände entartet, d. h. $|n\rangle \to |n, \omega\rangle$. In diesem Fall lautet die Spektraldarstellung des Hamiltonian $\hat{H}$ für das makroskopische System diskreter Quantenoszillatoren:

$$\hat{H} = \int_{\omega=0}^{\infty} w(\omega)d\omega \sum_{n=0}^{\infty} |n, \omega\rangle E(n, \omega)\langle n, \omega| \tag{11.374}$$

mit $E(n, \omega) = n\hbar\omega$.

Die Berechnung der Zustandssumme Z und anschließend von $\langle \hat{H} \rangle_{th}$ führte Max Planck auf seine berühmte Formel für die Energiedichte $u(\omega, T)$ des Photonenfeldes im thermischen Gleichgewicht. Allerdings geschah dies in genialer Vorausahnung der Quantentheorie mit ihren diskreten Energiequanten (d. h. der Photonen im Falle des Lichtes), die man im Jahr 1900 überhaupt noch nicht kannte.

Der klassische Fall, der nach dem Inklusionsprinzip auch in der Quantentheorie enthalten sein muss, würde dagegen einem Hamiltonian mit kontinuierlichem Energiespektrum entsprechen:

$$\hat{H}|E, \alpha\rangle = E|E, \alpha\rangle \tag{11.375}$$

mit der Spektraldarstellung $\hat{H} = \int dEd\alpha|E, \alpha\rangle E\langle E, \alpha|$ und

$$Z = \mathrm{Sp}(\exp(-\hat{H}/kT))$$
$$= \sum_{\kappa} \int dEd\alpha\langle\kappa|\,E, \alpha\rangle \exp(-E/kT)\langle E, \alpha|\kappa\rangle$$
$$= \int dEw(E)\exp(-E/kT) \tag{11.376}$$

Dabei ist $\{|\kappa\rangle\}$ ein vollständiges Orthonormalsystem und

$$w(E) = \sum_{\kappa} \int d\alpha |\langle\kappa| E, \alpha\rangle|^2 \tag{11.377}$$

Damit würde

$$\begin{aligned}\langle\hat{H}\rangle_{th} = \mathrm{Sp}(\Omega_{th}\hat{H}) &= \frac{\int dE \cdot E \cdot w(E) \exp(-E/kT)}{\int dE w(E) \exp(-E/kT)} \\ &= -\frac{d}{d\beta} \ln(\mathrm{Sp}(\exp(-\beta\hat{H}))) \\ \text{mit } \beta &= \frac{1}{kT}\end{aligned} \tag{11.378}$$

Bei einem System von N Oszillatoren (mit $N >> 1$) mit je zwei Freiheitsgraden (kinetische und potentielle Energie) ergibt sich für diese klassische Zustandssumme

$$w(E) \sim E^N \tag{11.379}$$

Daraus folgt für $\langle\hat{H}\rangle_{th}$ unter Benutzung einer Integraltafel

$$\langle\hat{H}\rangle_{th} = \frac{(N+1)!(kT)^{N+2}}{N!(kT)^{N+1}} = (N+1) \cdot kT = \overline{E} \tag{11.380}$$

Mit $\overline{E} = 2N\overline{\varepsilon}$ ergibt sich also pro Freiheitsgrad:

$$\overline{\varepsilon} = \frac{(N+1)}{2N} kT \approx \frac{1}{2} kT \tag{11.381}$$

Dies ist der klassische Gleichverteilungssatz.

Bekanntlich stimmt dieses klassische Ergebnis mit dem quantentheoretischen Ergebnis (d. h. der Planckschen Formel) nur für den Grenzfall sehr kleiner Frequenzen überein. In diesem Fall besitzt der Hamiltonoperator (11.374) ein quasikontinuierliches Eigenwertspektrum.

Es war diese Bruchstelle zwischen klassischer Physik und Quantenphysik der Mikrowelt (mit diskreten Energiequanten) die Max Planck überwinden musste, um das Tor zur Quantentheorie zu öffnen.

11.7.2 Die Logik physikalischer Zustände und Eigenschaften

Die bisherige Darstellung der Grundbegriffe der Quantentheorie hat – vermöge des unvermeidlichen Zusammenhangs zwischen Mikroobjekten und der Einbettung in ihre Makro-Umgebung – zu Merkwürdigkeiten im logischen Verhältnis zwischen quantentheoretischen Zuständen und ihren Eigenschaften geführt. Diese unterscheiden sich von dem (in der klassischen Physik und der Philosophie) als selbstverständlich angenommenen Verhältnis zwischen Zustand (Substrat) und Eigenschaften (Attribute) des Zustands. Sie bedürfen daher einer eigenen Untersuchung.

Zuvor muss aber eine zwar nahe liegende, aber gefährliche und irreführende Identifizierung beseitigt werden:

- Einerseits sind die Eigenschaften der Zustände physikalischer (klassischer) Objekte sozusagen einfachste Messgrößen mit den zwei Messwerten:
  - entweder „die Eigenschaft trifft zu"
  - oder „die Eigenschaft trifft nicht zu"
- Andererseits sind die einfachsten Eigenschaften mathematischer Sätze (d. h. Aussagen) ihr Wahrheitsgehalt: Eine mathematische Aussage ist entweder „wahr" oder „falsch".

Eine dritte Möglichkeit gibt es nicht (tertium non datur). Letzteres ermöglicht z. B. den mathematischen Beweis per Widerspruch: Wenn eine Aussage zum Widerspruch mit sich selbst geführt werden kann, dann muss die gegenteilige Aussage wahr sein.

Die Eigenschaften (Zutreffen oder Nichtzutreffen) auf *physikalische Objekte* und andererseits *mathematische Sätze* (wahr oder falsch) dürfen aber *nicht verwechselt werden*:

- Im Falle der Sätze der reinen Mathematik (Beispiel: es gibt unendlich viele Primzahlen) handelt es sich um Aussagen über abstrakte Gedankendinge bzw. Begriffe. Für diese gelten mathematische Axiome (Grundregeln) per definitionem. Dazu gehören nach Voraussetzung die logischen Regeln des Schließens. Diese führen durch tautologische Umformung der Axiome zu wahren Sätzen über die Gedankendinge, die nach Voraussetzung die Axiome erfüllen. Mit der Struktur der Wirklichkeitsdinge hat diese logische Struktur der Gedankendinge zunächst nichts zu tun. In der Sprache Kants sind nach der heutigen Erkenntnis der Mathematiker Sätze der reinen Mathematik „apriorische analytische Sätze", weil sie aus den „apriorisch" vorausgesetzten Axiomen durch „analytisch beweisbare" Befolgung der Schlussregeln folgen.
  (Kant nannte bekanntlich mathematische Sätze wie $7 + 5 = 12$ „synthetische Sätze apriori". Mathematiker widersprechen jedoch dieser Charakterisierung: Zwar sind Sätze der reinen Mathematik „apriorisch", aber nicht „synthetisch" sondern „analytisch". Denn sie entstehen ausschließlich durch scharfsinnige Analyse der Folgerungen aus den vorausgesetzten Axiomen.)
- Im Falle der Eigenschaften physikalischer Objekte handelt es sich demgegenüber um empirisch (aposteriori) beobachtete Zuschreibbarkeit von Messgrößen (z. B. Masse, Ort, Geschwindigkeit) zu einem relativ stabilen Objekt (z. B. einem Stein). Diese können große Regelmäßigkeit aufweisen und ihre Zusammenhänge können mit Hilfsmitteln aus der reinen Mathematik sogar quantitativ beschrieben werden (als Naturgesetze) und sich als ziemlich sicher erweisen. Nur apriorisch selbstverständlich sind sie nicht.

Es kann daher die Logik der rein mathematischen Strukturen ohne weiteres beibehalten werden, weil sie ja per definitionem gilt. Hingegen steht die Logik physikalischer Eigenschaften auf dem Prüfstand, weil sie als Wirklichkeitsstruktur erforscht werden muss. In diesem Sinne beschreiben wir zunächst die Logik klassischer Zustände und ihrer Eigenschaften und sodann die Logik quantentheoretischer Zustände und ihrer Eigenschaften. (Die Bezeichnungsweisen sollen sich einander, soweit möglich, entsprechen).

11.7.2.1 Die Logik klassischer physikalischer Zustände und Eigenschaften

Ausgangspunkt für die Logik klassischer Wirklichkeitszustände ist ein möglichst umfassender Raum von Wirklichkeitssystemen, die eindeutig durch Zustandsparameter charakterisiert werden können. Wir gehen von dem in Kapitel 9 eingeführten Γ-Raum aus. Dessen Elemente sind Punkte $\mathrm{P} \in \Gamma$, deren Koordinaten die Orte und Impulse $(x_1, \ldots x_n, p_1, \ldots p_n)$ aller Teilchen des realisierten Systems sind: Ein Punkt $\mathrm{P} \in \Gamma$ ist ein Zustand, der ein ganzes klassisches zusammengesetztes System auf die genauest mögliche Weise charakterisiert.

Unter den Observablen (F, G) verstehen wir im Prinzip messbare Größen, die jedem Punkt $\mathrm{P} \in \Gamma$ einen Messwert zuordnen. Observable sind also Funktionen $F(x_1, \ldots x_n, p_1, \ldots p_n)$ der Koordinaten der Punkte.

Die Eigenschaften $E_1, E_2, \ldots$ sind besonders einfache Observablen: Eine Eigenschaft E ordnet einem Punkt P

- genau dann den Wert 1 zu, wenn sie auf P zutrifft und
- genau dann den Wert 0 zu, wenn sie auf P nicht zutrifft

Die komplementäre Eigenschaft $\overline{E}$ ist die Verneinung von E. $\overline{E}$ ordnet einem Punkt P

- genau dann den Wert 1 zu, wenn für diesen Punkt $E = 0$ gilt und
- genau dann den Wert 0 zu, wenn für diesen Punkt $E = 1$ gilt

Als selbstverständlich wird postuliert (d. h. angenommen, aber nur im Rahmen beschränkter Genauigkeit von Messungen bestätigbar), dass auf jedes $\mathrm{P} \in \Gamma$ entweder eine Eigenschaft E oder ihre Verneinung $\overline{E}$ zutrifft. Das heißt: Entweder ist für ein $\mathrm{P} \in \Gamma$ die Eigenschaft E erfüllt oder ihre Verneinung $\overline{E}$.

Unter dieser Voraussetzung kann man offenbar jedem E umkehrbar eindeutig die Menge $M \subset \Gamma$ der Punkte $\mathrm{P} \in \Gamma$ zuordnen, auf welche E zutrifft. Ebenso gehört zur Verneinung $\overline{E}$ von E umkehrbar eindeutig die Komplementärmenge $\overline{M}$ von M, das heißt die Menge der Punkte $\mathrm{P} \in \Gamma$, auf welche E nicht zutrifft.

11.7.2.1.1 Der Mengenverband klassischer Eigenschaften

Die Untermengen $M \subset \Gamma$ bilden einen Mengenverband, der ihre Zusammenhänge charakterisiert. Diesen Zusammenhängen entsprechen logische Zusammenhänge zwischen den zugeordneten Eigenschaften $E \leftrightarrow M$.

M ist die Gesamtheit (Menge) aller $P \in \Gamma$, die zu M gehören, für die also $P \in M$ gilt. E ist die M zugeordnete Eigenschaft, welche genau für die $P \in M$ zutrifft.

$\overline{M}$ ist die Komplementärmenge zu M, also die Gesamtheit aller $P \in \Gamma$, die nicht zu M gehören, für die also $P \notin M$ gilt. $\overline{E}$ ist die $\overline{M}$ zugeordnete Eigenschaft. $\overline{E}$ ist die Verneinung von E. Es gilt $\overline{E}$ für die $P \in \overline{M}$ zutrifft.

$M_1 \cap M_2$ ist die Durchschnittsmenge. Sie ist die Menge aller Punkte $P \in \Gamma$, für die sowohl $P \in M_1$ als auch $P \in M_2$ gilt. Zugeordnet ist die Eigenschaft (E_1 und E_2), die für die $P \in M_1 \cap M_2$ zutrifft.

$M_1 \cup M_2$ ist die Vereinigungsmenge. Sie ist die Menge aller Punkte $P \in \Gamma$, für die $P \in M_1$ oder $P \in M_2$ gilt. Das schließt drei Fälle ein:

- $P \in M_1$, jedoch $P \notin M_2$
- $P \in M_2$, jedoch $P \notin M_1$
- $P \in M_1$ als auch $P \in M_2$

Zugeordnet ist die Eigenschaft (E_1 oder E_2). Das schließt wiederum drei Fälle ein:

- Für P trifft E_1 zu, aber nicht E_2.
- Für P trifft E_2 zu, aber nicht E_1.
- Für P treffen sowohl E_1 als auch E_2 zu.

Diese drei Fälle schließen einander aus. Sie gehören zu disjunkten, d. h. nicht überlappenden Untermengen, sodass man schreiben kann:

$$M_1 \cup M_2 = (M_1 \cap \overline{M_2}) \cup (M_2 \cap \overline{M_1}) \cup (M_1 \cap M_2)$$

Die für jede Menge und ihre Komplementärmenge geltenden Definitionen führen uns zu den Folgerungen:

$M \cap \overline{M} = 0$ ist die Nullmenge. Das heißt M und $\overline{M}$ sind disjunktiv. Es gibt kein $P \in \Gamma$, für welches zugleich gelten würde $P \in M$ und $P \in \overline{M}$. Entsprechend treffen die Eigenschaften E und $\overline{E}$ nie für dasselbe System P zu.

$M \cup \overline{M} = \Gamma$ ist die Gesamtmenge. Das heißt M und $\overline{M}$ bilden zusammen die Menge aller möglichen Zustände. Dementsprechend gilt eine der Eigenschaften E oder $\overline{E}$ immer (tertium non datur).

Die große Ähnlichkeit zwischen den Eigenschaften klassischer physikalischer Systeme (welche zutreffen oder nicht zutreffen) und den Eigenschaften rein mathematischer Sätze (welche wahr oder falsch sind) führte oft zu einer Verwechslung der ontologischen Kategorie der Eigenschaften physikalischer Systeme und der Eigenschaften mathematischer Sätze. Wir haben schon darauf hingewiesen, dass diese Kategorienverwechslung zu Irrtümern führen kann.

Wir gehen nun zu dem allgemeinen Fall über, dass einem klassischen physikalischen System P $\in \Gamma$ eine beliebige Anzahl von zugleich zutreffenden – bzw. nicht zutreffenden – Eigenschaften zugeschrieben werden kann.

11.7.2.1.2 Eigenschaftsmultipel und disjunkte Eigenschaftsbündel

Wir betrachten also nun ein Multipel von Eigenschaften $E_1, E_2, \ldots E_n$ und ihre Verneinungen $\overline{E}_1, \overline{E}_2, \ldots \overline{E}_n$ sowie ihre zugeordneten Mengen $M_1, M_2, \ldots\ M_n$ und ihre Komplementärmengen $\overline{M}_1, \overline{M}_2, \ldots\ \overline{M}_n$. Die Mengen $M_i, \ldots, M_j, \ldots$ können sich gegenseitig teilweise oder ganz überlappen. Auf jeden Zustand P $\in \Gamma$ trifft nun entweder die Eigenschaft E_j oder ihre Verneinung $\overline{E}_j$ zu, wobei $j = 1, 2, \ldots, n$. Das heißt, ein jeder Zustand P $\in \Gamma$ ist entweder Element von M_j oder von $\overline{M}_j$.

Es ist nun zweckmäßig, zu einem System disjunkter Untermengen K_J der M_i und $\overline{M}_i$ überzugehen, die sich gegenseitig nicht überlappen und andererseits den ganzen Zustandsraum Γ ausfüllen.

Dieses System der K_J ist wie folgt definiert:

$$K_J = M_{a1} \cap M_{a2} \cap \ldots \cap M_{an} \quad J = \{a1, a2, \ldots, an\} \tag{11.382}$$

Der Index aj ist entweder $aj = j$ mit $M_{aj} = M_j$ oder $aj = \overline{j}$ mit $M_{\overline{j}} = \overline{M}_j$. Der Index J durchläuft also 2^n Werte, da jedes aj entweder j oder $\overline{j}$ sein kann. Wenn sich alle M_{aj} mit allen M_{ai} gegenseitig überlappen, sind alle $K_J \neq 0$. Wenn das nicht der Fall ist, dann sind einige $K_J = 0$.

Die K_J haben folgende Eigenschaften:

$$K_J \cap K_{J'} = 0 \quad \text{für} \quad J \neq J' \tag{11.383}$$

d. h. die K_J sind disjunkt

$$\cup K_J = \Gamma \tag{11.384}$$

d. h. die K_J füllen ganz Γ aus.

Beweis von (11.383): Wenn $J \neq J'$, dann muss sich mindestens ein Index in $J' = \{a'1, a'2, \ldots, a'n\}$ von den Indizes in $J = \{a1, a2, \ldots, an\}$ unterscheiden. Sei dann z. B. $a'j = \overline{j}$ und $aj = j$ bzw. $M_{a'j} = \overline{M}_j$, aber $M_{aj} = M_j$. Dann kommt in $K_J \cap K_{J'}$ der Durchschnittsfaktor $\overline{M}_j \cap M_j = 0$ vor, wodurch (11.383) bewiesen ist.

Beweis von (11.384): Jeder Punkt P $\in \Gamma$ besitzt unter den n Möglichkeiten einige zutreffende Eigenschaften, während die anderen nicht zutreffen, also verneint werden. Es mögen z. B. für ein P $\in \Gamma$ die Eigenschaften $1, 2, \ldots, j$ zutreffen und die Eigenschaften $j + 1, \ldots, n$ nicht zutreffen. Dann gilt:

$$\mathrm{P} \in M_1 \cap M_2 \cap \ldots \cap M_j \cap M_{\overline{j+1}} \ldots \cap M_{\overline{n}}$$

Dieses spezielle K_J, dessen Element also P ist, ist in der Vereinigungsmenge (11.384) enthalten. Da jedes P $\in \Gamma$ Element eines solchen speziellen K_J ist, muss deren Vereinigung ganz Γ ausfüllen.

Als Beispiel betrachten wir den Fall von $n = 3$ sich gegenseitig überlappender Mengen M_1, M_2, M_3, die von J disjunkten Untermengen K_J überdeckt werden. Und zwar wird $M_1 \cup M_2 \cup M_3$ überdeckt von:

$$\begin{aligned} K_{123} &= M_1 \cap M_2 \cap M_3 & K_{12\bar{3}} &= M_1 \cap M_2 \cap \overline{M}_3 \\ K_{1\bar{2}3} &= M_1 \cap \overline{M}_2 \cap M_3 & K_{1\bar{2}\bar{3}} &= M_1 \cap \overline{M}_2 \cap \overline{M}_3 \\ K_{\bar{1}23} &= \overline{M}_1 \cap M_2 \cap M_3 & K_{\bar{1}2\bar{3}} &= \overline{M}_1 \cap M_2 \cap \overline{M}_3 \\ K_{\bar{1}\bar{2}3} &= \overline{M}_1 \cap \overline{M}_2 \cap M_3 \end{aligned} \tag{11.385}$$

Zusammen mit $K_{\bar{1}\bar{2}\bar{3}}$ überdecken die $2^3 = 8$ disjunkten K_J den ganzen Raum Γ (siehe Abbildung).

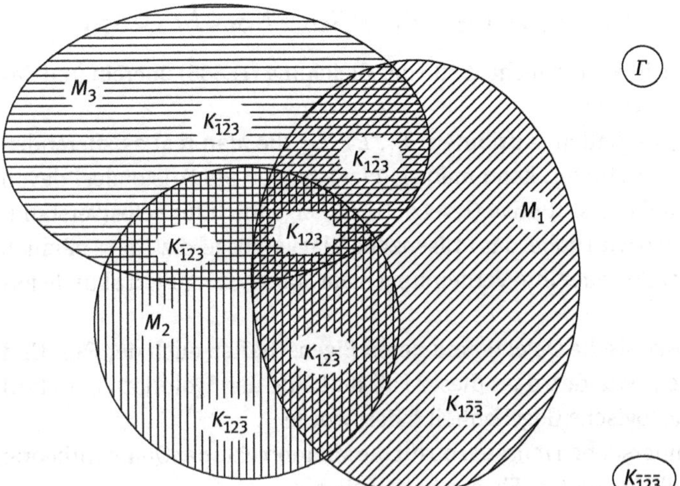

Abb. 11.8. Zerlegung von 3 Mengen M_1, M_2, M_3, und ihrer Komplementärmengen in $8 = 2^3$ disjunkte Untermengen K_J.

Überlappen die ursprünglichen Mengen $M_1, \ldots M_j, \ldots M_n$ nur teilweise oder gar nicht, so ist die Zerlegung in disjunkte K_J einfacher, da einige der K_J dann der Nullmenge entsprechen. Der Leser überzeuge sich, dass dennoch das Zerlegungsprinzip auf dieselbe Weise durchführbar ist.

Das Zerlegungsprinzip in disjunkte K_J ist vor allem für den Beweis des für Mengen gültigen distributiven Gesetzes nützlich. Das distributive Gesetz für Mengen ist

$$(M_1 \cup M_2) \cap M_3 = (M_1 \cap M_3) \cup (M_2 \cap M_3) \tag{11.386}$$

Hinweis: Dieses Gesetz ist analog zum distributiven Gesetz der Algebra:

$$(a + b)c = ac + bc$$

Zum Beweis von (11.386) werden beide Seiten dieser Gleichung getrennt in disjunkte Anteile zerlegt.

Linke Seite:

$$(M_1 \cup M_2) = K_{1\bar{2}3} \cup K_{1\bar{2}\bar{3}} \cup K_{\bar{1}23} \cup K_{\bar{1}2\bar{3}} \cup K_{123} \cup K_{12\bar{3}}$$

Daraus folgt

$$(M_1 \cup M_2) \cap M_3 = K_{1\bar{2}3} \cup K_{\bar{1}23} \cup K_{123}$$

Rechte Seite:

$$(M_1 \cap M_3) = K_{1\bar{2}3} \cup K_{123} \quad (M_2 \cap M_3) = K_{\bar{1}23} \cup K_{123}$$

Daraus folgt

$$(M_1 \cap M_3) \cup (M_2 \cap M_3) = K_{1\bar{2}3} \cup K_{123} \cup K_{\bar{1}23} \cup K_{123} = K_{1\bar{2}3} \cup K_{123} \cup K_{\bar{1}23}$$

Damit stimmen die linke und rechte Seite der Gleichung (11.386) überein und das distributive Gesetz ist bewiesen.

An konkreten Eigenschaften (Attributen) E_1, E_2, E_3, die man real existierenden Objekten (Substraten) zuschreibt, kann man sich (zusammen mit Aristoteles) davon überzeugen, dass man das distributive Gesetz (11.386) eigentlich für selbstverständlich hält. Stillschweigend wird dabei das Präsenzpostulat vorausgesetzt, dass nämlich entweder die Eigenschaften oder ihre Verneinungen am Substrat simultan aktualisiert sind.

Das ist für makroskopische Objekte und deren Eigenschaften auch der Fall. Und deshalb ist es auch kein Wunder, dass dieser Fall im Laufe der Evolution im Gehirn des Menschen als feste logische Gegebenheit fixiert wurde.

Wir werden nun untersuchen müssen, ob für die Mikroobjekte der Quantentheorie dieselbe oder eventuell eine andere Eigenschaftslogik gilt.

11.7.2.2 Die Logik quantentheoretischer Zustände und Eigenschaften

Zustände und Eigenschaften betreffen die begriffliche Grundstruktur der Quantentheorie. Um bei ihrer Analyse Gemeinsamkeiten und Unterschiede zu klassischen Zuständen zu erkennen, gehen wir möglichst parallel zur Betrachtung klassischer Zustände in (11.7.2.1) vor.

Der Raum der Zustände quantentheoretischer Objekte ist der Hilbertraum $\boldsymbol{H}$. Er ist ein abzählbar unendlichdimensionaler Vektorraum. Seine Elemente, also die nicht mehr verfeinerbaren Zustände $|\kappa\rangle$, $|\varphi\rangle\ldots$ sind normierbare Vektoren. Er kann Unterräume $\boldsymbol{V}, \boldsymbol{W}, \ldots$ mit $\boldsymbol{V} \subset \boldsymbol{H}$, $\boldsymbol{W} \subset \boldsymbol{H}$ enthalten, die jeweils von einem im Allgemeinen nicht vollständigen Orthonormalsystem (ONS) aufgespannt werden. Diese Räume enthalten alle Vektoren, die Linearkombinationen der Vektoren des jeweiligen ONS sind.

Die beobachtbaren Größen (Observable) sind linearen hermiteschen Operatoren $\hat{A} = \hat{A}^+$, $\hat{B} = \hat{B}^+, \ldots$, zugeordnet. Diese besitzen Eigenvektoren, die ein VONS $\{|\kappa_j\rangle\}$ mit den Eigenwerten a_j bilden. In diesem System hat der Operator $\hat{A}$ die Spektraldarstellung: $\hat{A} = \sum_j |\kappa_j\rangle a_j \langle\kappa_j|$.

Eigenschaften sind nun besonders einfache Observable. Ihnen sind hermitesche Operatoren $\hat{E}_1, \hat{E}_2, \ldots$ zugeordnet, die nur die hochentarteten Eigenwerte (Messwerte) 1 und 0 haben. Wir greifen eine Eigenschaft und den zugehörigen Operator $\hat{E}$ heraus. Der Eigenwert

- 1 von $\hat{E}$ bedeutet: Die zugehörige Eigenschaft trifft zu.
- 0 von $\hat{E}$ bedeutet: Die zugehörige Eigenschaft trifft nicht zu.

Zu dem Eigenwert 1 gehört ein ganzer Raum $\boldsymbol{V}_E$ von Eigenzuständen $|\kappa_j\rangle_{\hat{E}}$, für welche die zu $\hat{E}$ gehörige Eigenschaft zutrifft. Es gilt für $|\kappa_j\rangle_{\hat{E}} \in \boldsymbol{V}_{\hat{E}}$

$$\begin{aligned} \hat{E}|\kappa_j\rangle_{\hat{E}} &= 1|\kappa_j\rangle_{\hat{E}}\,, \\ \hat{E} &= \sum_j |\kappa_j\rangle_{\hat{E}} 1_{\hat{E}} \langle\kappa_j| \end{aligned} \tag{11.387}$$

Das bedeutet: Alle Vektoren $|\kappa_j\rangle_{\hat{E}} \in \boldsymbol{V}_{\hat{E}}$ haben den Eigenwert 1 von $\hat{E}$ und der Raum $\boldsymbol{V}_{\hat{E}}$ ist der Eigenschaft $\hat{E}$ eindeutig zugeordnet.

Der Raum $\boldsymbol{W}_{\hat{E}}$, der von den Eigenvektoren $|\lambda_j\rangle_{\hat{E}}$ zum Eigenwert 0 von $\hat{E}$ aufgespannt wird, besteht nur aus Vektoren, die orthogonal auf den $|\kappa_j\rangle_{\hat{E}}$ sind. Es gilt:

$$\hat{E}|\lambda_j\rangle_{\hat{E}} = 0\,, \quad |\lambda_j\rangle_{\hat{E}} \in \boldsymbol{W}_{\hat{E}}\,, \quad {}_{\hat{E}}\langle\lambda_j|\kappa_j\rangle_{\hat{E}} = 0 \tag{11.388}$$

Auch in $\boldsymbol{W}_{\hat{E}}$ existiert ein ONS $\{|\lambda_j\rangle_{\hat{E}} \ldots\}$. Zusammen mit dem ONS in $\boldsymbol{V}_{\hat{E}}\{|\kappa_j\rangle_{\hat{E}} \ldots\}$ bilden sie ein VONS in $\boldsymbol{H}$ aus allen Eigenzuständen von $\hat{E}$:

$$\sum_j |\kappa_j\rangle_{\hat{E}\hat{E}}\langle\kappa_j| + \sum_l |\lambda_l\rangle_{\hat{E}\hat{E}}\langle\lambda_l| = \hat{1} \tag{11.389}$$

und

$$\boldsymbol{V}_{\hat{E}} + \boldsymbol{W}_{\hat{E}} = \boldsymbol{H} \tag{11.390}$$

Der Raum $\boldsymbol{W}_{\hat{E}}$ heißt orthokomplementärer Raum von $\boldsymbol{V}_{\hat{E}}$. Zu ihm gehört die zu $\hat{E}$ verneinende Eigenschaft $\overline{\hat{E}}$, für welche gilt:

$$\begin{aligned} \overline{\hat{E}}|\lambda_l\rangle_{\hat{E}} &= 1 \cdot |\lambda_l\rangle_{\hat{E}}\,, \\ \overline{\hat{E}}|\kappa_j\rangle_{\hat{E}} &= 0\,, \\ \overline{\hat{E}} &= \sum_l |\lambda_l\rangle_{\hat{E}}\, 1\, {}_{\hat{E}}\langle\lambda_l| \end{aligned} \tag{11.391}$$

Daher kann man anstelle von (11.389) schreiben:

$$\hat{E} + \overline{\hat{E}} = \hat{1} \tag{11.392}$$

Es gilt ferner:

$$\hat{E}^2 = \hat{E}\,, \quad \overline{\hat{E}}^2 = \overline{\hat{E}}\,, \quad \hat{E} \cdot \overline{\hat{E}} = \overline{\hat{E}} \cdot \hat{E} = 0 \tag{11.393}$$

Offenbar ist $\overline{\hat{E}}$ die Verneinung der Eigenschaft $\hat{E}$.

11.7.2.2.1 Der orthokomplementäre Verband quantentheoretischer Eigenschaften
Die quantentheoretischen Eigenschaften $\hat{E}$ und die ihnen eindeutig zugeordneten Teilräume $\boldsymbol{V}$ bilden einen Verband.

$\boldsymbol{V}$	besteht aus allen Vektoren von $\boldsymbol{H}$, die als Linearkombinationen der Basisvektoren eines ONS gebildet werden können.	(11.394)
$\overline{\boldsymbol{V}}$	besteht aus allen Vektoren von $\boldsymbol{H}$, die orthogonal zu den Vektoren von $\boldsymbol{V}$ sind. Sie sind Linearkombinationen aus einem ONS von zu $\boldsymbol{V}$ orthokomplementären, normierten Basisvektoren.	(11.395)
$\boldsymbol{V} \cap \boldsymbol{W}$	besteht aus allen Vektoren $\|\kappa\rangle$, für die sowohl $\|\kappa\rangle \in \boldsymbol{V}$ als auch $\|\kappa\rangle \in \boldsymbol{W}$ gilt.	(11.396)
$\boldsymbol{V} \cup \boldsymbol{W}$	besteht aus allen Vektoren $\|\tau\rangle$, die als Linearkombinationen aus allen Vektoren $\|\kappa\rangle \in \boldsymbol{V}$ und $\|\lambda\rangle \in \boldsymbol{W}$ gebildet werden können	(11.397)
$\boldsymbol{V} \cap \overline{\boldsymbol{V}} = \boldsymbol{0}$	wobei $\boldsymbol{0}$ der Null-Vektorraum ist	(11.398)
$\boldsymbol{V} \cup \overline{\boldsymbol{V}} = \boldsymbol{H}$	wobei $\boldsymbol{H}$ der volle Hilbertraum des betrachteten Gesamtsystems quantentheoretischer Objekte ist.	(11.399)

Im Gegensatz zum Mengenverband ist beim orthokomplementären Verband die distributive Regel nicht immer erfüllt, wie das folgende Beispiel zeigt:

Wir betrachten drei eindimensionale Vektorräume:

$$\boldsymbol{V}\{|\kappa\rangle\}\,, \quad \boldsymbol{W}\{|\lambda\rangle\}\,, \quad \boldsymbol{T}\{|\tau\rangle\} = \{|\kappa\rangle + |\lambda\rangle\}$$

$|\lambda\rangle$ ist nicht proportional $|\kappa\rangle$, also $|\lambda\rangle \neq c|\kappa\rangle$.

Dann gilt: $\boldsymbol{V} \cup \boldsymbol{W}$ ist der zweidimensionale Vektorraum aller Linearkombinationen $(c_1|\kappa\rangle + c_2|\lambda\rangle)$

$$(\boldsymbol{V} \cup \boldsymbol{W}) \cap \boldsymbol{T} = \boldsymbol{T} \tag{11.400}$$

da $|\tau\rangle \in (\boldsymbol{V} \cup \boldsymbol{W})$ und $|\tau\rangle \in \boldsymbol{T}$. Es ist andererseits:

$$(\boldsymbol{V} \cap \boldsymbol{T}) = 0\,, \quad \text{da } |\tau\rangle \notin \boldsymbol{V} \tag{11.401}$$

$$(\boldsymbol{W} \cap \boldsymbol{T}) = 0\,, \quad \text{da } |\tau\rangle \notin \boldsymbol{W} \tag{11.402}$$

Daher gilt in diesem Fall:

$$(\boldsymbol{V} \cup \boldsymbol{W}) \cap \boldsymbol{T} = \boldsymbol{T} \neq (\boldsymbol{V} \cap \boldsymbol{T}) \cup (\boldsymbol{W} \cap \boldsymbol{T}) = \boldsymbol{0} \cup \boldsymbol{0} = \boldsymbol{0} \tag{11.403}$$

Was ist der tiefere Grund der Nichterfüllbarkeit der distributiven Regel im Gegenbeispiel?

Den Räumen $\boldsymbol{V}$, $\boldsymbol{W}$, $\boldsymbol{T}$, $(\boldsymbol{V} \cup \boldsymbol{W})$, $(\boldsymbol{V} \cap \boldsymbol{T})$, $(\boldsymbol{W} \cap \boldsymbol{T})$ sind Eigenschaften und diesen wiederum Messungen der Eigenschaften zugeordnet. Die Messungen der reinen Zustände

$|\kappa\rangle$ und $|\tau\rangle$ einerseits sowie $|\lambda\rangle$ und $|\tau\rangle$ andererseits, sind jeweils nicht simultan realisierbar. Deshalb sind $|\kappa\rangle$ und $|\tau\rangle$ bzw. $|\lambda\rangle$ und $|\tau\rangle$ nicht simultan präsent, d. h. es gelten (11.401) und (11.402). Andererseits entspricht $(\boldsymbol{V} \cup \boldsymbol{W})$ einer allgemeineren Eigenschaft, welche die simultane Präsenz der zu $|\tau\rangle$ gehörigen Eigenschaft nach (11.400) zulässt.

11.7.3 Ein einfaches Beispiel mit großer Wirkung

Das nunmehr behandelte Beispiel ist das einfachste nicht triviale Beispiel der Quantentheorie überhaupt. Viele Begriffe dieses Kapitels erscheinen nochmals in einfachster Form. Dieses Beispiel ist nicht nur formal interessant, sondern hat eine große Bedeutung für die reale Quantenwirklichkeit. Dies ist ein Glücksfall für die Quantenphysik.

Ausgangspunkt ist der zweidimensionale komplexe Vektorraum $\boldsymbol{V}$. Man muss bei seiner Behandlung nicht immer an den ganzen (unendlich dimensionalen) Hilbertraum $\boldsymbol{H}_0$ denken. Vielmehr kann man $\boldsymbol{V}$ an den bisherigen Hilbertraum $\boldsymbol{H}_0$ adjungierten, indem man den Produktraum

$$\boldsymbol{H} = \boldsymbol{H}_0 \otimes \boldsymbol{V}$$

bildet. Er besteht aus allen Produktzuständen $|\kappa\rangle|\xi\rangle \in \boldsymbol{H}$ mit $|\kappa\rangle \in \boldsymbol{H}_0$ und $|\xi\rangle \in \boldsymbol{V}$. Die betrachteten Observablen (bzw. Operatoren) sollen nur auf Zustände in $\boldsymbol{V}$ wirken. Dann kann man die Behandlung von $\boldsymbol{V}$ von der des gesamten Hilbertraums abseparieren.

Wir führen nun in $\boldsymbol{V}$ drei verschiedene jeweils zweidimensionale VONS ein, die allerdings zueinander „schief" liegen.

VONS_z Die orthonormalen Basisvektoren dieses VONS seien: $|\zeta_+\rangle, |\zeta_-\rangle$ (11.404)

$$\text{mit } \langle\zeta_i|\zeta_j\rangle = \delta_{ij}\,, \quad i, j = +, - \tag{11.405}$$

VONS_x Die orthonormalen Basisvektoren dieses VONS seien:

$$|\xi_+\rangle = \frac{1}{\sqrt{2}}(|\zeta_+\rangle + |\zeta_-\rangle), \tag{11.406}$$

$$|\xi_-\rangle = \frac{1}{\sqrt{2}}(|\zeta_+\rangle - |\zeta_-\rangle)$$

Unter Verwendung von (11.405) ergibt sich

$$\langle\xi_k|\xi_l\rangle = \delta_{kl} \quad \text{mit } k, l = +, - \tag{11.407}$$

VONS_y Die orthonormalen Basisvektoren dieses VONS seien: (11.408)

$$|\eta_+\rangle = \frac{1}{\sqrt{2}}(|\zeta_+\rangle + i|\zeta_-\rangle)\,,$$

$$|\eta_-\rangle = \frac{1}{\sqrt{2}}(|\zeta_+\rangle - i|\zeta_-\rangle)$$

Unter Verwendung von (11.405) ergibt sich

$$\langle\eta_m|\eta_n\rangle = \delta_{mn} \quad \text{mit } m,n = +,- \tag{11.409}$$

Bei (11.404), (11.406) und (11.408) handelt es sich um vollständige Orthonormalsysteme in V. Damit kann man jeden Vektor $|\kappa\rangle \in V$ nach den Basisvektoren dieser Orthonormalsysteme entwickeln.

$$\begin{aligned}|\kappa\rangle &= a_+|\zeta_+\rangle + a_-|\zeta_-\rangle = b_+|\xi_+\rangle + b_-|\xi_-\rangle \\ &= c_+|\eta_+\rangle + c_-|\eta_-\rangle\end{aligned} \tag{11.410}$$

Da in der Quantentheorie verschiedene äquivalente Bezeichnungsweisen benutzt wurden und werden, seien sie hier wiederholt:

$$\begin{aligned}&|\zeta_i\rangle\langle\zeta_j| = \hat{P}_{ij}\,, \quad |\zeta_i\rangle\langle\zeta_j|\zeta_k\rangle\langle\zeta_l| = \hat{P}_{ij}\hat{P}_{kl} = \delta_{jk}\hat{P}_{il} \qquad \text{(a)}\\ &|\xi_i\rangle\langle\xi_j| = \hat{Q}_{ij}\,, \quad |\xi_i\rangle\langle\xi_j|\xi_k\rangle\langle\xi_l| = \hat{Q}_{ij}\hat{Q}_{kl} = \delta_{jk}\hat{Q}_{il} \qquad \text{(b)}\\ &|\eta_i\rangle\langle\eta_j| = \hat{R}_{ij}\,, \quad |\eta_i\rangle\langle\eta_j|\eta_k\rangle\langle\eta_l| = \hat{R}_{ij}\hat{R}_{kl} = \delta_{jk}\hat{R}_{il} \qquad \text{(c)}\end{aligned} \tag{11.411}$$

Die einfachsten Observablen, d. h. die Eigenschaften, sind den vollständigen Orthonormalsystemen zugeordnet und wirken wie folgt:

$$\begin{aligned}&\hat{E}_z|\zeta_+\rangle = |\zeta_+\rangle\,, \quad \overline{\hat{E}}_z|\zeta_+\rangle = 0\\ &\hat{E}_z|\zeta_-\rangle = 0\,, \quad \overline{\hat{E}}_z|\zeta_-\rangle = |\zeta_-\rangle \quad \text{(a)}\\ &\hat{E}_x|\xi_+\rangle = |\xi_+\rangle\,, \quad \overline{\hat{E}}_x|\xi_+\rangle = 0\\ &\hat{E}_x|\xi_-\rangle = 0\,, \quad \overline{\hat{E}}_x|\xi_-\rangle = |\xi_-\rangle \quad \text{(b)}\\ &\hat{E}_y|\eta_+\rangle = |\eta_+\rangle\,, \quad \overline{\hat{E}}_y|\eta_+\rangle = 0\\ &\hat{E}_y|\eta_-\rangle = 0\,, \quad \overline{\hat{E}}_y|\eta_-\rangle = |\eta_-\rangle \quad \text{(c)}\end{aligned} \tag{11.412}$$

Eine jede der Eigenschaften (11.412) gilt genau dann als vorliegend, wenn der zugehörige Eigenvektor mit dem Eigenwert 1 gemessen wurde. Die Messung der „groben" Eigenschaft

$$\hat{E} = \hat{E}_z + \overline{\hat{E}}_z = \hat{E}_x + \overline{\hat{E}}_x = \hat{E}_y + \overline{\hat{E}}_y = \hat{1} \tag{11.413}$$

besagt hingegen nur, dass jeder Zustand $|\kappa\rangle \in V$ ein Eigenzustand von $\hat{E}$ zum Eigenwert 1 ist. Das bedeutet: Es muss irgendein Zustand $|\kappa\rangle \in V$ oder ein Gemisch solcher Zustände existieren.

Man kann auch andere Observable einführen, die nicht die Messwerte 1, 0 haben, sondern z. B. 1/2, −1/2. Man kann sie aus den Eigenschafts-Observablen aufbauen, wenn sie eines der oben eingeführten vollständigen Orthonormalsysteme als Eigenzustände haben. Zum Beispiel:

$$\hat{S}'_z = \frac{1}{2}(\hat{E}_z - \overline{\hat{E}}_z) = \frac{1}{2}(\hat{P}_{++} - \hat{P}_{--}) \tag{11.414}$$

$$\hat{S}'_x = \frac{1}{2}(\hat{E}_x - \overline{\hat{E}}_x) = \frac{1}{2}(\hat{Q}_{++} - \hat{Q}_{--}) \tag{11.415}$$

$$\hat{S}'_y = \frac{1}{2}(\hat{E}_y - \overline{\hat{E}}_y) = \frac{1}{2}(\hat{R}_{++} - \hat{R}_{--}) \tag{11.416}$$

An diesem einfachen Beispiel zeigt sich schon der entscheidende „eigenschaftslogische" Unterschied zwischen Quantentheorie und klassischer Physik. Die Observablen bzw. Operatoren $\{\hat{E}_z, \overline{\hat{E}}_z, \hat{S}_z\}$, $\{\hat{E}_x, \overline{\hat{E}}_x, \hat{S}_x\}$ und $\{\hat{E}_y, \overline{\hat{E}}_y, \hat{S}_y\}$ besitzen wegen ihrer Nichtvertauschbarkeit jeweils andere vollständige Orthonormalsysteme von Eigenvektoren (siehe (11.404), (11.406) und (11.408)).

Zur expliziten Berechnung der Vertauschungsrelationen werden die $\hat{Q}_{++}$, $\hat{Q}_{--}$, $\hat{R}_{++}$ und $\hat{R}_{--}$ durch die Projektoren $\hat{P}_{ij}$ ausgedrückt. Dabei verwendet man die Definitionen (11.406) und (11.408) für VONS_x und VONS_y. Damit ergibt sich:

$$\begin{aligned}\hat{Q}_{++} &= |\xi_+\rangle\langle\xi_+| = \frac{1}{2}(|\zeta_+\rangle + |\zeta_-\rangle)(\langle\zeta_+| + \langle\zeta_-|) \\ &= \frac{1}{2}(\hat{P}_{++} + \hat{P}_{+-} + \hat{P}_{-+} + \hat{P}_{--}) \\ \hat{Q}_{--} &= |\xi_-\rangle\langle\xi_-| = \frac{1}{2}(\hat{P}_{++} - \hat{P}_{+-} - \hat{P}_{-+} + \hat{P}_{--})\end{aligned} \tag{11.417}$$

Auf analoge Weise erhält man:

$$\hat{R}_{++} = |\eta_+\rangle\langle\eta_+| = \frac{1}{2}(\hat{P}_{++} - i\,\hat{P}_{+-} + i\hat{P}_{-+} + \hat{P}_{--}) \tag{11.418}$$

$$\hat{R}_{--} = |\eta_-\rangle\langle\eta_-| = \frac{1}{2}(\hat{P}_{++} + i\hat{P}_{+-} - i\hat{P}_{-+} + \hat{P}_{--}) \tag{11.419}$$

Daraus folgt mit $[\hat{A}, \hat{B}] = \hat{A}\hat{B} - \hat{B}\hat{A}$

$$\begin{aligned}[\hat{E}_z, \hat{E}_x] &= -[\hat{E}_z, \overline{\hat{E}}_x] = -[\overline{\hat{E}}_z, \hat{E}_x] = +[\overline{\hat{E}}_z, \overline{\hat{E}}_x] \\ &= \hat{P}_{++}\hat{Q}_{++} - \hat{Q}_{++}\hat{P}_{++} = \frac{1}{2}(\hat{P}_{+-} - \hat{P}_{-+})\end{aligned} \tag{11.420}$$

$$\begin{aligned}[\hat{E}_x, \hat{E}_y] &= -[\hat{E}_x, \overline{\hat{E}}_y] = -[\overline{\hat{E}}_x, \hat{E}_y] = +[\overline{\hat{E}}_x, \overline{\hat{E}}_y] \\ &= \hat{Q}_{++}\hat{R}_{++} - \hat{R}_{++}\hat{Q}_{++} = \frac{i}{2}(\hat{P}_{++} - \hat{P}_{--})\end{aligned} \tag{11.421}$$

$$\begin{aligned}[\hat{E}_y, \hat{E}_z] &= -[\hat{E}_y, \overline{\hat{E}}_z] = -[\overline{\hat{E}}_y, \hat{E}_z] = +[\overline{\hat{E}}_y, \overline{\hat{E}}_z] \\ &= \hat{R}_{++}\hat{P}_{++} - \hat{P}_{++}\hat{R}_{++} = \frac{i}{2}(\hat{P}_{+-} + \hat{P}_{-+})\end{aligned} \tag{11.422}$$

Aus den Vertauschungsrelationen (11.420), (11.421) und (11.422) ergeben sich die Vertauschungsrelationen für die Operatoren $\hat{S}'_z$, $\hat{S}'_x$ und $\hat{S}'_y$:

$$[\hat{S}'_z, \hat{S}'_x] = -[\hat{E}_z, \hat{E}_x] = \frac{1}{2}(\hat{P}_{+-} - \hat{P}_{-+}) = i\hat{S}'_y \tag{11.423}$$

$$[\hat{S}'_y, \hat{S}'_z] = [\hat{E}_y, \hat{E}_z] = \frac{i}{2}(\hat{P}_{+-} + \hat{P}_{-+}) = i\hat{S}'_x \tag{11.424}$$

$$[\hat{S}'_x, \hat{S}'_y] = [\hat{E}_x, \hat{E}_y] = \frac{i}{2}(\hat{P}_{++} + \hat{P}_{--}) = i\hat{S}'_z \tag{11.425}$$

Schon bei diesem einfachen Beispiel wirken sich die quantentheoretischen Strukturen bezüglich des Messprozesses und der Dekohärenz voll aus. Nur die zum selben vollständigen Orthonormalsystem gehörigen Observablen sind gleichzeitig messbar. Misst man z. B. E_z, $\overline{E}_z$, S_z, so sind die Observablen E_x, $\overline{E}_x$, S_x und E_y, $\overline{E}_y$, S_y nicht zugleich messbar. Ihre möglichen Werte müssen latent bzw. virtuell bleiben.

Ja, es ist nicht einmal möglich, ihnen in Gedanken aktuell existierende Messwerte zugleich mit denen von E_z, $\overline{E}_z$, S_z zuzuordnen. (Dies würde der Einführung von verborgenen Parametern entsprechen.)

Noch Albert Einstein versuchte in einer berühmten Arbeit (zusammen mit Podolski und Rosen 1935) darauf hinzuwirken, dass man verborgene Parameter einführen müsse, um die Quantentheorie zu einer vollständigen deterministischen Theorie zu machen. Irrte hier Einstein? J. S. Bell stellte 1966 eine Gleichung auf, an der sich zeigen konnte, ob verborgene Parameter einbaubar sind, oder ob statt dessen die Quantentheorie zutrifft. Mittlerweile wurde durch Experimente nachgewiesen (z. B. Aspect et. Al. 1981), dass Einstein hier irrte und die Quantentheorie voll bestätigt wurde.

Man könnte nun das eben behandelte Beispiel als eine nette kleine Übung zur Erläuterung des Formalismus der Quantentheorie betrachten. Die Entwicklung lief indessen ganz anders: Dieses Beispiel ist nämlich inzwischen der Ausgangspunkt eines wichtigen Zweiges der experimentellen Quantenphysik geworden, der sich mit dem Spin der Elektronen, der Atomkerne und der Atome beschäftigt.

Schon bald nach der Aufstellung der Schrödingergleichung (1926) und der Untersuchung der Frequenzen der mit dem Wasserstoffatom und anderen Atomen wechselwirkenden Photonen stellten sich kleine Abweichungen zur Theorie heraus. Dafür suchte man nach Erklärungen. Nun kamen G. E. Uhlenbeck (1900–1988) und S. Goudsmit (1902–1978) schon 1925 auf die zunächst fragwürdig erscheinende Idee, dem Elektron eine Rotation, die man heute Spin nennt, zuzuschreiben. Wie soll man denn bemerken, dass dieses kleine fast punktförmige Ding sich auch noch um sich selbst dreht?

Dass dies überhaupt möglich ist, liegt an dem magnetomechanischen Parallelismus. Dreht sich (im klassischen Teilchenbild) eine Masse m, die eine Ladung e trägt, so entsteht ein kleiner Magnet, dessen magnetisches Moment $\boldsymbol{\mu}_e$ proportional zum mechanischen Bahndrehimpuls $\boldsymbol{l}$ ist. Dabei gilt:

$$\boldsymbol{\mu}_e = \frac{e}{2m}\boldsymbol{l} \tag{11.426}$$

Schon Niels Bohr hatte das erkannt und auf sein Atommodell angewandt. Die innerste Bahn im Bohrschen Atommodell hat den Bahndrehimpuls $\hbar$ und hat damit nach (11.426) das magnetische Moment

$$\mu_{\text{Bohr}} = \frac{e}{2m_e}\hbar = 9{,}274 \cdot 10^{-24}\,\text{Am}^2 \tag{11.427}$$

μ_{Bohr} nennt man das Bohrsche Magneton. Hierbei ist allerdings zu beachten, dass der Grundzustand des Wasserstoffatoms den quantentheoretischen Bahndrehimpuls $l = 0$ hat. Das damit verbundene magnetische Moment ist daher $\mu_l = 0$.

Wolfgang Pauli (1900–1958) hat in diesem quantentheoretischen Rahmen den Eigendrehimpuls (Spin) mit berücksichtigt:

- Er erkannte – und das ist auch der Zusammenhang mit unserem einfachen Beispiel –, dass die Operatoren

$$\hat{S}_x = \hbar\hat{S}'_x, \quad \hat{S} = \hbar\hat{S}'_y, \quad \hat{S}_z = \hbar\hat{S}'_z \tag{11.428}$$

  die Vertauschungsrelationen

$$[\hat{S}_i, \hat{S}_j] = i\hbar\hat{S}_k \quad (i, j, k = x, y, z \text{ zyklisch}) \tag{11.429}$$

  erfüllen. Das sind genau die Vertauschungsrelationen der Drehimpulsoperatoren $\hat{L}_x$, $\hat{L}_y$, $\hat{L}_z$, die vermöge der Übersetzungsregeln aus den klassischen Drehimpulsen L_x, L_y, L_z entstehen. Sie allein sind es, die nunmehr dazu berechtigen die $\hat{S}_i$ dem Spin des Elektrons zuzuordnen. Ach wie fern sind nun im Rückblick die Gestade der guten alten Physik.
- In Übertragung des magnetomechanischen Parallelismus auf den Spin und das zugehörige magnetische Moment machte Pauli den Ansatz:

$$\boldsymbol{\mu}_S = g_S\frac{e}{2m}\hat{\boldsymbol{S}} \tag{11.430}$$

  Dabei ließ er vorsichtshalber den Faktor g_S offen. Hiermit konnte er eine unterschiedliche Proportionalität zwischen Spin und magnetischen Moment bzw. Bahndrehimpuls und magnetischen Moment zulassen. Es stellte sich heraus, dass $g_S = 2$ ist.
- Den Hamiltonoperator der Schrödingergleichung erweiterte Pauli durch einen Wechselwirkungsterm, der die (energetische) Wechselwirkung zwischen dem magnetischen Moment und einem Magnetfeld berücksichtigt

$$H_{BS} = -\boldsymbol{\mu}_S \cdot \boldsymbol{B} \tag{11.431}$$

Zu diesem Magnetfeld $\boldsymbol{B}$ gehört auch das von der Bahn des Elektrons erzeugte innere Magnetfeld $\boldsymbol{B}_e$. Diese Wechselwirkung erzeugt die Feinstrukturkonstante der Energieeigenzustände der Atome. Die erweiterte Schrödingergleichung heißt Pauli-Gleichung.
Sie wurde nochmals durch Paul Dirac (1902–1984) in noch grundsätzlicherer Weise verbessert, indem er die nach ihm benannte relativistisch kovariante Dirac-Gleichung aufstellte. Diese schließt die (nicht-relativistische) Pauli-Gleichung nach dem Inklusionsprinzip als Grenzfall ein. Sie enthält automatisch den richtigen Faktor $g_S = 2$. Wir behandeln die Dirac–Gleichung hier nicht, da sie an den Grundprinzipien der Quantentheorie nichts verändert.
- Die entscheidende Frage – im Sinne alles oder nichts – war noch zu klären: Ist dieser Spin eine Observable, die nur zwei Eigenwerte und zugehörige Eigenzustände hat. Den experimentellen Nachweis führten Otto Stern (1888–1969) und Walter Gerlach (1889–1979). Sie ließen einen Strahl von Silberatomen (deren magnetisches Moment nur vom Spin eines Elektrons herrührt) durch ein inhomogenes Magnetfeld laufen. Der Strahl spaltete sich in nur zwei Teilchenstrahlen auf. Damit war geklärt, dass es nur zwei mögliche Orientierungen des Spins und des zugehörigen magnetischen Moments, also zwei Eigenwerte gibt.

11.8 Rückblick und Ausblick

Die Quantentheorie umfasst heute die prinzipielle weitgehend quantitative Klärung der Grundstruktur der Materie auf der inzwischen erreichten Mikroebene. Dies beinhaltet den Aufbau der Atome aller Elemente aus Kernen und Elektronenhülle, die Bildung der Moleküle chemischer Verbindungen bis hin zum Aufbau von Makrokörpern. Die Synergetik, eine interdisziplinäre Erweiterung der Physik, klärte dabei, dass das Fenster zur Makrostruktur von nur wenigen dominanten Ordnungsparametern beherrscht wird. Andererseits wurde die Kernphysik ein Teil der Quantentheorie und die Elementarteilchentheorie als heute erreichte Grenze des Mikrokosmos baut ebenfalls voll auf den Grundlagen der Quantentheorie auf.

Die Kohärenz und der nirgendwo widerlegte Anwendungsumfang der Quantentheorie hat natürlich wissenschaftstheoretische Konsequenzen:
- Die in der Postmoderne zuweilen verfochtene positivistische Annahme: Bei der ganzen Physik handele es sich nur um denkökonomische Modellannahmen, also letzten Endes willkürliche Konstrukte, „als ob" die Dinge so seien, obwohl diese Modelle mit dem „Ding an sich" nichts zu tun haben, dürfte durch den umfassenden Erfolg der Quantentheorie endgültig widerlegt sein. Vor allem gibt diese positivistische These nicht die geringste Erklärung dafür, dass – oft zum Erstaunen und zur Überraschung der Forscher selbst – scheinbar entlegene und merkwürdige Phänomene durch die Quantentheorie nicht nur qualitativ, sondern auch quantitativ erklärt werden konnten.

Für den kritischen Realismus ist dieser Sachverhalt hingegen voll verständlich: Es handelt sich um eine echte Erkenntnis über eine Teilstruktur der „Wirklichkeit an sich".

- Wie sich insbesondere in diesem Kapitel zeigte, liegt die Wahrheit dieser Erkenntnis „am Abgrund", nicht an der Oberfläche der Phänomene. Vielmehr handelt es sich um eine Hintergrundstruktur der Wirklichkeit. Zu deren Erfassung war nach Fehlschlägen eine mühsam erarbeitete Begrifflichkeit nötig. Diese war nicht etwa von vornherein „im transzendentalen Subjekt" vorgeprägt (somit wäre sie ja von Philosophen längst aufgefunden worden), sondern musste Schritt für Schritt unter Überprüfung durch Experimente aufgebaut werden.
  Andererseits zeigte sich dabei ein erstaunlicher Sachverhalt: Das menschliche Gehirn ist offenbar in der Lage, sich an neue Wirklichkeitsbereiche anzupassen und eine neue, notwendig gewordene Begrifflichkeit in sich aufzunehmen und zu repräsentieren, also aposteriori zu verinnerlichen. Das zeigen insbesondere die fröhlich mit der Quantentheorie umgehenden Physiker.
- Im Rahmen des Rückblicks ergibt sich daraus auch eine Sicherheit hinsichtlich der Stabilität der gewonnenen Erkenntnisse: Im Sinne des immer wieder anzuwendenden Inklusionsprinzips muss ja jede weiterführende Theorie die Ergebnisse der alten Theorie asymptotisch mit umfassen. Angesichts der Fülle der experimentell bestätigten Ergebnisse der Quantentheorie wird dies nur darin bestehen können, dass jegliche weiterführende Theorie irgendwie in die Quantentheorie einmündet. (Auf die Weise des Einbaus verborgener Parameter in die Quantentheorie, um sie deterministisch zu machen, wird es allerdings nicht geschehen können, weil sich das als unmöglich erwiesen hat).

Dies führt nun zum Ausblick auf möglich Weiterentwicklungen jenseits der Quantentheorie. Im Gegensatz zu dem eher Sicherheit vermittelnden Rückblick auf das Erreichte vermittelt der Ausblick zunächst einmal Unbestimmbarkeit – zwischen Erfolg und Misserfolg – des Weiteren Erkenntnisfortschritts. Denn dessen Erfolg hängt an der Tragweite und Erweiterbarkeit unseres Begriffsapparates.

Obwohl wir selbst nicht an dieser weitergehenden Forschung teilnehmen, lassen sich doch einige allgemeine Aussagen über diesen potentiellen Fortgang der Physik machen.

- Die Entfernung des experimentellen wie theoretischen Forschungsbereiches von der natürlichen Umgebung des Menschen in Makro- sowie Mirko-Richtung wird noch größer werden als bisher.
- Die experimentelle Forschung könnte dabei an prinzipielle Grenzen stoßen (Beispiel: Inwieweit kann man den frühen Kosmos vor dem Schleier der Hintergrundstrahlung beobachten? Kann man die dunkle Materie, die nicht elektromagnetisch wechselwirkt, genügend gut beobachten?)
- Daher wird die Erklärungslast noch mehr als bisher bei der Theorie liegen (Beispiel: Stringtheorie und andere Erweiterungen der Elementarteilchentheorie. Wie

lassen sich die klassische Allgemeine Relativitätstheorie und die Elementarteilchentheorie vereinen?)
- Als Bewährungskriterien stehen dann nur noch die innere Kohärenz der Begrifflichkeit und das Anschlusskriterium an das Bisherige, d. h. das Inklusionsprinzip, zur Verfügung.
- Neben der für die Struktur der Quantentheorie wesentlichen Filterfunktion des Mikro-Makro-Übergangs (Dekohärenz, Messprozess) könnte es weitere durch eine Schichtung der Wirklichkeit hervorgerufene Filter für die Detektion verborgener Prozesse geben. Das könnte allerdings zu einer Verhüllung der „Letztebene" führen.

Diese Überlegungen haben zumindest momentan einen spekulativen Charakter. Da sie aber selbst nach Gelingen eines erweiterten Forschungsfortschrittes in ähnlicher Form immer wieder auftreten, haben sie den Charakter eines unendlichen Regresses, d. h. eines nie endenden Weiterfragens nach noch grundlegenderen Grundlagen. Letzen Endes weisen sie darauf hin, dass für uns, die auf das Nachfragen spezialisierten Menschen, das Universum eine offene Struktur hat.

12 400 Jahre Physik. Rückblick, Gegenwart und Ausblick

12.1 Ein Rückblick

Am Beginn des Rückblicks muss sich der Autor entschuldigen. Es war nicht auch nur annähernd möglich die ungeheure Bemühung und Anstrengung, die mit der Entwicklung der Physik als Grundlagenwissenschaft verbunden war, angemessen darzustellen. Viele Generationen von Physikern haben ihr Leben voll der Erforschung der physikalischen Wirklichkeit gewidmet. Dies ist ein Prozess, der noch nicht abgeschlossen ist und von den kommenden Generationen weitergeführt wird. Das ist folgerichtig, da sich die Vertiefung der experimentellen Methoden und die Erweiterungen des theoretischen Begriffsrahmens von Generation zu Generation fortsetzen.

Die angemessene Würdigung dieser Leistung vieler bedeutender Physiker wird jedoch zum Glück durch Wissenschaftshistoriker übernommen.

12.1.1 Der zurückgelegte Weg

In großer Vereinfachung stellt sich der 400-jährige Prozess der Entwicklung der Physik nun wie folgt dar:

- *Spekulative Naturphilosophie*
  Ausgangspunkt war die spekulative Naturphilosophie. Aristoteles und seine Nachfolger unterschieden hierbei noch zwischen dem sublunaren (irdischen) und translunaren (jenseits des Mondes) Naturgeschehen.
- *Klassische Mechanik*
  Erst im Rahmen der Newtonschen Mechanik und ihrer Überprüfung sowohl auf der Erde als auch im Weltall wurde klar, dass es sich bei der zu erforschenden Naturgesetzlichkeit – trotz der Schwierigkeiten bei ihrer Verifikation – wohl vielmehr um so weit wie möglich universelle Geltung beanspruchende, abstrakt formulierbare Hintergrundstruktur des Kosmos handelt.
- *Klassische Elektrodynamik*
  Bald wurde der begriffliche Rahmen der Newtonschen Mechanik von Maxwell durch den Feldbegriff erweitert, der sich zunächst in der klassischen Elektrodynamik bewährte, und sodann sogar die gesamte klassische Optik umfasste.
- *Thermodynamik und Statistische Mechanik*
  Die Thermodynamik beschäftigt sich mit einfach zugänglichen Eigenschaften von makroskopischen Vielteilchen-Ensembles. Diese liegen dabei in verschiedenen Aggregatzuständen (fest, flüssig, gasförmig) vor, zwischen denen Phasenübergänge stattfinden können. Das Interesse daran war ursprünglich technischer Art: Es bestand der Wunsch, Wärmekraftmaschinen zu bauen, die mechanische Ar-

beit verrichten. Die theoretische Thermodynamik führte bald zur Formulierung der Hauptsätze der Thermodynamik. (Dies sind anschaulich Sätze von der Unmöglichkeit der Existenz eines Perpetuum mobiles erster oder zweiter Art). Beim zweiten Hauptsatz spielte eine neu eingeführte Zustandsgröße, die Entropie, die entscheidende Rolle.

Die Frage nach der tieferen Begründung der phänomenologischen Thermodynamik führte zur statistischen Mechanik. Die kinetische Gastheorie und die Erklärung der mikroskopischen Bedeutung der Entropie brachten den Durchbruch. Die Herleitung der phänomenologischen Thermodynamik durch die statistische Mechanik war das erste große Beispiel einer gelungenen Reduktion von Makrophänomenen auf zugrunde liegende Mikrostrukturen (konkret auf die Dynamik von Teilchen). Dieses Beispiel war ein wichtiges Argument für die ontologische Einheit der Wirklichkeit.

– *Relativitätstheorie*

  Aus der Elektrodynamik hatte sich zwangsläufig ergeben, dass die Ausbreitungsgeschwindigkeit des Lichtes c nicht irgendeine Geschwindigkeit ist, sondern eine Naturkonstante. Einstein erkannte, dass dieser Sachverhalt eine grundlegende Modifikation der Raum-Zeit-Struktur notwendig machte. Seine Analyse führte zunächst zur Speziellen Relativitätstheorie, deren Grundlage die Lorentztransformation ist. Sie beschreibt die Transformation der Raum-Zeit-Koordinaten beim Übergang zu einem gleichförmig rotationsfrei bewegten Koordinatensystem. Mit dieser Transformation musste die Vorstellung einer absoluten Zeit, die von den Raumkoordinaten unabhängig verfließt, aufgegeben werden. (Für kleine Relativgeschwindigkeiten bleibt diese Vorstellung jedoch näherungsweise erhalten.)

  Bald erkannte Einstein, dass es bei der Speziellen Relativitätstheorie nicht bleiben konnte, sondern dass diese zur Allgemeinen Relativitätstheorie verallgemeinert werden musste. Zu ihrer Formulierung war der Übergang zu einer nicht euklidischen Raum-Zeit-Struktur nötig, welche zugleich die Verwendung beliebiger z. B. relativ zueinander beschleunigter Raum-Zeit-Systeme ermöglicht. Physikalisch entscheidend war dabei die universelle Rolle der Gravitation und die dabei erkannte Wesensgleichheit von schwerer und träger Masse in der gesamten Materie.

  Nach dem Inklusionsprinzip enthalten die Gleichungen der Allgemeinen Relativitätstheorie (für die allgemeine nicht euklidisch gekrümmte Raum-Zeit) die Newtonsche Gravitationstheorie im Grenzfall schwacher Felder. Die Allgemeine Relativitätstheorie geht jedoch weit über die Newtonsche Gravitationstheorie hinaus und erklärt z. B. die Existenz Schwarzer Löcher. Vor allem aber bilden die möglichen Lösungen dieser Gleichungen den raum-zeitlichen Rahmen der Theorie des Kosmos als Ganzem.

– *Grundlagen der Quantentheorie*

  Mit dem zwanzigsten Jahrhundert stieß die Physik in die kritischen Regionen des

Makrokosmos und Mikrokosmos vor. Sie wurde zunächst durch Einstein, Heisenberg und Schrödinger vorangetrieben. Hierbei mussten sowohl ihre gewohnten Anschauungsformen wie ihre Begriffsarsenale modifiziert und revidiert werden. Parallel dazu entwickelte insbesondere die Quantentheorie eine umfassende, neue Begriffswelt, welche das Problem des Welle-Teilchen-Dualismus klären konnte. Dabei musste sie die Rolle des nicht-eliminierbaren Zufalls einführen. Diese neue Begriffswelt bewährte sich zunächst an fundamentalen Paradigmen wie dem Wasserstoffatom und den Moden des elektromagnetischen Feldes Sie erklärte dabei das Auftreten diskreter Energieniveaus.

– *Weiterentwicklung der Quantentheorie*
  Die Weiterentwicklung der Quantentheorie erfolgte in mehreren teils parallelen teils verschränkten Schritten:
  So wurde die für den nichtrelativistischen Grenzfall geltende Schrödingergleichung von Dirac durch die nach ihm benannte relativistisch kovariante Dirac-Gleichung ersetzt. Diese enthielt automatisch den neu entdeckten Freiheitsgrad Spin (Eigendrehimpuls des Elektrons). Es galt wieder das Inklusionsprinzip: Die Dirac-Gleichung geht im nichtrelativistischen Grenzfall asymptotisch in die Schrödingergleichung über, erweitert durch den Spin. Dieser Grenzfall ist im Falle ruhender oder im Vergleich zur Lichtgeschwindigkeit c schwach bewegter Atome bzw. Teilchen in sehr guter Näherung erfüllt.
  Die Schrödingergleichung für ein Elektron am Atomkern (Wasserstoffproblem) ließ sich ohne neue prinzipielle Probleme auf das Vielteilchenproblem verallgemeinern, also auf Atome mit vielen Elektronen um den schweren Kern, und auf Festkörper mit vielen Elektronen zwischen gitterförmig angeordneten (ionsierten) Atomrümpfen.
  Als entscheidend erwies sich dabei das von Wolfgang Pauli bewiesene Ausschließungsprinzip: Teilchen mit halbzahligem Spin wie z. B. Elektronen, Protonen und Neutronen. können nicht in derselben Wellenkonfiguration sitzen. Teilchen mit halbzahligem Spin nennt man Fermiteilchen oder Fermionen. Teilchen mit ganzzahligem Spin (sie heißen Bosonen) können hingegen gleichzeitig dieselbe Wellenkonfiguration einnehmen. Diese Eigenschaften sind entscheidend für die Struktur der Atome aller Elemente. Sie führen nämlich zum schalenartigen Aufbau der Viel-Elektronen-Hülle bei Atomen und zur Auffüllung von nach Energiewerten geordneten Bändern der Wellenfunktionen der Elektronen in Festkörpern.

– *Quantenfeldtheorie und Elementarteilchentheorie*
  Parallel dazu und in Erweiterung der Quantentheorie fand die Entwicklung der Quantenfeldtheorie statt. Mithilfe dieser Theorie wurden alle schon bekannten Teilchen (Elektronen, Protonen, Neutronen, Neutrinos ...) und weitere im Verlauf der Forschung entdeckte Teilchen (Mesonen, Quarks, Higgs-Boson) nach demselben Prinzip des Welle-Teilchen-Dualismus behandelt. Welle und Teilchen sind danach komplementäre Aspekte derselben Mikroentität, die sich durch eine jeweils

andersartige (komplementäre) Wechselwirkung mit der Umwelt z. B. im Messprozess zeigen. Unter (Mikro-) Entitäten bezeichnen wir dabei elementare Materiefragmente, die je nachdem als Teilchen oder Welle in Erscheinung treten.
Dabei erwies sich die wichtige mathematische Methode der zweiten Quantisierung nicht nur als besonders hilfreich, sondern auch als weiterführend. Erzeugungs- und Vernichtungsoperatoren waren seit der quantenmechanischen Behandlung des harmonischen Oszillators bekannt. Mit ihrer Hilfe ließen sich nicht nur die Felder aller Elementar-Entitäten darstellen, sondern auch die Erzeugung und Vernichtung der Quanten dieser Felder (d. h. der zugehörigen Teilchen). Diese Prozesse waren nach der quantenfeldtheoretischen Bewegungsgleichung als Emissions- und Absorptionsprozesse im Laufe ihrer Zeitentwicklung möglich.
Die Quantenfeldtheorie bereitete den Weg zur modernen Elementarteilchentheorie, die in dem heute als vorläufigen Endpunkt bekannten Standardmodell der Elementarteilchentheorie einstweilen endet. Offenbar kommt es bei dieser Entwicklung entscheidend darauf an, welche Wechselwirkungen zwischen den schon bekannten und eventuell neu zu entdeckenden Feldern bzw. Teilchen anzunehmen sind und welche symmetrie-theoretischen Klassifikationen der Elementarteilchen dabei eine Rolle spielen. Die Art und Stärke dieser Wechselwirkungen entscheiden nämlich über Existenz und Lebensdauer der bekannten bzw. postulierten Entitäten.
Zunächst ergab sich aus der klassischen Elektrodynamik die Quantenelektrodynamik, mit der die Wechselwirkung (Streuung, Absorption, Emission) zwischen Atomkern bzw. Elektronen und dem Lichtfeld systematisch behandelt werden konnte. Dann erfolgte der wichtige Schritt der Vereinigung der elektromagnetischen und schwachen Wechselwirkung zur elektroschwachen Wechselwirkung, einem wichtigen Bestandteil des Standardmodells. Schließlich führte die gruppentheoretische Klassifizierung der Elementarteilchen zu der Notwendigkeit neue Subteilchen, die Quarks einführen zu müssen, aus denen die bisher als elementar angesehenen Hadronen (Protonen, Neutronen, Mesonen) zusammengesetzt sein müssen. Auch die Quarks sowie die Gluonen, die die Wechselwirkung zwischen den Quarks vermitteln, gehören zum Standardmodell, das inzwischen experimentell bestätigt werden konnte.
Die Stärken der Wechselwirkungen, die zwischen den unterschiedlichen Elementarteilchen wirken, unterscheiden sich um viele Größenordnungen. Diese Wechselwirkungen führen zu den Kräften.

- Die schwächste, aber zugleich universell wirksame Wechselwirkung ist die Gravitation. Sie wirkt zwischen allen Teilchen, die eine Masse haben. Ihr Einbau in eine alle Kräfte umfassende Gesamt-Quantenfeldtheorie wird intensiv angestrebt, ist aber bisher noch nicht gelungen.
- Die schwache Wechselwirkung wirkt zwischen Leptonen, d. h. bestimmten leichten Teilchen wie Elektronen, Neutrinos.

  - Die elektromagnetische Wechselwirkung ist fundamental für den Aufbau der Materie. Das elektromagnetische Feld bewirkt die Kraft zwischen den elektrischen Ladungen und Strömen.
  - Die elektroschwache Wechselwirkung fasst schwache und elektromagnetische Wechselwirkung quantenfeldtheoretisch zusammen.
  - Die starke Wechselwirkung wirkt zwischen Hadronen (Protonen, Neutronen ...) und ihren Bestandteilen, den Quarks. Die Wechselwirkung zwischen den Quarks ist so stark, dass sie nur in gebunden Zustand (in Protonen, Neutronen und Mesonen) auftreten.
- *Kosmologie*
  Das Verständnis für die Welt als Ganzes, das Universum, ist natürlich ein uraltes Anliegen der Menschheit. Aber erst im 20-ten Jahrhundert war innerhalb der Physik die Möglichkeit herangereift, ein einigermaßen konsistentes Gesamtverständnis für das Drama der Entwicklung des Universums herzustellen, das man heute als das Standardmodell der Kosmologie bezeichnet.
  Es sind drei aufeinander wirkende Bestandteile, aus denen sich das Standardmodell zusammensetzt:
  - Die sich dynamisch entwickelnde Raum-Zeit-Struktur bildet den Rahmen des Universums. Sie entwickelt sich nach den Gleichungen der Allgemeinen Relativitätstheorie
  - Die raumzeitliche Hülle wird durch Strahlung, d. h. ruhrmasselosen Photonen aller Energie und aus kompakter, d. h. Ruhemasse besitzender Materie gefüllt. Ihre Dichten und relativen Anteile verändern sich im Laufe der kosmischen Weltzeit. Mikroskopisch besteht die Materie (bis auf den allerersten Anfang) aus den bekannten Elementarteilchen und der wegen der kosmischen Auswirkungen bis jetzt nur postulierten dunklen Materie und dunklen Energie.
  - Das Universum durchlief zunächst thermische Gleichgewichtszustände. In diesen Temperaturgleichgewichten werden die Zustände verschiedener Energien der beteiligten Materiekomponenten gemäß der Boltzmannverteilung besetzt. Unmittelbar nach dem Urknall herrschten zunächst extrem hohe Temperaturen, die entsprechend der Allgemeinen Relativitätstheorie eine Funktion des Skalenfaktors sind. Während der Skalenfaktor, der die Ausdehnung des Universums beschreibt, rasch wuchs, fiel die Temperatur zunächst rasch, später langsam ab.
    Diese Entwicklung des Universums lässt sich verstehen, wenn man bedenkt, dass sich der Skalenfaktor nach der Allgemeinen Relativitätstheorie entwickelt und sich für jede Temperatur ein temporäres Gleichgewicht zwischen Strahlung und massehaltiger kompakter Materie einstellt.
    - Bei höchsten Temperaturen erzeugen γ-Quanten-Paare Teilchen und Antiteilchenpaare. Andererseits vernichten sich Teilchen und Antiteilchenpaare und erzeugen γ-Quanten-Paare.

  - Bei niedrigeren Temperaturen reichen die Energien der thermischen γ-Quanten nicht mehr aus, um die Ruhemassen der Teilchen-Antiteilchen Paare aufzubringen. Dann überwiegt der Teilchen-Antiteilchen Zerstrahlungsprozess. Wenn mehr Teilchen als Antiteilchen vorhanden sind, bleibt ein Überschuss von Teilchen, die kein Antiteilchen als Zerstrahlungs-Partner finden. Das heißt: Nur ein Überschuss von kompakter Materie überlebt. Die Antimaterie verschwindet praktisch aus dem Universum. Man versteht mittlerweile, dass gewisse durch Symmetriebrechung entstehende Asymmetrien für den Überschuss der Materie gegenüber der Antimaterie sorgen.
- Bei weiter sinkender Temperatur kommt es zu einem Kondensationsprozess, der primordialen Nukleosynthese, d. h. der Bildung von Wasserstoff-, Helium- und Lithiumkernen. Das geschieht etwa drei Minuten nach dem Urknall. Erst viel später, nach etwa 300 000 Jahren, ist die Temperatur auf etwa 3000 K gesunken. Im Plasma freier H^+, He^{++} Kerne und e^- Elektronen bilden sich nun neutrale Atome. Die Wechselwirkung zwischen Strahlung und kompakter Materie wird dadurch wesentlich schwächer. Deren Entwicklung entkoppelt sich deshalb und das Universum wird durchsichtig. Bei weiter expandierendem Universum sinkt die Strahlungstemperatur schneller ab als die der kompakten Materie. Ihr „Rest" bei 2,73 K wurde 1967 als kosmische Hintergrundstrahlung entdeckt. Bei immer weiter sinkender Temperatur der homogen verteilten Materie kann der Druck der kinetischen Temperaturbewegung der Gravitation nicht mehr standhalten, das heißt, die Materie beginnt zu „klumpen". Die ersten Galaxien und Sterne entstehen. Eine Entmischung zwischen Makro- und Mikrovariablen findet statt.

Durch unsere verkürzte, sozusagen ausgedünnte Darstellung des gesamten Erkenntnisprozesses ergab sich eine erstaunliche, keineswegs selbstverständliche logische Kohärenz der entdeckten Sequenz von Strukturen. Diese Entwicklung zeigte eine durch die Sachlage bestimmte Eigendynamik.

Betrachtet man nun die Rolle der am Erkenntnisprozess teilnehmenden Forscher, so ergibt sich folgendes Bild: Die herausragenden Wissenschaftler ihrer Epoche schufen eine jeweils neue Begriffswelt, die schließlich zur Rahmentheorie für einen ganzen Wirklichkeitsbereich wurde. Diese Forscher sind zusammen mit dem von ihnen erschlossenen Bereich (in Stichworten) im Folgenden aufgeführt:

Galileo Galilei	1564–1642	Fallgesetze, Entdeckung der Jupitermonde. „Und die Erde bewegt sich doch."
Isaak Newton	1642–1726	Mechanik, Kraftgesetz, Gravitation
James Clerk Maxwell	1831–1879	Elektromagnetisches Feld, Feldgleichungen

Robert Mayer	1814–1878	Energieerhaltungssatz; Erster Hauptsatz der Thermodynamik
Sadi Carnot	1796–1832	Reversibler Kreisprozess
Rudolf Clausius	1822–1888	Zweiter Hauptsatz der Thermodynamik
Willard Gibbs	1839–1903	Thermodynamische Potentiale
Ludwig Boltzmann	1844–1906	Statistische Mechanik, Entropie
Albert Einstein	1879–1955	Raum-Zeitstruktur, lokal (SRT), global (ART)
Max Planck	1858–1947	Strahlungsgesetz, Beginn der Quantenphysik
Niels Bohr	1885–1962	Atommodell, halb-klassisch
Werner Heisenberg Erwin Schrödinger	1901–1976 1887–1961	Grundlage der Quantentheorie im Heisenberg- und Schrödingerbild, Wasserstoffatom, Unschärferelation
Wolfgang Pauli	1900–1958	Ausschließungsprinzip
Paul Dirac	1902–1984	Relativistische Quantentheorie
Enrico Fermi	1901–1954	Fermi-Dirac-Statistik
Willem de Sitter	1872–1934	Einstein-de Sitter Modell des Universums
Edwin Hubble	1889–1953	Expansion des Universums
Alexander Friedmann	1888–1925	Modelle des Universums, FLRW Metrik
Georges LeMaitre	1894–1966	Modelle des Universums, FLRW Metrik
Howard Robertson	1903–1961	FLRW Metrik der ART
Arthur Walker	1909–2001	FLRW Metrik der ART
Eugene Wigner	1902–1995	Gruppentheorie in der Quantenmechanik
Richard Feynman	1918–1988	Quantenfeldtheorie
Steven Weinberg Sheldon Glashow Abdus Salam	*1933 *1932 1926–1996	Elektroschwache Wechselwirkung Standardmodell der Elementarteilchentheorie
Murray Gell-Mann	*1929	Gruppentheoretische Klassifikation der Elementarteilchen
Arno Penzias Robert W. Wilson	*1933 *1936	Kosmische Hintergrundstrahlung

Dabei konnte es jedoch nicht bleiben. Der von ihnen geschaffene Rahmen musste ausgefüllt werden. Erst dadurch einschließlich des dazugehörigen Verifikationsprozesses zeigte sich, dass diese Begriffe jeweils zur Erfassung eines ganzen Wirklichkeitsbereiches in logisch kohärenter Weise geeignet waren.

Diese Aufgabe war sowohl experimentell wie theoretisch nicht weniger anspruchsvoll als die Bereitstellung des begrifflichen Rahmens. Dabei waren manchmal die Experimentalphysiker, manchmal die Theoretiker die Vorreiter. So entdeckten

z. B. die Experimentalphysiker den Aufbau der Atome aus Kern und Hülle, sie lieferten den Beweis für den Welle-Teilchen-Charakter der Materie und sie entdeckten fast zufällig die kosmische Hintergrundstrahlung. Andererseits mussten sie nachträglich experimentell überprüfen, ob eine vorher aufgestellte Rahmentheorie alle durch sie geforderten Phänomene richtig vorausgesagt hat. Die Theoretiker, wiederum hatten die Aufgabe das grundlegende Differentialgleichungssystem mit entsprechenden dem Phänomen angepassten Rand- und Anfangsbedingungen zu lösen. Die Lösung dieser Aufgaben erforderte und erfordert ganze Gruppen hoch qualifizierter und hoch spezialisierter Forscher.

Schon die Nennung einiger (nicht vollständiger) Gebiete, die sich aus der jeweiligen Rahmentheorie entwickelt haben, zeigt die ungeheuere, nicht abgeschlossene Fülle der Anwendungsfelder (die zum Teil auch in den Kapiteln 3 bis 11 erwähnt wurden):

- Mechanik: Daraus entstand z. B. das mechanische (klassische) Vielteilchenproblem, vom Festkörper zur Elastomechanik und Hydrodynamik und zur Himmelsmechanik vom Planetensystem zur Galaxien-Dynamik.
- Elektromagnetismus:
  - Elektrotechnik: Dynamo, Elektromotor, Elektrizitätswerk.
  - Hochfrequenztechnik: Erzeugung- und Verwendung elektromagnetischer Wellen aller Wellenlängen.
  - Integration des Gebietes der (klassischen) Optik
- Raum-Zeit-Struktur
  - Spezielle Relativitätstheorie: Lichtgeschwindigkeit als Maximalgeschwindigkeit von Teilchen. Äquivalenz von Masse und Energie insbesondere in der Kern- und Elementarteilchenphysik.
  - Allgemeine Relativitätstheorie: Äquivalenz von schwerer und träger Masse, Erweiterung der Newtonschen Gravitationstheorie vom „Schwarzen Loch" bis zur Grundlage der Kosmologie mittels nicht-euklidischer Geometrie.
- Statistische Mechanik: Kinetische Gastheorie, Entropiebegriff, Mikroskopische Begründung der Thermodynamik. Irreversibilität der Zeit.
- Quantentheorie: Begründung diskreter Energiezustände. Klärung der Atomstruktur (Elektronen und Kerne) und des Aufbaus der Elemente. Verstehen des Welle-Teilchen-Dualismus und des Zustandekommens von Indeterminismus (Dekohärenz). Festkörperforschung (Leiter, Halbleiter, Isolatoren, Transistoren). Erweiterung zur Elementarteilchentheorie („Zweite Quantisierung")

Thomas Kuhn (1922–1996) charakterisierte die beschriebene Abfolge von Entwicklungsphasen der physikalischen Forschung wie folgt: Es gibt zentrale Paradigmen, die den jeweiligen Rahmenbegriffen und Rahmentheorien zugeordnet sind. Um diese Paradigmen herum gruppiert sich dann die anschließende Forschung, bis der begriffliche Rahmen ausgeschöpft ist und eine erweiterte Begrifflichkeit für einen erweiterten Erfahrungsbereich notwendig wird. Dieser Interpretation kann man durchaus insoweit zustimmen, als sie eine (partielle) Erklärung der Dynamik der Wissenschaftsentwicklung gibt: In einer stationären Phase wird der Rahmen einer vorhandenen Vorstellungswelt bis zur Grenze ihrer Anwendbarkeit ausgeschöpft. In einer kürzeren revolutionären Phase gelingt sodann der Durchbruch zu einer für die Beschreibung der Realität notwendig gewordenen erweiterten Begrifflichkeit, um deren Ausarbeitung sich die jüngere Generation aktiver Wissenschaftler in schneller Weise bemüht. Der berühmteste Fall dieser Entwicklung ist der Übergang von der Welt der klassischen Physik zur Welt der Quantenphysik.

Es muss aber auch vor Fehlinterpretationen der Kuhnschen Beschreibung gewarnt werden: Sie bestehen in der Meinung, es handele sich bei der Wissenschaftsentwicklung primär um ein soziologisches Phänomen. Die Entwicklung der Wissenschaft, insbesondere der Physik, sei sozusagen nur ein Epiphänomen der historischen bzw. soziologischen Abfolge des die jeweilige Ära dominierenden Zeitgeistes. Damit würden aber die Physik, aber auch andere Naturwissenschaften, zum Teilphänomen einander abwechselnder und sich gegenseitig relativierender historisch-soziologisch bedingter Kulturen gemacht.

Einer solchen Interpretation muss entgegengehalten werden, dass der Wirklichkeitsbereich, mit dem sich die Naturwissenschaft beschäftigt, schon per definitionem einen kulturübergreifenden Charakter hat. Dementsprechend hat die Naturwissenschaft eine Eigendynamik, die der sukzessiven Aufarbeitung von jeweils aktuell gewordenen Sachproblemen entspricht, jedoch ziemlich unabhängig vom jeweiligen Zeitgeist der Epoche ist.

Insbesondere ergibt sich, dass die eigene Entwicklungsdynamik der Physik, aber auch der gesamten Naturwissenschaft, einen irreversiblen Verlauf zunehmender Tiefe und Breite hat. Dieser kulturübergreifende Verlauf unterscheidet sich von dem Auf und Ab der sozio-politischen Entwicklung.

12.1.2 Wissenschaftstheoretische Konsequenzen

Aus der Jahrhunderte währenden Entwicklung der Physik mit der inneren Kohärenz ihres Erkenntnisprozesses und der sich in den Kulturepochen weiterentwickelnden Geisteswissenschaft ergaben sich wissenschaftstheoretische Konsequenzen.

Die umfangreichen philosophischen Systeme dazu können hier natürlich nicht behandelt werden. Vielmehr beschränken wir uns auf die dazugehörigen erkenntnistheoretischen Positionen. Bei diesen nennen wir – in etwas zugespitzter Form – ihre Hypothesen. Bei dem daraufhin folgenden Vergleich der Positionen werden sich auch große spannungsgeladene Unterschiede herausstellen, die zu ihrer postmodernen Unübersichtlichkeit (Habermas) führen. Wir wollen jedoch den Versuch unternehmen, auf einer Metaebene diese Unterschiede zu verstehen.

12.1.2.1 Die These des erkenntnistheoretischen Positivismus

Den Positivismus kann man als eine moderne Version des Empirismus bezeichnen: Davon ausgehend, dass „letzten Endes alles, worüber wir verfügen, Sinnesdaten sind", wird auf metaphysische Hintergrundstrukturen verzichtet. Deren Erkennbarkeit wird verneint. Vielmehr beschränkt sich der Positivismus auf empirisch erfahrbare Fakten, die in Protokollsätzen festgelegt werden können.

Bei den Hypothesen und Theorien, die in der Physik aufgestellt werden, handelt es sich gemäß der Grundannahme des Positivismus nur um Modelle, also letzten Endes willkürliche Konstrukte, die jedoch einen denkökonomischen Charakter haben, da sie eine gewisse Ordnung in die Vielfalt der Fakten bringen. Mit einer Erkenntnis der Wirklichkeit an sich haben sie nichts zu tun.

12.1.2.2 Die These des erkenntnistheoretischen Idealismus

Diese These wurde – wohl erstmalig – in der „Kritik der reinen Vernunft" von Immanuel Kant aufgestellt. Er fasste seine These als die „kopernikanische Wende der Erkenntnistheorie auf. In Bezug auf die Frage nach der Möglichkeit von Erkenntnis besagt sie:

Im transzendentalen Subjekt – also den denkenden und erkennen wollenden Menschen – sind Anschauungs- und Denk-Kategorien – wie z. B. die Raum-Zeit-Vorstellungen und das Kausalitätsprinzip – unveränderlich apriori eingeprägt. Daher handelt es sich bei den vom Subjekt erkennbaren Strukturen nicht um das „Ding an sich", also um eine subjektunabhängige Wirklichkeit. Vielmehr handelt es sich darum, dass das Subjekt beim Erkennenwollen seine Kategorien auf die Welt projiziert und daher sozusagen automatisch wieder erkennt und wieder herausliest.

12.1.2.3 Die These des radikalen Konstruktivismus

Laut Wikipedia besteht die Kernaussage des von Ernst Glaserfeld begründeten radikalen Konstruktivismus darin, dass eine Wahrnehmung kein (irgendwie geartetes) Abbild einer bewusstseins-unabhängigen Realität liefert, sondern dass Realität für jedes Individuum immer eine Konstruktion aus Sinnesreizen und Gedächtnisleistung darstellt. Jede Wahrnehmung ist vollständig subjektiv. Kognitive Strukturen sind nur Ergebnisse von Anpassung. Es ist daher eine Illusion, dass die empirische Bestätigung einer Hypothese die Erkenntnis über eine objektive Welt bedeuten. Es geht nur um Pragmatismus und um Konstruktion von Wirklichkeit, wobei der subjektive Standpunkt von Beobachtern die Beobachtung beeinflusst.

12.1.2.4 Die linguistische Wende

Diese sprachbezogene Wende bezeichnet ein (geisteswissenschaftliches) Forschungsprogramm. Es werden nicht die von der Sprache gemeinten „Dinge an sich“ untersucht sondern es werden die sprachlichen Bedingungen untersucht, wie von den Dingen gesprochen wird. In radikaler Form handelt es sich dabei um die These, dass geistige Prozesse sich überhaupt nur im Rahmen der Sprache vollziehen, also sozusagen Sprachspiele seien. In diesem Sinne wird Sprache zu einem tendenziell autonomen System, das mit den durch sie bezeichneten Objekten nur lose oder willkürlich verknüpft ist. Zum Beispiel ist Geschichtsschreibung notwendig narrativ, indem erst durch Sprache die Daten selektiert, strukturiert und daher interpretiert werden.

12.1.2.5 Der kritische Realismus

Der kritische Realismus ist die Gegenposition der Thesen 12.1.2.1 bis 12.1.2.4. Er wird von der weit überwiegenden Mehrheit der Physiker und Naturwissenschaftler und auch vom Autor vertreten. Seine Hauptpositionen sind die folgenden:

- Die Wirklichkeit existiert unabhängig vom Subjekt.
- Die Realität ist dabei ontologisch primär, das Subjekt ist ontologisch sekundär.
- Das Subjekt kann echte Erkenntnis über Teilstrukturen des „Ding an sich“ in nachprüfbarer Weise erlangen.
- Die Tiefe der Erkenntnis hängt vom Repräsentationsvermögen seines Begriffsapparates ab. Dieser ist nicht apriori starr vorgegeben, sondern kann sich eventuell an die zu erkennenden Schichten der Wirklichkeit anpassen
- Der Vermittlungsprozess besteht aus komplexen, begrifflichen und gedächtnismäßigen Verarbeitungsprozessen, die in der Lage sind, die Strukturen der subjektunabhängigen Realität im System des Gehirns in nicht vorbestimmbarer Tiefe zu repräsentieren.
- Die Reichweite der Erkenntnis ist daher apriorisch unbestimmbar.
- Die Repräsentation der Erkenntnis ist keine naive Abbildung, sondern ein durch einen Vermittlungsprozess erlangter „Homomorphismus“.

12.1.2.6 Die Stabilität von Erkenntnissen

Aus diesen Einsichten ergibt sich eine Aussage über die Stabilität gewonnener Erkenntnisse. Das Poppersche Wissenschaftsprogramm geht nach dem Prinzip Versuch und Irrtum (trial and error) vor. Solange eine Hypothese nicht falsifiziert ist, kann sie als gültig angesehen werden. Allerdings ergibt sich hieraus keine Aussage über die Gültigkeitsdauer bzw. verlässliche Stabilität der gewonnenen Theorie.

Ein erstes Stabilität erzeugendes Prinzip ist das (schon mehrfach erwähnte) Inklusionsprinzip. Es besagt: Die erweiterte Theorie muss die im beschränkten Wirklichkeitsbereich schon experimentell bestätigte Theorie als asymptotisch gültigen Grenzfall mit enthalten. Auf diese Weise sorgt das Inklusionsprinzip dafür, dass keine inkompatiblen, also logisch inkohärenten bzw. inkommensurablen Theorien auftreten.

Wenn das Inklusionsprinzip von der erweiterten Theorie erfüllt wird (eine wichtige nicht triviale Bedingung), dann unterstützen sich die alte (beschränkte) und die neue (erweiterte) Theorie hinsichtlich der Stabilität ihrer Geltung gegenseitig, und zwar aus folgenden Gründen:

- Beide Theorien zusammen stellen eine erweiterte logisch kohärente Erklärung der Phänomene des alten (beschränkten) und neuen (erweiterten) Wirklichkeitsbereichs dar.
- Die alte Theorie wird durch die neue gestützt, da sie nunmehr in die neue Theorie als Grenzfall eingebettet ist und dadurch tiefer begründet ist.
- Die neue Theorie wird durch die alte indirekt gestützt. Denn bei einem Versagen der neuen Theorie könnte zugleich die alte Theorie mit infrage gestellt werden. Diese aber ist zusammen mit ihren Folgerungen bereits experimentell bestätigt worden.
- Auf die alte klassische Mechanik und die neue Quantenmechanik angewandt bedeutet dies: Da das Inklusionsprinzip erfüllt ist, decken beide zusammen einen erweiterten Erfahrungsbereich ab. Ferner ist die klassische Mechanik tiefer begründet (an die Quantentheorie angeschlossen) und ein plötzliches Versagen der Quantentheorie ist auch insofern höchst unwahrscheinlich, da dann sogar der Grenzfall der klassischen Mechanik zumindest strukturell mit betroffen wäre.
- Der Hauptgrund für die Stabilität physikalischer Erkenntnis ist jedoch ihre Bezogenheit auf eine sowohl Subjekt- wie Gesellschafts-unabhängige in sich selbst stabile Wirklichkeit. Wegen der strengen Verifikationskriterien, die vor der Anerkennung als echter Erkenntnis stehen, garantiert diese Bezogenheit im Idealfall zusätzlich Illusionsfreiheit wie Unabhängigkeit von zeitgeistbedingten Ideologien.

12.1.2.7 Kritischer Vergleich der Positionen

Es fällt sofort auf, dass die Thesen und Positionen 12.1.2.1 bis 12.1.2.4 nicht mit dem kritischen Realismus 12.1.2.5 und der aus ihm ableitbaren Stabilität von Erkenntnissen 12.1.2.6 vereinbar bzw. kompatibel sind. Da wir gleiche Einsichtsfähigkeit der jeweiligen Vertreter ihrer Positionen voraussetzen, müssen andere Gründe für diese Divergenz vorliegen. Sie können eigentlich nur an dem verschiedenen Wirklichkeitsbereich liegen, auf den die jeweilige wissenschaftstheoretische Position optimal passt.

In der Tat wissen wir heute genauer als früher, dass – unbeschadet der globalen Einheit der Wirklichkeit – diese Wirklichkeit eine Schichtenstruktur aufweist, derart, dass jede Schicht spezifische Ordnungsstrukturen hat.

Wenn wir nun davon ausgehen, dass die Naturwissenschaft sich mit subjektunabhängigen Strukturen beschäftigt, während die Geisteswissenschaft die Beziehungen zwischen Menschen behandelt, dann passen in der Tat die Positionen 12.1.2.1

bis 12.1.2.4 besser zur Wirklichkeitsebene der Geisteswissenschaft und die Positionen 12.1.2.5 und 12.1.2.6 besser zum Objektbereich der Naturwissenschaft.

Wir nehmen nun die Metaebene eines Vergleichs aller Positionen ein. Dabei steht die Frage nach Charakter und Möglichkeit von Erkenntnis als solcher im Vordergrund. Wir formulieren der Kürze und Verständlichkeit halber die kritischen Beurteilungen der Positionen in etwas zugespitzter Form.

Der erkenntnistheoretische Positivismus

Die Grundthese:

Wissenschaft müsse auf in Protokollsätzen rein empirisch erfahrbare Fakten beschränkt werden, um „metaphysische Hintergrundstrukturen" zu vermeiden,

widerlegt sich selbst. Denn diese Grundthese ist kein Protokollsatz, sondern eine abstrakte Hintergrundposition.

Die These:

Theorien der Physik, die ja Fakten und Hintergrundstrukturen verbinden, seien nur Modelle mit allenfalls denkökonomischen Charakter,

bagatellisiert den Erkenntnischarakter von Wissenschaft überhaupt. Denn willkürlich konstruierbare Modelle sind wegen ihrer weitgehenden Beliebigkeit erkenntnis-irrelevant. Die Frage, warum z. B. in der Physik bewährte Theorien für einen Wirklichkeitsbereich alles andere als willkürlich, sondern praktisch eindeutig und unauswechselbar sind, bleibt völlig unbeantwortet.

Der erkenntnistheoretische Idealismus

Die erstmals von Kant formulierte Grundthese ist:

Anschauungs- und Denk-Kategorien sind apriori unveränderlich im „transzendentalen Subjekt" festgelegt.

Erkenntnis kann daher nur im Wiedererkennen der automatisch vom Subjekt in das Erkannte hineingelesenen Kategorien bestehen. Das Erkannte kann also mit dem „Ding an sich", das heißt mit einer subjektunabhängigen Wirklichkeit, gemäß dieser These nichts zu tun haben. Das Erkennbare ist allenfalls eine Ausfüllung apriorisch festliegender Kategorien des Subjekts.

Die Weiterentwicklung der Physik widerlegt diese These. Um eine widerspruchsfreie, kohärente Theorie zu einem umfassenden Wirklichkeitsbereich entwickeln zu können, musste die Physik apriorisch eingeprägte Raum-Zeit-Anschauungen sowie Denkkategorien wie das durchgängig gültige Kausalprinzip verlassen und in allgemeinere, von der Wirklichkeit selbst und nicht vom Subjekt vorgegebene Hintergrundstrukturen einbetten. Die idealistische These vom ontologischen Primat des transzendentalen Subjekts konnte daher nicht aufrechterhalten werden.

Die These des radikalen Konstruktivismus

Die These:

Wahrnehmung findet nicht nur im Rahmen apriorisch festliegender subjektiver Kategorien statt, sondern ist sogar vollständig subjektiv

radikalisiert die These des erkenntnistheoretischen Idealismus. Da auftretende, kognitive Strukturen nur als Ergebnis von jeweiliger Anpassung interpretiert werden, verlieren sie tatsächlich jeden Erkenntnischarakter und sind bestenfalls Konstruktionen der Wirklichkeit.

Wenn der betrachtete Wirklichkeitsbereich nur auf schnell entstehende und vergehende flexible Phänomene begrenzt wird, z. B. auf zeitgeist-abhängige Gesellschafts-Formationen, dann können flexible Anpassungen in der Tat nicht zum Aufbau von grundlegenden Strukturerkenntnissen führen, sondern bestenfalls zur Aufstellung pragmatischer Hinweise. Die Anwendung des Inklusionsprinzips als Anschlussprinzip von engerem auf allgemeinere Begriffssysteme fällt dann weg, da dabei die Stabilität dieser Begriffsysteme vorausgesetzt wird.

Indessen ist die These des radikalen Konstruktivismus auf diejenigen Wissenschaften nicht anwendbar, die sich mit grundlegenden stabilen Strukturen befassen, welche durch reproduzierbare Experimente quantitativ erfasst werden können. Denn deren nach langer Überprüfung aufgestellte Theorien sind das Gegenteil von in jeweiliger Anpassung hergestellter „Konstrukte von Wirklichkeit".

Die linguistische Wende

Dies ist eigentlich keine wissenschaftliche Position, wohl aber eine Forschungsrichtung, die zur These des radikalen Konstruktivismus passt. Das Forschungsprogramm der Linguistischen Wende untersucht die sprachlichen Bedingungen, wie von Dingen gesprochen wird. Wird dabei die Sprache als autonomes System betrachtet, dann könnte es dazu kommen, dass man sich mit sprachlichen Mitteln überhaupt nicht mehr auf außersprachliche Inhalte bezieht. Dann aber ginge die Relevanz der Sprache für die Erlangung von Erkenntnis über außersprachliche Inhalte verloren.

Der kritische Realismus

Der kritische Realismus ist die Gegenposition zu den vorher genannten Positionen. Dies folgt aus der Zielrichtung der Wissenschaft, für die er zutreffen soll, das ist die Naturwissenschaft, die sich mit den subjektunabhängigen Strukturen der Gesamtwirklichkeit beschäftigt bzw. beschäftigen soll.

Dabei ist es aber wichtig, sich zu vergewissern, dass es sich wirklich – im Widerspruch zu den oben genannten Thesen – um echte erkennbare subjektunabhängige Realität handelt und nicht nur um Projektionen und Konstruktionen von fantasievollen Subjekten oder nur um denkökonomische Modelle.

Diese Vergewisserungskraft kann nicht aus dem schlichten Sinneserlebnis des Subjektes stammen, das Täuschungen und Illusionen unterliegen kann. Folgende Vergewisserungsschritte sind jedoch in sich steigernder Überzeugungskraft maßgebend:

– Echte Erkenntnis über subjektunabhängige, also objektive Realität kann nur dann als solche vorliegen, wenn ihr Zutreffen in intersubjektiver Übereinstimmung anerkannt wird. Diese Intersubjektivität ist eine notwendige, aber keine hinreichende Bedingung für echte Erkenntnis. (Es könnte ein Kollektivwahn vorliegen):
– Für die Erlangung fortschreitender Erkenntnis über umfassendere Wirklichkeitsbereiche gilt das Poppersche Forschungsprogramm des „trial and error", wonach umfassende Verifikation konkurrierender Hypothesen nie abgeschlossen werden kann, jedoch Falsifikation von Hypothesen zu ihrem Ausschluss führt.
– Je schärfer und umfassender die (vornehmlich quantitativen) Kriterien sind, unter denen sich eine Hypothese bewährt, während alle konkurrierenden Hypothesen wegen Falsifikation ausscheiden, desto berechtigter ist die (praktisch alternativlos werdende) Annahme, dass es sich bei einer solchen Hypothese um eine die konkreten Phänomene einer subjektunabhängigen Wirklichkeitsschicht erklärende Hintergrundstruktur handelt. Eine solche heißt dann Theorie.
– Die Überzeugung, dass eine solche Theorie eine stabile Erkenntnis darstellt, wird weiter verstärkt, wenn überraschenderweise entlegene, merkwürdige, bisher unerklärte Phänomene durch die gefundene Theorie erklärt werden können. Es muss hier festgestellt werden, dass weder der Positivismus noch der Kantsche Idealismus, noch der Konstruktivismus auch nur im geringsten eine Erklärung für die überraschend feststellbare Tragweite einer neuen, bewährten Theorie geben kann. Für den kritischen Realismus gibt es diese Erklärung sofort: Die Theorie beschreibt approximativ einen Teil der subjektunabhängigen Realität. Ihre Stabilität erklärt sich aus der Stabilität der erkannten Struktur der Wirklichkeit.

12.2 Die gegenwärtige Situation

12.2.1 Die Standardmodelle der Kosmologie und der Elementarteilchentheorie

Die Hauptthemen der Physik des zwanzigsten Jahrhunderts waren die Relativitätstheorie (siehe Kapitel 6 und 7) und die Quantentheorie (siehe Kapitel 10 und 11). Ihre Weiterentwicklung bestimmt die gegenwärtige Situation.

So hat sich einerseits auf der Grundlage der Allgemeinen Relativitätstheorie (siehe Kapitel 7) das im Mittelpunkt astronomischer und astrophysikalischer Forschung stehende Standardmodell der Kosmologie entwickelt.

Andererseits hat sich auf der Grundlage der Prinzipien der Quantentheorie (siehe Kapitel 11) dieselbe zur Quantenfeldtheorie und schließlich zur Elementarteilchentheorie entwickelt. Heute steht dabei das Standardmodell der Elementarteilchentheorie zur weiteren Prüfung an, was gegenwärtig vor allem durch Analyse von Zusammenstößen von Protonen bei höchsten Energien im LHC (Large Hadron Collider) geschieht. Dabei geht es im ersten Schritt um die von den Theoretikern erwartete und inzwischen erfolgte Entdeckung des Higgs-Bosons, das ein wichtiger Baustein des Standardmodells ist.

Die beiden Standardmodelle gehören zunächst verschiedenen Bereichen der Physik an: Das Standardmodell der Kosmologie betrifft die Entwicklung des Universums als Ganzes vom Urknall über die Gegenwart in die Zukunft. Das Standardmodell der Elementarteilchentheorie betrifft andererseits den subatomaren Bereich von Erzeugung, Zusammensetzung und Vernichtung von Elementarteilchen, also den stabilen und instabilen Grundbestandteilen der Materie.

Doch beide Teiltheorien müssen zusammengeführt werden zu einer einzigen kohärent zusammenpassenden Gesamttheorie. Und das nicht nur aus Gründen der Einheitlichkeit, sondern konkret, weil an der Singularität des Urknalls nicht nur Raum, Zeit und Materie in der heutigen Form überhaupt erst entstehen, sondern weil dort die Prinzipien der Quantentheorie zum Tragen kommen müssen, also die Makrotheorie mit der Mikrotheorie fusionieren muss. Diese Fusion führt auf erhebliche theoretisch-begriffliche Probleme und ist noch nicht gelungen.

Was kann man zu dieser neuen Erkenntnisebene der Physik sagen? Einerseits sind die Grundaussagen beider Standardmodelle inzwischen durch viele unabhängige bestätigende Messungen soweit gefestigt worden, dass nicht mehr mit ihrer Disqualifizierung als Ganzes gerechnet werden muss. Rückblickend ist also schon diese gewisse erwünschte Sicherheit eingetreten.

Vorausblickend besteht hingegen noch weitgehende Offenheit der Entwicklung. Das gilt selbst, obwohl man zuversichtlich sein kann, dass neu entdeckte Phänomene wie z. B. die dunkle Materie und die dunkle Energie, in dem Rahmen der Standardmodelle integriert werden können, ohne dass diese als solche aufgegeben werden müssten. Diese derzeitige Offenheit, die auch die Suche nach einer den Rahmen der Quantentheorie (zwar nicht ersetzenden, aber) erweiternden Begrifflichkeit einschließt, zeigt deutlich, dass die Tragweite des jeweils erreichten Begriffsrahmens apriori unbestimmbar, und nur im positiven Fall aposteriori bestätigbar ist. Wir sind also hier in einer noch offenen Situation, die allerdings auf wesentlich höherer Argumentationsebene, bezüglich ihres spekulativen Elementes, stattfindet als die alte Naturphilosophie.

12.2.2 Der Weg zur Interdisziplinarität

Unter Interdisziplinarität versteht man die Nutzung von Ansätzen, Denkweisen oder zumindest Methoden verschiedener Fachrichtungen. Beim Übergang zur Interdisziplinarität kann auch ein Methodentransfer stattfinden. D. h. universell gültige z. B. mathematische Methoden, die sich bereits bewährt haben, werden sinngemäß auf die Beschreibung und Theorienbildung in einem weitern Fachbereich angewandt.

Der Erfolg der Physik in der Behandlung immer weiterer physikalischer Wirklichkeitsbereiche von den Elementarteilchen bis zum Kosmos als Ganzem legte nun auch den Schritt zur Interdisziplinarität nahe: Es konnte das – noch keineswegs abgeschlossene – Wagnis unternommen werden, die Tragweite der in der Physik erfolgreich angewandten Methoden zu testen und zu erweitern, indem man sie auf andere Gebiete, zunächst innerhalb der Naturwissenschaften, sodann auch auf Gebiete wie die Sozialwissenschaft übertrug.

Ausgangspunkt für diese Vorgehensweise war der Begriff des Systems. Schon Ludwig von Bertalanffy (1901–1972) hatte eine Allgemeine Systemtheorie (A.S.T.) aufgestellt, in welcher er erkannte, dass komplexe zusammengesetzte Systeme Eigenschaften haben, die nur unter dem Gesichtspunkt „Das Ganze ist mehr als die Summe seiner Teile" verstanden werden können.

Vorbild dafür waren zunächst biologische Systeme, also Lebewesen. In ihnen gibt es offenbar viele teils mikroskopische, teils makroskopische Organisationsstrukturen, zwischen denen regelkreisartige Kausalzusammenhänge im Sinne von „Bottom-up" und „Top-down" bestehen. Diese stabilisieren das System, tragen also zu seiner Selbstorganisation bei und grenzen es im Sinne des Überlebens des Ganzen gegenüber der Umgebung ab. Hier ist also der Systemcharakter besonders augenfällig.

Was konnten und können nun Physiker, insbesondere theoretische Physiker, im Sinne der Interdisziplinarität zur Systemtheorie beitragen? Zunächst müssen sie das Missverständnis (das zugleich einen Vorwurf beinhaltet) des „Physikalismus" beseitigen. Der Vorwurf, es werde Physikalismus betrieben, besagt, dass Phänomene der Physik unberechtigterweise durch direkte Analogiebildung von den Elementen physikalischer Systeme auf die Elemente nicht physikalischer Systeme übertragen werden.

Genau dieser Vorwurf trifft jedoch auf den hier beschriebenen Weg zur Interdisziplinarität nicht zu. Vielmehr handelt es sich um einen Methodentransfer in der mathematischen Behandlung und Theorienbildung, aber nicht um eine direkte Analogie zwischen den Elementen physikalischer und nicht physikalischer Systeme.

Bei unserer Darstellung beschränken wir uns auf ein Beispiel, das in ersichtlicher Weise aus der Physik hervorgegangen ist, und dessen Entstehen vom Autor selbst verfolgt und später mit weiter entwickelt werden konnte.

Der Laser erwies sich als dasjenige neuartige physikalische System, dessen an ihm entwickelten theoretischen Lösungsmethoden ihn zum Wegbereiter des von Hermann Haken (*1927) eingeschlagenen Weges zur Interdisziplinarität werden ließ. Er nannte sein Projekt „Synergetik", mit folgender sehr weitreichender Definition: „Die allgemeine Theorie von kollektiven räumlichen, zeitlichen oder funktionalen Makrostrukturen von Multikomponentensystemen".

Ein Hauptergebnis der Synergetik war die Herleitung einer mathematischen Methode, wie sich aus der großen Anzahl von Variablen eines komplexen Systems systematisch eine kleine Anzahl von Ordnungsparametern herauspräparieren lässt, die die Struktur und Dynamik des gesamten Systems dominieren. Auf diese Weise lieferte die Synergetik einen wesentlichen Beitrag zur konkreten Umsetzbarkeit der Allgemeinen Systemtheorie. Die Anwendungsbeispiele der Synergetik reichen inzwischen von innerphysikalischen Systemen wie hydrodynamischen Phasenübergängen bis zur Dynamik von Mustererkennung und Musterbildung im Gehirn.

Später gelang es, die Grundsätze der Synergetik so zu formulieren, dass sie im Rahmen der Modellierungsstrategie der Soziodynamik auch auf Systeme der menschlichen Gesellschaft angewandt werden können.

12.3 Ausblick

Wie die gegenwärtige Situation zeigte, ist die Physik seit dem letzten Jahrhundert von den Elementarteilchen bis zum Urknall (dem Beginn unseres Universums) vorgedrungen, also bis an den Rand der zugänglichen Wirklichkeit. Das bedeutet aber, ob wir wollen oder nicht, wir sind am Dreiländereck angelangt, wo sich Wissenschaft, Philosophie und Theologie treffen. Philosophen und Theologen kennen diesen Ort zwischen Hoffnung und Abgründigkeit schon lange, wo die Tragweite aller Begriffe auf dem Prüfstand steht. Aber auch Physiker mit ihrem oft fröhlich realistischen, aber manchmal etwas naivem Blick können sich den dort wartenden Problemen nicht entziehen. Diesen Problemen wollen wir uns auf dem Hintergrund des in der Physik Erreichten stellen, aber ohne eigensinnig szientistischer Abgrenzung dort, wo Kompatibilität und eventuell Ergänzung der Perspektiven möglich und sogar notwendig ist.

12.3.1 Der Fortgang des physikalischen Erkenntnisprozesses

Wir wollen uns eher sekundär mit der – durchaus im Allgemeinen höchst wünschenswerten – Fülle von weiteren innovativen Anwendungen schon bekannter Naturgesetze beschäftigen. Ihre Möglichkeiten sind unbegrenzt. Denn allgemein gesprochen bestehen diese in der Konstruktion neuer komplizierter Anfangs- und Randbedingungen für geeignete Materie-Kombinationen, sodass damit in gezielter Weise erwünschte Wirkungen eintreten.

Vielmehr fragen wir primär nach den erreichbaren weiteren Erkenntnissen über weitere Wirklichkeitsbereiche. Die drei Hauptrichtungen des Fortschreitens haben wir in den Vorbemerkungen zu den Kapiteln 6 bis 11 schon genannt. Sie zielen in den Mikrokosmos, den Makrokosmos und in den Bereich komplexer Systeme. Hinsichtlich der ersten beiden Zielrichtungen gilt, dass die Entfernung des Forschungsbereiches von der natürlichen Umgebung noch größer werden wird als bisher.

Das ergibt sich aus folgender, zunächst noch durchaus hypothetischen, Überlegung, die jedoch in der Kosmologie und Elementarteilchentheorie eine große Rolle spielt: Aus der bisherigen Physik kennen wir die grundlegenden Naturkonstanten:

$$\hbar = \frac{h}{2\pi} = 1{,}0546 \cdot 10^{-34}\,\mathrm{J\,s} \qquad \text{Reduziertes Plancksches Wirkungsquantum} \qquad (12.1)$$

$$G = 6{,}674 \cdot 10^{-11}\,\mathrm{m^3kg^{-1}s^{-2}} \qquad \text{Gravitationskonstante} \qquad (12.2)$$

$$c = 2{,}997 \cdot 10^{8}\,\mathrm{ms^{-1}} \qquad \text{Lichtgeschwindigkeit} \qquad (12.3)$$

$$k_B = 1{,}38 \cdot 10^{-23}\,\mathrm{JK^{-1}} \qquad \text{Boltzmann-Konstante} \qquad (12.4)$$

Sie kommen in allen physikalischen Formeln für die verschiedenen Phänomene mit immer genau denselben Werten (12.1) bis (12.4) vor. Man darf daher davon ausgehen, dass sie über Äonen hinweg maßgebend für die Struktur der Natur sind. Daher ist es sinnvoll, anstelle der willkürlich gewählten Einheiten für die Länge (Meter m), die Masse (Kilogramm kg), die Zeit (Sekunde s) und die Temperatur (Kelvin K), neue sozusagen natürliche Einheiten einzuführen, die sich ausschließlich durch die vier Naturkonstanten ausdrücken lassen. Man nennt diese die Planck-Länge l_P, die Planck-Masse m_P, die Planck-Zeit t_P und die Planck-Temperatur T_P. Unter Verwendung von (12.1) bis (12.4) ergibt sich eindeutig unter Berücksichtigung der Dimensionen von $\hbar$, G, c und k_B:

$$l_P = \sqrt{\frac{\hbar G}{c^3}} \qquad 1{,}616199 \cdot 10^{-35}\,\mathrm{m} \qquad \text{Plancklänge} \qquad (12.5)$$

$$m_P = \sqrt{\frac{\hbar c}{G}} \qquad 2{,}17651 \cdot 10^{-8}\,\mathrm{kg} \qquad \text{Planckmasse} \qquad (12.6)$$

$$t_P = \frac{l_P}{c} \qquad 5{,}39106 \cdot 10^{-44}\,\mathrm{s} \qquad \text{Planckzeit} \qquad (12.7)$$

$$T_P = \frac{m_P c^2}{k_B} \qquad 1{,}416833 \cdot 10^{32}\,\mathrm{K} \qquad \text{Plancktemperatur} \qquad (12.8)$$

Die Gravitationskonstante G ist für die Gravitationstheorie maßgebend und $\hbar$ für die Quantentheorie. Die Lichtgeschwindigkeit c und die Boltzmannkonstante k_B spielen in beiden Theorien eine Rolle. Aus diesem Grund vermutet man, dass sich im Bereich der Planck-Zeit t_P und der Plancklänge l_P, also dem Bereich, in dem sich die Mikro-Quantentheorie und die Makro-Relativitätstheorie treffen müssen, die Ur-Phänomene des Urknalls abspielen. Dies ist der Bereich der Entstehung der Elementarteilchen und der Raum-Zeit-Koordinaten, und zwar noch bevor die Allgemeine Relativitätstheorie als Makrotheorie anwendbar ist.

Man sieht sofort, dass die Plancklänge und Planckzeit um viele Größenordnungen kleiner als jede bisher experimentell behandelte Länge oder Zeit sind. Wie groß ist demgegenüber der Durchmesser eines Protons ($\approx 10^{-14}$ m) und wie lang ist die Zeit ($\approx 10^{-22}$ s), die das Licht braucht, um ein Proton zu durchqueren!

Es ist also vorauszusehen, dass hier die Experimentalphysik auf ganz neue Probleme stößt, die nur dann lösbar sind, wenn aus dieser Mini-Mini-Welt eindeutige Signale in die mittlerweile erstaunlich gut beherrschbare Mini-Welt auch einzelner Atome vordringen. Es könnte z. B. sein, dass von der Mini-Mini-Welt nur gefilterte Signale an die Oberfläche der Messbarkeit dringen, ähnlich wie beim Messprozess der Quantentheorie, der zugleich einen irreversiblen prinzipiellen Informationsverlust mit sich bringt (siehe Kapitel 11). Bekanntlich führt dies zur prinzipiellen, nichteliminierbaren Rolle des Zufalls in der uns durch Messungen zugänglichen Makrowelt.

Falls die Theorie, z. B. die Stringtheorie, in diesen Mini-Mini-Bereich vordringt (der Autor ist nicht kompetent darüber zu urteilen, denn dazu würde jahrelange Einarbeitung gehören) wird eine große Erklärungslast auf ihr liegen. Ihr Ziel wird zunächst einmal vor allem die Erfüllung des Inklusionsprinzips sein müssen, d. h. die Herstellung des Anschlusses an das bisher schon bewährte Standardmodell der Elementarteilchentheorie.

Wesentlich günstiger scheint die Lage auf dem dritten Forschungsbereich, dem Bereich komplexer Phänomene zu sein. Hier stellt die Lebenswelt, also die Biologie, die Evolution bis hinein in die Sozialwissenschaft, eine Fülle von experimentell nachprüfbaren Phänomenen zur Verfügung, die der theoretischen Erklärung harren. Hier geht die Gegenwartsforschung nahtlos in eine Zukunftsaufgabe über, weil z. B. Methoden der statistischen Physik, gestützt durch den Einsatz von Computern, immer weiter in den Bereich der Mikrodynamik biologischer Abläufe eindringen und dabei eine sich erweiternde Zusammenarbeit mit Chemikern und Biologen stattfindet. Ebenso gibt es auf dieselben Methoden der statistischen Physik gestützte Modellbildungsstrategien für sozioökonomische und soziopolitische Prozesse, die eine erweiterte Zusammenarbeit mit Soziologen, Ökonomen und Politologen ermöglichen.

12.3.2 Offenheit oder Vollständigkeit der wissenschaftlich erforschbaren Wirklichkeit?

Dieser Ausblick zielt aber „am Dreiländereck" auf noch grundsätzlichere Fragestellungen, als nur die Betrachtung des immer weiter fortschreitenden Forschungsprozesses. Hierbei wird nicht die Anwendung der Methode selbst beschrieben, sondern die Frage nach ihrer Struktur und Reichweite gestellt, sodass man sich auf der philosophischen Metaebene befindet. Grundsätzlich stellt man dabei zwei aufeinander bezogene Systeme fest:

– Das eine System ist die beobachtbare, subjektunabhängig existierende Phänomenebene, von der wir im Sinne des kritischen Realismus annehmen, dass sie etwas mit der Wirklichkeit zu tun hat. Dabei hängt das Eine vom Anderen in geordneter Weise ab und geht aus dem Anderen auf geregelte Weise hervor. Es handelt sich um Relationen zwischen Seinselementen.

- Das andere System ist die Erkenntnisebene des Subjekts. In seinem Begriffssystem werden logische Zusammenhänge den Relationen zwischen Seinselementen zugeordnet, zusammen mit Ursache-Wirkungs-Interpretationen. Wenn die Zuordnung nachprüfbar und zuverlässig stimmt, nennt man sie eine die Wirklichkeit (partiell) erklärende Theorie.

Die Relationen der Seinselemente haben nun eine Struktur: Das Oberflächliche hängt von Grundlegenderem ab. Das Gleiche geschieht auf der Erkenntnisebene: Die oberflächliche Theorie ruft die Frage nach grundlegenderen Theorie hervor.

Jede Theorie kann aber wieder daraufhin hinterfragt werden, worauf sie gründet. So entsteht der berühmte Regressus ad Infinitum des Zurückfragens auf der Erkenntnisebene.

Eine entsprechende Tiefenstruktur der sich ins Unendliche erstreckende Abhängigkeit von Seinselementen besteht auch auf der Seinsebene:

- Insofern als der Frage-Regressus nie endet, bleibt also der Erkenntnisprozess ein offener Prozess.
- Aber auch das Abhängigkeitsverhältnis von Seinselementen hinsichtlich ihrer Herkunft endet nicht, sondern bleibt offen, weil kein Seinselement den Grund seiner Existenz in sich trägt.

Wir nennen diesen Regressus auf Erkenntnisebene und Seinsebene repetitiv und sequenziell, weil er sich sequenziell unendlich in eine Frage- bzw. Abhängigkeitsrichtung erstreckt. Dieser Prozess läuft also nicht in sich zurück wie Argumentationen auf der Grundlage der „petitio principii".

Sicher ist jedoch, dass Wissenschaft an diesen unendlichen Frage-Duktus gebunden bleibt. Er definiert unausweichlich ihr Wesen. Es bleibt aber ebenso offen und nicht apriorisch feststellbar, ob der so erforschbare Bereich der Wirklichkeit vollständig ist. Wir erkennen dabei schon an der bisherigen Entwicklung der Physik die Problematik: In der klassischen Physik galt durchgängiger Determinismus und kausale Geschlossenheit. In der umfassenderen Quantentheorie ergibt sich jedoch, dass in der durch Messung zugänglichen Wirklichkeitsebene der Zufall eine nicht eliminierbare Rolle spielt, sodass hier eine prinzipielle Öffnung der Kontingenz entsteht.

12.3.3 Wissenschaft und Transzendenz

Eigentlich hätte das vorliegende Kapitel an dieser Stelle enden können (oder sogar sollen?) Denn das Fragen nach der Totalität des Seins als Solchem am „Dreiländereck von Wissenschaft, Philosophie und Theologie" hat einen völlig anderen Charakter als das Fragen nach Strukturen innerhalb des Seins mit den Methoden der Wissenschaft. Wie wir gesehen haben, hat sich in diesem „immanenten" Bereich die Tragfähigkeit unserer Begrifflichkeit im Sinne der Erlangung echter Erkenntnis bewährt. Beim Fragen nach dem Sein als Ganzem entsteht aber das Problem der Tragweite der Begrifflichkeit.

Wohl die meisten Physiker nehmen hierbei die Haltung des Agnostizismus ein. Das bedeutet den Verzicht auf das Weiterfragen jenseits des Wissenschaftsbereiches , wo mit bewährten Verifikationsmethoden – zumindest im Prinzip – eindeutige Entscheidungen über Wahr oder falsch von Behauptungen getroffen werden können. Die Verzicht Übenden können sich dabei auf den Sprachanalytiker Ludwig Wittgenstein berufen, der in seinem Tractatus logico-philosophicus sagte: „Wovon man nicht sprechen kann, darüber muss man schweigen." Diese Haltung ist natürlich legitim, und es ist jedem Menschen, sei er Wissenschaftler oder nicht, die Entscheidung darüber überlassen.

Wir wollen uns demgegenüber auf ein Weiterfragen ein Stückweit einlassen, allerdings in der Rationalität verbleiben und ohne sogleich – wie vielleicht von Theologen erwartet – ein Glaubensbekenntnis abzulegen. Wir befinden uns dabei an der Grenze der Begrifflichkeit. Aber gerade weil diese Grenze apriorisch nicht festlegbar ist, ist es auch legitim, die Möglichkeiten des Denkens auszuloten, so wie es Philosophen und Theologen schon immer getan haben. Physiker können dabei ihre Zuversicht daraus schöpfen, dass schon mehrmals in der Geschichte ihrer Wissenschaft ihr Begriffsystem erweitert werden musste und erfolgreich erweitert werden konnte.

12.3.3.1 Die Frage aller Fragen und die Antwort aller Antworten

Der Frage-Duktus der Wissenschaft, aber auch der Philosophie endet nun in der Frage aller Fragen, die durch keine andere Frage übertroffen werden kann:

> Warum existiert überhaupt etwas, und nicht vielmehr nichts?

Darauf gibt es eine formale Antwort, sozusagen die Antwort aller Antworten:

> Transzendenz ist der Inbegriff der Seinsmächtigkeit, welche das Universum als Ganzes ins Sein hebt und im Sein erhält.

Die Analyse dieses Begriffs hat die Philosophie und Theologie über die Jahrtausende hinweg beschäftigt. Wir wollen dazu in der gebotenen Kürze beitragen, unter Einbeziehung des erkennbaren Weges der Wissenschaft.

12.3.3.2 Die Nicht-Evidenz des Seins und seiner Erkenntnis

Im Wissenschaftsgang zeigt sich, dass der Regressus der Seinsebene und Erkenntnisebene zwar potentiell unendlich ist, aber nirgendwo auf Seinselemente stößt, die den Grund ihres Seins in sich selbst tragen, und nirgendwo auf Erkenntnisse der Wirklichkeit stößt, die (abgesehen von mathematischen Hilfsmitteln) aus sich heraus evident sind.

Daher übersteigt die Transzendenz jede in der Wissenschaft möglicherweise erreichbare Erkenntnis über mögliche Seinselemente.

12.3.3.3 Der ontologische Rang der Transzendenz

Der die Ebene des erkennbaren Seins übersteigende ontologische Rang der transzendenten Seinsmächtigkeit zeigt sich darin, dass sie zwischen dem Nichts, der Möglichkeit und der Wirklichkeit „west". Sie ist also mehr als nur ein weiteres Seinselement innerhalb der immanenten wissenschaftlich erkennbaren Seinswelt. Insofern ist Transzendenz dem erkennen wollenden Menschen nicht direkt verfügbar. Man könnte sagen: Transzendenz ist das Geheimnis des Seins.

12.3.3.4 Transzendenz und Gottesbilder

Wir haben bewusst den allgemeineren, aber abstrakteren Begriff der Transzendenz anstelle des von Religionen benutzten Begriffs Gott gewählt. In der Tat füllen Religionen (insbesondere die monotheistischen Religionen Judentum, Christentum und Islam) die ansonsten in erhabener Unerreichbarkeit verbleibende Transzendenz mit ihrem jeweiligen Gottesbild aus. Dies ist berechtigt und sogar erwünscht, sofern nicht ein für alle Mal überholte Weltbilder benutzt werden, die die Wissenschaft nicht akzeptieren kann. Denn Menschen verknüpfen den letzten Sinn ihres Daseins nicht mit vergänglichen Gesellschaftsideologien, sondern mit dem die Endlichkeit übersteigenden transzendenten Gott, der ihnen durch die Religion erfahrbar wird.

12.3.3.5 Interpretationen der Transzendenz

Bei der Betrachtung der Interpretationen von Transzendenz von den Gottesbildern der Religionen über den Gott der Philosophen bis hin zu atheistischen Vorstellungen (Gott als Projektion des Menschen) fällt ihre zunächst verwirrende Fülle auf. Sie ist aber insofern verständlich, als sie einerseits die höchste Ebene des Denkens am Rande unserer Begrifflichkeit betrifft, andererseits den letzten Sinn des Daseins jeder einzelnen im jeweiligen Kulturkreis lebenden Person erhellen soll.

So geht die Theologie der monotheistischen Religionen von einem Schöpfer des Universums aus, der Personalität und Intentionalität besitzt und zielgerichtet handelt, wenn er die Welt ins Sein setzt.

Der an Wissenschaft orientierte Interpret der Transzendenz denkt eher an unpersönliche Prozesse der Entstehung von Raum, Zeit und Materie, also an Fluktuationen aus dem Nichts, die sich plötzlich zum irreversibel weiterexistierenden Sein stabilisieren. Nichtsdestoweniger könnte dabei das religiöse Denken an den Sinn spendenden Gott als evolutionär emergenter Prozess entstehen, welches der Struktur der Entwicklung entspricht und insofern mehr als eine Illusion des Menschen ist.

12.3.4 Spuren der Transzendenz in der Wirklichkeit

Wenn auch wie in 12.3.3.1 gezeigt, Transzendenz nicht zu den im Wissenschaftsverfahren direkt nachweisbaren Seinselementen gehört, können sich ihre Spuren indirekt zeigen. Dies ist sogar die Voraussetzung dafür, dass Philosophie und Theologie überhaupt sinnvoll über Transzendenz sprechen können. Es muss also eine Transparenz der Immanenz für Transzendenz geben. In der Theologie nennt man das die analogia entis. Worin kann diese bestehen? Da das Sein den Ursprung seines Seins nicht in sich trägt (auch dann nicht, wenn es sich zeitlich unendlich erstrecken sollte) und aus dem Nichts entweder erschaffen oder entstanden sein muss, kommt der Seinsmächtigkeit als Einziger die Eigenschaft der Selbstentstehung bzw. Selbstschöpfung zu, eine Eigenschaft, die nirgendwo in der Wirklichkeit zu finden ist. Am nächsten kommt man einem Verständnis dieses außerordentlichen Prozesses in der Vorstellung einer Zyklizität zwischen Ursache und Wirkung. Die Ursache erzeugt eine Wirkung und die Wirkung erzeugt wieder die Ursache: Der Ursache-Wirkung-Zyklus erzeugt und erhält sich selbst.

Fragt man, welche Prozesse in der Wirklichkeit diesem Urprozess am nächsten kommen, so sind es die Selbstorganisationsprozesse neuer Strukturen, die aufgrund quasi-zyklischer Wechselwirkungen zwischen Ursachen und Wirkungen entstehen. Allerdings geschieht dies aufgrund vorher immer schon vorhandener Wirklichkeitsstrukturen, die den vorher schon etablierten Naturgesetzen genügen. Solche quasizyklischen Selbstorganisationsprozesse fallen nun auf allen materiellen und geistigen Ebenen auf:

- Auf rein materieller Ebene sind es die einfachen Regelkreise.
- In der Biologie finden sich viele solche stabiles Verhalten von Lebewesen garantierende Regelkreise: Aus dem Ruder laufende Wirkungen wirken so auf die Ursachen zurück, dass diese die Wirkungen auf Normalverhalten zurückführen. Das nennt man Homöostase.

Auch im geistigen Bereich finden sich ähnliche Phänomene: Normalerweise wird die petitio principii, d. h. eine Argumentation, bei der das zu Beweisende schon in den Voraussetzungen der Beweisführung steckt, als unzulässig zurückgewiesen, da es der logisch erlaubten Argumentationsweise widerspricht.

Nichtsdestoweniger ist die petitio principii, welche eine Zyklizität der Argumentation bedeutet, kaum in Strenge zu vermeiden. Denn keine Argumentation kommt ohne Voraussetzungen aus. Diese sind aber oft so allgemein, dass sie auf versteckte Weise schon das Ergebnis implizieren.

Aber auch in der Religion finden sich quasi-zyklische Prozesse, die dort weniger Widerspruch erfahren, ja sogar erwünscht sind: So setzt der Glaube an die Offenbarung das sich Einlassen auf den Offenbarungscharakter der Offenbarung schon voraus. (Gegenbeispiel: Die Botschaft hör ich wohl, allein mir fehlt der Glaube. Goethes Faust).

Ganz allgemein scheint bei der Emergenz von neuen Organisationsstrukturen ein latenter Ursache-Wirkungs-Zyklus vorzuliegen, der nur noch eines kleinen Anstoßes bedarf, um sich selbst stabilisierend einzuspielen, ähnlich wie beim Anstoßen des Pendels einer Uhr.

Es ist also die Annahme plausibel, dass die uns verborgen bleibende transzendente Seinsmächtigkeit in der erkennbaren Wirklichkeit ihre geheime Wirkung per Zufall und Notwendigkeit entfaltet, indem sie dort neue selbstorganisierende Systeme in Gang setzt.

12.3.5 Die Einheit der Wirklichkeit und die Dimensionen der Wahrheit

Unser kurzer Aufenthalt am Dreiländereck von Wissenschaft, Philosophie und Theologie hat im Überblick folgendes gezeigt:

- Die auf die gesamte immanente Wirklichkeit bezogene Forschung der Wissenschaft, insbesondere der Physik, hat infolge des unendlichen Regressus der Fragen eine nie endende Form des Fortschreitens. (siehe 12.3.1).
- Nichtsdestoweniger haben ihre Ergebnisse eine offene Struktur. Ihre allumfassende Vollständigkeit kann nämlich nicht bewiesen werden. Insbesondere ist das Sein als solches nicht in sich selbst begründet, also nicht evident (siehe 12.3.2).
- Die Frage aller Fragen führte daher auf den formal abschließenden Begriff der Transzendenz, definiert als Seinsmächtigkeit (siehe 12.3.3).
- Die Wirklichkeit bildet eine Einheit, da alle ihre Ebenen wechselwirkend miteinander verschränkt sind. In der Form von Selbstorganisationsprozessen erkennt man darin in besonderer Weise Spuren der Transzendenz (siehe 12.3.4).

Dieser Gang durch die Gesamtwirklichkeit führt nun dazu, einander ergänzende Dimensionen der Wahrheit einzuführen. Die Einteilung ist nicht willkürlich, sondern richtet sich nach der vorgefundenen Struktur der Wirklichkeit selbst. Im Wesentlichen muss man wohl mindestens zwei komplementäre Dimensionen der Wahrheit einführen.

12.3.5.1 Die objektbezogene Wahrheit

Sie besteht aus einer mit nachprüfbaren Verifikationsverfahren festgestellten Isomorphie (also Gleichgestaltlichkeit) zwischen den logischen Relationen innerhalb einer Theorie und den beobachteten Abhängigkeiten zwischen den Elementen eines Teils der Realität. In diesem Sinne ist eine Theorie dann wahr, wenn sie ein aus logischen und mathematischen Begriffen konstruiertes Modell dieses Teils der Wirklichkeit ist.

Die Tiefe dieser Wahrheit hängt davon ab, ob sie nur die Oberfläche der Phänomene erfasst, oder die Tiefe der Abhängigkeiten zwischen den Seinselementen innerhalb der Phänomene.

Es gibt nun eine große Phänomenklasse innerhalb der Wirklichkeit, die vollständig subjektunabhängig ist, und an der Beobachtung in intersubjektiver Übereinstimmung stattfinden kann. Solche Phänomene sind von den (denkenden, fühlenden, beobachtenden) Menschen loslösbar und heißen Objekte. Die darauf bezogene Wahrheit heißt objektbezogen. Die Naturwissenschaft beschäftigt sich fast ausschließlich mit solchen Objekten und der Gewinnung objektbezogener Wahrheit. Weil sie überall und von allen nachvollzogen werden kann, hat sie universalistischen Charakter.

12.3.5.2 Die personenbezogene existenzielle Wahrheit

In der Lebenserfahrung jedes Menschen herrscht eine andere Art des „sich Enthüllens“ vor, die man als existenzielle Wahrheit bezeichnen kann:

- Sie hat andere Charakteristika, denn sie lässt verstehen und erhellt somit den Sinn persönlichen Schicksals. Sie gewährt Einsicht weniger in universelle Strukturen als vielmehr in den jeweils einmaligen Weg von Personen und Gruppen von Personen. Sie ist dabei auch beziehbar auf soziokulturelle Zusammenhänge.
- Die Konstruktions-Elemente existenzieller Wahrheit sind Lebenserfahrungen und damit verbundene Sinn-Interpretationen, Gleichnisse, psychologische Symbole, aber auch religiöse Chiffren und Offenbarungen, die einen sogar „unbedingt angehen“ können, wie der Theologe Paul Tillich (1886–1965) sagt.
- Verschiedene existenzielle Wahrheiten sind nur teilweise kompatibel. Das heißt, die Einsicht (Wahrheit), die auf einer persönliche Erfahrung basiert, muss nicht notwendigerweise einer anderen Person zugänglich und verfügbar sein. Verschiedene Biografien können zu verschiedenen Wegen und Weisen führen, wie existenzielle Wahrheit erfahren wird. Das heißt: Existenzielle Wahrheit hat perspektivischen Charakter.

Diese beiden Dimensionen der Wahrheit verhalten sich zueinander komplementär, nicht antagonistisch. Das heißt, die eine Art der Wahrheit kann nicht durch die andere mit umfasst oder ersetzt werden. Es versteht sich auch von selbst, dass auf verschiedene Weise Mischformen dieser beiden Reinformen von Wahrheit entstehen können, wenn z. B. objektive Beobachtungen und Schlussfolgerungen mit subjektiven Wertungen einhergehen.

Die Art und Weise, wie sich die Gebiete Wissenschaft, Philosophie und Theologie den Dimensionen der Wahrheit annähern, ist jeweils verschieden. Unbestritten ist dabei heute mehr als in früheren Jahrhunderten, dass sie unentbehrlich sind, und auch, dass sie sich ergänzen müssen. Das bedeutet aber nichts anderes als dass die Partnerschaft zwischen Wissenschaft, Philosophie und Theologie nicht nur erwünscht, sondern notwendig ist.

Literatur zur Erinnerung und Vertiefung

Ein Buch wie das vorliegende beschreibt absichtsgemäß im Überblick die Forschungsergebnisse der Physik über Jahrhunderte. Zugleich aber profitiert es von der didaktischen Fähigkeit führender Forscher, diese Ergebnisse in klassisch gewordenen Standardwerken eingängig darzustellen.

Deshalb ist es ein Bedürfnis des Autors für diese Arbeit indirekt seinen Dank auszudrücken, indem er eine kleine Auswahl solcher Standardwerke aufführt. Die meisten dieser Werke sind wohl aktuell erhältlich. Andere wieder werden schon vergriffen sein, obwohl ihr Inhalt nach wie vor gültig ist. Dies zeigt aber gerade, dass die einmal entdeckten Grundbegriffe und Naturgesetze dort, wofür sie sich als geeignet erwiesen haben, nach wie vor Bestand haben.

Die Werke sind entsprechend den Kapiteln dieses Buches angeordnet und eignen sich zum Weiterstudium über diese Kapitel hinaus.

Zur Einleitung

C. P. Snow: Die zwei Kulturen. Ernst Klett Verlag (1967).

Zu allen Kapiteln

Bernhard Bavink: Ergebnisse und Probleme der Naturwissenschaften. Hirzel-Verlag (1944).

Werner Heisenberg: Der Teil und das Ganze. Piper Verlag (1969).

K. Simonyi: Kultur-Geschichte der Physik. Harri Deutsch Verlag (2001).

Hans J. Paus: Physik in Experimenten und Beispielen. Carl Hanser Verlag (2007).

Zu Kapitel 1

Karl Popper: Objektive Erkenntnis – Ein evolutionärer Entwurf. Hoffmann und Campe Verlag (1984).

Hans Poser: Wissenschaftstheorie – Eine philosophische Einführung. Reclams Universal Bibliothek Nr. 18125 (2001).

Zu Kapitel 2

Siegfried Großmann: Mathematischer Einführungskurs für die Physik. Springer-Vieweg-Teubner-Verlage (2012).

Zu Kapitel 3

Clemens Schaefer, Max Päsler: Einführung in die Theoretische Physik, Band 1. De Gruyter (1970).

Helmut Volz: Einführung in die Theoretische Mechanik I, II. Akademische Verlagsgesellschaft (1971, 1972).

Josef Honerkamp, Hartmut Römer: Klassische Theoretische Physik. Springer Verlag (1993).

Zu Kapitel 4

Richard Becker: Theorie der Wärme. Springer Verlag (1955).

Wolfgang Weidlich: Thermodynamik und Statistische Mechanik. Akademische Verlagsgesellschaft (1976).

Frederik Reif, W. Muschik: Statistische Physik und Theorie der Wärme. De Gruyter Verlag (1987).

Zu Kapitel 5

John David Jackson: Klassische Elektrodynamik. De Gruyter Verlag (2001).

Max Born, Emil Wolf: Principles of Optics. Pergamon Press (1964).

Zu Kapitel 6

Achilles Papapetrou: Spezielle Relativitätstheorie. VEB Deutscher Verlag der Wissenschaften (1955).

Zu Kapitel 7

Steven Weinberg: Gravitation and Cosmology – Principles and Applications of the General Theory of Relativity. John Wiley Verlag (1972).

Roman U. Sexl, Helmuth K. Urbantke: Gravitation und Kosmologie. B. J.-Wissenschaftsverlag (1983).

Zu Kapitel 8

Steven Weinberg: Cosmology. Oxford University Press (2008).

Paul Davies: Der kosmische Volltreffer. Campus Verlag (2008).

Stephen Hawking, Leonard Mlodinow: Der große Entwurf. rowohlt (2010).

Zu Kapiteln 9 bis 11

Günter Ludwig: Die Grundlagen der Quantenmechanik. Springer Verlag (1954).

Claude Cohen-Tannoudji, Bernard Diu, Franck Laloë: Quantenmechanik, Band 1, DeGruyter (2010).

Hermann Haken, Hans Christoph Wolf: Atom-und Quantenphysik. Springer Verlag (1990).

Zu Kapitel 12

Steven Weinberg: Die ersten drei Minuten – Der Ursprung des Universums. Piper Verlag (1978).

Hermann Haken: Synergetics – An Introduction. Springer Verlag (1977). Synergetik – Eine Einführung. Springer Verlag (1983).

Wolfgang Weidlich: Sociodynamics – A Systematic Approach to Mathematical Modelling in the Social Sciences. Dover Verlag (2006).

Klaus Mainzer: Thinking in Complexity. Springer Verlag (2004).

Paul Davies: Der kosmische Volltreffer. Campus Verlag (2008).

Stichwortverzeichnis